Die Reduktion der Eisenerze

Die Reduktion der Eisenerze

Wissenschaftliche Grundlagen und technische Durchführung

Von

Prof. Dr.-Ing. **Ludwig von Bogdandy**

und

Prof. Dr. rer. nat. **Hans-Jürgen Engell**

Mit 381 Bildern und 54 Tafeln

1967

Verlag Stahleisen mbH / Düsseldorf

Springer-Verlag Berlin / Heidelberg / New York

Prof. Dr.-Ing. LUDWIG VON BOGDANDY
Hüttenwerk Oberhausen AG, Oberhausen

Prof. Dr. rer. nat. HANS JÜRGEN ENGELL
Max-Planck-Institut für Metallforschung,
Institut für Metallkunde, Stuttgart

DK 669.051
669.046.46 : 669.162.12
669.162.263.23

ISBN-13:978-3-642-92936-6   e-ISBN-13:978-3-642-92935-9
DOI: 10.1007/978-3-642-92935-9

Bestell-Nummer 106   Titel Nr. 1354
Verlag Stahleisen m.b.H., Düsseldorf   Springer-Verlag, Berlin/Heidelberg/New York

Vorwort

Im Jahre 1838 erstieg ROBERT BUNSEN den Hochofen der Herrschaft-
lichen Eisenwerke Veckerhagen und senkte in die Begichtung eine Röhre,
die aus mehreren zusammengeschweißten Flintenläufen bestand und mit
einer feuerfesten Bekleidung versehen war. Mit Hilfe eines Bleirohres,
mehrerer Glasröhrchen, etwas Gummischlauch und einer Luftpumpe ent-
nahm BUNSEN über dieses Rohr dem Schacht des Ofens Gasproben, die
er auf Kohlensäure, Kohlenoxyd, Wasserstoff und Grubengas analysierte.
Er stellte fest, daß es sich durchaus lohnen würde, diese Gase aufzufangen
und zur Beheizung der Henschelschen Dampfmaschine zu verwenden,
die das Gebläse des Ofens antrieb und bei der bisherigen Betriebsweise
35 Pfund Buchenholz stündlich verbrauchte. BUNSEN selbst sagte: „Sind
auch die darin angeführten Versuche keineswegs als den Gegenstand er-
schöpfend zu betrachten, so dürften sie doch schon einer vorläufigen
Mittheilung nicht unwerth seyn, da sie die wichtigsten Momente umfassen,
welche bei practischen Untersuchungen über diesen, für die gesammte
Metallurgie so wichtigen Gegenstand zur Basis dienen können.“
Niemand, der den damaligen Stand der Dinge in Wissenschaft und
Technik und die von dieser Sachlage ausgehende Entwicklung vor Augen
hat, kann dieser Ansicht widersprechen. Wege und Ziele der metallurgischen
Forschung werden in diesem Beispiel klar. Das Ziel ist die Verbesserung
der Ausnutzung der eingesetzten Rohstoffe und die Erhöhung der Erzeugungsleistung, der Weg besteht in der Entwicklung geeigneter Meßverfahren — hier der Gasanalyse — in Verbindung mit einer wissenschaftlich grundlegenden Auswertung der Versuchsergebnisse. Zusammen mit
der theoretischen Durchdringung des Verfahrensablaufs und mit der Entwicklung besserer Anlagen und leistungsfähiger Hilfsaggregate für den
Hochofen, ist hier die Grundlage zu suchen für die Entwicklung des nächsten Jahrhunderts. Zahlreiche Forscher und Ingenieure haben sich in der
Folgezeit um das Hochofenverfahren bemüht mit dem Ergebnis, daß der
Hochofen heute als eine der leistungsfähigsten verfahrenstechnischen
Apparaturen anzusehen ist.
In der vorliegenden Monographie werden zunächst die thermodyna-
mischen und reaktionskinetischen Grundlagen der Erzreduktion zusammen-

gefaßt. Dann folgt ein Überblick über die Gesetze der Gasströmung und des Wärmeübergangs in Schüttschichten. Mit diesen Grundlagen wird versucht, den technischen Prozeß im Hochofen wissenschaftlich zu beschreiben und seine Leistungsgrenzen zu berechnen. Dabei werden besonders die Vorbereitung des Möllers nach verfahrenstechnischen und reaktionskinetischen Gesichtspunkten, die Bedeutung der chemischen und physikalischen Eigenschaften der Einsatzstoffe und die Verfahren zu ihrer Ermittlung sowie das Verhalten von Austauschbrennstoffen ausführlich erörtert. Besonders eingehend behandelt wird hierbei der „trockene" Teil des Hochofens, in dem Reaktionen zwischen Gasen und Feststoffen vorherrschen.

Mit Hilfe dieses theoretischen Rüstzeugs ist es in vielen Fällen möglich, Zufälliges vom Grundsätzlichen zu unterscheiden, die Wirkung bestimmter Eigenschaften der Einsatzstoffe und der betrieblichen Parameter auf die Herstellkosten und die Betriebsergebnisse, z. B. Erzeugungsleistung und spezifischen Brennstoffverbrauch, im voraus zu berechnen und damit die Grundlage für eine Optimierung und Automatisierung des Hochofenbetriebs zu schaffen und abzuschätzen, ob und welche Verbesserungen in Zukunft möglich sind.

Neben dieser Aufgabenstellung, die im wesentlichen der Verfeinerung des zur Zeit dominierenden Hochofenprozesses dient, wird auch die Reduktion außerhalb des Hochofens, die sogenannte direkte Reduktion, behandelt. Seit Jahrzehnten hat man sich bemüht, die Reduktion der Eisenerze zum Metall in anderen Apparaturen als dem Hochofen vorzunehmen, wobei als Produkt entweder flüssiges Roheisen oder Eisen in fester Phase, z. B. als Eisenschwamm, gewonnen wird. Zwar hat noch keines dieser Verfahren die Leistungsfähigkeit des Hochofens erreicht. Die steigende Verfügbarkeit preisgünstiger gasförmiger und flüssiger Brennstoffe, besonders von Erdgas, z. B. in Nahost, Mittel- und Südamerika, läßt jedoch die Ausarbeitung von Verfahren zur Reduktion der Eisenerze mit diesen Energieträgern und Reduktionsmitteln an Stelle des Kokses immer wichtiger werden. Die Reduktion der Eisenerze außerhalb der Hochofens könnte die Lösung der Aufgabe sein, die Nationalwirtschaften dieser Länder unter Nutzung ihrer heimischen Roh- und Brennstoffe zu äußerst wirtschaftlichen Bedingungen mit dem Eisen zu versorgen, das zum Aufbau der einheimischen Industrie und zur Steigerung des allgemeinen Wohlstands unerläßlich ist.

Wir hoffen, daß diese Monographie dem Wissenschaftler ebenso wie dem Praktiker eine Hilfe bei der Lösung dieser und anderer Aufgaben sein kann und ihm Anregungen geben wird, durch sinnvolle und gezielte Änderung der Betriebsweise die Eisenerzeugung zu verbessern und zu verbilligen. Wir wenden uns mit diesem Beitrag aber auch an den Studierenden und möchten ihm die Möglichkeit geben, mit den Grundlagen der Reduktion von Eisenerzen und ihrer Anwendung auf den technischen Prozeß näher bekannt zu werden und die oft recht verwickelten Zusammenhänge leichter zu überblicken.

Es war nicht beabsichtigt, ein Handbuch zu verfassen, das alle Meinungen, Anschauungen und Versuche berücksichtigt. Wir haben vielmehr aus dem Schrifttum ausgewählt, was wir als weiterführende Ansätze ansahen und was uns für die dargestellte Arbeits- und Denkrichtung als beispielhaft erschien und hieran eigene Betrachtungen, Berechnungen und Bewertungen angeknüpft. Damit ist gesagt, daß die Auswahl des behandelten Schrifttums nach subjektiven Gesichtspunkten erfolgte; es ist hinzuzufügen, daß sie im einzelnen auch nicht ganz frei von Zufälligkeiten ist.

Für die Kapitel 1 und 2 zeichnet der zweitgenannte Verfasser, für die Kapitel 3 bis 5 der erstgenannte Verfasser verantwortlich.

Zu danken haben wir unseren Mitarbeitern, die uns bei der Zusammenstellung des Schrifttums, bei den Berechnungen, der sprachlichen Darstellung und den Korrekturen geholfen haben. Besonders hervorheben möchten wir die tatkräftige Unterstützung durch die Herren Dr.-Ing. G. GROSS und Dr.-Ing. U. PÜCKOFF – Dortmund, Dr.-Ing. H.-D. PANTKE, Dipl.-Ing. H. SINGER und Dr.-Ing. D. TERLAAK – Oberhausen sowie Dipl.-Ing. W. PLUSCHKELL – Stuttgart. Für die Bekanntgabe von nicht veröffentlichten Ergebnissen und fruchtbare Diskussionen danken wir einer großen Anzahl von Fachgenossen in der eisenschaffenden Industrie, an den Hochschulen und Forschungsinstituten. Herr Dipl.-Ing. H. KEGEL, Düsseldorf, hat durch manches vermittelnde und klärende Gespräch zum Gelingen des Vorhabens beigetragen. Die Anregung zur Abfassung der vorliegenden Monographie ging aus von dem Vorsitzenden des Vereins Deutscher Eisenhüttenleute, Herrn Prof. Dr.-Ing. Dr.-Ing. E. h. H. SCHENCK, dem wir hierfür herzlichen Dank aussprechen möchten.

Oberhausen u. Stuttgart,
   im Oktober 1966

L. von Bogdandy und H.-J. Engell

Inhaltsverzeichnis

Häufig verwendete Symbole

a	Temperaturleitfähigkeit	$(\text{cm}^2 \cdot \text{sec}^{-1})$
c_i (oder n_i)	Konzentration der Komponente i	$(\text{Mol} \cdot \text{cm}^{-3})$
d	Charakteristische Länge	(cm)
	Korndurchmesser	
g	Gravitationskonstante	$(\text{cm} \cdot \text{sec}^{-2})$
i	Index für laufende Numerierung	
j	Stoffstrom	$(\text{Mol} \cdot \text{cm}^{-2} \ \text{sec}^{-1})$
l	Diffusionslänge, Porenlänge,	(cm)
	Grenzschichtdicke	
m	Masse	(g)
m, n	Stöchiometrische Zahlen	
n	Anzahl	
n_i'	Konzentration der Komponente i	(cm^{-3})
p	Gasdruck	(atm), $(\text{dyn} \cdot \text{cm}^{-2})$
Δp	Druckverlust	$(\text{dyn} \cdot \text{cm}^{-2})$
p_i	Partialdruck der Komponente i	(atm)
q	Wärmestrom	$(\text{kcal} \cdot \text{m}^{-2} \cdot \text{h}^{-1})$,
		$(\text{cal} \cdot \text{cm}^{-2} \cdot \text{sec}^{-1})$
s	Oberflächenkonzentration	(cm^{-2})
t	Zeit	(sec)
u	Gasgeschwindigkeit (Leerrohr)	$(\text{cm} \cdot \text{sec}^{-1})$
u_F	Fallgeschwindigkeit der Feststoff-	$(\text{cm} \cdot \text{sec}^{-1})$
	teilchen im Strömungsmedium	
u_{kr}	Kritische Gasgeschwindigkeit für	$(\text{cm} \cdot \text{sec}^{-1})$
	Schüttgutsäulen	
u_L	Gasgeschwindigkeit beim Übergang	$(\text{cm} \cdot \text{sec}^{-1})$
	von der ruhenden Schüttgutschicht	
	zur Wirbelschicht	
waf	Wasser- und aschefreie Substanz	
x	Ortskoordinate	(cm)
y	Molenbruch der Leerstellen im Wüstit	
z	Ladungszahl, Stoßzahl	$(\text{cm}^{-2} \cdot \text{sec}^{-1})$
A	Aktivierungsenergie	$(\text{cal} \cdot \text{Mol}^{-1})$
B	Beweglichkeit	$(\text{cm} \cdot \text{sec}^{-1} \cdot \text{dyn}^{-1})$
		$(\text{cm}^2 \cdot \text{sec}^{-1} \cdot \text{cal}^{-1})$
C	Volumenanteil	
D	Gefäßdurchmesser	(cm)
D_i	Diffusionskoeffizient der Komponente i	$(\text{cm}^2 \cdot \text{sec}^{-1})$
E	Ersatzverhältnis (z. B. kg Koks/	
	kg Schweröl)	

F	Gefäßquerschnitt geometrisch, Be-schickungsoberfläche,	(cm^2)
	Faraday-Konstante	$(A \cdot \text{sec/g-Äquivalent})$
$\varDelta G$	Freie Reaktionsenthalpie	$(\text{cal} \cdot \text{Mol}^{-1})$
H	Höhe der Schüttung	(cm)
$\varDelta H$	Reaktionsenthalpie	$(\text{cal} \cdot \text{Mol}^{-1})$
H_u	Unterer Heizwert	$(\text{kcal/Nm}^3),\ (\text{kcal/kg})$
K	Kraft	(dyn)
K_h	Heizkoksbedarf	$(\text{kg} \cdot t_{\text{Fe}}^{-1})$
L	Durchsatzleistung	$(t_{\text{Fe}} \cdot 24\ \text{h}^{-1}),\ (\text{tato Fe})$
M	Molekulargewicht	$(\text{g} \cdot \text{Mol}^{-1})$
M_C	C-Gehalt der Schüttung	$(g_C \cdot \text{cm}^{-3})$
M_{Fe}	Fe-Gehalt der Schüttung	$(g_{\text{Fe}} \cdot \text{cm}^{-3})$
N_i	Molenbruch	
N	Loschmidtsche Zahl	(Mol^{-1})
Q	Wärmebedarf	(kcal)
R	Allgemeine Gaskonstante	$(\text{cal} \cdot \text{Mol}^{-1} \cdot {}^{\circ}\text{K}^{-1})$
$\varDelta S$	Reaktionsentropie	$(\text{cal} \cdot {}^{\circ}\text{K}^{-1} \cdot \text{Mol}^{-1})$
T	Temperatur	$({}^{\circ}\text{C}),\ ({}^{\circ}\text{K})$
V	Potentialdifferenz	(V)
$\dot{V}$	Gasmenge pro Zeiteinheit	$(\text{Mol} \cdot \text{sec}^{-1}),\ (\text{Nm}^3 \cdot \text{sec}^{-1})$
V_{gas}	Spezifischer Gasdurchsatz	(Nm^3)
V_R	Volumen des Reaktionsraumes (häufig identisch mit Schüttung)	(cm^3)
Gr	Grashof-Zahl	
Nu	Nußelt-Zahl	
Pr	Prandtl-Zahl	
Re	Reynolds-Zahl	
Sc	Schmidt-Zahl	
Sh	Sherwood-Zahl	
$\mathfrak{E}$	Elektrische Feldstärke	$(\text{V} \cdot \text{cm}^{-1})$
$\mathfrak{R}$	Reduktionsgrad	
α	Wärmeübergangszahl	$(\text{cal} \cdot \text{cm}^{-2} \cdot \text{sec}^{-1} \cdot {}^{\circ}\text{K}^{-1})$
β	Stoffübergangszahl	$(\text{cm} \cdot \text{sec}^{-1})$
γ	Porosität	
ε	Lückengrad einer Gleichkornschüttung	
ε_k	Lückengrad der Fraktion mit dem kleinsten Korndurchmesser	
ε_m	Lückengrad einer Mehrkornschüttung	
η	Dynamische Viskosität	$(\text{g} \cdot \text{cm}^{-1} \cdot \text{sec}^{-1})$
η	Elektrochemisches Potential	$(\text{cal} \cdot \text{Mol}^{-1}),\ (\text{erg} \cdot \text{Mol}^{-1}),$ $(\text{eV} \cdot \text{Mol}^{-1})$
η_{H_2}	Chemischer Ausnutzungsgrad von H_2, gemessen als Verhältnis der Abgaskonzentrationen $\dfrac{C_{\text{H}_2\text{O}}}{C_{\text{H}_2\text{O}} + C_{\text{H}_2}}$, bereinigt für eingebrachte H_2O-Mengen (Erznässe usw.)	
η_{CO}	sinngemäß für CO	

ϑ	Temperatur des Gases	(°C)
$\varkappa$	Elektrische Leitfähigkeit	(Ohm^{-1} · cm^{-1})
λ	Wärmeleitfähigkeit	(cal · cm^{-1} · sec^{-1} · °K^{-1})
λ	Mittlere freie Weglänge	(cm)
μ	Chemisches Potential	(cal · Mol^{-1})
ν	Kinematische Viskosität ($= \eta/\varrho$)	(cm^2 · sec^{-1})
ϱ	Dichte des strömenden Mediums	(g · cm^{-3})
ϱ_s	Rohwichte der Schüttgutteilchen	(g · cm^{-3})
σ	Stoßdurchmesser	(cm)
σ	Grenzflächenspannung, freie Grenz- flächenenergie	(dyn · cm^{-1})
τ	Verweilzeit im Reaktionsraum, Halbwertszeit	(sec)
φ	Elektrisches Potential	(V)
ψ	Widerstandszahl	
Θ	Bedeckungsgrad, Randwinkel	
ϕ	Kornformfaktor	
+ −	Ladungen der Gitterionen	
· ,	Ladungen der Störstellen	

Thermodynamische Tafeln

Übersicht

Abkürzungen und Bezeichnungen

c	kristallisiert
g	gasförmig
G_T^0	molare freie Enthalpie bei $P = 1$ atm und T °C
G_{25}^0	molare freie Enthalpie bei $P = 1$ atm und 25 °C
H_T^0	molare Enthalpie bei $P = 1$ atm und T °C
H_{25}^0	molare Enthalpie bei $P = 1$ atm und 25 °C
l	flüssig
S_T^0	molare Entropie bei $P = 1$ atm und T °C
S_{25}^0	molare Entropie bei $P = 1$ atm und 25 °C
M	Atomgewicht eines Elementes oder Molekulargewicht eines reinen Stoffes
T	absolute Temperatur in °K oder Temperatur in °C
ΔG_T^0, ΔH_T^0, ΔS_T^0,	freie Enthalpie der Reaktion
	Bildungsenthalpie
	Bildungsentropie
	bei $P = 1$ atm und T °C für eine chemische Reaktion des Typs:

$$\alpha A + \beta B = \gamma C.$$

Methan CH$_4$

Molekulargewicht $M = 16{,}04$			Entropie $S^0_{25} = 44{,}50$ cal/°C Mol			Bildungsenthalpie ΔH^0_T Bildungsentropie ΔS^0_T Freie Enthalpie ΔG^0_T der Reaktion $C_{(c)} + 2\,H_{2\,(g)} = CH_{4\,(g)}$		
T °C	T °K	Zustand bei T °C	$H^0_T - H^0_{25}$ cal/Mol	$S^0_T - S^0_{25}$ cal/°C Mol	$G^0_T - G^0_{25}$ cal/Mol	ΔH^0_T cal/Mol	ΔS^0_T cal/°C Mol	ΔG^0_T cal/Mol
25	298	g	0	0	0	-17800	$-19{,}3$	-12100
100	373	g	680	1,9	$-\ 3370$	-18430	$-20{,}9$	-10870
200	473	g	1690	4,3	$-\ 8130$	-19120	$-22{,}6$	$-\ 8440$
300	573	g	2830	6,5	-13150	-19740	$-23{,}7$	$-\ 6140$
400	673	g	4120	8,6	-18370	-20270	$-24{,}6$	$-\ 3720$
500	773	g	5690	10,6	-23640	-20570	$-25{,}2$	$-\ 1070$
600	873	g	7070	12,4	-29380	-21070	$-25{,}7$	1330
700	973	g	8710	14,2	-35160	-21350	$-26{,}0$	3910
800	1073	g	10450	15,9	-41130	-21570	$-26{,}2$	6470
900	1173	g	12270	17,6	-47250	-21740	$-26{,}3$	9140
1000	1273	g	14180	19,1	-53530	-21870	$-26{,}4$	11710
1100	1373	g	16160	20,6	-59970	-21930	$-26{,}4$	14340
1200	1473	g	18180	22,0	-66560	-21960	$-26{,}5$	17070
Relativer Fehler			1%	1%	1%	$<3\%$	$<3\%$	$>10\%$

(nach VALLET, Publ. de IRSID Serie B, Nr. 26, 1955)

Kohlenmonoxyd CO

Molekulargewicht $M = 28{,}01$			Entropie $S_{25}^0 = 47{,}30$ cal/°C Mol			Bildungsenthalpie $\varDelta H_T^0$ Bildungsentropie $\varDelta S_T^0$ freie Enthalpie $\varDelta G_T^0$ der Reaktion: $C_{(c)} + {}^1/_2\, O_{2\,(g)} = CO_{(g)}$		
T °C	T °K	Zu-stand bei T °C	$H_T^0 - H_{25}^0$ cal/Mol	$S_T^0 - S_{25}^0$ cal/°C Mol	$G_T^0 - G_{25}^0$ cal/Mol	$\varDelta H_T^0$ cal/Mol	$\varDelta S_T^0$ cal/°C Mol	$\varDelta G_T^0$ cal/Mol
			0	0	0	-26400	21,4	-32800
25	298	g	0550	1,6	$-\quad 3600$	-26310	21,7	-34410
100	373	g	1230	3,2	$-\quad 8560$	-26300	21,7	-36540
200	473	g	1940	4,6	$-\quad 13700$	-26320	21,7	-38780
300	573	g	2680	5,8	$-\quad 18940$	-26390	21,6	-40940
400	673	g	3420	6,8	$-\quad 24310$	-26490	21,5	-43100
500	773	g	4190	7,7	$-\quad 29760$	-26600	21,4	-45230
600	873	g	4970	8,6	$-\quad 35320$	-26720	21,2	-47380
700	973	g	5770	9,4	$-\quad 40920$	-26840	21,1	-49480
800	1073	g	6580	10,1	$-\quad 46630$	-26990	21,0	-51590
900	1173	g	7400	10,7	$-\quad 52370$	-27130	20,8	-53650
1000	1273	g	8290	11,4	$-\quad 58200$	-27270	20,7	-55710
1100	1373	g	9070	12,0	$-\quad 64140$	-27420	20,6	-57810
1200	1473	g	9910	12,5	$-\quad 70100$	-27580	20,6	-59890
1300	1573	g	10760	13,0	$-\quad 76100$	-27740	20,5	-61980
1400	1673	g	11610	13,6	$-\quad 82200$	-27890	20,4	-64010
1500	1773	g	12470	14,0	$-\quad 88290$	-28070	20,3	-66040
1600	1873	g	13330	14,5	$-\quad 94470$	-28260	20,2	-68080
1700	1973	g	14200	14,9	-100600	-28450	20,1	-70030
1800	2073	g	15070	15,3	-106800	-28650	20,0	-72020
1900	2173	g	15950	15,7	-113070	-28840	19,9	-74000
2000	2273	g	20350	17,4	-145050			
2500	2773	g	24800	18,9	-177850			
3000	3273	g	29280	20,2	-211340			
3500	3773	g	33790	21,3	-245370			
4000	4273	g	38320	22,3	-279930			
4500	4773	g						
Relativer Fehler			1%	1%	0,5%	$<3\%$	$<3\%$	$<3\%$

(nach Vallet, Publ. de IRSID Serie B, Nr. 26, 1955)

Kohlendioxyd CO_2

Molekulargewicht $M = 44{,}01$		Entropie $S^0_{25} = 51{,}06$ cal/°C Mol			Bildungsenthalpie ΔH^0_T Bildungsentropie ΔS^0_T freie Enthalpie ΔG^0_T der Reaktion: $C_{(c)} + O_{2(g)} = CO_{2(g)}$		

T °C	T °K	Zustand bei T °C	$H^0_T - H^0_{25}$ cal/Mol	$S^0_T - S^0_{25}$ cal/°C Mol	$G^0_T - G^0_{25}$ cal/Mol	ΔH^0_T cal/Mol	ΔS^0_T cal/°C Mol	ΔG^0_T cal/Mol
25	298	g	0	0	0	— 94 000	0,7	— 94 260
100	373	g	0 700	2,0	— 3 820	— 94 050	0,7	— 94 270
200	473	g	1 710	4,4	— 9 320	— 94 080	0,6	— 94 370
300	573	g	2 790	6,5	— 14 990	— 94 120	0,6	— 94 440
400	673	g	3 940	8,4	— 20 840	— 94 160	0,5	— 94 490
500	773	g	5 130	10,0	— 26 870	— 94 200	0,4	— 94 530
600	873	g	6 370	11,5	— 33 060	— 94 210	0,4	— 94 570
700	973	g	7 640	12,9	— 39 320	— 94 290	0,3	— 94 610
800	1073	g	8 950	14,2	— 45 860	— 94 330	0,3	— 94 680
900	1173	g	10 290	15,4	— 52 440	— 94 370	0,3	— 94 700
1000	1273	g	11 640	16,5	— 59 150	— 94 400	0,2	— 94 710
1100	1373	g	13 020	17,5	— 65 950	— 94 420	0,2	— 94 720
1200	1473	g	14 400	18,5	— 72 860	— 94 450	0,2	— 94 740
1300	1573	g	15 810	19,4	— 79 820	— 94 480	0,2	— 94 750
1400	1673	g	17 230	20,3	— 86 910	— 94 510	0,2	— 94 760
1500	1773	g	18 650	21,1	— 94 130	— 94 550	0,1	— 94 790
1600	1873	g	20 100	21,9	— 101 350	— 94 590	0,1	— 94 800
1700	1973	g	21 530	22,7	— 108 720	— 94 620	0,1	— 94 820
1800	2073	g	22 930	23,4	— 116 070	— 94 690	0,0	— 94 780
1900	2173	g	24 460	24,0	— 123 450	— 94 750	0,9	— 94 750
2000	2273	g	25 930	24,7	— 130 970	— 94 810	0,0	— 94 740
2500	2773	g	33 340	27,7	— 169 710			
3000	3273	g	40 860	30,2	— 209 790			
3500	3773	g	48 430	32,5	— 251 650			
Relativer Fehler			1,5 %	1,5 %	1 %	<3 %	>10 %	<3 %

(nach VALLET, Publ. de IRSID Serie B, Nr. 26, 1955)

Wasserdampf H$_2$O

Molekulargewicht $M = 18{,}02$			Entropie $S_{25}^0 = 45{,}10$ cal/°C Mol			Bildungsenthalpie ΔH_T^0 Bildungsentropie ΔS_T^0 freie Enthalpie ΔG_T^0 der Reaktion: $H_{2(g)} + {}^1/_2\,O_{2(g)} = H_2O_{(g)}$		
T °C	T °K	Zu-stand bei T °C	$H_T^0 - H_{25}^0$ cal/Mol	$S_T^0 - S_{25}^0$ cal/°C Mol	$G_T^0 - G_{25}^0$ cal/Mol	ΔH_T^0 cal/Mol	ΔS_T^0 cal/°C Mol	ΔG_T^0 cal/Mol
25	298	g	0	0	0	-57700	$-10{,}6$	-54600
100	373	g	0610	1,3	$-\ 3260$	-57980	$-11{,}6$	-53660
200	473	g	1440	3,7	$-\ 8220$	-58210	$-11{,}7$	-52670
300	573	g	2290	5,4	$-\ 13190$	-58430	$-12{,}1$	-51480
400	673	g	3170	6,8	$-\ 18300$	-58640	$-12{,}5$	-50230
500	773	g	4080	8,0	$-\ 23560$	-58830	$-12{,}8$	-48960
600	873	g	5020	9,2	$-\ 28920$	-59010	$-13{,}0$	-47670
700	973	g	5980	10,3	$-\ 34400$	-59170	$-13{,}1$	-46350
800	1073	g	6970	11,2	$-\ 39980$	-59320	$-13{,}3$	-45080
900	1173	g	7990	12,1	$-\ 45670$	-59470	$-13{,}4$	-43740
1000	1273	g	9030	13,0	$-\ 51440$	-59590	$-13{,}5$	-42400
1100	1373	g	10100	13,8	$-\ 57310$	-59720	$-13{,}6$	-41100
1200	1473	g	11190	14,6	$-\ 63250$	-59810	$-13{,}7$	-39700
1300	1573	g	12300	15,3	$-\ 69250$	-59910	$-13{,}7$	-38350
1400	1673	g	13430	16,0	$-\ 75330$	-60090	$-13{,}8$	-36970
1500	1773	g	14590	16,7	$-\ 81530$	-60080	$-13{,}8$	-35620
1600	1873	g	15760	17,3	$-\ 87740$	-60170	$-13{,}8$	-34260
1700	1973	g	16950	17,9	$-\ 94070$	-60230	$-13{,}8$	-32930
1800	2073	g	18150	18,6	-100380	-60310	$-13{,}9$	-31570
1900	2173	g	19360	19,1	-106750	-60370	$-13{,}9$	-30190
2000	2273	g	20590	19,7	-113220	-60440	$-13{,}9$	-28850
2500	2773	g	26860	22,3	-146490	-60760	$-14{,}0$	-22040
Relativer Fehler			0,5%	0,5%	0,4%	$<3\%$	$<3\%$	$3-10\%$

(nach VALLET, Publ. de IRSID Serie B, Nr. 26, 1955)

Kalziumkarbonat $CaCO_3$

Molekulargewicht $M = 100{,}09$			Entropie $S_{25}^0 = 22{,}2$ cal/°C Mol			Bildungsenthalpie ΔH_T^0 Bildungsentropie ΔS_T^0 freie Enthalpie ΔG_T^0 der Reaktion: $CaO_{(c)} + CO_{2(g)} = CaCO_{3(c)}$		
T °C	T °K	Zustand bei T°C	$H_T^0 - H_{25}^0$ cal/Mol	$S_T^0 - S_{25}^0$ cal/°C Mol	$G_T^0 - G_{25}^0$ cal/Mol	ΔH_T^0 cal/Mol	ΔS_T^0 cal/°C Mol	ΔG_T^0 cal/Mol
25	298	c	0	0	0	$-42\,500$	$-38{,}4$	$-31\,070$
100	373	c	1630	4,7	$-\ 1780$	$-42\,360$	$-38{,}1$	$-28\,130$
200	473	c	3960	10,3	$-\ 4780$	$-42\,170$	$-37{,}5$	$-24\,420$
300	573	c	6500	15,2	$-\ 8290$	$-41\,880$	$-36{,}9$	$-20\,700$
400	673	c	9160	19,5	$-12\,260$	$-41\,560$	$-36{,}4$	$-17\,030$
500	773	c	11\,910	23,3	$-16\,620$	$-41\,200$	$-36{,}0$	$-13\,400$
600	873	c	14\,730	26,7	$-21\,350$	$-40\,840$	$-35{,}5$	$-\ 9830$
700	973	c	17\,650	29,9	$-26\,400$	$-40\,440$	$-35{,}1$	$-\ 6290$
800	1073	c	20\,630	32,8	$-31\,770$	$-40\,000$	$-34{,}7$	$-\ 2820$
900	1173	c	23\,710	35,5	$-37\,400$	$-39\,530$	$-34{,}3$	0650
Relativer Fehler			2%	2%	5%	$<3\%$	$<3\%$	$<3\%$

(nach VALLET, Publ. de IRSID Serie B, Nr. 26, 1955)

Wollastonit CaSiO$_3$

Umwandlungspunkt: $(\beta - \alpha)$: 1190 °C
Schmelzpunkt: 1544 °C

Molekulargewicht $M = 116{,}14$			Entropie $S^0_{25} = 19{,}6$ cal/°C Mol			Bildungsenthalpie ΔH^0_T Bildungsentropie ΔS^0_T freie Enthalpie ΔG^0_T der Reaktion: CaO$_{(c)}$ + SiO$_{2(c)}$ = CaSiO$_{3(c)}$		
T °K	T °C	Zustand bei T °C	$H^0_T - H^0_{25}$ cal/Mol	$S^0_T - S^0_{25}$ cal/°C Mol	$G^0_T - G^0_{25}$ cal/Mol	ΔH^0_T cal/Mol	ΔS^0_T cal/°C Mol	ΔG^0_T cal/Mol
25	298	c	0	0	0	−21 300	0,1	−21 330
100	373	c	1 690	4,9	− 1 590	−21 300	0,1	−21 330
200	473	c	4 110	10,7	− 4 360	−21 310	0,1	−21 340
300	573	c	6 690	15,6	− 7 650	−21 340	0,0	−21 350
400	673	c	9 400	20,0	−11 400	−21 380	− 0,1	−21 350
500	773	c	12 230	23,9	−15 560	−21 410	− 0,1	−21 320
600	873	c	15 110	27,4	−20 080	−21 760	− 0,5	−21 290
700	973	c	18 020	30,6	−24 970	−21 700	− 0,5	−21 260
800	1073	c	20 970	33,5	−30 140	−21 770	− 0,4	−21 350
900	1173	c	23 980	36,2	−35 600	−21 570	− 0,3	−21 180
1000	1273	c	27 050	38,7	−41 300	−21 490	− 0,3	−21 160
1100	1373	c	30 160	41,0	−47 240	−21 390	− 0,2	−21 130
Relativer Fehler			0,5%	0,5%	1%	<3%	>10%	<3%

(nach VALLET, Publ. de IRSID Serie B, Nr. 26, 1955)

T °K	T °C	Zustand	$H^0_T - H^0_{25}$	$S^0_T - S^0_{25}$	$G^0_T - G^0_{25}$	ΔH^0_T	ΔS^0_T	ΔG^0_T
1127	1400	c				−21 190		−20 280
1227	1500	c				−21 440		−19 930
1327	1600	c				−21 370		−19 820
1427	1700	c				−21 270		−19 720
1527	1800	c				−21 150		−19 640

Nach ELLIOTT, GLEISER u. RAMAKRISHNA: Thermochemistry for Steelmaking, Bd. 2, Reading u. London 1963.

Bildungsenthalpie: D. R. TORGESON u. T. G. SAHAMA: J. Amer. Chem. Soc. 70 (1948) S. 2156.

Bildungsentropie: S. S. TODD: J. Amer. Chem. Soc. 73 (1951) S. 3277.

Hochtemperaturenthalpie und Entropie-Inkremente: K. K. KELLEY: U. S. Bur. Mines Bull. (1949) 476.

Dikalziumsilikat Ca_2SiO_4

Umwandlungspunkt: $(\beta \rightarrow \alpha')$: 697 °C
Umwandlungswärme: 440 cal/Mol
Umwandlungspunkt: $(\alpha' \rightarrow \alpha)$, 1437 °C
Umwandlungswärme: 3390 cal/Mol
Schmelzpunkt: 2130 °C

Molekulargewicht $M = 172,25$			Bildungsenthalpie ΔH_T^0 Freie Enthalpie ΔG_T^0 der Reaktion $2\,CaO_{(c)} + SiO_{2\,(c)} \rightarrow 2\,CaO \cdot SiO_{2\,(c)}$	
$T\,°C$	$T\,°K$	Zustand bei $T\,°C$	Bildungsenthalpie ΔH_T^0 [cal/Mol]	Freie Enthalpie der Reaktion ΔG_T^0 [cal/Mol]
25,15	298,15	c	$-30190\ (\pm 230)$	-30640
697	970	c	-30110	-31500
697	970	c	-29670	-31500
927	1200	c	-29150	-31850
1027	1300	c	-28910	-32110
1127	1400	c	-29590	-32360
1227	1500	c	-28170	-32625
1327	1600	c	-27670	-32950
1427	1700	c	-27040	-33300
1437	1710	c	-26970	-33360
1437	1710	c	-23580	-33360
1527	1800	c	-23190	-33860
1727	2000	c	-22400	-34800

Nach ELLIOTT, GLEISER u. RAMAKRISHNA: Thermochemistry for Steelmaking, Bd. 2, Reading u. London 1963.

Bildungsenthalpie: E. G. KING: J. Amer. Chem. Soc. 73 (1951) S. 656.

Bildungsentropie: S. S. TODD: J. Amer. Chem. Soc. 73 (1951) S. 3277.

Hochtemperaturenenthalpie und Entropie-Inkremente: J. P. COUGHLIN u. C. J. O'BRIEN: J. Phys. Chem. 61 (1957) S. 767.

Umwandlungswärme: J. P. COUGHLIN u. C. J. O'BRIEN: J. Phys. Chem. 61 (1957) S. 767.

Dikalziumferrit Ca$_2$Fe$_2$O$_5$

Schmelzpunkt: 1477 °C
Schmelzwärme: 36110 cal/Mol

Molekulargewicht $M = 271{,}86$			Bildungsenthalpie ΔH_T^0 freie Bildungsenthalpie ΔG_T^0 der Reaktion $2\,CaO_{(c)} + Fe_2O_{3\,(e)} \rightarrow Ca_2Fe_2O_{5\,(c)}$	
$T°C$	$T°K$	Zustand bei $T°C$	Bildungsenthalpie ΔH_T^0 [cal/Mol]	Freie Enthalpie der Reaktion ΔG_T^0 [cal/Mol]
25,15	298,15	c	$-\ 7400\ (\pm 1000)$	$-\ 8772$
927	1200	c	$-\ 9290$	-12090
1027	1300	c	$-\ 9440$	-12330
1127	1400	c	$-\ 9630$	-12530
1227	1500	c	$-\ 9860$	-12725
1327	1600	c	-10160	-12930
1427	1700	c	-10550	-13050
1477	1750	c	-10850	-13180
1477	1750	c	$+25260$	-13170
1527	1800	c	$+25740$	-14240

Nach ELLIOTT, GLEISER u. RAMAKRISHNA: Thermochemistry for Steelmaking, Bd. 2, Reading u. London 1963.

Bildungsenthalpie: E. S. NEWMAN u. R. H. HOFFMANN: J. Res. Natl. Bur. Standards 56 (1956) S. 313.

Bildungsentropie: E. G. KING: J. Amer. Chem. Soc. 76 (1954) S. 5849.

Hochtemperaturenthalpie und Entropie-Inkremente: K. R. BONNICKSON: J. Amer. Chem. Soc. 76 (1954) S. 1480.

Enthalpie von Eisen(III)-oxyd: J. P. COUGHLIN: J. Amer. Chem. Soc. 73 (1951) S. 3891.

Eisen(II)-oxyd (Wüstit) FeO

Schmelzpunkt: 1377 °C
Schmelzwärme: 7490 cal/Mol

Molekulargewicht $M = 71{,}85$		Entropie $S^0_{25} = 13{,}4$ cal/°C Mol			Bildungsenthalpie ΔH^0_T Bildungsentropie ΔS^0_T freie Enthalpie ΔG^0_T der Reaktion: $0{,}95\,Fe_{(c)} + {}^1/_2\,O_{2\,(g)} = Fe_{0{,}95}O_{(c)}$		
$T\,°C$	$T\,°K$	Zustand bei $T\,°C$	$H^0_T - H^0_{25}$ cal/Mol	$S^0_T - S^0_{25}$ cal/°C Mol	$G^0_T - G^0_{25}$ cal/Mol	ΔH^0_T cal/Mol	ΔS^0_T cal/°C Mol	ΔG^0_T cal/Mol
25	298	c	0	0	0	− 63 700	− 17,6	− 58 400
100	373	c	900	2,7	− 1 000	− 63 400	− 17,0	− 57 100
200	473	c	2 200	5,8	− 2 800	− 63 200	− 16,4	− 55 500
300	573	c	3 500	8,3	− 4 900	− 63 000	− 15,9	− 53 800
400	673	c	4 800	10,5	− 7 200	− 62 800	− 15,7	− 52 300
500	773	c	6 200	12,4	− 9 700	− 62 700	− 15,5	− 50 700
600	873	c	7 500	14,0	− 12 300	− 62 700	− 15,5	− 49 200
700	973	c	8 900	15,5	− 15 200	− 62 800	− 16,1	− 47 600
800	1073	c	10 300	16,9	− 18 100	− 63 200	− 16,0	− 46 100
900	1173	c	11 700	18,2	− 21 200	− 63 200	− 16,0	− 44 500
Relativer Fehler			1%	1%	7%	<3%	3—10%	<3%

(nach VALLET, Publ. de IRSID Serie B, Nr. 26, 1955)

$T\,°C$	$T\,°K$	Zustand				ΔH^0_T		ΔG^0_T
927	1200	c				− 63 300		− 44 450
1027	1300	c				− 63 100		− 42 900
1127	1400	c				− 62 900		− 41 400
1227	1500	c				− 62 700		− 39 850
1327	1600	c				− 62 500		− 38 300
1377	1650	c				− 62 350		− 37 550
1377	1650	l				− 54 850		− 37 550

Nach ELLIOTT u. GLEISER: Thermochemistry for Steelmaking, Bd. 1, Reading u. London 1960.

Bildungsenthalpie: G. L. HUMPHREY, E. G. KING u. K. K. KELLEY: Bur. Mines Rept. Investigations (1952) 4870.

Freie Enthalpie der Reaktion: L. S. DARKEN u. R. W. GURRY: J. Amer. Chem. Soc. 67 (1945) 1398 — R. SCHENCK, TH. DINGMANN, P. H. KIRSCHT u. H. WESSEL-KOCK: Z. anorg. allgem. Chem. 182 (1929) 97 — N. A. GOKCEN: J. Metals 8 (1956) 1558.

1. des Metalls (Fe)   Phasenumwandlungen

Curie-Punkt	769 °C	keine Umwandlungswärme
$\alpha \rightarrow \gamma$	911 °C	215 [cal/Mol]
$\gamma \rightarrow \delta$	1392 °C	270 [cal/Mol]
Schmelzpunkt	1536 °C	3700 [cal/Mol]

2. des Oxyds (Fe_3O_4)

Curie-Punkt	627 °C	—
Schmelzpunkt	1597 °C	3300 [cal/Mol]

Molekulargewicht $M = 231{,}55$ Entropie $S^0_{25} = 35{,}0$ cal/°C Mol

Bildungsenthalpie ΔH^0_T, Bildungsentropie ΔS^0_T, freie Enthalpie ΔG^0_T der Reaktion: $3\,Fe_{(c)} + 2\,O_{2\,(g)} = Fe_3O_{4\,(c)}$

T °C	T °K	Zustand bei T °C	$H^0_T - H^0_{25}$ cal/Mol	$S^0_T - S^0_{25}$ cal/°C Mol	$G^0_T - G^0_{25}$ cal/Mol	ΔH^0_T cal/Mol	ΔS^0_T cal/°C Mol	ΔG^0_T cal/Mol
25	298	c	0	0	0	− 267 000	− 82,5	− 242 420
100	373	c	2 830	8,1	− 2 830	− 266 670	− 81,7	− 236 210
200	473	c	6 960	18,0	− 7 670	− 266 000	− 79,9	− 228 230
300	573	c	11 490	26,7	− 13 440	− 265 100	− 78,2	− 220 320
400	673	c	16 510	34,7	− 19 960	− 263 980	− 76,5	− 212 500
500	773	c	21 800	42,2	− 27 410	− 262 690	− 74,8	− 204 890
600	873	c	27 230	48,8	− 35 460	− 261 660	− 73,5	− 197 470
700	973	c	32 750	54,7	− 44 140	− 261 300	− 72,9	− 190 350
800	1073	c	38 370	60,3	− 53 420	− 261 440	− 73,0	− 183 140
Relativer Fehler			2%	2%	8%	3—10%	<3%	<3%

(nach VALLET, Publ. de IRSID, Serie B, Nr. 26, 1955)

T °C	T °K	Zustand				ΔH^0_T		ΔG^0_T
827	1100	c				− 260 500		− 181 800
911	1184	c				− 260 500		− 175 700
911	1184	c				− 261 200		− 175 700
927	1200	c				− 261 100		− 174 600
1027	1300	c				− 260 600		− 167 400
1127	1400	c				− 260 100		− 160 300
1227	1500	c				− 259 600		− 153 200
1327	1600	c				− 259 100		− 146 100
1392	1665	c				− 258 800		− 141 500
1392	1665	c				− 259 600		− 141 500
1427	1700	c				− 259 600		− 139 000
1527	1800	c				− 259 500		− 131 900
1536	1809	c				− 259 500		− 131 300
1536	1809	c				− 270 600		− 131 300
1597	1870	c				− 270 600		− 126 600
1597	1870	l				− 237 600		− 126 600

Nach ELLIOTT u. GLEISER: Thermochemistry for Steelmaking, Bd. 1, Reading u. London 1960.

Quellen der Daten: J. P. COUGHLIN, E. G. KING u. K. R. BONNICKSON: J. Amer. Chem. Soc. 73 (1951) 3891.

Phasenumwandlungen

1. des Metalls (Fe)

Curie-Punkt	769 °C	keine Umwandlungswärme
$\alpha \to \gamma$	911 °C	215 [cal/Mol]
$\gamma \to \delta$	1392 °C	270 [cal/Mol]
Schmelzpunkt	1536 °C	3700 [cal/Mol]

2. des Oxyds (Fe$_2$O$_3$)

—	677 °C	160 [cal/Mol]
Curie-Punkt	777 °C	—
Zersetzungs-punkt	1457 °C	unbekannt

Molekulargewicht $M = 159{,}70$ Entropie $S^0_{25} = 21{,}5$ cal/°C Mol

Bildungsenthalpie ΔH^0_T, Bildungsentropie ΔS^0_T, freie Enthalpie ΔG^0_T der Reaktion:

$$2\,\mathrm{Fe}_{(c)} + 3/2\,\mathrm{O}_{2(g)} = \mathrm{Fe}_2\mathrm{O}_{3(c)}$$

T °C	T °K	Zustand bei T °C	$H^0_T - H^0_{25}$ cal/Mol	$S^0_T - S^0_{25}$ cal/°C Mol	$G^0_T - G^0_{25}$ cal/Mol	ΔH^0_T cal/Mol	ΔS^0_T cal/°C Mol	ΔG^0_T cal/Mol
25	298	c	0	0	0	− 196 500	− 65,0	− 177 140
100	373	c	1960	5,6	− 1750	− 196 280	−62,5	− 171 470
200	473	c	4840	12,5	− 4840	− 195 780	− 63,3	− 165 850
300	573	c	8000	18,6	− 8570	− 195 210	− 62,1	− 159 630
400	673	c	11 430	24,1	−12 860	− 194 520	− 61,0	− 153 470
500	773	c	15 060	29,2	−17 690	− 193 690	− 60,0	− 147 330
600	873	c	18 770	33,7	−23 090	− 193 020	− 59,2	− 141 350
700	973	c	22 510	37,7	−28 720	− 192 860	− 58,9	− 135 590
800	1073	c	26 270	41,4	−34 850	− 193 060	− 59,0	− 129 740
Relativer Fehler			2%	2%	6%	<3%	<3%	<3%

(nach VALLET, Publ. de IRSID, Serie B, Nr. 26, 1955)

T °C	T °K	Zustand				ΔH^0_T		ΔG^0_T
827	1100	c				− 192 400		− 128 100
911	1184	c				− 192 300		− 123 200
911	1184	c				− 192 700		− 123 200
927	1200	c				− 192 700		− 122 200
1027	1300	c				− 192 300		− 116 400
1127	1400	c				− 191 900		− 110 600
1227	1500	c				− 191 500		− 104 800
1327	1600	c				− 191 100		− 99 000
1392	1665	c				− 190 700		− 95 300
1392	1665	c				− 191 300		− 95 300
1427	1700	c				− 191 200		− 93 300

Nach ELLIOTT u. GLEISER: Thermochemistry for Steelmaking, Bd. 1, Reading u. London 1960.

Bildungsenthalpie: L. S. DARKEN u. R. W. GURRY: J. Amer. Chem. Soc. 68 (1946) 799 — W. A. ROTH u. F. WIENERT: Arch. Eisenhüttenwes. 7 (1934) 460.

Freie Enthalpie der Reaktion: J. SMILTENS: J. Amer Chem. Soc. 79 (1957) 4887.

Christobalit SiO$_2$

Phasenumwandlungen

$a \rightarrow \beta$	250 °C	Umwandlungswärme: 200 [cal/Mol]
Schmelzpunkt	1713 °C	Schmelzwärme: 3100 [cal/Mol]

Molekulargewicht $M = 60{,}06$		Entropie $S_{25}^0 = 10{,}19$ cal/°C Mol			Bildungsenthalpie ΔH_T^0 Bildungsentropie ΔS_T^0 freie Enthalpie ΔG_T^0 der Reaktion: $Si_{(c)} + O_{2\,(g)} = SiO_{2\,(c)}$		
T °C	T °K	Zustand bei T °C	$H_T^0 - H_{25}^0$ cal/Mol	$S_T^0 - S_{25}^0$ cal/°C Mol	$G_T^0 - G_{25}^0$ cal/Mol	ΔH_T^0 cal/Mol	ΔS_T^0 cal/°C Mol	ΔG_T^0 cal/Mol
25	298	c	0	0	0	$-205\,000$	$-43{,}3$	$-192\,090$
100	373	c	890	2,6	$-\ 830$	$-205\,020$	$-43{,}5$	$-188\,800$
200	473	c	2150	5,7	$-\ 2320$	$-205\,020$	$-43{,}3$	$-184\,540$
250	523	c	2910	7,2	$-\ 3130$	$-204\,920$	$-43{,}1$	$-182\,330$
250	523	c	3110	7,5	$-\ 3130$	$-204\,720$	$-42{,}7$	$-182\,330$
300	573	c	3890	8,9	$-\ 4030$	$-204\,600$	$-42{,}6$	$-180\,200$
400	673	c	5430	11,8	$-\ 6350$	$-204\,420$	$-41{,}9$	$-176\,240$
500	773	c	7030	13,6	$-\ 8340$	$-204\,210$	$-42{,}0$	$-171\,750$
600	873	c	8650	15,6	$-10\,830$	$-204\,010$	$-41{,}8$	$-167\,560$
700	973	c	10290	17,4	$-13\,500$	$-203\,810$	$-41{,}6$	$-163\,380$
800	1073	c	11940	19,0	$-16\,340$	$-203\,630$	$-41{,}3$	$-159\,280$
900	1173	c	13610	20,5	$-19\,350$	$-203\,440$	$-41{,}2$	$-155\,170$
1000	1273	c	15330	21,9	$-22\,480$			
1100	1373	c	17050	23,2	$-25\,760$			
1200	1473	c	18770	24,4	$-29\,170$			
1300	1573	c	20520	25,6	$-32\,680$			
1400	1673	c	22270	26,6	$-36\,310$			
1500	1773	c	24050	27,7	$-40\,040$			
1600	1873	c	25840	28,7	$-43\,860$			
1700	1973	c	27630	29,6	$-47\,820$			
Relativer Fehler			0,5%	0,5%	1,5%	$<3\%$	$<3\%$	$<3\%$

(nach VALLET, Publ. de IRSID, Serie B, Nr. 26, 1955)

Fayalit Fe_2SiO_4

Schmelzpunkt: 1217 °C
Schmelzwärme: 22 030 cal/Mol

Molekulargewicht $M = 203{,}76$		Entropie $S_{25}^0 = 35{,}4$ cal/°C Mol			Bildungsenthalpie ΔH_T^0 Bildungsentropie ΔS_T^0 freie Enthalpie ΔG_T^0 der Reaktion: $2\,FeO_{(c)} + SiO_{2\,(c)} = Fe_2SiO_{4\,(c)}$		
T °C	T °K	Zustand bei T °C	$H_T^0 - H_{25}^0$ cal/Mol	$S_T^0 - S_{25}^0$ cal/°C Mol	$G_T^0 - G_{25}^0$ cal/Mol	ΔH_T^0 cal/Mol	ΔS_T^0 cal/°C Mol	ΔG_T^0 cal/Mol
25	298	c	0	0	0	−10 900	−1,4	−10 480
100	373	c	2 600	7,5	− 2 800	−11 000	−1,9	−10 290
200	473	c	6 350	16,5	− 7 510	−11 160	−2,2	−10 100
300	573	c	10 400	24,2	−13 030	−11 180	−2,3	− 9 870
400	673	c	14 700	31,2	−19 580	−11 140	−2,1	− 9 610
500	773	c	19 200	37,4	−26 540	−10 940	−2,0	− 9 400
600	873	c	23 700	42,9	−33 710	−11 560	−2,2	− 9 600
700	973	c	28 200	47,8	−41 770	−11 020	−2,1	− 8 980
800	1073	c	32 850	52,3	−50 130	−10 920	−2,0	− 8 750
900	1173	c	37 550	56,6	−59 180	−10 740	−1,7	− 8 720*
1000	1273	c	42 400	60,5	−68 490			
1100	1373	c	47 300	64,2	−78 190			
Relativer Fehler			2 %	2 %	4,5 %	< 3 %	> 10 %	3−10 %

(nach VALLET, Publ. de IRSID, Serie B, Nr. 26, 1955)

T °C	T °K	Zustand				ΔH_T^0		ΔG_T^0
1127	1400	c				− 8 625		−1 610
1217	1490	c				− 8 400		−1 185
1217	1490	l				+ 13 630		−1 185
1227	1500	l				+ 13 740		−1 275
1327	1600	l				+ 14 690		−2 270
1377	1650	l				+ 15 140		−2 745
1427	1700	l				+ 458		−2 925
1527	1800	l				+ 1 065		−3 110

Nach ELLIOTT, GLEISER u. RAMAKRISHNA: Thermochemistry for Steelmaking, Bd. 2, Reading u. London 1963.

Bildungsenthalpie und Bildungsentropie: E. G. KING: J. Amer. Chem. Soc. 74 (1952) 4446.

Hochtemperaturenthalpie und Entropie-Inkremente: R. L. ORR: J. Amer. Chem. Soc. 57 (1953) 528.

Schmelzwärme: R. L. ORR: J. Amer. Chem. Soc. 75 (1953) 528.

* − 6000 cal/Mol nach Abbaukurven von R. SCHENCK und Mitarbeitern, vgl. Stahl u. Eisen 52 (1932) 731/32.

Magnesiumferrit MgFe$_2$O$_4$

Umwandlungspunkt: $(\beta \rightarrow \gamma)$, 957 °C
Umwandlungswärme: 350 cal/Mol
Schmelzpunkt: $\approx$ 1720 °C

Molekulargewicht $M = 200{,}02$			Bildungsenthalpie ΔH_T^0 freie Enthalpie ΔG_T^0 der Reaktion: MgO$_{(c)}$ + Fe$_2$O$_{3\,(c)}$ → MgFe$_2$O$_{4\,(c)}$	
T °C	T °K	Zustand bei T °C	Bildungsenthalpie ΔH_T^0 [cal/Mol]	Freie Enthalpie der Reaktion ΔG_T^0 [cal/Mol]
25,15	298,15	c	−2500	−2575
927	1200	c	−3530	−3030
957	1230	c	−3562	−3055
957	1230	c	−3212	−3055
1027	1300	c	−3430	−3000
1127	1400	c	−3720	−2950
1227	1500	c	−3880	−2870
1327	1600	c	−3940	−2820
1427	1700	c	−3950	−2760
1527	1800	c	−4030	−2680

Nach ELLIOTT, GLEISER u. RAMAKRISHNA: Thermochemistry for Steelmaking, Bd. 2, Reading u. London 1963.

Bildungsenthalpie: B. E. LEVIN: Izvest. Akad. Nauk., S.S.S.R., Ser. Fiz. 18 (1954) 519.

Bildungsentropie: E. G. KING: J. Amer. Chem. Soc. 76 (1954) 5849.

Hochtemperaturenthalpie, Entropie-Inkremente und Umwandlungswärme: K. R. BONNICKSON: J. Amer. Chem. Soc. 76 (1954) 1480.

Enthalpie von Eisen(III)-oxyd: J. P. COUGHLIN: J. Amer. Chem. Soc. 73 (1951) 3891.

Amphibol MgSiO$_3$

Schmelzpunkt: 1525
Schmelzwärme: 14700 cal/Mol

Molekulargewicht $M = 100{,}38$			Entropie $S^0_{25} = 16{,}2$ cal/°C Mol			Bildungsenthalpie ΔH^0_T Bildungsentropie ΔS^0_T freie Enthalpie ΔG^0_T der Reaktion: MgO$_{(c)}$ + SiO$_{2\,(c)}$ = MgSiO$_{3\,(c)}$		
$T\,°K$	$T\,°K$	Zustand bei $T\,°C$	$H^0_T - H^0_{25}$ cal/Mol	$S^0_T - S^0_{25}$ cal/°C Mol	$G^0_T - G^0_{25}$ cal/Mol	ΔH_T cal/Mol	ΔS^0_T cal/°C Mol	ΔG^0_T cal/Mol
25	298	c	0	0	0	− 8700	− 0,2	− 8640
100	373	c	1610	4,6	− 1330	− 8680	− 0,2	− 8620
200	473	c	3930	10,2	− 3720	− 8620	− 0,1	− 8570
300	573	c	6430	15,0	− 6610	− 8650	− 0,1	− 8610
400	673	c	9090	19,3	− 9960	− 8620	0,0	− 8600
500	773	c	11860	23,1	− 13720	− 8620	0,0	− 8590
600	873	c	14710	26,6	− 17830	− 8940	0,0	− 8580
700	973	c	17600	29,8	− 22280	− 8840	0,0	− 8550
800	1073	c	20550	32,6	− 27030	− 8740	0,0	− 8520
900	1173	c	23550	35,3	− 32040	− 8660	0,0	− 8500
1000	1273	c	26590	37,8	− 37320	− 8560	0,0	− 8500
1100	1373	c	29680	40,1	− 42850	− 8430	0,0	− 8490
Relativer Fehler			0,5%	0,5%	1,5%	<3%	>10%	<3%

(nach VALLET, Publ. de IRSID, Serie B, Nr. 26, 1955)

1127	1400	c				− 8860		− 7610
1227	1500	c				− 8820		− 7530
1327	1600	c				− 8800		− 7440
1427	1700	c				− 8790		− 7310
1525	1798	c				− 8755		− 7120
1525	1798	l				+ 5945		− 7120

Nach ELLIOTT, GLEISER u. RAMAKRISHNA: Thermochemistry for Steelmaking, Bd. 2, Reading u. London 1963.

Bildungsenthalpie: D. R. TORGESON u. T. G. SAHAMA: J. Amer. Chem. Soc. 70 (1948) 2156.

Bildungsentropie: K. K. KELLEY: U. S. Bur. Mines Bull. (1950) 477.

Hochtemperaturenthalpie und Entropie-Inkremente. K. K. KELLEY: U. S. Bur. Mines Bull. (1949) 476.

Schmelzwärme: U. S. Bur. Standards Circular No. 500 (1952).

Schmelzpunkt: 1890 °C

Molekulargewicht $M = 140{,}73$			Bildungsenthalpie ΔH_T^0 freie Enthalpie ΔG_T^0 der Reaktion: $2\,\mathrm{MgO_{(c)}} + \mathrm{SiO_{2\,(c)}} \rightarrow \mathrm{Mg_2SiO_{4\,(c)}}$	
$T\,°\mathrm{K}$	$T\,°\mathrm{C}$	Zustand bei $T\,°\mathrm{C}$	Bildungsenthalpie ΔH_T^0 [cal/Mol]	Freie Enthalpie der Reaktion ΔG_T^0 [cal/Mol]
25,15	298,15	c	$-15120\ (\pm 500)$	-15020
927	1200	c	-14670	-14680
1027	1300	c	-14530	-14710
1127	1400	c	-14320	-14610
1227	1500	c	-14070	-14750
1327	1600	c	-13820	-14810
1427	1700	c	-13570	-14910
1527	1800	c	-13330	-14990
1727	2000	c	-12880	-15020

Nach ELLIOTT, GLEISER u. RAMAKRISHNA: Thermochemistry for Steelmaking, Bd. 2, Reading u. London 1963.

Bildungsenthalpie: D. R. TORGESON u. T. G. SAHAMA: J. Amer. Chem. Soc. 70 (1948) 2156.

Bildungsentropie: K. K. KELLEY: U. S. Bur. Mines Bull. 477 (1950) 477.

Hochtemperaturenthalpie und Entropie-Inkremente: R. L. ORR: J. Amer. Chem. Soc. 75 (1953) 528.

Diopsid CaMg(SiO$_3$)$_2$

Schmelzpunkt: 1391,5 °C

Molekulargewicht $M = 216{,}58$			Bildungsenthalpie ΔH_T^0 freie Enthalpie ΔG_T^0 der Reaktion: $\mathrm{CaO_{(c)}} + \mathrm{MgO_{(c)}} + 2\,\mathrm{SiO_{2\,(c)}} \rightarrow \mathrm{CaMg(SiO_3)_2}$	
$T\,°\mathrm{C}$	$T\,°\mathrm{K}$	Zustand bei $T\,°\mathrm{C}$	Bildungsenthalpie ΔH_T^0 [cal/Mol]	Freie Enthalpie der Reaktion ΔG_T^0 [cal/Mol]
25,15	298,15	c	$-35250\ (\pm 220)$	-35820
927	1200	c	-35010	-36490
1027	1300	c	-34950	-36630
1127	1400	c	-34830	-36760
1227	1500	c	-34660	-36895
1327	1600	c	-34440	-37050

Nach ELLIOTT, GLEISER u. RAMAKRISHNA: Thermochemistry for Steelmaking, Bd. 2, Reading u. London 1963.

Bildungsenthalpie: K. J. NEUVONEN: Bull. Conim. Geol. Finlande, 158 (1952) 50.

Bildungsentropie: E. G. KING: J. Amer. Chem. Soc. 79 (1957) 5437.

Hochtemperaturentropie und Enthalpie-Inkremente: K. K. KELLEY: U. S. Bur. Mines Bull. (1949) 476.

Schmelztemperatur: U. S. Burg. Standards Circular No. 500 (1952).

1. Grundlagen

1.1. Gleichgewichte

1.1.1. Das System Eisen-Sauerstoff

Einen Überblick über die im System Eisen-Sauerstoff zwischen 400 und 1400 °C auftretenden festen, thermodynamisch stabilen Phasen gibt das Zweistoffschaubild Bild 1 nach den Angaben von L. S. DARKEN und R. W. GURRY[1]) sowie B. PHILLIPS und A. MUAN[2]) und O. M. SALMON[3]).

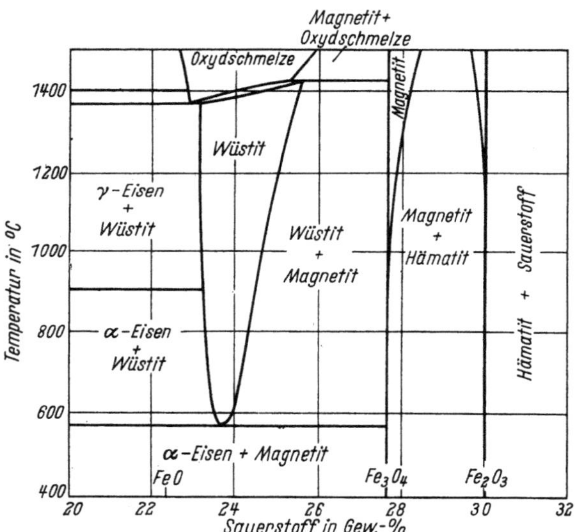

Bild 1. Das System Eisen-Sauerstoff (Ausschnitt)

Der Linienverlauf entspricht weitgehend den Darstellungen von M. HANSEN[4]) und von J. F. ELLIOTT, M. GLEISER und V. RAMAKRISHNA[5]). Die Löslichkeit von Sauerstoff im festen α- und γ-Eisen ist äußerst gering und in dem Schaubild nicht berücksichtigt. Nach den Messungen von SIFFERLEN[6])

beträgt die Löslichkeit weniger als 10^{-2} Gew.-% O_2. Auf die Umwandlungs-
temperaturen der festen Eisenmodifikationen bleibt der Sauerstoffgehalt
daher ohne Einfluß. Das Lösungsvermögen des flüssigen Eisens für Sauerstoff ist erheblich größer. Bild 2 zeigt die Sättigungswerte der Sauerstoff-

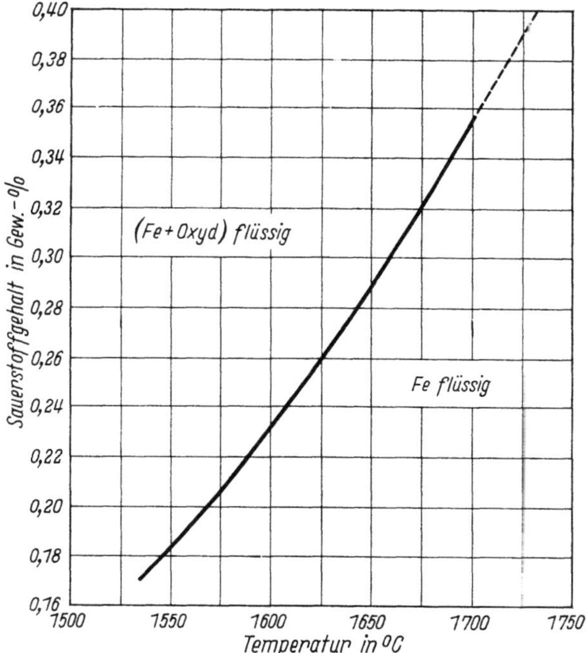

Bild 2. Die Sauerstofflöslichkeit von flüssigem Eisen im Gleichgewicht mit einer
reinen Eisenoxydul-Schlacke nach Elliott[5])

löslichkeit in reinem Eisen für den Bereich von 1535 °C, dem Schmelzpunkt des reinen Eisens, bis etwa 1700 °C nach Angaben von J. F. Elliott
und Mitarbeitern[5]).

Eisen bildet mit Sauerstoff die drei stabilen festen Verbindungen
$Fe_{1-y}O$, Fe_3O_4 und Fe_2O_3. Zum Unterschied von der kubischen γ-Fe_2O_3-
Modifikation wird der rhomboedrische* Hämatit auch α-Fe_2O_3 genannt.

Es ist zur Beschreibung des Gitterbaus der Oxyde notwendig, die
Abweichungen von der idealen Struktur zu berücksichtigen.

Die Bezeichnung der *Störstellen* in den Oxyden schließt sich in diesem
Buch an den Vorschlag von W. Schottky an. Symbole zwischen senk-
rechten Strichen bezeichnen danach den Gitterplatz, den das vor diesem
Symbol angeschriebene Ion einnimmt:

---

* Al_2O_3-Typ.

1. $Fe^{3+}|Fe^{2+}|^{\bullet}$ = dreiwertiges Eisenion auf dem Gitterplatz eines zweiwertigen Eisenions;
2. $Mn^{2+}|Fe^{2+}|$ = zweiwertiges Manganion auf dem Gitterplatz eines zweiwertigen Eisenions;
3. $Fe^{2+}|Fe^{2+}|$ = zweiwertiges Eisenion auf normalem Gitterplatz;
4. $Mn^{3+}|Mn^{4+}|'$ = dreiwertiges Manganion auf Gitterplatz eines vierwertigen Manganions;
5. $Mn^{2+}|Mn^{3+}|'$ = zweiwertiges Manganion auf Gitterplatz eines dreiwertigen Manganions.

Mit $+$ und $-$ werden die Ladungen der Gitterionen, mit $^{\bullet}$ und $'$ die Ladungen der Störstellen, relativ zum ungestörten bzw. ideal besetzten Gitter, bezeichnet.

Sinngemäß bedeuten:

6. $|Fe^{2+}|''$ = Eisenionen-Leerstelle (unbesetzter Eisenionen-Gitterplatz);
7. $Fe^{\bullet\bullet}$ = Eisenion auf Zwischengitterplatz;
8. e' = freies Elektron (Leitungselektron);
9. $|e|^{\bullet}$ = Elektronen-Defektstelle (Defektelektron).

Beim Wüstit, der im Rahmen dieses Buches besonders wichtig ist, sind die Fehlstellen 1 und 9 identisch, wobei durch die Darstellung 1 die materielle Form, durch 9 der elektronische Ladungszustand hervorgehoben wird.

In Anlehnung an die obigen Bezeichnungen wird ein Oxydmolekül an der Halbkristallage (Bild 3) mit

10. FeO $\top$

bezeichnet.

Der *Wüstit* $Fe_{1-y}O$ kann zwischen 23,1 und 25,6% O enthalten; er erreicht also nicht die stöchiometrische Zusammensetzung Fe/O $= 1$, die bei 22,3% O liegen würde. Der Wüstit kristallisiert im kubisch flächenzentrierten Kochsalzgitter. Das Teilgitter des Sauerstoffs ist weitgehend vollständig besetzt, dagegen bleiben im Eisenteilgitter eine Anzahl von Gitterpunkten unbesetzt[7]). Nach Angaben von W. L. ROTH[8]) soll das Wüstitgitter gewisse Abweichungen vom Kochsalztyp zeigen. Die Neu-

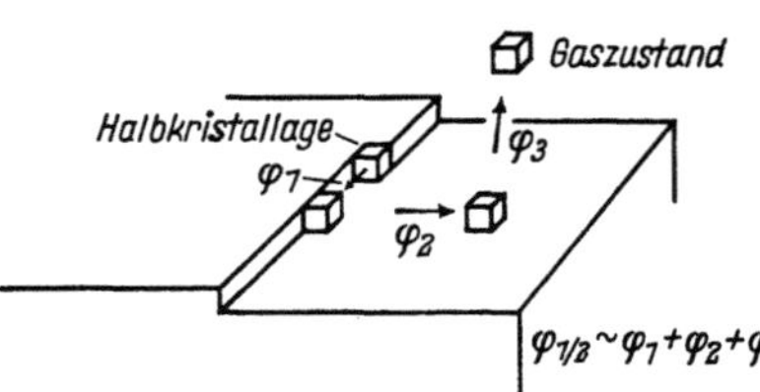

Bild 3. Schema einer Kristalloberfläche nach STRANSKI[6a])

φ = Ablösearbeit

tronenbeugungsversuche von ROTH deuten auf Bereiche des Gitters hin, in denen eine Überstruktur aus Eisenionenleerstellen und Eisenionen auf Zwischengitterplätzen auftritt, und die einen spinellähnlichen Bau haben sollen.

Der *Sauerstoffüberschuß* des Wüstits ist nach dem Gitterbau als ein *Eisenunterschuß* aufzufassen. In der Formel des Wüstits $Fe_{1-y}O$ kennzeichnet der Buchstabe y den Anteil der unbesetzten Eisenionengitterpunkte, bezogen auf die vorhandene Anzahl von Eisengitterplätzen:

$$y = \frac{n_{|Fe^{2+}|''}}{n_{|Fe^{2+}|''} + n_{Fe^{2+}|Fe^{2+}|} + n_{Fe^{3+}|Fe^{2+}|^{\bullet}}} = N_{|Fe^{2+}|''} \,. \tag{1}$$

$N_{|Fe^{2+}|''}$ ist der Molenbruch der Eisenionenleerstellen. Wegen des Unterschusses an Eisen muß ein äquivalenter Anteil der Eisenionen im Gitter dreiwertig vorliegen, andernfalls wäre die Forderung nach Elektronenneutralität

$$\sum z_i N_i = 0 \tag{2}$$

mit z_i = Ladung der Ionenart i und $i = Fe^{2+}$, Fe^{3+}, O^{2-} nicht erfüllt. Aus (2) folgt für den Molenbruch $N_{Fe^{3+}|Fe^{2+}|^{\bullet}}$ der Eisenionen, die diese positive Überschußladung tragen,

$$N_{Fe^{3+}|Fe^{2+}|^{\bullet}} = N_{|e|^{\bullet}} = \frac{n_{Fe^{3+}|Fe^{2+}|^{\bullet}}}{n_{Fe^{3+}|Fe^{2+}|^{\bullet}} + n_{Fe^{2+}|Fe^{2+}|} + n_{|Fe^{2+}|''}} \,. \tag{3}$$

Die positiven Überschußladungen der Metallionen können sich durch Umladung zwischen zwei- und dreiwertigen Eisenionen durch das Gitter bewegen. Sie werden *Defektelektronen* genannt und sind die Ladungsträger der elektrischen Leitfähigkeit des Wüstits. Die Eisenionenleerstellen ermöglichen dagegen eine Bewegung der Metallionen durch das Gitter: Ein Eisenion kann auf einen ihm benachbarten freien Eisengitterplatz springen und damit einen Gitterabstand vorrücken. Die Eisenionenleerstelle ist bei diesem Vorgang um einen Gitterplatz in entgegengesetzter Richtung gewandert. Bild 4 veranschaulicht diesen Vorgang. Der Wanderung einer Leerstelle durch derartige Platzwechsel mit benachbarten Eisenionen durch einen Wüstitkristall hindurch entspricht eine Wanderung eines Eisenions in entgegengesetzter Richtung durch den Kristall. Bezeichnet man mit j den Stoffstrom, z. B. in $[Mol \cdot cm^{-2} \cdot sec^{-1}]$, so gilt also

$$j_{|Fe|''} = -j_{Fe} \,. \tag{4}$$

Zwischen dem Selbstdiffusionskoeffizienten des Eisens im Wüstit D_{Fe}^{*} und dem Diffusionskoeffizienten der Leerstellen $D_{|Fe^{2+}|''}$ besteht die von C. WAGNER[9]) angegebene Beziehung

$$y\, D_{|Fe^{2+}|''} = (1 - y)\, D_{Fe}^{*} \,. \tag{5}$$

Aus Messungen des Selbstdiffusionskoeffizienten von Eisen in Wüstit, die L. HIMMEL, R. F. MEHL und C. E. BIRCHENALL ausführten[10]), kann mit (5) berechnet werden[11]), daß der Diffusionskoeffizient der Leerstellen weitgehend unabhängig von der Leerstellenkonzentration y ist und durch

$$D_{|\mathrm{Fe}^{2+}|''} = D^0_{|\mathrm{Fe}^{2+}|''} \exp - \frac{\Delta H^*}{RT},$$
$$D^0_{|\mathrm{Fe}^{2+}|''} = 4{,}5 \cdot 10^{-2} \; [\mathrm{cm^2\ sec^{-1}}], \qquad (6)$$
$$\Delta H^* = 27\,800 \; [\mathrm{cal \cdot Mol^{-1}}]$$

wiedergegeben werden kann. Geringfügig abweichende Werte der Diffusionskoeffizienten ergeben sich aus Messungen der Überführungszahl der Eisenionen im Wüstit[12]) und aus Messungen der Oxydation von Eisen[11]).

Innerhalb seines Homogenitätsbereichs verändert sich die Zusammensetzung des Wüstits mit der Eisenaktivität und mit dem Sauerstoffpartialdruck der Gasphase, mit der das Oxyd im Gleichgewicht steht. Als Konzentrationsmaß zur Beschreibung der Zusammensetzung des

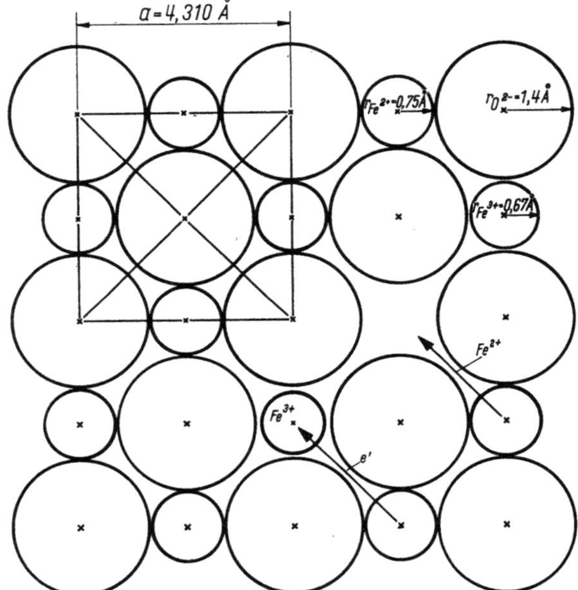

Bild 4. (100)-Ebene des Wüstits mit einer Eisenionen-Leerstelle und zwei dreiwertigen Eisenionen

Wüstits wird zweckmäßigerweise der Eisenunterschuß bzw. der Molenbruch der Eisenionenleerstellen y gewählt. Der Zusammenhang dieser Größe mit dem Sauerstoffpartialdruck p_{O_2} läßt sich mit Hilfe der von C. WAGNER und W. SCHOTTKY[13]) und C. WAGNER[14]) entwickelten *Thermodynamik der geordneten Mischphasen* berechnen, wenn eine Modellvorstellung für die Abweichungen des Realkristalls vom Idealzustand des vollständig geordneten Gitterbaus zugrunde gelegt wird. Im Einklang mit der Tatsache[7]), daß der Eisenunterschuß eine gewisse Konzentration an unbesetzten Eisenionengitterplätzen zur Folge hat, sei angenommen, daß in einem hypothetischen, stöchiometrischen Wüstit eine gewisse Anzahl von Eisenionen ihre Gitterplätze verlassen und auf Plätze eingebaut werden, die im idealen Wüstitgitter unbesetzt bleiben. Diese Zwischengitterionen seien mit $Fe^{\cdot\cdot}$ bezeichnet. Die Bildung von Zwischengitterionen erfolgt durch die Reaktion

$$Fe^{2+}|Fe^{2+}| \rightleftharpoons Fe^{\cdot\cdot} + |Fe^{2+}|''. \tag{6a}$$

Im stöchiometrischen Wüstit ($y = 0$) müssen die Molenbrüche der Zwischengitterionen $Fe^{\cdot\cdot}$ und Leerstellen $|Fe^{2+}|''$ gleich sein:

$$N_{Fe^{\cdot\cdot}} = N_{|Fe^{2+}|''} \equiv \alpha \quad \text{für} \quad y = 0. \tag{7}$$

α wird *Ionenfehlordnungsgrad* genannt. Ebenso wie bei den Ionen kann bei den Elektronen eine Fehlordnung eintreten. Chemisch kann man sich das so vorstellen, daß z. B. von zweiwertigen Eisenionen ein Elektron abgespalten wird, das sich frei durch das Gitter bewegen kann und daher Leitungselektron genannt wird. Bezeichnen wir die Leitungselektronen mit dem Zeichen e', so gilt für diesen Vorgang

$$Fe^{2+}|Fe^{2+}| \rightleftharpoons Fe^{3+}|Fe^{2+}|^{\cdot} + e'$$

oder mit der oben benutzten Bezeichnung Defektelektronen $|e^{\cdot}$ für die dritte positive Ladung der Eisenionen:

$$Fe^{2+}|Fe^{2+}| \rightleftharpoons e' + |e|^{\cdot}. \tag{8}$$

Analog zu (7) gilt auch hierfür

$$N_{e'} = N_{|e|^{\cdot}} \equiv \beta \quad \text{für} \quad y = 0. \tag{9}$$

Fassen wir nun den realen Kristall als eine ideale Lösung von Leerstellen, Zwischengitterionen, Leitungselektronen und Defektelektronen in einem hypothetischen, geordneten FeO-Gitter als Lösungsmittel auf, so kann auf (6a) und (8) das Massenwirkungsgesetz angewendet werden. Wird die Konzentration der Gitterplatzionen als konstant angesehen, so folgt

$$N_{Fe^{\cdot\cdot}} N_{|Fe^{2+}|''} = \alpha^2,$$
$$N_{e'} N_{|e|^{\cdot}} = \beta^2. \tag{10}$$

Mit der Gasphase setzt sich das Oxyd über die Reaktionen

$$Fe^{2+}|Fe^{2+}| + 1/2\,O_2 \rightleftharpoons |Fe^{2+}|'' + 2|e|^{\cdot} + FeO \tag{11}$$

und

$$Fe^{\cdot\cdot} + 2e' + 1/2\,O_2 \rightleftharpoons FeO \tag{12}$$

ins Gleichgewicht. Da durch (10) die Konzentrationen von Elektronen und Defektelektronen sowie von Zwischengitterionen und Leerstellen miteinander verknüpft sind, reicht (11) zur Beschreibung dieses Gleichgewichtes aus. Setzt man wiederum die Konzentration der Eisenionen auf normalen Gitterplätzen $Fe^{2+} |Fe^{2+}|$ als konstant an, so ergibt die Anwendung des Massenwirkungsgesetzes auf (11)

$$K_y = \frac{p_{O_2}^{1/2}}{N_{|Fe^{2+}|''} \, N_{|e|^\bullet}^2}. \tag{13}$$

Für $y \neq 0$ ist anstelle von (7) und (9) die allgemeine Elektronenneutralitätsbezeichnung (2) zu benutzen. Im vorliegenden Fall ist es nützlich und gebräuchlich, nur über die Ionen- und Elektronenfehlstellen zu summieren und die Gitterbausteine auf normalen Gitterplätzen herauszulassen, indem ihr Ladungszustand als Ladungsnullpunkt angenommen wird. Ein fehlendes zweiwertig positives Eisenion, also eine Eisenionenleerstelle, wird dann als zweiwertig negativ, ein dreiwertiges Eisenion, also ein Defektelektron, als einwertig positiv betrachtet usf. Dann ergibt sich

$$N_{|e|^\bullet} + 2N_{Fe^{\bullet\bullet}} - N_{e'} - 2N_{|Fe^{2+}|''} = 0. \tag{14}$$

Aus (10), (13) und (14) folgt mit

$$y = N_{|Fe^{2+}|''} - N_{Fe^{\bullet\bullet}} \tag{15}$$

die Beziehung

$$p_{O_2}^{1/2} = K_y (y + \sqrt{\beta^2 + y^2})^2 \left(\frac{y}{2} + \sqrt{\alpha^2 + \frac{y^2}{4}} \right). \tag{16}$$

Im Bereich größerer Abweichungen von der stöchiometrischen Zusammensetzung kann $y \gg \beta$ und $y \gg \alpha$ angenommen werden. Dann ist die Konzentration der Leitungselektronen gegenüber der der Defektelektronen und die der Zwischengitterionen gegenüber der der Eisenionenleerstellen zu vernachlässigen. Unter diesen Voraussetzungen kann (16) durch

$$y^3 \approx \frac{p_{O_2}^{1/2}}{4K_y} \tag{17}$$

angenähert werden. Bei höheren Leerstellenkonzentrationen ist die Verminderung der $Fe^{2+} |Fe^{2+}|$ durch die Bildung der Leerstellen und Defektelektronen zu berücksichtigen. Schreibt man (11) in der Form

$$3\,Fe^{2+} |Fe^{2+}| + 1/2\,O_2 \rightleftharpoons |Fe^{2+}|'' + 2\,Fe^{3+} |Fe^{2+}|^\bullet + FeO,$$

$$FeO = Fe^{2+} |Fe^{2+}| + O^{2-} |O^{2-}|$$

und berücksichtigt man, daß

$$N_{Fe^{2+} |Fe^{2+}|} = 1 - 3y$$

gelten muß, so erhält man bei Anwendung des Massenwirkungsgesetzes

$$\frac{y^3}{(1 + 3y)^2} = \frac{\sqrt{p_{O_2}}}{4K_y'}. \tag{18}$$

Dieser Ausdruck läßt sich auch statistisch ableiten[15].

In Tafel 1 sind Werte von K_y und K_y', nach den Formeln (17) und (18) berechnet, mit den zugehörigen Schrifttumsangaben zusammengestellt. Man sieht, daß beide Konstanten schwach von der Leerstellenkonzentration abhängen. Bei höheren Temperaturen und nicht zu geringen Fehlstellengehalten beschreibt Formel (18) den Zusammenhang von y mit p_{O_2}

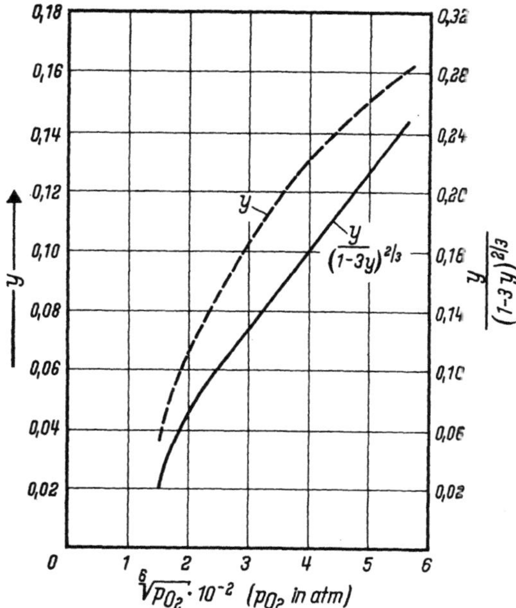

Bild 5. Abhängigkeit der Leerstellenkonzentration y vom Sauerstoffdruck p_{O_2} gemäß den Formeln (17) und (18) nach Messungen von KATSURA u. MUAN[16 b]) bei 1300 °C für Wüstit $Fe_{1-y}O$

jedoch recht befriedigend, wie besonders aus Bild 5 zu ersehen ist. Eine logarithmische Auftragung von K_y gegen den Kehrwert der absoluten Temperatur ist in Bild 6 wiedergegeben. Die Strichlänge berücksichtigt jeweils den Gang von K_y mit y.

Die aus Bild 5 ersichtliche Abweichung der Meßwerte von der abgeleiteten Formel (18) beruht darauf, daß bei kleinen Leerstellengehalten die Annahme nicht mehr berechtigt ist, daß y groß gegen die Fehlordnungsgrade α und β ist. Da α und β für Wüstit nicht bestimmt werden können, weil hierfür Messungen des Zusammenhangs zwischen y und p_{O_2} bei $y \to 0$ erforderlich wären, ist eine Darstellung gemäß der exakteren Formel (16) nicht möglich. Als Beleg dafür, wie gut diese Formel das Gleichgewicht eines Oxyds mit Metallunterschuß mit der Gasatmosphäre beschreiben

 1. Grundlagen

Tafel 1. *Werte der Konstanten des Leerstellengleichgewichts in Wüstit nach Formel* (17) *und* (18)

Autor	T [°C]	y	$\lg K_y$	$\lg K'_y$
T. Katsura u. A. Muan Trans. AIME 230 (1964) S. 77/84	1300	0,037	—1,74	—1,84
		0,069	—2,15	—2,35
		0,097	—2,21	—2,51
		0,121	—2,16	—2,55
		0,143	—2,07	—2,556
		0,162	—1,96	—2,54
Darken u. Gurry J. Amer. Chem Soc. 67 (1945), S. 2	1100	0,0483	—3,30	—3,43
		0,0810	—3,55	—3,79
		0,1190	—3,47	—3,85
	1200	0,0526	—2,68	—2,83
		0,0817	—2,83	—3,07
		0,1210	—2,76	—3,15
		0,1395	—2,66	—3,13
	1300	0,0558	—2,11	—2,28
		0,0837	—2,22	—2,47
		0,1232	—2,15	—2,55
		0,1420	—2,04	—2,52
	1400	0,0579	—1,60	—1,77
		0,0867	—1,71	—1,97
		0,1256	—1,61	—2,02
		0,1443	—1,50	—1,99
Himmel, Mehl u. Birchenall, J. Metals Trans. 4 (1953), S. 827/43	800	0,057	—617	—6,33
		0,065	—6,26	—6,45
		0,074	—6,32	—6,61
		0,082	—6,36	—6,61
		0,091	—6,37	—6,65
		0,099	—6,35	—6,66
	897	0,057	—5,06	—5,22
		0,065	—5,12	—5,31
		0,074	—5,16	—5,38
		0,082	—5,18	—5,43
		0,091	—5,21	—5,49
		0,099	—5,20	—5,51
		0,107	—5,20	—5,53
	983	0,057	—4,21	—4,37
		0,065	—4,24	—4,43
		0,074	—4,27	—4,49
		0,082	—4,29	—4,54
		0,091	—4,32	—4,60
		0,099	—4,32	—4,63
		0,107	—4,32	—4,65
		0,1145	—4,32	—4,69
		0,1205	—4,33	—4,72

Tafel 1. (Fortsetzung)

Autor	T [°C]	y	$\lg K_y$	$\lg K_y'$
HAUFFE, PFEIFFER,	950	0,072	—4,63	—4,74
Z. Metallkde. 44 (1953), S. 27		0,080	—4,60	—4,84
		0,093	—4,59	—4,88
		0,111	—4,59	—4,91
	1000	0,074	—4,21	—4,50
		0,084	—4,20	—4,45
		0,097	—4,19	—4,49
		0,115	—4,18	—4,55

kann, ist in Bild 7 eine nach (16) mit $\alpha = 1 \cdot 10^{-4}$, $\beta = 1 \cdot 10^{-2}$ und $K_y = 250$ berechnete Kurve den Meßwerten gegenübergestellt, die DAVIES und RICHARDSON[16c]) an MnO bei 1650 °C erhalten haben.

Bild 8 zeigt das *Phasengebiet* des Wüstits. Die eingezeichneten Phasengrenzen entsprechen den Ergebnissen, die mit einem elektrochemischen

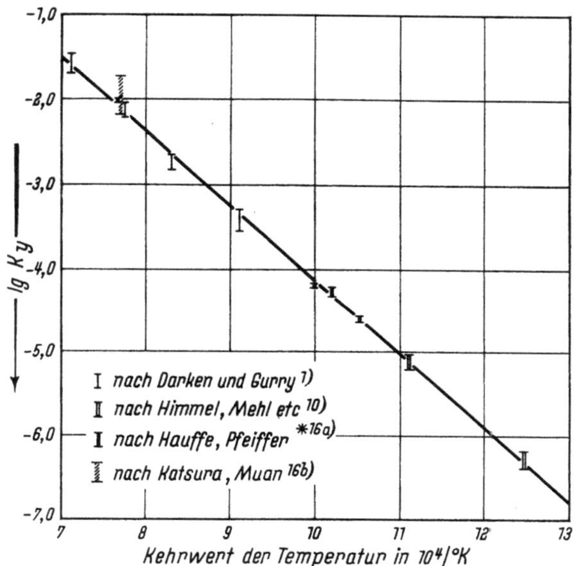

Bild 6. Temperaturabhängigkeit der Leerstellenkonstante des Wüstits K_y

Verfahren gewonnen wurden[17]), und den gravimetrisch und analytisch von MARION[18]), von CIRILLI[19]) und von FOSTER und WELCH[20]) sowie DARKEN und GURRY[1]) ermittelten Gleichgewichten. In das Schaubild sind die Linien gleichen Sauerstoffdrucks eingetragen, die mit Hilfe der aus

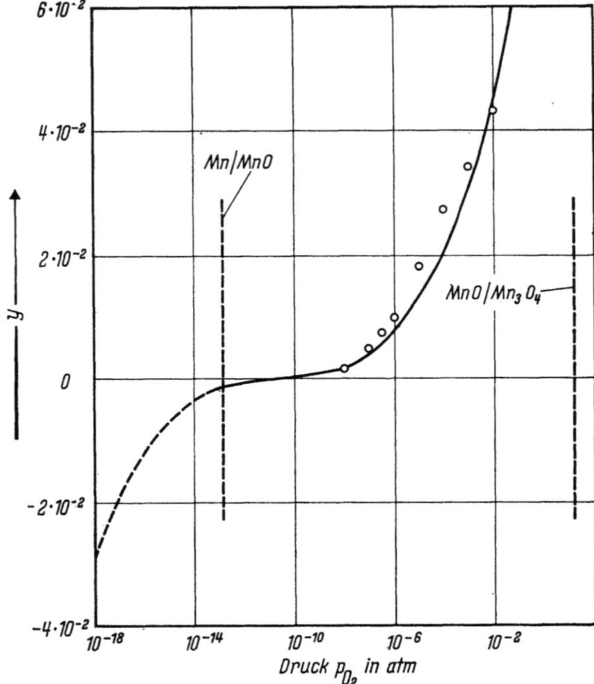

Bild 7. Nach Formel (16) berechneter (—) und von DAVIES u. RICHARDSON[16c]) gemessener (∘) Zusammenhang von y mit p_{O_2} für MnO bei 1650 °C

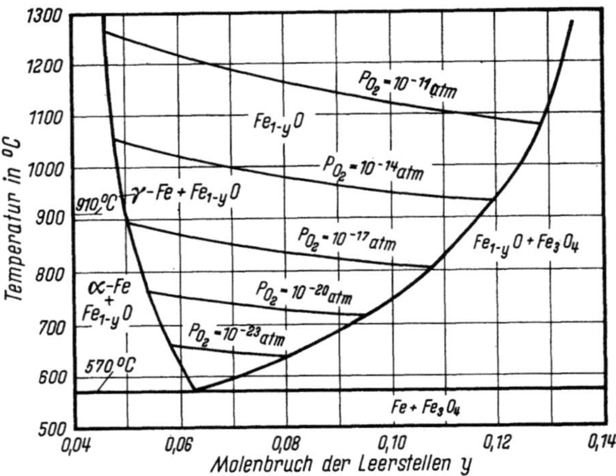

Bild 8. Das Phasengebiet des Wüstits im System Eisen-Sauerstoff mit den Sauerstoff-Isobaren

Bild 6 entnommenen Formel

$$\log K_y = 4{,}6 - \frac{8750}{T\,(°\mathrm{K})} \tag{19}$$

berechnet werden.

Mit dem Leerstellengehalt ändert sich die Gitterkonstante a des Wüstits annähernd linear. Bild 9 zeigt den Verlauf von a mit y nach einer Zusammenstellung von FOSTER und WELCH[20]). Die Dichte des Wüstits

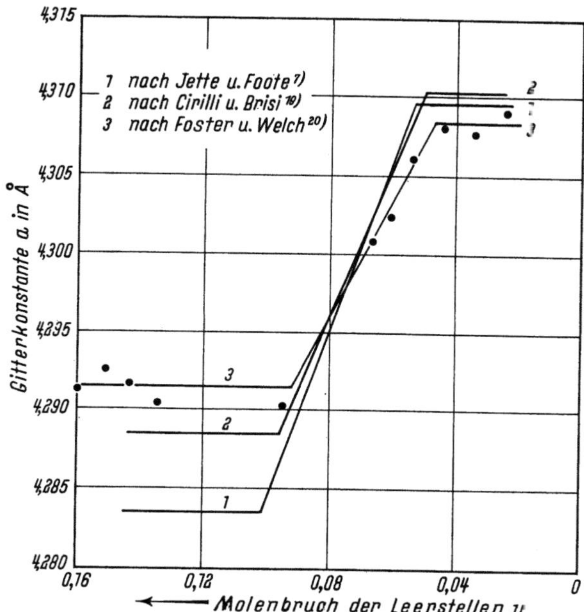

Bild 9. Einfluß des Molenbruches der Eisenionen-Leerstellen y auf die Gitterkonstante a des Wüstits

nimmt mit steigendem Leerstellengehalt von 5,728 auf 5,613 g/cm³ ab[7]). Bei 570 °C schneiden sich die Gleichgewichtslinien $Fe/Fe_{1-y}O$ und $Fe_{1-y}O/Fe_3O_4$. Unterhalb dieser Temperatur muß Wüstit daher in Eisen und Magnetit zerfallen. Den Ablauf des Wüstitzerfalls haben besonders W. A. FISCHER und Mitarbeiter[21]) eingehend untersucht. Die eutektoide Temperatur ist nicht sehr genau bekannt.

Der *Magnetit* Fe_3O_4 kristallisiert im Spinellgitter. Da zu dieser Verbindungsklasse auch einige der Oxydverbindungen gehören, die in Erzen und im Sinter auftreten, soll auf die Spinelle an dieser Stelle etwas ausführlicher eingegangen werden.

Allen *Spinellen* ist gemeinsam, daß der Sauerstoff im Gitter eine kubisch dichteste Kugelpackung bildet. Die Elementarzelle eines Spinells umfaßt 32 Sauerstoffionen. Sie umschließen 64 tetraedrische und 32 oktaedrische Gitterlücken, in die die Metallionen eingebaut werden können. Nach der Wertigkeit der im Spinell enthaltenen Metallionen unterscheidet man die 2-3-Spinelle der Formel $Me^{2+}Me_2^{3+}O_4$ und 2-4-Spinelle der Formel $Me_2^{2+}Me^{4+}O_4$. Bei beiden Klassen gehören zu den 32 Sauerstoffionen der Elementarzelle 24 Metallionen. Sie besetzen im Grenzfall des ideal geordneten Gitters 8 der 64 Tetraederlücken und 16 der 32 Oktaederlücken des Sauerstoffteilgitters. Die Besetzung dieser Gitterlücken erfolgt nicht statistisch, sondern nach einem festen Bauprinzip.

Für die Besetzung der Oktaeder- und der Tetraederplätze durch die Metallionen gibt es zwei Grenzfälle. Kennzeichnet man die Ionen auf Oktaederplätzen durch Unterstreichen, so ergibt sich die Möglichkeit $Me^{2+}\underline{Me_2^{3+}}O_4$ und $Me^{4+}\underline{Me_2^{2+}}O_4$, bei der alle Metallionengitterplätze gleicher Koordination mit Ionen gleicher Ladung besetzt sind. Die Metallionen verschiedener Wertigkeit können dabei entweder dem gleichen Element oder auch verschiedenen Elementen zugehören. Diese Struktur wird *normaler Spinell* genannt. Zu diesem Typ gehört z. B. $Zn\underline{Fe_2}O_4$ [22]). Der andere Grenzfall wird durch $Me^{3+}\underline{Me^{3+}Me^{2+}}O_4$ und $Me^{2+}\underline{Me^{4+}Me^{2+}}O_4$ beschrieben. Hier sind die Oktaederplätze mit Metallionen verschiedener Wertigkeit besetzt. Dieser Typ, dessen bekanntester Vertreter der Magnetit $Fe^{3+}\underline{Fe^{3+}Fe^{2+}}O_4$ ist, wird als *inverser Spinell* bezeichnet.

Bei *Mischkristallen* aus Spinellen, von denen einer normale, der andere inverse Struktur hat, kommen Übergänge zwischen beiden Typen vor. Manche reinen Spinelle sind gleichfalls als Mischkristalle aus einem normalen und einem inversen Spinell gleicher chemischer Zusammensetzung aufzufassen, z. B. der Magnesiumferrit $Fe_{1-x}^{3+}Mg_x^{2+}\underline{Fe_{1+x}^{3+}Mg_{1-x}^{2+}}O_4$ [22]). Man kann solche Mischkristalle, besonders bei kleinen Abweichungen von einer der Grenzstrukturen, allerdings auch als fehlgeordneten normalen oder inversen Spinell beschreiben.

Neben dieser Art der Fehlordnung tritt eine Abweichung vom Idealfall bei den Spinellen auch dadurch auf, daß oktaedrische oder tetraedrische Lücken besetzt werden, die im Idealkristall unbesetzt bleiben, und eine entsprechende Anzahl der im Idealkristall besetzten Gitterlücken frei bleibt.

Beide Arten der Fehlordnung spielen für die Diffusion der Metallionen im Spinellgitter eine wichtige Rolle [23]). Wegen der hohen Ordnung des Sauerstoffionenteilgitters bleibt der Diffusionskoeffizient des Sauerstoffs im allgemeinen klein gegen die Diffusionskoeffizienten der Metallionen [24]). Das gilt auch für den Magnetit [24, 25]).

Zwischen den zwei- und dreiwertigen Eisenionen auf Oktaederplätzen werden Elektronen sehr leicht ausgetauscht. Nach F. A. KRÖGER [26]) kann man sich vorstellen, daß die dritten Valenzelektronen der N zweiwertigen

Eisenionen auf Oktaederplätzen über $2N$ besetzte Oktaederplätze gleichmäßig verteilt sind. Die dritten Valenzelektronen der Fe^{2+} besetzen also ein Leitungsband* des Kristalls gerade zur Hälfte. Der leichte Ladungsaustausch zwischen Fe^{2+} und Fe^{3+} hat die hohe elektrische Leitfähigkeit des Oxyds von etwa $10^2\,\Omega^{-1}\,cm^{-1}$ zur Folge.

Wie die meisten Spinelle kann der Magnetit bei höheren Temperaturen einen Überschuß an dem Oxyd des dreiwertigen Metalls aufnehmen. Eine Durchsicht der in dieser Hinsicht gut untersuchten Systeme zeigt allerdings, daß die Phasenbreite der Spinelle nur dann merklich wird, wenn als nächste Phase mit höherem Sauerstoffgehalt das Sesquioxyd Me_2O_3 selbst auftritt und nicht andere Verbindungen des Sesquioxyds mit dem Oxyd des zweiwertigen Metalls.

Eine Aussage über die Gitterfehler, die bei Abweichungen von der stöchiometrischen Zusammensetzung im Magnetit auftreten, gestattet ein Vergleich des Magnetits mit dem γ-Fe_2O_3. Diese Verbindung hat die gleiche

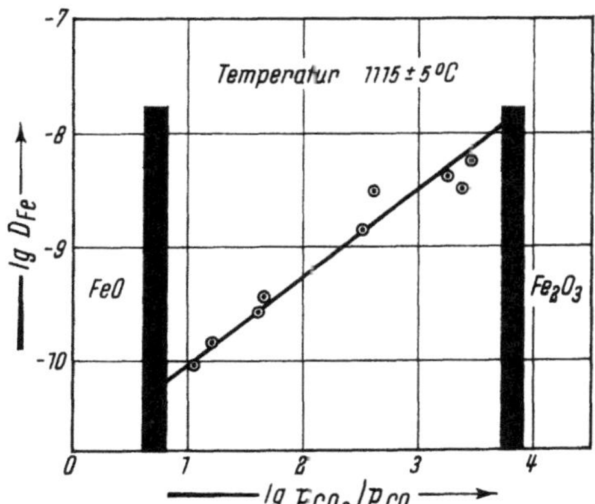

Bild 10. Die Abhängigkeit des Selbstdiffusionskoeffizienten von Fe in Fe_3O_4 vom Sauerstoff-Partialdruck nach SCHMALZRIED[24])

Gitterstruktur wie Fe_3O_4, jedoch bleiben in jeder Elementarzelle mit 32 Sauerstoffionen $2^2/_3$ der Oktaederplätze, die im Magnetit mit Eisenionen besetzt werden, unbesetzt[27]). Man kann daher erwarten, daß im Magnetit bei Aufnahme eines Sauerstoffüberschusses Eisenionenleerstellen auf Oktaederplätzen auftreten. Dieser Mechanismus des Sauerstoffeinbaus ist experimentell auch nachgewiesen worden[28]).

Nach SCHMALZRIED und WAGNER[29]) soll die Konzentration der Kationenleerstellen im Magnetit proportional der vierten Potenz der Aktivität des FeO und damit proportional $P_{O_2}^{2/3}$ sein. Eine entsprechende Abhängigkeit des Selbstdiffusionskoeffizienten des Eisens D_{Fe}^* im Magnetit vom Sauerstoffdruck ist zu erwarten, wenn einfache Annahmen über den Platzwechselvorgang gemacht werden. Experimentell wird jedoch $D_{Fe}^* \sim P_{O_2}^{0,4\pm0,05}$ gefunden[24]), wie Bild 10 erkennen läßt.

Der Schluß von der Struktur des γ-Fe_2O_3 auf die Fehlordnung des Magnetits mit Sauerstoffüberschuß wird durch die Untersuchungen gestützt,

---

* Als Leitungsband wird der Energiezustand der frei beweglichen Leitungselektronen bezeichnet.

die HÄGG und SÖDERHOLM[30]) an Mischkristallen aus dem Magnesium-Aluminium-Spinell $MgAl_2O_4$ und aus Al_2O_3 durchgeführt haben. In diesem System kann der schrittweise Ersatz von drei Mg^{2+}-Ionen durch zwei Al^{3+}-Ionen verfolgt werden, der die Ausbildung von Leerstellen auf Oktaederplätzen des Metallionenteilgitters zur Folge hat. Vollständiger Austausch allen Magnesiums des Spinells gegen Aluminium würde in dieser Mischkristallreihe zum γ-Al_2O_3 führen, das die gleiche kubische Struktur besitzt wie γ-Fe_2O_3.

Magnetit ist *ferrimagnetisch* mit einer Curie-Temperatur von 627 °C. Diese magnetische Eigenschaft ist die Voraussetzung für die Möglichkeit der magnetischen Aufbereitung magnetitischer Erze. Beim magnetisierenden Rösten, z. B. beim Kalzinieren von Eisenspat, wird häufig Magnetit als Endprodukt des Röstvorgangs angestrebt[31]), um eine Trennung des Röstgutes in eisenreiche Teile und in Gangartanteile zu ermöglichen.

Durch Oxydation des Magnetits kann man zu zwei verschiedenen Oxydphasen mit der Zusammensetzung Fe_2O_3 gelangen. Die eine dieser Phasen, das γ-Fe_2O_3, ist wegen der Ähnlichkeit seines Gitterbaus mit dem Magnetitgitter schon erwähnt worden; es stellt einen Spinell mit erhöhter Leerstellenkonzentration auf Oktaederplätzen dar. Bemerkenswert ist, daß diese Modifikation in großen Mengen im braunen Rauch der Blasstahlwerke auftritt[31a]). Seine Herstellung ist nur unter ganz bestimmten Bedingungen möglich. Nach F. E. DE BOER und P. W. SELWOOD[32]) müssen die Oxydationstemperaturen unter 400 °C liegen, da sich oberhalb dieser Temperatur das γ-Fe_2O_3 in den rhomboedrischen Hämatit, das α-Fe_2O_3, umwandelt. I. DAVID und A. J. E. WELCH[33]) konnten γ-Fe_2O_3 durch Oxydation von Magnetit bei Temperaturen zwischen 180 und 500 °C erhalten, wenn der Magnetit auf Grund seiner Herstellung Wasser enthielt und vor der Oxydation bei Temperaturen zwischen 250 und 850 °C im Argonstrom getrocknet wurde. Nicht vorgetrockneter, wasserhaltiger Magnetit und von vornherein wasserfreier Magnetit liefern bei der Oxydation mit Sauerstoff nach DAVID und WELCH nur die rhomboedrische α-Phase, den Hämatit.

DAVID und WELCH kommen zu dem Schluß, daß das kubische Spinellgitter bei den hohen Leerstellenkonzentrationen des Kationenteilgitters im γ-Fe_2O_3 nur durch die Gegenwart des Wassers stabilisiert werden könne. Das Wasser kann vielleicht als dissoziiert angesehen werden. Die Wasserstoffionen besetzen dann Kationenleerstellen, die Hydroxylionen können die Plätze von Sauerstoffionen einnehmen. Auf die Bedeutung von Wasser für die Stabilisierung des γ-Fe_2O_3 hatte zuvor schon VERWEY[34]) hingewiesen. Entsprechende Verhältnisse sollen beim γ-Al_2O_3 vorliegen[35]).

G. I. FINCH und K. P. SINHA[36]) beobachten beim Glühen von polierten Hämatitkristallen an Luft bei Temperaturen von etwa 500 °C die Bildung von dünnen, lamellaren Ausblühungen, die bei Elektronenbeugungsaufnahmen andere Reflexe als α- oder γ-Fe_2O_3 ergeben und als neue Phase mit β-Fe_2O_3 bezeichnet werden. Beim Glühen der polierten Hämatitkristalle bei 700 °C an Luft entstehen dagegen Lamellen aus γ-Oxyd. FINCH und SINHA[36]) sehen die β-Form als Zwischenstufe zwischen α- und γ-Fe_2O_3 an und kommen im Gegensatz zu DE BOER und SELWOOD[32]) und den meisten anderen Untersuchern dieser Phasen zu dem Schluß, die α-γ-Umwandlung sei nicht strikt monotrop in der Richtung $\gamma \to \alpha$, und die γ-Phase stelle in bestimmten Temperaturbereichen eine stabile Modifikation dar.

Auch SCHRADER und BÜTTNER[37]) vertreten die Ansicht, daß das γ-Fe_2O_3 ohne stabilisierende Fremdstoffe beständig sei. Das Gitter dieses Oxyds beschreiben sie durch eine Anordnung von drei aufeinandersitzenden Spinellelementarzellen. Die gleichen Verfasser konnten eine weitere Modifikation des Fe_2O_3 identifizieren.

Das γ-Fe_2O_3 ist — ebenso wie der Magnetit — ferrimagnetisch. Seine Bildung wird daher bei der Erzaufbereitung mitunter angestrebt, um anschließend eine magnetische Anreicherung durchführen zu können[31, 38]).

Die Anordnung der Sauerstoffionen ist in FeO, Fe_3O_4 und γ-Fe_2O_3 sehr ähnlich. Die Molvolumina, bezogen auf 1 Mol Eisengehalt und 1 Mol Sauerstoffgehalt, sind für die 4 Eisenoxyde neben den Molekulargewichten und den Dichten in Tafel 2 aufgeführt. Die Umwandlung dieser Oxyde ineinander erfolgt bei der Reduktion durch Einbau von zusätzlichem Eisen. Da sich hierbei auch die Molvolumina, bezogen auf gleiche Sauerstoffgehalte, nicht wesentlich ändern, kann ein orientiertes Aufwachsen der Schichten dieser Oxyde auftreten, und die Umwandlung führt zu dichten,

Tafel 2. *Molekulargewicht, Dichte und relative Molvolumina der Eisenoxyde*

| | Molekular-gewicht | Dichte | Relatives Molekularvolumen V bezogen auf: | |
			1 Atom Fe: $V = \dfrac{V_M^{Fe_nO_m}}{V_M^{Fe} \cdot n}$	1 Atom O: $V' = \dfrac{V_M^{Fe_nO_m}}{V_M^{Fe_{0,95}O} \cdot m}$
Fe	55,85	7,86* bei 20 °C	1	—
$Fe_{0,95}O$	69,05	5,73*** bei 20 °C	1,78	1
α-Fe_2O_3	159,7	5,355*	2,09	0,82
		5,26**	2,13	0,83
γ-Fe_2O_3	159,7	4,4**	2,55	1,00
Fe_3O_4	231,55	5,1*	2,10	0,93

* LANDOLT-BÖRNSTEIN: 5. Auflage, Hw. I, Erg. I, Erg. III, 1. Teil.
** TROJER, F.: Die oxydischen Kristallphasen d. anorg. Industrieprodukte.
*** JETTE, E. R., u. F. FOOTE: J. chem. Phys. 1 (1933) S. 27.

riß- und porenfreien Schichten. Dagegen unterscheidet sich das Gitter des α-Fe_2O_3 von dem des Magnetits erheblich, weshalb bei der Reduktion von Hämatit Reduktionsprodukte mit höherer Porosität gebildet werden. Die damit verbundene Oberflächenvergrößerung bewirkt, daß die Reduktion von Hämatit schneller abläuft als die von Magnetit oder Wüstit.*

Die thermodynamischen Konstanten der Eisenoxyde sind in den thermodynamischen Tafeln (S. 10 bis 12) nach den Angaben von VALLET[39]) und von ELLIOTT und Mitarbeitern[5]) zusammengestellt. Diese Zahlenwerte weichen nur wenig von den Werten ab, die von KUBASCHEWSKI[40]) und KELLEY[41]) im LANDOLT-BÖRNSTEIN[42]) und in der Hütte[43]) angegeben sind.

Einen Überblick über die *thermodynamischen Beständigkeitsbereiche* der Eisenoxyde gibt Bild 11, das mit Mittelwerten für ΔH und ΔS aus den thermodynamischen Tafeln (S. 10 bis 12) berechnet wurde. Auffallend ist der geringe Beständigkeitsbereich des Wüstits, der bei 1100 °C nur etwa $2^1/_2$ Zehnerpotenzen des Sauerstoffdrucks beträgt, mit fallender Temperatur stetig kleiner wird und bei 570 °C ausläuft.

1.1.2. Die Systeme Eisen-Sauerstoff-Wasserstoff und Eisen-Sauerstoff-Kohlenstoff

Die Gleichgewichte zwischen Eisen, Sauerstoff und Wasserstoff ergeben sich durch Kombination der Gleichgewichte Eisen-Wüstit-Sauerstoff, Wüstit-Magnetit-Sauerstoff und Magnetit-Hämatit-Sauerstoff gemäß den Tafeln im Anhang und Bild 11 mit dem Gleichgewicht

$$\left.\begin{aligned}
H_2 + 1/2\,O_2 &\rightleftharpoons H_2O, \\
p_{O_2}^{1/2} &= \frac{p_{H_2O}}{K_{H_2O}\,p_{H_2}}, \\
RT \ln K_{H_2O} &= -\Delta G_{H_2O}, \\
\log K_{H_2O} &= \frac{13\,020}{T\,(°K)} - 2,93.
\end{aligned}\right\} \tag{20}$$

Die Werte für ΔG_{H_2O} können der Tafel auf S. 5 entnommen werden; die angegebene Formel für $\log K_{H_2O}$ ist zwischen 600 und 1100 °C gültig.

Da sich geringe Fehler in den benutzten ΔG-Werten stark auf den Verlauf der Gleichgewichtslinien auswirken, ist es jedoch besser, auf die unmittelbaren Messungen der Gleichgewichte zurückzugreifen. Nach der Zusammenstellung von GIVAUDON[44]) und Vergleich mit den Werten, die KUN LI[45]) angibt, ist der Verlauf der Gleichgewichtslinien in Bild 12

---

* Die Oberflächenaufrauhung beim Sauerstoffausbau ist in Kapitel 1.2.7.2. eingehend behandelt. Ähnlichkeit im Gitterbau und Molvolumen ist keine notwendige Voraussetzung der Bildung dichter, porenfreier Schichten wie das Aufwachsen porenfreier Eisenfilme auf Wüstit beweist[248]).

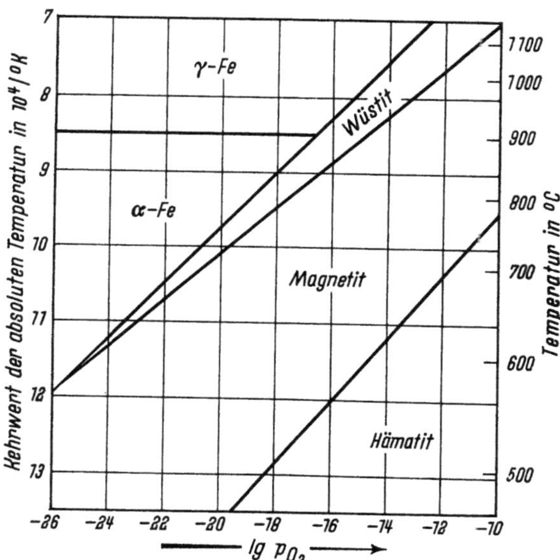

Bild 11. Thermodynamische Beständigkeitsbereiche von Eisen, Wüstit, Magnetit und Hämatit

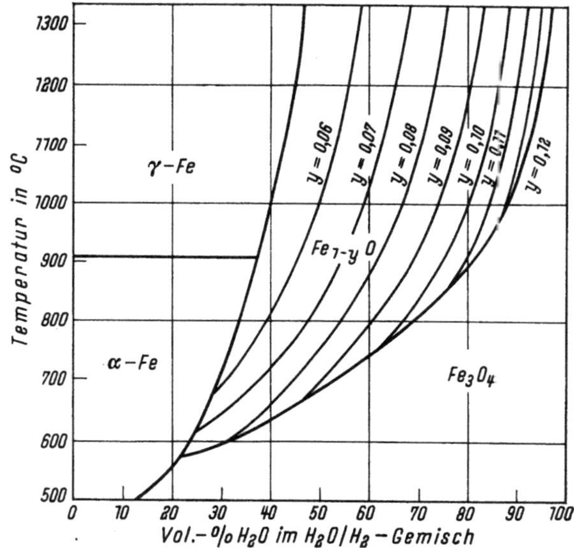

Bild 12. Gleichgewichte zwischen Eisen, Wüstit, Magnetit und Wasserstoff-Wasserdampf-Gemischen

gezeichnet. Die eingetragenen Linien gleicher Fehlstellengehalte des Wüstits wurden mit Formel (19) und Formel (20) berechnet. Der Verlauf der Gleichgewichtslinien oberhalb 1300 °C ist von DARKEN und GURRY[1]) dargestellt worden.

Die Gleichgewichte des Eisens und der Eisenoxyde mit Gasgemischen aus CO und CO_2 und mit festem Kohlenstoff ergeben sich in analoger Weise, wenn man außer den der Formel (20) entsprechenden Beziehungen noch das Boudouard-Gleichgewicht

$$CO_2 + C \rightleftharpoons 2\,CO$$

berücksichtigt.

Für dieses Gleichgewicht gilt:

$$K_C = \frac{p_{CO}^2}{p_{CO_2}\, a_c}\, \frac{1}{RT} \tag{21a}$$

und mit den Zahlenwerten aus den Tafeln auf den Seiten 3 und 4 für 600 bis 1100 °C:

$$\log K_C = -\frac{8840}{T} + 9{,}11. \tag{21b}$$

Nach Schrifttumsangaben[44, 45]) sind die für die Reduktion wichtigen Gleichgewichte des Systems Eisen-Sauerstoff-Kohlenstoff in Bild 13 dargestellt. Dieses Gleichgewichtsschaubild wird allgemein als BAUR-GLAESSNER-Diagramm bezeichnet. Bild 14 zeigt dieses Diagramm in der Form,

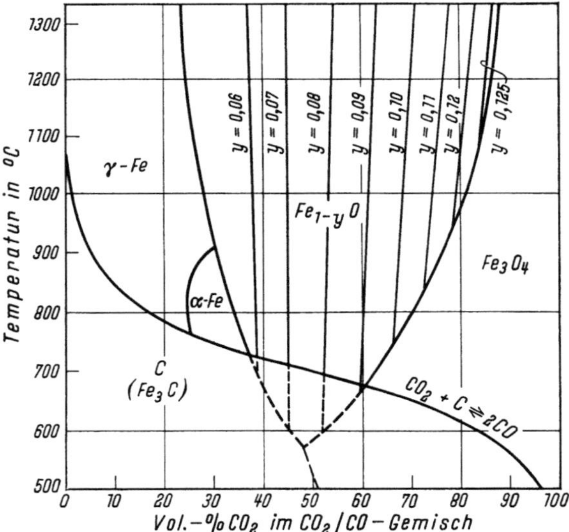

Bild 13. Gleichgewichte zwischen Eisen, Wüstit, Magnetit und Kohlenmonoxyd-Kohlendioxyd-Kohlenstoff

in der es im Jahre 1903 erstmalig von BAUR und GLAESSNER[46]) aufgestellt wurde.

Aus Bild 13 ist zu entnehmen, daß alle Eisenoxyde bei Temperaturen von mehr als 710 °C durch CO-CO_2-Gemische von 1 atm Gesamtdruck, die mit Kohlenstoff im Gleichgewicht stehen, und also auch durch Kohlenstoff selbst, reduziert werden können. Bei tieferen Temperaturen wirken

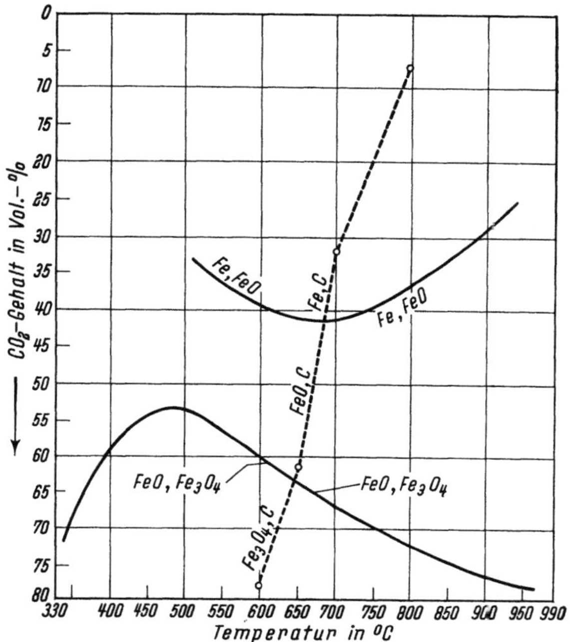

Bild 14. Die Urform des Baur-Glaessner-Diagramms

unter den angegebenen Bedingungen nur Gemische reduzierend auf Wüstit, die an Kohlenstoff übersättigt sind und also dem Gleichgewicht (21) nach unter Abspaltung von Kohlenstoff reagieren müßten. Das Gichtgas des Hochofens ist im allgemeinen so zusammengesetzt, daß es bei Abkühlung unter eine Temperatur von 650 bis 800 °C die Kohlenstoffsättigung durchläuft, aber bei allen Temperaturen auf Wüstit oder Magnetit und Hämatit reduzierend wirkt. Der nach dem Gleichgewicht zu erwartende CO-Zerfall bleibt jedoch im allgemeinen aus.

Die Systeme C-O_2 und H_2-O_2 stehen in Verbindung durch das als *Wassergasgleichgewicht* bezeichnete Reaktionsgleichgewicht

$$CO_2 + H_2 \rightleftharpoons CO + H_2O, \qquad K_W = \frac{p_{CO}\, p_{H_2O}}{p_{CO_2}\, p_{H_2}}. \tag{22}$$

Die Werte von K_W müssen für genaue Berechnungen aus den ΔG-Werten der Komponenten gebildet werden, die in den Tafeln im Anhang aufgeführt sind. Für Überschlagsrechnungen genügt

$$\log K_W = -\frac{1800}{T(^\circ K)} + 1,6; \quad 600\ ^\circ C < T < 1100\ ^\circ C.$$

Bei 820 °C hat K_W den Wert 1.

1.1.3. Reduktionsgleichgewichte von Mischkristallen mit Eisenoxyden und von eisenoxydhaltigen Verbindungen

Alle Eisenoxyde können mit anderen Oxyden Mischkristalle bilden. Für die Erzreduktion von Bedeutung sind die Mischkristalle von Wüstit mit MnO und MgO. Der Aktivitätsverlauf des Wüstits in diesen Mischungen ist in den Bildern 15 und 16 dargestellt[47]). Gleichfalls kann Wüstit mit CaO Mischkristalle bilden; CaO löst bei 1100 °C maximal 15% FeO, Wüstit maximal 28% CaO[59]).

Fe_3O_4 bildet mit den kubischen Spinellen Mischkristalle. Das Zweistoffsystem Fe_3O_4-Mn_3O_4 zeigt Bild 17. Es besitzt unter 1160 °C eine Mischungslücke, da die Tieftemperaturform des Mn_3O_4 ein tetragonales Gitter hat, nur die Hochtemperaturform ist ein kubischer Spinell.

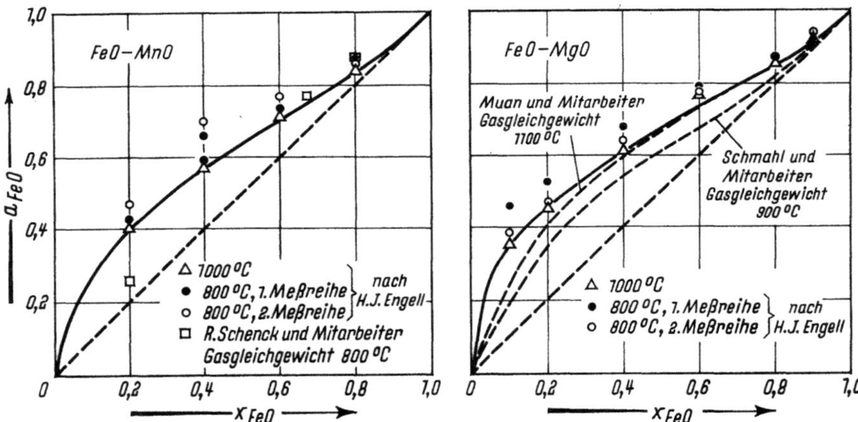

Bild 15. Aktivität des Wüstits in FeO-MnO-Mischkristallen

Bild 16. Aktivität des Wüstits in FeO-MgO-Mischkristallen

Die Gleichgewichte zwischen Fe_3O_4-Mn_3O_4-Mischkristallen sowie die zugehörigen Sauerstoffdrucke zeigt Bild 18[48]). Man kann aus dem Diagramm ablesen, welche Gaszusammensetzung erforderlich ist, um einen Mischkristall gegebener Zusammensetzung zu reduzieren, und welcher FeO-

MnO-Mischkristall sich bei der Reduktion bilden müßte. In Erzen, Sinter und Pellets treten ferner die Mischkristalle von Magnetit mit Eisen-Aluminium-Spinell $FeAl_2O_4$[49]) und Magnesiumferrit $MgFe_2O_4$[50]) auf. Fe_2O_3 bildet bei 1350 °C und 0,2 atm Sauerstoffdruck Mischkristalle mit

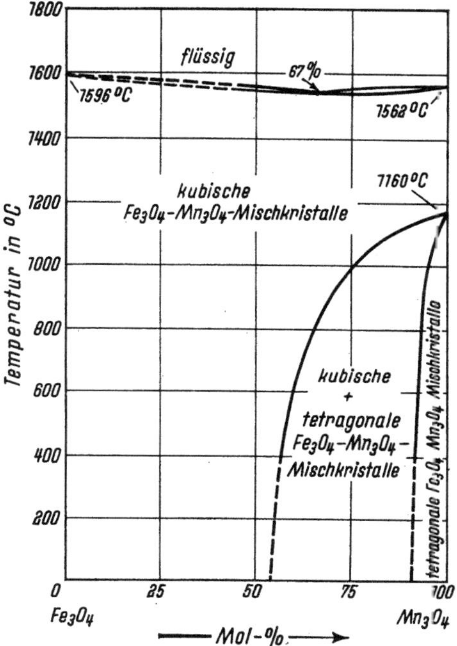

Bild 17. System Fe_3O_4-Mn_3O_4

Al_2O_3 im Konzentrationsbereich von 0 bis 15 und von 85 bis 100 Gew.-% Al_2O_3 sowie beim gleichen Sauerstoffdruck zwischen 1330 und 1420 °C die Verbindung $Fe_2O_3 \cdot Al_2O_3$[51]).

Chromoxyd wird von Wüstit bei 1350 °C zu etwa 5 % gelöst und bildet mit Wüstit die Verbindung $FeCr_2O_4$, die mit Magnetit lückenlos Mischkristalle bildet. Gleichfalls besteht lückenlose Mischbarkeit zwischen Fe_2O_3 und Cr_2O_3[52]). Für die Reduktion titanhaltiger Eisenerze ist das System FeO-TiO_2-Fe_2O_3 von Bedeutung[53,54]). Für dieses System und alle anderen Mehrstoffsysteme, deren Kenntnis im Einzelfall erforderlich sein mag, sei auf die einschlägigen Tabellenwerke verwiesen[55,56]). Die thermodynamischen Kennwerte einer Anzahl von Verbindungen, die Eisenoxyde enthalten oder für die Erzreduktion von Bedeutung sind, enthalten die Tafeln auf den Seiten 1 bis 17.

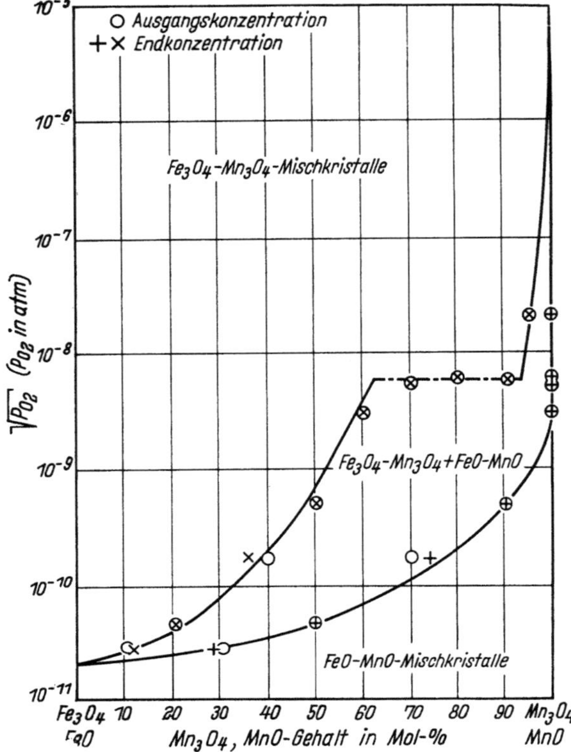

Bild 18. Gleichgewicht Fe_3O_4-Mn_3O_4/FeO-MnO/Sauerstoff bei 700 °C

1.1.4. Das System FeO-CaO-SiO_2 und die Gleichgewichte bei der Erzeugung von Sinter

Wegen der besonderen Bedeutung, die Mischungen und Reaktionsprodukten des Dreistoffsystems FeO-CaO-SiO_2 für die Herstellung von Sinter zukommt, sei dieses System gesondert besprochen. In Bild 19[57]) ist ein Ausschnitt bei den Temperaturen 1130 und 1285 °C, die für den Sintervorgang wichtig sind, und für 700 und 980 °C gezeigt, da in diesem Bereich die Gasreduktion der Eisenerze im wesentlichen abläuft. Für noch höhere Temperaturen liegen neuere Untersuchungen des Dreistoffsystems vor[58]).

Bei 1280 °C können sich — je nach Zusammensetzung des Sinters — die Phasen $CaSiO_3$, $3\,CaO \cdot 2\,SiO_2$ und Ca_2SiO_4 bilden. Nach Unterschreiten von 1210 °C kristallisiert aus der Restschmelze Fayalith Fe_2SiO_4.

Der Wollastonit $CaSiO_3$ baut mit fallender Temperatur zunehmend Eisen in sein Gitter ein; gleichfalls erhöht sich die Löslichkeit von Fe_2SiO_4

im Ca_2SiO_4 und erreicht bei 1230 °C einen Höchstwert von etwa 10%. Die Auflösung von Eisensilikat im Dikalziumsilikat ist insofern von besonderer Bedeutung, als sie die Phasenumwandlungen des Ca_2SiO_4 unter-

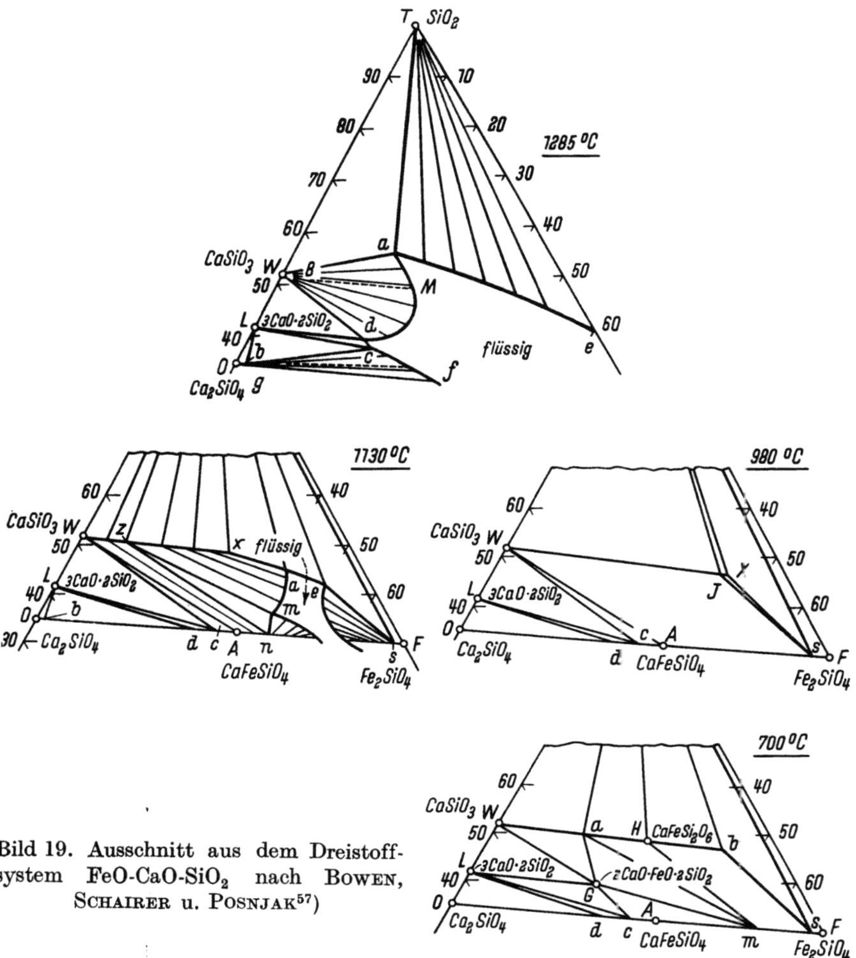

Bild 19. Ausschnitt aus dem Dreistoffsystem $FeO\text{-}CaO\text{-}SiO_2$ nach BOWEN, SCHAIRER u. POSNJAK[57])

drücken kann, die für die Festigkeit des Sinters von Nachteil ist. Der höchste Eisengehalt des Wollastonits wird mit etwa 70% „$FeSiO_3$" bei 970 °C erreicht. Bei weiterer Abkühlung zerfallen diese Mischkristalle wieder unter Ausscheidung von Hedenbergit $CaFeSi_2O_6$.

Bei 1130 °C ist der Bereich homogener Schmelzen zwischen den Sättigungsflächen der Phasen Fe_2SiO_4, $CaFeSiO_4$ sowie $(Ca, Fe)SiO_3$ bereits sehr eingeengt. Ab etwa 1120 °C berühren sich die Liquiduskurven des

Fayalits und der Eisen-Kalk-Olivine; nun bildet sich eine Mischkristallreihe aus, die vom Fe_2SiO_4 bis etwa zur Zusammensetzung $CaFeSiO_4$ reicht. In dem Diagramm für 700 °C ist als weitere Phase das

$$2\,CaO \cdot FeO \cdot 2\,SiO_2$$

zu erkennen.

Die thermodynamischen Kennwerte der Verbindungen Fe_2SiO_4, Ca_2SiO_4 und $CaSiO_3$ sind in den Tafeln auf S. 1 bis 17 aufgeführt. Da mitunter Dolomit im Sinter verwendet wird, sind in den Tafeln auch einige magnesiumhaltige Silikate berücksichtigt.

Bei höheren Kalkzusätzen oder örtlich erhöhten Kalkgehalten können außer den besprochenen Silikaten die Verbindungen des Systems FeO-Fe_2O_3-CaO auftreten, das besonders von PHILLIPS und MUAN[59]) in den letzten Jahren eingehend untersucht wurde. Über weitere Verbindungen in diesem System berichteten BRAUN und KWESTROO[60]). Die wichtigsten Verbindungen in diesem System sind die beiden Kalkferrite $CaFe_2O_4$ und $Ca_2Fe_2O_5$. Für den Dikalziumferrit sind die thermodynamischen Konstanten in den thermodynamischen Tafeln (S. 9) aufgeführt.

Nach Untersuchungen von K. P. HASS, G. BITSIANES und T. L. JOSEPH[61a]) bilden sich bei 1185 bis 1195 °C durch Festkörperreaktion zwischen Hämatit und Kalk in Übereinstimmung mit dem Zustandsschaubild die Ferrite $CaO \cdot 2\,Fe_2O_3$, $CaO \cdot Fe_2O_3$ und $2\,CaO \cdot Fe_2O_3$. Unter reduzierenden Bedingungen bzw. bei Reaktion von Kalk mit Magnetit in inerter Atmosphäre bildete sich nur eine Ferritphase, die die Verfasser als $CaO \cdot FeO \cdot Fe_2O_3$ ansprechen. Die Bildungsgeschwindigkeit der Ferritphasen bei diesen Festkörper-Reaktionsversuchen ist gering und vermutlich durch die Diffusion in den gebildeten Schichten bestimmt; der Diffusionskoeffizient der wandernden Komponenten scheint im $CaO \cdot 2\,Fe_2O_3$ am größten, im $CaO \cdot Fe_2O_3$ am niedrigsten zu sein. Die ermittelten Bildungsgeschwindigkeiten reichen nicht aus, um eine wesentliche Ferritbildung durch Festkörperreaktion im technischen Sinterprozeß zu gestatten; die Reaktion muß hier zweifellos unter Beteiligung von geschmolzenen Anteilen ablaufen. Die niedrigste Schmelztemperatur im System $CaO \cdot Fe_2O_3$ liegt bei etwas mehr als 1200 °C. Im ternären System CaO-FeO-Fe_2O_3, also unter den reduzierenden Bedingungen des technischen Sintervorgangs, liegen die tiefsten eutektischen Temperaturen dementsprechend noch unter 1200 °C. J. O. EDSTRÖM[61b]) sieht als wichtige Bindephase von basischem Sinter die Verbindung $CaO \cdot 2\,Fe_2O_3$ an.

Für den Monokalziumferrit berechnet sich aus den Abbaukurven von R. SCHENCK und Mitarbeitern[62]) für 900 °C mit dem von ELLIOTT[5]) angegebenen ΔG^0-Wert des Dikalziumferrits:

$$CaO + Fe_2O_3 \rightleftharpoons CaO \cdot Fe_2O_3, \quad \Delta G^{\cdot} = -10 \text{ kcal.}$$

Bild 20 gibt einen Überblick über die im Dreistoffsystem FeO-Fe$_2$O$_3$-CaO auftretenden Verbindungen[61]).

Durch die Bindung an das CaO wird die Aktivität des Fe$_2$O$_3$ im Dikalziumferrit so stark erniedrigt, daß als Reduktionsprodukt dieser Verbindung unmittelbar Eisen auftritt.

Allgemein wird die Aktivität des Wüstits durch die Verbindungsbildung vermindert und damit das CO$_2$/CO- bzw. H$_2$O/H$_2$-Verhältnis für das Gleichgewicht mit der nächstniedrigen Oxydationsstufe erniedrigt. Da dieses Verhältnis der Gaszusammensetzung unterschritten werden muß, damit Reduktion eintreten kann, beeinflußt die Verbindungsbildung die höchstmögliche chemische Ausnutzung des Reduktionsgases. Auch auf die Kinetik der Reduktion kann diese Gleichgewichtsverschiebung einwirken, da, wie in Kap. 2.2 gezeigt wird, die Geschwindigkeit von Gasdiffusion und Phasengrenzreaktion im allgemeinen linear von der Differenz zwischen herrschender Gaszusammensetzung und Gleichgewichtsgaskonzentration abhängt. In Bild 21 ist die Veränderung des Gleichgewichtsverhältnisses CO$_2$/CO durch Bindung des Wüstits an CaO und an SiO$_2$ zu erkennen[62]). Man sieht, daß sowohl bei Zusatz von SiO$_2$ wie von CaO die Magnetitstufe in der Abbaukurve verschwindet.

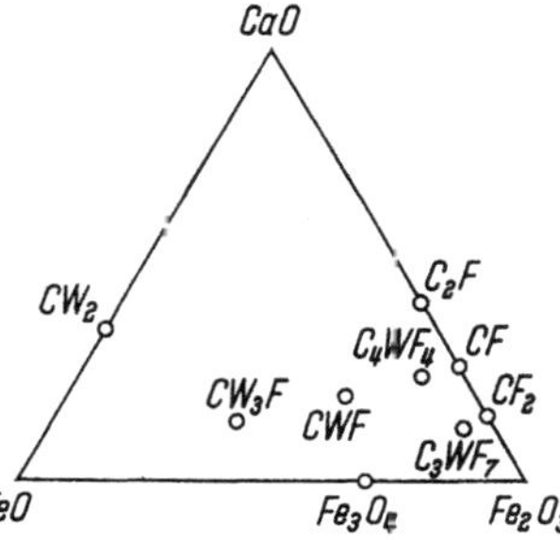

Bild 20. Übersicht über die Verbindungen im System FeO-CaO-Fe$_2$O$_3$ nach NYQUIST[61])

$$
\begin{aligned}
C_2F   &= 2\,CaO \cdot Fe_2O_3 \\
CF   &= CaO \cdot Fe_2O_3 \\
CF_2   &= CaO \cdot 2\,Fe_2O_3 \\
C_4WF_4 &= 4\,CaO \cdot FeO \cdot 4 \cdot Fe_2O_3 \\
C_3WF_7 &= 3\,CaO \cdot FeO \cdot 7\,Fe_2O_3 \\
CWF   &= CaO \cdot FeO \cdot Fe_2O_3 \\
CW_3F &= CaO \cdot 3\,FeO \cdot FeO_3
\end{aligned}
$$

Bei SiO$_2$-Zusatz erfolgt bei Reduktion von Fe$_2$O$_3$ Bildung von Fayalit, da durch die Bindung an die Kieselsäure die FeO-Aktivität so stark vermindert wird, daß sich auch kein Magnetit FeO · Fe$_2$O$_3$ mehr bilden kann. In der Wüstitstufe macht sich entsprechend die Silikatbildung durch Verschlechterung der Gasausnutzung bemerkbar. Die erste Stufe der Abbaukurve der Mischungen CaO mit Fe$_2$O$_3$ im Verhältnis 1 : 1 ist auf den Vorgang

$$2\,(CaO \cdot Fe_2O_3) + CO \rightleftharpoons 2\,CaO \cdot Fe_2O_3 + 2\,FeO + CO_2,$$

die zweite Stufe auf die Reduktion des dabei entstandenen Wüstits, und die letzte Stufe schließlich auf die Reaktion

$$2\,CaO \cdot Fe_2O_3 + 3\,CO \rightleftharpoons 2\,CaO + 2\,Fe + 3\,CO_2$$

zurückzuführen. Bei der Mischung mit 1 CaO und 3 Fe$_2$O$_3$ machen sich auch die eisenoxydreicheren Verbindungen durch entsprechende Stufen bemerkbar.

Die Veränderung der Gasausnutzung durch die Verbindungsbildung läßt sich berechnen, wenn die freie Enthalpie der Reaktion zwischen Eisenoxyd und dem Reaktionspartner ΔG^0 bekannt ist. Bezeichnet man

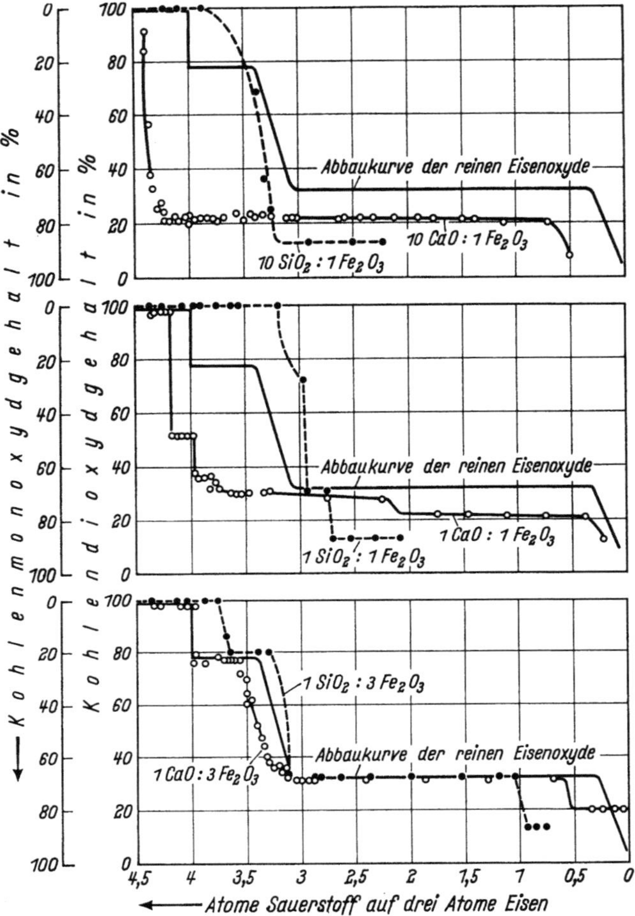

Bild 21. Gleichgewichte des Sauerstoffabbaues bei 900 °C von Mischungen aus Eisen(III)-oxyd mit Kalk bzw. Kieselsäure nach R. SCHENCK und Mitarbeitern[62])

das CO_2/CO- oder H_2O/H_2-Verhältnis für das Gleichgewicht des reinen Eisenoxyds mit seiner nächstniedrigen Oxydationsstufe mit $K^{\times}$, das entsprechende Verhältnis für die Oxydverbindung mit K, so gilt

$$n_0 \cdot \log \frac{K}{K^{\times}} = \frac{\Delta G^0}{2,3\,RT} \; .$$

Mit n_O ist die Anzahl von Sauerstoffatomen bezeichnet, die aus einem
Molekül der Verbindung bei der Reduktion ausgebaut werden. Bei $n_O = 1$
und 900 °C wird nach dieser Formel das Verhältnis CO_2/CO bzw. H_2O/H_2
durch Bildung einer Verbindung mit $\Delta G^0 = -5{,}4$ kcal um den Faktor 10
verringert.

Die oben angegebenen Gleichgewichte zeigen, welche Verbindungen in
Sintern auftreten können, die aus Eisenoxyden mit kleineren Gehalten
von Kalk und Kieselsäure bestehen. Eisenoxydarme Sinter sind in Kap. 5.2
behandelt. Wegen der ungleichmäßigen, örtlich wechselnden Verteilung
der einzelnen Komponenten und der Anwesenheit weiterer Bestandteile,
wie besonders Tonerde, treten auch andere Verbindungen auf, und die
gebildeten Phasen stehen häufig nicht in Zusammenhang mit der Durch-
schnittszusammensetzung des Sinters. Die hohen Aufheiz- und Abkühl-
geschwindigkeiten beim Sintern[63]) sowie die zumeist kurze Verweilzeit
auf Reaktionstemperatur beschränken die Diffusionswege und damit die
Reaktionszonen auf sehr geringe Ausdehnungen um die Kristalle bzw.
Körner der Zuschläge und verhindern beim Abkühlen die Einstellung der
Kristallisationsgleichgewichte. Tafel 3 gibt ein Schema der Veränderungen
im Anteil der Phasen des Sinters mit zunehmender Basizität CaO/SiO_2
nach KNEPPER[64]).

Tafel 3. *Einfluß der Basizität auf Menge und Art der Phasen im Sinter*[64])

Basizität B	$0 \to 1{,}0$	$1{,}0 \to 1{,}8$	$1{,}8 \to$
Phasen	mit B steigende Menge nichtwasserätzbarer Silikate	mit B abnehmende Menge nichtwasserätzbarer Silikate	
		mit B steigende Menge Kalkferrite	mit B steigende Menge Kalkferrite
		mit B steigende Menge β-Ca_2SiO_4	mit B abnehmende Menge β-Ca_2SiO_4

Nichtwasserätzbare Silikate: Gläser mit FeO, Fe_2O_3, CaO, Al_2O_3 und
SiO_2; Fayalit Fe_2SiO_4; Wollastonit $CaSiO_3$; $(Ca, Fe)SiO_4$; Anorthit
$CaO \cdot Al_2O_3 \cdot 2\,SiO_2$.

Kalkferrite $CaO \cdot x\,Fe_2O_3$; $CaFe_2O_4 = CaO \cdot Fe_2O_3$; $Ca_2Fe_2O_5$
$= 2\,CaO \cdot Fe_2O_3$; $4\,CaO \cdot FeO \cdot 4\,Fe_2O_3$; $3\,CaO \cdot FeO \cdot 7\,Fe_2O_3$.

Bild 22, das einer Untersuchung von NYQUIST[65]) entnommen ist,
stimmt in seinen Aussagen mit den Angaben in Tafel 3 weitgehend überein.

Außer diesen Phasen treten im Sinter verschiedene Mischkristallarten
auf, z. B. Fe_3O_4 mit bis zu 8% CaO und Fe_2O_3 mit etwa 1% CaO[57, 59, 61, 66]).
Die Art der auftretenden Mineralphasen ist unabhängig vom absoluten

Gangartgehalt der Erze, ihre Menge aber selbstverständlich nicht. Eine gleichmäßige Durchreaktion des Sinters wird durch feine Vermahlung gefördert. Das gleichzeitige Auftreten von eisenhaltigen Silikaten und Kalkferriten im gleichen Sinter beweist, daß echte Gleichgewichte im technischen Sinter nicht erreicht werden. Da die thermodynamischen Daten der bei der Reaktion auftretenden Phasen nicht alle bekannt sind,

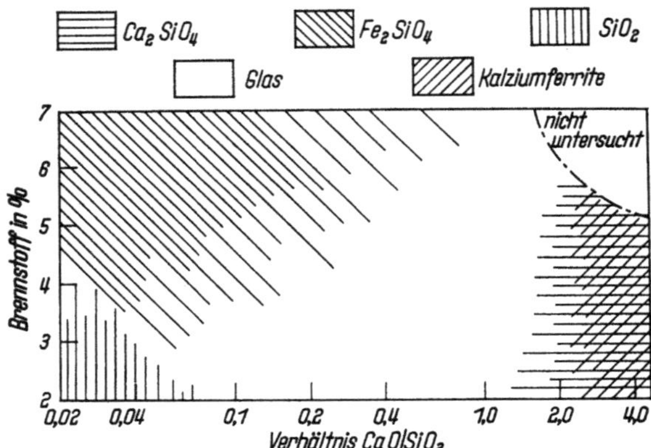

Bild 22. Phasenanalyse eines Magnetitsinters mit 66% Fe nach NYQUIST[65])

ist nur eine Abschätzung der wahren Gleichgewichtslage möglich. So beträgt die freie Reaktionsenthalpie für die Umsetzung

$$1/2\,O_2 + Fe_2SiO_4 + 2\,CaFe_2O_4 \rightarrow Ca_2SiO_4 + 3\,Fe_2O_3$$

bei 1000 °C etwa -39 kcal. Die angeschriebene Reaktion müßte also in der angegebenen Richtung selbst dann noch ablaufen, wenn die Aktivität des Eisenoxyds in der Silikatphase durch Mischkristallbildung, z. B. mit Dikalziumsilikat, um den Faktor 10^7 vermindert wäre. Entsprechendes gilt für die Aktivität des Kalkes im Ferrit. Unter reduzierenden Bedingungen würde sich im Sinter der Fayalit mit Kalkferrit nach der Formel

$$Fe_2SiO_4 + 2\,CaFe_2O_4 \rightleftharpoons 2\,FeO + 2\,Fe_2O_3 + Ca_2SiO_4; \qquad \varDelta G = -5\ \text{kcal}$$

gleichfalls umsetzen müssen.

Das häufig beobachtete[64,67]) Minimum der Druckfestigkeit des Sinters bei Basizitäten zwischen 1 und 1,5 ist auf die Abnahme der als Bindemittel dienenden glasartigen Silikate und die zunehmende Menge von β-Ca_2SiO_4 zurückzuführen, dessen Phasenumwandlungen beim Abkühlen die Festigkeit beeinträchtigen. Die nadelige Ausscheidungsform der Kalkferrite, die häufig benachbarte Erzkörner verbinden, bewirkt den Anstieg der Sinterfestigkeit bei höherer Basizität.

1.2. Grundlagen der Reduktionskinetik

1.2.1. Die Erzreduktion als Reaktionsfolge

Den Betrachtungen soll als reduzierendes Gas CO oder H_2, als Erz zunächst ein poröses Stück von Eisenoxyd zugrunde gelegt werden. Dieses *Erzstück* besteht aus einzelnen *Körnern*. Zwischen den Körnern befinden sich größere, in den Körnern engere Hohlräume, die als *Makro-* bzw. *Mikroporen* bezeichnet werden.

Für einen Reaktionsumsatz gemäß

$$Fe_nO_m + m\,CO \rightarrow n\,Fe + m\,CO_2 \tag{1}$$

oder

$$Fe_nO_m + m\,H_2 \rightarrow n\,Fe + m\,H_2O \tag{2}$$

müssen nacheinander eine Anzahl von *Teilschritten* ablaufen. Diese Teilschritte sind in Bild 23 für die Reduktion eines porösen Erzstücks schematisch dargestellt:

Durch die Zwischenräume zwischen den Erzstücken strömt das Reduktionsgas. Um die einzelnen Erzstücke bilden sich *Strömungsgrenzschichten* aus. Der Stoffaustausch zwischen der strömenden Gasphase und der Oxydoberfläche erfolgt durch Transport der reagierenden Gase durch diese Grenzschicht. Beim Fortschreiten der Reduktion diffundiert das reduzierende Gas durch die Makro- bzw. Mikroporen des Erzstücks oder der Reduktionsprodukte in das Stück hinein, das oxydierte Gas auf dem gleichen Wege aus dem Erzstück hinaus. An der Phasengrenze Oxyd-Gas erfolgt an der Oberfläche des Erzstücks bzw. in den Poren die eigentliche chemische Reaktion; sie umfaßt die Adsorption des reduzierenden Gases, den Ausbau des Sauerstoffs aus dem Oxydgitter,

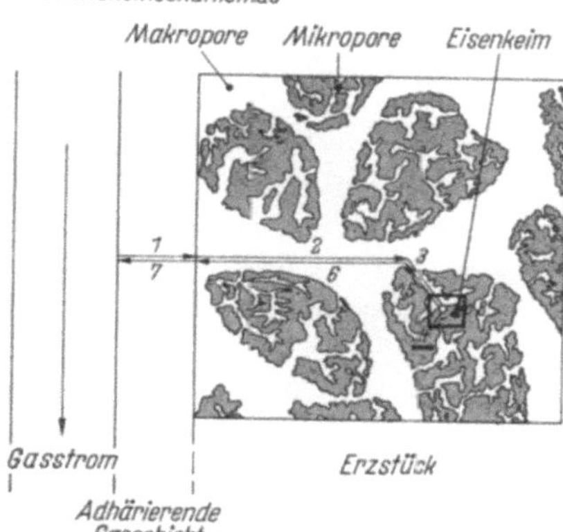

Bild 23. Schema des Reduktionsmechanismus von porigen Eisenerzen[106]
1 Diffusion des Wasserstoffs durch die Strömungsgrenzschicht, *2* Diffusion von Wasserstoff durch Makroporen im Erz, *3* Diffusion des Wasserstoffs durch Mikroporen zum Reaktionsort, *4* Phasengrenzreaktion, *5* Diffusion des Wasserdampfs durch Mikroporen, *6* Diffusion des Wasserdampfs durch Makroporen, *7* Diffusion des Wasserdampfs durch die Strömungsgrenzschicht, *8* Wanderung von Fe^{2+} und $2\ominus$ zum Eisenkeim

die Keimbildung und das Keimwachstum der Reaktionsprodukte Magnetit, Wüstit oder Eisen und schließlich die Desorption der oxydierten Gasmolekeln von der Festkörperoberfläche. Das weitere Anwachsen der

Schichten der Reaktionsprodukte erfolgt durch Festkörperreaktionen und Diffusionsvorgänge in den festen Reaktionspartnern, die daher in den geschilderten Reaktionsablauf eingeschlossen sind.

Vorgänge, die sich dergestalt aus einzelnen, nacheinander ablaufenden Teilschritten zusammensetzen, nennt man *Reaktionsfolgen*. Zu jedem Teilschritt einer Reaktionsfolge gehört ein Teilgleichgewicht. Als Triebkraft der Teilreaktionen kann die Abweichung von diesem Gleichgewicht angesehen werden. Allerdings besteht keineswegs immer ein linearer Zusammenhang zwischen der Abweichung vom Gleichgewicht und der Reaktionsgeschwindigkeit.

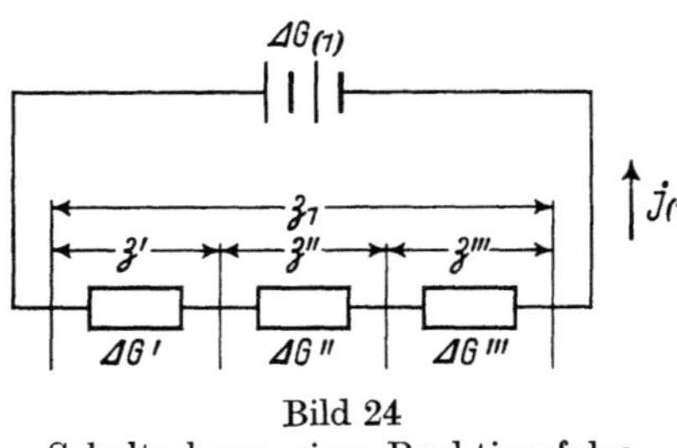

Bild 24
Schaltschema einer Reaktionsfolge

Ein Maß für die Triebkraft eines Diffusionsvorgangs der Molekülart i ist das auf dem Diffusionsweg x herrschende Gefälle des chemischen Potentials $d\mu_i/dx$, das mit einem Konzentrations- oder Partialdruckgefälle dc_i/dx bzw. dp_i/dx verbunden ist. Als Maß der Gleichgewichtsabweichung kann daher hier der Unterschied der Zusammensetzung an den Enden des Diffusionswegs dienen. Die Geschwindigkeit der chemischen Reaktionen wird im allgemeinen gleichfalls durch die Konzentrationen der Reaktionspartner bestimmt. Die Überlagerung von Hin- und Rückreaktion bewirkt, daß bei Reaktionen unter Beteiligung von Mischphasen bei Erreichen von Gleichgewichtskonzentrationen der Bruttoumsatz Null wird.

Es sei ein hinreichend kleiner Zeitabschnitt betrachtet, innerhalb dessen sich die gesamten Geschwindigkeiten der Bruttoreaktionen (1) und (2) sowie die Konzentrationen der Zwischenstoffe, wie z. B. der adsorbierten Gasmoleküle, verglichen mit dem Gesamtumsatz nicht merklich ändern. In dieser Zeit müssen alle Teilreaktionen der Reaktionsfolge mit der äquivalenten molaren Umsetzungsgeschwindigkeit wie der Bruttovorgang ablaufen. Dieser Zustand wird *stationärer Zustand* genannt. Zu der stationären Reaktionsgeschwindigkeit gehören bestimmte Gleichgewichtsabweichungen der einzelnen Teilschritte. Eine schematische Darstellung läßt sich durch das in Bild 24 gezeigte Schaltschema geben, das in Analogie zu einem elektrischen Stromkreis aufgestellt ist. Als Triebkräfte der Gesamtreaktion und der einzelnen Teilschritte sind hier die Änderungen des thermodynamischen Potentials G des Systems bei Ablauf eines Formelumsatzes der Bruttoreaktion (1) oder (2) bzw. der einzelnen Teilschritte angesehen, die mit $\Delta G_{(1)}$ bzw. $\Delta G'$, $\Delta G''$ usw. bezeichnet sind. $\mathfrak{Z}_{(1)}$ bzw. $\mathfrak{Z}'$, $\mathfrak{Z}''$ usw. sind die Reaktionswiderstände, die den Zusammenhang zwischen Triebkraft der Reaktion ΔG und der Reaktionsgeschwindigkeit $j_{(1)}$ liefern. Es sei noch einmal bemerkt, daß nur in bestimmten Fällen ein linearer Zusammenhang zwischen ΔG, $\mathfrak{Z}$ und j herrscht, wie er im elektrischen Analogiefall dem Ohmschen Gesetz entsprechen würde. Nach der oben gegebenen Definition fließt im stationären Zustand durch alle Widerstände $\mathfrak{Z}$ der gleiche Reaktionsstrom j*. Je nach dem Wert der einzelnen Reaktionswiderstände ist aber die Gleichgewichtsabweichung ΔG der einzelnen Teilschritte verschieden. Überwiegt der Reaktionswiderstand des $i$ten Teilschritts $\mathfrak{Z}_i$ gegenüber der Summe aller anderen Reaktionswiderstände, so wird ΔG_i vergleichbar mit der Triebkraft der Bruttoreaktion $\Delta G_{(1)}$. In diesem Falle wird die Reaktionsgeschwindigkeit j praktisch nur noch von $\mathfrak{Z}_i$ bestimmt, der Teilschritt i wird als *geschwindigkeitsbestimmend* bezeichnet. Bei Reaktionsfolgen überwiegt häufig der Einfluß eines Teilschritts auf die Reaktionsgeschwindigkeit. Bei der Erzreduktion können bei veränderlicher Temperatur, Gaszusammensetzung, Gasströmung, Porenstruktur und Stückgröße des Erzes verschiedene Teilschritte geschwindigkeitsbestimmend werden.

Die Ermittlung des jeweils geschwindigkeitsbestimmenden Teilschrittes ist eine wichtige Aufgabe, da sie die Voraussetzung für eine Beeinflussung der Reduktion ist.

1.2.2. Gasdiffusion in der Strömungsgrenzschicht und den Poren

Wir betrachten eine Gasmischung aus den Komponenten 1 und 2, also z. B. CO und CO_2. Treten in der Mischung örtliche Unterschiede der Partialdrucke der beiden Gase p_1 und p_2 oder ihrer Konzentrationen c_1 und c_2 (Mol cm^{-3}) auf, so erfolgt eine Diffusion beider Komponenten. Für den Diffusionsstrom j_1 bzw. j_2 der Gase 1 und 2, also die Menge der Gase in Molen, die in der Sekunde durch eine gedachte Fläche mit dem Querschnitt 1 cm² tritt, gilt dann:

$$\left. \begin{aligned} j_1 &= -D_{12}\frac{dc_1}{dx} = -D_{12}\frac{dp_1}{dx}\frac{1}{RT}\,, \\[2mm] j_2 &= -D_{21}\frac{dc_2}{dx} = -D_{21}\frac{dp_2}{dx}\frac{1}{RT}\,. \end{aligned} \right\} \tag{3}$$

Sind Gesamtdruck und Temperatur an allen Punkten des betrachteten Systems gleich, so gilt $c_1 + c_2 = c$ und $p_1 + p_2 = P$. Unter den an-

---

* Nichtstationäre Zustände können in einem derartigen Schaltschema mitberücksichtigt werden, wenn in den Stromkreis Speicher, wie sie z. B. Kapazitäten darstellen, aufgenommen werden. Die in ihnen gespeicherten Stoffmengen würden eine zeitliche Änderung der in den einzelnen Teilschritten wirksamen Konzentrationen zulassen. Im stationären Zustand bleibt der Ladungszustand der Speicher und damit das ΔG der einzelnen Teilschritte konstant, und j hat an jedem Punkt der Schaltung den gleichen Wert.

geführten Voraussetzungen folgt

$$\frac{dc_1}{dx} = - \frac{dc_2}{dx}\,; \qquad \frac{dp_1}{dx} = - \frac{dp_2}{dx}\,. \tag{4}$$

Diese Bedingungen können stationär nur dann aufrechterhalten bleiben, wenn ferner

$$\dot{\jmath}_1 = - \dot{\jmath}_2 \tag{5}$$

gilt. Diese Bedingung ergibt sich im vorliegenden Fall auch aus der Stöchiometrie der Phasengrenzreaktion. Aus (3), (4) und (5) folgt

$$D_{12} = D_{21}. \tag{6}$$

Der Diffusionskoeffizient des Gases 1 in der Mischung mit Gas 2 ist also gleich dem Diffusionskoeffizienten von Gas 2 in der gleichen Mischung.

Zahlenwerte der Diffusionskoeffizienten kann man mit den Methoden der kinetischen Theorie der Gase berechnen. Eine erste rohe Annäherung liefert die Behandlung mit Hilfe der mittleren freien Weglängen:

In einem Gasraum mit der Konzentration $n_1' = c_1 N_L$ des Gases 1 in Molekülen/cm³ gehe von einem beliebigen Punkt ein Koordinatensystem aus. Bei Gleichverteilung der Bewegung der Moleküle werden sich dann in Richtung der 3 Achsen je etwa $^1/_3$ der Moleküle bewegen, und zwar je $^1/_6$ in positiver, $^1/_6$ in negativer Richtung. Eine im Gasraum markiert gedachte Fläche von 1 cm² wird in einer Sekunde von allen den Molekülen in einer Richtung passiert, die sich auf diese Fläche zu bewegen und in einem Volumenelement enthalten sind, dessen Grundfläche die Einheitsfläche darstellt und dessen Höhe gleich der mittleren Geschwindigkeit der Teilchen $\bar{v}_1$ in cm/sec ist. Ihre Zahl beträgt $^1/_6 n_1' \bar{v}_1$. Nur diese Teilchen können die Fläche in der Versuchszeit von einer Sekunde erreichen.

In einem Gas einheitlicher Zusammensetzung passieren ebenso viele Moleküle die Fläche in entgegengesetzter Richtung. Herrscht senkrecht zu der betrachteten Fläche ein Konzentrationsgefälle des Gases der Größe dn_1'/dx, so fließt in einer Richtung der Teilchenstrom $\overrightarrow{\jmath}_1 = 1/6\,\bar{v}_1\left(n_1' + x_0\,\dfrac{dn_1'}{dx}\right)$, in der anderen Richtung der Strom $\overleftarrow{\jmath}_1 = 1/6\,\bar{v}_1\left(n_1' - x_0\,\dfrac{dn_1'}{dx}\right)$. Mit x_0 ist ein festzusetzender Elementarabstand bezeichnet. Da sich in einem Gas die Teilchen mit ihrer Geschwindigkeit $\bar{v}_1$ jeweils nur zwischen zwei Stößen mit anderen Molekülen in einer Richtung gradlinig fortbewegen, ist hier x_0 gleich der mittleren freien Weglänge $\bar{\lambda}$ zu setzen. Für den Teilchenstrom $\jmath_1$ in positiver x-Richtung durch die Einheitsfläche ergibt sich daher

$$\jmath_1 = \overrightarrow{\jmath}_1 - \overleftarrow{\jmath}_1 \approx 1/3\,\bar{\lambda}\,\bar{v}_1\,\frac{dn_1'}{dx}$$

oder

$$j_1 \approx 1/3 \, \bar{\lambda} \, \bar{v}_1 \frac{dc_1}{dx} \tag{7}$$

für den Diffusionsstrom in Mol $\cdot$ cm^{-2} sec^{-1}. Aus (3) und (7) ergibt sich $D_{12} \approx {}^1/_3 \bar{\lambda} \, \bar{v}_1$. Berücksichtigt man die tatsächliche Verteilung der Bewegungsrichtungen der Moleküle, dann erhält man

$$D_{12} \approx 1/2 \, \bar{\lambda} \, \bar{v}_1 .$$

Mit

$$\bar{v}_1 = \left(\frac{8 \, RT}{\pi \, M_1} \right)^{1/2} \tag{8}$$

und

$$\bar{\lambda} = \frac{1}{\sqrt{2} \, \pi \, c \, N_L \, \sigma_{12}^2} \tag{9}$$

ergibt sich also

$$D_{12} \approx \frac{1}{2\sqrt{2} \, N_L \, \pi \, \sigma_{12}^2 \, c} \left(\frac{8 \, RT}{\pi \, M_1} \right)^{1/2} . \tag{10}$$

N_L ist die *Loschmidtsche Zahl*, M_1 das Molekulargewicht des Gases 1 und $c = c_1 + c_2$ die Konzentration der Gasmischung. Mit σ_{12} ist in (9) und (10) der mittlere Stoßdurchmesser $\sigma_{12} = (\sigma_1 + \sigma_2)/2$ der Moleküle bezeichnet. Der hauptsächliche Mangel von (10) ist der Umstand, daß diese Formel wegen der Benutzung der Näherungsgleichung (9) nicht zu $D_{12} = D_{21}$ führt. Benutzt man den exakten Ausdruck

$$\bar{\lambda}_1 = 1/\pi \left[c_1 \, \sigma_1^2 \, \sqrt{2} + c_2 \, \sigma_2^2 \, \sqrt{1 + M_1/M_2} \right], \tag{9a}$$

so entfällt dieser Einwand. Eine Berechnung des Diffusionskoeffizienten, die die Gesetze der Impulsübertragung anwendet[68], liefert den Ausdruck

$$D_{12} = D_{21} \approx \frac{3}{8(c_1 + c_2) \, \sigma_{12}^2 \, N_L} \left(\frac{RT(M_1 + M_2)}{2\pi \, M_1 \, M_2} \right)^{1/2} . \tag{11}$$

Mit

$$c_1 + c_2 = \frac{P}{RT}$$

ergibt sich

$$D_{12} = D_{21} \cong \frac{3}{8 \sigma_{12}^2 \, P \, N_L} \left(\frac{M_1 + M_2}{2\pi \, M_1 \, M_2} \right)^{1/2} RT^{3/2} \tag{11a}$$

$$\cong 1,86 \cdot 10^{-3} \frac{T^{3/2}}{P \, \sigma_{12}^2} \left(\frac{M_1 + M_2}{M_1 \, M_2} \right)^{1/2} \tag{11b}$$

(P in atm, σ in Å).

Bei der Ableitung von (11) wurde von der vereinfachenden Annahme starrer Molekülkugeln ausgegangen. Wegen dieser Einschränkung gibt Formel (11) besonders die Temperaturabhängigkeit der Diffusionskoeffizienten nicht korrekt wieder, wie sorgfältige Messungen erkennen lassen[69].

4*

Zur Überwindung dieser Schwierigkeit sind verschiedene andere Modelle für die Wechselwirkung der Moleküle im Gasraum benutzt worden. Bild 25 zeigt schematisch den Verlauf der Wechselwirkungskräfte mit dem Molekülabstand für starre elastische Kugeln und für drei andere Modelle. An alle Modelle kann Formel (11) durch Einsetzen eines temperaturabhängigen Wertes für den effektiven Wechselwirkungsdurchmesser σ_{12} angepaßt werden. Für das *Sutherland-van der Waalssche Modell* (Bild 25b) ergibt sich

$$\sigma_{\text{eff}} = \sigma'_\infty \sqrt{1 + \frac{S_{12}}{T}}. \qquad (12)$$

S_{12} ist die Sutherland-Konstante, für die sich Zahlenwerte im Schrifttum finden[70]).

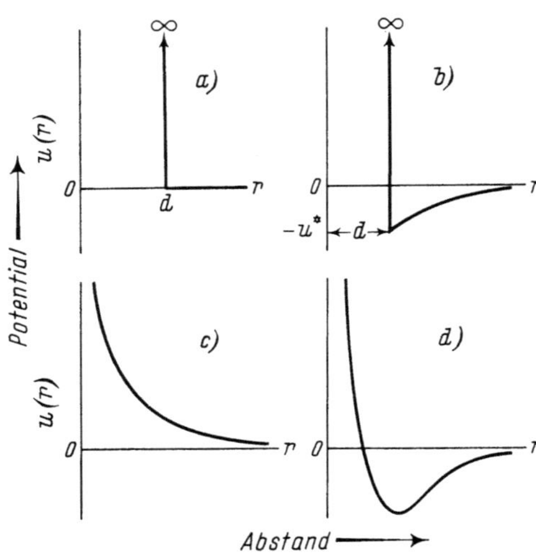

Bild 25a—d. Intermolekulare Potentialfunktionen für verschiedene Modelle der Wechselwirkung von Gas-Molekülen

a) BILLIARD-BALL-Modell, b) VAN DER WAALS-SUTHERLAND-Modell, c) punktförmige Moleküle mit gegenseitiger Anziehung proportional 1/r, d) wie c, jedoch unter Berücksichtigung der Abstoßungskräfte (LENNARD-JONES-Modell)

Betrachtet man entsprechend Bild 25c die Moleküle als Punktzentren, die mit einer Energie E aufeinander einwirken, die umgekehrt proportional einer Potenzfunktion des Abstandes r ist,

$$E = E_{12}\, r^{-\nu},$$

so ergibt sich

$$\sigma_{\text{eff}} = \sigma_\infty \left(\frac{E_{12}}{2RT}\right)^{1/(\nu-1)}. \qquad (13)$$

Aus Formel (11) folgte für die Temperaturabhängigkeit des Diffusionskoeffizienten $D_{12} \sim T^{1/2}$. Bei den meisten Messungen der Temperaturabhängigkeit des Diffusionskoeffizienten wird nicht die Konzentration c konstant gehalten, sondern der Druck P. Gemäß Formel (11a) bzw. (11b) gilt in diesem Fall

$$D_{12} \sim T^{3/2} \qquad (P = \text{const}). \qquad (14)$$

Bei Anwendung von Formel (13) folgt dagegen

$$D_{12} \sim T^{3/2 + 2/(\nu-1)} \qquad (P = \text{const}). \qquad (15)$$

Für starre Kugeln mit $\nu = \infty$ geht (15) in (14) über. Aus den Messungen von v. OBERMAYER[69]) berechneten CHAPMAN und COWLING[71]) für eine Reihe binärer Gasmischungen Werte für den Abstoßungsexponenten ν, die etwa zwischen 5 und 9 liegen. Damit ergibt sich aus Formel (15)

$$D_{12} \sim T^n; \quad 1{,}75 < n < 2 \quad (P = \text{const}). \tag{16}$$

Neuere Ansätze zur exakten Berechnung der Temperaturabhängigkeit der Diffusionskoeffizienten in Gasen wurden von JOST[72] mitgeteilt und die Ergebnisse den experimentellen Werten gegenübergestellt. Auch der in Bild 25d gezeigte Energie-Abstands-Verlauf nach LENNARD-JONES wird dort quantitativ behandelt.

Diffusionskoeffizienten der bei der Erzreduktion wichtigen binären Gasmischungen und die zugehörigen Werte der freien Weglängen sind in

Tafel 4. *Diffusionskoeffizienten D in* (cm²/sec) *und freie Weglängen λ in* (cm) *in binären Gasmischungen* ($P = 1$ atm)

Temperatur		D_T^{CO/N_2}	$D_T^{H_2/N_2}$	$D_T^{H_2/H_2O}$	D_T^{CO/CO_2}
°C	°K				
500	773	1,09	3,68	4,62	0,95
700	973	1,65	5,51	6,91	1,51
900	1173	2,30	7,64	9,58	2,20
1100	1373	3,05	10,06	12,62	3,01

Temperatur		λ_T^{CO/N_2}	$\lambda_T^{H_2/N_2}$	$\lambda_T^{H_2/H_2O}$	λ_T^{CO/CO_2}
°C	°K				
500	773	$2{,}64 \cdot 10^{-5}$	$3{,}34 \cdot 10^{-5}$	$3{,}57 \cdot 10^{-5}$	$2{,}63 \cdot 10^{-5}$
700	973	$3{,}58 \cdot 10^{-5}$	$4{,}44 \cdot 10^{-5}$	$4{,}76 \cdot 10^{-5}$	$3{,}71 \cdot 10^{-5}$
900	1173	$4{,}52 \cdot 10^{-5}$	$5{,}62 \cdot 10^{-5}$	$6{,}01 \cdot 10^{-5}$	$4{,}91 \cdot 10^{-5}$
1100	1373	$5{,}53 \cdot 10^{-5}$	$6{,}84 \cdot 10^{-5}$	$7{,}32 \cdot 10^{-5}$	$6{,}22 \cdot 10^{-5}$

Tafel 4 wiedergegeben. Zur Berechnung wurden die Formeln (9) und (11b) in Verbindung mit (13) verwendet. Die benutzten Werte von $\sigma_{12}^{(293\,°K)}$ und v wurden dem Schrifttum[72] entnommen oder aus den Zahlenwerten für ähnliche Gaspaare abgeschätzt.

Die bisherigen Betrachtungen beziehen sich auf die Diffusion in Gasmischungen aus 2 Komponenten. Im technischen Prozeßablauf der Reduktion sind aber in den meisten Fällen mehr als 2 Gase vorhanden. Es soll hier nur der Fall betrachtet werden, daß neben dem reduzierenden Gas und der oxydierten Komponente — also z. B. H_2 und H_2O oder CO und CO_2 — noch ein Inertgas vorhanden ist, das selbst nicht an der Reaktion teilnimmt, wie Stickstoff oder Argon.

Bei der Reduktion einer Erzprobe in einer solchen Gasmischung ist wiederum zu fordern, daß der Gasdruck an allen Stellen den gleichen Wert hat. Daraus folgt

$$\frac{dc_1}{dx} + \frac{dc_2}{dx} + \frac{dc_3}{dx} = 0. \tag{17}$$

Wenn mit dem Zeichen 1 das reduzierende Gas, mit 2 die oxydierte Gaskomponente und mit 3 das Inertgas bezeichnet wird, gilt ferner für die Diffusionsströme im stationären Zustand

$$j_1 = -j_2, \quad j_3 = 0. \tag{18}$$

Die Ströme j_1 und j_2 müssen wegen der Stöchiometrie der Reaktion entgegengesetzt gleich sein; der Diffusionsstrom des Inertgases wird im stationären Reaktionsablauf Null, da diese Komponente nirgends erzeugt oder verbraucht wird.

Der Diffusionsstrom jeder der 3 Komponenten wird nicht nur durch den Gradienten der Konzentration dieses Gases selbst, sondern auch durch die Konzentrationsgradienten der anderen beiden Gase bewirkt. Diese Kopplung ist nach den Vorstellungen der Gaskinetik qualitativ in einfacher Weise anschaulich zu machen:

Wir denken uns durch einen Gasraum am Orte $x = 0$ eine Ebene senkrecht zur x-Achse gelegt. Das Inertgas möge im ganzen Gasraum die konstante Konzentration c_3 haben, die beiden anderen Gase dagegen variable Konzentrationen. In einem kleinen Abstand x_0 von der Referenzebene herrscht auf einer Seite die Konzentration $\left(c_1 + x_0 \dfrac{dc_1}{dx}\right)_{x=+x_0}$, auf der anderen Seite $\left(c_1 - x_0 \dfrac{dc_1}{dx}\right)_{x=-x_0}$.

Wegen (17) gilt $\dfrac{dc_2}{dx} = -\dfrac{dc_1}{dx}$, und somit ergeben sich für das Gas 2 die Konzentrationen $\left(c_2 - x_0 \dfrac{dc_1}{dx}\right)_{x=+x_0}$ und $\left(c_2 + x_0 \dfrac{dc_1}{dx}\right)_{x=+x_0}$. Die Zahl der Stöße, die die bei $x = 0$ befindlichen Moleküle des Gases 3 in positiver x-Richtung treffen, ist

$$\vec{Z}_3 = \vec{Z}_{33} + \vec{Z}_{32} + \vec{Z}_{31}, \tag{19}$$

wobei der erste Index das gestoßene, der zweite das stoßende Molekül bezeichnet. Die Stoßzahl ist jeweils proportional der Konzentration der gestoßenen Moleküle bei $x = 0$ und der stoßenden bei $x = -x_0$. Ferner hängt sie von der Wahrscheinlichkeit der Zusammenstöße ab, die bei der Annahme starrer Molekülkugeln proportional dem Mittelwert der jeweiligen Molekülquerschnitte ist. Werden die Mittelwerte der Moleküldurchmesser wieder mit $\sigma_{32} = (\sigma_3 + \sigma_2)/2$ und $\sigma_{31} = (\sigma_3 + \sigma_1)/2$ bezeichnet, so gilt

$$\vec{Z}_3 \sim \sigma_{31}^2 \left(c_1 - x_0 \frac{dc_1}{dx}\right) + \sigma_{32}^2 \left(c_2 + x_0 \frac{dc_1}{dx}\right) + \sigma_3^2 c_3.$$

Für die Zahl der Stöße in entgegengesetzter Richtung gilt

$$\overleftarrow{Z}_3 \sim \sigma_{31}^2 \left(c_1 + x_0 \frac{dc_1}{dx}\right) + \sigma_{32}^2 \left(c_2 - x_0 \frac{dc_1}{dx}\right) + \sigma_3^2 c_3.$$

Als Differenz der Stoßzahlen in positiver und in negativer x-Richtung ergibt sich also

$$Z_3 = \vec{Z}_3 - \overleftarrow{Z}_3 \sim (\sigma_{32}^2 - \sigma_{31}^2)\frac{dc_1}{dx}. \tag{20}$$

Diese Differenz der Stoßzahlen verschwindet nur, wenn die Moleküle der Gase 1 und 2 gleiche Durchmesser σ haben. Wird Z nicht gleich Null, dann übt der Gradient der Konzentrationen der Gase 1 und 2 auf das Gas 3 eine Kraftwirkung aus und bewirkt einen Diffusionsstrom dieser Komponente. Dieser Effekt ist experimentell nachgewiesen[73]). Im stationären Zustand der Reduktion muß der Strom des Inertgases gemäß Formel (18) gleich Null werden. Das ist dann der Fall, wenn ein Konzentrationsgradient des Inertgases aufgebaut ist, der den Einfluß der Überführung ausgleicht. Eine eingehende Behandlung der Diffusion in Dreistoffmischungen auf der Grundlage der Thermodynamik der irreversiblen Prozesse gibt R. HAASE[74]). Er kommt zu dem Schluß, daß die Behandlung der Diffusion in Dreistoffmischungen mit nur einem Diffusionskoeffizienten, also wie in Zweistoffmischungen, nur möglich sein dürfte, wenn alle 3 Molekülarten einander weitgehend gleichen. Das entspricht der oben angeführten Betrachtung über den Zusammenhang mit den Stoßquerschnitten und ist in Übereinstimmung mit den experimentellen Ergebnissen von HELLUND[73]) einerseits und der Untersuchung der Diffusion der sehr ähnlichen Molekülarten Toluol und Chlorbenzol in Brombenzol in flüssiger Phase[75]) andererseits.

Auf der Grundlage der allgemeinen Theorie der Diffusion in multinären Gasmischungen von MAXWELL und von STEFAN behandelt SHERWOOD[75a]) die Diffusion zweier Gase in einer Mischung mit einem dritten Gas, das im stationären Ablauf des Transportvorgangs selbst nicht diffundiert. Die Integration der erhaltenen Differentialgleichung führt GILLILAND[75b]) aus. Danach ergibt sich für den Quotienten der Partialdrucke des Inertgases p_3 und p_3', die an den Enden eines Diffusionswegs der Länge x herrschen, mit $j_1 = -j_2$

$$\ln\frac{p_3}{p_3'} = \frac{RT}{P}\,x\,\frac{j_1}{D_{13}}\left(1 - \frac{D_{13}}{D_{23}}\right).$$

In Übereinstimmung mit Formel (20) verschwindet die Überführung bzw. wird $p_3 = p_3'$, wenn $D_{13} = D_{23}$ oder $j_1 = 0$ wird, was $\sigma_{13} = \sigma_{23}$ oder $dc_1/dx = 0$ entspräche.

Die Verhältnisse der binaren Diffusionskoeffizienten von CO/N_2, CO_2/N_2 und CO/CO_2 liegen zwischen 1 und 1,4. Eine merkliche Überführung und damit ein nennenswerter Unterschied des Partialdrucks des Inertgases, des Stickstoffs, zwischen freiem Gasraum und reagierender Erzoberfläche ist im normalen Hochofenbetrieb also nicht zu erwarten, jedenfalls dann nicht, wenn der Wasserstoffgehalt des reduzierenden Gases gering bleibt. Die Diffusionskoeffizienten von binären Mischungen mit Wasserstoff sind dagegen etwa um den Faktor 4 größer als die der anderen binären Gasmischungen, die für die Reduktion mit Wasserstoff von Bedeutung sind. Bei Reduktion mit Gasen mit höherem Wasserstoffgehalt ist daher mit einer Beeinflussung des Inertgas-Partialdrucks durch die Diffusion des Wasserstoffs zur Erzoberfläche und des Wasserdampfs zurück in den Gasraum zu rechnen, und zwar muß das Inertgas an der reagierenden Oxydoberfläche einen geringeren Partialdruck haben als im freien Gasraum, da es vom Wasserdampf überführt wird.

Für die Diffusion durch die Strömungsgrenzschicht der Dicke l, die sich an der Oberfläche der Erzstücke ausbildet, ist es zweckmäßig, an Stelle des Ausdrucks D/l einen Stoffübergangskoeffizienten β zu definieren:

$$\beta = \frac{D}{l}. \tag{21}$$

Diese Darstellung hat den Vorteil, daß sie nicht nur für die Diffusion durch laminare Grenzschichten gültig ist, sondern auch formal für den Stoffaustausch beim Auftreten von Turbulenzen, obwohl hier der Begriff der Strömungsgrenzschicht seinen Sinn verliert.

Aus Stoffübergangskoeffizienten, Diffusionskoeffizienten D und einer charakteristischen Länge d — z. B. dem Durchmesser einer umströmten Kugel — setzt sich die *Sherwood-Zahl Sh* zusammen

$$Sh = \frac{\beta d}{D} = \frac{d}{l}. \tag{22}$$

Sie steht mit der die Strömung charakterisierenden *Reynolds-Zahl*

$$Re = \frac{u d}{\nu}, \tag{23}$$

in die die Strömungsgeschwindigkeit u und die kinematische Zähigkeit ν* eingeht, und der *Schmidt-Zahl*

$$Sc = \frac{\nu}{D} \tag{24}$$

im Zusammenhang[76]:

$$Sh = C + C' Re^m Sc^n. \tag{25}$$

C und C' sind Konstanten. Nach O. KRISCHER und G. LOOS[77] hat C für umströmte Kugeln den Wert 2. Die Sherwood-Zahl nimmt daher gleichfalls für $u = 0$ den Wert 2 an. C' hat einen Wert von etwa 0,6[76, 77]. Für laminare Strömungen gilt: $m = 1/2$ und $n = 1/3$[76]. Bei turbulenter Strömung

---

* Kinematische Zähigkeit ν in cm² s⁻¹ = $\dfrac{\text{Viskosität } \eta \text{ in g cm}^{-1}\text{ s}^{-1}}{\text{Dichte } \varrho \text{ in g cm}^{-3}}$.

liegt der Exponent m zwischen 0,5 und 0,8, während $n = 1/3$ auch hier gültig bleibt[77]). Der Stoffübergangskoeffizient ist also etwa proportional der Wurzel aus der Strömungsgeschwindigkeit u.

Die Schmidt-Zahl hat für reine Gase, abhängig von Druck, Temperatur und Gasart, Werte zwischen 0,6 und 0,8[68, 72]). Für Gasmischungen kann der Verlauf der Zähigkeit mit dem Mischungsverhältnis durch die Formel von SUTHERLAND und THIESEN dargestellt werden:

$$\eta_{12} = \frac{\eta_1}{1 + \dfrac{a_{12} N_2}{a_{11} N_1}} + \frac{\eta_2}{1 + \dfrac{a_{21} N_1}{a_{22} N_2}} \, . \tag{26}$$

N_1 und N_2 sind die Molenbrüche der beiden Gase, und die Größen a_{ik} stellen empirische Konstanten dar. Der durch (26) wiedergegebene Kurvenverlauf kann monoton ansteigen oder abfallen oder auch ein flaches Maximum aufweisen. So beträgt bei 14,7 °C die Viskosität von Wasserstoff $89,3 \cdot 10^{-6}$, die Viskosität von Kohlendioxyd $146,8 \cdot 10^{-6}$ und die Viskosität einer Mischung beider Gase[78]) mit 48,4 % H_2 $148,5 \cdot 10^{-6}$ g cm^{-1} s^{-1}. Eine theoretisch begründete Behandlung der Viskosität in Gasmischungen geben BIRD, HIRSCHFELDER und CURTISS[78a]).

Der Interdiffusionskoeffizient D_{12} für CO_2-H_2-Mischungen ist dagegen von der Gaszusammensetzung weitgehend unabhängig und beträgt bei Normaltemperatur und -druck 0,550 cm^2 sec^{-1}. Gemäß Formeln (11) bis (11 b) liegt dieser Wert zwischen den Diffusionskonstanten der beiden reinen Gase, die $D_{H_2} = 1,24$ und $D_{CO_2} = 0,104$ betragen.

Demnach kann die Schmidt-Zahl für Gasmischungen keinen konstanten Wert darstellen, der unabhängig von Art und Konzentration der Gasmischung wäre. Zumeist nimmt die Schmidt-Zahl für Gasmischungen kleinere Werte an als für reine Gase. Diese Abweichung ist um so ausgeprägter, je mehr sich die Diffusionskoeffizienten und Dichten der Mischungspartner unterscheiden. Für eine Mischung aus Wasserstoff und Kohlendioxyd im Verhältnis 1 : 1 hat die Schmidt-Zahl bei 20 °C den Wert 0,25. Mit steigendem Anteil des schwereren Gases nimmt die Schmidt-Zahl ab, da η zwischen 50 und 100 % CO_2 fast konstant ist, ϱ ansteigt und D_{12}, wie oben gezeigt, konstant bleibt. In H_2-N_2-Mischungen liegen ähnliche Verhältnisse vor.

Die Temperaturabhängigkeit von ν_{12} kann durch einen Ausdruck wiedergegeben werden, der analog zu der Sutherlandschen Formel der Temperaturabhängigkeit von D_{12} ist, die sich durch Kombination von (11 a) mit (12) ergibt:

$$\eta = \frac{\eta_0 \, T^{3/2}}{1 + \dfrac{S_\eta}{T}} \, .$$

Werte der Viskosität binärer Mischungen und der zugehörigen Sutherland-Konstanten S_η sind in Tabellenwerken[78]) angegeben. Eine ausführliche Zusammenstellung des Schrifttums zur Viskosität binärer Gasmischungen findet sich bei STAUDTE[79]).

Bei der Diffusion durch die Poren des Erzstücks oder der Reduktionsprodukte ist die Einengung des zur Diffusion der Gase zur Verfügung stehenden Querschnitts zu berücksichtigen. Ferner muß ein Faktor eingeführt werden, der den Porenverlauf relativ zur Diffusionsrichtung sowie die Porenverzweigung und -vernetzung darstellt. Das erfolgt durch Benutzung eines Porendiffusionskoeffizienten D^P, der durch

$$D^P = D\,\gamma\,\xi \tag{27}$$

gegeben ist. Mit γ ist das relative Porenvolumen, also das Verhältnis von Porenraum zu Gesamtvolumen des Erzstücks bezeichnet. Der Labyrinthfaktor ξ ist von der Porenstruktur abhängig und im allgemeinen nur empirisch zugänglich. Durch Einsetzen von D^P in Gl. (3) ergibt sich für die Porendiffusion der Diffusionsstrom j, z. B. in Mol sec^{-1} cm^{-2}, bezogen auf die äußere Oberfläche des Erzstücks.

Die Gasmoleküle stoßen nicht nur miteinander, sondern auch mit den Festkörperoberflächen zusammen, z. B. mit den Porenwandungen. Werden die Durchmesser der Poren kleiner als die mittlere freie Weglänge der Moleküle im Gasraum $\bar\lambda$, so werden die Stöße mit der Porenwand häufiger als die Stöße von Gasmolekülen miteinander. Dann treffen die für die Ableitung der Formeln (11) bis (11 b) gemachten Annahmen nicht mehr zu. Mit d = Porendurchmesser ergibt sich für $d < \bar\lambda$ der *Knudsensche Diffusionskoeffizient*

$$D_i^K = \frac{d}{6}\left(\frac{8\,RT}{\pi M_i}\right)^{1/2}. \tag{28}$$

Ein Vergleich mit Formel (11 a) zeigt, daß der Koeffizient der Knudsen-Diffusion in Poren mit $d < \bar\lambda$ im Gegensatz zum normalen Gasdiffusionskoeffizienten unabhängig vom Gesamtdruck P und vom Wirkungsquerschnitt wird.

Die mittlere freie Weglänge in einer Gasmischung ist nach der kinetischen Gastheorie in erster Näherung durch den Ausdruck (9) gegeben. Zahlenwerte enthält Tafel 4. Bei der Berechnung sind die Formeln (9) und (13) verwendet worden.

Ist die Gasdiffusion der geschwindigkeitsbestimmende Teilschritt einer Reaktion, kann nach Abschn. 1.2.1 angenommen werden, daß die Phasengrenzreaktion in unmittelbarer Gleichgewichtsnähe abläuft. Für die Diffusion ergibt sich dann, wenn c_1^0 die Konzentration des reduzierenden, c_2^0 die des oxydierten Gases im Gasraum und c_1^* und c_2^* die Gleichgewichtskonzentrationen an der Oxydoberfläche c^* sind,

$$j_1 = -D_{12}\frac{dc_1}{dx} = -\frac{D_{12}}{l}(c_1^0 - c_1^*),$$

$$j_2 = -D_{12}\frac{dc_2}{dx} = -\frac{D_{12}}{l}(c_2^0 - c_2^*). \tag{29}$$

Mit l ist die Diffusionslänge, also die Länge der Poren oder die scheinbare Dicke der Diffusionsschicht bezeichnet. Die Ortskoordinate x ist so festgelegt, daß die positive x-Achse von der reagierenden Oxydoberfläche senkrecht durch die Längsachse der zylindrisch gedachten Pore in den Gasraum weist. Als Nebenbedingungen zu (29) sind zu beachten

$$j_1 = -j_2; \quad c_1^0 + c_2^0 = c_1^* + c_2^* = c,$$

$$p_1^0 + p_2^0 = p_1^* + p_2^* = P. \tag{30}$$

Mit der Gleichgewichtskonstanten K

$$K = \frac{c_1^*}{c_2^*} = \frac{p_1^*}{p_2^*}$$

ergibt sich aus (29) und (30)

$$j_1 = -j_2 = -\frac{D}{l}c_1^0\frac{1}{1+K}\left(1 - K\frac{c_2^0}{c_1^0}\right). \tag{31}$$

Der Diffusionsstrom ist also direkt proportional der Konzentration c_1^0 oder dem Partialdruck $p_1^0 = c_1^0 RT$ des reduzierenden Gases im freien Gasraum, solange das Produkt $K\,c_2^0/c_1^0$ klein gegen 1 oder konstant ist.

Bei einer Änderung von c_1^0 bzw. p_1^0 durch Variation des Partialdruckverhältnisses p_1^0/p_2^0 ist im allgemeinen Fall also die Beziehung $-j_1 \sim c_1^0$ nicht zu erwarten. Bei $p_1^0 + p_2^0 = p_1^* + p_2^* = P$ gilt

$$j_1 = -j_2 = -\frac{D_{12}}{l}\frac{p_1^0}{RT}\left(1 - \frac{K}{1+K}\frac{P}{p_1^0}\right). \tag{31a}$$

Auch dieser Ausdruck läßt erkennen, daß ein linearer Zusammenhang zwischen dem Diffusionsstrom und dem Partialdruck des reduzierenden Gases nur besteht, wenn der zweite Summand in der Klammer klein gegen 1 wird. Da p_1^0 nicht größer als der Gesamtdruck P werden kann, ist das nur der Fall, wenn die Gleichgewichtskonstante K klein gegen 1 wird. Das trifft nur zu für die Reduktion von Fe_2O_3 zu Fe_3O_4 und für die Reduktion von Fe_3O_4 zu FeO bei höheren Temperaturen. Die Gleichgewichtskonstante für den letztgenannten Vorgang steigt mit fallender Temperatur; für Reduktion mit Wasserstoff wie mit Kohlenmonoxyd beträgt sie bei etwa 800 °C bereits 0,44. Die Temperaturabhängigkeit des Diffusionsstroms wird durch die Temperaturabhängigkeit von D_{12} gemäß Formel (16), daneben aber auch durch den Einfluß der Temperatur auf die Gleichgewichtskonstante K bedingt. Für $K = K_{\text{Fe/FeO}}$ und $K_{\text{FeO/Fe}_3\text{O}_4}$ und CO als reduzierendes Gas zeigt Bild 26 den Verlauf des Klammerausdrucks der Gl. (31 a) mit der Temperatur für jeweils 2 Werte von

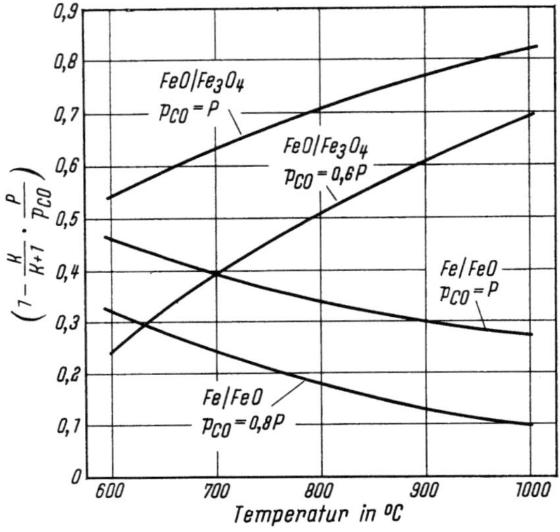

Bild 26

Temperaturabhängigkeit der Gaszusammensetzung für die Reduktion der Eisenoxyde

P/p_{CO}^0. Da der Diffusionskoeffizient D_{12} nach (11 a) umgekehrt proportional dem Gesamtdruck P ist,

$$D_{12} = \frac{D'_{12}}{P},$$

ergibt (31 a)

$$j_1 = -\frac{D'_{12}}{RTl}\left(\frac{p_1^0}{P} - \frac{K}{1+K}\right). \tag{31 b}$$

Bei einer Veränderung des Partialdrucks p_1^0 durch Veränderung des Totaldrucks P bleibt der Diffusionsstrom also konstant.

1.2.3. Adsorption

Die Phasengrenzreaktion der Erzreduktion läuft in Teilschritten ab. Die Moleküle des reduzierenden Gases treffen zunächst auf die Festkörperoberfläche auf. Mit dem Oxyd reagieren können aber nur die Moleküle, die nach diesem Stoßvorgang nicht sofort in den Gasraum reflektiert werden, da die Phasengrenzreaktion für ihren Ablauf eine gewisse Zeit braucht. Einige der Gasmoleküle verweilen nach ihrem Stoß einige Zeit an der Oberfläche, da sie durch physikalische oder chemische Kräfte an die Oberfläche gebunden werden. Dieser Bindungsvorgang wird Adsorption genannt. In dem Temperaturbereich, in dem die Erzreduktion mit meßbarer Geschwindigkeit abläuft, verweilen nur solche Moleküle für eine nennenswerte Zeit an der Oxydoberfläche, die durch chemische Kräfte gebunden sind. Die Verweilzeit physikalisch adsorbierter Moleküle ist etwa 10^{-7} sec, wie noch gezeigt wird. In diesen chemisorbierten Molekeln können einzelne der Molekülbindungen gelockert oder sogar gelöst werden. Die neu hergestellten Bindungen zwischen den chemisorbierten Molekülen oder Atomen und den Oberflächenbausteinen des Festkörpers können dagegen so fest sein, daß bei der nachfolgenden Desorption des Gases Gitteratome des Festkörpers unter Verbindungsbildung mit dem Gas in den Gasraum übertreten. In dieser Weise kann man sich den Ausbau von Sauerstoff aus einem Erz durch H_2 oder CO unter Bildung von H_2O bzw. CO_2 atomistisch vorstellen. Die höchstmögliche Reaktionsgeschwindigkeit zwischen Gas und Oxyd ist durch die Zahl der Gasmoleküle begrenzt, die in der Zeiteinheit auf die Oberflächeneinheit auftreffen. Diese Stoßzahl Z_i beträgt

$$Z_i = n_i \frac{\bar{v}_i}{4} = c_i N_L \frac{\bar{v}_i}{4} = \frac{p_i}{RT} N_L \frac{\bar{v}_i}{4}\,.$$

Die mittlere Geschwindigkeit eines Gasmoleküls $\bar{v}$ beträgt nach (8)

$$\bar{v}_i = \left(\frac{8RT}{\pi M_i}\right)^{1/2}\,;$$

damit ergibt sich also für die Stoßzahl

$$Z_i = \frac{p_i N_L}{\sqrt{2\pi RTM_i}}\,. \tag{32}$$

Gl. (32) ergibt z. B. für Wasserstoff bei 1000 °C und 1 atm etwa $5 \cdot 10^{23}$ Stöße je cm² und sec. Ein Vergleich mit den in Bild 76 angegebenen Meßwerten zeigt, daß die Stoßzahl um etwa vier Zehnerpotenzen größer ist als die gemessenen Reaktionsgeschwindigkeiten.

Das stoßende Molekül tritt in Wechselwirkung mit der Festkörperoberfläche und kann adsorbiert werden. Nach Art und Ausmaß lassen sich 2 Gruppen der Wechselwirkungskräfte unterscheiden; nach ihnen läßt sich die Adsorption in die physikalische Adsorption und die Chemisorption gliedern. Bei der *physikalischen Adsorption* sind die gleichen Kräfte wirksam wie zwischen den einzelnen Partikeln eines Gases. Bei *Chemisorption* dagegen beruht die Wechselwirkung auf den gleichen Erscheinungen wie die chemische Bindung. Selbstverständlich gibt es Übergänge zwischen beiden Typen der Bindung Adsorbens-Adsorbat.

Als hauptsächliche Gruppen der Wechselwirkung bei Chemisorption seien homöopolare Bindung und Ionenbindung genannt. Während bei

der physikalischen Adsorption die Wechselwirkungskräfte selten einige
Kilokalorien je Mol übersteigen, sind bei Chemisorptionsvorgängen Werte
der Adsorptionswärme ΔH von -200 kcal/Mol keine Seltenheit; sie übersteigt häufig die Bildungswärme der zugehörigen festen Verbindung, die
durch Reaktion des Gases mit dem Adsorbens gebildet werden kann.

Die Größe der Wechselwirkungsenergie zwischen Adsorbens und Adsorbat kann bei Metallen zu einem Herauslösen einzelner Metallatome

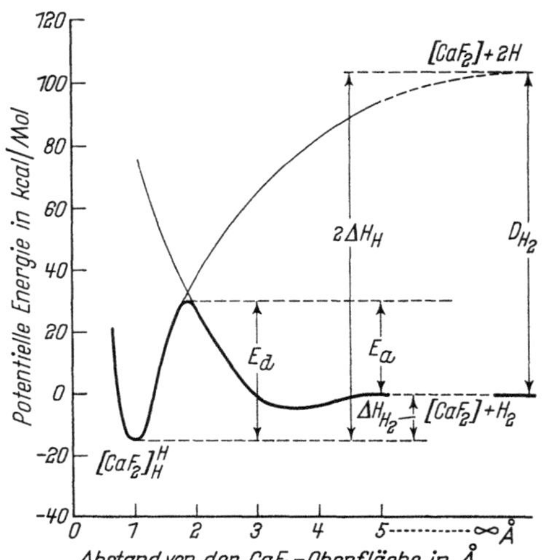

Bild 27. Potential-Abstands-Diagramm für
Chemisorption von Wasserstoff an Kalziumfluorid nach DE BOER[82]). E_a, E_α = Aktivierungsenergie für Adsorption und Desorption
von H_2 als H-Atome. ΔH_H, ΔH_{H_2} = Adsorptionsenergie für atomaren und molekularen
Wasserstoff. D_{H_2} = Dissoziationsenergie der
Wasserstoff-Moleküle

aus dem Gitterverband und
deren Einbau in die Chemi-
sorptionsschicht führen[80]). Mit
diesem Vorgang ist bereits die
Grenze zwischen Chemisorption
und nachfolgender Bildung einer
neuen Verbindungsphase an der
Oberfläche des Adsorbens erreicht. Die hohen Werte der
Adsorptionswärme führen dazu,
daß bei der Desorption des
Gases Atome des Metallgitters
mitgerissen werden können, wie
mit dem Feldionenmikroskop
belegt werden kann[81]).

Einen guten Überblick über
die Wechselwirkung bei physikalischer Adsorption und
Chemisorption ermöglichen Dia-
gramme, auf denen die wirkenden Kräfte als Funktion des
Abstandes zwischen Adsorbens
und Adsorbat dargestellt sind.

Als Beispiel zeigt Bild 27 nach
Angaben von DE BOER[82]) die Ver-
hältnisse für die Adsorption von Wasserstoff und die Chemisorption in Form
von Wasserstoffatomen an Kalziumfluorid. Experimentell bestimmt wurden
die Aktivierungsenergie der Chemisorption des Wasserstoffs E_a und die
Aktivierungsenergie der Desorption E_d. Ferner wurde berücksichtigt, daß
die Chemisorption von atomarem Wasserstoff ohne Aktivierungsenergie
abläuft. Das erste, flache Potentialminimum ist die Gleichgewichtslage
der physikalischen Adsorption. Der Potentialwall zwischen dem ersten
und dem zweiten Minimum entspricht der Dissoziation des physikalisch
adsorbierten Wasserstoffmoleküls unter Übergang der Atome in den
chemisorbierten Zustand.

Auf Grund der in Bild 27 dargestellten energetischen Verhältnisse ergibt sich ein Verlauf der adsorbierten Menge mit der Temperatur bei konstantem Gasdruck, wie er in Bild 28 für die Adsorption von Wasserstoff an Zinkoxyd[83]) dargestellt ist. Bei tiefen Temperaturen wird das Gas in dem ersten, flachen, der physikalischen Adsorption zuzuordnenden Energieminimum gebunden. Wegen der geringen Bindefestigkeit nimmt die physikalisch adsorbierte Gasmenge mit steigender Temperatur stark ab. In zunehmendem Maße ist es dem Gas bei steigender Temperatur aber möglich, den Potentialberg zwischen physikalischer und chemischer Adsorption — also zwischen dem ersten und zweiten Minimum der Energie — zu überwinden. Auf diesen Vorgang ist der Wiederanstieg der adsorbierten Menge mit steigender Temperatur oberhalb des Minimums bei etwa 200 °K zurückzuführen. Auch für die Chemisorption gilt, daß im Gleichgewicht die an der Oberfläche gebundene Gasmenge mit der Temperatur abfallen muß. Der Teil von Kurve I

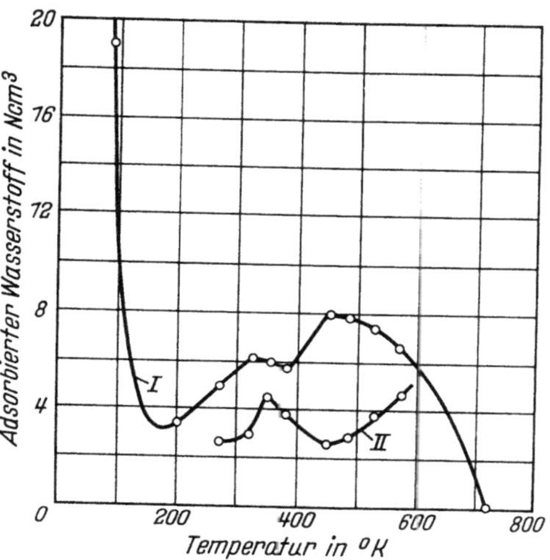

Bild 28. Adsorptionsiscbare von Wasserstoff an Zinkoxyd bei 760 Torr Druck nach TAYLOR[83]). Kurve I nach 1000 min, Kurve II nach 5 min

zwischen 200 und 450 °K entspricht jedoch nicht einem Gleichgewicht. Wegen der in diesem Temperaturbereich niedrigen Geschwindigkeit der Chemisorption stellt sich ein Gleichgewicht nicht ein, wie auch ein Vergleich der Kurven I und II erkennen läßt.

Im Bereich der für die Erzreduktion wichtigen Temperaturen ist mit sehr geringen Konzentrationen für die physikalische Adsorption zu rechnen. Die Geschwindigkeit der physikalischen Adsorption ist dagegen sehr groß. Eine Abschätzung ermöglicht folgende, auf LANGMUIR[84]) zurückgehende Betrachtung:

Bezeichnet man das Verhältnis von vorhandener zu maximal möglicher Oberflächenkonzentration als Bedeckungsgrad Θ, so kann man annehmen, daß die Adsorptionsgeschwindigkeit proportional der freien Oberfläche $(1 - \Theta)$, die Desorptionsgeschwindigkeit proportional der bedeckten Oberfläche Θ ist. Damit gilt:

$$\frac{d\Theta}{dt} = k_1(1 - \Theta) - k_2\,\Theta. \tag{33}$$

Mit $\Theta = 0$ für $t = 0$ ergibt die Integration

$$\Theta = \frac{k_1}{k_1 + k_2}\left(1 - \exp - \{(k_1 + k_2)\,t\}\right).$$

Für $t \to \infty$ muß Θ den Gleichgewichtswert Θ^* erreichen. Also gilt $\Theta^* = k_1/k_1 + k_2$ und mit $k_1 + k_2 = k$

$$\ln \frac{\Theta^*}{\Theta^* - \Theta} = k\,t. \tag{34}$$

Bezeichnet man mit s die Oberflächenkonzentration in Teilchen je cm², mit s_1 den zugehörigen Wert bei $\Theta = 1$, so gilt

$$\frac{d\Theta}{dt} = \frac{1}{s_1}\frac{ds}{dt}.$$

Die Zahl der in der Zeiteinheit adsorbierten Moleküle ist gegeben durch den Ausdruck $\alpha\,Z\,(1 - \Theta)$. $Z\,(1 - \Theta)$ ist die Zahl der auf die freie Fläche auftreffenden Gasmoleküle und α der *Adsorptions-* oder *Erfolgskoeffizient,* der stets kleiner als 1 ist. Die Zahl der in der Zeiteinheit desorbierenden Moleküle ist gleich $\nu_1\,\Theta$. Mit ν_1 ist die Desorptionsgeschwindigkeit bei vollständiger Bedeckung, also $\Theta = 1$, bezeichnet. Damit ergibt sich

$$\frac{d\Theta}{dt} = \frac{1}{s_1}\frac{ds}{dt} = \frac{\alpha\,Z}{s_1}(1 - \Theta) - \frac{\nu_1}{s_1}\Theta. \tag{35}$$

Vergleich von (35) mit (33) ergibt

$$\frac{\alpha\,Z_1 + \nu_1}{s_1} = k = k_1 + k_2 \quad \text{und} \quad k_1 = \frac{\alpha\,Z_1}{s_1}; \qquad k_2 = \frac{\nu_1}{s_1}.$$

Für die Zeit $t_{1/2}$, bei der $\Theta = 1/2\ \Theta^*$ wird, gilt daher nach (34)

$$t_{1/2} = \frac{s_1 \ln 2}{\alpha\,Z + \nu_1} < \frac{s_1}{\nu_1}. \tag{36}$$

Der Ausdruck s_1/ν_1 ist gleich der mittleren Aufenthaltsdauer τ eines Gasmoleküls in der Adsorptionsschicht. Für physikalische Adsorption ist diese Zeit verschiedentlich gemessen[85]) oder berechnet[86]) worden. Messungen von CLAUSING[87]) ergeben für τ mit steigender Temperatur stark abfallende Zahlenwerte. Bei der Temperatur der flüssigen Luft ergeben sich Werte zwischen 10^{-7} und 10^{-5} sec.

Für $\Theta = 1 - \Theta = 1/2$ läßt sich mit diesen Werten auch der Erfolgskoeffizient α berechnen. Mit dem oben für die Stoßzahl Z des Wasserstoffs bei 1 atm und 1000 °C angegebenen Wert ergibt sich α zu 10^{-3} bis 10^{-1}. Aus α und Z ergibt sich wiederum die maximale Austauschgeschwindigkeit zwischen Gasphase und Adsorptionsschicht. Sie ist so groß, daß die physikalische Adsorption als zeitbestimmender Vorgang der Erzreduktion mit Sicherheit ausscheidet.

Für das Gleichgewicht folgt aus (33) mit $d\Theta/dt = 0$

$$\Theta = \frac{\alpha Z}{\nu_1 + \alpha Z} = \frac{p_1 \alpha Z_0}{\nu_1 + p_1 \alpha Z_0}, \qquad (37)$$

wenn man entsprechend (32) die Abhängigkeit der Stoßzahl Z vom Partialdruck des stoßenden Gases berücksichtigt. Formel (37) wird als *Langmuirsche Adsorptionsisotherme* bezeichnet. Bei kleinen Gasdrücken steigt nach dieser Gleichung Θ proportional p_i an, bei höheren Gasdrücken flacht sich der Anstieg ab.

Im Schrifttum ist verschiedentlich eine nichtlineare Abhängigkeit der Reduktionsgeschwindigkeit vom Partialdruck des reduzierenden Gases beschrieben worden, die durch einen der Formel (37) ähnlichen Ausdruck wiedergegeben werden kann und sich also formal deuten läßt, wenn man eine Proportionalität zwischen der Reduktionsgeschwindigkeit und dem Bedeckungsgrad Θ annimmt. Diese Annahme ist aus den verschiedensten Gründen zweifelhaft, sie scheidet aber auch schon deswegen aus, weil bei den Reaktiontemperaturen der Bedeckungsgrad in den Bereichen liegt, in denen Θ und p_i linear zusammenhängen.

1.2.4. Chemisorption

Die physikalische Adsorption hängt von der chemischen Eigenart von Adsorbens und Adsorbat nur wenig ab und wird stärker durch physikalische Größen, wie Siedetemperatur und Dampfdruck, Molvolumen, van der Waalssche Konstanten und Polarisierbarkeit des Adsorbats sowie Oberflächengröße und Porenstruktur des Adsorbens bestimmt.

Bei der Chemisorption dagegen werden chemische Kräfte zwischen Gas und Festkörper wirksam. Daher ist die Wechselwirkung und die Belegungsdichte einer Festkörperoberfläche stark vom chemischen Charakter der reagierenden Stoffe abhängig, besonders von ihrer Neigung und Fähigkeit, Elektronen auszutauschen oder gemeinsame Elektronenbahnen auszubilden. Im ersten Fall entsteht eine *ionogene*, im zweiten eine *kovalente Oberflächenbindung*. Zwischen den Bindungstypen gibt es Übergänge. Messungen der Ultrarotabsorption, der elektrischen Leitfähigkeit, der Magnetisierungskurve, der Elektronenaustrittsarbeit und der Elektronenspinresonanz erlauben Angaben über den Bindungscharakter[88, 89]). In Tafel 5 sind diese Untersuchungsverfahren den durch sie ermöglichten Aussagen gegenübergestellt. Wegen ihrer unterschiedlichen Elektronenstruktur müssen die Metalle und die halbleitenden Oxyde als Adsorbens getrennt betrachtet werden. Bei Metallen ist die Adsorptionsgeschwindigkeit und die erreichte Oberflächenbelegung häufig weitaus größer, die Aktivierungsenergie bedeutend geringer als bei Halbleitern. EHRLICH[90]) deutet diesen Unterschied der Chemisorption an Metallen und Halbleitern mit der Annahme, daß die Adsorptionsplätze an Halbleiteroberflächen weit auseinanderliegen und sich ihre Potentialkurven nicht überlappen, so daß die Dissoziation eines Moleküls, das an einen Platz gebunden ist, nicht durch die Attraktionskräfte des nächsten Platzes unterstützt werden kann. Halbleiter haben daher allgemein eine hohe Aktivierungsenergie der Desorption von atomar adsorbiertem Wasserstoff und sind schlechte Katalysatoren für die Rekombination von atomarem Wasserstoff.

Tafel 5. *Verfahren zur Untersuchung des Charakters der Oberflächenbindung*

Allgemein: Oberflächenkonzentration s, $s = f(p)$; $s = f(T)$; $s = f(t)$.

Polarer Bindungsanteil: Oberflächenpotential $\Delta\chi$; Austrittsarbeit φ_s; (Leitfähigkeit $\varkappa$).

Unpolarer Bindungsanteil: Ultrarotabsorption.

Beteiligung von Ladungsträgern: Leitfähigkeit $\varkappa$; magnetische Suszeptibilität; Elektronenspinresonanz.

Für die Erzreduktion hat die Chemisorption am Metall nur begrenzte Bedeutung. Oxydnahe Bereiche des Metalls können als Einfangfläche für die Chemisorption des Gases dienen; durch Oberflächendiffusion können die am Metall adsorbierten Gasteilchen dann zum Oxyd gelangen und hier reagieren. Eine besondere Bedeutung als Ort der Chemisorption und Oberflächenreaktion kommt sicherlich der Dreiphasengrenze Oxyd/Metall/Gas zu.

Für die Erzreduktion ist also die Chemisorption des reduzierenden Gases an dem halbleitenden Oxyd erforderlich. Für das Verständnis dieses Vorgangs ist ein Eingehen auf die *elektronische Struktur* von Halbleitern notwendig. In *Metallen* ist eine gewisse Zahl der Elektronen in unvollständig aufgefüllten Energiebändern untergebracht. Diese Elektronen können sich im Kristallgitter frei bewegen. Bei *Halbleitern* befinden sich am absoluten Nullpunkt alle Elektronen in vollständig aufgefüllten Bändern und sind somit unbeweglich. Das oberste aufgefüllte Band, das *Valenzband*, ist vom ersten leeren Band, dem *Leitungsband*, durch eine Energieschwelle getrennt. Je nach Breite dieses verbotenen Bandes kann eine Anzahl von Elektronen bei Aufnahme thermischer Energie das Valenzband verlassen und ins Leitungsband übertreten, wo sie sich als *Leitungselektronen* frei durch das Gitter bewegen können. Die dabei im Valenzband gebildeten Elektronenleerstellen werden als *Defektelektronen* bezeichnet; auch sie sind im Gitter frei beweglich. In Bild 29a sind diese Zusammenhänge schematisch an Hand des Bändermodells und der Beziehungen der chemischen und elektrochemischen Potentiale der Störstellen

μ und $\eta = \mu + z\,F\,\varphi$, wobei mit φ das elektrische Potential bezeichnet ist, dargestellt.

Durch Einbau von Fremdatomen oder durch Abweichungen von der stöchiometrischen Zusammensetzung des Halbleiters können Elektronenniveaus im verbotenen Band entstehen. Die in ihnen enthaltenen Elektronen sind unbeweglich. Kann ein solches Störniveau Elektronen an das Leitungsband abgeben, so wird es als *Donatorterm* bezeichnet, s. Bild 29 b. Störniveaus, die Elektronen aufnehmen und damit Defektelektronen verursachen können, werden als *Akzeptoren* bezeichnet.

Derartige Störterme können nun auch an der Oberfläche eines Halbleiters auftreten. Ihre Ursache ist bei reinen Oberflächen die Bildung

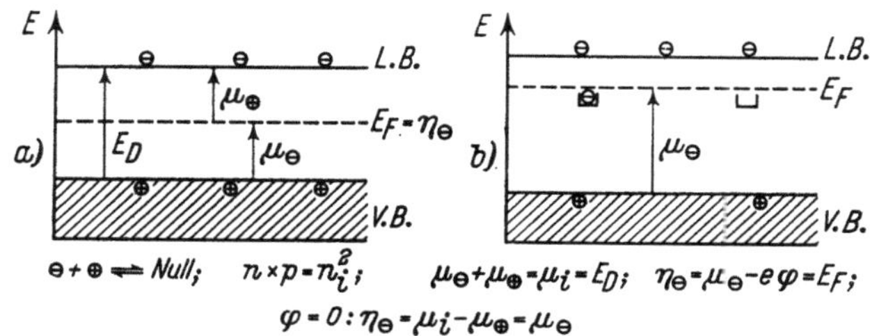

Bild 29a u. b. Energieschema der Elektronen in einem Halbleiter in Form des Bändermodells und der chemischen und elektrochemischen Potentiale μ und η der Elektronen $\ominus$ und Defektelektronen $\oplus$. E_F = Fermi-Potential, E_D = Breite des verbotenen Bandes, V. B. = Valenzband, L. B. = Leitungsband
a) Eigenhalbleiter, b) = n-Leiter mit Donatoren

ungesättigter Valenzen durch die mit der Oberfläche verbundene Störung der Periodizität des Gitters[91]). An reinen Germaniumoberflächen befinden sich z. B. Akzeptorterme.

Auch durch Gasadsorption werden an Halbleiteroberflächen Störterme gebildet. Einmal können die adsorbierten Gaspartikeln selbst als Donatoren oder Akzeptoren auftreten, wenn sie unter Austausch von Elektronen mit dem Festkörper reagieren und dabei in positiv oder negativ geladene Ionen übergehen[92]). Gleichfalls ist bei kovalenter Chemisorption die Bildung von Oberflächentermen zu erwarten[93]). Durch die Knüpfung der Bindung verschieben sich die Umladungsniveaus der Oberflächenbausteine des Festkörpers, so daß sie zusätzlich Elektronen aufnehmen oder an den Halbleitern abgeben können.

Auch bei *Isolatoren*, also Halbleitern mit sehr großer Breite des verbotenen Bandes, können bei der Chemisorption Oberflächenterme gebildet und umgeladen werden. Akzeptorterme müssen dafür hinreichend dicht am Valenzband, Donatorterme am Leitungsband liegen.

Bei der Chemisorption unter Übergang von Elektronen zwischen Halbleiter und Adsorbat unter Bildung chemisorbierter Ionen ist der Ladungsaustausch stets ein Teil des geschwindigkeitsbestimmenden Schrittes. Bei kovalenter Chemisorption kann die Umladung des gebildeten Oberflächenterms gleichfalls zum geschwindigkeitsbestimmenden Vorgang gehören. Sie kann jedoch auch ein Folgevorgang sein, der für das Herstellen der Oberflächenbindung belanglos ist. In diesem Fall muß allerdings der Energieumsatz bei der Umladung des gebildeten Oberflächenterms gering sein. Entsprechend läuft die Umladungsreaktion unvollständig ab oder der Umladungsgrad bleibt gering. In diesem Fall sind Bildung und Umladung der Terme und die damit verbundenen Veränderungen der elektronischen Struktur und Eigenschaften des Halbleiters nur als Indikator der ablaufenden Chemisorption, nicht als ihre Voraussetzung zu bewerten.

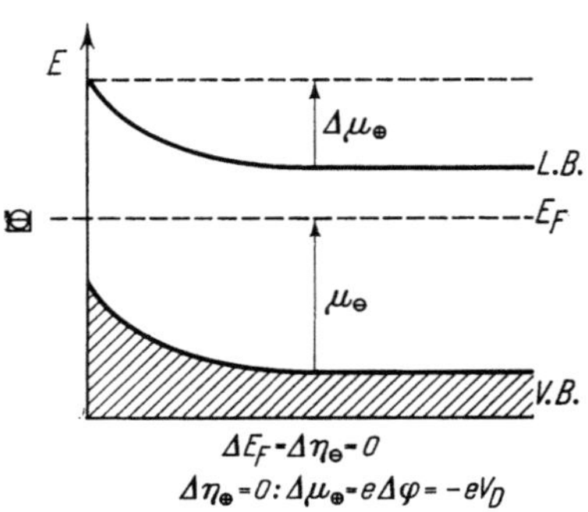

Bild 30. Bändermodell für Chemisorption an einer Halbleiter-Oberfläche unter Bildung von Donatoren. Symbole wie in Bild 29

Bild 30 zeigt schematisch den Verlauf der chemischen Potentiale der Elektronen und der Defektelektronen $\mu_\ominus$ und $\mu_\oplus$ sowie des elektrochemischen Potentials der Elektronen $\eta_\ominus$ in einem Halbleiter bei Bildung von Akzeptoren durch einen Chemisorptionsvorgang. Die negativen Gegenladungen zu den durch die Chemisorption entstandenen positiven Oberflächenladungen sind als Raumladung im Innern des Halbleiters untergebracht. Die Raumladezone kann, je nach Ladungsträgerkonzentration im Halbleiter, bis zu 10 000 Å dick sein. Durch diese Ladungsträgeranreicherung werden die chemischen Potentiale der Elektronen und der Defektelektronen an der Oberfläche verändert. Die Gleichgewichtsbedingungen $\Delta\eta_\ominus = \Delta\mu_\ominus + F\Delta\varphi = 0$ (φ inneres elektrisches Potential) erforderten daher das Auftreten einer elektrischen Potentialdifferenz V_D zwischen Oberfläche und Halbleiterinnerem. Raumladungsdichte, Konzentration der geladenen Oberflächenterme und Potentialdifferenz V_D hängen über die *Boltzmannsche* und die *Poissonsche Gleichung* miteinander zusammen. Die mathematische Behandlung ist analog zu der der diffusen Doppelschicht an Elektroden in wäßrigen Elektrolyten. Lösungen der Gleichungen wurden verschiedentlich angegeben[93a]). Die Veränderung der Konzentrationen der Ladungsträger in der Randschicht bedingt eine Änderung der Oberflächenleitfähigkeit $\Delta\varkappa$. Bild 31 zeigt eine Berechnung des Zusammenhangs zwischen Potentialdifferenz V_D und der Leitfähigkeitsdifferenz $\Delta\varkappa$ für Adsorption an schwach n-leitendem Germanium[94]).

Zur Ermittlung der Mitwirkung der freien Ladungsträger bei Chemisorptionsvorgängen an Halbleiteroberflächen sind Widerstandsmessungen geeigneter als bei Metallen, da die Anreicherung oder Verarmung der Träger bis zu 10^{-4} cm in das Innere hineinreicht und daher merkliche Effekte auch an Proben bis zu $^1/_{10}$ mm Dicke noch auftreten können, wenn diese Schichten als Strombahn parallel zu den höheren Widerständen des Halbleiterinnern angeordnet sind. Als Beispiel zeigt Bild 32 den Einfluß der Adsorption

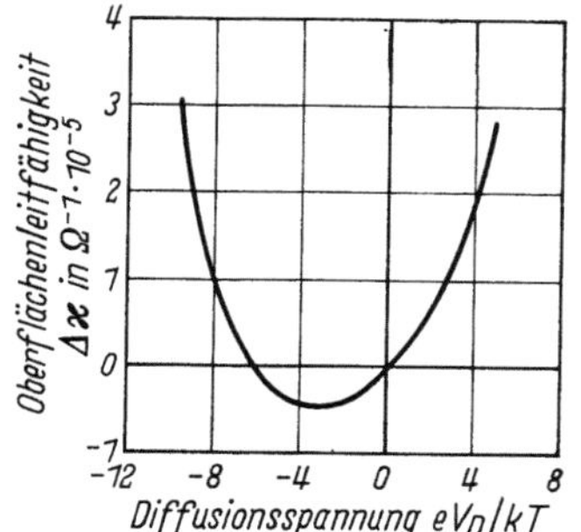

Bild 31. Abhängigkeit der Oberflächenleitfähigkeit $\Delta\varkappa$ von der Diffusionsspannung eV_D/kT für n-leitendes Germanium nach SCHRIEFFER[94])

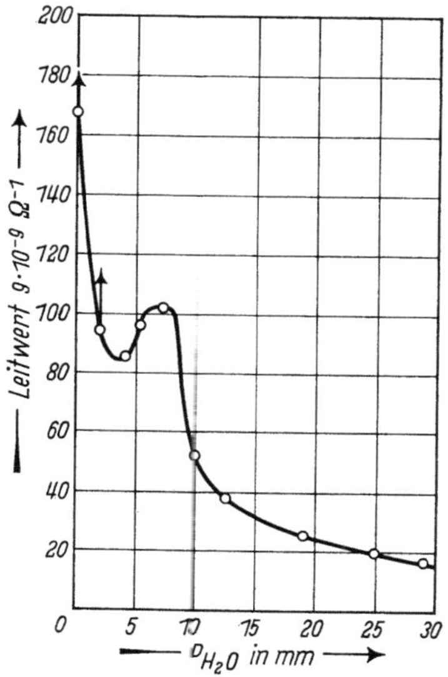

Bild 32. Einfluß des Wasserdampfdrukkes auf die elektrische Leitfähigkeit von Cu_2O bei Raumtemperatur nach P. BRAUER[95])

von Wasserdampf an Cu_2O-Einkristallen[95]) auf die elektrische Leitfähigkeit des Oxyds. Bei porösen Proben, z. B. Sinterkörpern, kann Gas ins Innere der Probe eindringen und bei Ausbildung einer Ladungsträgerverarmung an den Kristalloberflächen Sperrschichten zwischen den Kristalliten erzeugen. Dabei wirkt sich besonders eine Ladungsträgerverarmung stark auf die Leitfähigkeit aus[96]). Die Bildung solcher Sperrschichten bewirkt eine Frequenzdispersion des Wechselstromwiderstandes[97]).

Die Änderung der Elektronenaustrittsarbeit bzw. des Oberflächenpotentials $\Delta\chi$ hängt über

$$\Delta\chi = V_D + d_{M-A}\,\mathfrak{E}(0)$$

mit V_D zusammen. Das additive Glied $d_{M-A}\,\mathfrak{E}(0)$ berücksichtigt das Feld $\mathfrak{E}(0)$ zwischen Halbleiteroberfläche und Ladungsschwerpunkt chemisorbierter, geladener Gaspartikel, d_{M-A} ist der Abstand der Ladungen. Die Geschwindigkeit der Chemisorption an Halbleitern kann in den meisten Fällen durch die *Elowitsch-Gleichung*

$$ds/dt = a \exp(-b\,s) \tag{38}$$

beschrieben werden. Diese Beziehung besagt offenbar, daß die Aktivierungsenergie des Vorgangs mit der Oberflächenkonzentration s ansteigt. Dieses Verhalten läßt sich z. B. mit dem häufig beobachteten linearen Zusammenhang zwischen Bedeckungsgrad und Adsorptionsenergie deuten, wenn man zusätzlich annimmt, daß mit fallender Adsorptionsenergie die Aktivierungs-

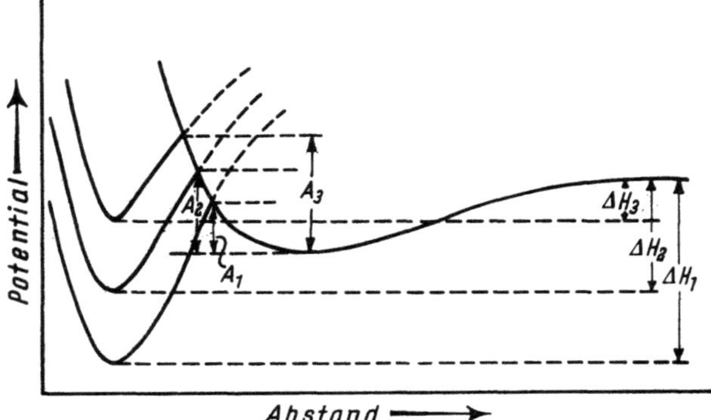

Bild 33. Abhängigkeit der Aktivierungsenergie A und der Reaktionswärme ΔH der Chemisorption vom Bedeckungsgrad (schematisch)

energie linear ansteigt[98]). Bild 33 zeigt diesen Zusammenhang schematisch in Form von Abstands-Potential-Kurven der Adsorption. Eine andere Deutung geht auf Überlegungen von TAYLOR[99]) zurück.

Er zeigt, daß die Elowitsch-Gleichung unter der Annahme abgeleitet werden kann, daß Chemisorption nur an bestimmten Stellen der Oberfläche erfolgt. Diese Adsorptionsplätze sollen ferner beim Ablauf der Chemisorption durch eine bimolekulare Reaktion nachgebildet werden.

Ein weiteres Modell geht davon aus, daß eine Oberflächenverarmung der zur Ionisation der adsorbierten Gaspartikel erforderlichen Ladungsträger bzw. die damit verbundene Potentialdifferenz V_D für das Ansteigen der Aktivierungsenergie verantwortlich ist.

Zur Ableitung der Elowitsch-Gleichung unter Annahme eines Zusammenhangs zwischen der Aktivierungsenergie und V_D muß ein linearer Zusammenhang zwischen der Potentialdifferenz V_D und der Zahl der unter Ladungsaufnahme chemisorbierten Atome oder Moleküle s gefordert werden. Für Verarmung der Majoritätsträger gilt jedoch $V_D \sim s^2$, für eine Anreicherung $V_D \sim \ln s$[100]). Zeitgesetze der Form $ds/dt \sim \exp(-V_D)$ führen daher nicht auf die Elowitsch-Gleichung.

Da die Potentialschwelle, die beim Ladungsübergang zwischen Adsorbens und Adsorbat überwunden werden muß, räumlich an der Halbleiteroberfläche liegt, wird sie von der hier herrschenden Feldstärke $\mathfrak{E}(0)$ und dem Abstand der physikalisch adsorbierten Gaspartikeln von der

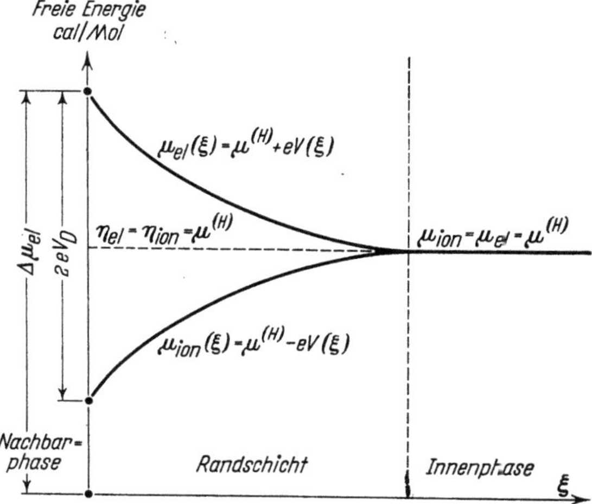

Bild 34. Der Verlauf der chemischen und elektrochemischen Potentiale der Ionen- und Elektronenfehlordnungsstellen in einer Gleichgewichtsrandschicht

Halbleiteroberfläche d_{M-A} beeinflußt. Da stets $\mathfrak{E}(0) \sim s$ gilt[100], läßt sich die Elowitsch-Gleichung mit den Annahmen $ds/dt \sim \exp(-E_A)$; $E_A = E_A^0 - d_{M-A}\,\mathfrak{E}(0)$ deuten.

Ohne weitere Annahmen gilt diese Überlegung allerdings nur, wenn die chemisorbierten Gaspartikel selbst die Oberflächenterme sind. Für homöopolare Chemisorption unter Bildung von Termen in der Halbleiteroberfläche muß d_{M-A} eine andere Bedeutung erhalten. Auch die Umladung derartiger Oberflächenterme ist ein aktivierter Vorgang, wie Messungen der Umladungsgeschwindigkeit mit Hilfe des Feldeffekts[101] zeigen. So beobachtete KINGSTON[102] Halbwertzeiten für den Umladungsvorgang der Oberflächenterme an Germanium bis zu einer Sekunde. Diese Messungen sowie eigene Beobachtungen[100] zeigen, daß die Halbwertszeiten der Termumladung für eine Oberfläche keinen einheitlichen Wert haben, sondern daß ein Spektrum von Zeitkonstanten auftritt, was auf eine a-priori-Heterogenität der Oberflächen hindeutet.

Von besonderer Bedeutung für die Grenzflächenreaktion der Erzreduktion sind die elektrischen Felder, die durch die Ladungsanreicherung an der Halbleiteroberfläche durch die Chemisorption aufgebaut werden. Bild 34 zeigt schematisch den Verlauf der chemischen, elektrischen und elektrochemischen Potentiale in einer Chemisorptionsrandschicht bei vollständiger Einstellung aller Gleichgewichte.

Die elektrischen Felder überlagern sich im stationären Reaktionsablauf dem Gefälle der chemischen Potentiale der Komponenten des Oxyds und wirken wie die Gradienten des chemischen Potentials als Triebkraft für Transportvorgänge. Diese Transportvorgänge beeinflussen häufig die eigentliche Chemisorption, sind von dieser schwer abzutrennen und behindern die Auswertung von Adsorptionsmessungen.

1.2.5. Phasengrenzreaktion

Die Phasengrenzreaktion der Erzreduktion oder Grenzflächenreaktion im Sinne von EUCKEN[102a] ist der Ausbau von Sauerstoff aus dem Oxydgitter durch das chemisorbierte reduzierende Gas unter Bildung von CO_2 bzw. H_2O. Die Geschwindigkeit dieses Vorgangs hängt von den Oberflächenkonzentrationen an der reagierenden Phasengrenze ab. Experimentell wird oberhalb 550 °C gefunden, daß die Geschwindigkeit des Sauerstoffausbaus proportional dem Gasdruck des H_2 bzw. des CO ist. Bei höheren Gasdrücken wird häufig kein Einfluß festgestellt. Es ist anzunehmen, daß dann andere Vorgänge geschwindigkeitsbestimmend sind.

Andererseits ist nach den Grundgesetzen der chemischen Kinetik anzunehmen, daß auch die Aktivität des zweiten Reaktionspartners, des Sauerstoffs der Oxydphase a_O, die Reaktionsgeschwindigkeit v_1 bestimmt:

$$v_1 = f(p_{H_2}, a_O).$$

Für den Sauerstoffaustausch zwischen den Oxyden des Eisens und den H_2/H_2O- bzw. CO/CO_2-Gemischen ist dieser Einfluß der Sauerstoffaktivität direkt[103, 104] und indirekt[105] einwandfrei nachgewiesen. Auch die in Abschn. 2.6 besprochenen Ergebnisse der Reduktion von Mischoxyden können als Beleg hierfür angesehen werden.

Die wichtigste Stufe der Reduktion der Eisenoxyde, die die Reduktionsgeschwindigkeit und die chemische Gasausnutzung maßgeblich bestimmt, ist der Ausbau des Sauerstoffs aus dem Wüstit. Auch wenn im technischen Prozeß oder im Laborversuch höhere Oxyde eingesetzt werden, findet bei der Reduktion vom Magnetit zum Wüstit[105] und vom Wüstit zum Eisen als chemische Phasengrenzreaktion oberhalb 570 °C der Sauerstoffausbau aus dieser Oxydphase statt; daher sei hier diese Reaktion besonders eingehend behandelt.

Um den Sauerstoffaustausch zwischen dem Oxyd und der Gasphase ohne Störung durch die Ablagerung von Reduktionsprodukten auf der Wüstitoberfläche untersuchen zu können und auch jeden Einfluß der Keimbildung und des Keimwachstums einer neuen Phase auszuschließen,

muß die Reaktion so geführt werden, daß die Bildung der Metallphase
vermieden wird. Das ist bei den Untersuchungen von GRABKE[103]) dadurch
erfolgt, daß der Sauerstoffaustausch zwischen $^{14}CO_2$ und ^{12}CO an Wüstit
als Katalysator gemäß

$$\left.\begin{array}{l} ^{14}CO_2 \underset{v_1}{\overset{v_2}{\rightleftharpoons}} {}^{14}CO + O^{ads}, \\[2mm] O^{ads} + {}^{12}CO \rightarrow {}^{12}CO_2 \end{array}\right\} \qquad (39)$$

untersucht wurde. Der adsorbierte Sauerstoff steht im Gleichgewicht mit
dem Sauerstoff des Oxydgitters, so daß die Sauerstoffaktivität des Oxyds

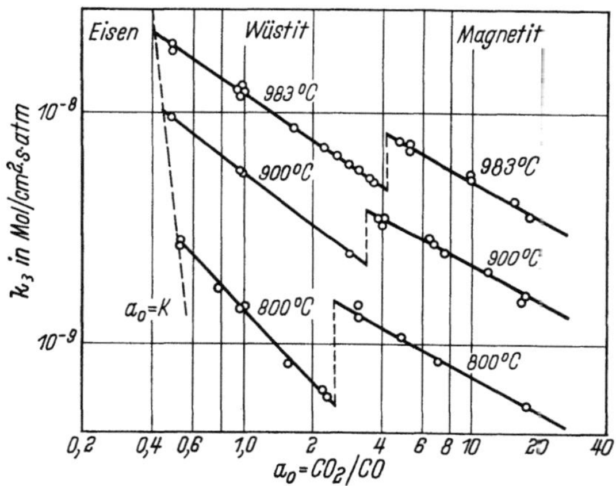

Bild 35. Abhängigkeit der Austauschreaktion von der Sauerstoffaktivität $a_0 = p_{CO_2}/p_{CO}$
an Wüstit und Magnetit bei drei Versuchstemperaturen nach GRABKE[103])

die Reaktionsgeschwindigkeit beeinflussen muß. Die Sauerstoffaktivität
des Oxyds a_O ist durch das eingestellte Gleichgewicht mit der Gasphase
festgelegt. Nach GRABKE sei angesetzt:

$$a_O = \frac{p_{CO_2}}{p_{CO}} = \frac{p_{^{14}CO_2} + p_{^{12}CO_2}}{p_{^{14}CO} + p_{^{12}CO}}.$$

Mit der Bezeichnung

$$a_O^* = \frac{p_{^{14}CO_2}}{p_{^{14}CO}}$$

lassen sich die Ergebnisse der Messungen durch

$$v = v_1 - v_2 = -\frac{d n_{^{14}CO}}{dt} = k_3\, p_{^{14}CO}\,(a_O - a_O^*) \qquad (40)$$

darstellen, wobei

$$k_3 = k_0 a_O^{-m}$$

mit $m = 0,6$ bis 1 für Wüstit und $m = 0,5$ für Magnetit gefunden wurde,
wie Bild 35 erkennen läßt. Für den Sauerstoffaustausch zwischen Wüstit

und CO-CO_2-Gemischen gilt also bei 900 bis 1000 °C

$$v = k_0\, p_{^{14}CO}\, (a_O^{1/3} - a_O^*\, a_O^{-2/3}). \tag{41}$$

Für den Ausbau des Sauerstoffs ergibt sich daraus

$$v_1 = k_0\, p_{^{14}CO}\, a_O^{1/3}$$

Eine Deutung dieses Ergebnisses ist mit einem Reaktionsschema möglich, das sich auf die in Abschn. 1.1 dargestellten Kenntnisse der Fehlordnung des Wüstits stützt.

Es wird angenommen:

Das Chemisorptionsgleichgewicht des ^{14}CO ist eingestellt:

$$^{14}CO \rightleftharpoons {}^{14}CO^{(ad)},$$

$$(^{14}CO^{(ad)}) = K_1\, p_{^{14}CO}.$$

Die adsorbierten Sauerstoffionen an der Wüstitoberfläche stehen im Gleichgewicht mit den Eisenionenleerstellen $|Fe^{2+}|''$ und Eisenionen auf normalen Gitterplätzen

Das ergibt
$$\left.\begin{array}{l} |Fe^{2+}|'' + FeO\, \mathsf{L} \rightleftharpoons O^{2-(ad)} + Fe^{2+}\,|Fe^{2+}|. \\[4pt] (O^{2-(ad)}) = K_2'(|Fe^{2+}|'') = K_2\, y, \end{array}\right\} \tag{42}$$

wenn mit y der Molenbruch der Eisenionenleerstellen bezeichnet wird. Geschwindigkeitsbestimmend ist die Hin- und Rückreaktion des Vorgangs

$$O^{2-(ad)} + {}^{14}CO^{(ad)} \underset{v_2}{\overset{v_1}{\rightleftharpoons}} {}^{14}CO_2^{2-(ad)}.$$

Das adsorbierte CO_2-Ion steht im Gleichgewicht mit dem $^{14}CO_2$ der Gasphase und Defektelektronen:

$$^{14}CO_2 \rightleftharpoons (^{14}CO_2^{2-(ad)}) + 2\,|e|{}^{\cdot},$$

$$(CO_2^{2-(ad)}) = K_3'\, p_{^{14}CO_2}(|e|^{\cdot})^{-2}$$

und mit
$$(|e|^{\cdot}) = 2y$$
$$(CO_2^{2-(ad)}) = K_3\, p_{^{14}CO_2}\, y^{-2}.$$

Für die Reaktionsgeschwindigkeiten gilt dann

$$v_1 = k_1''\, (O^{2-(ad)})\, (^{14}CO^{ad}),$$
$$v_2 = k_2''\, (^{14}CO_2^{2-(ad)})$$

und mit den angegebenen Gleichgewichtsbedingungen

$$v_1 = k_1'''\, p_{^{14}CO}\, y,$$
$$v_2 = k_2'''\, p_{^{14}CO_2}\, y^{-2}.$$

Berücksichtigt man die Einstellung des Zweiphasengleichgewichtes des Wüstits mit einer sauerstoffhaltigen Gasphase

$$\text{1/2 } O_2 + Fe^{2+}\,|Fe^{2+}| \rightleftharpoons FeO\,\iota + |Fe^{2+}|'' + 2\,|e|^{\cdot}$$

mit

$$a_O = \frac{(|Fe^{2+}|'')\,(|e|^{\cdot})^2}{K_y''} = \frac{y^3}{K_y}, \tag{43}$$

so ergibt sich schließlich

$$v_1 = k_1\,p^{14}_{CO}\,a_O^{1/3},$$
$$v_2 = k_2\,p^{14}_{CO_2}\,a_O^{-2/3} \tag{44}$$

und daraus mit $v_1 = v_2$ bei $\dfrac{p^{14}_{CO_2}}{p^{14}_{CO}} = a_O$ oder $k_1 = k_2 \equiv k_0$

$$v = v_1 - v_2 = k_0\,p^{14}_{CO}\,(a_O^{1/3} - a_O^{*}\,a_O^{-2/3}) \tag{41}$$

mit

$$a_O^{*} = p^{14}_{CO_2}/p^{14}_{CO}.$$

In der Oxydoberfläche können auch Störstellen auftreten, die aus geometrischen und räumlichen Gründen im Inneren des Kristalls nicht gebildet werden. Im Falle des Wüstits wäre hier besonders an Sauerstoffionenleerstellen und Eisenionen auf Zwischengitterplätzen zu denken. Gleichfalls könnte das Verhältnis von Metall zu Sauerstoff in der Oberfläche andere Werte annehmen, was wiederum auf die Elektronenfehlordnung Einfluß hat. Derartige Möglichkeiten sind an anderer Stelle[106] erörtert worden.

Die Besonderheit bei den Untersuchungen von GRABKE liegt darin, daß bei währendem Gleichgewicht zwischen Oxyd und Gasphase gearbeitet wurde. Diese Bedingung ist bei der Reduktion natürlich nicht erfüllt. Dieser Unterschied gilt nicht bei Versuchen von STOTZ[104], bei denen die Einstellgeschwindigkeit des Zweiphasengleichgewichtes zwischen CO_2/CO-Gemischen und Wüstit nach Formel (42) gemessen wurde. STOTZ benutzte als Indikator für den Ablauf der Reaktion die Bildung der Elektronendefektstellen $|e|^{\cdot}$ und ihren Einfluß auf die Leitfähigkeit von äußerst dünnen Wüstitfolien. Da die Geschwindigkeitskonstante der Phasengrenzreaktion in $cm \cdot sec^{-1}$ klein ist gegen D/x mit $D =$ Diffusionskoeffizient der Leerstellen und $x =$ halbe Foliendicke, folgt die Leitfähigkeitsänderung praktisch augenblicklich dem Ablauf der Grenzflächenreaktion.

Mit diesem Meßverfahren konnte STOTZ die Ergebnisse von GRABKE bestätigen. Auch bei diesen Messungen war jede Störung des Sauerstoffausbaus durch Keimbildung und Keimwachstum der Metallphase ausgeschlossen, da keine Eisenausscheidung eintrat. Auf andere Messungen, die STOTZ bei Reduktion von Wüstit zu Eisen ausführte, wird bei Besprechung der Keimbildung noch eingegangen.

Bei Messungen der Reduktion von Magnetit zu Wüstit, die ULRICH[48] ausführte, war gleichfalls der Ausbau des Sauerstoffs aus dem Wüstit der geschwindigkeitsbestimmende Teilschritt. Der Wüstit überzog den Magnetit mit einer völlig porenfreien Schicht. Das beim Sauerstoffausbau freigesetzte Eisen diffundierte über Leerstellen durch den Wüstit zum Magnetit und wandelte ihn in Wüstit um:

$$FeO + |Fe^{2+}|'' + 2\,|e|^{\cdot} + H_2 \rightarrow Fe^{2+}\,|Fe^{2+}| + H_2O,$$

$$Fe_3O_4 + Fe^{2+}\,|Fe^{2+}| \rightarrow 4\,FeO + |Fe^{2+}|'' + 2\,|e|^{\cdot}.$$

Da die Leerstellendiffusion und die Phasengrenzreaktion, durch die die Leerstellen aufgefüllt werden, nach diesem Reaktionsschema gekoppelte Vorgänge sind, ändert sich im Verlauf der Reaktion mit der Wüstitschichtdicke auch die Leerstellenkonzentration y, wie in Abschn. 2.4 noch ausführlicher besprochen wird. Aus der Analyse des Reaktionsablaufs mit den Beziehungen

$$v = f(a_0),$$

$$a_O = g(y),$$

$$y = h(\mathfrak{R})$$

kommt ULRICH zu dem Ergebnis, daß in diesem Falle Formel (40) in der Form

$$v = k_3\, p_{H_2}(a_O - a_O^{*}) \tag{40a}$$

gilt, wobei a_O^{*} die Sauerstoffaktivität in der Gasphase bedeutet und k_3 unabhängig von der Sauerstoffaktivität a_O des Oxyds ist. Mit der Gleichgewichtsbeziehung (43) geht Formel (40a) in

$$v = k_3'\, p_{H_2}(y^3 - y^{*3}) \tag{44}$$

über, wobei mit y^{*} die Leerstellenkonzentration bezeichnet ist, die sich bei Gleichgewicht mit der zur Reduktion angewendeten Gasmischung im Wüstit einstellen würde. Nach Formel (44) sollten die zu verschiedenen Zeiten gemessenen Reduktionsgeschwindigkeiten mit den gesondert bestimmten zugehörigen Fehlstellengehalten an der Wüstitoberfläche in der Beziehung

$$\frac{v(t)}{v(t = 0)} = \frac{y(t)^3 - y^{*3}}{y(t = 0)^3 - y^{*3}}$$

stehen. Bild 36 zeigt, daß diese Beziehung bei 800 °C für verschiedene Gaszusammensetzungen gültig ist.

Die Ergebnisse dieser Arbeit ergeben also andere Zusammenhänge als die Messungen von GRABKE[103] und von STOTZ[104].

Mit dem experimentellen Ergebnis von ULRICH wäre z. B. eine Aufteilung gemäß

$$\mathrm{FeO_L} + |\mathrm{Fe^{2+}}|'' + |e|^{\cdot} \rightleftharpoons \mathrm{Fe^{2+}}\,|\mathrm{Fe^{2+}}| + \mathrm{O^{-(ad)}}, \tag{45a}$$

$$|e|^{\cdot} + \mathrm{O^{-(ad)}} + \mathrm{H^{(ad)}} \rightleftharpoons \mathrm{OH^{(ad)}}, \tag{45b}$$

$$\mathrm{OH^{(ad)}} + \mathrm{H^{(ad)}} \underset{v_2}{\overset{v_1}{\rightleftharpoons}} \mathrm{H_2O} \tag{45c}$$

in Einklang, wenn man annimmt, daß die beiden ersten Teilschritte in unmittelbarer Gleichgewichtsnähe ablaufen, der dritte dagegen gehemmt

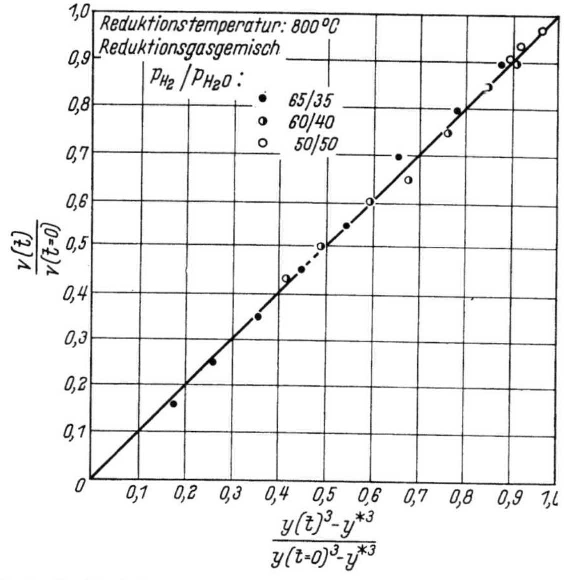

Bild 36. Verhältnis der Reduktionsgeschwindigkeit zur Zeit t zur Reduktionsgeschwindigkeit zur Zeit $t = 0$ als Funktion der Fehlordnungskonzentration der Wüstit-Oberfläche nach ULRICH[48])

und für Hin- und Rückreaktion geschwindigkeitsbestimmend ist. Für die Hinreaktion ergibt sich dann aus (45c):

$$v_1 = k_1''' \, (\mathrm{H^{(ad)}}) \, (\mathrm{OH^{(ad)}}). \tag{46}$$

Unter der Annahme, daß die adsorbierten Wasserstoffatome gemäß $\mathrm{H_2} \rightleftharpoons 2\,\mathrm{H^{(ad)}}$ im Gleichgewicht mit der Gasphase stehen, gilt

$$(\mathrm{H^{(ad)}}) = K_1 \sqrt{p_{\mathrm{H_2}}}. \tag{47}$$

Aus dem Gleichgewicht (45b) folgt mit (47)

$$(\mathrm{OH^{(ad)}}) = K_2 \sqrt{p_{\mathrm{H_2}}} \, (\mathrm{O^{-(ad)}}) \, (|e|^{\cdot})$$

und mit (45a)

$$(\mathrm{OH}^{(\mathrm{ad})}) = K_3 \sqrt{p_{\mathrm{H}_2}} \, (|e|^{\cdot})^2 \, y. \tag{48}$$

Formel (47) und (48) ergeben, in (46) eingesetzt, mit $(|e|^{\cdot}) = 2y$ und

$$v_2 = k_2 \, p_{\mathrm{H}_2\mathrm{O}}$$

die oben angegebene Formel (44).

Der angegebene Mechanismus ist spekulativ, wird jedoch von der Tatsache gestützt, daß nach EISCHENS[107] und WICKE[108] bei der Chemisorption von Wasserstoff an Zinkoxyd kovalent und ionogen gebundene H-Atome und Oberflächen-OH-Gruppen entstehen.

Die reaktionsfähigen Oberflächensauerstoffionen des Oxydgitters $\mathrm{O}^{-(\mathrm{ad})}$ sollen über (42) durch die chemische Fehlordnung des Oxyds bestimmt werden. Außer durch Reaktion (42) können jedoch reaktionsfähige Oberflächenbausteine auch durch Einbau jeder Art von Gitterstörungen, wie z. B. Korngrenzen und Versetzungen, entstehen. Ein Einfluß dieser Gitterbaufehler auf die Geschwindigkeit des Sauerstoffausbaus wurde kürzlich nachgewiesen[109].

Der tatsächliche Wert von y bzw. von a_O in (41) und (42) hängt von den Geschwindigkeiten des Sauerstoffausbaus einerseits und des Transportes von Leerstellen im Wüstit andererseits ab. Sobald die Ausscheidung von Eisen an der Wüstitoberfläche begonnen hat, erreicht a_O einen stationären Wert. Dann geht Formel (40a) in

$$\left. \begin{aligned} v &= k_1 \, p_{\mathrm{H}_2} - k_2 \, p_{\mathrm{H}_2\mathrm{O}} \\ v &= k_1' \, p_{\mathrm{CO}} - k_2' \, p_{\mathrm{CO}_2} \end{aligned} \right\} \tag{40b}$$

bzw.

über.

Bei der Reduktion von Eisenoxyden bis zum Metall beschreibt diese Formel die Abhängigkeit der Phasengrenzreaktionsgeschwindigkeit in den meisten Fällen. Bezeichnet man die Gasdrücke, bei denen Gleichgewicht zwischen Oxyd und Metall herrscht, mit p^*, so gilt $v = 0$ bei $p_{\mathrm{H}_2} = p_{\mathrm{H}_2}^*$, wobei $p_{\mathrm{H}_2}^*$ eine Funktion von $p_{\mathrm{H}_2\mathrm{O}}$ gemäß $p_{\mathrm{H}_2}^*/p_{\mathrm{H}_2\mathrm{O}} = K_{\mathrm{H}_2\mathrm{O}}$ ist. Daraus folgt $k_1 \, p_{\mathrm{H}_2}^* = k_2 \, p_{\mathrm{H}_2\mathrm{O}}$, so daß sich

$$\left. \begin{aligned} v &= k_1 (p_{\mathrm{H}_2} - p_{\mathrm{H}_2}^*) \\ v &= k_1' (p_{\mathrm{CO}} - p_{\mathrm{CO}}^*) \\ v &= k_2 (p_{\mathrm{H}_2\mathrm{O}}^* - p_{\mathrm{H}_2\mathrm{O}}) \\ v &= k_2' (p_{\mathrm{CO}_2}^* - p_{\mathrm{CO}_2}) \end{aligned} \right\} \tag{49}$$

oder

ergibt.

Die Konstanten k_1 und k_2 sind durch $k_1/k_2 = K_{\mathrm{H}_2\mathrm{O}}$ bzw. $k_1'/k_2' = K_{\mathrm{CO}_2}$ miteinander verknüpft, so daß auch

$$v = \frac{k_1}{K_{\mathrm{H}_2\mathrm{O}}} (p_{\mathrm{H}_2\mathrm{O}}^* - p_{\mathrm{H}_2\mathrm{O}})$$

gültig ist.

Bei der Reduktion von Magnetit bei 400 bis 500 °C hat dagegen McKewan[110])

$$k = \frac{k_1 \, p_{H_2} - k_2 \, p_{H_2O}}{1 + k_3 \, p_{H_2O}/p_{H_2}} \qquad (50)$$

gefunden, was in Übereinstimmung mit den Messungen von Hedden[111]) einer verstärkten Reaktionshemmung durch Wasserdampf entspricht.

1.2.6. Keimbildung

Das Entstehen fester wie auch flüssiger Phasen wird durch die Bildung von Keimen eingeleitet. Der kritische Keim ist das Volumen der neu gebildeten Phase, für das die Wahrscheinlichkeit von Auflösung und schrittweisem Weiterwachsen gleich groß ist.

Die theoretische Behandlung der Keimbildungsvorgänge ist auf der Grundlage der Arbeiten von Gibbs und von Thomson zuerst im Jahre 1925 von Volmer und Mitarbeitern[112]) durchgeführt worden.

Sie berechnen statistisch die Wahrscheinlichkeit für das Auftreten von Aggregaten mit Molekülzahlen zwischen 2 und n_i^*, der Molekülzahl im *kritischen Keim*, in der *übersättigten Mutterphase*. Mit den Gesetzen der Gaskinetik wird ferner die Geschwindigkeit des Anwachsens derartiger Molekülaggregate abgeleitet. Die erforderlichen Energiegrößen ergeben sich durch folgenden Gedankengang:

Bei der Bildung einer neuen Phase aus einer übersättigten Mutterphase wird ein Energiebetrag der Größe $n_i \, \Delta \mu_i$ frei, wobei n_i die Zahl der Mole des Stoffes i im gebildeten Keim und $\Delta \mu_i$ der Unterschied der chemischen Potentiale des Stoffes in der Keimphase und der Mutterphase ist. Zugleich muß eine neue Grenzfläche gebildet werden, wofür die Energie $\sigma_i \cdot F_K$ aufgewendet werden muß; mit σ_i ist die Grenzflächenspannung, mit F_K die Oberfläche des Keims bezeichnet. Die Änderung der Gibbsschen freien Enthalpie bei Bildung des Keims ist also

$$\Delta G_K = n_i \, \Delta \mu_i + \sigma_i \, F_K. \qquad (1)$$

Bei einem kugelförmigen Tröpfchenkeim des Radius r gilt mit V_M = Molvolumen der Keimphase

$$\Delta G_K = \frac{4}{3} \, r^3 \, \pi \, \frac{\Delta \mu_i}{V_M} + 4\pi \, r^2 \, \sigma_i. \qquad (2)$$

Da $\Delta \mu_i$ negativ, σ_i stets positiv ist, haben die beiden Summanden der rechten Seite der Gl. (2) entgegengesetztes Vorzeichen. Mit $\frac{4}{3} \pi \frac{\Delta \mu_i}{V_M} = a$; $4\pi \sigma_i = b$ ergibt sich der in Bild 37 dargestellte Verlauf des Volumenanteils $a \, r_i^3$, des Grenzflächenanteils $b \, r_i^2$ und der Keimbildungsarbeit ΔG_K mit dem Keimradius.

Die zur Bildung des Keims aufzuwendende Arbeit nimmt mit dem Radius zu und erreicht einen Höchstwert bei ΔG_K^*, der sich durch Differentiation von (2) zu

$$\Delta G_K^* = - \frac{16\pi\,\sigma_i^3\,V_M^2}{3\Delta\mu_i^{*\,2}} \tag{3}$$

ergibt. Die zugehörige Keimgröße folgt durch Einsetzen von (3) in (2):

$$r^* = - \frac{2\sigma\,V_M}{\Delta\mu_i^*}. \tag{4}$$

Die Größe $\Delta\mu_i$ läßt sich durch

$$\Delta\mu_i = RT\ln\frac{p_i(r=\infty)}{p_i(r)} \tag{5}$$

ausdrücken, wenn mit $p_i(r=\infty)$ der Dampfdruck der Keimphase bei Vorliegen einer ebenen Oberfläche, mit $p_i(r)$ der Dampfdruck bezeichnet ist, mit dem der Tropfen des Radius r im Gleichgewicht stünde.

Tröpfchenkeime mit einem Radius größer als r_i^* wachsen freiwillig weiter, da bei $r_i > r_i^*$ die Funktion $\partial G_K/\partial r_i$ und damit auch $\partial G_K/\partial n_i$ negativ ist. Die Zahl derartiger kritischer Keime in der Volumeneinheit beträgt

$$z^* = n_i'\exp - \frac{\Delta G_K^*}{RT}, \tag{6}$$

wenn mit n_i' die Zahl Moleküle des Stoffes i in der Volumeneinheit der Mutterphase bezeichnet wird.

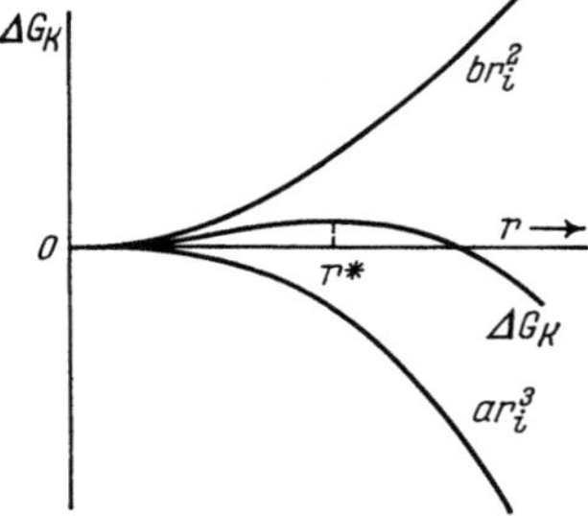

Bild 37. Keimbildungsarbeit ΔG_K in Abhängigkeit vom Radius r des Keimes

Die Bildung der festen Reaktionsprodukte bei der Reduktion von Metalloxyden ist ein Vorgang, der den Ablauf der Keimbildung erfordert. Da sich hier jedoch Keime einer kristallisierten, festen Phase bilden, und zwar mit einer Oberfläche, die teilweise im Kontakt mit der Mutterphase, teilweise im Kontakt mit der Gasphase steht, müssen die oben abgeleiteten Beziehungen modifiziert werden.

Nimmt man an, daß die Grenzflächenspannungen zwischen Keim und Gasphase $\sigma_{K\text{-}G}$ und zwischen Keim und Mutterphase $\sigma_{K\text{-}M}$ konstante Werte haben, so bildet sich auf der Mutterphase der Keim des Reduktionsproduktes als Kugelsegment aus, Bild 38. Die Grenztangente der Phasengrenze Keim-Gasphase schließt mit der Oberfläche der Mutterphase einen Winkel Θ ein; es gilt nach GIBBS

$$\sigma_{M\text{-}G} = \sigma_{K\text{-}M} + \sigma_{K\text{-}G}\cos\Theta. \tag{7}$$

Für die Arbeit, die bei Bildung des kritischen Keims zu leisten ist, ergibt sich

$$-\Delta G_K^* = \frac{64\,\pi\,\sigma_{K-G}^3\,V_M^2}{3\Delta\mu_i^*\,(2+\cos\Theta)\,(1-\cos\Theta)^2}\,. \tag{8}$$

Die Keimbildungsgeschwindigkeit J ist durch die Zahl der Keime kritischer Größe gegeben, die in der Zeiteinheit durch Aufnahme eines zusätzlichen Gitterbausteins in überkritische Keime übergehen und anschließend schnell zu makroskopischen Kristallen auswachsen. Es gilt daher

$$J = Z\,\omega\,z^{*\prime}. \tag{9}$$

Mit $z^{*\prime}$ ist die Zahl der kritischen Keime auf der Flächeneinheit der Mutterphase, mit ω die Stoßzahl von Adatomen mit einem kritischen Keim bezeichnet. Als *Adatome* sind Oberflächenatome bzw. adsorbierte Atome der Keimsubstanz auf der Oberfläche der Mutterphase aufzufassen. Z ist der von BECKER und DÖRING[113]) sowie von ZELDOWITCH[114]) eingeführte Ungleich-

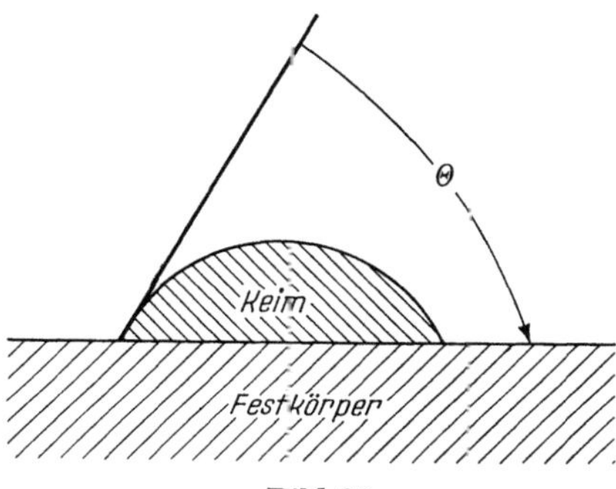

Bild 38
Randwinkel Θ bei der Bildung eines Keimes auf einer Festkörperoberfläche

gewichtsfaktor. Er berücksichtigt, daß Keime kritischer Größe durch Anwachsen zu überkritischer Größe und durch Abdissoziation von Atomen und Übergang in Keime unterkritischer Größe verschwinden können:

$$Z = \frac{V_M\,\Delta\mu_i^2}{8\pi\,\sigma\sqrt{RT\,\sigma}} = \sqrt{\frac{\Delta G_K^*}{3\,\pi\,RT\,n_i^{*\,2}}}\,. \tag{10}$$

Die Lösung von Gl. (9) mit (10) lautet[115])

$$J = C\,n_{\mathrm{ad}}\,\exp\!\left[-(\Delta G_{\mathrm{sd}}^* + \Delta G_K^*)/RT\right], \tag{11}$$

$$C = 2\pi\,r^*\,a\,\sin\Theta\,\bar{\omega}\,n_0\,\sqrt{\Delta G^{*\prime}/4\pi\,RT\,n_i^{*\,2}}\,,$$

$$\Delta G_K^{*\prime} = \Delta G_K^* + \Delta G_q\,.$$

Darin bedeutet:

n_{ad} Flächenkonzentration der Adatome auf der Oberfläche der Mutterphase in $\mathrm{Mol}\cdot\mathrm{cm}^{-2}$

ΔG_{sd}^* Freie Enthalpie des aktivierten Zustandes der Oberflächendiffusion der Adatome

a Sprungweite der Oberflächendiffusion

n_0 Zahl der Adsorptionslagen an der Oberfläche der Mutterphase in $\mathrm{Mol}\cdot\mathrm{cm}^{-2}$

$\bar{\omega}$ Übergangswahrscheinlichkeit für den aktivierten Komplex

ΔG_q ist ein Energiebeitrag, der die Verteilung der Keime auf der Oberfläche berücksichtigt; es gilt $\Delta G_q \approx RT \ln(z^{*\prime}/n_0)$. In dem Ausdruck (8) für ΔG_K^{*} ist in diesem Fall

$$\Delta \mu_i = RT \ln a_{i,\mathrm{ad}} \tag{12}$$

einzusetzen; $a_{i,\mathrm{ad}}$ ist die Aktivität der adsorbierten Bausteine der Keimsubstanz. Handelt es sich um die Keimbildung des Metalls Me bei der Reduktion des Oxyds MeO, so gilt

$$a_{\mathrm{Me,ad}} = a_{\mathrm{Me(MeO)}}.$$

In diesem Falle ist ferner

$$n_{\mathrm{ad}} = \mathrm{const}\, a_{\mathrm{Me(MeO)}}$$

anzusetzen.

Gleichfalls ändern sich die Zusammenhänge, wenn der Keim Kristallflächen mit sehr verschiedener Grenzflächenspannung besitzt. In diesem Fall wird der Keim durch ebene Gitterflächen begrenzt und nimmt nicht, wie bisher angenommen, die Form eines Kugelsegments an. Der Faktor $64\pi/3$ in Formel (8) muß dann durch eine Konstante K ersetzt werden, deren Zahlenwert von der Keimform abhängt[116]). Weiter müssen in Formel (2) Glieder für jede auftretende Oberfläche aufgenommen werden.

Die Keimbildungsgeschwindigkeit wird also von der kristallographischen Form der Keime bestimmt, die ihrerseits wieder von der spezifischen, freien Grenzflächenenergie der einzelnen Kristallflächen abhängt. Nach VOLMER[112]) muß bei Gleichgewicht des Kristalls mit seinem Dampf

$$\frac{\sigma_k}{r_k} = \frac{RT}{2 V_M} \ln \frac{p\, r}{p\,(r=\infty)} = \mathrm{const} \tag{13}$$

gelten, wenn mit σ_k die Grenzflächenspannung der k ten Fläche, mit r_k die Zentraldistanz dieser Fläche bezeichnet wird. Nach GIBBS ist die Gleichgewichtsform des Kristalls ferner durch die Bedingung festgelegt, daß

$$\left(\sum F_k\, \sigma_k\right)_{V=\mathrm{const}}$$

ein Minimum hat. Aus diesen Bedingungen läßt sich bei Kenntnis der Grenzflächenspannungen der einzelnen Kristallflächen die Tracht der Keime eindeutig ableiten. Das gleiche ist zu erreichen, wenn man die theoretisch besser zugänglichen Abtrennarbeiten φ der Gitterbausteine nach STRANSKI[117]) in den einzelnen Gitterebenen heranzieht. Es gilt

$$kT \ln \frac{p_r}{p\, \infty} = \varphi_{1/2} - \varphi_r. \tag{14}$$

φ_r ist die Abtrennarbeit aus der obersten Gitterebene der Gleichgewichtsform des Kristalls, $\varphi_{1/2}$ die Abtrennarbeit aus einer Halbkristallage.

Adsorption von Fremdstoffen, also auch von Molekülen der reduzierenden Gasphase, vermag die Abtrennarbeiten und damit die Kristalltracht erheblich zu verändern[118]).

1.2.7. Transportvorgänge in festen Phasen

1.2.7.1. Grundgesetze der Festkörperdiffusion

Reduziert man z. B. Hämatit Fe_2O_3 bis zum Eisen, so treten im Verlauf des Sauerstoffabbaus nacheinander oder nebeneinander alle thermodynamisch stabilen Oxydphasen des Eisens auf. In manchen Untersuchungen sind auch Hinweise für das Auftreten von unstabilen Abbauprodukten gefunden worden, z. B. von Wüstit bei Reaktionstemperaturen unter 570 °C[119]). Abgesehen von solchen Sonderfällen stehen im Verlauf der Reduktion in unmittelbarer Berührung miteinander stets die Phasen, die miteinander koexistieren können, also Fe/FeO, FeO/Fe_3O_4, Fe_3O_4/Fe_2O_3. Welches der Abbauprodukte zu einem gegebenen Zeitpunkt der Reduktion an der Oberfläche des anreduzierten Oxyds liegt und mit der Gasphase in Berührung steht, hängt nicht nur von den zugehörigen Gleichgewichten ab, sondern wird durch die Geschwindigkeiten des Sauerstoffausbaus einerseits und von Diffusionsvorgängen in den Oxyden andererseits bestimmt. Für die Reduktion von Magnetit hat ULRICH[120]) diese Verhältnisse eingehend dargestellt.

Der Ablauf der Reaktion erfordert eine Diffusion in diesen festen Reaktionsprodukten, wenn sie als porenfreie Schichten auftreten und damit das reduzierende Gas keinen unmittelbaren Zutritt zu dem unreduzierten Kern des Oxydkorns mehr hat. Jedoch kann nur die Diffusion in der äußersten der auftretenden Schichten aus Metall oder niederen Oxyden die Gesamtgeschwindigkeit der Reduktion beeinflussen. Die Diffusion in den inneren Schichten ist ein nachgelagerter Vorgang, der keinen unmittelbaren Einfluß auf den Reaktionsablauf hat.

Im Wüstit und im Magnetit diffundiert fast ausschließlich das Eisen[121]), der Sauerstoff ist vergleichsweise unbeweglich. Die Wüstitschicht wird vom Gas in Eisen umgewandelt:

$$FeO + H_2 \rightarrow Fe + H_2O.$$

Sie wächst auf Kosten der Magnetitschicht durch den Vorgang:

$$Fe_3O_4 + Fe \rightarrow 4\,FeO.$$

Die Magnetitschicht bildet sich unter Abbau von Hämatit nach:

$$4\,Fe_2O_3 + Fe \rightarrow 3\,Fe_3O_4.$$

Damit eine stationäre Dicke x_0 der Oxydschichten bestehenbleibt, müssen die Diffusionsströme j_{Fe} in den einzelnen Oxydschichten untereinander und zur Reaktionsgeschwindigkeit dn_O/dt in folgendem Verhältnis stehen:

$$\frac{dn_O}{dt} = 3j_{Fe}^{FeO} = 12j_{Fe}^{Fe_3O_4}.$$

Triebkraft dieser Ströme ist der Gradient der chemischen Potentiale bzw. der Aktivitäten des Eisens zwischen den einzelnen Phasengrenzen, also in den Oxydschichten. Steht die Magnetitschicht mit Hämatit und Wüstit, die Wüstitschicht mit Eisen und Magnetit im Gleichgewicht, so sind die Eisenaktivitäten an den beiden Seiten dieser Oxydschichten festgelegt. Die Einhaltung der beiden oben angegebenen Bedingungen der Eisendiffusion ist daher allein durch Einstellung entsprechender stationärer Schichtdicken x_0 möglich.

Die Dicke der inneren Oxydschichten stellt sich daher auf die Reduktionsgeschwindigkeit ein, nicht umgekehrt. Dagegen steigt die Dicke der äußersten Schicht aus Reduktionsprodukten mit dem Reduktionsgrad ständig an. Falls die Festkörperdiffusion in dieser Schicht ein nennenswertes Konzentrations- oder Aktivitätsgefälle erfordert, hängt daher die Reduktionsgeschwindigkeit von der Dicke dieser Schicht ab. Grundsätzlich gilt das auch, wenn die Gasdiffusion in den Poren der äußersten Reaktionsschicht die Reduktionsgeschwindigkeit bestimmt. Die Diffusion in einem Festkörper folgt wie die Gasdiffusion dem Fickschen Gesetz, wobei allerdings die einfache Formel (3), Abschn. 1.2.2, nur gilt, wenn der Diffusionskoeffizient konzentrationsunabhängig ist und die Aktivität des diffundierenden Stoffes linear von seiner Konzentration abhängt. Um die Formel (3) anwenden zu können, muß ferner bekannt sein, welcher Stoff in dem betrachteten Fall diffundiert, da dessen Diffusionskoeffizient und dessen Konzentrationen eingesetzt werden müssen. Ferner muß der Einfluß der durch die Chemisorption verursachten elektrischen Felder in den Randzonen des Oxyds berücksichtigt werden.

Für den Stofftransport ist daher die allgemeine Transportgleichung

$$j_i = -B_i\, c_i (\operatorname{grad} \mu_i + z_i\, F \operatorname{grad} \varphi) \tag{1}$$

anzusetzen, wobei j_i den Strom der wanderungsfähigen Gitterbestandteile in $Mol \cdot cm^{-2} \cdot sec^{-1}$, B_i und c_i deren Beweglichkeit und Konzentration, μ_i ihr chemisches Potential und z_i ihre Ladung bezeichnen. F ist die Faraday-Konstante und $\operatorname{grad} \varphi$ die örtliche elektrische Feldstärke.

Formel (1) kann unmittelbar angewendet werden, wenn bekannt ist, welche Komponente des Gitters die überwiegende Beweglichkeit besitzt. Die Diffusion, besonders im Gitter einer Verbindung, erfolgt überwiegend durch Wanderung von Gitterbaufehlern, wie den in Abschn. 1.1.1 besprochenen Leerstellen, und von Ionen über Zwischengitterplätze. Bevorzugt wanderungsfähig ist daher stets die Komponente, in deren Teilgitter derartige Fehlordnungszentren auftreten. Als Beispiel soll der Transport in der Wüstitschicht eingehender besprochen werden[122]):

Im Wüstit sind Eisenionenleerstellen $|\mathrm{Fe}^{2+}|''$ die wesentlichen Störstellen. Sie ermöglichen die Diffusion von Eisen durch das Oxydgitter, die bei der Reduktion von Magnetit und Hämatit durch die außenliegende Wüstitschicht hindurch von der Phasengrenze Wüstit/Gas bzw. Wüstit/Eisen zur Phasengrenze Wüstit/Magnetit erfolgt. Die Eisenionenleerstellen $|\mathrm{Fe}^{2+}|''$ haben gegenüber dem ungestörten Gitter eine zweifach negative Ladung. Ferner soll ihnen ein eigener Wert des chemischen Potentials zugeschrieben werden, dessen Bedeutung später festgestellt werden wird.

Das Eisen wandert über Leerstellen in Form von Fe^{2+}-Ionen durch das Gitter. Zur Aufrechterhaltung der Elektroneutralität fließt gleichzeitig durch die Wüstitschicht ein Strom von Elektronendefektstellen $|e|^{\cdot}$, die man sich chemisch als die dritte positive Ladung von Fe^{3+}-Ionen vorstellen kann. Diese Überschußladung bewegt sich durch Ladungsaustausch zwischen Fe^{2+}- und Fe^{3+}-Ionen des Gitters. Die Beweglichkeit der Defektelektronen $|e|^{\cdot}$ ist erheblich größer als die der Ionenstörstellen. Im stationären Ablauf des Transportvorgangs muß gelten:

$$j_{\mathrm{Fe}} = j_{\mathrm{Fe}^{2+}} = -j_{|\mathrm{Fe}^{2+}|''} = -\tfrac{1}{2}\,j_{|e|^{\cdot}}. \tag{2}$$

Gemäß (1) ergibt sich:

$$j_{|\mathrm{Fe}^{2+}|''} = -B_{|\mathrm{Fe}^{2+}|''}\,c_{|\mathrm{Fe}^{2+}|''}(\operatorname{grad}\mu_{|\mathrm{Fe}^{2+}|''} - 2\,F\operatorname{grad}\varphi),$$

$$j_{|e|^{\cdot}} = -B_{|e|^{\cdot}}\,c_{|e|^{\cdot}}(\operatorname{grad}\mu_{|e|^{\cdot}} + F\operatorname{grad}\varphi).$$

Mit $c_{|\mathrm{Fe}^{2+}|''} = \dfrac{y}{V_M}$ (y = Molenbruch der Leerstellen, V_M = Molvolumen des FeO) und $j_{|e|^{\cdot}} = 2j_{|\mathrm{Fe}^{2+}|''}$ kann $\operatorname{grad}\varphi$ eliminiert werden. Mit der Elektroneutralitätsforderung $c_{|\mathrm{Fe}^{2+}|''} = 1/2\,c_{|e|^{\cdot}}$ ergibt sich

$$j_{|\mathrm{Fe}|''} = -\frac{B_{|e|^{\cdot}}\,B_{|\mathrm{Fe}^{2+}|''}}{B_{|e|^{\cdot}} + 2B_{|\mathrm{Fe}^{2+}|''}}\,\frac{y}{V_M}(\operatorname{grad}\mu_{|\mathrm{Fe}^{2+}|''} + 2\operatorname{grad}\mu_{|e|^{\cdot}}). \tag{3}$$

Die in der Klammer enthaltenen Gradienten der chemischen Potentiale der Ionen- und Elektronenstörstellen kommen durch Gradienten der Konzentrationen dieser Fehlstellen zustande.

Bei idealem Verhalten gilt:

$$\mu_i = \underline{\mu}_i + RT\ln c_i;$$

$$\operatorname{grad}\mu_i = RT\operatorname{grad}\ln c_i.$$

Wegen $c_{|e|^{\cdot}} = 2c_{|\mathrm{Fe}^{2+}|''} = 2y/V_M$ ergibt sich also mit (2)

$$j_{\mathrm{Fe}} = -j_{|\mathrm{Fe}^{2+}|''} = \frac{B_{|e|^{\cdot}}\,B_{|\mathrm{Fe}^{2+}|''}}{B_{|e|^{\cdot}} + 2B_{|\mathrm{Fe}^{2+}|''}}\,RT\,\frac{3}{V_M}\operatorname{grad}y.$$

Da $B_{|e|^\bullet} \gg B_{|Fe^{2+}|''}$ ist, ergibt sich mit der Nernst-Einsteinschen Beziehung

$$B_i\, RT = D_i,$$

$$j_{\text{Fe}} = D_{|Fe^{2+}|''}\, \frac{3}{V_M}\, \text{grad}\, y. \tag{4}$$

Zwischen metallischem Eisen Fe(Me) und den Fehlstellen des Wüstitgitters kann die Reaktion

$$\text{Fe(Me)} + |Fe^{2+}|'' + 2\,|e|^\bullet \rightleftharpoons Fe^{2+}\,|Fe^{2+}|$$

ablaufen, wobei wieder $Fe^{2+}\,|Fe^{2+}|$ ein zweiwertiges Metallion im Wüstit auf normalem Gitterplatz bezeichnet. Da die Konzentration der Eisenionen auf Gitterplätzen etwa konstant ist, ergibt sich aus der zugehörigen Gleichgewichtsbeziehung für den Klammerausdruck in Formel (3):

$$(\text{grad}\, \mu_{|Fe^{2+}|''} + 2\,\text{grad}\, \mu_{|e|^\bullet}) = -\,\text{grad}\, \mu_{\text{Fe(Me)}}. \tag{5}$$

Diese Beziehung kann als Definition von $\mu_{|Fe^{2+}|''}$ und $\mu_{|e|^\bullet}$ angesehen werden. Da sich in Metalloxyden $Me_m O_n$ als geordneten Mischphasen die Duhem-Margulessche Gleichung zu

$$m\,\mu_{\text{Me}} + n/2\,\mu_{O_2} = \Delta G_{Me_m O_n}$$

vereinfacht, gilt ferner für FeO

$$\text{grad}\, \mu_{\text{Fe(Me)}} = -\tfrac{1}{2}\, \text{grad}\, \mu_{O_2}. \tag{6}$$

Formel (3) vereinfacht sich daher mit $B_{|e|^\bullet} \gg B_{|Fe^{2+}|''}$ zu

$$j_{\text{Fe}} = -j_{|Fe^{2+}|''} = -\,RT\, B_{|Fe^{2+}|''}\, \frac{y}{V_M}\, \text{grad}\, \ln a_{\text{Fe(Me)}}$$

$$= RT\, B_{|Fe^{2+}|''}\, \frac{y}{V_M}\, \frac{1}{2}\, \text{grad}\, \ln a_{O_2}.$$

Mit $a_{\text{Fe(Me)}}$ und a_{O_2} sind die Aktivitäten des metallischen Eisens und des Sauerstoffs im Oxyd bezeichnet. Berücksichtigt man schließlich wiederum die Nernst-Einstein-Beziehung und den von WAGNER[123] angegebenen Zusammenhang $y \cdot D_{|Fe^{2+}|''} = (1 - y)\, D_{\text{Fe}}^*$, wobei D_{Fe}^* der Selbstdiffusionskoeffizient des Eisens im Wüstit ist, so ergibt sich mit $(1 - y) \approx 1$

$$j_{\text{Fe}} = -\,\frac{D_{\text{Fe}^\bullet}}{V_M}\, \text{grad}\, \ln a_{\text{Fe(Me)}} = \frac{D_{\text{Fe}^\bullet}}{2\,V_M}\, \text{grad}\, \ln a_{O_2}. \tag{7}$$

Formel (4) ist zur Behandlung der Diffusion besonders geeignet, da der Diffusionskoeffizient der Leerstellen $D_{|Fe^{2+}|''}$ unabhängig von y und damit vom Ort angesehen werden kann, wie Bild 39 zeigt. Allerdings setzt diese Formel die Kenntnis von $\text{grad}\, y$ und von $D_{|Fe^{2+}|''}$ voraus. Im Falle des Wüstits läßt sich ersteres direkt messen[122, 124], das zweite aus den Messungen[121]) des Selbstdiffusionskoeffizienten des Eisens im Wüstit berechnen. Zur Anwendung von Formel (7) muß nur der experimentell leichter zugängliche Wert von D_{Fe}^* bekannt sein. Für die Aktivität des Sauerstoffs, die gleichfalls eingeht, sind die Zahlenwerte für die Gleichgewichte an den Phasengrenzen der betrachteten Oxydschicht zumeist gleichfalls bekannt. Da Formel (7) unabhängig von der jeweiligen Fehlordnungsstruktur gültig ist, eignet sich dieser Ausdruck, wenn über den Transportmechanismus im Gitter nichts Näheres bekannt ist. Zu berücksichtigen ist bei der Anwendung, daß D_{Me}^* eine Funktion der Fehlstellenkonzentration und damit von a_{O_2} bzw. a_{Me} ist.

Integration von (7) liefert mit ξ, der Schichtdicke,

$$j_{Fe} = \frac{1}{2\,V_M\,\xi} \int\limits_{a_{O_2}^{FeO/Fe_3O_4}}^{a_{O_2}^{FeO/Gas}} D_{Fe}^*\, d\ln a_{O_2}. \tag{8}$$

Mit der Annahme thermodynamisch idealen Verhaltens folgt aus (5) und (6)

$$-d\ln a_{O_2} = 2(1 + |z|)\, d\ln y.$$

Mit

$$D_{Fe}^* = y\, D_{|Fe^{2+}|''}$$

läßt sich das Integral lösen:

$$j_{Fe}\,\xi\, V_M = (1 + |z|_{|Fe^{2+}|''}) \times$$
$$\times D_{Fe}^{*\,(FeO/Fe_3O_4)} \left(1 - \frac{y^{FeO/Gas}}{y^{FeO/Fe_3O_4}}\right). \tag{9}$$

Diese Formel läßt sich unter den getroffenen Annahmen in eine allgemein anwendbare Form bringen:

$$j\,\xi\, V_M = (1 + |z|) \times$$
$$\times \left(D_1^* + \frac{m}{n}\, D_2^*\right)\left(1 - \frac{c}{c'}\right). \tag{10}$$

In Formel (10) ist j der Stoffstrom in der Oxydschicht, $|z|$ der Absolutwert der Ladung der wanderungsfähigen Störstellen, D_1^* und D_2^* die Selbstdiffusionskoeffizienten von Metall und Nichtmetall, m/n das Sauerstoff-Metall-Molverhältnis im Oxyd und c bzw. c' die Störstellenkonzentrationen an den beiden Phasengrenzen, wobei c jeweils der kleinere der beiden Werte ist. Für die Selbstdiffusionskoeffizienten sind die Werte

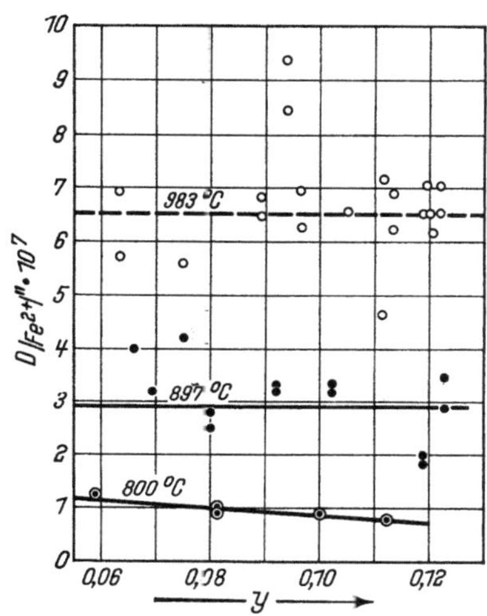

Bild 39

Die Diffusionskoeffizienten der Eisenionen-Leerstellen, aus den Selbstdiffusionskoeffizienten des Eisens im Wüstit berechnet. Nach Messungen von HIMMEL und Mitarbeitern[121])

am Orte der größten Fehlstellenkonzentration einzusetzen, also $D^* = D^*(c')$. Für die Diffusion in den bei der Erzreduktion gebildeten Wüstitschichten kann Formel (9) benutzt werden, da Fehlordnung und Diffusionskoeffizienten ausreichend bekannt sind. Für den Transportvorgang in Magnetitschichten muß dagegen Formel (10) angewendet werden, da über die Fehlordnung keine ausreichenden Untersuchungen vorliegen. Mit der Abschätzung $(1 + |z|) \approx 3$ und $c' \gg c$ ergibt sich

$$j \approx \frac{3}{\xi V_M} D^*_{Fe}, \tag{11}$$

da $D^*_{Fe} \gg D^*_O$ gilt.

Häufig wird das diffusionsgesteuerte Wachstum von Schichten aus Reduktionsprodukten durch die Formel

$$\frac{dm}{dt} = \frac{k'}{m} \tag{12}$$

wiedergegeben, wobei mit m die ausgebaute Sauerstoffmenge in g/cm^2 bezeichnet wird. Zwischen k' und dem Selbstdiffusionskoeffizienten der überwiegend beweglichen Komponenten des Oxyds besteht die Beziehung

$$k' = D^* \frac{\varrho^2 M_O}{\nu M_{ox}}, \tag{13}$$

M_O Atomgewicht des Sauerstoffs
M_{ox} Molekulargewicht des Oxyds
ϱ Dichte des Oxyds
ν Zahl der Mole Reduktionsprodukt, die je Mol ausgebautem Sauerstoff gebildet werden

Im stationären Ablauf der Reduktion von Hämatit bei Bildung kompakter, porenfreier Schichten von Wüstit und Magnetit gilt für die Diffusionsströme des Eisens in den Schichten

$$j^{FeO}_{Fe} = 4 j^{Fe_3O_4}_{Fe}.$$

Mit $\left(1 - \frac{y^{FeO/Gas}}{y^{FeO/Fe_3O_4}}\right) \approx \frac{2}{3}$, $V_M^{Fe_3O_4} \approx 4 V_M^{FeO}$ und $(1 + |z|) = 3$ bei beiden Oxyden ergibt sich mit den Formeln (9) und (11) für das Schichtdickenverhältnis von Magnetit zu Wüstit

$$\frac{\xi^{Fe_3O_4}}{\xi^{FeO}} \approx \frac{1}{3} \frac{D^{*\,(Fe_3O_4)}_{Fe}}{D^*_{Fe}(FeO)}, \tag{14}$$

wobei die Selbstdiffusionskoeffizienten einzusetzen sind, die für die höchsten auftretenden Störstellenkonzentrationen gelten. Nach den Messungen von HIMMEL, MEHL und BIRCHENALL[121] gilt

$$D^{*\,(FeO)}_{Fe} = 4{,}5 \cdot 10^{-2}\, y^{FeO/Fe_3O_4}(T) \exp - \frac{27\,800}{RT},$$

$$D^{*\,Fe_3O_4}_{Fe} = 5{,}2 \exp - \frac{55\,000}{RT}.$$

Mit diesen Zahlenwerten folgt für 900 °C

$$\xi^{Fe_3O_4}/\xi^{FeO} \approx 10^{-3}.$$

Bei der Oxydation von Eisen an Luft oder in Sauerstoff ergibt sich experimentell ein Schichtdickenverhältnis von 10^{-2} bis 10^{-3}. Bild 40 zeigt eine

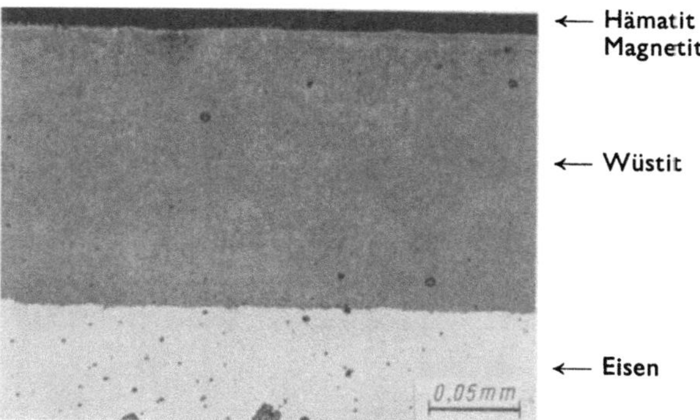

Bild 40. Oxydschicht auf Weicheisen durch Oxydation bei 850 °C an Luft gebildet. Vergrößerung 200:1

bei 850 °C auf Weicheisen an Luft gebildete Zunderschicht in 200facher Vergrößerung. Der außen liegende hellere Saum stellt die Fe_3O_4- und die Fe_2O_3-Schicht dar.

1.2.7.2. Die Stabilität der Oberflächengestalt des Oxyds bei der Reduktion

Messungen der *Porosität* und der *Größenverteilung* der Porendurchmesser an anreduzierten Erzstücken[125]) haben gezeigt, daß sich die Porenstruktur eines Erzstücks im Verlauf der Reduktion stark verändert, wie Bild 41 erkennen läßt. Diese Erscheinung ist verständlich, da das gebildete Metall ein kleineres Molvolumen besitzt als das Oxyd. Daher wäre eine Aufweitung der im Ausgangszustand vorhandenen Poren zu erwarten. Scheidet sich das Metall als poröser Schwamm auf der Oberfläche der Oxydkörner an den Porenwänden ab, so können jedoch diese Poren auch verengt werden, und ein neues Porensystem im Metallschwamm wird beherrschend, das eine völlig andere Größenverteilung besitzen kann. Dies gilt auch, wenn die Eisenkeime orientiert in das Korninnere des Wüstits hineinwachsen. Es bilden sich dann fortwährend neue Poren, an denen sich der Ablauf Reduktion-Keimbildung-Wachstum-Porenneubildung wiederholt. Dieser Mechanismus führt durch ständige Neubildung reaktionsfähiger FeO-Oberfläche zu den höchsten Reduktionsgeschwindigkeiten.

Wie weiter unten gezeigt wird, kann die Eisenkeimbildung auch längs der ursprünglich vorhandenen Oberflächen erfolgen, wodurch sich ein die Reaktion stark hemmender, zusammenhängender Eisenfilm bilden kann.

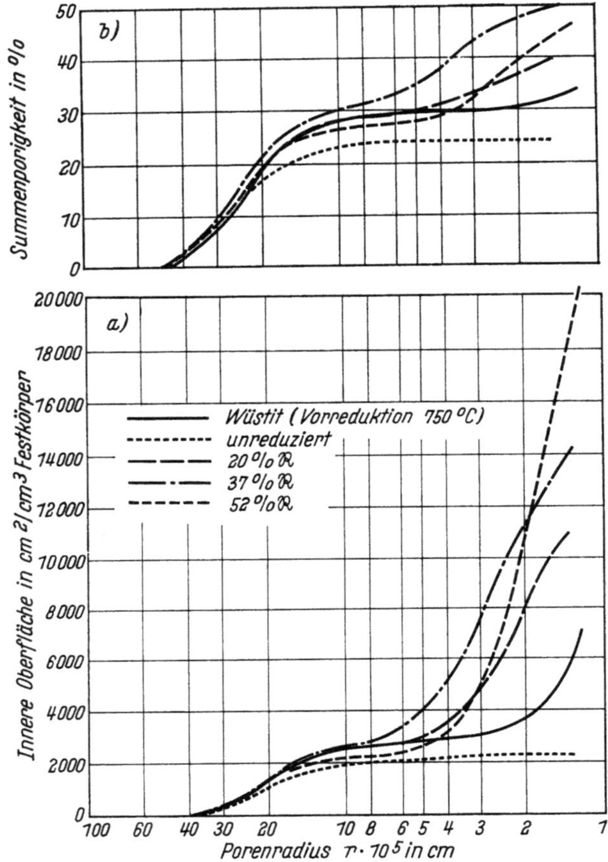

Bild 41 a u. b. Porosität und innere Oberfläche in Abhängigkeit von den Porenradien für Pellets 3 bis 5 mm ⌀ bei unterschiedlichem Reduktionsgrad und 750 bis 780 °C Temperatur[125])

Mikroskopische Untersuchungen kompakter, im Ausgangszustand porenfreier, anreduzierter Oxydproben zeigen[126]), daß durch den Abbau des Oxyds bei der Reduktion eine zusätzliche, erhebliche Porosität im Oxyd auftreten kann, indem die Oxydoberfläche aufgerauht und zerklüftet wird. Bild 42 zeigt Wüstitproben, die vor Beginn der Reduktion eine glattgeschliffene Oberfläche aufwiesen und frei von Poren waren,

nach Reduktion mit Wasserstoff bei 800 °C. Die deutlich sichtbaren
Hohlräume sind angeschliffene Poren, die von der Oberfläche ausgehend
ins Oxyd hineinwachsen. Selbst Wüstiteinkristalle zeigen diese Erscheinung.

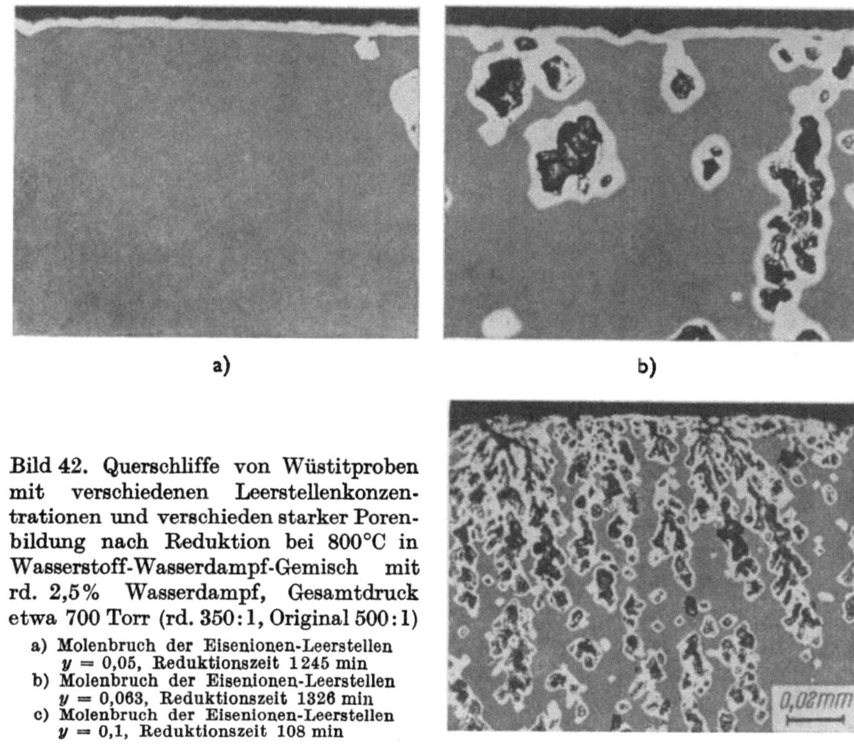

Bild 42. Querschliffe von Wüstitproben
mit verschiedenen Leerstellenkonzentrationen und verschieden starker Porenbildung nach Reduktion bei 800°C in
Wasserstoff-Wasserdampf-Gemisch mit
rd. 2,5% Wasserdampf, Gesamtdruck
etwa 700 Torr (rd. 350:1, Original 500:1)

   a) Molenbruch der Eisenionen-Leerstellen
     $y = 0,05$, Reduktionszeit 1245 min
   b) Molenbruch der Eisenionen-Leerstellen
     $y = 0,063$, Reduktionszeit 1326 min
   c) Molenbruch der Eisenionen-Leerstellen
     $y = 0,1$, Reduktionszeit 108 min

Nach Bild 43 hat der anfängliche Leerstellengehalt des Wüstits y einen
starken Einfluß auf die Porenbildung und damit auf den Reduktionsverlauf. In Anlehnung an die Verhältnisse bei der Oxydation von Metall-
legierungen[127, 128] kann man sich den Ablauf dieses Vorgangs folgender-
maßen vorstellen:

Beim Einsetzen der Reduktion befindet sich im Inneren des Wüstits
ein Leerstellengehalt, der größer ist, als es dem Gleichgewicht mit Eisen
entspräche. Der Sauerstoffausbau bewirkt eine Auffüllung der Eisenionen-
leerstellen an der Oxydoberfläche:

$$\text{FeO} + |\text{Fe}^{2+}|'' + 2\,|e|^{\cdot} + \text{H}_2 \rightleftharpoons \text{Fe}^{2+}\,|\text{Fe}^{2+}\, + \text{H}_2\text{O}.$$

$|\text{Fe}^{2+}|''$ ist eine Eisenionenleerstelle, $|e|^{\cdot}$ ein Defektelektron bzw. die
positive Überschußladung eines dreiwertigen Eisenions und $\text{Fe}^{2+}\,|\text{Fe}^{2+}|$

ein zweiwertiges Eisenion auf normalem Wüstitgitterplatz. Die oberflächliche Verminderung von y, dem Molenbruch der Eisenionenleerstellen, setzt eine Diffusion von Leerstellen und Defektelektronen aus dem Inneren

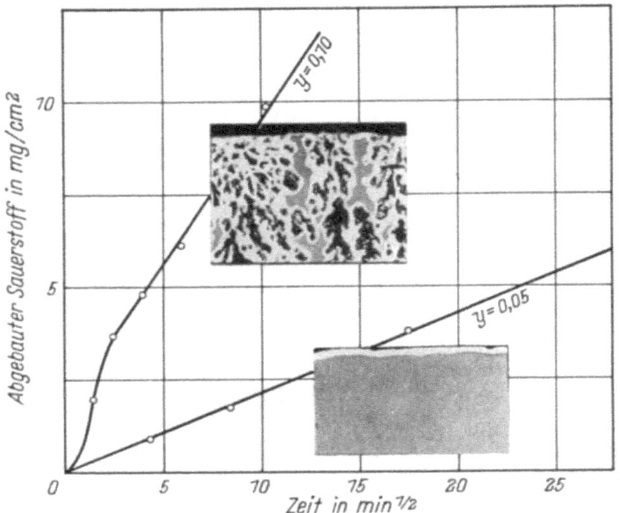

Bild 43. Reduktion von Wüstit $Fe_{1-y}O$ mit verschiedenem Leerstellengehalt y. $T = 800\ °C$, $p_{H_2} = 679{,}5\ \text{Torr}$, $p_{H_2O} = 17{,}5\ \text{Torr}$

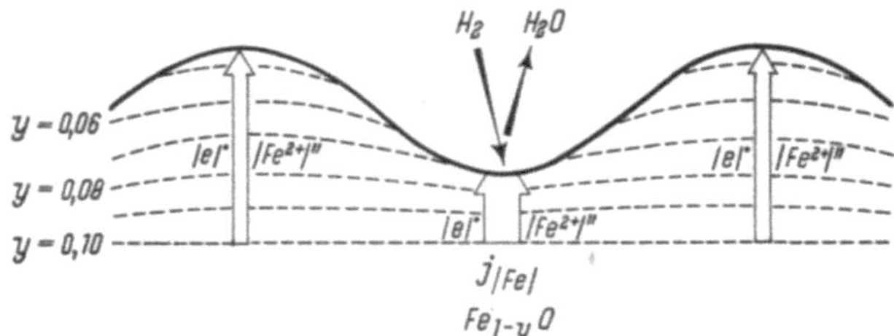

Bild 44. Schematische Darstellung der Stoffströme und der Ausbildung der Oberflächenaufrauhung bei der Reduktion von Wüstit

des Oxyds an die Oberfläche in Gang. Bild 44 zeigt schematisch die Linien gleicher Konzentration der Leerstellen in einem Oxyd mit welliger Oberfläche und die zugehörigen örtlichen Diffusionsströme $j_{|Fe^{2+}|''}$, deren Größe durch die Pfeildicke gekennzeichnet ist. Da $j_{|Fe^{2+}|''} \sim \dfrac{dy}{dx}$ gilt, hat der Diffusionsstrom zu den Vertiefungen der Oberfläche einen höheren Wert als zu den erhabenen Bereichen. Andererseits ist die Geschwindigkeit des Sauerstoffausbaus nach Gl. (44), Abschn. 1.2.5, proportional der dritten Potenz des örtlichen Fehlstellengehalts. Wegen der erhöhten Zudiffusion stellt sich an den Vertiefungen auch ein höherer Leerstellengehalt an der Oberfläche und damit eine größere Geschwindigkeit des Sauerstoffausbaus ein, wodurch eine verstärkte Abtragung des Oxyds an den Vertiefungen erfolgt. Eine geringe Oberflächenrauhigkeit, die stets vorhanden ist, wird also durch das Zusammenspiel von Leerstellendiffusion und Phasengrenzreaktion verstärkt. Eine ebene Oberfläche ist daher, wenn Leerstellen diffundieren können, nicht stabil. Besonders wachsen scharfe Vertiefungen, also Poren, schnell ins Innere des Oxyds, da sie sich dem Leerstellenstrom entgegen ausdehnen und damit einen hohen örtlichen Leerstellengradienten aufrechterhalten.

Die Oberflächenvergrößerung bei der Reduktion von Wüstit kann nur so lange erfolgen, bis der Leerstellengehalt in der ganzen Probe den Wert für das Gleichgewicht Fe/FeO angenommen hat. Die Einstellzeit τ einer stationären Oberflächengröße sollte daher mit dem Leerstellendiffusionskoeffizienten $D_{|Fe^{2+}|''}$ und der Probendicke d über

$$\tfrac{1}{2}\, d \approx \sqrt{D_{|Fe^{2+}|''}\, \tau}$$

verknüpft sein. Diese Bedingung ist nach den Messungen von KOHL[129]) tatsächlich etwa erfüllt.

Bei der Reduktion von Magnetit mit Bildung einer deckenden Wüstitschicht, durch die das freigesetzte Eisen zum Magnetit diffundiert und diesen in Wüstit umwandelt, herrscht ein ständiger Leerstellenstrom durch die Wüstitschicht, und die Phasengrenze Wüstit-Gas müßte sich fortlaufend aufrauhen bzw. es müßten sich im Wüstit Poren bilden. Dieser Effekt ist von ULRICH[130]) tatsächlich beobachtet worden, und zwar unmittelbar durch mikroskopische Untersuchungen und mittelbar durch Analyse des Sauerstoffabbau-Zeit-Verlaufs. Allerdings tritt diese Erscheinung nur bei höheren Reduktionsgeschwindigkeiten auf, also dann, wenn ein nennenswerter Konzentrationsgradient der Leerstellen und eine Beeinflussung der Sauerstoffaktivität an der Wüstitoberfläche durch die Leerstellendiffusion vorliegt.

1.2.7.3. Transportvorgänge bei der Reduktion von Mischoxyden und Oxydverbindungen

Bei der Reduktion von Mischoxyden und Oxydverbindungen erfolgt im allgemeinen Fall eine Zerlegung des Festkörpers in 3 Komponenten: In *Sauerstoff*, der in gebundener Form in die Gasphase übertritt, in eine *Metallphase*, die sich in ihrer Zusammensetzung vom molaren Verhältnis der Metalle in der Oxydphase unterscheidet, und in eine *Oxydphase* mit entsprechend veränderter Zusammensetzung. Gleichheit der molaren Verhältnisse der Metalle in Metall- und Oxydphase wäre nur annähernd zu erreichen, wenn der Sauerstoffausbau so rasch erfolgt, daß eine Annäherung an das Verteilungsgleichgewicht zwischen den festen Phasen nicht eintreten kann. Damit ist nur bei geringen Unterschieden der Sauerstoffgleichgewichtsdrücke der beteiligten reinen Metalle und Oxyde und hoher Reduktionsgeschwindigkeit zu rechnen. Bei der Reduktion der Mischkristalle und Verbindungen der Eisenoxyde mit MnO, MgO, CaO, Tonerde, Kieselsäure usw., die in der Gangart oder den Zuschlägen bei der Eisenerzreduktion vorkommen, ist die erste dieser beiden Voraussetzungen nicht erfüllt. Alle diese Oxyde haben im Gleichgewicht mit ihrer Metallphase oder einem niederen Oxyd so kleine Sauerstoffdrücke, daß sie selbst nicht nennenswert oder erst bei höheren Temperaturen reduziert werden können. Bei niedrigeren Temperaturen wird dann das komplexe Oxyd in eine eisenreiche Metallphase, eine an Eisen verarmende Oxydphase und Sauerstoff zerlegt. Bei begrenzter Mischkristallbildung und bei Verbindungen mit begrenzter Breite des Phasengebietes erfordert der Ablauf der Reduktion die Ausscheidung einer zweiten Oxydphase aus dem Oxyd, z. B. von Kalk bei der Reduktion des Kalkferrits $2\,CaO \cdot Fe_2O_3$:

$$2\,CaO \cdot Fe_2O_3 + 3\,H_2 \rightarrow 2\,Fe + 2\,CaO + 3\,H_2O.$$

Diese Zersetzung der festen Phase erfordert eine Diffusion im Festkörper. Wie bei den schon besprochenen Transportvorgängen in den Eisenoxyden bestimmt auch im Falle der Mischoxyde und Oxydverbindungen die Fehlordnung der Kristalle den Wert der Diffusionskoeffizienten der Komponenten. Da in vielen Fällen die Reduktion nur in dem Maße ablaufen kann, wie die Entmischung durch Festkörperdiffusion erfolgt, die Festkörperdiffusion also der geschwindigkeitsbestimmende Teilschritt ist, sind Fehlordnung und Transporterscheinungen bei der Reduktion von Mischkristallen und Oxydverbindungen von besonderer Bedeutung. Leider ist über die Fehlordnung und den Transportmechanismus der im vorliegenden Zusammenhang wichtigen Phasen nur wenig bekannt. In Mischkristallen von Wüstit mit MnO und MgO sollte die Konzentration der Eisenionenleerstellen y bei idealem Verhalten theoretisch der Beziehung

$$y \sim N_{FeO}^{2/3}\, p_{O_2}^{1/6} \tag{15}$$

folgen[131]). Experimentell ergibt sich der in den Bildern 45 und 46 dargestellte Zusammenhang zwischen y und N_{FeO}, dem Molenbruch des FeO. Die ausgezogene Kurve entspricht der oben angegebenen Formel.

Die Verminderung der Fehlordnung mit abnehmendem Wüstitgehalt wirkt sich selbstverständlich auch auf die elektrische Leitfähigkeit der Oxyde und den Diffusionskoeffizienten des Eisens im Mischkristall aus. In der Mischkristallreihe FeO-MnO nimmt die bei Raumtemperatur gemessene elektrische Leitfähigkeit bei $N_{FeO} \approx 0,6$ sprunghaft ab, da einmal die Defektelektronenkonzentration durch den MnO-Zusatz vermindert ist, zum anderen die für den Leitungsvorgang nötige Nachbarschaft von Fe^{2+} mit Fe^{3+} im Gitter durch den Manganioneneinbau ins Metallionenteilgitter unwahrscheinlicher wird.

Die Veränderung des Diffusionskoeffizienten des Metalls in dem Oxyd, die nach $(1 - y) D_{Me}^* = y\, D_{|Me^{2+}|}''$

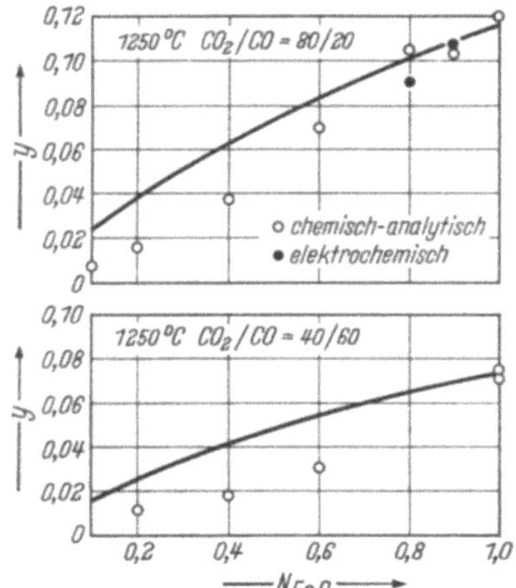

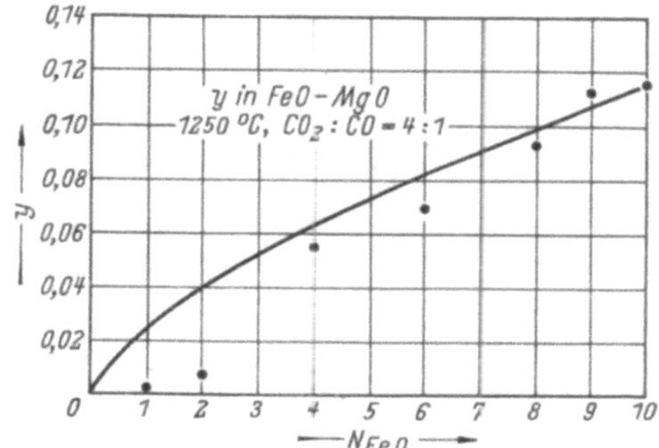

Bild 45. Abhängigkeit des Molenbruchs der Leerstellen y vom Molenbruch des Wüstits in FeO-MnO-Mischkristallen. Proben bei 1250 °C in CO_2/CO-Gemischen 18 Stunden geglüht

Bild 46. Abhängigkeit des Molenbruches der Leerstellen y vom Molenbruch des Wüstits in FeO-MgO-Mischkristallen. Vorbehandlung wie im Bild 45

durch die Änderung von y bei konstant angenommenen Diffusionskoeffizienten der Leerstellen $D_{|Me^{2+}|}''$ bewirkt werden muß, wirkt sich nach Formel (14) auf die relativen Schichtdicken der MeO- und der Me_3O_4-Phase aus, wobei allerdings zusätzlich der Einfluß der Mischkristallbildung auf die Gleichgewichte Me/MeO und MeO/Me_3O_4 berücksichtigt werden muß. Bild 47,

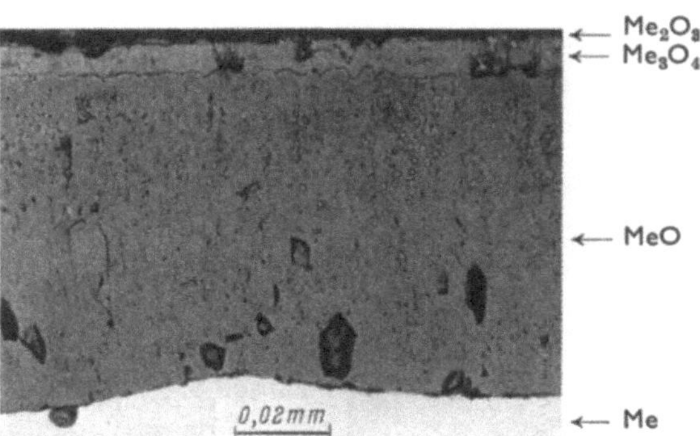

Bild 47. Oxydschicht auf Eisen mit 0,62% **Mn**, Versuchsbedingungen wie bei Bild 40, Vergrößerung 500:1

das mit Bild 40 zu vergleichen ist, läßt die Verminderung von $D^*_{Me}(MeO)$ durch Einbau von MnO in die Wüstitschicht durch die relative Vergrößerung des Schichtdickenverhältnisses von Me_3O_4 und MeO und die Abnahme der MeO-Schichtdicke erkennen.

Fehlordnung und Diffusion im Kobaltferrit untersuchten MÜLLER und SCHMALZRIED[133]). In den Kristallen der Zusammensetzung $Co_{1-x}Fe_{2+x}O_4$ haben die Diffusionskoeffizienten von Kobalt und Eisen ein Minimum bei $x \approx 0$ und steigen mit $x < 0$ schwach, im Bereich $x > 0$ steil an, s. Tafel 6. Dieses deutet auf eine Leerstellendiffusion über Oktaederplätze für das Kobalt im Bereich $x > 0$ und für das Eisen im Bereich $x < 0$ hin. Im Bereich $x > 0$ diffundiert das Eisen, im Bereich $x < 0$ das Kobalt über Zwischengitterplätze. Ferner hängt der Diffusionskoeffizient vom Sauerstoffpartialdruck ab, da sich mit variablem p_{O_2} bei konstantem Wert von x das Verhältnis von Metall zu Sauerstoff ändert und damit auch die Fehlordnung. Nach Bild 48 hat der Diffusionskoeffizient des Kobalts bei $x = 0,063$ ein Minimum bei $p_{O_2} \approx 10^{-2}$ atm. Bei

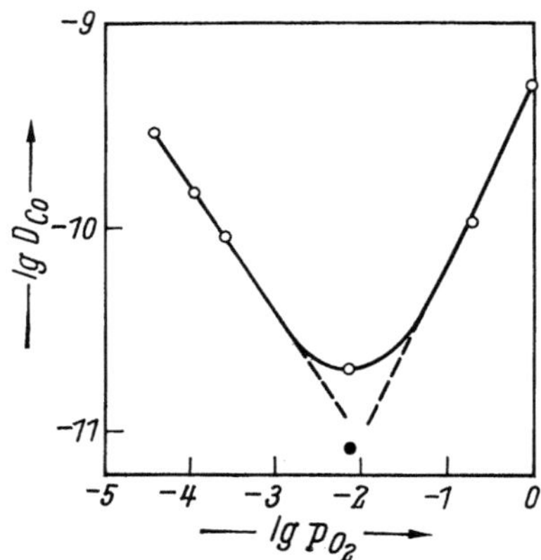

Bild 48. Der Selbstdiffusionskoeffizient von Kobalt in Kobaltferrit $Co_{1-x}Fe_{2+x}O_4$ als Funktion des Sauerstoffpartialdrucks bei 1170 °C und $x = 0,063$ nach SCHMALZRIED[133])

Unterschreiten dieses Druckes erfolgt ein Übergang von der Leerstellen- zur Zwischengitterplatzdiffusion. Die genaue Ableitung dieser Zusammenhänge ist in der angeführten Veröffentlichung[133]) und einem vorangehenden Bericht über Fehlordnung in ternären Oxydverbindungen[134]) enthalten.

Werte der Diffusionskoeffizienten der metallischen Komponenten einer Reihe von Eisen enthaltenden Oxydverbindungen sowie das Kalzium im CaO zeigt Bild 49.

Tafel 6. *Die Selbstdiffusionskoeffizienten von Eisen und Kobalt in* $Co_{1-x}Fe_{2+x}O_4$

		x							
		$-0,21$	$-0,19$	$-0,16$	$-0,11$	$0,0$	$0,063$	$0,19$	$0,26$	$0,34$
$D_{Co} \cdot 10^{10}$ [cm²/s]	1180 °C	—	—	2,5	1,6	0,44	1,1	11	—	36
	1130 °C	—	1,5	—	0,5	0,35	—	14	19	—
	1080 °C	0,4	—	—	—	0,27	—	2,7	—	—
$D_{Fe} \cdot 10^{10}$ [cm²/s]	1180 °C	—	—	0,27	—	0,21	—	—	—	25
	1130 °C	—	0,22	—	—	0,1	—	—	20	—
	1080 °C	0,035	—	—	—	—	—	5,8	—	—

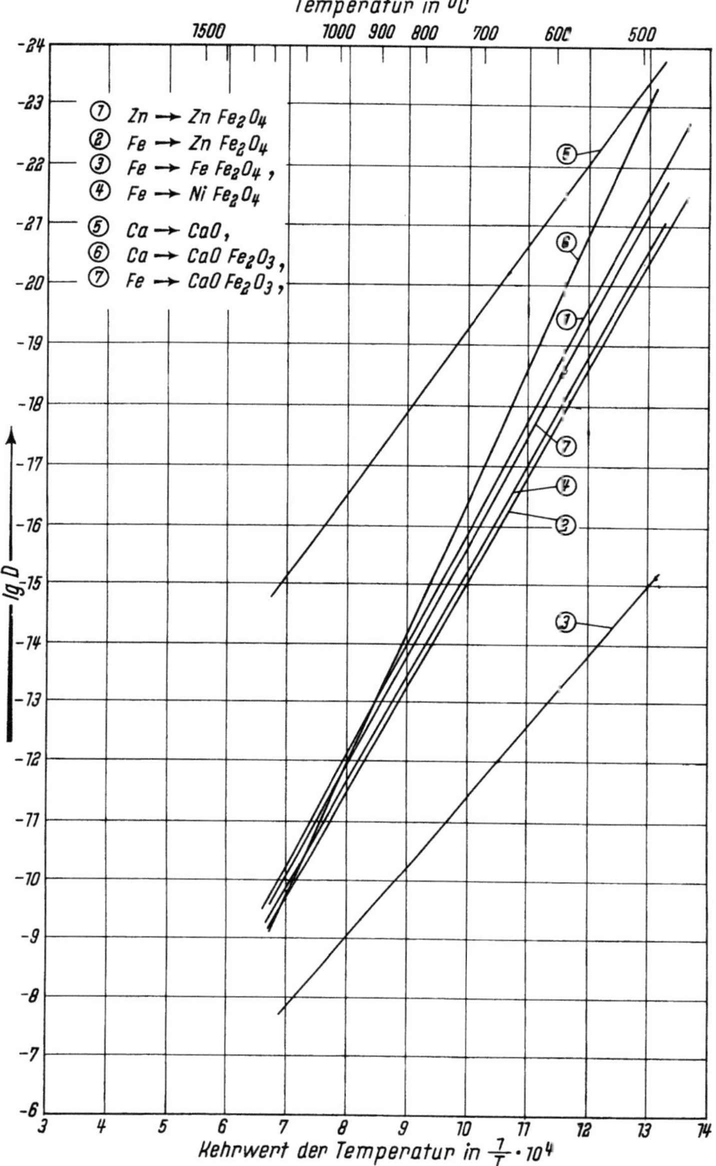

Bild 49. Temperaturabhängigkeit der Selbstdiffusionskoeffizienten der Metallkomponenten in Oxydverbindungen

Literaturhinweise:

Kurve *1*: LINDNER, R.: Acta chem. Scand. 6 (1952) S. 468., Kurve *2*: LINDNER, R.: Ark. Kemi 4 (1952) Nr. 27, Kurve *3*: HIMMEL, L., R. F. MEHL u. C. E. BIRCHENALL: J. Metals 5 (1953) S. 827, Kurve *5*: LINDNER, R.: Acta chem. Scand. 6 (1952) i. D., Kurve *6*: HEDVAL, J. A., C. BRISI u. R. LINDNER: Ark. Kemi Stockholm i. D., Kurve *7*: siehe Kurve *6*.

1.2.8. Die „direkte" Reduktion: Festkörperreaktion zwischen Kohlenstoff und Eisenoxyden

Das Boudouard-Gleichgewicht und die Gleichgewichte zwischen den Eisenoxyden und CO-CO_2-Gemischen, die in Bild 13 in Abschn. 1.1.2 dargestellt sind, lassen grundsätzlich eine Reaktion zwischen den Eisenoxyden und festem Kohlenstoff unter Bildung von Eisen und einem CO-CO_2-Gemisch zu. Bei $p_{CO} + p_{CO_2} = 1$ atm ist nach dem Gleichgewichtsschaubild diese Reaktion ab 710 °C möglich. Es ist jedoch zu fragen, wie die Kinetik dieser Reaktion anzusetzen und welche Reaktionsgeschwindigkeit zu erwarten ist.

T. S. YUN[135]) untersuchte die Reaktion von Gemengen aus feinen Pulvern von Graphit und Hämatit unter einem Vakuum von $5 \cdot 10^{-4}$ Torr. Bei Temperaturen bis 900 °C verlief die Reaktion sehr langsam, und es bildete sich innerhalb von 20 Stunden nur Fe_3O_4 und FeO, kein Eisen. Erst bei höheren Temperaturen ist ein merklicher Umsatz zu beobachten.

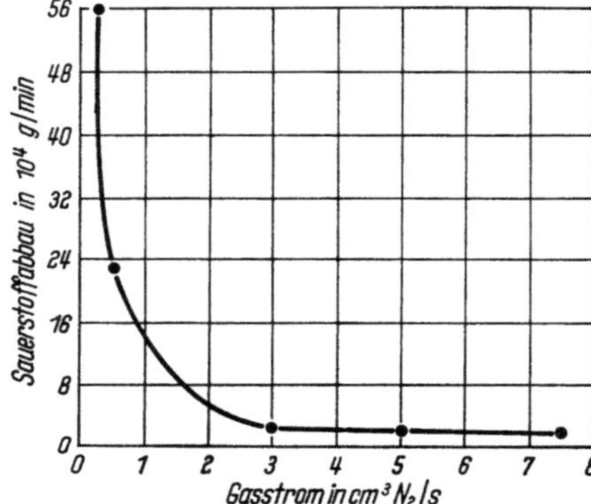

Bild 50. Einfluß des Stickstoffstromes auf die Geschwindigkeit der Reaktion zwischen Kohlenstoff und Eisenoxyd nach BALDWIN[138]). Reduktionsgrad: 6 %

YUN vergleicht den Reaktionsablauf mit einer von W. JANDER[136]) abgeleiteten Formel für Festkörperreaktionen in Pulvermischungen und kommt zu dem Schluß, daß die Reaktionsgeschwindigkeit durch die Diffusion von Eisenionen in der Oxydphase bestimmt wird. Diesem Schluß kann man aus den in Abschn. 1.2.7.1 erwähnten Gründen nicht zustimmen, wenn Eisen als Reaktionsendprodukt auftritt, also für Temperaturen von mehr als 900 °C. Eine aus entsprechenden Versuchen abgeleitete Deutung von BAUKLOH und DURRER[137]), wonach der Kohlenstoff in das Eisenoxyd diffundieren soll, hat wohl nur noch historisches Interesse. Der Vergleich der Versuchsergebnisse von YUN[135]) und von BAUKLOH[137]) zeigt, daß die Reaktionsgeschwindigkeit mit steigendem Gasdruck über dem Pulvergemenge deutlich zunimmt. In den Poren des Gemenges dürfte der Gasdruck zudem erheblich größer gewesen sein, als die Messung im Gasraum angibt. Bei Versuchen gleicher Art, bei denen Stickstoff durch das Gemenge aus Kohle und Oxyd strömte, wurde von BALDWIN[138]) eine starke Abnahme der Reaktionsgeschwindigkeit mit steigendem N_2-Gasstrom beobachtet, wie Bild 50 zeigt. Es muß geschlossen werden, daß zumindest bei Temperaturen ab 900 °C die Reaktion unter maßgeblicher Beteiligung der

Gasphase gemäß

$$
\begin{array}{lll}
\text{Fe}_n\text{O}_m + m\,\text{C} & \rightarrow n\,\text{Fe} + m\,\text{CO} & \text{Startreaktion} \\
\rightarrow m\,\text{CO} + \text{Fe}_n\text{O}_m & \rightarrow n\,\text{Fe} + m\,\text{CO}_2 & \text{Gasreduktion} \\
m\,\text{CO}_2 + m\,\text{C} & \rightarrow 2m\,\text{CO} & \text{Boudouard-Reaktion}
\end{array}
\tag{1}
$$

abläuft. Die Festkörperreaktion zwischen Kohle und Oxyd setzte zudem
eine ständige Berührung zwischen Erz und Reduktionsmittel voraus, die
im Ablauf der Reaktion wegen des fortschreitenden Abbaus der Reaktionsprodukte nicht aufrechterhalten werden kann. Die Folge wäre eine starke
Abnahme der Reduktionsgeschwindigkeit mit dem Reduktionsgrad, wie
BALDWIN[138] sie auch tatsächlich bei 700 und 800 °C beobachtet. Bei
höherer Temperatur beschleunigt sich die Reaktion nach anfänglichem
Rückgang der Reaktionsgeschwindigkeit jedoch wieder, was auf Einsetzen
der oben angegebenen Reaktionskette zurückgeführt werden kann und die
Bedeutung der Gasphase für den Reaktionsablauf belegt.

Die angeführten Ergebnisse sind in guter Übereinstimmung mit Schwelversuchen an Erz-Kohle-Briketts[139]. Diese Versuche ergaben zudem, daß
beim Überleiten von Stickstoff und bei Schwelversuchen ohne Gaseinleitung
bei 700 bis 1100 °C das Boudouard-Gleichgewicht annähernd eingestellt,
geschwindigkeitsbestimmend also die Gasreduktion war.

Ein Vergleich aller Meßwerte der angeführten, im Vakuum oder unter
Stickstoff ausgeführten Versuche[135, 136, 138, 139] mit der Geschwindigkeit der
Reduktion ähnlicher Oxydpulver[140] in CO oder H_2 belegt, daß für den
Ablauf technischer Reduktionsverfahren die unmittelbare Festkörperreaktion von Kohle und Erz, die mitunter als tatsächlicher Mechanismus
der direkten Reduktion angesehen wird, ohne jede Bedeutung ist. Die
direkte Reduktion läuft vielmehr in Form der oben angegebenen Reaktionskette von Gasreduktion und Boudouard-Reaktion gemäß Formel (1) ab,
wobei im Hoch- und Schachtofen sowie in der Reduktionsretorte der erste
Teilschritt der Startreaktion durch das Einblasen von Gas bzw. die Bildung
von Formengas ersetzt wird.

2. Ergebnisse der experimentellen Untersuchungen der Reduktionskinetik

2.1. Verfahren und Versuchseinrichtungen zur Messung des Reaktionsablaufs

Die Bestimmung des zeitlichen Ablaufs der Reduktion von Oxyden
beruht in jedem Fall auf der Messung des Verlaufs des Sauerstoffausbaus
aus dem Oxyd oder einer damit in einem eindeutigen funktionellen Zu-

sammenhang stehenden Größe. Nichtkontinuierlich arbeitende Versuchsverfahren, bei denen z. B. die Oxydprobe nach gewissen Reaktionszeiten aus dem Reaktor entnommen, abgekühlt und untersucht (z. B. gewogen) wird, haben nur in Sonderfällen ihre Berechtigung und sollen hier nur am Rande erwähnt werden. Anzustreben ist eine *fortlaufende* Verfolgung der gewählten Meßgröße, da bei einem solchen Versuchsverfahren Störungen des Reaktionsablaufs und Veränderungen des Reaktionsgutes beim Aufheizen und Abkühlen oder beim Überführen aus dem Reaktionsgas an Luft am wenigsten ins Gewicht fallen.

Die Messung kann eine mit der Reaktion verbundene Veränderung entweder der *Gasphase* oder des *Festkörpers* erfassen. Das Meßsystem kann *offen* oder *abgeschlossen* sein. Im ersten Fall strömt ein Reaktionsgas zeitlich konstanter Zusammensetzung in das System hinein und verläßt die Versuchsanordnung nach Reaktion mit dem Oxyd wieder. Ändert sich die Gaszusammensetzung beim Durchlaufen des Meßsystems nur unbedeutend, so hat das System die Eigenschaften eines Differentialreaktors. Die Zusammensetzung des Reaktionspartners Gas kann dann als zeitlich und örtlich konstant angesetzt werden, wodurch die Auswertung der Meßwerte bedeutend erleichtert wird. Eine nur differentiell kleine Änderung der Gaszusammensetzung erfordert hohe Strömungsgeschwindigkeiten des Gases oder kleine Abmessungen der Oxydprobe.

Ein *geschlossenes* System hat während des Versuchs keinen Stoffaustausch mit der Umgebung; alle Reaktionspartner verändern also durch den Reaktionsablauf ihre Mengen oder Konzentrationen innerhalb des Systems. Derartige Verfahren werden z. B. angewendet, wenn sich durch die Reaktion der Gasdruck verändert, was bei der Erzreduktion durch Ausfrieren von gebildetem CO_2 oder H_2O[141]) erreicht werden kann. Bleibt der Teildruck der im Reaktionsablauf entstehenden Komponente, hier also des Wasserdampfs, durch eine derartige Maßnahme hinreichend konstant und wird mit so kleinen Umsätzen gearbeitet, daß sich der Gesamtdruck nur geringfügig ändert, so können auch geschlossene Systeme näherungsweise als Differentialreaktoren angesehen werden.

Bei der Auswahl oder der Einteilung der Versuchsverfahren ist ferner zu beachten, ob der Versuch nur zur Aufklärung grundlegender Zusammenhänge dienen soll oder ob zusätzlich eine Simulation eines *technischen* Reaktors gewünscht ist. In diesem Fall wird die Wahl eines Differentialreaktors nicht möglich sein, da die Forderung nach größtmöglichem thermischen und chemischen Wirkungsgrad des technischen Prozesses den Bedingungen des Differentialreaktors entgegensteht.

2.1.1. Gravimetrische Meßverfahren

Das nächstliegende und zugleich gebräuchlichste Versuchsverfahren ist
die Messung der Veränderungen des *Probengewichtes, die* durch den Sauerstoffausbau bewirkt werden. Sieht man von den diskontinuierlichen Verfahren ab, so ist für die gravimetrische Messung der Reduktionsgeschwindig-

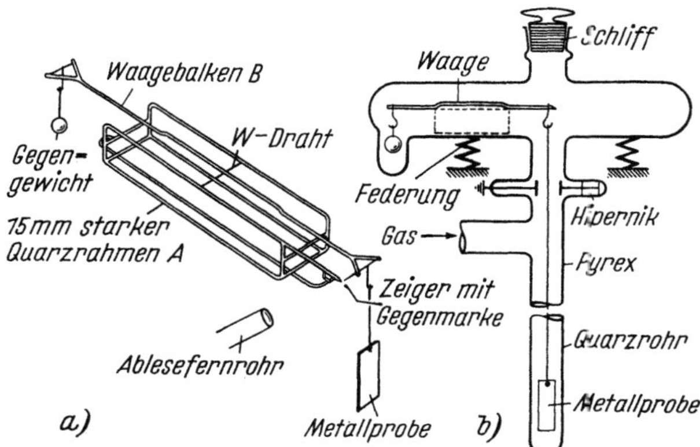

Bild 51a u. b. Mikrowaage aus Quarz nach GULBRANSEN[142])
a) Einzelteile der Waage; Balkenlänge 15 cm, Balkengewicht 1 g, für Versuchsproben von 0,7 g
Gesamtgewicht
b) Einbau der Waage in die Oxydationsapparatur. Der Waagenraum der Glasapparatur ist
zwecks Dämpfung gegen Erschütterungen auf Federn gelagert

keit eine Waage erforderlich, die Wägungen an Proben zuläßt, die sich in
weitgehend oder vollständig gasdicht abgeschlossenen Reaktionsgefäßen
befinden.

Eine Waage, die sich vollständig im Reaktionsgasraum befindet, ist
die *Mikrowaage* nach GULBRANSEN[142]), Bild 51. Sie wurde für Oxydationsversuche entwickelt und hat sich, besonders in den Vereinigten Staaten,
in einer großen Zahl von Ausführungen bewährt. Aus Bild 51 ist zu erkennen, daß der Waagebalken aus Quarz auf einem Wolframdraht ruht, der
an einem Quarzrahmen befestigt ist. An dem Quarzbalken ist ein Wolfram-
zeiger befestigt, dessen Verschiebung gegen eine Quarzspitze des Waage-
rahmens mit einem Ablesefernrohr verfolgt wird. Die Belastbarkeit derartiger Waagen beträgt etwa 1 g, ihre Empfindlichkeit 10^{-7} bis 10^{-6} g.
Sie sind also für Messungen kleinster Umsätze an kleinsten Proben geeignet.

Es gibt eine Reihe von Abwandlungen dieses Waagetyps, bei denen
Belastbarkeit und Meßbereich durch Verwendung von Rückstelleinrichtun-
gen, wie Spannbandaufhängung, magnetischer Gewichtskompensation[143])
oder induktiver Rückkoppelung, erhöht sind. Eine Waage mit *Spannbandaufhängung* und *induktiver Rückstellung* hat GAST[144]) entwickelt. Die
Waage hat eine Belastbarkeit von 1 bis 2 g, einen Meßbereich von 100

bis 200 mg und eine Empfindlichkeit von etwa 10^{-6} g. Ihre Anwendung für Reaktionsversuche beschreibt ULRICH[145]), seine Versuchsanordnung zeigt Bild 52. Eine höhere Tragkraft und einen größeren Meßbereich besitzen normale Analysenwaagen, die in *gasdichte Gehäuse* eingebaut sind, welche mit der Meßapparatur verbunden und vom gleichen Gas durch-

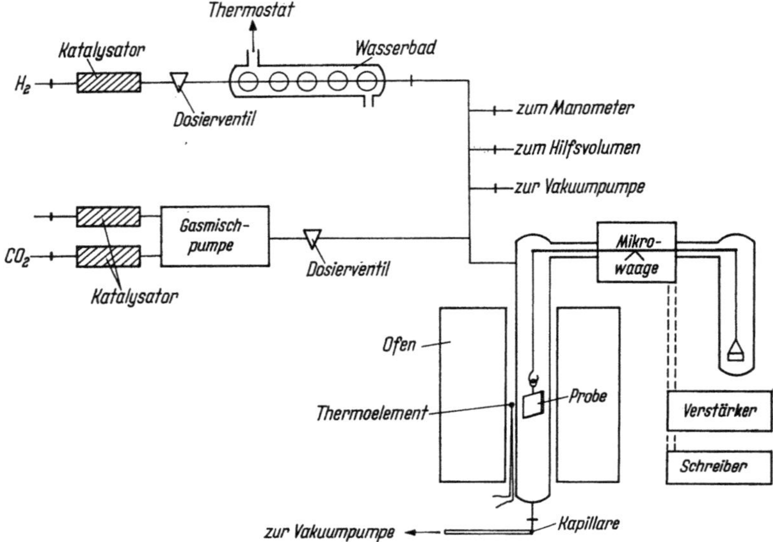

Bild 52. Versuchseinrichtung zur Messung der Reduktionsgeschwindigkeit mit einer Mikrowaage nach GAST[144,145]). Die Katalysatoren (BTS Katalysator der BASF) dienen zur Gasreinigung

spült werden[146]). Das gasdichte Gehäuse kann weggelassen werden, wenn man sich auf Messungen bei *Atmosphärendruck* beschränkt. Die Probe wird in diesem Fall mit einem dünnen Draht oder Quarzfaden an der Waage aufgehängt, der durch eine Kapillare geführt wird, durch die ein Teil des Reaktionsgases ausströmen kann[147,148]).

Für Probengewichte bis zu einigen Gramm eignen sich auch sehr gut die Quarzspiralwaagen nach McBAIN, die z. B. von HAUFFE und PFEIFFER[149]) für Oxydationsversuche, von QUETS, WADSWORTH und LEWIS[150]) für Reduktionsversuche verwendet wurden. Sie ergeben je nach Zahl und Durchmesser der Windungen ein Verhältnis von Empfindlichkeit zu Meßbereich bis hinab zu 10^{-5}. Bild 53 zeigt schematisch eine Apparatur, die mit einer Quarzspiralwaage aufgebaut ist. Man sieht, daß sich die Waage völlig im abgeschlossenen Gasraum befindet. In ganz ähnlicher Weise lassen sich Waagen mit einem einseitig eingespannten Quarzbalken aufbauen, an dessen anderem Ende die Probe hängt und dessen Durchbiegung mit einem Ablesefernrohr gemessen wird[151]).

Die bisher angegebenen gravimetrischen Verfahren eignen sich besonders oder ausschließlich für Messungen an Einzelproben des zu untersuchenden Oxyds oder Erzes. Für Messungen an *ruhenden Schüttungen* ist die in Bild 186 b, Abschn. 5.3, dargestellte Retortenapparatur entwickelt worden[152]). Ein Reaktionsrohr aus hitzebeständigem Stahl hängt frei in einem Röhrenofen an einer Waage mit einer Ablesegenauigkeit von 1 g. Das Rohr wird mit 350 bis 400 g Erzprobe gefüllt. Die Zu- und Abfuhr des Gases erfolgt durch weiche Schläuche, die am unteren Rohrende angeschlossen sind. Das eintretende Gas strömt zunächst durch die Kupfer-Raschig-Ringe im unteren Teil des Rohres, um vor Berührung mit den Pellets auf Reaktionstemperatur erwärmt zu werden.

Bei der Reduktion von Schüttungen ist eine differentiell kleine Änderung der Gaszusammensetzung zwischen An- und Abströmende der Schüttung

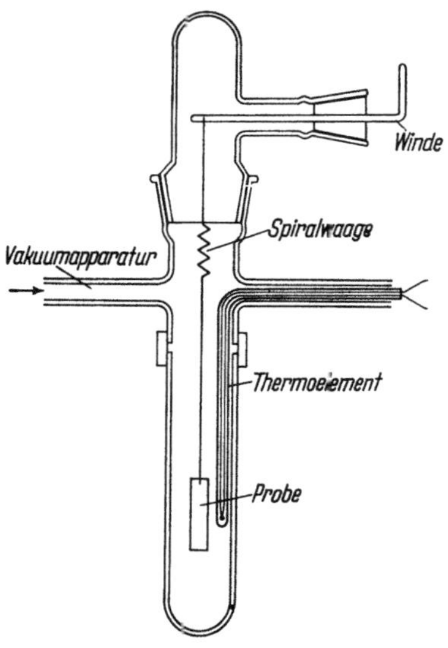

Bild 53. Quarzspiralwaage

und damit ein ortsunabhängiger Reduktionsgrad der Schüttung nur bei höchsten Gasgeschwindigkeiten zu erreichen, wie die Ausführungen in Abschn. 5.3 zeigen. Eine Analyse der Auswirkung des ortsabhängigen Reduktionsgrades bei begrenzter Strömungsgeschwindigkeit auf die Meßwerte gibt G. SUBAT[153]).

2.1.2. Gasanalytische und volumetrische Verfahren

In offenen Systemen ist die Verfolgung des Reaktionsablaufs durch kontinuierliche Analyse der Abgase möglich. An die Analysengenauigkeit werden erhebliche Anforderungen gestellt, wenn zugleich die Apparatur als *Differentialreaktor* arbeiten soll, die Veränderungen der Gasphase beim Durchlaufen der Apparatur also differentiell klein sein sollen. Dieses Problem wird noch verschärft, wenn der Teildruck des gasförmigen Endproduktes im Reaktionsgas *variiert* werden soll, was zur Aufklärung der Reaktionskinetik häufig erforderlich ist. Dann muß der Umsatz aus der Differenz der Zusammensetzung von Eingangsgas und Abgas bestimmt werden.

Eine Meßanordnung, bei der die Reaktionsgeschwindigkeit durch Messung der Wärmeleitung des Abgases ermittelt wird, beschreibt HOCKINGS[154]), s. Bild 54. Der Abgasstrom aus H_2 und H_2O läuft durch

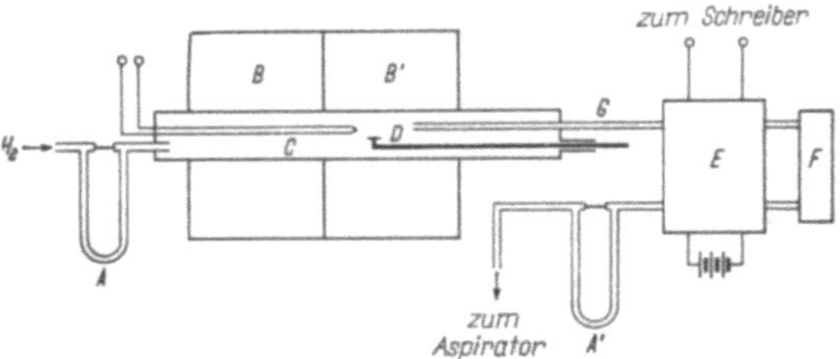

Bild 54. Versuchseinrichtung zur Bestimmung der Reduktionsgeschwindigkeit durch Messungen der Wärmeleitfähigkeit und der Differenz der Ein- und Ausströmgeschwindigkeit des Reduktionsgases nach HOCKINGS[154]) (Erläuterungen im Text)

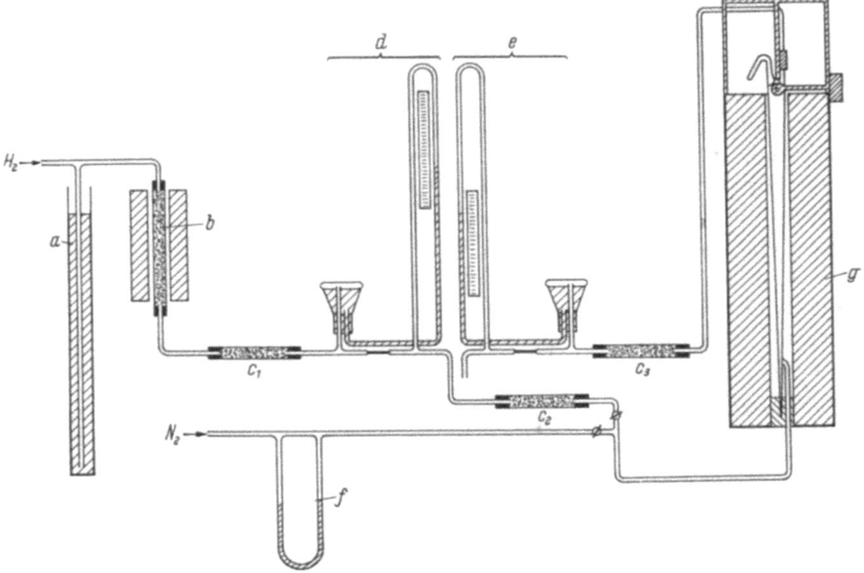

Bild 55a. Versuchseinrichtung zur Messung der Reduktion von Oxyden in der Wirbelschicht nach EZZ und WILD[155])

a Strömungsregler, *b* Katalysator zur Gasreinigung, c_1, c_2, c_3 Trockenrohre, *d*, *e* Strömungsmesser auf Eingangs- und Ausgangsseite, *f* Strömungsmesser für N_2-Zusatz, *g* Wirbelschichtreaktor

einen Arm der Meßzelle E, wird in dem Absorber F getrocknet und durchfließt dann den Vergleichsarm der Meßzelle. Der Ausschlag des Meßgerätes ist proportional dem Wasserdampfgehalt des Gases. Zur Kontrolle der Ergebnisse wird die Änderung der Strömungsgeschwindigkeit des Gases zwischen Eingang und Ausgang mit den Strömungsmessern A und A' ermittelt. Sie ist proportional der umgesetzten H_2-Menge. Beide Meßwerte ergeben die Reduktionsgeschwindigkeit als Funktion der Zeit, der Reduktionsgrad muß durch Integration der erhaltenen Kurven ermittelt werden. Die Änderung der Strömungsgeschwindigkeit des Reaktionsgases durch Ausfrieren des gebildeten Wasserdampfs benutzen Ezz und WILD[155]) zur Verfolgung des Reduktionsverlaufs in der Wirbelschichtapparatur, die in Bild 55 wiedergegeben ist.

Für die Messung der Reduktionsgeschwindigkeit des Nickeloxyds mit Wasserstoff verwendete RAHMEL[156]) eine abgeschlossene Apparatur, in der durch Temperaturdifferenzen ein gleichmäßiger Umlauf des Gases aufrechterhalten wird. In diesen Kreislauf ist ein Kondensations- und Sättigungsgefäß eingeschaltet, das den Wasserdampfdruck konstant hält. Hier wird der durch die Reaktion gebildete Wasserdampf kondensiert. Der Gesamtdruck und damit auch alle Partialdrücke in der Apparatur werden dadurch konstant gehalten, daß Quecksilber in eine Bürette gedrückt wird, die mit der Apparatur verbunden ist. Die an der Bürette abzulesende Volumenänderung ist gleich der verbrauchten Wasserstoffmenge und ermöglicht die Berechnung des Reduktionsgrades.

Eine Weiterentwicklung dieses Meßprinzips nach HEDDEN und LEHMANN[157]) zeigt Bild 56. In dieser Anlage wird das Gas durch eine Pumpe umgewälzt. Die Betätigung der Bürette erfolgt automatisch durch das Manometer mit Kontaktgeber und den Stellmotor M_1. Die Bewegung dieses Motors ist proportional dem erreichten Umsatz und kann daher mit dem Potentiometer p_1 zu einer Aufzeichnung des Reaktionsablaufs dienen. Der Stellmotor M_2, die zugehörige Bürette und die Wärmeleitungszelle WL werden benötigt, wenn Kohlenoxyd als Reduktionsgas verwendet wird.

Eine Erweiterung des Meßbereichs derartiger Umlaufapparaturen ohne Steigerung der Quecksilbermengen ist möglich, wenn eine Gaszugabe aus einem Hilfsvolumen erfolgt[158]).

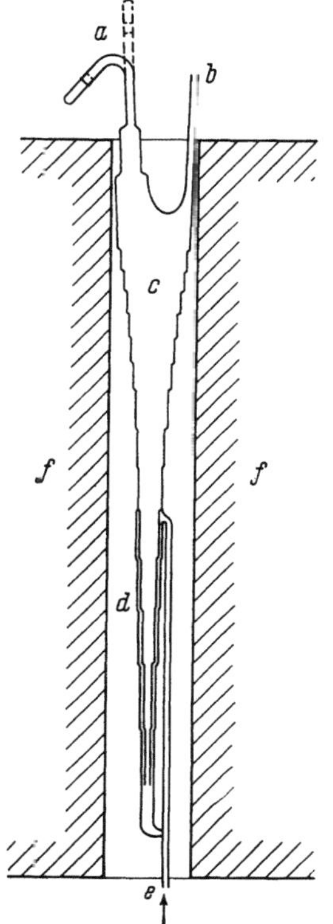

Bild 55b. Teilansicht des Wirbelstromreaktors g aus Bild 55a

a Vorrichtung zum Einbringen von Erzproben, *b* Gasaustritt, *c* Reduktionsgefäß, *d* Gasvorwärmer, *e* Gaseintritt, *f* Ofen

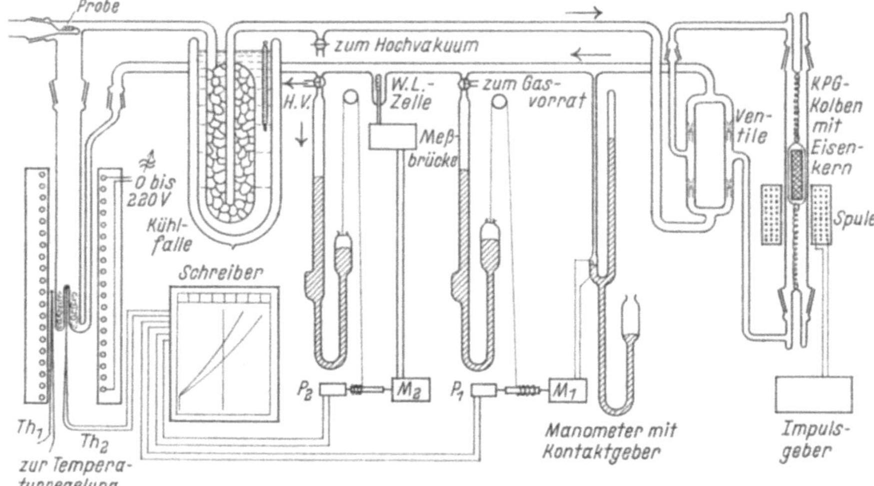

Bild 56. Gasvolumetrische Meßapparatur nach HEDDEN und Mitarbeitern[157]

Auf die Möglichkeit, den entstehenden Wasserdampf und die gebildete Kohlensäure auszufrieren und den Reaktionsablauf durch Messen der Änderung des Gesamtdrucks zu verfolgen[141], wurde eingangs schon hingewiesen.

2.1.3. Sonderverfahren

Zur Aufklärung des Reaktionsmechanismus sind in einigen Fällen mit Erfolg besondere Untersuchungsverfahren eingesetzt worden. Den Sauerstoffaustausch zwischen CO_2-CO-Gemischen und Oxyden untersuchte GRABKE[159], indem er radiochemisch die Bildung von ^{14}CO aus zugesetztem $^{14}CO_2$ verfolgte. Die Anfangsphase der Reduktion bis zur Keimbildung der Metallphase wurde am Silbersulfid durch Messung des Potentials einer Festleiterzelle[160] und am Wüstit durch Verfolgen der elektrischen Leitfähigkeit des Oxyds[161] untersucht. Eine Versuchsanordnung, die den Ablauf der Bildung der Metallphase in einem Heiztischmikro-

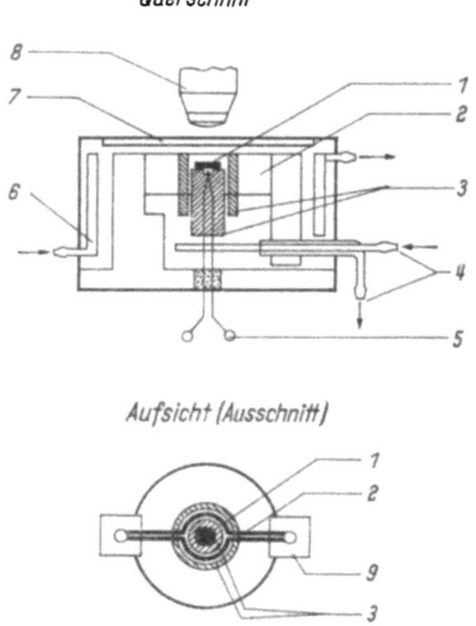

Bild 57

Mikroskop-Heiztisch zur direkten Beobachtung der Reduktionsvorgänge
1 Probe, 2 Pt-Heizband, 3 Tonerderohr mit Einsatz, 4 Gaszufuhr und Gasabfuhr, 5 Thermoelement, 6 Kühlsystem, 7 Quarzscheibe, 8 Objektiv, 9 Spannbacken

skop zu beobachten gestattet, zeigt Bild 57. In Abschn. 2.5 sind einige Aufnahmen der Oberfläche von Wüstitproben bei Ablauf der Reduktion mit Wasserstoff-Wasserdampf-Gemischen wiedergegeben, die mit dieser Apparatur hergestellt wurden[162]).

Die Messung der elektrischen Leitfähigkeit von Drähten aus Oxyd — hergestellt durch Oxydation von Eisendrähten — kann auch zur Verfolgung des Gesamtablaufs der Reduktion verwendet werden[163]), da die Leitfähigkeit mit der Schichtdicke des gebildeten Eisens zunimmt. Allerdings besteht nur dann ein linearer Zusammenhang zwischen Leitfähigkeit und Reduktionsgrad, wenn die Struktur des gebildeten Eisenschwamms sich im Verlauf des Versuchs nicht ändert.

2.1.4. Herstellung und Untersuchung der Oxydproben

Das Ziel der Laboruntersuchungen ist es zumeist, Aufklärung über das Reduktionsverhalten der zur Gewinnung von Eisen im technischen Verfahren eingesetzten Ausgangsstoffe — Erz, Pellets oder Sinter — zu erhalten. Aus diesem Grunde werden derartige Versuche häufig an diesen Stoffen durchgeführt. Zur Ermittlung der Gesetzmäßigkeiten der Teilvorgänge eignen sich jedoch *synthetische* Oxydproben besser, da sich dann die Versuchsbedingungen schärfer einstellen und leichter variieren lassen.

Für die Untersuchung der Phasengrenzreaktion sind kompakte, porenfreie Oxydproben mit definierter Oberfläche zu bevorzugen. Proben aus Wüstit oder Magnetit, die diese Bedingungen erfüllen, kann man durch Oxydation von Eisenblechen in CO_2/CO- oder H_2O/H_2-Gemischen entsprechender Zusammensetzung erhalten. In H_2O/H_2-Gemischen oxydiert das Eisen zwar etwa 40mal schneller als in CO_2/CO-Gemischen, aber die Einstellung höherer H_2O-Teildrücke im Gasgemisch ist nur mit besonderen Einrichtungen möglich. Durch Oxydation von Eisen an Luft erhält man porenfreie, dichte Hämatitproben.

Bei der Reduktion von derartigen dichten Hämatitproben ist jedoch zu beachten, daß sich Risse und Poren im Ausgangsstoff und den Reaktionsprodukten ausbilden[164]). Auch bei der Reduktion von Magnetit[145]) und Wüstit[158]) kann sich die Oberflächengröße im Verlauf der Reaktion verändern.

Dichte Wüstitproben kann man auch durch Aufschmelzen von Eisenoxyden — z. B. Fe_2O_3 — im Eisentiegel herstellen, soweit es gelingt, bei der Erstarrung die Rißbildung zu vermeiden.

Oxydproben mit größerer oder geringerer Porigkeit erhält man durch Sintern gepreßter oder im angefeuchteten Zustand geformter Pellets oder Tabletten. Die Porigkeit läßt sich dabei bis auf weniger als 5 Vol.-%

herabdrücken[147]). Proben mit größerer, definierter Porigkeit erhält man, wenn man den Preßlingen Ammoniumkarbonat, Ammoniumchlorid oder Naphthalin zusetzt, wobei ein Verdampfen des Zusatzes bei einer angemessenen Temperatur dem Sintern vorhergehen muß.

Zur Definition der Porigkeit natürlicher oder synthetischer Erzproben ist die Messung des Porenvolumens, der Größenverteilung der Poren und der inneren Oberfläche vorzunehmen[165]). Das Porenvolumen errechnet sich aus der zu messenden scheinbaren Dichte und dem spezifischen Gewicht des Oxyds. Für die Bestimmung der Größenverteilung der Poren hat sich das *Porenspektrometer* eingeführt. Bei diesem Gerät wird als Funktion des Preßdruckes das Quecksilbervolumen bestimmt, das sich in die Poren der Probe eindrücken läßt. Der aufzuwendende Druck P wird zur Überwindung der Kapillarkräfte benötigt und steht daher in eindeutigem Zusammenhang mit der Grenzflächenspannung σ und dem engsten Querschnitt, den das Quecksilber beim Auffüllen des zugehörigen Volumens durchfließen muß. Es gilt für den Radius r dieses Engpasses:

$$r = 2\sigma \frac{\cos \Theta}{P} \, .$$

Θ ist der Randwinkel des Quecksilbers in den Kapillaren. Ein auf diesem schon vielfach angewendeten Verfahren beruhendes Porenspektrometer beschreibt H. SCHENCK[166]). Das Verfahren liefert befriedigende Werte für Porenradien über 10^{-5} cm.

Die Messung der inneren Oberfläche erfolgt heute fast ausschließlich durch Messung der Adsorption eines inerten Gases, wie N_2 oder Ar, nahe seinem Kondensationspunkt nach BRUNAUER, EMMETT und TELLER[167]). Eine einfach zu handhabende Adsorptionsapparatur für diesen Zweck beschreiben HAUL und DÜMBGEN[168]). Adsorptions- und Desorptionsmessungen können auch zur Bestimmung der Größenverteilung von Poren mit Radien von weniger als 10^{-5} cm dienen[169]).

Eine mikroskopische Untersuchung der Oxydproben ist vor wie nach dem Reduktionsversuch unerläßlich. Die Ausgangsstoffe sollen dabei auf den Phasenaufbau, die Porenstruktur und -verteilung, die Korngröße und die Oberflächenausbildung durch Betrachtung von Oberfläche und Querschliffen geprüft werden. Nach unterschiedlichen Reduktionsgraden, besonders auch kurz nach Reaktionsbeginn entnommene Proben ergeben bei mikroskopischer Prüfung von Oberfläche und Querschliff Aufschluß über Oberflächenveränderung, Ausscheidungsform der Reduktionsprodukte, Auftreten, Art und Struktur von Zwischenprodukten und Veränderung der Porenstruktur. Angaben über Schliff- und Mikroskopiertechnik finden sich im Schrifttum[170]).

2.2. Stoff- und Wärmeübergang durch die Strömungsgrenzschicht

Der Hochofen als Gegenstromreaktor und ebenso andere Reduktions-aggregate erfordern einen parallelen Verlauf von Aufheizen und Reduzieren des Erzes — und Entsprechendes für die anderen festen Einsatzstoffe. Der erste Teilschritt beider Vorgänge ist der Stoff- und Wärmeaustausch zwischen Möller und Gas durch die Strömungsgrenzschicht hindurch. Wegen der Querbeziehungen beider Vorgänge ist es nützlich, sie gemeinsam zu behandeln, wobei vom Wärmeaustausch ausgegangen werden soll, da die zugehörigen Kennzahlen besser untersucht sind.

Die *Wärmeübergangszahl* α gibt an, welche Wärmemenge in cal · cm^{-2} in der Zeiteinheit bei einer Temperaturdifferenz von 1 °C zwischen Gas und Festkörperoberfläche ausgetauscht wird. Für den Wärmestrom j_Q in cal · cm^{-2} sec^{-1} gilt also

$$j_Q = \alpha(\vartheta - T);\tag{1}$$

mit ϑ = Gastemperatur

T = Temperatur der Feststoffoberfläche.

Mit der *Wärmeleitzahl* λ_g des Gases und einer Länge d, die für die Abmessung des umströmten Körpers charakteristisch ist, ergibt sich aus der Wärmeübergangszahl α die *Nußelt-Zahl Nu*:

$$Nu = \frac{\alpha\,d}{\lambda_g}.$$

Wie die analoge Kenngröße des Stoffübergangs, die *Sherwood-Zahl*, vgl. Abschn. 1.2.2 Gl. (22), hängt die Nußelt-Zahl von der *Reynolds-Zahl* $Re = \dfrac{u\,d}{\nu}$ ab, in der u die Gasgeschwindigkeit und ν die kinematische Zähigkeit des Gases bedeuten. Ferner wird die Nußelt-Zahl durch die *Prandtl-Zahl Pr* $= \dfrac{\nu}{a}$ mit

$$a = \frac{\lambda_g}{c_p}$$

bestimmt, die das Analogon der *Schmidt-Zahl* des Stoffübergangs darstellt. Mit c_p ist die spezifische Wärme bei konstantem Druck in cal · cm^{-3} °C^{-1} bezeichnet. a ist die Temperaturleitfähigkeit in cm^2/sec^{-1}. Nach der kinetischen Gastheorie soll der Ausdruck

$$\frac{\lambda_g}{\eta\,c_v} = \frac{a}{\nu}\,\frac{c_p}{c_v} = Pr^{-1}\,\frac{c_p}{c_v}$$

eine Konstante mit dem Zahlenwert 1,8 für ein einatomiges Gas sein; c_v ist die spezifische Wärme des Gases bei konstantem Volumen in

$cal \cdot cm^{-3}\ °C^{-1}$. Der Quotient c_p/c_v hängt vom Bau und der Atomzahl der Gasmoleküle ab; für einatomige Gase beträgt er 1,66, für zweiatomige Gase 1,4, für dreiatomige Gase 1,3.

Für *frei umströmte Einzelkörper* gilt[171])

$$Nu = C + C'\,Re^m\,Pr^{1/3}. \tag{2}$$

Für die *frei umströmte Metallkugel in Luft* ergeben Messungen[172]) für Werte der Reynolds-Zahl von mehr als 100 die Beziehung

$$Nu \approx 0{,}37\,Re^{0,6}. \tag{3}$$

Wegen der Ähnlichkeit der Prandtl-Zahlen für Luft und Gichtgas läßt sich diese Formel auch für die Reduktion in CO_2-CO-haltigen Gasen benutzen[173]).

Für *Schüttungen* kommt man zu entsprechenden Potenzbeziehungen der dimensionslosen Kenngrößen, wenn man den Lückengrad der Schüttung ε berücksichtigt, der als Verhältnis des Lückenvolumens der Schüttung zum entsprechenden Volumen des leeren Reaktors definiert ist.

Bei kleinen Strömungsgeschwindigkeiten, die aber in der Praxis, z. B. bei Schachtofenprozessen, fast nie eine Rolle spielen, wird infolge natürlicher Konvektion des Gases in den Lückenvolumina zwischen den Körnern ein nennenswerter Teil Wärme übertragen. Diese Verhältnisse sind z. B. in der Schüttung des Drehrohrofens anzunehmen. Diesen Einfluß erfaßt die *Grashofsche Kennzahl*:

$$Gr = \frac{g\,(d/2)^3\,\Delta T}{v^2\,T_m} \tag{4}$$

g Erdbeschleunigung (cm/sec²)
ΔT Temperaturdifferenz zwischen Schüttgutoberfläche und Gas (grd)
T_m absolute mittlere Temperatur zwischen Schüttgutoberfläche und Gas (°K)

Für die *gasdurchströmte Schüttgutschicht* bei $Pr = 0{,}70$ und kleinen Grashofschen Kennzahlen gilt für Gleichkornschüttungen nach JESCHAR[174]):

$$Nu' = 2\,\frac{\varepsilon}{1-\varepsilon} + Re'^{\,0,5} + 0{,}005\,Re' \tag{5}$$

mit

$$Nu' = Nu\,\frac{\varepsilon}{1-\varepsilon}\,; \qquad Re' = Re\,\frac{1}{1-\varepsilon}\,,$$

Hier ist in die Reynolds-Zahl die Gasgeschwindigkeit im leeren Reaktionsrohr einzusetzen.

Pr ist für fast alle Gase annähernd gleich und kann, da nur $Pr^{1/3}$ eingeht, in die Konstanten einbezogen werden.

Kurve a in Bild 58 zeigt die gute Übereinstimmung zwischen Gl. (5) und zahlreichen Meßwerten. JESCHAR[174] führte ergänzende Messungen mit einer von innen elektrisch beheizten Kugel durch, die in Bild 59 gezeigt ist, deren Oberflächentemperatur gemessen wurde und die sich in einer Schüt-

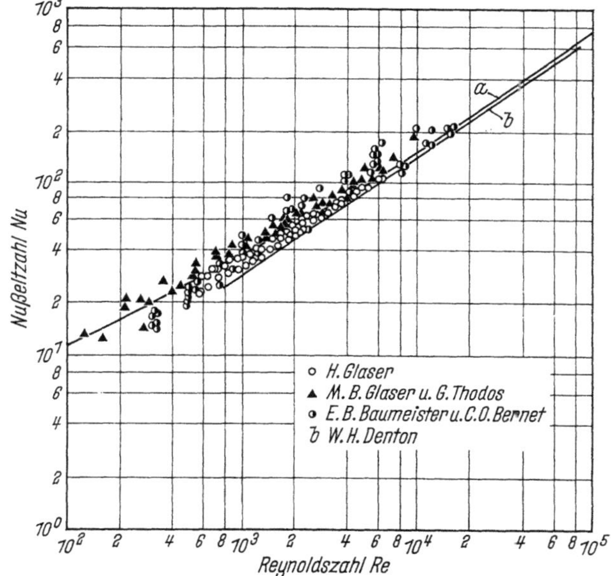

Bild 58. Wärmeübergang in Kugelschüttungen nach JESCHAR[174]

tung zunächst gleich großer Kugeln in der Apparatur nach Bild 60 befand. Re variierte zwischen 3 und 40 000. Auch diese Meßergebnisse entsprachen Gl. (5).

Nach JESCHAR[174] läßt sich Formel (5) auch für Mehrkornschüttungen anwenden, wenn für d in den Ausdrücken Re und Nu ein äquivalenter Füllkörperdurchmesser d' eingesetzt wird, der durch

$$d' = \frac{1}{\dfrac{V_1}{V}\dfrac{1}{d_1} + \dfrac{V_2}{V}\dfrac{1}{d_2} \ldots}$$

gegeben ist. V_i und d_i sind Volumen und Durchmesser der i ten Kornfraktion.

Auch für Schüttungen aus Körpern *verschiedener* Stoffe mit unterschiedlichen Wärmeübergangszahlen läßt sich (5) anwenden, wenn

$$\alpha = \frac{\sum \alpha_i F_i}{\sum F_i}$$

eingesetzt wird, wobei mit α_i die Wärmeübergangszahl, mit F_i die Oberfläche des Stoffes i in der Schüttung bezeichnet ist.

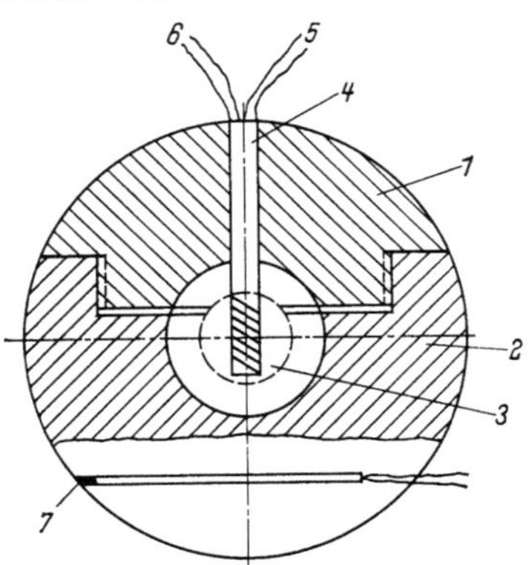

Bild 59. Schnitt durch die Meßkugel nach JESCHAR[174])

1 und *2* Meßkugelteil, durch Feingewinde verschraubbar, *3* Heizspule, 0,2 mm Dmr., *4* Porzellanröhrchen, *5* Stromkabel, 0,3 mm Dmr., *6* Spannungskabel, 0,1 mm Dmr., *7* Lötstelle des Thermoelements, 0,1 mm Dmr.

Wärmeübergangszahlen zwischen Luft und frei umströmten Pellets und Kokskugeln sowie Schüttungen aus Pellets und Stücken aus Sinter, einem hämatitischen Erz und aus Koks bestimmte P. BEER[175]).

Da die Messungen an den *Schüttungen* mit einem kalorimetrischen Verfahren durchgeführt wurden und die Stücke keine definierte Oberfläche besaßen, konnte BEER nur eine mittlere, auf das Stückvolumen und die mittlere Temperatur T_i der Stücke bezogene Wärmeübergangszahl α_Σ bestimmen. Es gilt

$$j'_Q = \alpha_\Sigma (\vartheta - T_i) \frac{cal}{cm^3\ sec}.$$

Bei raschem Aufheizen von verhältnismäßig groben Stücken schlechter Wärmeleitfähigkeit hinkt der Temperaturausgleich im Stück nach. Der

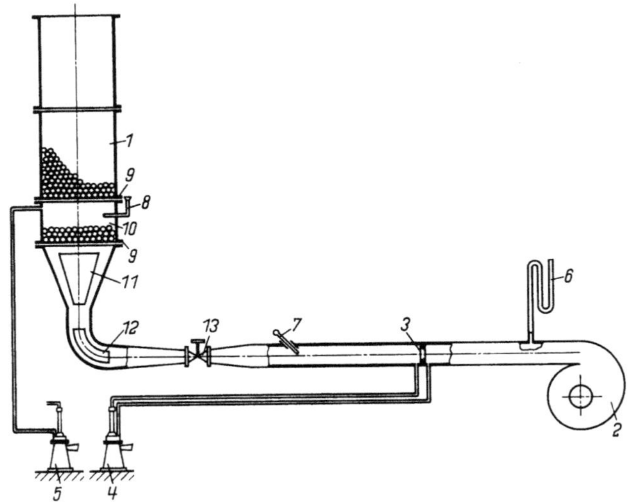

Bild 60. Darstellung der Versuchsanlage zur Messung des Wärmeübergangs nach JESCHAR[174])

1 Füllkörpersäule, *2* Gebläse, *3* Meßblende, *4, 5* Mikromanometer, *6* U-Rohr, *7, 8* Quecksilberthermometer, *9* Sieb, *10* Ausgleichsschüttung, *11, 12* Leitkörper, *13* Schieber

Einfluß der Porigkeit auf die Wärmeleitfähigkeit kann durch eine von EUCKEN[174a]) angegebene Formel berücksichtigt werden:

$$\lambda_M = \lambda_Z \frac{1 - \gamma_p}{1 + 0{,}5\gamma_p}\,. \tag{6}$$

Hierin bedeuten:

λ_M Wärmeleitfähigkeit des porigen Körpers
λ_Z Wärmeleitfähigkeit der kompakten Grundsubstanz
γ_p Volumenanteil der Poren im Stück

In einer Apparatur nach Bild 61 prüfte BEER[175a]) die Anwendbarkeit von Gl. (6) auf unreduzierte und reduzierte Erzstücke. Bild 62 und

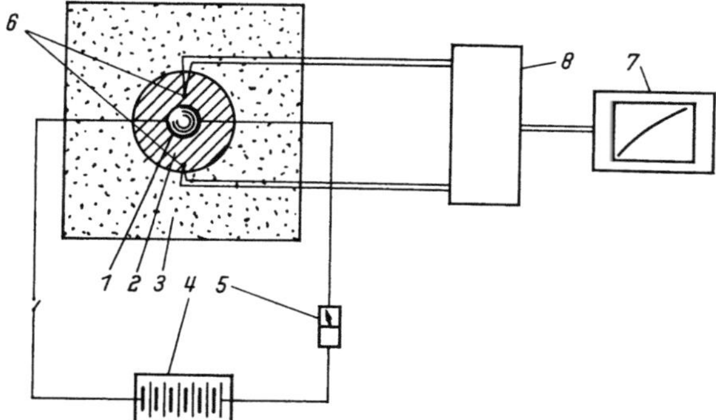

Bild 61. Apparatur zur Messung der Wärmeleitung in porösen Körpern nach BEER[175 a])

1 Heizquelle, 2 Probekörper, 3 Isoliermasse, 4 Heizbatterie, 5 Leistungsmeßgerät, 6 Thermoelemente, 7 Kompensationsschreiber, 8 Thermoelementenumschalter

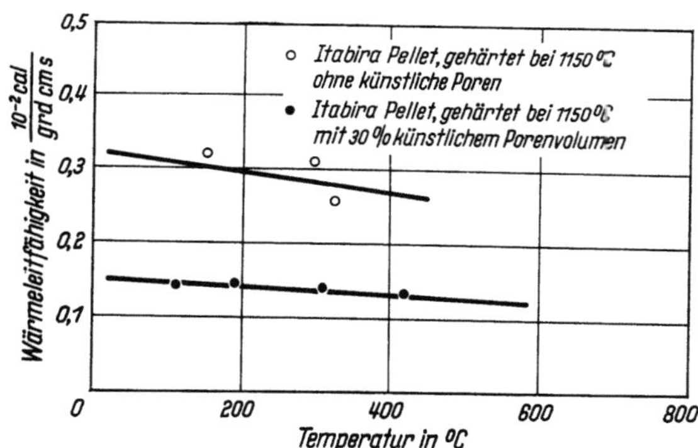

Bild 62. Einfluß der Porosität auf die Wärmeleitfähigkeit nach BEER[175a])

63 zeigen einige Ergebnisse; aus Bild 62 wird in Übereinstimmung mit Gl. (6) der Einfluß der Porigkeit sehr deutlich.

Durch gesonderte Messungen an den *Pellets* und *Kokskugeln* mit dem Thermoelementverfahren konnte BEER für Erz und Koks nachweisen, daß die Beziehung

$$\frac{1}{\alpha_\Sigma} = \frac{1}{\alpha_v} + \frac{r_0}{14\,\lambda_c} \qquad (7)$$

gilt, wobei α_v die auf das Volumen und die Oberflächentemperatur bezogene Wärmeübergangszahl, r_0 der Äquivalentradius des Stückes und λ_c die Wärmeleitfähigkeit des Festkörpers ist. Zwischen α_v und α besteht die Beziehung $\alpha_v = 3\alpha/r_0$. Formel (7) macht es verständlich, daß bei geringer Wärmeleitfähigkeit die Abführung der Wärme ins Innere der Stücke die Wärmeaufnahme bestimmt, bei guter Wärmeleitfähigkeit dagegen der Übergang vom Gas zur Festkörperoberfläche. Besonders bei großen und porösen Stücken überwiegt in Formel (7) der Einfluß des zweiten Gliedes.

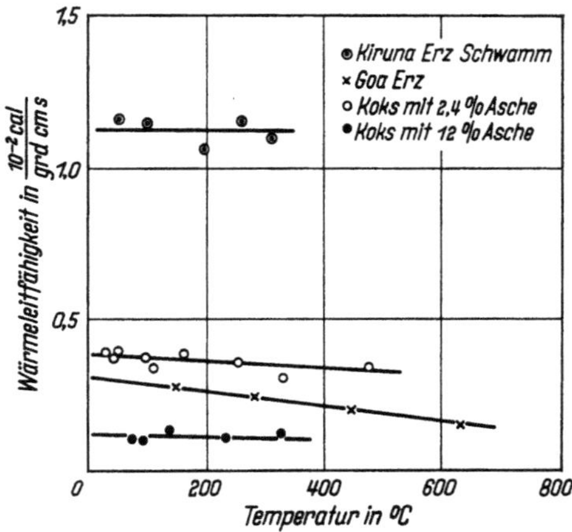

Bild 63. Wärmeleitfähigkeit von aus Kiruna-Erz hergestelltem Eisenschwamm, Goa-Erz und Koks mit unterschiedlichem Aschegehalt in Abhängigkeit von der Temperatur nach BEER[175a])

Die aus den derart umgerechneten α-Werten errechneten Nußelt-Zahlen sind in den Bildern 64 bis 66 als Funktion der Reynolds-Zahl

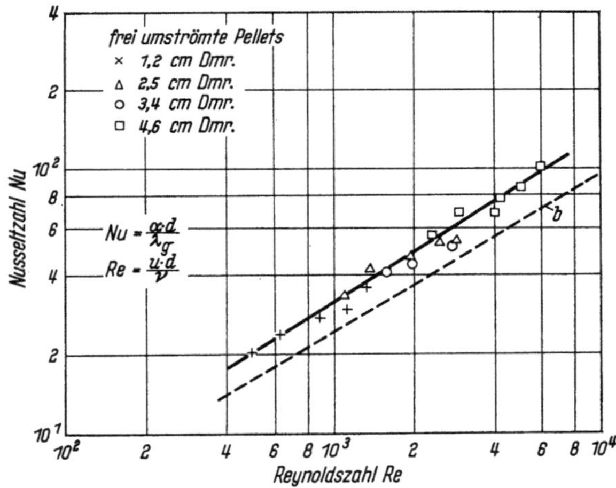

Bild 64. Abhängigkeit der Nußelt-Zahl von der Reynolds-Zahl für freiumströmte Erz-Pellets nach BEER[175]); Kurve *b* nach McADAMS[172])

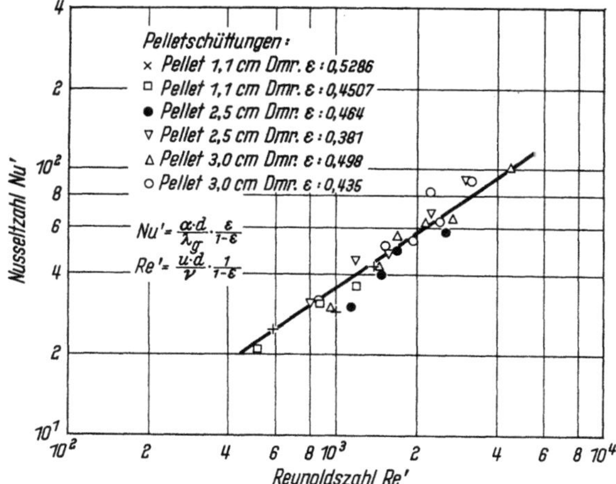

Bild 65. Abhängigkeit der Nußelt-Zahl von der Reynolds-Zahl für Pellet-Schüttungen nach BEER[175])

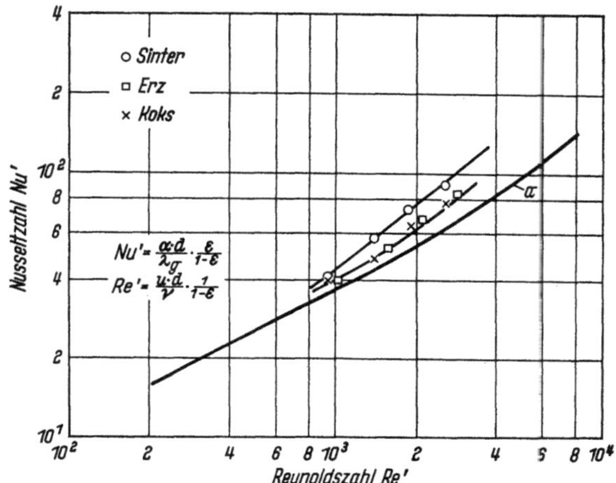

Bild 66. Abhängigkeit der Nußelt-Zahl von der Reynolds-Zahl für Schüttungen aus Sinter, Erz und Koks nach BEER[175]); Kurve a nach Angaben von JESCHAR für Schüttungen von Metallkugeln[174])

dargestellt. Für die *frei umströmten Pellets* ergibt sich

$$Nu = 0,36\ Re^{0,65},$$

für die *Pelletschüttung*

$$Nu' = 0,28\ Re'^{0,7}$$

und für die *Schüttung aus Erzstücken, Sinter und Koks*

$$Nu' \approx 0{,}30\,Re'^{\,0{,}7}.$$

Bei Reynolds-Zahlen zwischen 500 und 5000 weichen die mit dieser Formel zu berechnenden Werte der Nußelt-Zahl nur wenig von denen ab, die sich aus Formel (5) ergeben. Aus der Nußelt-Reynolds-Beziehung können rückwärts die Werte von α für die Möllerstoffe berechnet werden und ergeben mit Formel (7) den für die Wärmeaufnahme der Stücke im Hochofen maßgeblichen Wert der *Gesamtwärmeübergangszahl* α_Σ.

BEER führte auch Messungen an feuchten Möllerbestandteilen durch. Er stellte fest, daß die Aufheizgeschwindigkeit durch die Verdampfung des Wassers nicht wesentlich beeinflußt wird. Diese Tatsache ist auf zwei einander entgegenwirkende Ursachen zurückzuführen:

Zwar muß dem Feststoff die Verdampfungswärme zusätzlich zugeführt werden, jedoch bleibt andererseits die Oberflächentemperatur des Festkörpers während der Verdampfung auf der Siedetemperatur, so daß die Temperaturdifferenz zwischen Gas und Oberfläche und damit der Wärmestrom vergrößert wird. Die Wärmeübergangszahlen trockner und feuchter Möllerbestandteile sind gleich.

BEER zieht aus seinen Meßergebnissen den Schluß, daß der Temperaturausgleich zwischen Gichtgas und Möller bei klassiertem Möller mit einem Stückmaß von unterhalb 2,5 cm schon wenige Minuten nach der Begichtung fast völlig abgeschlossen ist, s. auch Abschn. 4.6.

Ein Vergleich der Nußelt-Reynolds-Beziehungen mit der durch Formel (25), Abschn. 1.2.2, gegebenen Sherwood-Reynolds-Beziehung ermöglicht die Umrechnung der Nußelt-Zahl in die Sherwood-Zahl und damit die Bestimmung der Stoffübergangszahl β aus der Wärmeübergangszahl α. Da die Konstante C' in den Gleichungen für gleiche geometrische Verhältnisse den gleichen Zahlenwert haben muß, ergibt sich

$$Sh = Nu\left(\frac{Sc}{Pr}\right)^{1/3} = Nu\left(\frac{a}{D}\right)^{1/3} \tag{8}$$

und daraus mit $Sh = \beta\,d/D$, $Nu = \alpha\,d/\lambda_g$, $Sc = \nu/D$, $Pr = \nu/a$ und $a = \dfrac{\lambda_g}{c_p\,\varrho_g}$:

$$\beta = \alpha\left(\frac{D}{a}\right)^{2/3}\frac{1}{c_p\,\varrho_g}. \tag{9}$$

Die *Stoffübergangszahl* hat die Dimension cm · sec^{-1}. Wärmeleitung und Stofftransport in Gasen sind nach der kinetischen Theorie der Gase mit der inneren Reibung verknüpft. Zwischen dem Diffusionskoeffizienten D und der Temperaturleitzahl a besteht die oben benutzte Beziehung

$$\frac{D}{a} = \frac{Pr}{Sc}. \tag{10}$$

Die *Schmidt-Zahl Sc* hat, wie in Abschn. 1.2.2 behandelt, Werte zwischen 0,7 und 0,8. Für zweiatomige Gase gilt $Pr \approx 0,5$. Man kann für reine Gase daher $D/a \approx 0,7$ annehmen. Für Gasmischungen aus Komponenten mit ähnlichem Molekülbau und Molekulargewicht gilt dieser Wert gleichfalls recht gut. Wie auf S. 57 gezeigt, nimmt *Sc* für Gase, die diese Ähnlichkeit nicht besitzen, niedrigere Werte an. Damit ändert sich auch der Zahlenwert von $\dfrac{D}{a}$. Aus Angaben im Schrifttum[176, 177] berechnen sich für $\dfrac{D}{a}$ für CO_2-H_2-Mischungen folgende Zahlenwerte für 0 °C und 1 atm:

$$25 \text{ Vol.-\% } H_2 : \frac{D}{a} = 2,74,$$

$$50 \text{ Vol.-\% } H_2 : \frac{D}{a} = 1,46,$$

$$75 \text{ Vol.-\% } H_2 : \frac{D}{a} = 0,81.$$

Ist der Zahlenwert der Nußelt-Zahl bekannt, so berechnet man die Stoffübergangszahl β nach

$$\beta = Nu \left(\frac{a}{D}\right)^{1/3} \frac{D}{d}. \tag{8a}$$

Ferner folgt aus Formel (8a) mit $Nu = C' \, Re^m$

$$\beta = C' \frac{u^m D}{d^{1-m} \nu} \left(\frac{a}{D}\right)^{1/3}. \tag{8b}$$

Der Exponent m hat für Schüttungen von Pellets, Sinter oder Erz nach BEER[175] den Wert 0,7, die Konstante C' etwa den Wert 0,3. Also ergibt sich

$$\beta = C'' \frac{u^{0,7}}{d^{0,3}}. \tag{8c}$$

Die Stoffübergangszahl nimmt also mit steigender Stückgröße bei gleicher Leerrohrgeschwindigkeit ab. Auch bei gleicher Reynolds-Zahl, also konstanter Nußelt-Zahl, fällt β nach Formel (8a) mit der Stückgröße.

Die maximale Strömungsgeschwindigkeit in einer ruhenden Schüttung ist durch die Stabilitätsgrenze zwischen Schüttung und Wirbelschicht gegeben. Nach Formel (5) aus Abschn. 3.1 gilt für diesen Wert der Strömungsgeschwindigkeit $u_{kr} \sim L^{0,58}$ mit $L = 2d \, \Theta$. Setzt man diesen Ausdruck in Formel (8c) ein, so folgt

$$\beta_{kr} \approx C''' \, d^{0,28}.$$

Unter Grenzbedingungen der Strömungsgeschwindigkeit steigt β also schwach mit dem Stückdurchmesser an.

Aus den Messungen von BEER[175] errechnet sich nach Formel (8a) für 900 °C und einem Stückdurchmesser von 2,5 cm sowie für die nach HAN-

SEN[178]) bei dieser Temperatur im Hochofen herrschende Reynolds-Zahl von 2000 ein Wert der Stoffübergangszahl von etwa $250\ cm \cdot sec^{-1}$ für H_2/H_2O-Mischungen und von etwa $60\ cm \cdot sec^{-1}$ für CO/CO_2-Mischungen.

Ein Vergleich dieses Zahlenwertes mit gemessenen Reduktionsgeschwindigkeiten erlaubt es, den Einfluß der Diffusion in der Strömungsgrenzschicht auf die Gesamtreaktionsgeschwindigkeit abzuschätzen. Nach Abschn. 1.2.2 gilt für den Diffusionsstrom in der Strömungsgrenzschicht

$$j = \beta(c^0 - c') = \beta(p^0 - p')\frac{1}{RT},$$

wenn mit c^0 die Konzentration der reduzierenden Komponente des Gases im freien Gasraum, mit c' die Konzentration an der Pelletoberfläche bezeichnet wird; für den Teildruck sind entsprechende Bezeichnungen gewählt. Ist die Phasengrenzreaktion geschwindigkeitsbestimmend, so gilt für die Reduktionsgeschwindigkeit $v = -\dfrac{dn_0}{dt}$, z. B. in Mol $cm^{-2} \cdot sec^{-1}$

$$v = k(p' - p^*),$$

wobei p^* der Gleichgewichtsdruck des reduzierenden Gases ist. Mit der Bedingung für stationären Reaktionsverlauf $v = j$ ergibt sich

$$\frac{p^0 - p'}{p' - p^*} = \frac{\Delta p\ \text{Grenzschicht}}{\Delta p\ \text{Phasengrenze}} = \frac{k\,RT}{\beta}.$$

Bei gut reduzierbaren Pellets ist anzunehmen, daß die reagierende Fläche größer ist als die geometrische Pelletoberfläche. Für die hier vorgenommene Abschätzung sei ein Faktor 10 für diesen Einfluß angenommen. Setzt man für die Reaktionsgeschwindigkeitskonstante k den von MCKEWAN[179]) angegebenen, vergleichsweise hohen Wert von $4 \cdot 10^{-5}$ Mol $\cdot cm^{-2} \cdot sec^{-1} \cdot atm^{-1}$ für 900 °C ein, so folgt mit dem angenommenen Verhältnis von reagierender zu geometrischer Oberfläche für Reduktion mit Wasserstoff

$$\left(\frac{\Delta p\ \text{Grenzschicht}}{\Delta p\ \text{Phasengrenze}}\right)_{\max} \approx 0{,}15.$$

Ein so großer Abfall des Teildrucks der reduzierenden Komponente des Gases in der Strömungsgrenzschicht ist im Hochofenbetrieb nicht zu erwarten. Die Reduktionsversuche an technischen Erzen[180]) ergeben bei 900 °C in einem Gas mit 40% CO und 60% N_2 nach Bild 25, Abschn. 5.3, bei einem Reduktionsgrad von 40% Reduktionsgeschwindigkeiten von maximal 0,6%/min für Stückgrößen von 2,5 cm. Daraus berechnet man eine Reduktionsgeschwindigkeitskonstante von $1{,}2 \cdot 10^{-5}$ Mol $\cdot cm^{-2} \cdot sec^{-1} \cdot atm^{-1}$, bezogen auf die geometrische Oberfläche. Aus diesem Wert ergibt sich ein Verhältnis des Teildruckabfalls in der Strömungsgrenzschicht und an der Oberfläche von 0,02. Das bedeutet, daß im Hochofenbetrieb in tieferen

Zonen des Schachtes und bei vergleichsweise hohen Temperaturen sowie Erzen mit guter Reduzierbarkeit etwa 2% des zur Verfügung stehenden Teildrucks des reduzierenden Gases in der Strömungsgrenzschicht für den Stoffübergang zum Gas benötigt werden und damit für die Reaktion verlorengehen.

Die Temperaturabhängigkeit der Stoffübergangszahl β ist durch die Diffusionskonstante D bedingt, die etwa proportional $T^{1,75}$ ist. Nach Formel (8b) ergibt sich daher $\beta \approx T^{1,2}$. Die Temperaturabhängigkeit der anderen Teilvorgänge der Reduktion ist weitaus größer. Aus diesem Grunde ist ein merklicher Einfluß des Stofftransports auf die Gesamtgeschwindigkeit der Reduktion nur bei hohen Temperaturen zu erwarten.

Im allgemeinen kann der Einfluß des Stoffübergangs vom Gas zum Festkörper bei der weiteren Diskussion der Kinetik der Reduktion unberücksichtigt bleiben.

2.3. Gas- und Festkörperdiffusion in Schichten der Reaktionsendprodukte

Wenn das reduzierende Gas die Strömungsgrenzschicht passiert und die Festkörperoberfläche erreicht hat, wandelt es hier das Erz in seine Reduktionsprodukte um. Im allgemeinen Fall — und besonders bei hoher Stückgröße und geringer Porigkeit des Erzes — nimmt der Reduktionsgrad des Erzes zu einer gegebenen Zeit von außen nach innen ab. Am Rande des Erzstückes treten daher zuerst die Reduktionsendprodukte auf, die je nach Gaszusammensetzung und Temperatur *Eisen* oder *niedere Oxyde* sein können.

In einer Reihe von Veröffentlichungen[181-187] wurde die Vermutung ausgesprochen oder nachgewiesen, daß die Gasdiffusion in porigen Reaktionsendprodukten einen Einfluß auf die *Reduktionsgeschwindigkeit* ausübt oder sogar den zeitbestimmenden Teilschritt der Erzreduktion darstellt. Porigkeit γ und Labyrinthfaktor ξ sowie Dicke der Schicht l, die Temperatur und die Gaszusammensetzung an den Schichträndern bestimmen die Geschwindigkeit dieses Vorgangs. Es gilt für den Diffusionsstrom in der Schicht, in Mol $\cdot$ sec^{-1}

$$j_i = -4\pi r^2 D_i^P \frac{dc_i}{dr}, \tag{1}$$

wobei $D_i^P = D_i \gamma \xi$ der *Porendiffusionskoeffizient* ist. Mit c_i' und c_i'' sollen die Konzentrationen des reduzierenden Gases an der Schalenoberfläche und an der Schaleninnenfläche bezeichnet werden. Der Radius des Erzstücks ist r.

Da die Schichtdicke l mit der Zeit bzw. dem Reduktionsgrad anwächst, ändern sich im allgemeinen Falle auch j_i, c_i' und c_i'' mit dem Reduktionsgrad.

Die Integration der Formel (1) ergibt

$$j_i \left(\frac{1}{r_0} - \frac{1}{r'} \right) = 4\pi\, D_i^P\, (c_i' - c_i''), \tag{2}$$

wenn r_0 der Außenhalbmesser des Stückes, r' der Halbmesser des unreduzierten Kernes ist.

Mit d_0 sei der Gehalt des Erzes an Sauerstoff in Mol $\cdot$ cm^{-3} bezeichnet. Dann gilt

$$j_i = + 4\pi (r')^2\, d_0\, \frac{d\,r'}{dt} \tag{3}$$

und mit Formel (2)

$$\frac{r'}{r_0} (r_0 - r')\, \frac{d\,r'}{dt} = - \frac{D_i^P}{d_0} (c_i' - c_i''). \tag{4}$$

Die Diffusion in der porigen Schale der Reaktionsendprodukte wird *geschwindigkeitsbestimmend*, wenn die Phasengrenzreaktion des Sauerstoffausbaus aus dem Erz so wenig gehemmt ist, daß sich an der Schichtinnenfläche näherungsweise Gleichgewicht zwischen reduzierendem Gas, Erz und Reduktionsprodukt einstellt.

Dann ist

$$c_i' = c_i^0 \,,$$
$$c_i'' = c_i^* \,,$$

wobei mit c_i^0 die Konzentration im freien Gasraum, mit c_i^* die Gleichgewichtskonzentration bezeichnet ist. Die relative Dicke der reduzierten Schale ist gleich $(r_0 - r')/r_0 = \Delta r/r_0$ und hängt mit dem Reduktionsgrad $\mathfrak{R}$ über

$$\frac{\Delta r}{r_0} = 1 - (1 - \mathfrak{R})^{1/3}$$

zusammen. Einsetzen dieses Ausdrucks in Formel (4) ergibt[182, 184]

$$\dot{\mathfrak{R}} = \frac{d\mathfrak{R}}{dt} = \frac{3 D_i^P\, (c_i^0 - c_i^*)}{r_0^2\, d_0\, [(1-\mathfrak{R})^{-1/3} - 1]} \cdot \tag{5}$$

Zu bemerken ist, daß die Ableitung die Annahme enthält, daß der Außenradius r_0 des Erzstücks bei der Reduktion unverändert bleibt. Das ist nur dann möglich, wenn die Porigkeit der Schale dem Unterschied der Molvolumina von Erz und Reduktionsprodukt entspricht. Eine zeitliche Änderung der Porenstruktur kann durch eine Abhängigkeit des Labyrinthfaktors ξ vom Reduktionsgrad berücksichtigt werden[182].

Die Integration der Formel (5) ergibt[184,185,186]) für den Idealfall $D_i^P = \text{const}$

$$\frac{1}{2} - \frac{\Re}{3} - \frac{(1 - \Re)^{2/3}}{2} = \frac{D_i^P (c_i^0 - c_i^*)}{r_0^2 d_0}\, t. \tag{6}$$

Für plattenförmige Oxydproben, deren Kantenlänge groß gegen die Dicke r_0 ist, kann der Querschnitt F der Schale aus porigen Reduktionsprodukten als örtlich und zeitlich konstant angesehen werden. Bei geschwindigkeitsbestimmender Diffusion des Gases durch die Poren gilt für diese Probenform:

$$\frac{dn_0}{dt} = -\, j_i = F\, \frac{D_i^P (c_i^0 - c_i^*)}{l}. \tag{2a}$$

Die Schichtdicke der Schale l ist gleich $n_0/F \cdot d_0$, wobei d_0 wieder der Sauerstoffgehalt der Erzprobe in Mol Sauerstoff/cm³, n_0 die ausgebaute Sauerstoffmenge und F die Probenoberfläche ist. Damit folgt

$$\frac{dl}{dt} = \frac{D_i^P (c_i^0 - c_i^*)}{d_0 l}. \tag{4a}$$

Der Reduktionsgrad $\Re$ ist hier gleich dem Verhältnis von Schichtdicke zu halber Probendicke $\frac{1}{2}\, r_0$. Also gilt

$$\dot{\Re} = \frac{d\Re}{dt} = \frac{4 D_i^P (c_i^0 - c_i^*)}{r_0^2 d_0 \Re} \tag{5a}$$

und

$$\Re = \left(\frac{8 D_i^P (c_i^0 - c_i^*)}{r_0^2 d_0}\, t \right)^{1/2}. \tag{6a}$$

Nach den Formeln (5) und (5a) muß die Temperaturabhängigkeit der Reduktionsgeschwindigkeit $\dot{\Re}$ bei zeitbestimmender Porendiffusion durch den Diffusionskoeffizienten bestimmt werden; $\dot{\Re}$ muß also etwa proportional $T^{1,75}$ sein.

Bei Reduktionsversuchen an Malmberget-Pellets von 3 bis 31 mm Dmr. wurde in Wasserstoff-Wasserdampf-Mischungen der *Temperatureinfluß* geprüft[182]). In Bild 67 sind die scheinbaren Aktivierungsenergien für verschiedene Reduktionsgrade den Stückgrößen gegenübergestellt. Man sieht, daß bei 10% Reduktionsgrad bzw. $\Re = 0{,}1$ bei Pellets von etwa 20 mm, bei $\Re > 0{,}5$ ab etwa 12 mm die scheinbare Aktivierungsenergie den für die Diffusion in diesem Temperaturbereich anzusetzenden Wert von etwa 1,2 kcal/Mol erreicht. Bild 68 zeigt, daß die korrigierte Reduktionsgeschwindigkeit $v' = v/(c^0 - c^*)$ bei Temperaturen von mehr als 600 °C in ihrer Temperaturabhängigkeit dem Verlauf des Diffusionskoeffizienten folgt, bei niedrigeren Temperaturen aber höhere Werte der scheinbaren Aktivierungsenergie erreicht. Durch Schliffbilder wurde belegt, daß der Sauerstoffausbau in einer dünnen Übergangszone zwischen Eisenschale und unreduziertem Erzkern erfolgt.

Bild 69 zeigt eine gemessene und eine nach Formel (5) berechnete Reduktionskurve. Bei der Berechnung wurde eine Veränderung des in D^P enthaltenen Labyrinthfaktors ξ mit dem Reduktionsgrad $\Re$ gemäß $\xi = 0{,}10(1 + 2{,}33\,\Re)$ angenommen[182]. Die Absolutwerte des Labyrinthfaktors

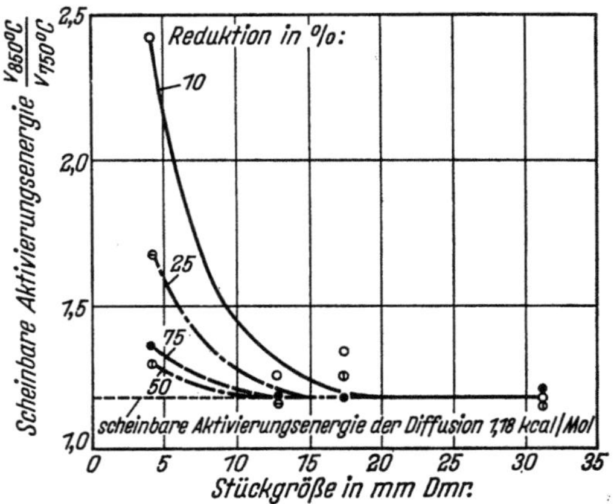

Bild 67. Scheinbare Aktivierungsenergie in Abhängigkeit von der Stückgröße bei verschiedenen Reduktionsgraden[182])
Beschickung: 1000 g Fe_2O_3-Pellets, Strömungsgeschwindigkeit: 24 cm/s (bezogen auf 800 °C und leeres Reduktionsgefäß)

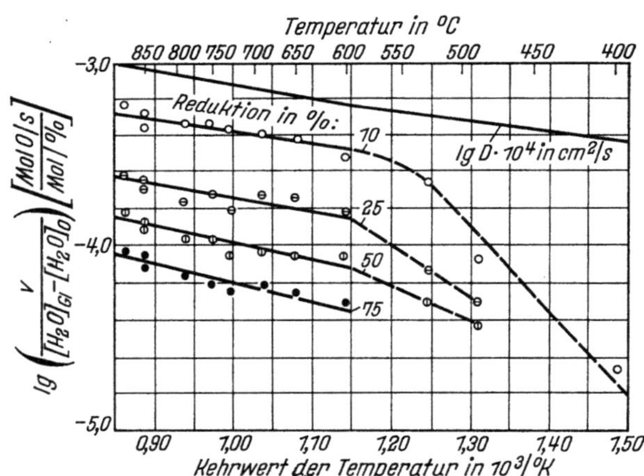

Bild 68. Reduktionsgeschwindigkeit v und Diffusionskoeffizient D in Abhängigkeit von der Temperatur T[182])
Beschickung: 1000 g Fe_2O_3-Pellets (31 mm Dmr.), Gasmenge: 60 l H_2/min

liegen nach dieser Auswertung zwischen 0,1 und 0,3 und stimmen damit
gut mit Werten überein, die WOODS[187]) experimentell bestimmte. Auch die
nach Formel (5) zu erwartende Abhängigkeit der Reduktionsgeschwindigkeit von den Teildrücken in der Gasphase wurde von den Verfassern[182])
bestätigt gefunden. KAWASAKI, SANSCRAINTE und WALSH[184]) führten entsprechende Messungen an Pellets von 1,5 bis 4,4 cm Dmr. und Oxydplatten von etwa 80 cm² Oberfläche und 0,69 bis 1,24 cm Dicke bei 870

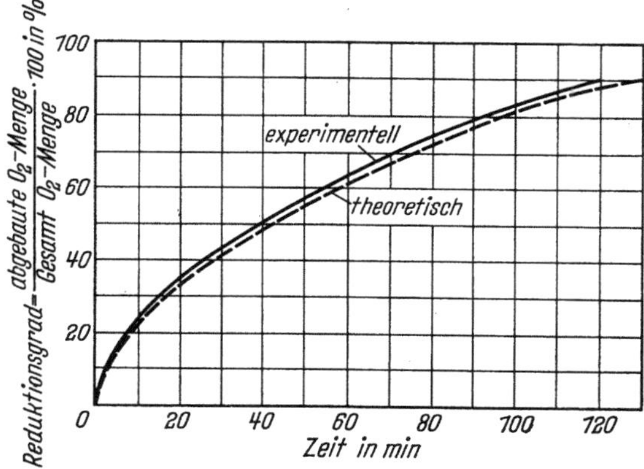

Bild 69. Vergleich zwischen dem experimentellen und theoretischen Reduktionsverlauf bei 650 °C[182])
Beschickung: 1000 g FeO₃-Pellets (31 mm Dmr.), Gasmenge: 60 l H₂/min

bis 1200 °C aus, wobei sie CO oder H_2 als Reduktionsmittel benutzten.
Bei diesem Versuch stimmt der Verlauf der Reduktion mit Formel (6)
überein, wenn als Produkt von Porigkeit und Labyrinthfaktor die —
etwas unwahrscheinlich großen — Werte von 1 für CO und 0,7 für Wasserstoff eingesetzt werden.

Bemerkenswert ist, daß die Verfasser[184]) keinen Einfluß des Gesamtdrucks im Bereich von 1 bis 2 atm auf die Reduktionsgeschwindigkeit
feststellten. Da mit steigendem Gesamtdruck P zwar der Ausdruck $(c^0 - c^*)$
in Formel (5) linear ansteigt, der Diffusionskoeffizient D jedoch nach
Formel (11a), Abschn. 1.2.2, proportional zu $1/P$ ist, ist auch dieser Befund
eine Bestätigung des Porendiffusionsmechanismus.

Bei der Reduktion von Magnetit mit Wasserstoff beobachteten WI-
BERG[188]) und EDSTRÖM[189]) die Bildung von porenfreien Eisenschichten auf
dem Oxyd, wie Bild 70 sie zeigt. Bei Zumischung von 30% CO zum Reduktionsgas wurden die Schichten aufgesprengt und ergaben das in Bild 71
dargestellte Aussehen. EDSTRÖM kam zu dem Schluß, daß das CO eine
Aufkohlung des Eisens bewirkt

$$2\,CO \rightarrow [C] + CO_2$$

und der Kohlenstoff dann mit dem Oxyd reagiert

$$[C] + FeO \rightarrow Fe + CO.$$

Das CO-Gas sprengt die Metallschicht auf. BOHNENKAMP und RIECKE[190] stellten fest, daß z. B. bei 890 °C das Aufsprengen der Schicht bei Kohlen-

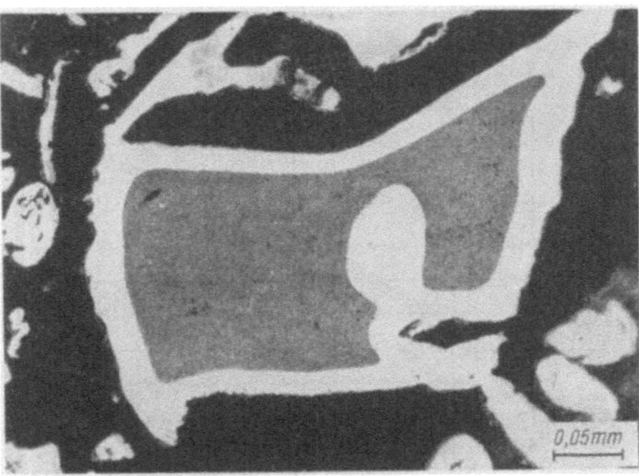

Bild 70. Struktur der Metallphase bei Reduktion von Magnetit mit **Wasserstoff** bei 1000 °C nach WIBERG[188]

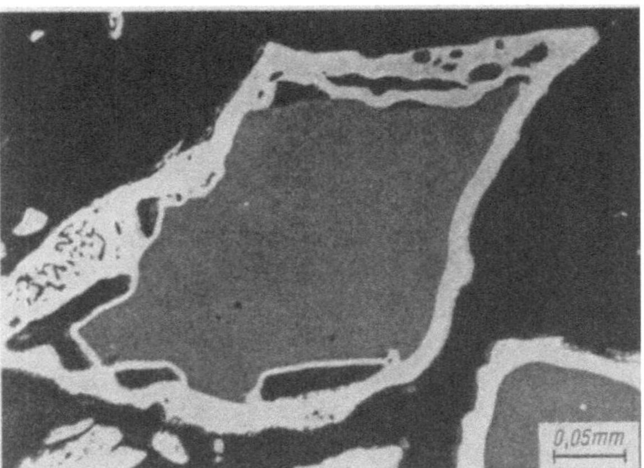

Bild 71. Aufsprengen der Eisenschicht bei Reduktion von Magnetit in Wasserstoff-Kohlenoxyd-Gemisch bei 1000 °C

stoffaktivitäten im Eisen von 0,2 bis 0,3 merklich wird, indem es die Reduktionskinetik beeinflußt. Aus diesen Zahlenwerten errechnet sich für 890 °C ein kritischer CO-Teildruck an der Phasengrenze Eisen-Wüstit, der für die Aufsprengung der Schicht überschritten werden muß, von 4 bis 5 atm.

Im Schacht des Hochofens wird die Kohlenstoffaktivität des Eisens und damit der CO-Teildruck an der Phasengrenze Wüstit-Eisen durch die Zusammensetzung des Reduktionsgases bestimmt. Unter der Annahme gleicher Kohlenstoffaktivitäten in Gas- und Metallphase und bei Benutzung der von SCHÜRMANN und Mitarbeitern[191]) im Hochofenschacht gemessenen Temperaturen und Gaszusammensetzungen ergeben sich folgende CO-Teildrücke an der Phasengrenze Wüstit-Eisen:

$$T \; (^\circ\mathrm{C}) \qquad 650 \quad 800 \quad 950 \quad 1100,$$

$$p_{\mathrm{CO}} \; (\mathrm{atm}) \quad 0{,}3 \quad 0{,}3 \quad 0{,}8 \quad 8{,}4 .$$

Vermutlich erfolgt das Aufsprengen der Eisenschichten bei um so geringeren Gasdrücken, je höher die Temperatur ist. Nach den oben angegebenen Zahlenwerten läßt sich abschätzen, daß deckende Eisenschichten nur bei Temperaturen unter 1000 °C auftreten können. Bei anderen mit *Kohlenoxyd* arbeitenden Reduktionsaggregaten gelten gleiche Bedingungen für das Aufsprengen deckender Eisenschichten. Bei Reduktion mit *Wasserstoff* ist ein Aufsprengen von deckenden Eisenschichten durch Wasserdampf in einem entsprechenden Vorgang nicht zu erwarten, da der Wasserdampfdruck an der Phasengrenze Fe/FeO stets nur Bruchteile des Außendrucks erreichen kann. Anders liegen die Gleichgewichte und Drücke bei der Reduktion von *Nickeloxyd*[192]). Hier treten im Gleichgewicht zwischen Oxyd und Metall bei $p_{\mathrm{H_2}} = 1$ atm Wasserdampfdrücke von 10^3 atm und mehr auf, die die Metallschicht deutlich sichtbar aufsprengen.

Bei Untersuchungen der Reduktion von Wüstit mit *Wasserstoff*[193]) wurden teils deckende Eisenschichten, teils poröse, schwammartige Metallschichten gebildet. Ein Zusammenhang zwischen der Form der Metallschicht und Verunreinigungen des Oxyds und damit der Wirkung von Fremdkeimen kann nach diesen Messungen angenommen werden.

Die Bildung der deckenden, porenfreien Metallfilme wirkt stark auf die Kinetik der Reduktion ein, siehe Bild 72, da ein Stoffaustausch zwischen Oxyd und Gasphase in diesem Falle nur durch Festkörperdiffusion durch die wachsende Metallschicht erfolgen kann. Es ist anzunehmen, daß der Sauerstoff die wanderungsfähige Teilchenart ist. Für die Reduktionsgeschwindigkeit v von Proben mit ebenen Oberflächen und geringer Dicke gilt daher, wenn die Sauerstoffdiffusion geschwindigkeitsbestimmend ist,

$$\frac{d\,n_{\mathrm{O}}}{dt} = v = -j_{\mathrm{O}}^{\mathrm{Fe}} = D_{\mathrm{O}}^{\mathrm{Fe}} \frac{d\,c_{\mathrm{O}}}{dx}$$

und mit $l =$ Schichtdicke des Eisenfilms, $c_{\mathrm{O}}^{0} =$ Konzentration des Sauerstoffs im Eisen an der Phasengrenze zum Gas und $c_{\mathrm{O}}^{*} =$ Sättigungssauerstoffkonzentration des Eisens im Gleichgewicht mit Wüstit

$$\frac{d\,n_O}{d\,t} = D_O^{Fe}\,\frac{c_O^{*} - c_O^{0}}{l}\,. \tag{7}$$

Die Schichtdicke des gebildeten Eisenfilms l ist mit der ausgebauten Sauerstoffmenge n_O in $Mol \cdot cm^{-2}$ durch

$$l = n_O\,V_M^{Fe}$$

verbunden, wobei mit V_M^{Fe} das Molvolumen des Eisens in $cm^3 \cdot Mol^{-1}$ bezeichnet ist. Nimmt man weiterhin $c_O^{*} \gg c_O^{0}$ an, so ergibt sich für die

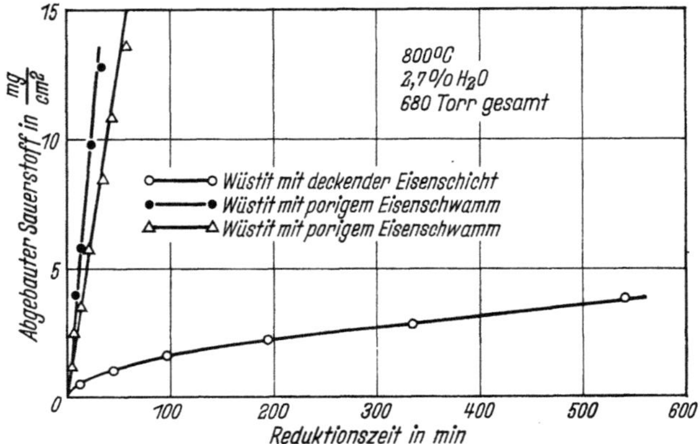

Bild 72. Reduktionsverlauf bei Bildung von porigem Eisenschwamm und von deckender Eisenschicht. Reduktion bei 800 °C in Wasserstoff/Wasserdampf mit 2,7% H_2O, Gesamtdruck 680 Torr[193])

ausgebaute Sauerstoffmenge m_O in $g \cdot cm^{-2}$

$$\frac{d\,m_O}{d\,t} = D_O^{Fe}\,c_O^{*}\,\frac{M_O^2}{M_{Fe}}\,\frac{\varrho_{Fe}}{m_O}\,, \tag{8}$$

wobei ϱ_{Fe} die Dichte des Eisens ist und mit M die Molekulargewichte bezeichnet werden. Die Konzentrationen sind hier in $Mol \cdot cm^{-3}$ einzusetzen. Drückt man die Konzentrationen in $g \cdot cm^{-3}$ aus, so gilt

$$\frac{d\,m_O}{d\,t} = D_O^{Fe}\,c_O^{*}\,\frac{M_O}{M_{Fe}}\,\frac{\varrho_{Fe}}{m_O} \tag{8a}$$

oder in integrierter Form

$$m_O = (2\,D_O^{Fe}\,c_O^{*}\,\frac{M_O}{M_{Fe}}\,\varrho_{Fe}\,t)^{1/2}. \tag{9}$$

Bild 73 zeigt, daß der nach Formel (9) zu erwartende Zusammenhang der abgebauten Sauerstoffmenge mit der Wurzel der Zeit bei Bildung deckender Eisenschichten experimentell beobachtet wird[193]). Aus der

Steigung der Kurven in Bild 73 kann die Sauerstoffdurchlässigkeit des Eisens $D_O^{Fe}\, c_O$ berechnet werden. Sie ist in Bild 74 dargestellt. Die Werte

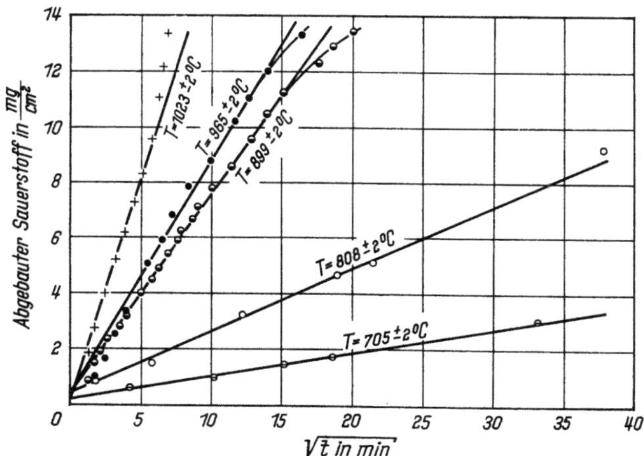

Bild 73. Reduktionsverlauf von Wüstit in einem H_2O/H_2-Gemisch mit 2,5 % Wasserdampf und einem Gesamtdruck von rund 700 Torr bei verschiedenen Temperaturen[193]

stimmen gut mit denen überein, die aus Messungen der inneren Oxydation von Eisenlegierungen berechnet wurden[194, 195]. Nimmt man an, daß der Diffusionskoeffizient des Sauerstoffs im Eisen dem des Stickstoffs entspricht, so ergeben die Werte in Bild 73 für 890 °C eine Sauerstofflöslichkeit von etwa $1,5 \cdot 10^{-4}$ Gew.-%, bei 1100 °C von $3 \cdot 10^{-3}$ Gew.-%.

Bei der Bildung von deckenden Eisenschichten ergibt sich in Analogie zu Formel (5) für die Reduktionsgeschwindigkeit

$$\dot{\Re} = \frac{3k}{r_0^2}\; \frac{1}{[(1-\Re)^{-1/3} - (1 - \nu\,\Re)^{-1/3}]}$$

$$(6b)$$

mit

$$k = \frac{D_O^{Fe}(c_O^* - c_O^0)}{d_0}\; \frac{V_M^{FeO}}{V_M^{Fe}}$$

und

$$\nu = 1 - \frac{V_M^{eF}}{V_M^{FeO}}\,.$$

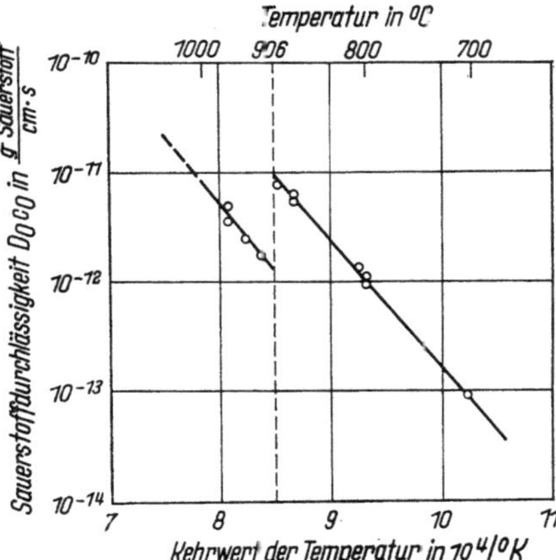

Bild 74. Die Sauerstoffdurchlässigkeit $D_O C_O$ von Eisen, aus Reduktionsversuchen berechnet[193]

Mit V_M^{Fe} und V_M^{FeO} sind die Molvolumina der Metall- und Oxydphase bezeichnet. Bei der Ableitung dieser Formel ist berücksichtigt, daß sich die Außenabmessungen des Korns bei der Reduktion auf Grund des Unterschiedes der Molvolumina von Eisen und Wüstit verändern. Sie kann nach Einsetzen entsprechender Formelzeichen daher auch für die Reduktion bei Bildung poriger Eisenschichten verwendet werden, wenn sich bei Ablauf der Reduktion der Außenradius r_0 wesentlich ändert.

Bei der Reduktion von *Hämatit* bilden sich nach übereinstimmenden Beobachtungen[196-199] keine deckenden Eisenschichten aus, was mit der Porigkeit des entstehenden Magnetits und Wüstits oder mit Gitterstörungen begründet werden kann, die bei der Reduktion von Hämatit in den niederen Oxyden auftreten.

Auch der Magnetit, der bei der Reduktion von Hämatit gebildet wird, ist nicht frei von durchgehenden Rissen und Poren[198]. Es ist daher auch nicht verwunderlich, daß HEDDEN und Mitarbeiter[199] bei der Reduktion von Hämatit zu Eisen Schichten aus Magnetit beobachteten, die wesentlich dicker waren als der Berechnung aus dem Diffusionskoeffizienten des Eisens im Magnetit entspricht.

2.4. Untersuchungen der Phasengrenzreaktion

Die Grundgesetze der Phasengrenzreaktion wurden in Abschn. 1.2.5 behandelt. Bei Temperaturen von mehr als 550 °C wird für die Reduktionsgeschwindigkeit v in Mol $\cdot$ cm^{-2} sec^{-1} experimentell fast ausnahmslos

$$-\frac{dn_0}{dt} = v = k_1(p_{H2} - p_{H_2}^*) \tag{1}$$

bei Reduktion mit *Wasserstoff* und

$$-\frac{dn_0}{dt} = v = k_1'(p_{CO} - p_{CO}^*) \tag{2}$$

bei Reduktion mit *Kohlenoxyd* gefunden. Bezeichnet man die Geschwindigkeitskonstanten der Rückreaktion — also der Oxydation durch H_2O bzw. CO_2 — mit k_2 und k_2', so gilt

$$-\frac{dn_0}{dt} = v = k_1\,p_{H_2} - k_2\,p_{H_2O} \tag{3}$$

und

$$-\frac{dn_0}{dt} = v = k_1'\,p_{CO} - k_2'\,p_{CO_2}. \tag{4}$$

Hin- und Rückreaktion sind also erster Ordnung bezüglich der gasförmigen Reaktionspartner[200-204, 145]. Nicht bei allen diesen Untersuchungen ist

daß die Phasengrenzreaktion geschwindigkeitsbestimmend war. Zudem ist die Größe der wirklich reagierenden Oberfläche unbekannt. Für die Abhängigkeit von der Sauerstoffaktivität der Oxydphase, an der die Phasengrenzreaktion mit dem Gas abläuft, wurde teils erste Reaktionsordnung[145], teils eine gebrochene Reaktionsordnung[206] ermittelt. Grundsätzlich ist zu erwarten, daß der Wert der Geschwindigkeitskonstanten k davon abhängt, welches der Oxyde des Eisens mit dem Gas reagiert. Ferner haben Gitterstörungen in den Oxyden einen deutlichen Einfluß auf k[207].

Für den Zeitverlauf der Phasengrenzreaktion gilt also

$$-\Delta n_O = F\,k\,t,$$

wenn mit $-\Delta n_O$ die ausgebaute Sauerstoffmenge in Mol, F die reagierende Fläche und t die Versuchszeit ist. Für den Reduktionsgrad $\Re$ ergibt sich

$$\Re = -\frac{\Delta n_O}{n_O^0} = \frac{F}{n_O^0}\,k\,t = F\,k''\,t. \tag{5}$$

n_O^0 ist die bei $t = 0$ in der Erzprobe enthaltene Sauerstoffmenge; sie ist gleich dem Produkt aus dem Sauerstoffgehalt d_O in $\mathrm{Mol \cdot cm^{-3}}$ und dem Probevolumen V.

Je nach der geometrischen Form des Erzes ändert sich die Oberfläche F mit dem Reduktionsgrad $\Re$. Bei Proben mit ebener Oberfläche und geringer Dicke bleibt $\frac{d n_O}{d t}$ und damit V über große Bereiche von $\Re$ konstant. Dieses Verhalten wurde von LEWIS[208] und von KOHL[209] bei der Reduktion von Eisenoxyden unter Bildung von Eisenschwamm beobachtet, wie Bild 72 auf S. 126 und Bild 75 zeigen.

Bei geschwindigkeitsbestimmender Phasengrenzreaktion gilt für alle Probenformen, daß die reagierende Oberfläche linear mit der Versuchszeit ins Probeninnere wandert. Bezeichnet man den Ausgangsradius einer Oxydkugel mit r_0, den Halbmesser des unreduzierten Anteils mit r_i, so gilt

$$-\frac{d r_i}{d t} = \frac{k}{d_O}$$

und

$$\Re = 1 - \frac{r_i^3}{r_0^3}.$$

Aus diesen Gleichungen folgt

$$r_i = r_0 - \frac{k}{d_O}\,t$$

und der von MCKEWAN[210] abgeleitete Ausdruck für den Reduktionsverlauf von Oxydkugeln

$$d_O\,r_0\left[1 - (1 - \Re)^{1/3}\right] = k\,t. \tag{6}$$

Durch Differentiation folgt hieraus

$$\dot{\Re} = \frac{d\Re}{dt} = \frac{3k}{r_0 d_0}(1 - \Re)^{2/3}. \tag{7}$$

Der Klammerausdruck auf der linken Seite von Formel (6) ist die relative Dicke der reduzierten Schicht:

$$[1 - (1 - \Re)^{1/3}] = \frac{r_0 - r_1}{r_0} = \frac{\Delta r}{r_0}. \tag{8}$$

Die Dicke der reduzierten Kugelschale, und damit die Größe $[1 - (1 - \Re)^{1/3}]$, wächst linear mit der Versuchszeit an.

Für die Ableitung der Formeln (6) bis (8) ist vorausgesetzt worden, daß die Reaktion an der Phasengrenze Oxyd/Gas die Reaktionsgeschwindigkeit bestimmt. Ist das Erz vor Reaktionsbeginn weitgehend porenfrei,

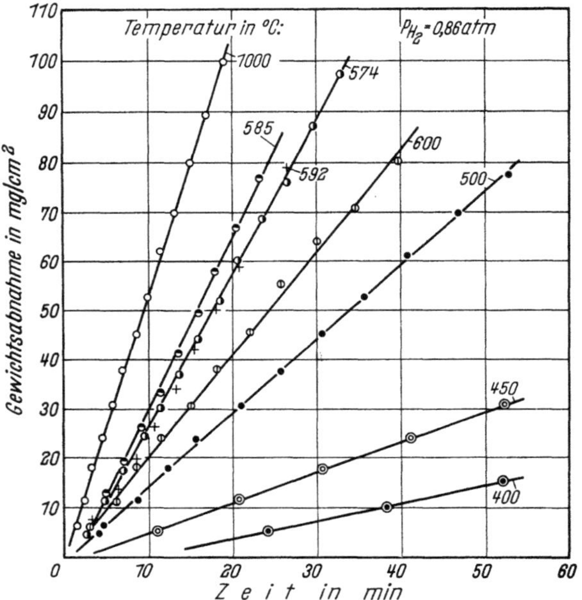

Bild 75. Lineares Zeitgesetz der Phasengrenzreaktion bei der Reduktion von Oxydplatten nach LEWIS und Mitarbeitern[208])

wie es bei den Versuchen von McKEWAN[200, 210]) der Fall war, so muß sich eine scharfe Reaktionsfront zwischen reduzierter und unreduzierter Zone des Erzstücks ausbilden, und erstere muß den Kern des Stückes schalenförmig umgeben.

Die Phasengrenzreaktion kann aber auch zeitbestimmend werden, wenn das Erzstück eine sehr hohe Porigkeit aufweist, so daß das reduzierende Gas an die gesamte innere Oberfläche des Erzstücks ungehemmt herandiffundieren kann. Mikroskopisch läßt sich diese Bedingung daran erkennen, daß im ganzen Querschnitt des Erzstücks eine Bildung der festen Reduktionsprodukte an den Oxydkörnern einsetzt. Die Formeln (6) bis (8) sind

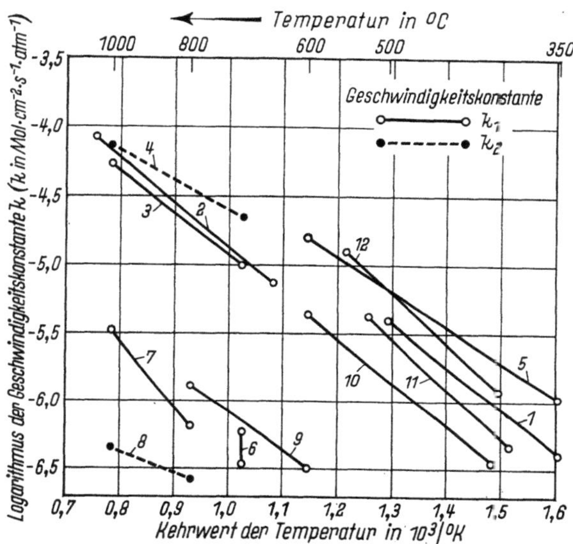

Bild 76. Geschwindigkeitskonstanten k_1 und k_2 für die Reduktion von Eisenoxyden mit Wasserstoff

1, 2, 3, 4 nach MCKEWAN, *5* nach HOCKINGS, *6* nach KOHL, *7, 8* nach ULRICH, *9* nach KNACKE, *10* nach QUETS, WANSWORTH, *11, 12* nach LEHMANN, HEDDEN, *11* Reduktion von Magnetit mit H_2, *12* Reduktion von Hämatit mit H_2

auch in diesem Fall anwendbar, jedoch bedeutet r_0 hier den Radius der Erzkörner. Vom Radius des Erzstücks wird die Reduktiongeschwindigkeit damit also unabhängig[211]).

In Bild 76 sind Meßwerte von k_1 und k_2 gemäß Formel (3) für die Reduktion von Hämatit, Magnetit und Wüstit mit *Wasserstoff* logarithmisch gegen den Kehrwert der absoluten Temperatur aufgetragen. Alle Geschwindigkeitskonstanten sind auf die Dimension Mol·cm⁻²·sec⁻¹·atm⁻¹ umgerechnet. Da sie in den Originalarbeiten teilweise andere Dimensionen haben, teilweise auch auf Gaskonzentrationen bezogen sind und nicht auf Gasdrücke, können sich sowohl k_0 als auch A in der Formel

$$k = k_0 \exp - \frac{A}{RT}$$

hier von den Angaben der Verfasser unterscheiden. Zudem ergab die Auswertung der Veröffentlichungen teilweise Abweichungen zwischen Bildern, Tafeln und Text oder der Bilder untereinander.

9*

Für die Reduktion von Hämatit zu Eisen mit reinem Wasserstoff unterhalb 550 °C gilt nach McKewan[210])

$$k_1 = 6{,}5 \cdot 10^{-2} \exp - \frac{14\,780}{RT} \; \frac{\text{Mol}}{\text{cm}^2 \text{ sec atm}} \, ,$$

im gleichen Temperaturbereich nach Hockings[212]) für zwei verschiedene Hämatite

$$k_1 = 1{,}4 \cdot 10^{-2} \exp - \frac{11\,790}{RT} \; \frac{\text{Mol}}{\text{cm}^2 \text{ sec atm}} \, ,$$

$$k_1 = 2{,}1 \cdot 10^{-2} \exp - \frac{11\,710}{RT} \; \frac{\text{Mol}}{\text{cm}^2 \text{ sec atm}} \, .$$

Für die Reduktion von Hämatit zu Eisen oberhalb 550 °C gibt McKewan[200]) die Werte

$$k_1 = 2{,}3 \cdot 10^{-2} \exp - \frac{14\,700}{RT} \; \frac{\text{Mol}}{\text{cm}^2 \text{ sec atm}}$$

und

$$k_1 = 1{,}4 \cdot 10^{-2} \exp - \frac{13\,880}{RT} \; \frac{\text{Mol}}{\text{cm}^2 \text{ sec atm}} \, ,$$

$$k_2 = 0{,}33 \cdot 10^{-2} \exp - \frac{9660}{RT} \; \frac{\text{Mol}}{\text{cm}^2 \text{ sec atm}}$$

an.

Für die Wasserstoffreduktion des Magnetits zum Eisen gilt nach den Werten von Lewis und Mitarbeitern[208])

$$k_1 = 2{,}0 \cdot 10^{-2} \exp - \frac{14\,600}{RT} \; \frac{\text{Mol}}{\text{cm}^2 \text{ sec atm}}$$

und nach McKewan[213])

$$k_1 = 1{,}3 \cdot 10^{-2} \exp - \frac{13\,600}{RT} \; \frac{\text{Mol}}{\text{cm}^2 \text{ sec atm}} \, .$$

Die Ergebnisse der Messungen der Reduktion von Hämatit und Magnetit zu Eisen mit Wasserstoff von Hedden und Mitarbeitern[214]) sind, soweit sie bei 1 atm Wasserstoffdruck und ohne Zusatz von Wasserdampf durchgeführt wurden, gleichfalls in Bild 76 aufgenommen.

Eine Berechnung des k_1-Wertes erfolgte nicht, da hier eine andere Reaktionsordnung gefunden wurde.

Für die Reduktion von Wüstit zu Eisen mit Wasserstoff maß Knacke[203])

$$k_1 = 6{,}4 \cdot 10^{-4} \exp - \frac{13\,240}{RT} \; \frac{\text{Mol}}{\text{cm}^2 \text{ sec atm}} \, .$$

Die Meßwerte, die H. K. Kohl[205]) bei der Reduktion von Wüstit in trockenem Wasserstoff im Temperaturbereich von 950 bis 1200 °C erhielt, lassen sich durch

$$k_1 = 2 \;\; 10^{-3} \exp - \frac{12\,700}{RT} \; \frac{\text{Mol}}{\text{cm}^2 \text{ sec atm}}$$

wiedergeben.

In allen bisher angeführten Messungen wurde bis zum Eisen reduziert, und es ist anzunehmen, daß nach einer kurzen Anlaufzeit bei Temperaturen oberhalb 600 °C der Sauerstoffausbau an der Dreiphasengrenze Gas/Wüstit/Eisen erfolgte. Abgesehen von der Übersättigung, die für das Wachstum der Metallphase in einiger Entfernung vom Metallkeim erforderlich und deren genauer Betrag unbekannt ist, kann also in erster Näherung angenommen werden, daß bei diesen Messungen das reduzierende Gas

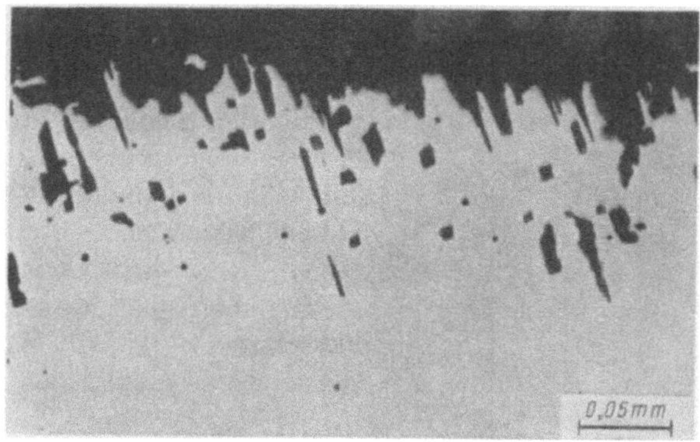

Bild 77. Oberflächenaufrauhung bei der Reduktion von Magnetit zu Wüstit mit Wasserstoff[145]), Vergrößerung 200:1; Reduktionstemperatur 1000 °C; Gaszusammensetzung $H_2/H_2O = 1$; Gesamtdruck $P = 31$ (Torr)

mit eisengesättigtem Wüstit reagierte. Die Übereinstimmung der meisten der Ergebnisse und der geringe Unterschied zwischen Reduktion von Hämatit und Magnetit erstaunt daher nicht. Es fällt aber auf, daß die von KNACKE und von KOHL gemessenen Reduktionsgeschwindigkeiten von Wüstit zu Eisen erheblich geringer sind. Dieser Unterschied legt die Annahme nahe, daß bei der Reduktion der höheren Oxyde Effekte auftreten, die bei der Wüstitreduktion fehlen. Besonders ist hier an die bei der Reduktion von Magnetit zu Eisen und zu Wüstit beobachtete[145]) Oberflächenvergrößerung zu denken, die durch die Leerstellendiffusion durch den Wüstit und die Beeinflussung der Phasengrenzreaktion durch die Leerstellenkonzentration zustande kommt, vgl. S. 76.

Bei der Reduktion von Wüstit tritt diese Erscheinung auch auf, wenn bei Versuchsbeginn hohe Leerstellengehalte vorliegen[209]), jedoch wird der Leerstellenüberschuß hier zu Versuchsbeginn abgebaut, und die anfänglich aufgerauhte Oberfläche kann beim Fortschreiten der Reduktion wieder eingeebnet werden. Bild 77 zeigt den Querschliff durch eine Magnetitprobe mit Wüstitschicht und Oberflächenaufrauhung.

Nach neueren Untersuchungen von McKewan[215]) ist jedoch anzunehmen, daß die bei seinen Experimenten auf dem Fe_2O_3 gebildeten Schichten aus Wüstit und Magnetit porös waren, und das Gas bis zum Hämatit durch Porendiffusion eindringen konnte. McKewan stellte nämlich anhand von Schliffbildern fest, daß sich bei seinen Versuchen Wüstit- und Magnetitschichten von erheblicher und im Laufe der Versuche ansteigender Dicke bildeten. Bei 900 °C und in reinem Wasserstoff von 1 atm wuchs z. B. die Wüstitschicht mit einer Geschwindigkeit von etwa $2 \cdot 10^{-4}$ cm · sec^{-1}, die Magnetitschicht mit einer Geschwindigkeit in der gleichen Größenordnung, s. Bild 78. Bei Versuchsende waren die Schichten also mehr als 10^{-2} cm dick. Für diese Schichtdicke läßt sich aber aus den Werten für den Diffusionskoeffizienten der Leerstellen $D_{|Fe^{2+}|''}$ und den Gleichgewichtskonzentrationen der Leerstellen an den Phasengrenzen Wüstit/Magnetit y_i und Wüstit/Eisen y_a mit der Beziehung

$$\frac{d\,l_{FeO}}{dt} = j_{Fe}^{FeO} \cdot 4\,V_M^{FeO}$$

$$= \frac{12\,D_{|Fe^{2+}|''}}{l}\,(y_i - y_a)$$

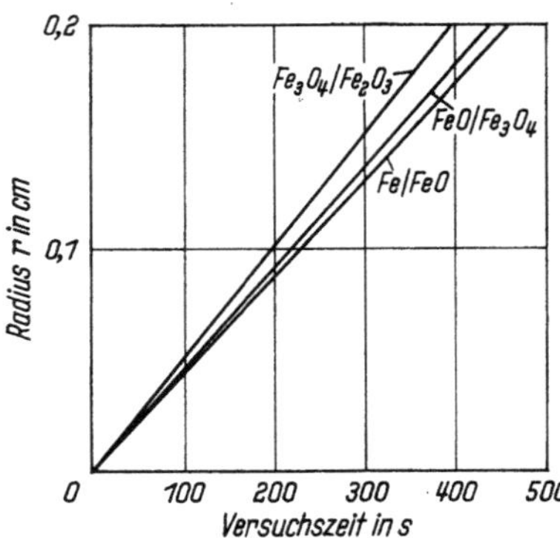

Bild 78. Wanderung der Phasengrenzen Fe/FeO, FeO/Fe$_3$O$_4$ und Fe$_3$O$_4$/Fe$_2$O$_3$ bei Reduktion von dichten Hämatitpellets in reinem Wasserstoff von 1 atm bei 900 °C nach McKewan[215])

berechnen, daß die Wanderung der Phasengrenze Wüstit/Magnetit durch Festkörperdiffusion nur mit etwa $5 \cdot 10^{-5}$ cm · sec^{-1} erfolgen konnte.

McKewan bestimmte dagegen nach Bild 78 eine Wanderungsgeschwindigkeit von 0,28 mm · min^{-1} oder $5 \cdot 10^{-4}$ cm · sec^{-1}. Für die Wanderung der Phasengrenze Magnetit/Hämatit ergeben sich noch extremere Verhältnisse, da der Diffusionskoeffizient des Eisens im Magnetit noch wesentlich kleiner als im Wüstit ist. Ferner sollten die Schichten des Wüstits und des Magnetits bei der Reduktion von Hämatit zu Eisen eine stationäre Dicke annehmen, wenn ein Stofftransport nur durch Festkörperdiffusion erfolgt. Diese Schichtdicken ergeben sich aus den Beziehungen

$$v = 3 j_{Fe}^{FeO} = 12 j_{Fe}^{Fe_3O_4},$$

s. Abschn. 1.2.7.1, mit Formel (4), S. 86, für den Wüstit zu

$$l_{FeO} = \frac{9\,\Delta y}{V_M^{FeO}}\,\frac{D_{|Fe^{2+}|''}}{k_1\,(p_{H_2} - p_{H_2}^*)}$$

und mit Formel (11), S. 88, für den Magnetit

$$l_{\mathrm{Fe_3O_4}} \approx \frac{36}{V_{\mathrm{M}}^{\mathrm{Fe_3O_4}}} \frac{D_{\mathrm{Fe}}^{*(\mathrm{Fe_3O_4})}}{k_1 \left(p_{\mathrm{H_2}} - p_{\mathrm{H_2}}^{*}\right)}.$$

Mit den Zahlenwerten von S. 88 für die Diffusionskoeffizienten und der von McKEWAN angegebenen Geschwindigkeitskonstanten k_1 ergibt sich für 800 bis 1100 °C

$$l_{\mathrm{FeO}} \approx \frac{0{,}19}{p_{\mathrm{H_2}} - p_{\mathrm{H_2}}^{*}} \exp - \frac{13\,900}{RT},$$

wobei für die Differenz der Leerstellenkonzentration an den Begrenzungsflächen des Wüstits Δy ein konstanter Mittelwert von 0,07 angenommen wurde. Für Magnetit gilt entsprechend

$$l_{\mathrm{Fe_3O_4}} = \frac{315}{p_{\mathrm{H_2}} - p_{\mathrm{H_2}}^{*}} \exp - \frac{41\,000}{RT}.$$

Zahlenwerte der Schichtdicken l für $p_{\mathrm{H_2}}^{*} = 0$ und $p_{\mathrm{H_2}} = 1$, also reinen Wasserstoff von 1 atm, sind in Bild 79 dargestellt. Eine Gegenüberstellung

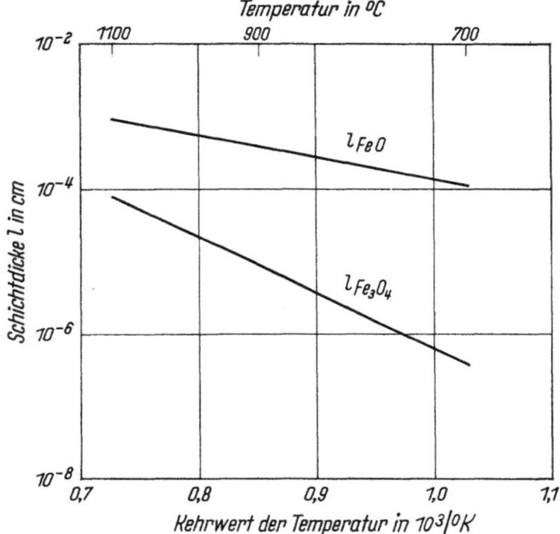

Bild 79. Berechnete Schichtdicken von FeO und Fe_3O_4 bei der Reduktion von Hämatit. Diffusionskoeffizienten nach HIMMEL, BIRCHENALL u. MEHL. Reaktionsgeschwindigkeitskonstante k nach McKEWAN

der Zahlenwerte der Berechnung mit den experimentellen Werten nach Bild 78 ergibt

	berechnet	gemessen bei $t = 400$ sec
l_{FeO}	$4 \cdot 10^{-4}$ cm	$1 \cdot 10^{-2}$ cm
$l_{\mathrm{Fe_3O_4}}$	$8 \cdot 10^{-6}$ cm	$2 \cdot 10^{-2}$ cm.

Besonders für die Magnetitschicht sind die Unterschiede deutlich. Für die Wüstitschicht ergeben sich noch ausgeprägtere Differenzen, wenn man die Werte gegenüberstellt, die für eine Mischung aus 70% Wasserstoff und 30% Wasserdampf gemessen und berechnet sind ($p_{H_2} - p_{H_2}^* = 0{,}2$):

berechnet	gemessen bei $t = 400$ sec
l_{FeO} $2 \cdot 10^{-3}$ cm	$9 \cdot 10^{-2}$ cm
$l_{Fe_3O_4}$ $4 \cdot 10^{-5}$ cm	$2 \cdot 10^{-2}$ cm.

Auch PHILBROOK[228a] kommt zu dem Ergebnis, daß bei den Messungen von McKEWAN nicht allein die Reaktion an einer scharfen Phasengrenze die Geschwindigkeit der Reduktion bestimmten.

In Bild 76 sind ferner die Geschwindigkeitskonstanten der Reduktion von Magnetit zu Wüstit nach den Angaben von ULRICH[145] eingezeichnet:

$$k_1 = 2{,}2 \cdot 10^{-2} \exp - \frac{22\,200}{RT} \; \frac{\text{Mol}}{\text{cm}^2 \text{ sec atm}} ,$$

$$k_2 = 6{,}9 \cdot 10^{-6} \exp - \frac{6900}{RT} \; \frac{\text{Mol}}{\text{cm}^2 \text{ sec atm}} .$$

Die zugehörigen Meßwerte gelten für Reaktionsbeginn, d. h. für sehr geringe Schichtdicken des gebildeten Wüstits. Der Sauerstoffausbau erfolgte hier also aus Wüstit, der mit Magnetit im Gleichgewicht stand. Die Konstante sei daher mit k_{FeO/Fe_3O_4} bezeichnet, zum Unterschied von der z. B. von KNACKE[203] gemessenen Konstanten der Reduktion von Wüstit zu Eisen $k_{FeO/Fe}$. Bei $k \sim a_O$ muß für die Konstanten k_{FeO/Fe_3O_4} und $k_{FeO/Fe}$ gelten:

$$k_{FeO/Fe} = k_{FeO/Fe_3O_4} \exp \frac{4 \Delta G_{FeO} - \Delta G_{Fe_3O_4}}{RT} .$$

Einsetzen der Zahlenwerte aus den Tafeln ergibt

$$k_{FeO/Fe} = 4{,}0 \cdot 10^{-3} \exp - \frac{13\,600}{RT}$$

in guter Übereinstimmung mit dem von KNACKE angegebenen Wert für die Konstante des Sauerstoffausbaus aus Wüstit bei der Reduktion zum Metall.

Als gasförmige Reduktionsmittel für technische Verfahren kommen nur Kohlenoxyd oder Wasserstoff in Betracht. In der Technik spielt *Kohlenoxyd* bisher die beherrschende Rolle, die meisten Laborversuche wurden jedoch mit *Wasserstoff* ausgeführt. Bei vielen der mit CO ausgeführten Untersuchungen kann nicht eindeutig entschieden werden, daß die Phasengrenzreaktion geschwindigkeitsbestimmend war. Sie lassen sich daher für einen Vergleich der Geschwindigkeit der Phasengrenzreaktion bei Reduktion mit H_2 einerseits und mit CO andererseits nicht heranziehen.

Geschwindigkeitskonstanten der Phasengrenzreaktion mit H_2 und mit CO als Reduktionsmittel bestimmte ULRICH[145]) für die Reduktion von Magnetit zu Wüstit. Der Sauerstoffausbau erfolgte bei diesen Versuchen aus Wüstit, der mit Magnetit im Gleichgewicht stand. In Bild 80 sind die

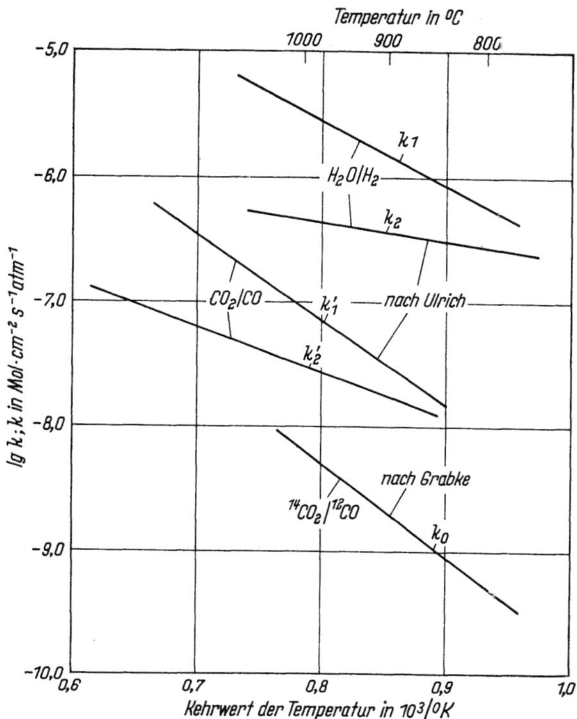

Bild 80. Geschwindigkeitskonstanten der Phasengrenzreaktion Magnetit $\rightleftarrows$ Wüstit k und k' und des Sauerstoffaustausches an Wüstit k_0 in Abhängigkeit vom Kehrwert der absoluten Temperatur

Geschwindigkeitskonstanten der Hin- und Rückreaktion k_1 und k_2 bzw. k_1' und k_2' gemäß den Formeln (3) und (4) dargestellt. Man sieht, daß sich k_1 und k_1' bzw. k_2 und k_2' bei 900 °C jeweils etwa um den Faktor 40 unterscheiden. Die gleiche Differenz der Geschwindigkeitskonstanten k_1' und k_2' läßt sich aus Messungen der Oxydation von Eisen zu Wüstit in CO_2/CO- und H_2O/H_2-Gemischen berechnen[216]). Die Absolutwerte der in den Oxydationsversuchen bestimmten Geschwindigkeitskonstanten können mit den Werten in Bild 80 nicht verglichen werden, da der reagierende Wüstit bei der Reduktion mit Magnetit, bei der Oxydation mit Eisen im Gleichgewicht stand. Zudem stimmen die verschiedenen, in der Literatur angegebenen Werte der Geschwindigkeitskonstanten der Oxydation von Eisen in CO_2/CO-Gemischen[206, 216-218]) auch untereinander nicht überein. Auf einen Vergleich der Zahlenwerte ist daher verzichtet. Dagegen sind die von GRABKE[206]) aus Messungen der Geschwindigkeit des Sauerstoffaustauschs zwischen $^{14}CO_2$ und ^{12}CO an sauerstoffgesättigtem Wüstit berechneten Geschwindigkeitskonstanten der Phasengrenzreaktion in Bild 80 mit eingezeichnet. Sie haben die gleiche Temperaturabhängigkeit wie die Werte von k_1' nach der Messung von ULRICH.

Aus dem Kurvenverlauf in Bild 80 ergibt sich

$$k_1' = 2{,}2 \cdot 10^{-2} \exp - \frac{31\,430}{RT},$$

$$k_2' = 2{,}29 \cdot 10^{-5} \exp - \frac{16\,780}{RT}.$$

Die entsprechenden Beziehungen für k_1 und k_2 sind bereits auf S. 136 angegeben.

Auf den Einfluß des Teil- und Gesamtdrucks der reduzierenden Gasphase wird im Anschluß an den Abschn. 2.5 eingegangen.

2.5. Gekoppelter Ablauf von Phasengrenzreaktion und Diffusion

2.5.1. Phasengrenzreaktion und Diffusion in den Reaktionsendprodukten

In den Abschn. 2.3 und 2.4 waren die Zeitgesetze der Reduktion behandelt worden, die sich ergeben, wenn die Diffusion in den Reaktionsendprodukten oder wenn die Phasengrenzreaktion die langsamsten und damit zeitbestimmenden Vorgänge sind. Verlaufen beide Teilschritte jedoch mit vergleichbarer Geschwindigkeit, so beeinflussen sie auch beide zugleich die Reduktionsgeschwindigkeit, und ihre gegenseitige Wechselwirkung muß berücksichtigt werden.

Da der Reaktionswiderstand der Diffusion mit wachsender Dicke der ausreagierten Außenschale des Erzstücks zunimmt, ändern sich die anteiligen Einflüsse beider Teilschritte auf die Reduktionskinetik mit der Reaktionszeit t bzw. dem Reduktionsgrad $\mathfrak{R}$; ferner hängen sie vom Stückradius r_0 ab.

Die Zeitgesetze, die sich bei überlagertem Einfluß von Phasengrenzreaktion und Diffusion in den Reaktionsendprodukten ergeben, haben WEI-KAO LU[219]) und SETH und ROSS[220]) abgeleitet. Hierzu werden die

Formel (5) aus Abschn. 2.3 in der Form

$$\dot{\Re} = \frac{3\,D^P\,(p^0 - p')}{r_0^2\,d_0\,[(1 - \Re)^{-1/3} - 1]\,RT} \tag{1}$$

und Formel (6) aus Abschn. 2.4 in der Form

$$\dot{\Re} = \frac{3\,k_1}{r_0\,d_0}\,(1 - \Re)^{2/3}\,(p' - p^*) \tag{2}$$

gleichgesetzt. Mit p^0, p' und p^* sind die Teildrücke der reduzierenden Komponente an der Stückoberfläche, an der Phasengrenze zwischen unreduziertem Kern des Erzes und dem Reaktionsendprodukt und der Gleichgewichtsdruck bezeichnet. Die Größe p' wird eliminiert. Dann ergibt sich

$$\dot{\Re} = \frac{3\,D^P\,k_1\,(1 - \Re)^{2/3}\,(p^0 - p^*)}{d_0\,r_0\,D^P + d_0\,r_0^2\,k_1\,[(1 - \Re)^{1/3} - (1 - \Re)^{2/3}]\,RT}\,. \tag{3}$$

Formel (3) enthält entsprechend der Ableitung als Grenzfall für $d_0\,D^P \ll r_0\,k_1$, also für Überwiegen der Diffusionshemmung, den Ausdruck (5) in Abschn. 2.3. Bei überwiegender Hemmung der Phasengrenzreaktion ergibt sich erwartungsgemäß mit $d_0\,D^P \gg r_0\,k_1$ die Formel (6) in Abschn. 2.4.

Durch Integration von (3) findet man

$$\frac{k_1}{r_0\,d_0}\,(p^0 - p^*)\,t = [1 - (1 - \Re)^{1/3}] + \frac{RT\,k_1\,r_0}{D^P}\left[\frac{1}{2} - \frac{\Re}{3} - \frac{(1 - \Re)^{2/3}}{2}\right]. \tag{4}$$

Eine Auswertung von Versuchsergebnissen nach den vollständigen Gln. (3) oder (4) ist bisher nicht versucht worden. Bild 81 zeigt eine berechnete Kurve für den Verlauf der Reduktionsgeschwindigkeit mit dem Reduktionsgrad nach Formel (3), die für 900 °C mit den Werten

$$D^P = 3,5 \text{ cm}^2 \cdot \text{sec}^{-1}; \qquad d_0 = 1,5 \text{ g} \cdot \text{cm}^{-3},$$
$$r_0 = 5 \text{ cm}; \qquad p_{H_2} = 1 \text{ atm};$$
$$k_1 = 2,3 \cdot 10^{-5} \text{ g} \cdot \text{cm}^{-2} \cdot \text{sec}^{-1} \cdot \text{atm}^{-1}$$

gilt. Dazu sind die Kurven für zeitbestimmende Diffusion und zeitbestimmende Phasengrenzreaktion mit eingezeichnet. Man sieht, daß die kombinierte Kurve in ihrem Verlauf bei geringen Reduktionsgraden stärker durch die Phasengrenzreaktion, bei höheren Reduktionsgraden dagegen durch die Diffusion bestimmt ist. Mit den gleichen Werten, aber $r_0 = 1$ cm, sind die Kurven in Bild 82 berechnet. Selbst bei diesem geringen Stückhalbmesser ist der Einfluß, den die Diffusion auf die Reduktionsgeschwindigkeit ausübt, noch deutlich zu erkennen.

Definiert man, daß der Übergang von geschwindigkeitsbestimmender Diffusion zu geschwindigkeitsbestimmender Phasengrenzreaktion erfolgt, wenn gerade die Hälfte des zur Verfügung stehenden Teildruckgefälles $p^0 - p^*$ in der Schicht der Reaktionsendprodukte liegt, die andere Hälfte für die Phasengrenzreaktion zur Verfügung steht,

$$p^0 - p' = p' - p^*,$$

so ergibt sich aus den Formeln (1) und (2) für den *kritischen Reduktionsgrad* $\Re^*$, bei dem dieser Übergang erfolgt[221]

$$(1 - \Re^*)^{1/3} - (1 - \Re^*)^{2/3} = \frac{D^p}{RT\,k_1\,r_0} = \Theta. \tag{5}$$

Bild 83 zeigt eine Auftragung des kritischen Reduktionsgrades $\Re^*$ gegen die Kennzahl Θ. Der Bereich von $\Re$, in dem die Diffusion in den Reduktionsendprodukten geschwindigkeitsbestimmend im Sinne der oben gegebe-

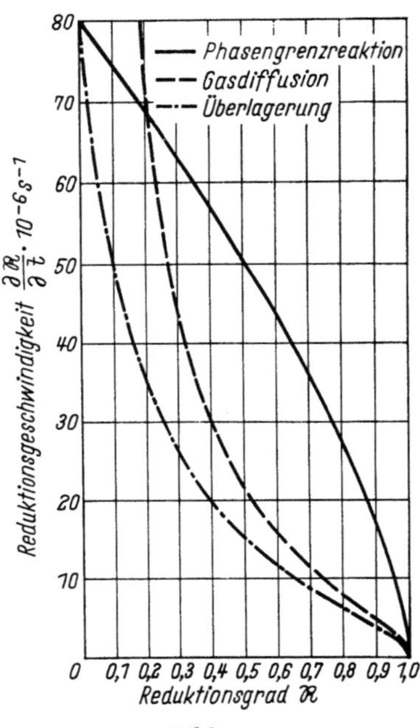

Bild 81
Reduktionsgeschwindigkeit als Funktion des Reduktionsgrades für $r_0 = 5$ [cm]

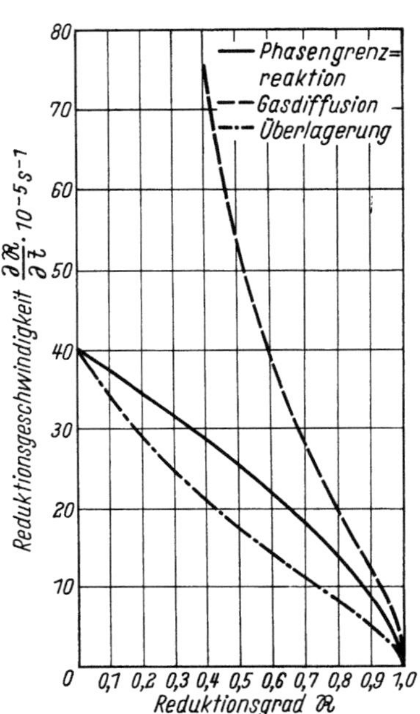

Bild 82
Reduktionsgeschwindigkeit als Funktion des Reduktionsgrades für $r_0 = 1$ [cm]

nen Definition ist, nimmt mit steigenden Werten der Kennzahl Θ ab und ist bei $\Theta = 0{,}25$ abgeschlossen. Mit den für 900 °C gültigen Werten $D_{H_2/H_2O} = 7{,}6$ cm² · sec⁻¹ und $k_1 = 5 \cdot 10^{-5}$ Mol · cm⁻² · sec⁻¹ · atm⁻¹ [222] ergibt sich der Übergang von geschwindigkeitsbestimmender Phasengrenzreaktion zu geschwindigkeitsbestimmender Diffusion bei $\Re = 0{,}875$, wenn

$r_0/\xi\,\gamma$ größer als 6,25 wird, wobei mit γ die Porosität der Schale der Reaktionsendprodukte, mit ξ der Labyrinthfaktor des Porensystems in dieser Schale und mit r_0 der Radius des Erzstücks bezeichnet ist. Bei $r_0/\xi\,\gamma > 12,5$ wird der Bereich geschwindigkeitsbestimmender Diffusion im Sinne der oben gegebenen Definition bereits bei einem Reduktionsgrad $\Re$ von 0,33 erreicht. Mit $\gamma \approx 0,5$ und $\xi \approx 0,2^{223}$) ergäbe sich für den Beginn der geschwindigkeitsbestimmenden Diffusion ein *kritischer Stückradius* $r_0^* = 0,6$ cm für $\Re = 0,825$ und $r_0^* = 1,3$ cm für $\Re = 0,33$. Diese Werte gelten für weitgehend porenfreie Erzstücke, wie sie von McKewan bei seinen Versuchen verwendet wurden, und für Wasserstoff als Reduktionsmittel. Bei porigen Erzen nimmt das Produkt aus Labyrinthfaktor und Porigkeit zwar zu, jedoch weitet sich auch die reagierende Fläche ins Innere des Stückes hinein zu einer mehr oder weniger breiten Reaktionszone aus, so daß der Gesamtumsatz der Phasengrenzreaktion auch zunimmt. Die Einflüsse wirken einander entgegen. Als Anhalt können die angegebenen Werte von r_0^* daher auch für poröse Stücke

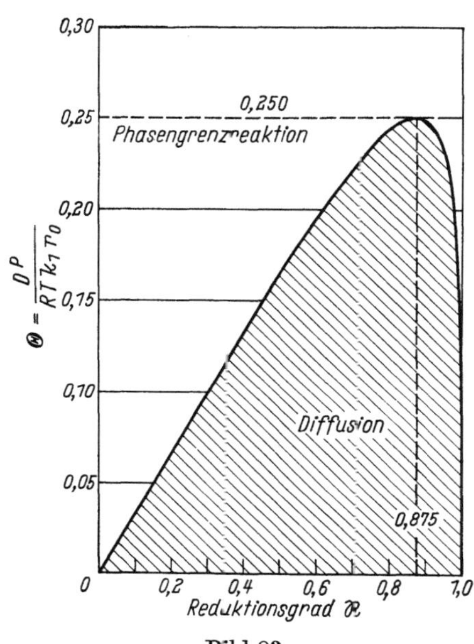

Bild 83
Bereiche der Gasdiffusion und der Phasengrenzreaktion nach PLUSCHKELL[221])

gelten. Bei Reduktion mit Kohlenoxyd gilt ein um den Faktor 4 kleinerer Diffusionskoeffizient, aber die Geschwindigkeitskonstante der Phasengrenzreaktion nimmt nach den Versuchen von ULRICH auf 1/40 ab, so daß der Übergang im Diffusionsgebiet erst bei höheren Stückdurchmessern erfolgen sollte.

SETH und ROSS[186]) werten ihre eigenen Reduktionsversuche an Hämatitpellets in der Weise aus, daß sie die Reduktionszeit t, die zu einem festgelegten Reduktionsgrad $\Re$ gehört, doppeltlogarithmisch gegen den Pellethalbmesser auftragen. Bild 84 zeigt, daß das Steigungsmaß dieser Kurven mit zunehmendem Reduktionsgrad zunimmt. Es sollte bei geschwindigkeitsbestimmender Phasengrenzreaktion nach Formel (7) in Abschn. 2.4 den Wert 1, bei geschwindigkeitsbestimmender Diffusion nach Formel (6) in Abschn. 2.3 den Wert 2 haben. Aus vorangegangenen Messungen und Überlegungen[224]) wurde der gleiche Schluß gezogen. Bei $\Re = 0,1$ finden

Seth und Ross $t \approx r_0^{1,3}$, bei $\Re = 0{,}86\,t \approx r_0^{1,88}$. Dieser Befund steht im Einklang mit den Formeln (4) und (5), Zu beachten ist bei dieser Darstellung, daß der Labyrinthfaktor und die Porigkeit[220,224] mit dem Reduktionsgrad variieren.

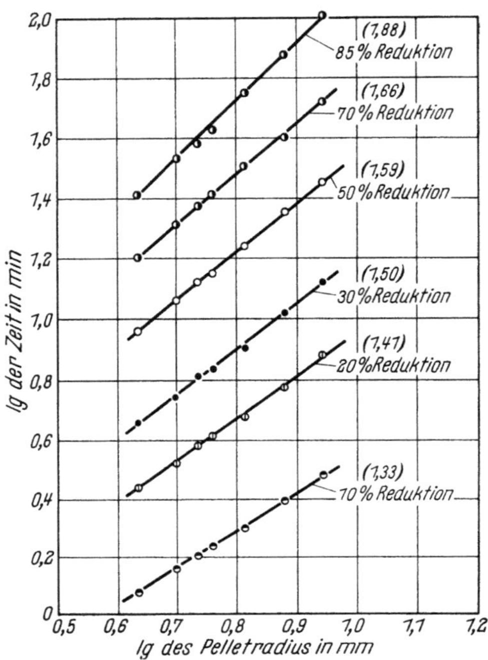

Bild 84. Einfluß von Phasengrenzreaktion und Gasdiffusion auf die Reduktionsgeschwindigkeit. Auswertung von Seth und Ross[186])

Bei konstanten Werten von Porigkeit γ, Labyrinthfaktor ξ und Stückhalbmesser r_0 fällt die Kennzahl Θ nach Formel (5) mit steigendem Gesamtdruck der Gasphase ab, wenn der Teildruck der Reaktionsgase H_2 und H_2O bzw. CO und CO_2 konstant bleibt oder mit dem Gesamtdruck ansteigt. Die Teildrücke wurden bei der Ableitung von Formel (5) eliminiert; nach Formel (11a) in Abschn. 1.2.2 ist der Diffusionskoeffizient umgekehrt proportional dem Gesamtdruck P. Der Übergang ins Diffusionsgebiet muß also um so eher erfolgen, je höher der Gesamtdruck ist.

Auch bei Bildung porenfreier Schichten der Reaktionsendprodukte kann eine gegenseitige Beeinflussung von Phasengrenzreaktion und Diffusion eintreten. Bei der Reduktion von Magnetit zu Wüstit wird eine porenfreie FeO-Schicht gebildet[225]). Die Schicht wächst durch Ausbau von Sauerstoff an der Wüstitoberfläche, Diffusion des freigesetzten Eisens über Leerstellen und Elektronendefektstellen zur Phasengrenze Wüstit/Magnetit und Umwandlung des Magnetits in Wüstit:

$$FeO_1 + H_2 + |Fe^{2+}|'' + 2\,|e|^{\cdot} \rightarrow Fe^{2+}\,|Fe^{2+}| + H_2O,$$

$$Fe_3O_4 + Fe^{2+}\,|Fe^{2+}| \rightleftharpoons 4\,FeO + |Fe^{2+}|'' + 2\,|e|^{\cdot}.$$

Die Diffusionsgeschwindigkeit j und die Geschwindigkeit der Phasengrenzreaktion v müssen gleich sein (wegen des Faktor 3 siehe Abschn. 1.2.7.1, Gl. (4)

$$v = j_{|Fe^{2+}|''} = -3\,D_{|Fe^{2+}|''}\,\frac{d\,c_{|Fe^{2+}|''}}{d\,x} = \frac{3\,D_{|Fe^{2+}|''}}{V_M^{FeO}}\,\frac{y'' - y'}{l}. \tag{6}$$

Mit $D_{|Fe^{2+}|''}$ ist der Diffusionskoeffizient der Leerstellen, mit V_M^{FeO} das Molvolumen des Wüstits und mit l die Schichtdicke bezeichnet; y' und y'' sind die Molenbrüche der Leerstellen an der Wüstitoberfläche und an der Phasengrenze Wüstit/Magnetit. Der Wert von y'' ist konstant, da zwischen den beiden Oxydphasen Gleichgewicht herrscht; y' jedoch muß mit steigender Schichtdicke l abfallen, damit Formel (6) erfüllt ist. Nach Formel (44) in Abschn. 1.2.5 ist v proportional zu $(y')^3$. Hierdurch entsteht die Kopplung von Phasengrenzreaktion und Diffusion. Bild 85 zeigt den nach Formel (6) mit Meßwerten von v und dem bekannten Diffusionskoeffizienten der Leerstellen sowie dem Gleichgewichtswert von y'' berechneten Verlauf von y in einer Wüstitschicht, die bei der Reduktion von Magnetit gebildet wurde[225]). Die eingezeichneten Punkte sind Meßwerte von y, die mit einem elektrochemischen Verfahren[226,227]) bestimmt wurden.

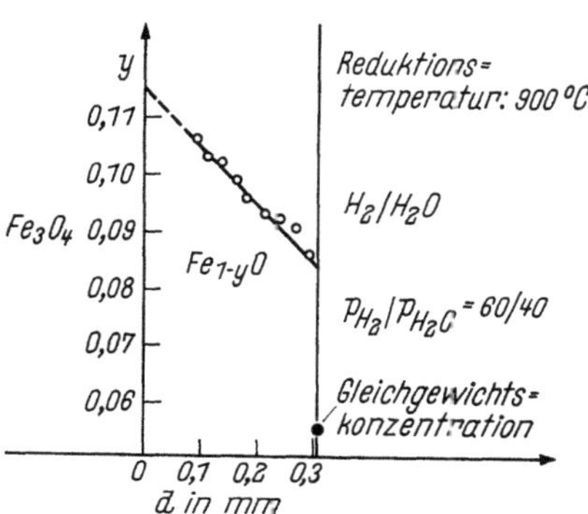

Bild 85. Verlauf des Molenbruchs y der Leerstellen in einer Wüstitschicht, die bei der Reduktion von Magnetit dicht auf diesem aufwächst

R. JESCHAR[228]) gibt eine geschlossene Darstellung der Kinetik der Reduktion dichter Erze. Er berücksichtigt dabei den Einfluß der Gasdiffusion durch die Strömungsgrenzschicht und in den Poren der ausreagierten Reduktionsprodukte sowie der Phasengrenzreaktion. Er geht von der Gleichung

$$j_i = \beta\left(c_i(r_0) - c_i^0\right)$$

für den Stoffübergang des reduzierenden Gases i aus einem Gasraum mit der Konzentration c_i^0 auf eine Erzkugel des Radius r_0 aus. Ferner benutzt er die Formeln (1), Kap. 2.3 und (1), Kap. 2.4. Zur rechnerischen Vereinfachung wird als dimensionslose Zeit die FOURIER-Zahl $Fo = D^P\,t/r_0^2$, als dimensionslose Größe des Stoffübergangs die BIOT-Zahl $Bi = \beta\,r_0/D^P$ und als dimensionsloses, bezogenes Maß der Phasengrenzreaktion die DAMKÖHLER-Zahl $Da = k\,r_0/D^P$ eingeführt. Das Verhältnis k/β, das gleichfalls dimensionslos ist, wird TRAUSTEL-Zahl Tr genannt. Als bezogenes, dimensionsloses Maß des Reaktionsablaufs dient das Verhältnis des Radius der noch unreduzierten Erzkugel r zu ihrem Ausgangsradius $r_0 : \xi = r/r_0$. Diese Größe hängt mit dem Reduktionsgrad $\Re$ über $\Re = 1 - \xi^3$ zusammen. Die Gleichsetzung und Lösung der angegebenen Differentialgleichungen für die Stoffströme j_i und Reaktionsgeschwindigkeit v_i ergibt für den Fortschritt der Reaktion

$$\frac{r_0^2}{D^P}\,\frac{d\xi}{dt} = \frac{d\xi}{dFo} = \frac{c_i^0}{d_0}\,\frac{1}{\xi^2\left(\dfrac{1}{Bi}-1\right)+\xi+\dfrac{1}{Da}}$$

Mit $\xi = 1$ für $Fo = 0$ liefert die Integration

$$\frac{1}{Da}\left[1-(1-\mathfrak{R})^{1/3}\right] + \frac{1}{2}\left[1-(1-\mathfrak{R})^{2/3}\right] - \frac{1}{3}\left(1-\frac{1}{Bi}\right)\mathfrak{R}$$
$$= \frac{c_i^0}{d_0}\,Fo = \frac{c_i^0\,D^P}{d_0\,r_0^2}\,t.$$

Für vollständige Reduktion der Erzkugel, also $R = 1$, gilt der einfache Ausdruck

$$\frac{c_i^0}{d_0}\,(Fo)_{\mathfrak{R}=1} = \frac{1}{6} + \frac{1}{3\,Bi} + \frac{1}{Da}\,.$$

Aus dieser Gleichung lassen sich leicht die entsprechenden Ausdrücke für ungehemmten Stoffübergang durch die Strömungsgrenzschicht und vernachlässigbare Hemmung der Phasengrenzreaktion herleiten. Im ersten Fall fällt wegen $3\,Bi \gg Da$ auf der rechten Seite der Gleichung für $(Fo) = 1$ das Glied $1/Bi$, im zweiten wegen $Da \gg 3$ das Glied $/1Da$ weg. Im übrigen enthalten die von JESCHAR angegebenen Gleichungen als Sonderfälle die im vorangehenden Text abgeleiteten Formeln für den Reduktionsablauf bei vorherrschender Hemmung der Diffusion oder der Phasengrenzreaktion und für die Überlagerung beider Teilvorgänge.

Eine Behandlung der Reduktions-Kinetik, in der gleichfalls die Gasdiffusion durch die Strömungsgrenzschicht sowie in den Poren der ausreagierten Reduktionsprodukte sowie die Phasengrenzreaktion berücksichtigt wird, ist auch von PHILBROOK und Mitarbeitern[228 a)] angegeben worden.

Diese Autoren zeigen ferner, daß auch bei einem nennenswerten Einfluß der Transportvorgänge ein lineares Zeitgesetz für das Vorrücken der Reaktionsfront auftreten kann. Ein solches Zeitgesetz war von McKEWAN[222, 235)] als Beweis für geschwindigkeitsbestimmende Phasengrenzreaktion angesehen worden.

2.5.2. Phasengrenzreaktion und Diffusion in reagierenden Schichten

Bei der Reduktion von Erzstücken mit nennenswerter Porigkeit erfolgt der Sauerstoffausbau aus dem Oxyd in einer Zone, die sich mehr oder weniger weit in das Erzstück hinein erstrecken kann. In diesem Falle sind Phasengrenzreaktion und Diffusion in den Poren des reagierenden Oxyds miteinander gekoppelt.

Über die Theorie der *Gasdiffusion in Poren* bei gleichzeitiger Reaktion ist bereits eine größere Zahl von grundlegenden Arbeiten erschienen, die insbesondere auf THIELE[229]) und ZELDOWITSCH[230]) zurückgehen. Die Theorie kommt zu dem mehrfach experimentell belegten Ergebnis, daß das Temperaturinkrement der Reaktion auf die Hälfte erniedrigt wird, wenn die Porendiffusion geschwindigkeitsbestimmend und weiterhin ein Großteil der inneren Oberfläche des Feststoffs an der Reaktion beteiligt ist.

JOST[231]) diskutierte den Fall, daß nicht die gesamte innere Oberfläche eines unverändert bleibenden Feststoffs (Katalysators) an der Reaktion teilnimmt, sondern daß eine Umsetzung Gas-Feststoff zonal von außen nach innen fortschreitet. Seine Berechnungen basieren auf Untersuchungen von MORAWIETZ[232]) über die Reaktion

$$3\ FeS + 2\ SO_2 \rightarrow Fe_3O_4 + 5/2\ S_2.$$

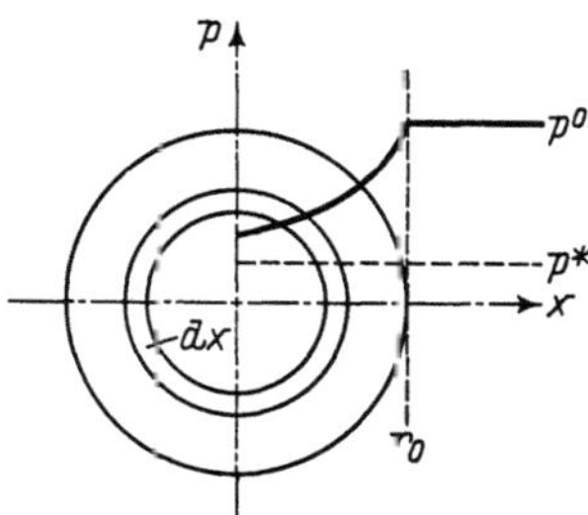

Bild 86. Verlauf des Partialdrucks des reduzierenden Gases bei der Reduktion von porösen Erzstücken

Die Theorie von THIELE[229]) ist für Reaktionen an der Oberfläche poriger Katalysatoren aufgestellt worden, also für den Fall, daß sich der Festkörper bei der Reaktion nicht verändert. WICKE und Mitarbeiter[233]) wiesen jedoch nach, daß sie auch die Vergasung von Kohle und Koks beschreiben kann. Auch auf die Reduktion poriger Erze können die Ansätze von THIELE angewendet werden[234]).

Das Erzstück wird, wie in Bild 86 schematisch dargestellt, als kugelförmig angenommen. Im freien Gasraum, also bei $x > r_0$, herrscht der Teildruck p^0 des reduzierenden Gases. Die Reaktion zwischen Gas und Festkörper verläuft nach der 1. Ordnung bezüglich den Gasdrucken von reduzierender und oxydierter Gaskomponente und ohne Volumenänderung. Für den Umsatz dv in einer Kugelschale der Dicke dx gilt

$$dv = 4\pi\,x^2\,dx\,k_v\big(p(x) - p^*\big), \tag{7}$$

wobei k_v die auf die Volumeneinheit bezogene Geschwindigkeitskonstante ist:

$$k_v = k_1 \frac{V}{F}. \tag{8}$$

V Volumen des Erzstücks
F Größe der reagierenden Oberfläche

Durch die Kugelschale diffundiert das reduzierende Gas in das Stückinnere. Der Diffusionsstrom j ist durch

$$j = -4\pi\,x^2\,D^P\,\frac{1}{RT}\,\frac{d}{dx}\big(p(x) - p^*\big) \tag{9}$$

gegeben. Das Gas diffundiert durch die Poren des reagierenden Festkörpers, der Diffusionsstrom ändert sich daher örtlich:

$$\frac{dj}{dx} = -\,dv. \tag{10}$$

Differentiation von (9) und Einsetzen des Ergebnisses zusammen mit Formel (7) in den Ausdruck (10) liefert

$$RT\,\frac{k_v}{D^P}\,\varDelta p = \frac{\partial^2 \varDelta p}{\partial x^2} + \frac{2}{x}\,\frac{\partial \varDelta p}{\partial x}, \tag{11}$$

mit $\varDelta p = (p(x) - p^*)$. Als Randbedingungen müssen beachtet werden:

$$\frac{\partial \varDelta p}{\partial x} = 0 \quad \text{bei} \quad x = 0 \ (\text{Stückmitte}),$$

$$\varDelta p = \varDelta p^0 = p^0 - p^* \quad \text{bei} \quad x = r_0.$$

Formel (11) hat die Lösung

$$\frac{\varDelta p}{\varDelta p^0} = \frac{r_0}{x}\,\frac{\sinh \sqrt{\dfrac{k_v\,RT}{D^P}}\,x}{\sinh \sqrt{\dfrac{k_v\,RT}{D^P}}\,r_0}. \tag{12}$$

Der Gesamtumsatz im Korn ist

$$v = \int\limits_0^{r_0} dv = \int\limits_0^{r_0} k_v\,\varDelta p\,4\,\pi\,x^2\,dx. \tag{13}$$

Die Integration ergibt

$$v = 4\pi\,r_0^2 \sqrt{\frac{k_v\,RT}{D^P}}\,\frac{D^P}{RT}\,\varDelta p \left[\coth r_0 \sqrt{\frac{k_v\,RT}{D^P}} - \frac{1}{r_0 \sqrt{\dfrac{k_v\,RT}{D^P}}} \right]. \tag{14}$$

Nach THIELE wird ein Ausnutzungsgrad η definiert:

$$\eta = \frac{v}{v_{\max}} = \frac{3}{\varphi}\left(\coth\varphi - \frac{1}{\varphi}\right) \tag{15}$$

mit

$$\varphi = \sqrt{\frac{k_v\,RT}{D^P}}\,r_0. \tag{16}$$

Bei kleinen Werten von k_v und r_0 geht der Ausnutzungsgrad gegen 1:

$$\lim \eta = 1,$$
$$\varphi \to 0.$$

Dann ist der Umsatz im Stück von der Diffusion in den Makroporen nicht beeinflußt, der Gasdruck hat ortsunabhängig den Wert p^0, und die Reaktion wird durch die Phasengrenzreaktion bestimmt, soweit nicht die weiter unten genannten Einschränkungen gelten. Der Gesamtumsatz wird von der Stückgröße unabhängig.

Bei großen Werten des Moduls φ, also großer Geschwindigkeitskonstanten der Phasenreaktion, großen Stückhalbmessern r_0 und kleinen Porendiffusionskoeffizienten D^P geht η gegen $\dfrac{3}{\varphi}$:

$$\lim_{\varphi \to \infty} \eta = \frac{3}{r_0 \sqrt{\dfrac{k_v\,RT}{D^P}}}.$$

Für diese beiden Grenzfälle ergibt sich also mit $v = 4/3\,\pi\,r_0^3\,d_O \cdot \dot{\Re}$

$$\dot{\Re} = \frac{3}{r_0\,d_O} \sqrt{\frac{k_v\,D^P}{RT}}\,\varDelta p \quad \text{für} \quad \varphi \to \infty, \tag{17a}$$

$$\dot{\Re} = \frac{k_v}{d_O}\,\varDelta p \quad \text{für} \quad \varphi \to 0. \tag{17b}$$

Bei großem Stückhalbmesser des Erzes sollte die Reduktionsgeschwindigkeit also proportional dem Kehrwert der Stückgröße r_0 sein und von der Wurzel des Produktes aus der auf das Volumen bezogenen Reaktionsgeschwindigkeitskonstante k_v und dem Porendiffusionskoeffizienten D^P abhängen. Bei kleinen Werten des Stückhalbmessers sollte die Reduktionsgeschwindigkeit dagegen unabhängig von der Stückgröße und allein von der Geschwindigkeit der Phasengrenzreaktion bestimmt sein.

Bei den kleinsten hier eingesetzten Körnungen war entsprechend Formel (17b) die Reduktionsgeschwindigkeit tatsächlich unabhängig vom Stückhalbmesser r_0; diese Versuchswerte wurden zur Berechnung des Wertes von k_v mit Formel (17b) verwendet.

Für die Auswertung von Reduktionsversuchen an porigen Erzstücken nach den oben angegebenen Formeln wurde zunächst angenommen[34]), daß die Diffusion in der ausreagierten Außenschale des Erzstücks ohne Einfluß auf die Reaktionsgeschwindigkeit ist. Für den Reduktionsgrad $\Re$ wurde angesetzt:

$$\Re = \frac{r_0^3(t=0) - r_0^3(t)}{r_0^3(t=0)}.$$

Mit Formel (17a) wurde sodann D^P für die Reduktionsgrade 0,2, 0,4, 0,6 und 0,9 aus gemessenen Werten der Reduktionsgeschwindigkeit $\Re$ berechnet. Tafel 7[234]) zeigt die Ergebnisse und eine Berechnung des Labyrinthfaktors ξ aus den erhaltenen Werten des Porendiffusionskoeffizienten

Tafel 7. *Auswertung von Reduktionsversuchen nach Formel* (17a)

°C	D_{H_2/H_2O}	$\gamma\,(\%)$	$\xi = \dfrac{D^P}{\varepsilon D}$
600	5,94	63	0,056
700	7,19	56	0,20
800	8,58	50	0,40
900	10,04	47	0,38

sowie der Porigkeit γ und aus den bekannten Werten der Gasdiffusionskoeffizienten D.

In Bild 87 sind die mit diesen Werten von D^P rückwärts gerechneten Werte des Moduls φ gegen die aus den Meßwerten bestimmten Aus-

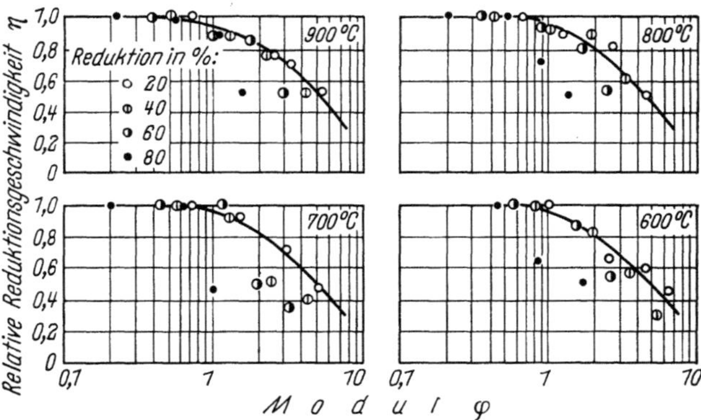

Bild 87. Relative Reduktionsgeschwindigkeit η in Abhängigkeit vom Modul φ, Temperatur und Reduktionsgrad[234]

nutzungsgrade η aufgetragen[234]. Man sieht, daß die Theorie die Versuchsergebnisse in einem vertretbaren Streubereich richtig wiedergibt. Die stark nach unten abweichenden Werte stammen aus Messungen an Pellets mit 30 mm Dmr. Hier fällt $\Re$ mit r_0 stärker ab, als Formel (17a) aussagt. Offenbar macht sich hier bereits die Diffusion in der ausreagierten Eisenschicht bemerkbar. In diesem Fall gilt nach Formel (1) $\dot{\Re} \approx 1/r_0^2$.

Ob bei geringen Stückgrößen allerdings allein die Phasengrenzreaktion die Reduktionsgeschwindigkeit bestimmt, muß auf Grund von Messungen des zugehörigen *Temperaturinkrementes* bezweifelt werden[224]. Bild 88 zeigt Meßergebnisse, aus denen ein Temperaturinkrement von etwa 8 kcal abzulesen ist. Der starke Abfall der inneren Oberfläche,

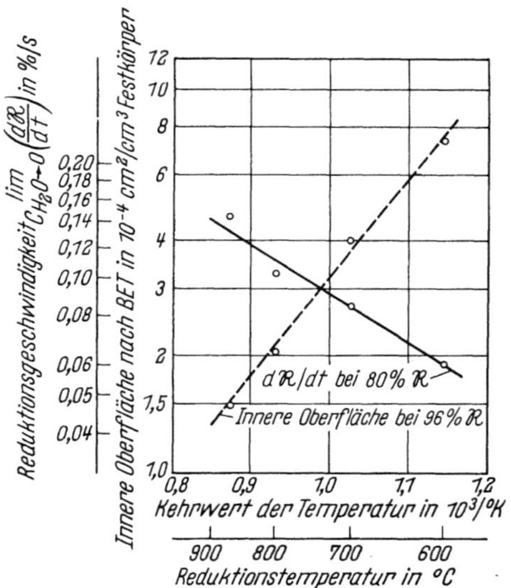

Bild 88. Zusammenhang zwischen Reduktionsgeschwindigkeit, innerer Oberfläche und Reduktionstemperatur[224]

der nach Bild 41, Abschn. 1.2.7.2, mit einer erheblichen Veränderung der Porengeometrie verbunden ist, kann dieses für die Konstante der Phasengrenzreaktion zu geringe Temperaturinkrement allerdings erklären. Rechnet man die Reduktionsgeschwindigkeiten nämlich auf gleiche reagierende Flächen um, so ergibt sich ein Temperaturinkrement von 18,5 kcal/Mol.

Die Reaktionsgeschwindigkeit zeigt jedoch auch nicht den zu erwartenden linearen Zusammenhang mit dem Wasserstoffgesamtdruck, wie Bild 89[224]) erkennen läßt, während nach Bild 90[224]) Proportionalität zwischen Wasserstoffteildruck und Reaktionsgeschwindigkeit herrscht. Bei Wasserstoffdrücken zwischen 1 und 40 atm hatte auch McKewan[235]) bei der Reduktion von Magnetit zwischen 350 und 500 °C starke Abweichungen vom linearen Zusammenhang zwischen Reaktionsgeschwindigkeit und Gasdruck gefunden. Im gleichen Temperaturbereich fanden Hedden und Mitarbeiter[236]) auch keine Proportionalität zwischen Wasserstoffteildruck und Reaktionsgeschwindigkeit.

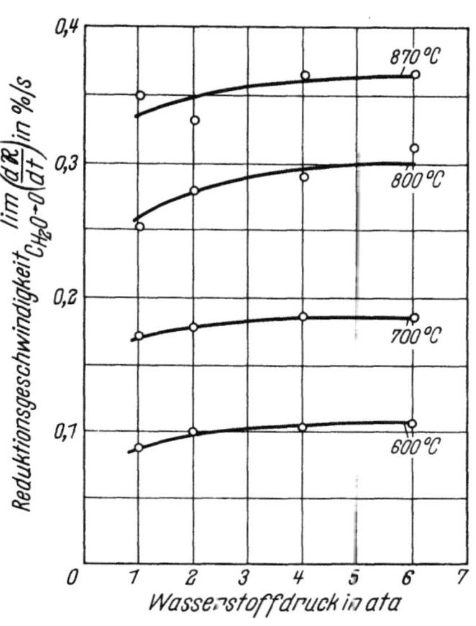

Bild 89. Reduktionsgeschwindigkeit ohne Wasserdampfbemessung für Wüstitpellets von 3 bis 5 mm ⌀, zwischen 20- und 70%iger Reduktion, bei steigendem Gasdruck[224])

In Abschn. 2.4 ist dargelegt, daß nach den Beobachtungen von McKewan bei der Reduktion von Hämatitpellets eine Gasdiffusion in den Poren der Schichten aus Fe_3O_4 und FeO angenommen werden muß. Hier wie bei den Versuchen an porösen Erzen[224]) muß bei der Erörterung der Druckabhängigkeit der Einfluß der Gasdiffusion daher mitberücksichtigt werden.

Diffusion wie Phasengrenzreaktion verlaufen bei konstantem Gesamtdruck mit einer Geschwindigkeit, die proportional dem Teildruck der reagierenden bzw. diffundierenden Gaskomponente ist. Es ist daher einleuchtend, daß — zumindest bei Temperaturen oberhalb 500 °C — fast ausnahmslos Proportionalität zwischen Teildruck und Reduktionsgeschwindigkeit bei konstantem Gesamtdruck gefunden wurde.

Wird der Molenbruch der reduzierenden Komponente des Gases jedoch konstant gehalten und der Gesamtdruck P variiert, so muß die Beziehung $D \approx 1/P$ berücksichtigt werden. Die Geschwindigkeit der Phasengrenzreaktion ist dagegen nur vom Teildruck, nicht vom Gesamtdruck abhängig bzw. die Geschwindigkeitskonstante k ist druckunabhängig. Der Modul φ nach Formel (16) muß daher mit dem Gesamtdruck P ansteigen. Das gleiche gilt für den Kehrwert der Kennzahl Θ gemäß Formel (5) und damit für den Übergang von Phasengrenzreaktion zu Porendiffusion in

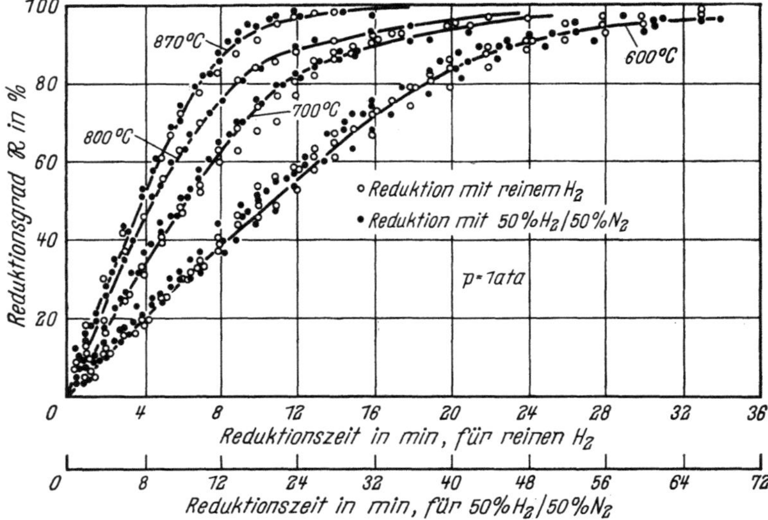

Bild 90. Zeitliche Abhängigkeit des Reduktionsgrades für Wüstitpellets 3 bis 5 mm $\varnothing$ [224])

den Reaktionsendprodukten als geschwindigkeitsbestimmendem Vorgang. Unabhängigkeit der Reduktionsgeschwindigkeit vom Stückhalbmesser r_0 tritt also erst bei um so kleineren kritischen Werten r_0^* ein, je höher der Gasdruck ist, und zwar muß nach Formel (16) $r_0^* \sim 1/\sqrt{P}$, nach Formel (5) $r_0^* \sim 1/P$ gelten.

Andererseits ist darauf hingewiesen worden[237]), daß der Hauptanteil der bei der Reduktion entstehenden Poren nach Bild 41, Abschn. 1.2.7.2, Durchmesser hat, die gerade in der Größenordnung der freien Weglänge des Gasmoleküls bei der Versuchstemperatur und 1 atm Gesamtdruck liegen. Bei Drücken über etwa 1 atm sollte die Diffusion in den Poren daher durch den normalen Mechanismus der Gasdiffusion erfolgen. Bei geschwindigkeitsbestimmender Diffusion bleibt der Gesamtdruck dann aus den dargelegten Gründen ohne Einfluß auf die Reduktionsgeschwindigkeit. Bei geringeren Gesamtdrucken wird jedoch die freie Weglänge der Gasmoleküle größer als der Porendurchmesser, so daß der Transport durch die Poren nun durch Knudsen-Strömung erfolgt. Der *Knudsensche Diffu-*

sionskoeffizient D^K ist nach Abschn. 1.2.2, Formel (28), aber unabhängig vom Gesamtdruck. Ist der Knudsen-Strom in den Poren geschwindigkeitsbestimmend, so muß also die Reduktionsgeschwindigkeit bei geringen Gasdrucken proportional zu Teil- und Gesamtdruck werden, wie es die Ergebnisse der Versuche auch wirklich zeigen.

Einen maßgeblichen Einfluß der Diffusion auf die Geschwindigkeit der Reduktion der porigen Erze muß man also auch bei den Stückgrößen annehmen, bei denen kein Einfluß der Stückgröße auf die Reduktionsgeschwindigkeit mehr beobachtet wird. Dafür spricht auch, daß das Verhältnis der Reduktionsgeschwindigkeiten in Wasserstoff und in Kohlenoxyd bei Werten von r_0 zwischen 3 und 20 mm unabhängig von der Stückgröße ist und zwischen 1,5 und 5 liegt[224]). Dieses Verhältnis entspricht etwa dem Quotienten der Diffusionskoeffizienten $D_{H_2/H_2O}/D_{CO/CO_2}$.

Bei geschwindigkeitsbestimmender Phasengrenzreaktion sollte dagegen ein Verhältnis der Reduktionsgeschwindigkeiten in H_2 und in CO von etwa 40 gefunden werden[225]). Der unterschiedliche Einfluß, den Zusätze von *Wasserstoff* zum Reduktionsgas bei unterschiedlichen Erzen auf die Reduktionsgeschwindigkeit haben[238]), erklärt sich zwanglos durch die unterschiedlichen Anteile von Diffusion und Phasengrenzreaktion am gesamten Reaktionswiderstand und ihre Veränderung mit dem Reduktionsgrad. Auch die starke Wirkung kleiner Wasserstoffzusätze und die geringe Auswirkung einer weiteren Steigerung des Wasserstoffgehaltes, die oft beobachtet wird, läßt sich mit diesem Mechanismus deuten: Die ersten Zusätze steigern besonders die Geschwindigkeit der Phasengrenzreaktion, so daß die Diffusion geschwindigkeitsbestimmend wird und größere Wasserstoffzusätze sich nicht mehr so stark auswirken können. Auch der Ablauf der *Wassergasreaktion*, die zu einer Regenerierung des verbrauchten Wasserstoffs führt, muß in diesem Zusammenhang berücksichtigt werden.

2.5.3. Zusammenfassende Betrachtung der Überlagerungen von Phasengrenzreaktion, Gasströmung, Diffusion in reagierenden Schichten und Diffusion in Reaktionsendprodukten

Der Ablauf der Reduktion der Eisenoxyde ist in den vorangehenden Abschnitten unter dem Gesichtspunkt des oder der geschwindigkeitsbestimmenden Teilvorgänge behandelt worden. Für den Ablauf des technischen Prozesses ist der Einfluß von Stückdurchmesser und Porigkeit des Erzes, den Teildrücken in der Gasphase und der Reaktionstemperatur besonders wichtig. Die Bilder 91 bis 96 zeigen schematisch den Verlauf der Teildrücke p von reduzierender Gaskomponente (Index 1) und oxydiertem Gas (Index 2) bzw. der Sauerstoffaktivität $a_O \approx p_2/p_1$ am Erzstück. Mit p^* sind jeweils die Gleichgewichtswerte bezeichnet. Zudem sind in die

Bilder die Abhängigkeiten der Reduktionsgeschwindigkeit vom Stückdurchmesser d, von den Teildrücken p und der Temperatur T eingetragen.

Bild 91 gilt für den bei Zwangsströmung des Gases technisch kaum bedeutsamen Fall, daß der Stoffübergang durch die Strömungsgrenzschicht die Reaktionsgeschwindigkeit steuert. Die eingetragene Beziehung zwischen der Reduktionsgeschwindigkeit $\Re$ und dem Stückdurchmesser d

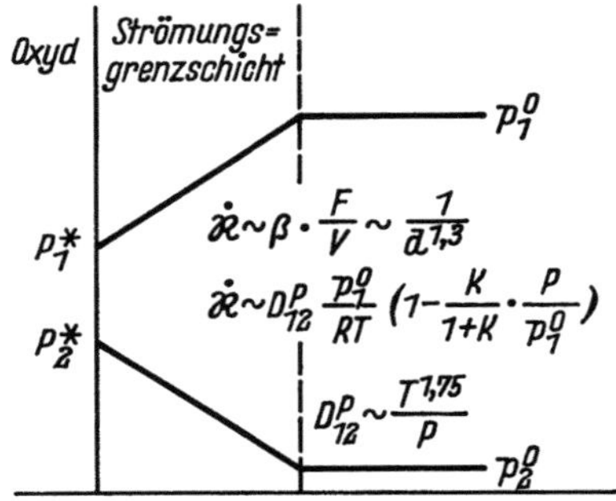

Bild 91. Erzreduktion: Gasdiffusion in der Strömungsgrenzschicht geschwindigkeitsbestimmend

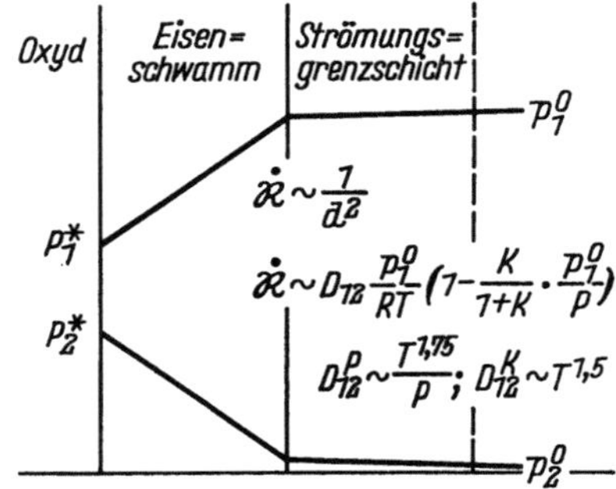

Bild 92. Erzreduktion: Gasdiffusion in den porösen Reduktionsprodukten geschwindigkeitsbestimmend

ergibt sich aus Formel (8 c) in Abschn. 2.2, die Abhängigkeit der Reduktionsgeschwindigkeit von Teil- und Gesamtdruck sowie der Temperatur aus den Grundgesetzen der Gasdiffusion, s. Abschn. 1.2.2.

Bild 92 gibt die Verhältnisse für geschwindigkeitsbestimmende Gasdiffusion in den Poren des gebildeten Eisenschwamms nach den Formeln in Abschn. 2.3 wieder. Dieser Fall tritt, wie dort gezeigt wurde, bei großen Werten des Stückdurchmessers d ein. Der mit D_{12}^K bezeichnete Knudsensche Diffusionskoeffizient, der bei Diffusion in Poren mit Durchmessern kleiner als die freie Weglänge der Gasmoleküle maßgeblich ist, ist unabhängig vom Gesamtdruck P.

Bild 93 stellt den Fall der zeitbestimmenden Festkörperdiffusion in porenfreien Schichten der Reaktionsendprodukte dar. Hier gilt, wie bei der Diffusion in den Poren von Eisenschwamm, die Bezeichnung $\Re \sim 1/d^2$, jedoch ist die Temperaturabhängigkeit der Reaktionsgeschwindigkeit wesentlich größer.

Bei zeitbestimmender Phasengrenzreaktion, Bild 94, ist der Abfall der Teildrücke in der Transportzone gering. Diese Zone setzt sich aus der Strömungsgrenzschicht und den ausreagierten Reaktionsendprodukten zusammen. Die Abhängigkeiten der Reduktionsgeschwindigkeit von Stückdurchmesser d, Teildrücken p und Temperatur T sind in den Abschn. 1.2.5 und 2.4 abgeleitet worden. Die eingeklammerte Formel gilt für verstärkte

Wasserdampfhemmung der Reaktion, wie sie unterhalb 550 °C häufig beobachtet wurde.

Der in Bild 94 behandelte Fall kann bei porenfreien oder sehr porenarmen Erzen kleiner Stückgröße auftreten. Bei stark porigem Erz kleiner

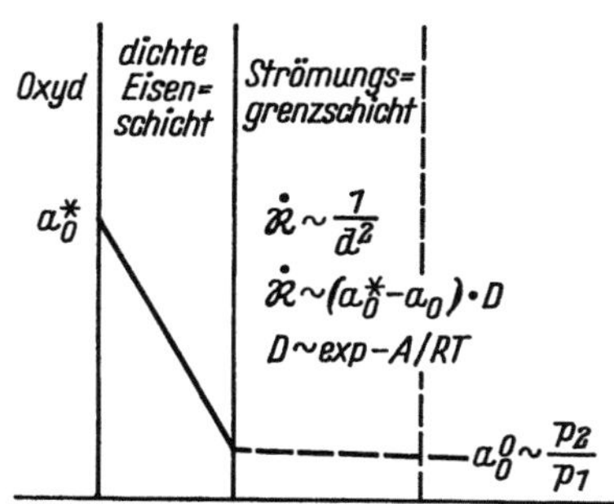

Bild 93. Erzreduktion: Festkörper-Diffusion in porenfreien Reduktionsprodukten geschwindigkeitsbestimmend

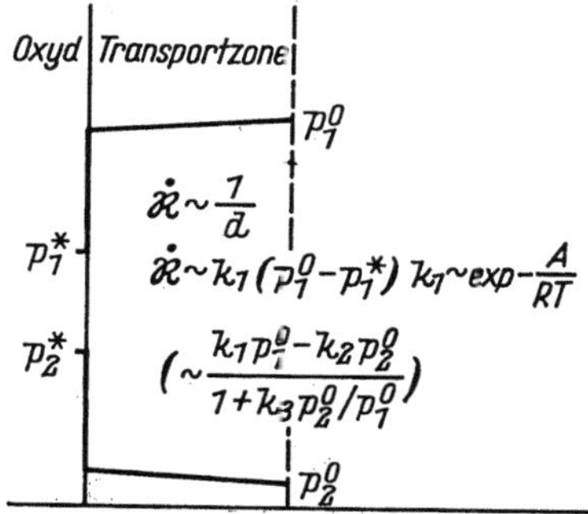

Bild 94. Erzreduktion: Phasengrenzreaktion an der äußeren Oberfläche geschwindigkeitsbestimmend

Stückgröße gelten die gleichen Verhältnisse an der Oberfläche der Körner, die das Stück aufbauen. Der Verlauf der Teildrücke in einem solchen Erzstück ist in Bild 95 wiedergegeben. Mit $\Sigma\, F_i$ ist die dem Gas zugängliche innere Oberfläche des Stückes bezeichnet. Die Reduktionsgeschwindigkeit ist unter diesen Verhältnissen unabhängig vom Stückdurchmesser d.

Bei geringerer Porigkeit oder größerem Stückdurchmesser wirkt sich die Diffusion in den Poren des reagierenden Erzes auf die Reduktionsgeschwindigkeit aus. Im Grenzfall überwiegender Diffusionshemmung gelten die in Bild 96 dargestellten Beziehungen, die sich aus den Formeln (17a) und (17b) in Abschn. 2.5.2 ergeben. Dann wird die Reduktionsgeschwindigkeit umgekehrt proportional der Stückgröße d. Die Temperaturabhängigkeit wird wegen $\dot{\Re} \sim \sqrt{k\,D}$ vornehmlich durch die Konstante der Phasengrenzreaktions-Geschwindigkeit k bestimmt, entspricht aber wegen des Wurzelausdrucks nur der halben scheinbaren Aktivierungsenergie der Phasengrenzreaktion.

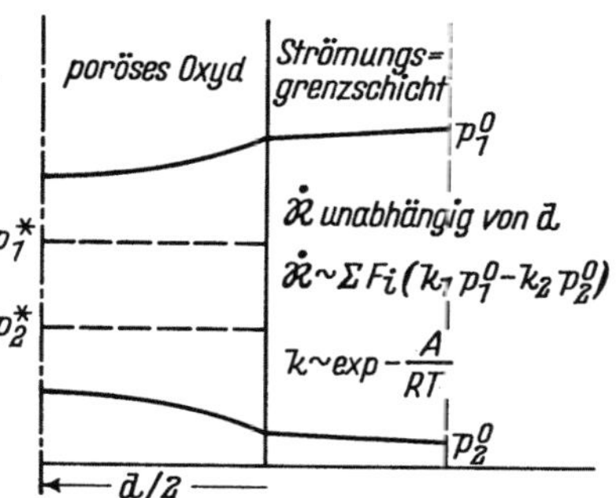

Bild 95. Erzreduktion: Phasengrenzreaktion an der inneren Oberfläche von porösem Erz geschwindigkeitsbestimmend

In Bild 97[239]) sind die wichtigsten, in den Bildern 92, 93, 95 und 96 behandelten Fälle noch einmal zusammengefaßt, wobei auch die Übergänge zwischen den einzelnen Verhaltensweisen berücksichtigt sind. Im oberen Bildteil sind die auftretenden Strukturen und der Verlauf der Teildrücke bzw. Konzentrationen, im unteren Bildteil die Abhängigkeiten der Reduktionsgeschwindigkeit vom Stückdurchmesser d graphisch und formelmäßig dargestellt. Die graphische Darstellung ist in Bild 98[239]) bis zu den Stückgrößen erweitert, bei denen die Diffusionshemmung völlig

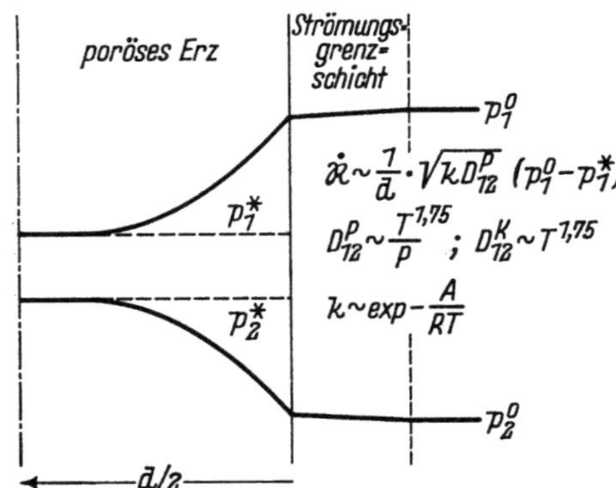

Bild 96. Erzreduktion: Diffusion und Phasengrenzreaktion in porösem Erz geschwindigkeitsbestimmend

verschwindet und damit die Phasengrenzreaktion geschwindigkeitsbestimmend wird. Die in diesen Bildern schematisch dargestellte Abhängigkeit der Reduktionsgeschwindigkeit $\dot{\Re}$ von der Stückgröße ist experimentell vielfach belegt[239, 240]).

Die Abhängigkeit der Reduktionsgeschwindigkeit vom Reduktionsgrad wird gleichfalls vom geschwindigkeitsbestimmenden Teilvorgang festgelegt. Bei geschwindigkeitsbestimmender Phasengrenzreaktion gilt für kugelförmige Erzstücke $\dot{\Re} \sim (1 - \Re)^{2/3}$, bei geschwindigkeitsbestimmender Diffusion des Gases in Poren der ausreagierten Endprodukte $\dot{\Re} \sim (1 - \Re)^{1/3} / 1 - (1 - \Re)^{1/3}$, vgl. die Formeln (1) und (2) in Abschn. 2.5.1. Wie an dieser Stelle gezeigt, kann mit fortschreitender Reduktion ein Übergang von geschwindigkeitsbestimmender Phasengrenzreaktion zu geschwindigkeitsbestimmender Diffusion eintreten, so daß der Gesamtverlauf der Reduktionsgeschwindigkeit mit dem Reduktionsgrad einer Kombination beider Formeln entspricht. Die resultierende Kurve ist nach Bild 82, Abschn. 2.5.1, unter bestimmten Voraussetzungen fast geradlinig und entspricht damit formal dem Zeitgesetz 1. Ordnung $\dot{\Re} \sim (1 - \Re)$. In Bild 99 sind diese

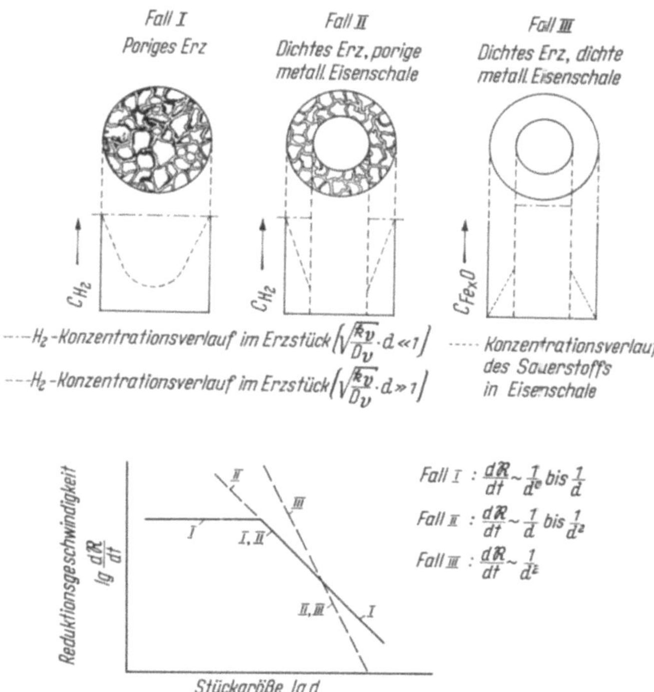

Bild 97. Erzgefüge und Metallbildung (schematisch)[239]

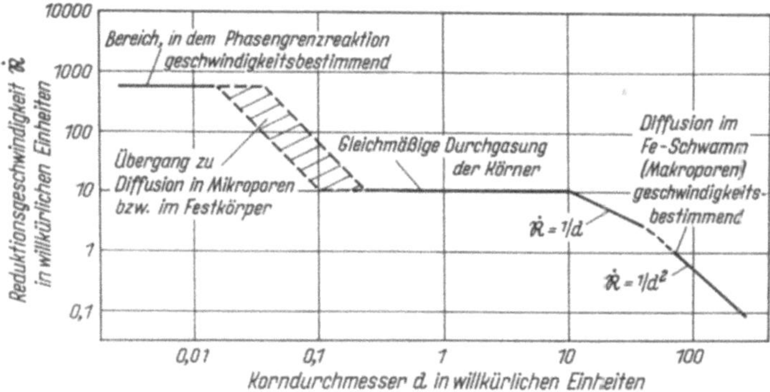

Bild 98. Reduktionsgeschwindigkeit $\dot{R}$ poröser Erze in Abhängigkeit von der Körnung d (schematisch)[239]

drei Zeitgesetze noch einmal zusammengestellt. Das Zeitgesetz $\dot{\Re} \sim (1-\Re)$ ist experimentell bei der Erzreduktion häufig festgestellt worden[241-244].

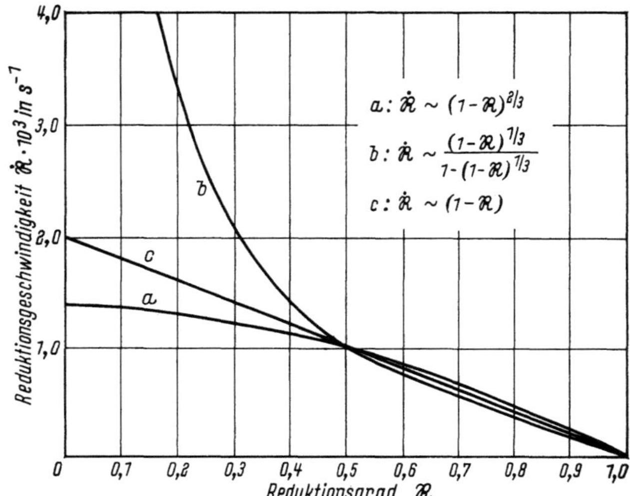

Bild 99. Reduktionsgrad und Reduktionsgeschwindigkeit

2.6. Beobachtungen von Keimbildung und Keimwachstum

Durch den Sauerstoffausbau aus der Oxydoberfläche tritt eine örtliche Veränderung des Me/O-Verhältnisses auf. Wegen der begrenzten Phasenbreite der Oxyde kann nur eine mehr oder minder geringe Menge des frei werdenden Metalls von der Oxydphase aufgenommen werden. Nach Erreichen einer bestimmten Übersättigung muß sich daher an der Oxydoberfläche *Metall* oder ein *niederes Oxyd* ausscheiden. Die erste Ausscheidung erfolgt in Form einzelner *Keime*. Zahl und Verteilung der Keime hängt zunächst von der Oberflächenstruktur des Oxyds ab. Für das *Keimwachstum* ist ein Transport von Metall vom Ort des Sauerstoffausbaus zum Keim notwendig; er erfolgt durch Diffusion von Metallionen und Elektronen durch das Oxydgitter oder entlang der Oberfläche. Die Geschwindigkeit des Sauerstoffausbaus einerseits und der Metalldiffusion andererseits entscheiden, ob im Bereich zwischen den primär gebildeten Keimen die für die Bildung weiterer Keime notwendige Übersättigung an Metall aufgebaut wird und die *Keimdichte* damit anwächst. Keimdichte, Keimform und Art des Keimwachstums entscheiden darüber, ob die Keime zu einer deckenden Schicht der neuen Phase zusammenwachsen, die das Grundoxyd von der Gasphase abtrennt oder ob die neue Phase als Schwamm auf dem Oxyd aufwächst, durch dessen Poren das Gas weiterhin unmittelbaren Zutritt zur Ausgangsphase hat[245]). Bei der Reduktion bis zum Metall wird zumeist die Bildung eines porigen *Eisenschwamms* beobachtet. Bei der Reduktion mit Wasserstoff wurde jedoch in einigen Untersuchungen[246-249]) die Bildung dichter, porenfreier *Eisenschichten*

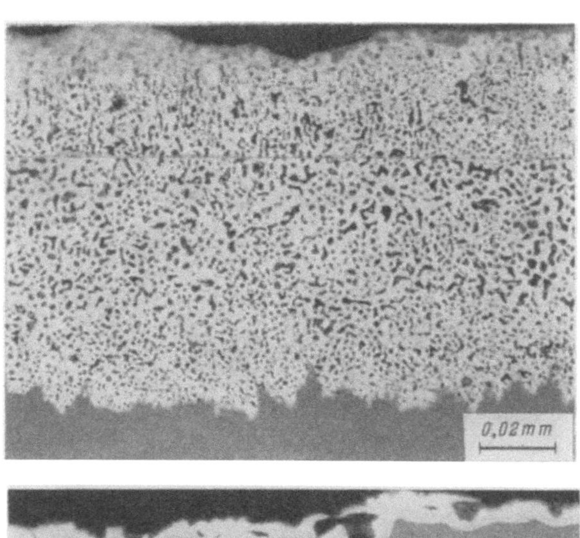
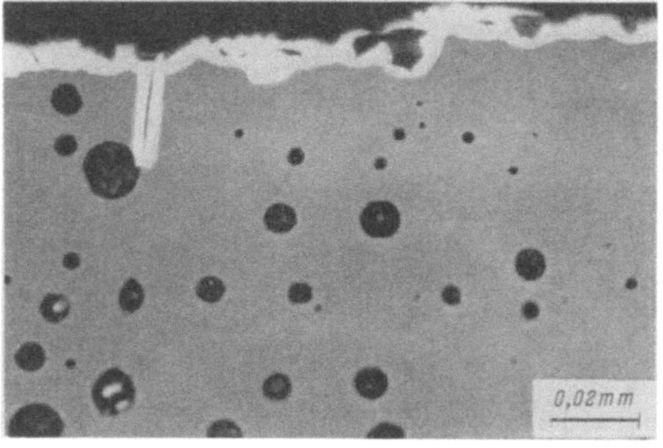

Bild 100. Eisenschwamm und porenfreier Eisenfilm auf anreduziertem Wüstit[248])

beobachtet. Dabei konnte auch das gleichzeitige Auftreten des Eisens in den beiden Formen auf verschiedenen Seiten von Oxydplättchen nachgewiesen und wahrscheinlich gemacht werden, daß Verunreinigungen die Keimbildung beeinflussen. Bild 100 zeigt die verschiedene Form der Ausbildung der Metallphase auf synthetischen Oxydproben; Bild 101 bei der Reduktion natürlicher Erze.

GRABKE[251]) führte Messungen über den Sauerstoffaustausch an Eisen und Eisenoxyden im Verlaufe der Reduktion von Magnetit zu Wüstit und von Wüstit zu Eisen durch, s. Abschn. 1.2.5. Sie ließen auf Grund der unter-

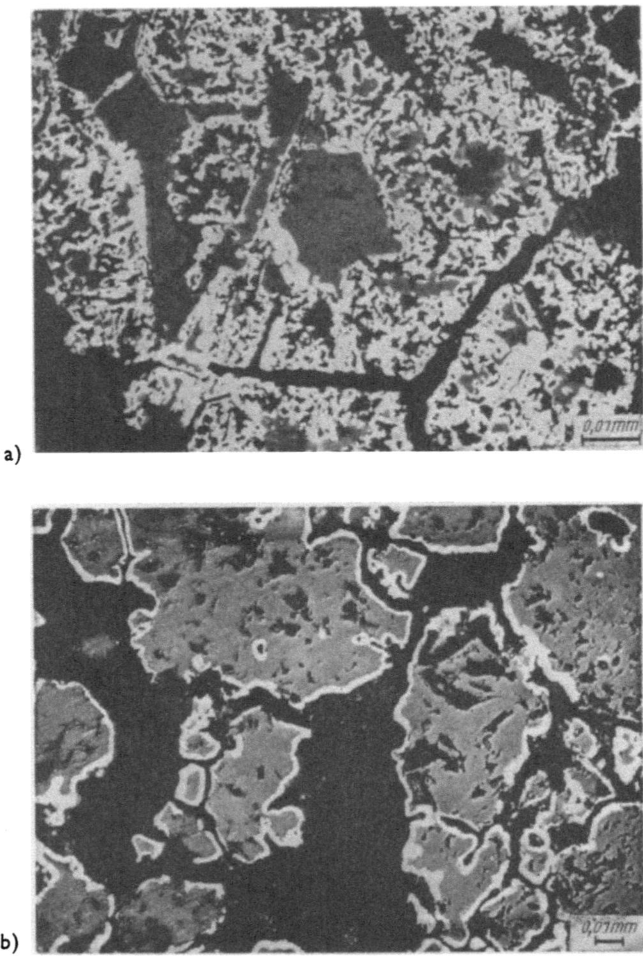

a)

b)

Bild 101 a u. b. Struktur metallischen Eisens
a) bei leicht reduzierbarem hämatitischem Erz (750:1, Original 850:1)
b) bei schwer reduzierbarem magnetischem Erz (rd. 400:1, Original 450:1)

schiedlichen Austauschaktivitäten der einzelnen Oxyde bzw. des Eisens und durch Vergleich mit Werten, die an glatten, kompakten Metall- und Oxydproben erhalten wurden, folgende Schlüsse auf den Bildungs- mechanismus der Reduktionsprodukte zu: Wüstit wächst bei der Reduktion von Magnetit mit CO als porenfreie Schicht auf dem Fe_3O_4 auf. Bei der Reduktion von Wüstit entstehen zunächst isolierte Eisenkeime, die sich auf der Oxydoberfläche ausbreiten, sich schließlich gegenseitig berühren und zu einer dichten, porenfreien Eisenschicht zusammenwachsen.

Bei der Reduktion poriger Erze werden häufig nadelförmige Metallkristalle beobachtet, die in die Oxydkörner hineinwachsen. Da der Sauerstoffausbau nur an der Phasengrenze Oxyd/Gas erfolgen kann, ist für ihr Wachstum eine Gitter- oder Korngrenzdiffusion des Eisens von der Oxydoberfläche zu den Wachstumsstellen des Metallkristalls erforderlich. Als Triebkraft des Diffusionsvorgangs muß eine Eisenaktivität $a_{Fe} > 1$ an der Oxydoberfläche angenommen werden. Die Ausscheidung des Metalls im Oxyd bewirkt Spannungen, die zum Aufbrechen der Körner und damit zur Bildung neuer Oberfläche führen können. Auch an den Porenoberflächen der Erze bewirkt die Keimbildung und das Keimwachstum der Metallphase Volumenänderungen und damit Veränderungen der Porenstruktur[245]).

Eine Übersättigung des Oxyds an Eisen als Voraussetzung für das Eintreten der Keimbildung der Metallphase wirkt auf die Kinetik der Reduktion ein, da Metall- und Sauerstoffaktivität in einem Oxyd der Zusammensetzung Fe_nO_m über die Beziehung

$$a_{Fe}^n \, a_O^m = \text{const}$$

miteinander verknüpft sind. Ein Anstieg der Metallaktivität bewirkt also eine Verminderung der Sauerstoffaktivität der Oxydphase. Diese Veränderung der Sauerstoffaktivität wirkt nach Formel (40) auf S. 73 auf die Geschwindigkeit der Phasengrenzreaktion ein.

Bei der Reduktion von hochporigen Hämatittabletten stellte SCHÄFER[252]) bei Temperaturen um 350 °C den in Bild 102 gezeigten Verlauf der Abbaugeschwindigkeit $d\,(O/Fe)\,dt$ mit dem Reduktionsgrad O/Fe fest. Bei $O/Fe \approx 1{,}33$ liegt ein Minimum der Reduktionsgeschwindigkeit. Röntgenographisch wurde nachgewiesen, daß die Tabletten vor dem Minimum kein metallisches Eisen, hinter dem Minimum keinen Hämatit enthalten. Das Minimum tritt also auf, wenn die Probe völlig zu Magnetit reduziert ist. SCHÄFER deutet den Abfall der Reduktionsgeschwindigkeit und das Fehlen von Eisen vor dem Minimum mit der Annahme, daß in der Tablette im Gas ein vergleichsweise hoher Wasserdampfteildruck bzw. eine hohe Sauerstoffaktivität vorliegt, solange noch Hämatit reduziert wird. Bei dieser hohen Sauerstoffaktivität erreicht der Magnetit nicht die Übersättigung an Eisen, die für eine Eisenkeimbildung erforderlich wäre. Erst nach Abbau des ganzen Hämatits fällt der Wasserdampfgehalt des Gases in den Poren so weit ab, daß die Eisenaktivität des Magnetits zur Keimbildung ausreicht. Der langsame Anstieg der Reduktionsgeschwindigkeit wird auf einen langsamen Anstieg der Keimzahlen zurückgeführt.

Im Einklang mit dieser Deutung wird das Minimum der Reduktionskurven bei $O/Fe = 4/3$ ausgeprägter, wenn dem reduzierenden Gas Wasserdampf zugesetzt wird. Erreicht das Wasserdampf-Wasserstoff-Verhältnis etwa 80% des Gleichgewichtswertes für Magnetit und Eisen, so hört die Reduktion bei $O/Fe = 4/3$ völlig auf. Offenbar wird in diesem Fall die für

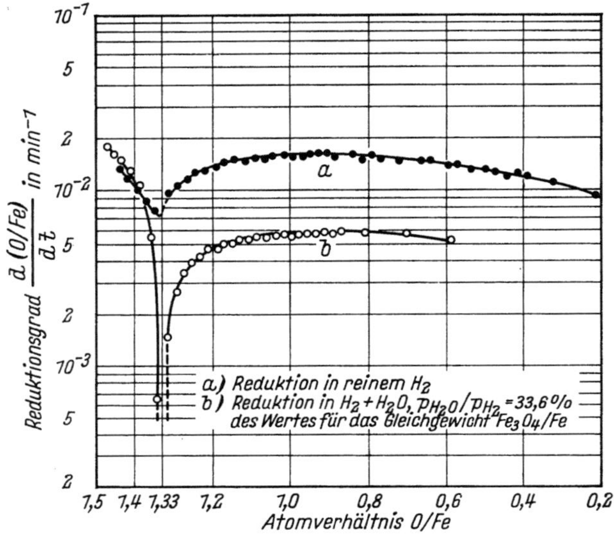

Bild 102. Einfluß von Wasserdampf auf die Geschwindigkeit der Reduktion von Hämatit nach MORAWIETZ und SCHÄFER[252])

die Keimbildung notwendige Übersättigung des Magnetits an Eisen nicht mehr erreicht. Aus diesem Zahlenwert läßt sich abschätzen, daß die Eisenaktivität für das Eintreten der Keimbildung den Wert $a_{Fe} = 1,2$ überschreiten muß.

Es ist nicht ausgeschlossen, daß der starke Einfluß des Wasserdampfgehaltes der Gasphase auf die Tieftemperaturreduktion von Magnetit, den McKEWAN[253]) und HEDDEN und Mitarbeiter[250]) feststellten, vgl. Formel (50) auf S. 79, gleichfalls auf den Einfluß der Sauerstoffaktivität, auf Keimbildung und Keimwachstum der Metallphase zurückzuführen ist.

Aus Reduktionsversuchen an oberflächlich oxydierten Eisenblechen schließen GELLNER und RICHARDSON[254]) auf das Auftreten einer Übersättigung vor Beginn der Metallausscheidung. Sie beobachteten, daß die Metallphase bei Reduktionstemperaturen bis 700 °C an der Phasengrenze Oxyd/Gas gebildet wurde. Bei 900 °C und darüber bildete sich dagegen zu Versuchsbeginn eine sehr dünne Metallschicht auf der Oxydoberfläche aus, und anschließend erfolgte die Metallausscheidung an der Grenzfläche zwischen Oxyd und Eisenblech. Die gleiche Reihenfolge der Metallausscheidungen trat auch dann auf, wenn das Eisenblech vor Beginn der Reduktion durch Oxydation in H_2O/H_2-Gemischen völlig in Oxyd umgewandelt war, ein Metallkern also nicht mehr vorhanden war. Wurde die Oxydprobe nach Aufzehrung des Eisenblechs jedoch noch einige Zeit geglüht, so erfolgte die Metallausscheidung gleichförmig auf beiden Oberflächen der Oxydprobe. Entsprechende Beobachtungen wurden später von KOHL[248]) gemacht, jedoch trat bei seinen Reduktionsversuchen an durchoxydierten Eisenblechen die Metallausscheidung überwiegend an der Oxydfläche ein, die bei der Oxydation mit dem Gas in Berührung gestanden hatte. Auch bei KOHL wurde der Unterschied in den Ausscheidungsformen der Metallphase durch eine Glühbehandlung beseitigt. KOHL führt diese Erscheinungen auf die Bildung einer deckenden Metallschicht auf der einen, eines Metallschwamms auf der anderen Seite des Oxyds zurück, wobei die nachgewiesene Seigerung der Verunreinigungen des Eisens bei der Umwandlung in das Oxyd die Ausscheidungsform der Metallphase bei der Reduktion bestimmen könnte. Mit einer Übersättigung und mit Keim-bildungshemmungen lassen sich die Beobachtungen von GELLNER und RICHARDSON nicht erklären, da die Eisenausscheidung auf beiden Grenzflächen des Oxyds erfolgte und die Unterschiede im Ausmaß unabhängig von der Anwesenheit eines Metallkerns waren.

Die unmittelbare Beobachtung der Bildung der Metallphase ist bei Durchführung von Reduktionsversuchen in einem Heiztischmikroskop möglich, vgl. Abschn. 2.8. Bild 103 zeigt eine Reihe von Oberflächenaufnahmen von Wüstit bei der Reduktion in einem Gas mit 9,76% H_2, 2,4% H_2O, Rest Stickstoff bei 700 °C nach Untersuchungen von PLUSCH-KELL[254a]). Auf Teilbild a sieht man das Gefüge der vielkristallinen Oxydprobe mit bei der Erstarrung ausgeschiedenem Eisen. Das Teilbild b zeigt, daß außer einer Aufhellung der Metalleinschlüsse nach 30 sec Versuchszeit keine Veränderung der Probenoberfläche eingetreten ist. Nach 90 sec haben sich auf der Oxydoberfläche die ersten Metallkristalle gebildet, s. Teilbild c. Die weiteren Teilbilder zeigen das Wachstum der Metallkristalle und die beginnende Ausbildung des Metallschwamms.

Aus Messungen des Verlaufs der elektrischen Leitfähigkeit von Wüstitproben bei der Reduktion mit CO/CO_2-Gemischen bei 900 °C konnte STOTZ[255]) die Übersättigung des Oxyds an Eisen ermitteln, die für das Eintreten der Bildung von Metallkeimen überschritten werden muß. Er stellte fest, daß diese kritische Aktivität des Eisens den Wert $a_{Fe} = 1,015$ nicht überstieg. Die Keimbildungsübersättigung der Metallphase bleibt in diesem Fall also praktisch ohne Einfluß auf die Kinetik der Phasengrenz-

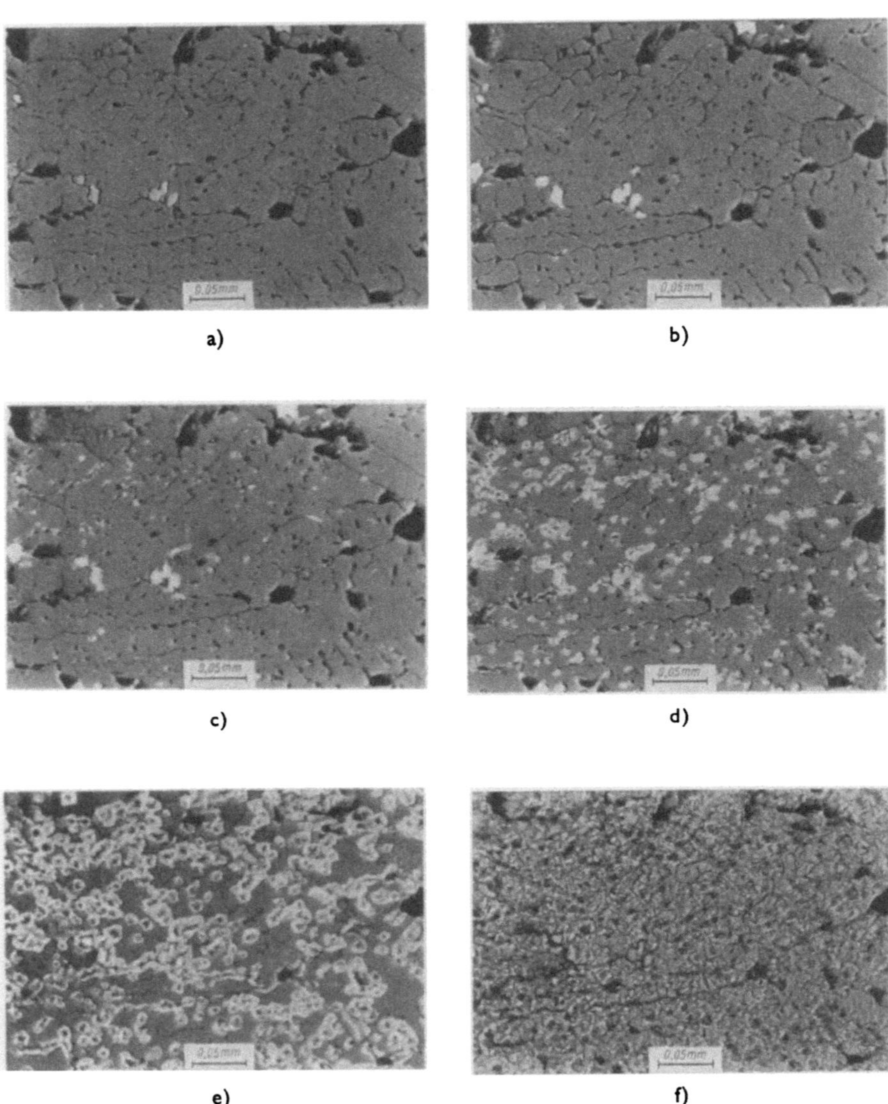

Bild 103. Reduktion von Wüstit im Heiztischmikroskop bei 700 °C; Reduktionsgas 9,76 % H_2; 2,4 % H_2O; Rest N_2

a) Nach Aufheizen
b) 30 sec
c) 1 min 30 sec
d) 4 min   } nach Reduktionsbeginn
e) 10 min
f) 30 min

reaktion, falls die Sauerstoffaktivität der Gasphase nicht äußerst nahe
am Gleichgewichtswert liegt.

Durch Messungen der Zellspannung der Festleiterzelle

$$\text{Pt} \mid \text{Ag} \mid \text{AgI} \mid \text{Ag}_2\text{S} \mid \text{Pt}$$

mit AgI als Festelektrolyten konnten SCHMALZRIED und WAGNER[256]) bei
der Reduktion des Silbersulfids der Zelle zu Silber

$$\text{Ag}_2\text{S} + \text{H}_2 \rightarrow \text{H}_2\text{S} + 2\,\text{Ag},$$

die zur Keimbildung notwendige Silberaktivität a^* bestimmen. Sie fanden
bei 400 °C $1{,}017 < a^* < 1{,}034$. Im stationären Ablauf der Reduktion
nach Eintritt der Keimbildung blieb eine Metallübersättigung bestehen,
die einen Mittelwert von $a_{\text{Ag}} = 1{,}005$ entsprach. Die Aktivitätsdifferenz
gegenüber dem Sättigungswert ist für die Diffusion des Silbers vom Ort
des Schwefelausbaus zum nächsten Silberkeim erforderlich.

Die Versuche von STOTZ bei 900 °C ergaben sehr geringe, die Messungen
von SCHÄFER bei 350 °C dagegen nennenswerte Übersättigungen als Voraussetzung der Keimbildung. Es ist in Übereinstimmung mit der Theorie
anzunehmen, daß allgemein die kritische Übersättigung der Keimbildung
mit steigender Temperatur abnimmt. Der Einfluß der Keimbildung auf
die Reduktionsgeschwindigkeit wird daher gleichfalls mit steigender Temperatur abnehmen. Dies gilt um so mehr, als auch der Diffusionskoeffizient
der Festkörperdiffusion mit steigender Temperatur ansteigt, und zwar
stärker als die Geschwindigkeit des Sauerstoffausbaus. Die Aktivierungsenergie der Diffusion von Eisen in Wüstit beträgt nämlich 29 kcal, die der
Phasengrenzreaktion 12 bis 20 kcal und das Temperaturinkrement der
Reduktionsgeschwindigkeit technischer Erze nur 2 bis 12 kcal. Die unterschiedliche Temperaturabhängigkeit dieser Vorgänge bewirkt, daß bei
gleicher Keimdichte für den Transport des freigesetzten Metalls bei höheren
Temperaturen eine geringere Übersättigung zwischen den Keimen erforderlich ist. Die Metallaktivität an der Oxydoberfläche beeinflußt die Sauerstoffaktivität des Oxyds, die ihrerseits auf die Geschwindigkeit des Sauerstoffausbaus, also auf die Reduktionsgeschwindigkeit, einwirkt.

Insgesamt kann nach den heute vorliegenden Versuchsergebnissen angenommen werden, daß die Einwirkung von Keimbildung und Keimwachstum auf die Struktur der gebildeten Reduktionsprodukte und die
Porenstruktur des Erzes für den Reduktionsverlauf von besonderer Bedeutung ist. Die Bildung deckender Metallschichten z. B. beschränkt die
Reduktionsgeschwindigkeit wegen der geringen Werte der Sauerstoffdurchlässigkeit $D_O\,c_O$ des Eisens stark. Bild 104 zeigt ein von WIBERG[188])
mitgeteiltes Schliffbild, in dem der unterschiedliche Reduktionsgrad von
Körnern mit Eisenschwamm und mit deckender Eisenschicht aus dem

gleichen Reduktionsversuch hervorgeht. Der Einfluß der Übersättigung, die für die Keimbildung erforderlich ist, auf den Reduktionsverlauf sollte sich vor allem bei niedrigen Temperaturen und bei geringer Abweichung

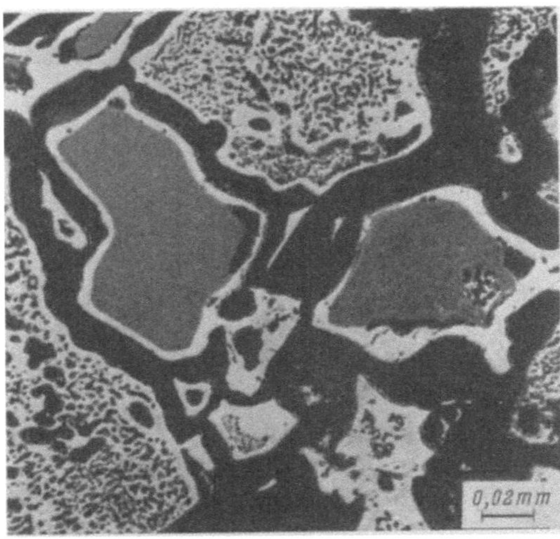

Bild 104. Anreduzierte Magnetitkörper aus einem Reduktionsversuch von WIBERG[188])

der Gaszusammensetzung vom Gleichgewichtswert bemerkbar machen. Eine solche Annäherung der Gaszusammensetzung an das Gleichgewicht tritt besonders in den Poren der Erze auf.

2.7. Reduktionskinetik von Mischoxyden, Oxydverbindungen und Sinter

Die Kinetik der Reduktion von Oxydmischkristallen und Oxydverbindungen wird durch zwei grundsätzliche Phänomene beeinflußt:

a) Die Aktivität der Eisenoxyde wird durch Mischkristall- und Verbindungsbildung vermindert. Dadurch verändert sich, wie in Abschn. 1.1.4 dargelegt, auch die Gleichgewichtszusammensetzung der Gasphase. Ein Unterschreiten des Gleichgewichts-CO_2/CO- bzw. H_2O/H_2-Verhältnisses ist aber für den Eintritt der Reduktion notwendig. Ferner verschlechtert diese Gleichgewichtsverschiebung die erreichbare chemische Ausnutzung des Reduktionsgases. Schließlich wirkt die Veränderung der Gleichgewichtskonzentrationen gemäß den Abschn. 2.3 und 2.4, Formeln (5) und (1), unmittelbar auf die Geschwindigkeit von Gasdiffusion in der Strömungsgrenzschicht und in den Poren von Reduktionsprodukt und Erz sowie auf die Geschwindigkeit der chemischen Phasengrenzreaktion ein.

b) Bei Mischkristallen und Oxydverbindungen, bei denen das enthaltene Eisenoxyd die edlere Komponente ist — und das ist bei den Erzen für die Eisenerzeugung der Normalfall —, scheidet sich beim Ausbau des Sauerstoffs im Verlauf der Reduktion Eisen oder ein eisenhaltiges niederes Oxyd aus. Ein an der zweiten Komponente angereicherter Kristall oder die reine zweite Komponente ist das weitere Reaktionsprodukt. Diese Entmischung erfordert eine Festkörperdiffusion. Die Länge der Diffusionswege hängt von den Korn- bzw. Kristallitgrößen des Ausgangsproduktes und der Verteilung der neuen Phasen im Wirtskristall, also den Keimabständen ab, die ihrerseits durch kritische Übersättigung, Keimbildungshäufigkeit, Zahl von Fremdkeimen und Gitterfehlern und dem Verhältnis von Reaktions- zu Diffusionsgeschwindigkeit bestimmt werden.

Beide Grundtatsachen sollten die Reduktionsgeschwindigkeit der Mischkristalle und Oxydverbindungen im ungünstigen Sinne beeinflussen. Daß dieser Effekt nicht ohne Ausnahme eintritt, beruht darauf, daß die Reaktionsgeschwindigkeitskonstante der Phasengrenzreaktion für den Mischkristall bzw. die Verbindung einen höheren Wert haben kann als für das reine Oxyd.

Bei der Reduktion der Mischkristalle aus Wüstit und Mangan(II)-oxyd läßt sich die Veränderung der Gleichgewichtszusammensetzung des Reduktionsgases aus dem Aktivitätsverlauf des Wüstits im Mischkristall, siehe Bild 15, Abschn. 1.1.3, bestimmen, denn es gilt

$$\frac{K}{K^*} = a_{\text{FeO}},$$

wobei K das CO_2/CO- oder H_2O/H_2-Verhältnis für das Gleichgewicht des Mischkristalls mit der zugehörigen Metallphase (praktisch reinem Eisen) und K^* der entsprechende Wert für reinen Wüstit ist.

Die Untersuchung des Ablaufs der Reduktion der FeO-MnO-Mischkristalle[257] ergab Folgendes: Dem Ausbau des Sauerstoffs an der Oxydoberfläche folgt eine Ausscheidung von Eisenkristallen, die im Inneren des Oxyds stattfindet. Die Ausscheidungsfront wandert mit Fortschritt der Reduktion ins Innere der Oxydmischkristalle, wie Bild 105 erkennen läßt. Diese Erscheinung ist damit zu erklären, daß durch die anfängliche Eisenausscheidung ein Oberflächenbereich des Mischkristalls an Eisen verarmt. Das bei weiterem Sauerstoffausbau freigesetzte Metall — weitgehend Mangan, da der Oxydkristall an Mangan oberflächlich angereichert ist — diffundiert über Metallionenleerstellen und Defektelektronen in das Oxydinnere und zementiert in den inneren, noch eisenreicheren Bereichen das Eisen aus.

Der zunächst zu erwartende Vorgang von Einwärtsdiffusion des Mangans und gleichzeitiger Auswärtsdiffusion des Eisens durch das Oxydgitter, der zu einer Bildung einer Metallphase auf der Oxodoberfläche führen würde, erfolgt nicht, obwohl ein Konzentrationsgradient des Eisens im Oxydgitter besteht. Die Ursache hiervon ist, daß dieser Konzentrationsgradient keinen entsprechenden Gradienten des chemischen Potentials μ des Eisens im Oxydmischkristall zur Folge hat, und die Triebkraft der

Bild 105. Eisenausscheidung in anreduziertem FeO-MnO-Mischkristall mit $N_{FeO} = 0{,}4$. Reduktionstemperatur 800 °C, Reduktionsgrad 47%, bezogen auf den FeO-Gehalt

Diffusion — wie jeder chemischen Reaktion — Differenzen der chemischen Potentiale sind. Für den Diffusionsstrom j_i der Komponente i gilt allgemein, s. S. 66,

$$j_i = -B_i\, c_i\, \frac{d\mu_i}{dx}$$

mit B = Beweglichkeit, c = Konzentration, z. B. in Mol/cm³ und x = Ortskoordinate. Mit $D_i = B_i \cdot RT$ folgt

$$j_i = -\frac{D_i}{V_M}\, N_i\, \frac{d\ln a_i}{dx}, \tag{1}$$

wenn mit N der Molenbruch, mit V_M das Molvolumen und mit a die Aktivität bezeichnet wird. Umformung ergibt für die Ströme des Eisens und des Mangans:

$$\left.\begin{aligned} j_{Fe} &= -D_{Fe}\, \frac{N_{FeO}}{V_M}\, \frac{d\ln a_{Fe}}{dN_{FeO}}\, \frac{dN_{FeO}}{dx}, \\ j_{Mn} &= +D_{Mn}\, \frac{N_{MnO}}{V_M}\, \frac{d\ln a_{Mn}}{dN_{MnO}}\, \frac{dN_{FeO}}{dx}. \end{aligned}\right\} \tag{2}$$

Die Diffusionsströme des Eisens und des Mangans durchlaufen bei der Reduktion das Gebiet, in dem im Mischoxyd bereits Metall ausgeschieden ist, also Gleichgewicht zwischen Oxyd- und Metallphase angenommen werden kann. Stellen Metall und Oxyd ideale Mischungen dar, so gilt

$$\left.\begin{aligned} a_{\mathrm{Fe}} &= K_{\mathrm{Fe}}\,\frac{a_{\mathrm{FeO}}}{\sqrt{p_{\mathrm{O_2}}}} = K_{\mathrm{Fe}}\,\frac{N_{\mathrm{FeO}}}{\sqrt{p_{\mathrm{O_2}}}},\\[2mm] a_{\mathrm{Mn}} &= K_{\mathrm{Mn}}\,\frac{a_{\mathrm{MnO}}}{\sqrt{p_{\mathrm{O_2}}}} = K_{\mathrm{Mn}}\,\frac{1-N_{\mathrm{FeO}}}{\sqrt{p_{\mathrm{O_2}}}}. \end{aligned}\right\} \tag{3}$$

Daraus folgt

$$\sqrt{p_{\mathrm{O_2}}} = K_{\mathrm{Fe}}\,N_{\mathrm{FeO}} + K_{\mathrm{Mn}}\,(1-N_{\mathrm{FeO}})$$

und mit $k = \dfrac{K_{\mathrm{Mn}}}{K_{\mathrm{Fe}}}$ durch Einsetzen in (3)

$$a_{\mathrm{Fe}} = \frac{N_{\mathrm{FeO}}}{N_{\mathrm{FeO}} + k(1-N_{\mathrm{FeO}})},$$

$$a_{\mathrm{Mn}} = \frac{1-N_{\mathrm{FeO}}}{1-N_{\mathrm{FeO}} + N_{\mathrm{FeO}}/k}.$$

Setzt man diese Ausdrücke in (2) ein, so folgt

$$\left.\begin{aligned} \dot{\jmath}_{\mathrm{Fe}} &= -\frac{D_{\mathrm{Fe}}}{V_{\mathrm{M}}}\,\frac{1}{1+\dfrac{N_{\mathrm{FeO}}}{k}(1+k)}\,\frac{dN_{\mathrm{FeO}}}{dx},\\[3mm] \dot{\jmath}_{\mathrm{Mn}} &= +\frac{D_{\mathrm{Mn}}}{V_{\mathrm{M}}}\,\frac{1}{N_{\mathrm{FeO}} + k(1-N_{\mathrm{FeO}})}\,\frac{dN_{\mathrm{FeO}}}{dx}. \end{aligned}\right\} \tag{4}$$

Ist — wie im Falle der Mischkristalle aus Wüstit und Mangan(II)-oxyd — $k \approx 10^{-5}$, so gilt also für $1 > N_{\mathrm{FeO}} > 10^{-3}$ in guter Näherung

$$\dot{\jmath}_{\mathrm{Fe}} \ll \dot{\jmath}_{\mathrm{Mn}}, \quad \text{wenn} \quad D_{\mathrm{Fe}} \approx D_{\mathrm{Mn}}$$

und

$$\dot{\jmath}_{\mathrm{Mn}} \approx \frac{D_{\mathrm{Mn}}}{V_{\mathrm{M}}}\,\frac{d\ln N_{\mathrm{FeO}}}{dx} \tag{5}$$

Dieses Ergebnis der Rechnung stimmt ausgezeichnet mit der Beobachtung überein, daß eine Metallausscheidung nur im Innern des Oxyds erfolgt, da das Eisen nicht an die Oxydoberfläche diffundieren kann.

Die gegebene Ableitung ist nur exakt, wenn das Oxyd ein Elektronenleiter ist, da nur dann überall Gleichgewicht zwischen den einzeln beweglichen Metallionen und Elektronen bzw. Elektronendefektstellen und der Metallphase angenommen werden kann. Eine Ableitung der Transportgleichungen, die von der Tatsache der getrennten Diffusion von Metallionen und Elektronen ausgeht, führt gleichfalls zu Formel (5)[57].

Die Metallausscheidung im Innern der Oxydproben wurde bei der Reduktion von FeO-MnO-Mischkristallen und auch bei Reduktionsversuchen an FeO-MgO und NiO-MgO beobachtet. Um nachzuweisen, daß diese Erscheinung nicht etwa durch Eindringen von Gas über die Poren der Sinterkörper ausgelöst ist, wurde als „Reduktionsmittel" auch flüssiges Mangan angewendet[257]). Bild 106 zeigt, daß bei einem derartigen Versuch die Reaktion

$$(\mathrm{Mn})_{\mathrm{Metall}} + (\mathrm{Fe})_{\mathrm{Oxyd}} \rightleftharpoons (\mathrm{Mn})_{\mathrm{Oxyd}} + (\mathrm{Fe})_{\mathrm{Metall}} \qquad (6)$$

gleichfalls zur Ausfällung von Eisen im Innern des Oxyds führt, da das Mangan zwar in das Oxyd, das Eisen aber nicht aus dem Oxyd zur Metallphase diffundieren kann.

Die gegebene Ableitung ist nicht auf die Mischkristalle von Wüstit und Mangan(II)-oxyd beschränkt, sondern allgemein anwendbar. Es wurde festgestellt, daß auch bei der Reduktion von Mischkristallen aus $\mathrm{Mn_3O_4}$ und $\mathrm{Fe_3O_4}$ zu einer FeO-MnO-Mischphase das edlere Oxyd, hier das MnO, im Innern der Ausgangsphase auskristallisiert[258]).

Über die absoluten Werte der Reduktionsgeschwindigkeit der Mischoxyde oder die Relativwerte im Vergleich mit reinen Oxyden konnten aus

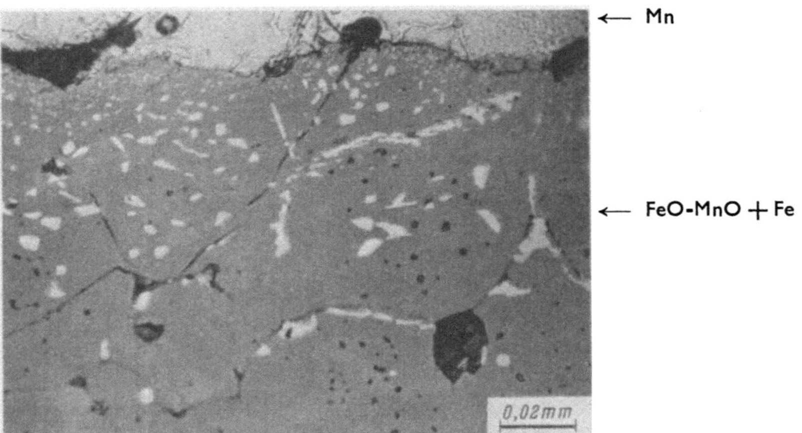

Bild 106. Zementation von Eisen in festem FeO-MnO-Mischkristall durch flüssig aufgebrachtes Mangan. $N_{\mathrm{FeO}} = 0{,}4$

den angeführten Untersuchungen wegen der unbekannten Oberflächengröße der Sinterkörper keine genauen Aussagen gemacht werden. Jedoch stellte ULRICH[258]) fest, daß die Reduktionsgeschwindigkeiten der Mischkristallreihe $\mathrm{Me_3O_4}$ aus Magnetit und Hausmannit etwa den gleichen Gang zeigen, wie die Sauerstoffgleichgewichtsdrücke bzw. die Sauerstoffaktivitäten im Mischoxyd, Bild 107. Entsprechend dieser Regel nimmt die Reduktionsgeschwindigkeit von FeO-MnO-Mischkristallen mit dem FeO-Gehalt zu, s. Bild 108. Die eingezeichnete Kurve für reinen Wüstit wurde an kompakten, durch Oxydation hergestellten Wüstitproben ge-

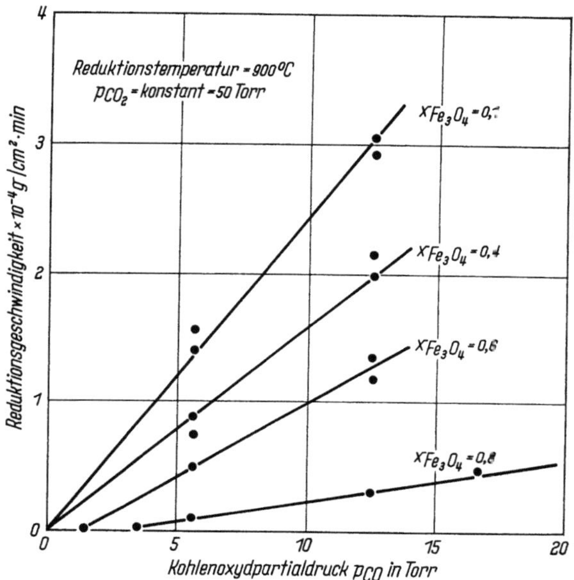

Bild 107. Abhängigkeit der Reduktionsgeschwindigkeit vom Kohlenoxydpartialdruck und von der Zusammensetzung für Fe_3O_4-Mn_3O_4-Mischoxyde[258])

wonnen und ist daher mit den Ergebnissen der Messungen an den Mischoxydsinterkörpern nur bedingt vergleichbar.

Das Reduktionsverhalten von Oxydverbindungen der Eisenoxyde ist zwar wegen seines Interesses für den Einsatz von Sinter und von Pellets vielfach untersucht worden, jedoch wurde noch keine grundsätzliche Aufklärung der ablaufenden Teilvorgänge erreicht. Die meisten der Untersuchungen, in denen die Reduktionsgeschwindigkeit solcher Phasen gemessen wurde, leiden zudem darunter, daß Porigkeit und Oberflächengröße der untersuchten Proben nicht oder nicht ausreichend bestimmt wurden. Daher ist die Möglichkeit allgemeiner Aussagen sehr eingeschränkt. Einige Ergebnisse von Messungen an verschiedenen Mineralarten sind in Bild 109[259]) und Tafel 8[260]) wiedergegeben.

Danach sind die eisenoxydreichen Kalkferrite sowie die Verbindung $CaO \cdot Al_2O_3 \cdot 2\,Fe_2O_3$ gleich gut oder besser reduzierbar als hämatitische Erze, der Dikalziumferrit $2\,CaO \cdot Fe_2O_3$ und das Silikat $CaO \cdot FeO \cdot SiO_2$ dagegen schlechter. Nach Untersuchungen von RUECKL[261]) werden die

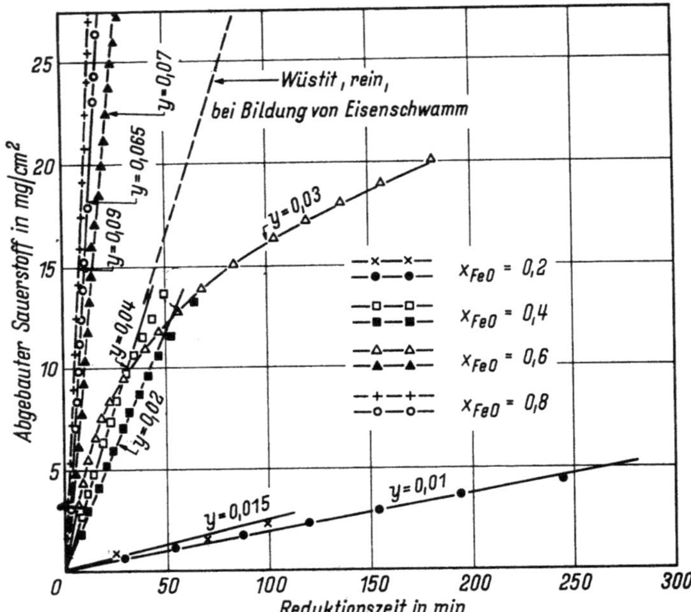

Bild 108. Reduktionsverlauf von Eisen-Mangan-Mischoxyden verschiedener Zusammensetzung und verschiedener Ausgangs-Leerstellenkonzentration y. Die Reduktion erfolgte bei 800 °C in einem H_2O/H_2-Gemisch mit rund 680 Torr Gesamtdruck und 2,55% Wasserdampf

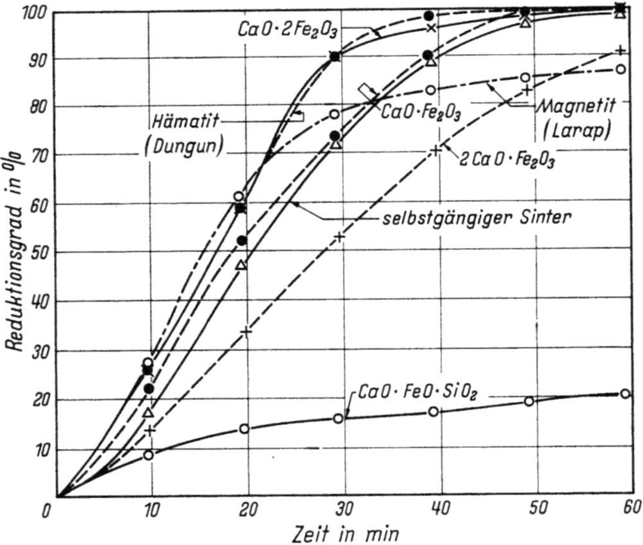

Bild 109. Reduktion von eisenoxydhaltigen Mineralien mit H_2 bei 900 °C [259]

eisenhaltigen Silikate in CO erst bei Temperaturen von mehr als 1200 °C merklich reduziert. Aus einer kinetischen Analyse des Reduktionsverlaufs schließt RUECKL, daß die Phasengrenzreaktion der geschwindigkeitsbestimmende Teilschritt der Reduktion der Kalziumferrite ist.

Bei einem Vergleich fällt allerdings auf, daß die Werte, die RUECKL in CO an den Ferriten erhielt, fast um den Faktor 10^2 größer sind als die Geschwindigkeitskonstanten der Magnetitreduktion in CO nach ULRICH[258]).

Der Anstieg der Reduzierbarkeit von Sinter mit steigender Basizität

Tafel 8. *Reduktionsgrad von Sintermineralen nach* 40 min *Reduktionszeit in reinem* CO *bei* 850 °C

Fe_2O_3	49,4%
$CaO \cdot Fe_2O_3$	49,2%
$2\ CaO \cdot Fe_2O_3$	25,5%
$CaO \cdot 2\ Fe_2O_3$	58,4%
$3\ CaO \cdot FeO \cdot 7\ Fe_2O_3$ . . .	59,6%
$CaO \cdot Al_2O_3 \cdot 2\ Fe_2O_3$ . . .	57,3%
$4\ CaO \cdot Al_2O_3 \cdot Fe_2O_3$ . . .	23,4%

$B = \%\ CaO/\%\ SiO_2$ oder $B' = (\%\ CaO + \%\ MgO)/(\%\ SiO_2 + \%\ Al_2O_3)$, s. Abschn. 5.2, läßt sich mit dem mit steigender Basizität abnehmenden Gehalt an eisenhaltigen Silikaten deuten. Der in allen wesentlichen Punkten

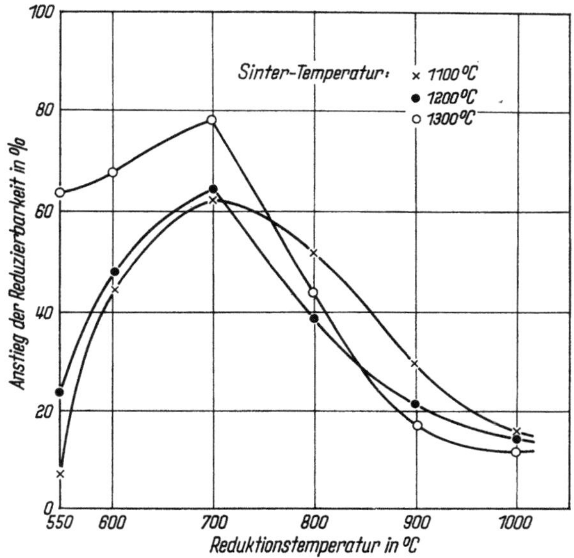

Bild 110. Einfluß eines Zusatzes von 2% CaO auf die Reduzierbarkeit von reinen Hämatit-Sinterkörpern[262])

gleichlaufende Einfluß von CaO-Zusätzen auf kieselsäurefreie Erze, den die Bilder 110[262]) und 111[263]) erkennen lassen, muß jedoch anders gedeutet werden und legt die Frage nahe, ob nicht auch bei SiO_2-haltigem Sinter andere Ursachen wirksam sind. SETH und ROSS[262]) erklären die gute Reduzierbarkeit von kalziumferrithaltigem Sinter mit folgendem Reaktionsmechanismus: Zunächst werden alle höheren Eisenoxyde und eisenoxydreichen Ferrite abgebaut, bis nur noch Dikalziumferrit und Wüstit vorliegen. Dann greift das Gas bevorzugt den Dikalziumferrit an:

$$2\,CaO \cdot Fe_2O_3 + 3\,H_2 \rightarrow 2\,CaO + 2\,Fe + 3\,H_2O. \qquad (7)$$

Der freigesetzte Kalk reagiert sofort mit Wüstit gemäß

$$2\,CaO + 3\,FeO \rightarrow 2\,CaO \cdot Fe_2O_3 + Fe, \qquad (8)$$

denn Kalk und Wüstit können nicht miteinander koexistieren. Dieser Mechanismus ist besonders wahrscheinlich, wenn man annimmt, daß der gebildete Kalkferrit sofort, also praktisch schon im Ablauf seiner Entstehung, reduziert werden kann und daher in einem besonders reaktionsfähigen Zustand vom Gas angegriffen wird. Die von RUECKL[261]) veröffentlichten Schliffbilder zeigen, daß bei der Reduktion von Proben aus $2\,CaO \cdot Fe_2O_3$ und FeO zuerst der Wüstit aufgezehrt wird; das entstehende Eisen scheidet sich im Ferrit aus. Dieser Befund könnte als Beweis für den von SETH und ROSS vorgeschlagenen Mechanismus angesehen werden, da nach den oben angeschriebenen Formeln der Wüstit durch Reaktion mit dem CaO verbraucht wird, der Ferrit aber nach seiner Reduktion wieder nachgebildet wird. Andererseits zeigen die Schliffbilder jedoch, daß Wüstit an der Phasengrenze Oxyd/Gas nicht vorhanden ist, die

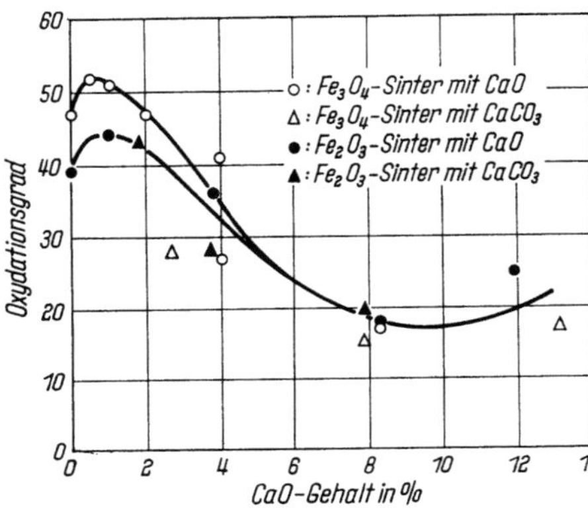

Bild 111
Oxydationsgrad von Sinter ($Fe_2O_3 = 100$) nach Durchlaufen einer nichtisothermen Reduktionsbehandlung in CO-N_2-Gemischen

Bildung von Dikalziumferrit nach Formel (8) also im Inneren der Probe erfolgt. Zwischen den Ablauf der Reaktionen (7) und (8) muß also ein Diffusionsteilschritt geschaltet sein. Es ist unwahrscheinlich, daß der Sauerstoff eine große Beweglichkeit besitzt. In Anlehnung an die Befunde bei der Mischoxydreduktion kann folgender Reaktionsablauf angenommen werden, der in Bild 112 graphisch erläutert ist: An der Oxydoberfläche wird Dikalziumferrit reduziert. Das freigesetzte Eisen scheidet sich in der Oxydphase aus, das Kalzium diffundiert in Form von Metallionen und

Elektronen über Gitterfehlstellen in das Innere und reagiert mit Wüstit, wobei wiederum Eisen ausgeschieden wird bzw. zum Fe_3O_4 abdiffundiert.

Bei den meisten Untersuchungen wurde festgestellt, daß eine Steigerung des Kalkzusatzes über einen Gehalt von 5 bis 10% bei SiO_2-freiem

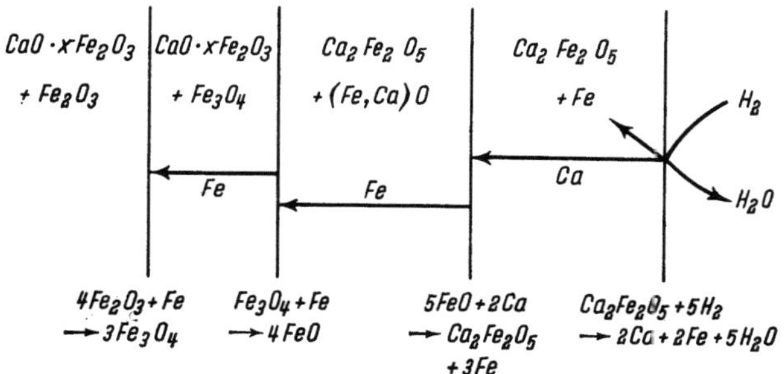

Bild 112. Schema des Reduktionsablaufes von kalkhaltigem Sinter

Sinter keine positive oder sogar eine negative Wirkung auf die Reduzierbarkeit ausübt. Bei kieselsäurehaltigem Sinter liegen die Verhältnisse bei Reduktion mit Wasserstoff ähnlich, wie Bild 113[264]) erkennen läßt. Diese Tatsache ist im Einklang damit, daß der Dikalziumferrit selbst keine bessere Reduzierbarkeit aufweist als die Eisenoxyde. Die von SETH und ROSS vorgeschlagene katalytische Wirkung des Kalkes scheint daher einleuchtend. Der in Bild 112 vorgeschlagene Reaktionsablauf ist mit den experimentell gefundenen Reduzierbarkeiten der Oxyde und Oxydverbindungen nur im Einklang, wenn man berücksichtigt, daß bei der Reduktion von reinem Dikalziumferrit gemäß

$$2\,CaO \cdot Fe_2O_3 + 3\,H_2 \rightarrow$$
$$\rightarrow 2\,CaO + 2\,Fe + 3\,H_2O$$

fester Kalk als Reduktionsprodukt auftritt, dessen Kristallisation die Reduktion hemmen dürfte. Bei der Reduktion von

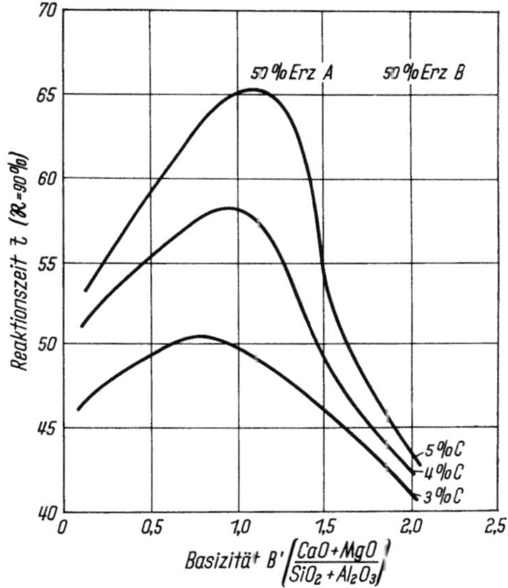

Bild 113. Reaktionszeit t für 90% Reduktionsgrad ($\Re = 90\%$) in min für Reduktion von Sinter in H_2 bei 900 °C

kalkhaltigem Sinter gemäß Bild 112 erfolgt dagegen keine Kristallisation von CaO, solange noch Wüstit vorhanden ist.

SETH und ROSS stellten ferner fest, daß bei der Reduktion von kalkfreien Eisenoxyden eine stark zerklüftete Phasengrenze zwischen Wüstit und Eisen auftrat, wie sie auch bei der Reduktion von Wüstit mit hohen Leerstellengehalten[265]) und bei der Reduktion von Magnetit zu Eisen[258]) gefunden wurde. In Abschn. 2.2 wurde erläutert, daß diese Oberflächenvergrößerung durch die Ausscheidung von Eisenionenleerstellen und den Sauerstoffausbau an der Oxydoberfläche zustande kommt. Bei der Reduktion von kalkhaltigem Sinter fanden SETH und ROSS dagegen eine ebene Oberfläche der Wüstitschicht. Das ist gleichfalls verständlich, wenn die Reaktion gemäß dem hier angegebenen Reaktionsschema abläuft, da Wüstit mit der Gasphase nicht in Berührung steht und der Sauerstoffausbau an der Ferritoberfläche erfolgt. Daß durch den Zusatz von 2% CaO zu Fe_2O_3-Sinterkörpern die Dicke der Wüstit- und Magnetitschicht anreduzierter Proben vermindert wird, ist auf die höhere Reduktionsgeschwindigkeit zurückzuführen, die im stationären Zustand zur Aufrechterhaltung der Schichtdicken einen höheren Diffusionsstrom des Eisens erfordert, was nur durch Verminderung der stationären Schichtdicken möglich ist. Ferner muß die Beeinflussung der Gleichgewichte der Oxydphasen, die die Triebkraft der Diffusion darstellen, und der Diffusionskoeffizienten durch die Bildung von Mischkristallen mit dem CaO berücksichtigt werden. Es ist jedoch darauf hinzuweisen, daß die triviale Möglichkeit, die gesteigerte Reduzierbarkeit kalkhaltiger Sinter auf die Steigerung der Porosität zurückzuführen, experimentell bisher nicht widerlegt worden ist.

2.8. Reaktionskinetik der Vergasung von Kohle und Koks

Bei vielen Reduktionsverfahren wird das als Reduktionsmittel benötigte Gas durch Umsetzung von Kohle oder Koks mit Sauerstoff zu Kohlenoxyd im Reduktionsaggregat selbst oder in einem vorgeschalteten Reaktor hergestellt. Bei der Kohleverbrennung kann sowohl Kohlenmonoxyd als auch Kohlendioxyd gebildet werden:

$$2\,C + O_2 \rightarrow 2\,CO, \tag{1}$$

$$C + O_2 \rightarrow CO_2. \tag{2}$$

Das bei der Reduktion entstehende Kohlendioxyd kann weiterhin mit Kohlenstoff reagieren, wobei Kohlenmonoxyd zurückgebildet wird. Diese Reaktion und der gegenläufige Vorgang, die Kohlenstoffabscheidung aus

Kohlenmonoxyd

$$CO_2 + C \rightleftharpoons 2\,CO \tag{3}$$

werden als *Boudouard-Reaktion* bezeichnet[266]).

Im Formengas enthaltener Wasserdampf reagiert mit Kohlenstoff bei höheren Temperaturen unter Bildung von Kohlenmonoxyd und Wasserstoff:

$$H_2O + C \rightarrow H_2 + CO. \tag{4}$$

Eine ausführliche Übersicht über die Untersuchungen der Kinetik dieser Reaktionen gibt ILSCHNER[267]), auf die wegen der Einzelheiten verwiesen sei.

Die Primärreaktion zwischen Kohlenstoff und Sauerstoff an der Festkörperoberfläche führt bei Temperaturen von 900 bis 2000 °C fast ausschließlich zu CO[268, 269]). Ergebnisse anderer Autoren[270]), die höhere CO_2-Anteile im Reaktionsprodukt angeben, sind auf Nachverbrennung des CO durch den Sauerstoffüberschuß zurückzuführen,

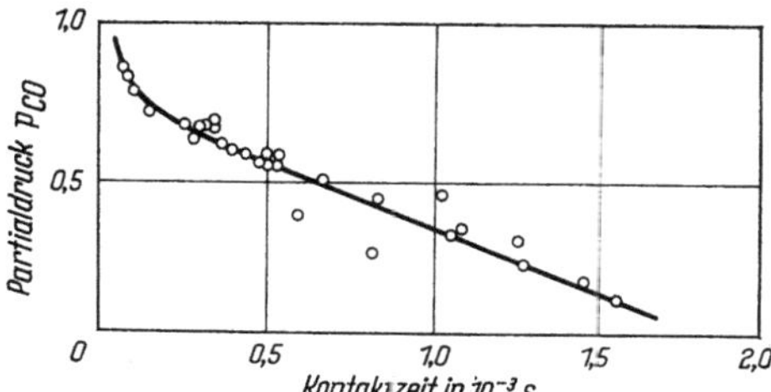

Bild 114. CO-Partialdruck am Ausgang eines Kohlekanals als Funktion der Kontaktzeit (O. X. CUCHANOVA)

wie die Abhängigkeit des CO-Teildrucks des Abgases von der Kontaktzeit zwischen Gas und heißer Kohleoberfläche in Bild 114 erkennen läßt[271]). Zu ähnlichen Ergebnissen kommt F. W. BAETKE[272]).

Wie schon von L. MEYER[273] angegeben, ist die Reaktionsordnung n bezüglich des Sauerstoffs bei Temperaturen von mehr als 1000 bis 1100 °C gleich 1. Das ist nur möglich, wenn die Stoßausbeute des Sauerstoffs vom Sauerstoffdruck unabhängig ist. LETORT[274] konnte diese Tatsache auch unabhängig bestätigen. Nach anderen Autoren[275]) soll $n = 3/4$ gelten, wobei die wahre und von Poreneinflüssen freie Reaktionsordnung sogar nur $n = 1/2$ betragen soll.

Das Temperaturinkrement der Phasengrenzreaktion beträgt bei Temperaturen unterhalb 1200 °C nach WICKE und HEDDEN[276]) 57 ± 3 kcal/Mol, nach GULBRANSEN und ANDREW[277]) jedoch bei Temperaturen oberhalb 700 °C nur noch 36,7 kcal/Mol. Oberhalb 1100 bis 1200 °C ist die Reaktionsgeschwindigkeit unabhängig von der Temperatur[275, 276]).

Wie schon bei der Behandlung der Kinetik des Sauerstoffausbaus aus Oxyden in Abschn. 1.2.5 besprochen, ist auch der feste Reaktionspartner in die Betrachtungen der Reaktionsordnung einzubeziehen. Bei der Oxydation von Graphit hat besonders HENNING[278]) nachgewiesen, daß der Abbau des Graphitgitters nur an vorhandenen *Stufen* und *Gitterdefekten* ablaufen kann. Entsprechende Aktivstellen und zweidimensionale Lochkeime in den hexagonalen Basisflächen des Gitters können andererseits nach HENNING auch durch *Katalysatoren*, wie z. B. Metallpartikel, ausgelöst werden.

Nach DUVAL[269] sollen die reaktionsfähigen Oberflächenzentren des Kohlenstoffs durch Einwirkung des Gases geschaffen, durch Oberflächendiffusion von Kohlenstoffatomen wieder vernichtet werden. Da die Gasstoßzahl nur schwach, die Oberflächendiffusion jedoch stark von der Temperatur abhängt, ist mit dieser Annahme die starke Abnahme der Stoßausbeute des Gases, d. h. der Zahl der reagierenden Moleküle, bezogen auf die Zahl der auftreffenden Moleküle, bei Temperaturen von mehr als 1100 °C zu verstehen. Die Größenordnung der Stoßausbeute liegt zwischen 10^{-5} und 10^{-3}, den Temperatureinfluß zeigt Bild 115[274].

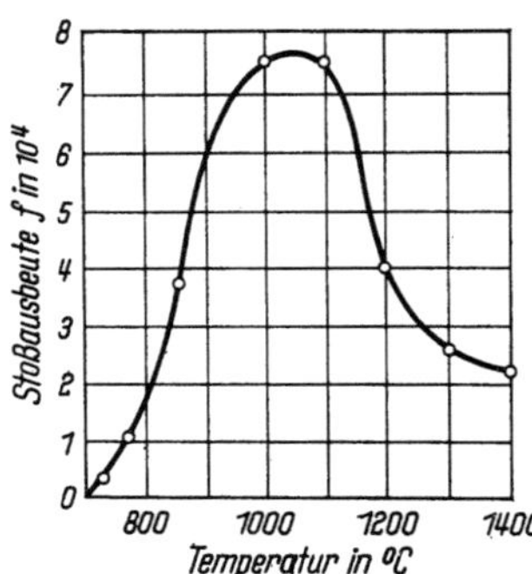

Bild 115. Stoßausbeute f der Reaktion zwischen O_2 und C in Abhängigkeit von der Temperatur nach M. LETORT

Als Heterogenreaktion Gas/Festkörper läuft die Kohlevergasung in den Teilschritten Adsorption bzw. Chemisorption des Sauerstoffs — Oberflächenreaktion — Desorption des Kohlenoxyds ab. Es wird heute zumeist angenommen, daß die Chemisorption und Aufspaltung der O_2-Moleküle oder die Oberflächenreaktion der geschwindigkeitsbestimmende Teilschritt ist.

Bild 116 zeigt ein Molekülmodell des Reaktionsablaufs nach ROSSBERG[279].

In gleicher Folge läuft die Oxydation von Kohlenstoff durch CO_2 ab. Von vielen Verfassern wird das Reaktionsschema

$$CO_2 + C \rightarrow CO + CO_{ad}, \qquad (4\,a)$$

$$CO_{ad} \rightarrow CO \qquad (4\,b)$$

oder

$$CO_2 \rightarrow CO + O_{ad}, \qquad (4\,c)$$

$$O_{ad} + C \rightarrow CO \qquad (4\,d)$$

für die Hauptreaktion als gültig angesehen. Die Zahlenwerte, die für die Geschwindigkeitskonstanten der Teilvorgänge angegeben werden[280, 281], weichen allerdings erheblich voneinander ab, wenn auch die Meßdaten ungefähr übereinstimmen. Aus neuesten Untersuchungen mit $^{14}CO_2$, die von GRABKE[283] ausgeführt wurden, ergibt sich entgegen älteren Angaben[282], daß die Reaktion von adsorbiertem Sauerstoff mit dem Kohlenstoff des

Gitters und die anschließende Desorption des gebildeten CO-Moleküls geschwindigkeitsbestimmend sind; dagegen ist Reaktion (4c) als vorgelagertes Gleichgewicht anzusehen.

Das Temperaturinkrement der Geschwindigkeit der Gesamtreaktion beträgt nach WICKE und HEDDEN[284] 85 kcal, soweit keine Diffusions-

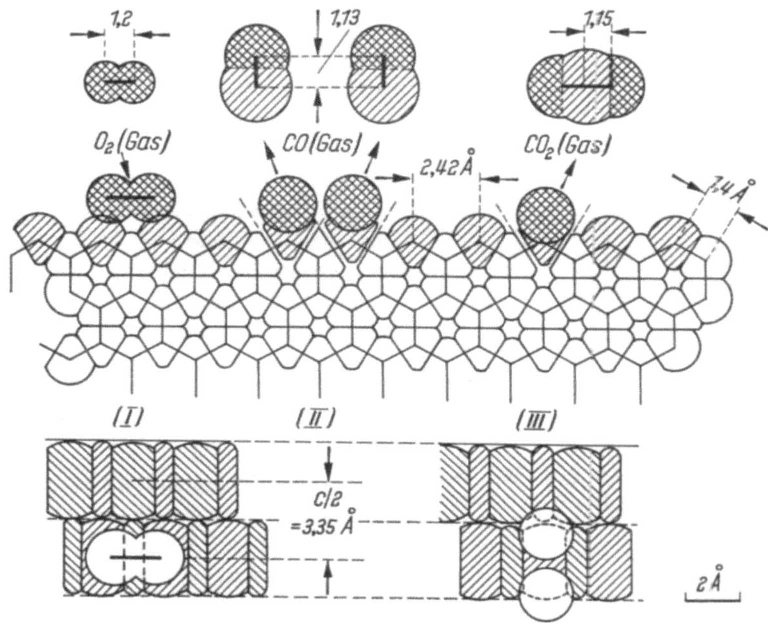

Bild 116. Modellmäßige Wiedergabe des Verbrennungsvorganges an Hand eines Graphitgitters in der Kalottendarstellung nach STUART-BRIEGLEB durch M. ROSSBERG

Oben: Modelle der bei der Verbrennung vorhandenen Gase O_2, CO und CO_2
Mitte: Aufsicht des Gittermodells
Unten: Seitenansicht

hemmungen vorliegen. Dieser Wert ist weitgehend unabhängig von der Art der verwendeten Kohle[285].

Bezüglich des Kohlendioxyds ist die Reaktion bei Temperaturen über 1200 °C erster Ordnung, bei tieferen Temperaturen soll die Reaktionsordnung abnehmen. Für den Einfluß der Struktur der Feststoffoberfläche gilt Ähnliches wie bei der Kohleoxydation mit Sauerstoff. Die Stoßausbeute hat mit $2,5 \cdot 10^{-7}$ bei etwa 1280 °C[286] einen Höchstwert. Verglichen mit dem Maximalwert der Stoßausbeute der O_2—C-Reaktion von $7,5 \cdot 10^{-4}$ ist dieser Wert äußerst gering; insgesamt läuft die Vergasung der Kohle mit CO_2 um 1 bis 3 Zehnerpotenzen langsamer ab als die entsprechende Reaktion mit Sauerstoff. Das Stoßausbeutemaximum wird auch in diesem Fall auf die unterschiedliche Temperaturabhängigkeit der Vorgänge zurückgeführt, die zur Schaffung und zur Beseitigung der Reaktionszentren an der Feststoffoberfläche ablaufen müssen[287]).

Sowohl Zusätze an Kohlenmonoxyd zum Reaktionsgemisch als auch das entstehende Kohlenmonoxyd hemmen die Reaktion stark[281, 284]), was auf einer Blockierung der Reaktionszentren durch chemisorbiertes Kohlenmonoxyd beruhen soll. Diese Deutung ist einleuchtend, wenn man sich der Ansicht[283]) anschließt, daß die Reaktion von adsorbiertem Sauerstoff mit Oberflächenatomen des Kohlenstoffs und die Desorption des Kohlenmonoxyds geschwindigkeitsbestimmend sind. Auch Wasserstoff im Reaktionsgas hemmt die Reaktion.

Bei der Reaktion von Wasserdampf mit Kohlenstoff unter Bildung von Kohlenmonoxyd gemäß Formel (4) laufen die Reaktionsschritte ähnlich ab wie bei der Vergasung der Kohle mit Kohlendioxyd.

Die Reaktionsgeschwindigkeit wird bei dieser Reaktion ebenso wie bei der BOUDOUARD-Reaktion durch die Phasengrenzreaktion zwischen adsorbiertem Sauerstoff und Oberflächenkohlenstoffatomen bzw. durch die Desorption des CO gemäß Gl. (4d) bestimmt[283]). Die Bildung des adsorbierten Sauerstoffs gemäß

$$H_2O \rightleftharpoons H_2 + O_{ad} \qquad (5)$$

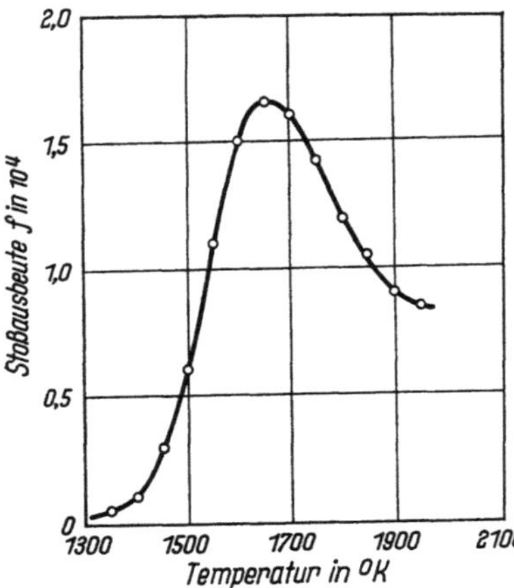

Bild 117. Stoßausbeute f bei der Kohlevergasung mit Wasserdampf bei $p_{H_2O} = 3 \cdot 10^{-3}$ Torr (F. BOULANGIER, X. DUVAL, M. LETORT)

ist auch hier schnell und als vorgelagertes Gleichgewicht aufzufassen. Bei gleichen Sauerstoffpartialdrucken ergeben sich daher in CO_2/CO- und in H_2O/H_2-Gemischen gleiche Geschwindigkeiten der Kohlevergasung[283]). Das Temperaturinkrement der Gesamtreaktion soll 65 bis 75 kcal/Mol betragen[276, 281, 286, 287]). Eine eingehende Analyse des Reaktionsablaufs zeigt[281]), daß eine einheitliche Temperaturabhängigkeit der Reaktion nicht zu erwarten ist.

Die Reaktion wird durch Wasserstoff, nicht aber durch Kohlenmonoxyd stark gehemmt[289]). Die Stoßausbeute hat, wie Bild 117[286]) zeigt, ein Maximum bei etwa 1400 °C und erreicht bei dieser Temperatur den gleichen Wert wie die Stoßausbeute bei der Kohleverbrennung durch Sauerstoff. Die Kohlevergasung mit Wasserdampf gemäß Formel (4) wird nach An-

sicht einiger Verfasser[276, 281]) durch Chemisorption des Wasserdampfs in
Form von H und OH eingeleitet. Beide Adsorbate sollen mit einer Valenz
an randständige C-Atome gebunden sein.

Alle Reaktionen der Kohlevergasung werden durch bestimmte, akti-
vierende Zusätze, insbesondere Metalle, Oxyde und Karbonate, stark
beschleunigt. Eine Zusammenfassung des älteren Schrifttums gibt
C. Kröger[289]). Ebenso stark können
die Vorgänge durch *Inhibitoren* gehemmt werden. Besonders wirksame
Hemmstoffe sind $POCl_3$, $PbCl_3$, $PbBr_3$
und organische Halogenide. Der Mechanismus der Einwirkung der Hemmstoffe wurde eingehend von Hedden
und Mitarbeitern[285]), der der Katalysatoren von Long und Sykes[290])
untersucht und gedeutet.

Die bisherigen Angaben beziehen
sich auf den Ablauf der Phasengrenzreaktion. Wie bei den Erzen ist auch
bei der Kohle diesem Vorgang zumeist
noch eine Gasdiffusion vor- und nachgeschaltet, wobei der Stoffübergang
durch die Strömungsgrenzschicht bei
metallurgischen Verfahren mit er-

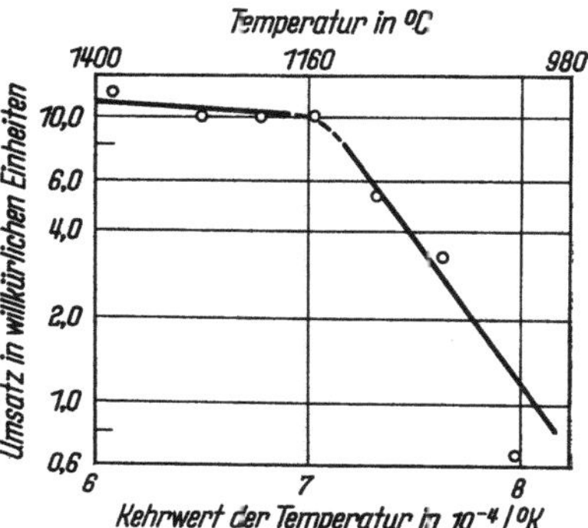

Bild 118. Übergang des temperaturabhängigen Bereiches in den tempe-
raturunabhängigen bei der Kohlevergasung mit Wasserdampf (B. E.
Hunt, S. Mori, S. Katz, R. E. Beck)

zwungener Gasströmung, z. B. dem Hochofenverfahren, weniger, die
Gasdiffusion in den Poren des reagierenden Festkörpers mehr ins Gewicht
fällt. Beide Transportvorgänge können in gleicher Weise behandelt werden
wie bei der Erzreduktion, es sei daher auf die Abschn. 1.2.2, 2.1 und 2.4
verwiesen. Die Besonderheiten, die bei der Vergasung poriger Kohle zu
beachten sind, stellen Wicke[291]), Dahme und Junker[292]), Peters[293]) und
Hedden[294]) dar. Ebenso wie bei der Reduktion poriger Erze bestimmt
bei niedrigen Temperaturen die Phasengrenzreaktion den Reaktionsablauf, bei hohen Temperaturen die Porendiffusion, wie aus den unterschiedlichen Temperaturabhängigkeiten in den beiden Temperaturbereichen
zu schließen ist, s. Bild 118[295]). Dieses Bild ist mit der entsprechenden
Darstellung für die Erzreduktion, Bild 68, zu vergleichen.

Der Zerfall des Kohlenmonoxyds an Eisenerzen und Eisen, also die
Rückreaktion der Boudouard-Reaktion, Formel (3), ist wegen seiner Aus-
wirkung auf die Temperaturverteilung und den Strömungsverlauf im
Hochofen für die Erzreduktion von großer Bedeutung. Bild 119 zeigt den
Druck-Temperatur-Bereich, in dem der Kohlenoxydzerfall nach Messungen
von Baukloh und Henke[296]) und von Soma[297]) an Eisenoxyden bzw. dem

durch Reduktion gebildeten Eisen abläuft. Der von SOMA angegebene flachere Anstieg des kritischen CO-Teildrucks mit steigender Temperatur

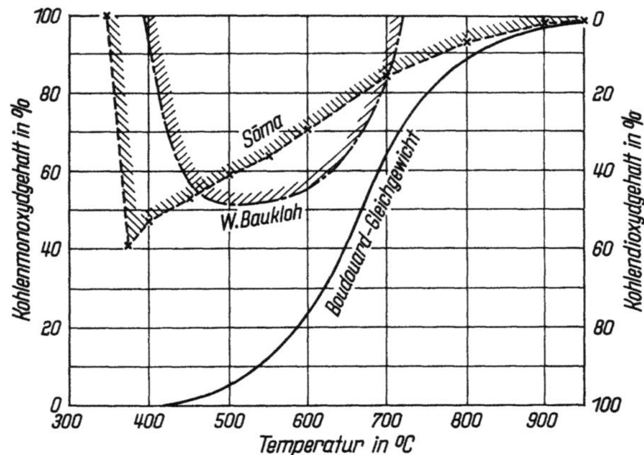

Bild 119. Bereich des merklichen CO-Zerfalls nach W. BAUKLOH[296]) und SOMA[297])

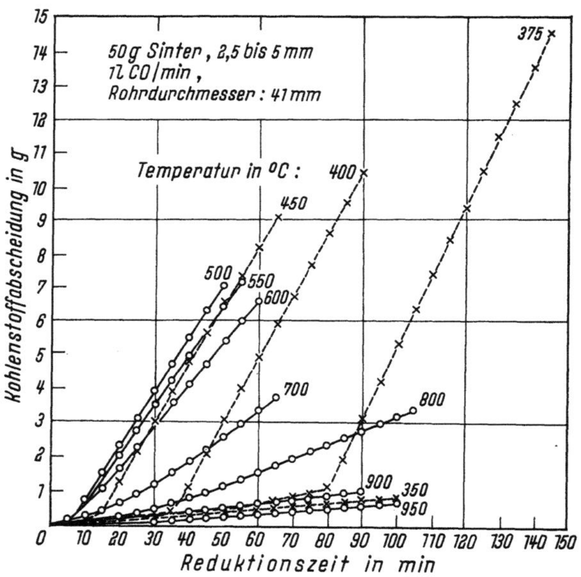

Bild 120. Kohlenstoffabscheidung bei der Reduktion von selbstgängigem Sinter[297])

entspricht den Angaben von H. SCHENCK und MASCHLANKA[298]). Bild 120 zeigt den zeitlichen Ablauf der Reaktion an anreduziertem Sinter nach Messungen von SOMA[297]). Man sieht, daß die Reaktion erst nach einer deutlichen Inkubationszeit einsetzt, die im allgemeinen größer ist als die Verweilzeit des Gichtgases im kritischen Temperaturgebiet des Hochofens.

Durch Wasserstoff wird der Kohlenmonoxydzerfall beschleunigt und der kritische Temperaturbereich zu höheren Temperaturen ausgedehnt[299,300]).

Der Zerfall des Kohlenmonoxyds in homogener Gasphase oder an Kohlenstoffoberflächen läuft so langsam ab, daß er für die Erzreduktion ohne wesentliche Bedeutung ist. Von den Möllerbestandteilen ist als Keimfläche oder Katalysator der Kohlenstoffabscheidung das aus dem Erz entstehende Eisen besonders wirksam, wie schon H. H. MEYER[301]) erkannte. Die untere Begrenzungstemperatur des Abscheidungsbereichs beruht daher möglicherweise auf der Temperaturgrenze merklicher Reduktion und wäre dann von Erz zu Erz verschieden.

Eine ähnliche Deutung konnte der in Bild 120 gezeigten Induktionszeit gegeben werden. Diese Ansicht wird durch Messungen[302]) gestützt, die einen Vergleich von katalytischer Aktivität für den CO-Zerfall und Reduktionsgeschwindigkeit bei gleichen Erzen zulassen. Entsprechend erhöht eine Vorreduktion des Erzes die Aktivität für den CO-Zerfall[298]).

Als Hemmstoffe des CO-Zerfalls haben sich besonders H_2S und SO_2 erwiesen, deren Wirkung irreversibel ist, also auch bei Entzug des Kontaktgiftes aus der Gasphase noch anhält[298]). Reversibel inhibieren NH_3, Cl_2, NO_2 und CN die Reaktion[296,298]).

Die Kohlenstoffabscheidung in den Poren des Erzes übt eine Sprengwirkung auf die Stücke aus, führt damit zum Zerrieseln und zu starker Steigerung des Strömungswiderstandes[303]). Es lassen sich Drücke bis $2000\ kg/cm^2$ nachweisen und auch theoretisch berechnen[304]).

3. Gasströmung und Wärmeübergang in körnigen Gütern

Für die Durchführung der Reduktion von Erzen mit CO- bzw. H_2-haltigen Gasen gibt es zahlreiche verfahrenstechnische Möglichkeiten. Sämtliche denkbaren Verfahren sind gemeinsam gekennzeichnet durch das Bestreben, auf kleinstem Raum einen möglichst raschen und vollständigen Verlauf der chemischen Umsetzung und des Wärmeübergangs zu erreichen. Eine gleichmäßige Umströmung der Erzstücke durch das reduzierende Gas bietet hier die besten Voraussetzungen. Die nachstehenden Abschnitte befassen sich mit der Gasströmung in Erzschüttungen, dem Stabilitätsbereich verschiedener Strömungszustände und dem Wärmeübergang. Nach WICKE und BRÖTZ[305]) sind ganz allgemein die in Tafel 9 verzeichneten Durchströmungszustände für körnige Güter möglich, die sich von links nach rechts bei steigender Strömungsgeschwindigkeit des Gases oder aber fallender Korngröße ergeben. Für die Erzreduktion sind von besonderer Bedeutung die

    a) ruhende Schüttgutschicht,
    b) Wirbelschicht,
    c) Flugstaubwolke.

3.1. Ruhende Schüttgutschicht

3.1.1. Strömung in ruhender Schüttgutschicht

Die eine ruhende Erzschüttung pro Zeiteinheit durchströmende Gasmenge $\dot{V}$ und damit die Gasgeschwindigkeit $u = \dfrac{\dot{V}}{F}$, genannt *Leerrohrgeschwindigkeit** (F = Querschnitt der Schüttsäule), kann nicht beliebig gesteigert werden, da zunächst der Druckverlust und damit die zu leistende Verdichtungsarbeit stark anwachsen und schließlich die Schüttung instabil, d. h. aufgewirbelt wird, um bei den höchsten Geschwindigkeiten sogar teilweise aus dem Gefäß geblasen zu werden. Das maximal anwendbare Gasangebot pro Zeiteinheit begrenzt nicht selten die erzielbare Durchsatzleistung des Reduktionsverfahrens und sei daher nachstehend ausführlich behandelt.

Mathematisch am einfachsten zu handhaben sind Schüttungen, bei denen sämtliche Körner den gleichen Durchmesser haben (Gleichkornschüttungen). Dieser Fall ist technisch zwar nur selten und bestenfalls annähernd realisiert, stellt jedoch eine Vereinfachung dar, von der der Übergang zu den technisch üblichen Mehrkornschüttungen verhältnismäßig leicht durchgeführt werden kann.

3.1.1.1. Gleichkornschüttungen

Bei geringen Geschwindigkeiten stellt sich ein laminarer Strömungszustand des Gases zwischen den Körnern ein; bei höheren Geschwindigkeiten erfolgt ein allmählicher Umschlag zum turbulenten Gebiet, wobei die Teilchen der Schüttgutschicht noch in Ruhe verharren. Die ersten systematischen Arbeiten über den Durchströmungswiderstand von Erzschüt-

---

* Durch die in Wirklichkeit vorhandene Schüttung wird ein Teil des Querschnitts F für die Strömung gesperrt, die tatsächliche Strömungsgeschwindigkeit des Gases zwischen den Körnern ist erheblich höher.

Tafel 9. *Systematik der Zustände eines von Gasen oder Flüssigkeiten durchströmten körnigen Gutes*

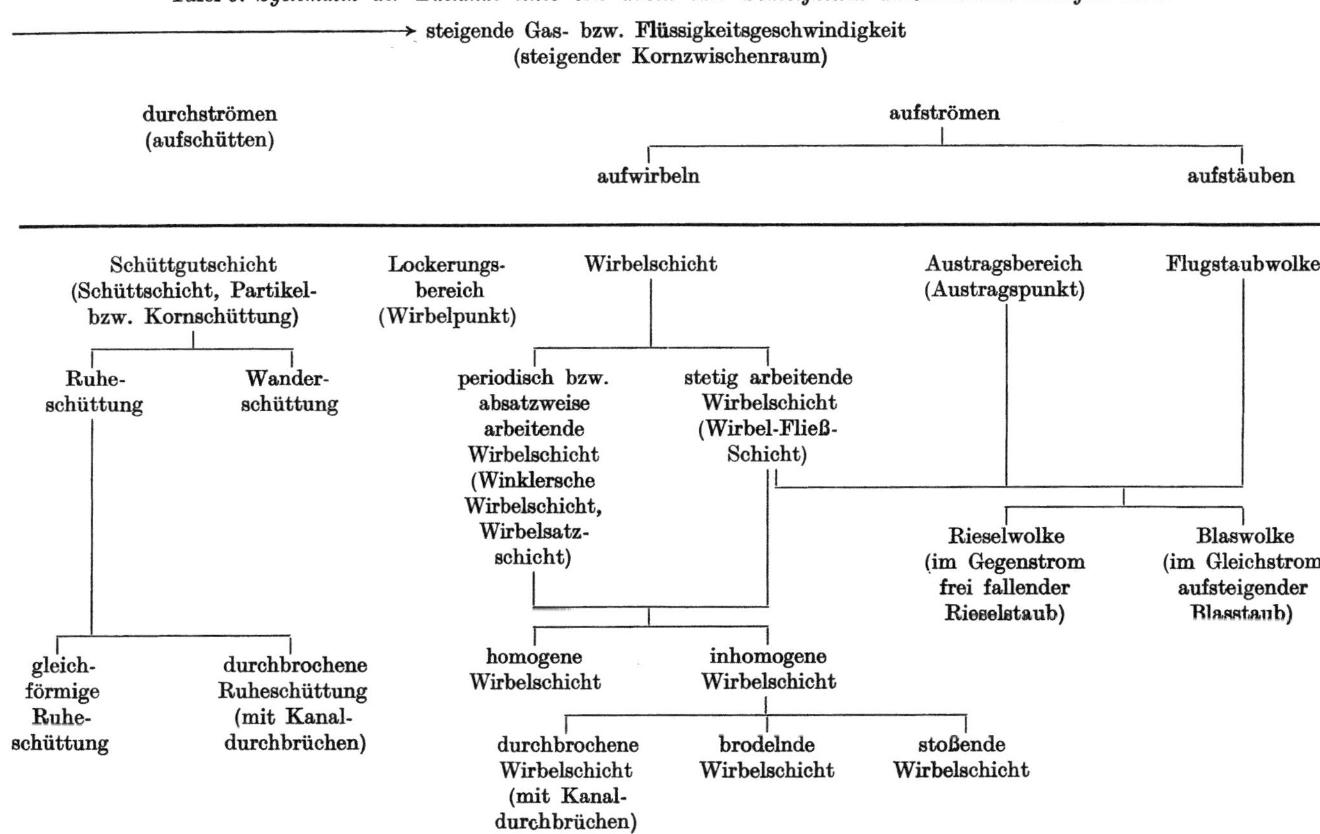

tungen wurden bereits 1929 von C. C. FURNAS[306]) veröffentlicht, jedoch gelang es erst 1937 P. C. CARMAN[307]), eine mathematische Formulierung zu finden, die den Zusammenhang zwischen Durchströmungswiderstand und den Eigenschaften des strömenden Mediums sowie der durchströmten Schüttsäule generell behandelt, und zwar sowohl für den schon früh von KOZENY[308]) behandelten laminaren als auch für den technisch wichtigeren turbulenten Bereich. Diese Formulierung ist späterhin weiter verfeinert worden[309-312]). Die in der Hydro- und Aerodynamik gewohnte Verwendung dimensionsloser Kenngrößen bewährt sich auch hier; es gilt für die Widerstandszahl:

$$\psi = \frac{\Delta p \, \varepsilon^3 \, d \, \Phi}{H \, \varrho \, u^2 (1 - \varepsilon)} \, . \tag{1}$$

und für die Reynolds-Zahl

$$Re' = \frac{\varrho \, u \, d \, \Phi}{\eta}$$

oder in anderer Schreibweise[309]):

$$Re = \frac{Re'}{1 - \varepsilon} = \frac{\varrho \, u \, d \, \Phi}{\eta \, (1 - \varepsilon)}, \tag{2}$$

Hierin bedeuten:

d	Korndurchmesser (alle Daten in cgs-Einheiten),
Δp	Druckverlust über die Höhe der Schüttung,
ε	Lückengrad (relatives Zwischenkornvolumen in der Schüttung),
H	Höhe der Schüttung,
ϱ	Dichte des strömenden Mediums,
η	Viskosität des strömenden Mediums,
u	Strömungsgeschwindigkeit, bezogen auf den leeren Querschnitt bei Arbeitstemperatur und -druck (Leerrohrgeschwindigkeit),
Φ	Formfaktor

$\Phi = 1{,}0$ für Kugeln

$\quad = 0{,}6 - 1$ für geometrisch andersartige Körper.

Die Auftragung von ψ gegen Re aus den experimentellen Unterlagen ergibt eine annähernd universelle Kurve, gültig für Gase und Flüssigkeiten als strömende Medien und alle Arten Schüttgüter, sofern die Korngrößen nur wenig voneinander abweichen. Nach den neueren Untersuchungen von BRAUER[310]) beschreibt folgender mathematischer Ansatz den in Bild 121 dargestellten Zusammenhang am besten:

$$\psi = 160 \, Re^{-1} + 3{,}1 \, Re^{-0{,}1}.* \tag{3}$$

Bei kleinen Reynolds-Zahlen ($Re < 10$, d. h. im laminaren Bereich) überwiegt der erste Term, bei großen Reynolds-Zahlen ($Re > 1000$, d. h. bei Turbulenz) der zweite. Der Umschlag von laminarer zu turbulenter Strömung erfolgt in Schüttgutsäulen bereits im Bereich $10 < Re < 1000$, also wesentlich früher als in Rohren und ähnlichen Gebilden.

---

* Diese Gleichung wird häufig nach CARMAN und KOZENY benannt.

Ein Berechnungsbeispiel möge die Anwendung obiger Gleichung verdeutlichen:

In einem zylindrischen Behälter ($D = 100$ cm, $H = 500$ cm) befinden sich kugelähnliche Erzpellets, mit

$$d = 2 \text{ cm}, \qquad \Phi = 1, \qquad \varepsilon = 0{,}37.$$

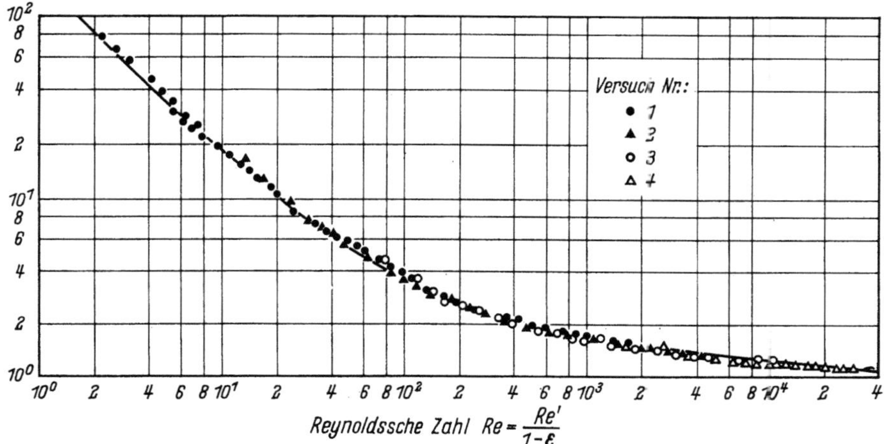

Bild 121. Widerstandszahl ψ in Abhängigkeit von der Reynoldsschen Zahl Re für Gleichkornschüttungen aus Kugeln nach R. JESCHAR[309])

(Dieser Lückengrad gilt allgemein bei Kugeln, wenn der Korndurchmesser $\ll$ Gefäßdurchmesser ist (Bild 122)).*

Sie werden zum Zweck der Reduktion bei durchschnittlich 600 °C mit H_2 von Normaldruck durchströmt, die Menge betrage 2500 Nm³/h. Hieraus ergibt sich die Leerrohrgeschwindigkeit zu:

$$u = \frac{2500 \cdot 10^6}{3600} \frac{873}{273} \frac{1}{\pi \cdot 50^2} = 283 \text{ cm/sec.}$$

Die Dichte von H_2 bei 600 °C beträgt:

$\varrho \; = 0{,}028 \cdot 10^{-3}$ g/cm³, die Zähigkeit[313]):

$\eta \; = 1{,}83 \cdot 10^{-4}$ g/cm sec,   hieraus ergibt sich:

$Re = \dfrac{\varrho\, u\, d\, \Phi}{\eta(1 - \varepsilon)} = 138$,   aus Gl. (3) folgt:

$\psi \; = 3{,}055$ und weiter aus Gl. (1)

$\Delta p = 21400$ g/cm sec² $= 218$ mm WS.

Der Druckverlust in der Säule ist also verhältnismäßig klein.

---

* Bei Kugelpackungen gleicher Körnung kann der Lückengrad ε in großen Gefäßen (Behälterdurchmesser D groß gegenüber Korndurchmesser d) zwischen $\varepsilon = 0{,}36$ und 0,40 liegen (dichteste bis lockerste Packung). Trotz dieser verhältnismäßig geringen Schwankungsbreite von ε ist wegen des starken Einflusses $\left(\psi \sim \dfrac{\varepsilon^3}{1 - \varepsilon}\right)$ im allgemeinen eine experimentelle Bestimmung von ε erforderlich.

Bei den gegebenen Zahlenwerten des Berechnungsbeispiels liegt der Strömungszustand bereits teilweise im turbulenten Bereich. Im laminaren Bereich steigt Δp mit steigender Gasgeschwindigkeit u linear an, im turbulenten Bereich annähernd quadratisch (genau gilt nach Gl. (1), (2) und (3) : $\Delta p \sim u^{1,9}$ im turbulenten Bereich).

Stabilitätsgrenze. Bei weiter steigenden Gasgeschwindigkeiten dehnt sich die Schüttschicht etwas nach oben hin aus, der Druckstau Δp wächst

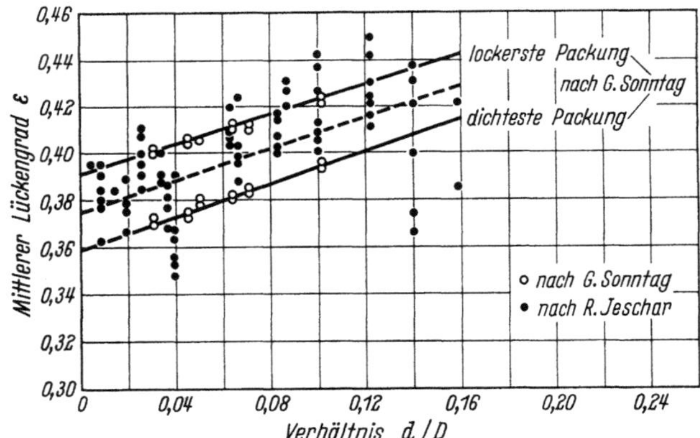

Bild 122. Mittlerer Lückengrad ε, abhängig vom Verhältnis d/D nach R. Jeschar[309])

annähernd quadratisch und wird schließlich gleich dem auf die Querschnittseinheit bezogenen Gewicht der Schüttsäule, d. h.

$$\Delta p = H \,(1 - \varepsilon)\, \varrho_s\, g \tag{4}$$

ϱ_s = Rohwichte der Schüttgutteilchen (g/cm³) (auch Raumgewicht genannt),
g = 981 cm/sec² Gravitationskonstante.

In diesem Punkt verliert die ruhende Schüttgutschicht ihre Stabilität und geht bei weiterer geringer Steigerung der Gasgeschwindigkeit in den Zustand der Wirbelschicht über [314]). Durch Kombination von Gl. (4) mit Gl. (1) bis (3) erhält man für den *turbulenten Bereich* die kritische Gasgeschwindigkeit u_{kr}, bei der das Wirbeln einsetzt

$$u_{kr} = \frac{0,54\,(\varrho_s\, g\, \varepsilon^3)^{0,526}}{[(1 - \varepsilon)\, \eta]^{0,0526}} \; \frac{(d\, \Phi)^{0,579}}{\varrho^{0,473}} \cdot \tag{5}$$

In Bild 123* ist die Grenzgeschwindigkeit u_{kr} für einige spezielle Fälle nach Gl. (5) aufgetragen. Man erkennt hieraus, daß sehr viel höhere Gasgeschwindigkeiten als bei den meisten technischen Prozessen üblich,

---

* Das Abbiegen der Geraden im unteren Bereich beruht auf dem Wirksamwerden des laminaren Terms in Gl. (3); Gl. (5) ist dann entsprechend zu erweitern.

notwendig sind, um die Stabilitätsgrenze der Schüttschicht zu überschreiten und den Zustand der Wirbelschicht zu erzeugen.* Dies gilt allerdings nur bei völlig gleichmäßiger Durchströmung der Schüttgutschicht und wenn sämtliche Körner den gleichen Durchmesser haben (Gleichkornschüttung). Sobald man von diesen idealisierten Verhältnissen abweicht, ergeben sich wesentlich ungünstigere Werte für die Stabilitätsgrenze.

Gl. (5) gestattet auch eine Abschätzung des Einflusses einer Druckerhöhung auf die durchsetzbare Gasmenge. Von den gemäß Gl. (5) maßgeblichen Größen ändert sich die Dichte des Gases $\varrho \sim p$. Also wird wegen $u \sim 1/\varrho^{0,473}$ die kritische Gasgeschwindigkeit und die durchsetzbare Gasmenge wie folgt geändert:

p ata	$u_{kr}/u_{0,\,kr}$	Gasmenge pro Zeiteinheit $\dot{V}/\dot{V}_0$
1	1	1
2	0,72	1,44
4	0,52	2,08

Es bedeuten $u_{0,kr}$ die kritische Geschwindigkeit und $\dot{V}_0$ die durchsetzbare Gasmenge (Nm³/Zeiteinheit!) für $p = 1$ ata. Man erkennt aus der kleinen

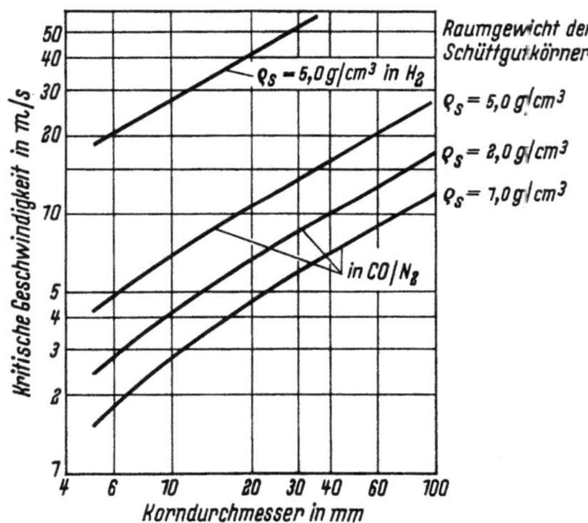

Bild 123. Stabilitätsgrenze von Schüttgutschichten. Kritische Leerrohrgeschwindigkeit (Wirbelpunkt) in Abhängigkeit vom Korndurchmesser (800 °C, 1 ata, Gleichkornschüttung Kugelform $\varepsilon = 0,4$)

---

* Im Hochofenschacht liegen die Gasgeschwindigkeiten bei max. 3 m/sec (Leerrohrgeschwindigkeit) und die Reynolds-Zahlen bei 1000 bis 3000[315]), also stets im turbulenten Bereich.

Tabelle, daß bei Druckerhöhung die maximal anwendbare Gasgeschwindigkeit absinkt, so daß beispielsweise eine Druckverdoppelung unter sonst
gleichen Verhältnissen nur einen um 44% stärkeren Gasdurchsatz erlaubt.

3.1.1.2. Mehrkornschüttungen

Schon FURNAS[306]) hat darauf aufmerksam gemacht, daß Schüttungen,
in denen mehrere Korndurchmesser gleichzeitig auftreten, nicht durch den

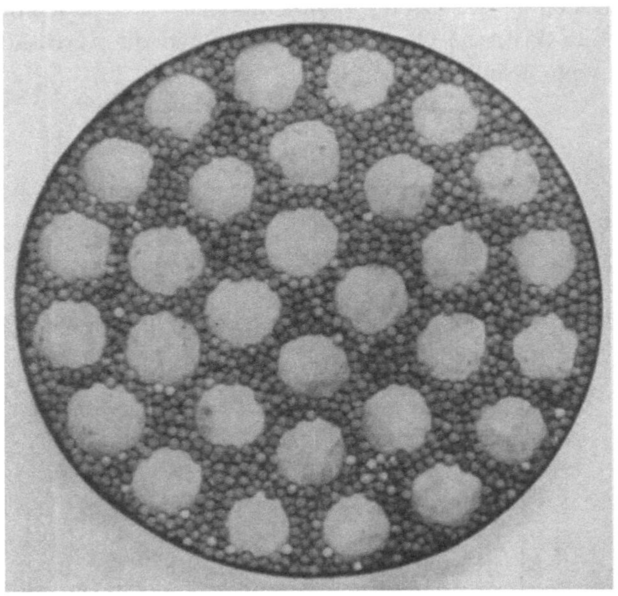

Bild 124. Abbildung einer Mehrkornschüttung aus Kugeln mit $d = 80$ mm und
$d = 10$ mm nach R. JESCHAR[309])

arithmetischen Mittelwert der Korndurchmesser charakterisiert werden
dürfen.

Wie Bild 124 zeigt, haben in derartigen Mischungen die kleinen Körner
die Neigung, sich in den Lücken zwischen den großen anzureichern und
damit den Gasdurchgang zu behindern.

Bild 125 zeigt anschaulich, daß ε_m, der Lückengrad der Mischung, und
damit auch der für die Gasströmung verfügbare freie Querschnitt um so
stärker zurückgeht, je weiter die Durchmesser einer Zweikornmischung
auseinanderliegen. Das Minimum des Lückengrades und damit auch der
Durchströmbarkeit liegt bei 60 bis 70% Grobkorn und 40 bis 30% Feinkorn. Die Durchströmbarkeit wird hierdurch stark beeinträchtigt.

Messungen des Durchströmungswiderstandes wurden von JESCHAR[309]) an Ein- und Mehrkornschüttungen vorgenommen (Apparatur s. Bild 60). Ergebnisse von Gleichkornschüttungen zeigte Bild 121; Ergebnisse von Mehrkornschüttungen gemäß Tafel 10 sind in Bild 126 aufgetragen. Die

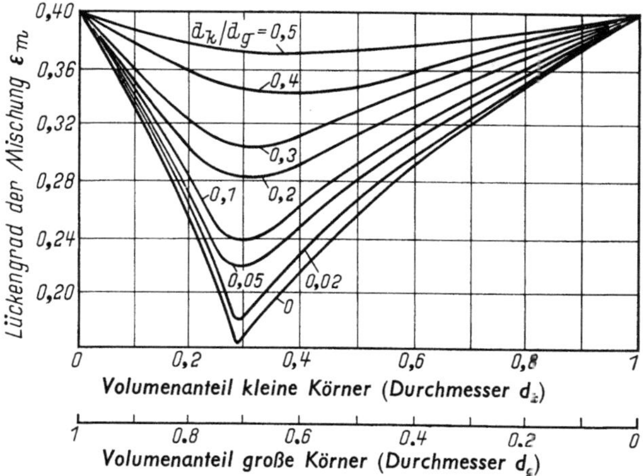

Bild 125. Lückengrad einer Zweikornmischung aus gebrochenen Festkörpern, abhängig von der Zusammensetzung nach C. C. FURNAS u. R. JESCHAR[309])

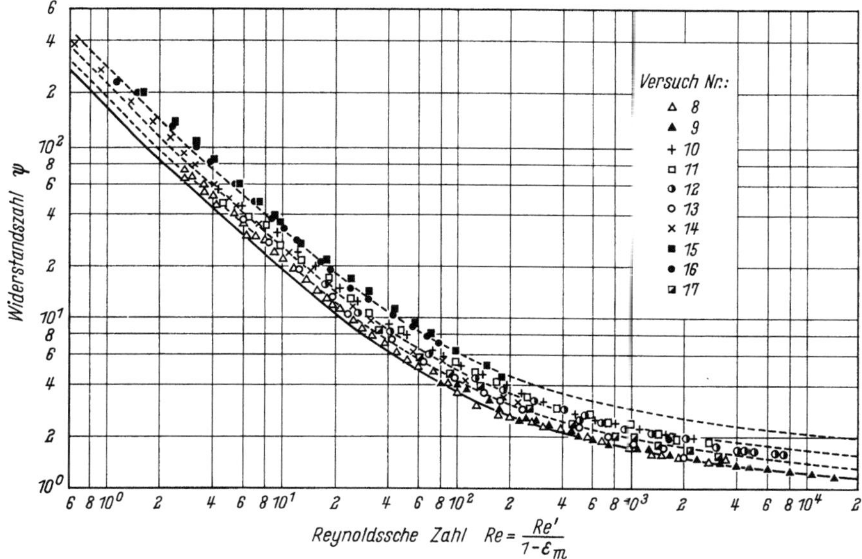

Bild 126. Widerstandszahl ψ in Abhängigkeit von der Reynoldsschen Zahl Re für Mehrkornschüttungen aus Kugeln bei gleichmäßig vermischten verschieden großen Füllkörpern nach R. JESCHAR[309])

niedrigsten Widerstandszahlen ergeben sich erwartungsgemäß bei Schüttungen, in denen (Versuche 8 und 9) die Differenz der Korndurchmesser gering ist. Bei größer werdender Differenz der Korndurchmesser steigen

Tafel 10. *Mehrkornschüttungen aus Kugeln*[309])

Versuch Nr.	Nenndurchmesser der Kugeln mm	Mittlerer Kugeldurchmesser d mm	Volumenanteil V_n/V	Äquivalenter Kugeldurchmesser d mm	Schütthöhe H mm	Lückengrad der Mischung ε_m
8	10	9,9	0,50	13,2	753	0,362
	20	19,9	0,50			
9	30	33,6	0,51	46,9	1000	0,372
	80	80,4	0,49			
10	10	9,9	0,36	22,6	1000	0,263
	80	80,4	0,64			
11	10	9,9	0,26	28,2	993	0,236
	80	80,4	0,74			
12	20	19,9	0,31	41,5	1000	0,312
	80	80,4	0,69			
13	10	9,9	0,65	14,3	1000	0,319
	80	80,4	0,35			
14	2	2,1	0,65	3,2	493	0,313
	30	33,6	0,35			
15	2	2,1	0,28	6,6	500	0,202
	30	33,6	0,72			
16	2	2,1	0,31	6,5	500	0,195
	80	80,4	0,69			
17	10	9,9	0,24	20,9	1000	0,303
	20	19,9	0,26			
	30	33,6	0,24			
	80	80,4	0,26			

die Widerstandszahlen erheblich an (Versuche 14 bis 16). Dabei ist zu berücksichtigen, daß die Druckverluste in den Schüttungen mit Anteilen kleinster Körnungen noch stärker steigen als die Widerstandszahl, da ε klein wird. Aus den Meßwerten konnte JESCHAR ableiten, daß für Mehrkornschüttungen folgendes Widerstandsgesetz gültig ist[309]):

$$\psi = \left(\frac{160}{Re} + \frac{3,1}{Re^{0,1}}\right)\left(\frac{\varepsilon_k}{\varepsilon_m}\right)^{0,75}. \tag{7}$$

Hierin bedeuten:

ε_k Lückengrad der Fraktion mit dem kleinsten Korndurchmesser,
ε_m Lückengrad der Mischung.

In die Kenngrößen ψ und Re sind einzusetzen für:

d äquivalenter Korndurchmesser $= 1 \Big/ \sum\limits_{i=1}^{n} \dfrac{c_i}{d_i}$,

d_i Korndurchmesser der i-ten Fraktion,

c_i Volumenanteil der i-ten Fraktion $\sum\limits_{i=1}^{n} c_i = 1$.

Nach Gl. (7) wurde die Wirkung von Feinanteilen ($d_k = 2$ mm) auf die Durchströmbarkeit von Kugelschüttungen ($d_g = 20$ bzw. 40 mm) berechnet. Hierbei zeigte sich gemäß Bild 127 eine sehr starke Zunahme der notwendigen Druckdifferenz Δp schon bei geringsten Feinanteilen. 10% Feinanteil läßt nach Bild 127 den Druckverlust in der Schüttung für

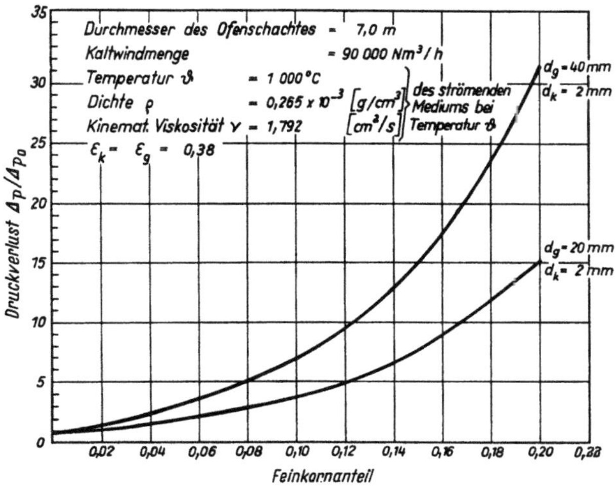

Bild 127
Druckverlust in Zweikornschüttungen aus Kugeln, berechnet nach R. JESCHAR

gleichen Gasdurchsatz auf das 3,5- bzw. 4fache ansteigen. Tatsächlich verteilen sich beim Chargieren Feinanteile fast niemals gleichmäßig, sondern reichern sich in bestimmten Bereichen an. Es entstehen dann nebeneinander feinkornarme Bereiche hoher Gasdurchlässigkeit (Strömungskanäle) und feinkornreiche Bereiche mit stark verminderter Gasdurchlässigkeit (u. U. weniger als ein Zehntel). Die Durchgasung wird ungleichmäßig.

Diese Betrachtung erhellt mit großer Deutlichkeit die Forderung, die Beschickung von Schachtöfen möglichst völlig frei von Feinkornanteilen zu halten.

Die vorstehenden Betrachtungen gelten für kugelförmige Schüttgutkörper. Für die Praxis interessieren aber überwiegend scharfkantige Schüttgüter, z. B. Erze, Koks usw. Auch für diese Stoffe wurden umfangreiche Messungen durchgeführt, z. B.[314a]). Die Ergebnisse lassen sich in das gleiche Widerstandsgesetz von Gl. (3), S. 184, einordnen mit fast unveränderten Zahlenwerten. Anstelle des Kugeldurchmessers ist in ψ und Re ein hydraulischer Durchmesser einzusetzen, der wie folgt definiert wird:

$$d = \frac{6}{F}.$$

F bedeutet die mittlere spezifische Oberfläche der Schüttgutteilchen (cm^{-1}).

Stabilitätsgrenze. Für Gleichkornschüttungen ergab sich die Stabilitätsgrenze in Bild 123 durch beginnende Wirbelschichtbildung. Bei Mehrkornschüttungen mit Bereichen unterschiedlicher Durchströmbarkeit können schon bei im Durchschnitt geringeren Gasgeschwindigkeiten Störungen auftreten durch eine Erscheinung, die im englischen Schrifttum[315a]) *spouted bed** genannt wird und in Apparaturen, wie z. B. in Bild 128 untersucht wurde. Im deutschen Schrifttum[317]) ist hierfür die Bezeichnung „Sprudelbett" vorgeschlagen worden.

Die Beschickung besteht beim Untersuchungsbeispiel des Bildes 128 aus Körnern gleicher Größe. Der Gaseintritt wurde auf einen kleinen Teil des Schüttgutquerschnitts konzentriert. In dem anschließenden kegelförmigen Raum konnte sich der Gasstrom auf den gesamten Querschnitt verteilen. Bei steigendem Gasdurchsatz steigt dann der Druckabfall (Bild 129) zunächst an, beim Punkt b beginnt sich ein Strömungskanal auszubilden, den das Gas bevorzugt durchströmt, bei weiterer Steigerung des Gasdurchsatzes wird der Kanal ausgeprägter und der Druckabfall kleiner. Am Punkt e schließlich befindet sich die vorher ruhende Schüttung in intensiver, kreisender Bewegung, wie in Bild 128 angedeutet. Die Theorie dieser Vorgänge ist noch unvollständig. Für verhältnismäßig klein dimensionierte Schüttgutschichten (bis 300 mm Gefäßdurchmesser) geben MATHUR und GISHLER[316, 316a]) folgende Beziehung an, mit der die Mindest-Leerrohrgeschwindigkeit u für den Zustand des „Sprudelbetts" errechnet werden kann:

$$u = \frac{d}{D}\left(\frac{D_0}{D}\right)^{0,33}\left[\frac{2\,g\,H\,(\varrho_s - \varrho)}{\varrho}\right]^{0,5}, \tag{8}$$

wobei

D Gefäßdurchmesser,

D_0 Durchmesser des Anströmrohres bedeuten,

die übrigen Größen wie oben.

---

* Nach Tafel 9 etwa mit dem Begriff „durchbrochene Ruheschüttung (mit Kanaldurchbrüchen)" zu vergleichen.

Obwohl bisher nicht versuchsmäßig nachgewiesen, ist trotzdem vorstellbar, daß in Schachtöfen derartige Erscheinungen eine Rolle spielen und möglicherweise sogar eine entscheidende Grenze für die Betriebsführung darstellen. Wenn sich nämlich auf Grund einer ungleichmäßigen Verteilung von Feinkornanteilen Strömungskanäle ausgebildet haben, ist anzunehmen, daß bei Überschreitung einer Grenzgeschwindigkeit, die noch weit unterhalb des Bereichs der Wirbelschichtbildung liegen kann, in den Strömungskanälen die Erscheinung des „Sprudelbetts" auftritt. Sobald sich solche Bereiche ausdehnen, dürfte das Verhalten der Beschickung irregulär werden, d.h. die Stabilitätsgrenze überschritten worden sein.

3.1.2. Wärmeübergang in ruhender Schüttgutschicht

Der Wärmeübergang von strömenden Gasen auf ruhende Schüttungen und umgekehrt ist verhältnismäßig gut, da der Gasstrom in den Hohl-

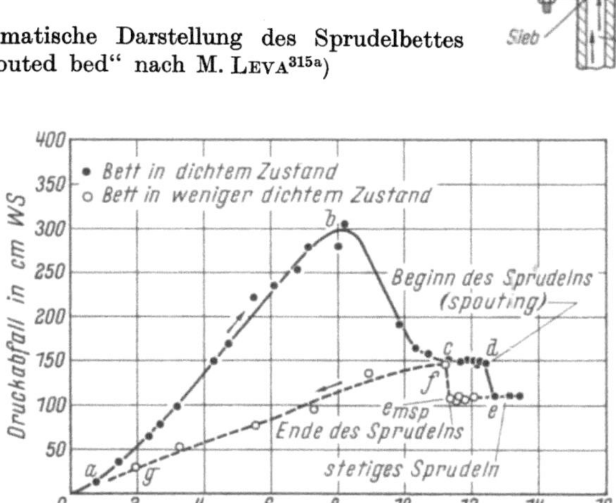

Bild 128. Schematische Darstellung des Sprudelbettes „spouted bed" nach M. LEVA[315a])

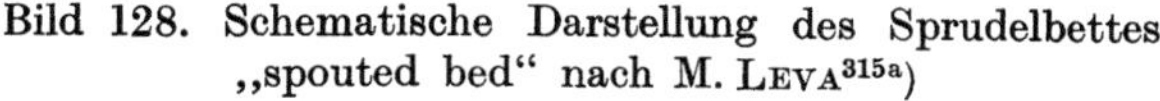

Bild 129. Typisches Schaubild: Druckabfall in Abhängigkeit von der Strömungsgeschwindigkeit beim Sprudelbett „spouted bed" nach M. LEVA[315a]) Gefäßdurchmesser: 610 mm, Schütthöhe: 1800 mm, Schüttgut: Weizen, Ausströmdurchmesser: 102 mm

räumen der Schüttung in viele kleine Kanäle aufgespalten wird und schon bei kleinen Reynolds-Zahlen Turbulenz vorliegt. Grundsätzlich sind die höchsten Wärmeübergangszahlen dann zu erwarten, wenn Gas und Schüttung sich im Gegenstrom bewegen und wenn die Durchströmbarkeit der Schüttung in allen Volumenelementen die gleiche ist. Die zweite Bedingung stellt eine Idealisierung dar, denn tatsächlich ist bei technischen Prozessen stets durch Entmischung ungleicher Kornfraktionen bei der Aufgabe und häufig auch durch ungleichmäßige Veränderung der Körner beim chemischen Umsatz eine mehr oder weniger große Ungleichmäßigkeit der Durchströmung gegeben. Bei allen technischen Prozessen in Schachtöfen, auf Wanderrosten oder ähnlichen Aggregaten, wo mit ruhenden Schüttungen gearbeitet wird, ist es daher von wesentlicher Bedeutung, die Gleichmäßigkeit der Durchströmbarkeit und damit einen optimalen Übergang von Wärme und auch Stoff zu sichern.

Die theoretische Behandlung des Wärmeübergangs in Schüttungen ist in Abschn. 2.2 durchgeführt worden.

Für Bedingungen, wie sie beispielsweise im Hochofen vorliegen, errechnen sich sehr hohe Wärmeübergangszahlen. Die Reynolds-Zahlen über die Höhe des Hochofens wurden von HANSEN (Bild 130) abgeschätzt. Im oberen Teil des Schachtes gilt

$$Re \approx 1000, \quad \text{d. h. nach Abschnitt 2.2:} \quad Nu \approx 40$$

Bei

$$\lambda = 1{,}6 \cdot 10^{-4} \text{ cal/cm sec } °C,$$

$$\varepsilon = 0{,}4 ,$$

$$d = 3 \text{ cm (Kugeln)}$$

ergibt sich

$$\alpha = \frac{Nu\,\lambda}{d}\,\frac{1-\varepsilon}{\varepsilon} = 3{,}2 \cdot 10^{-3}\,\frac{\text{cal}}{\text{cm}^2 \text{ sec } °C} \cdot$$

Zum Umrechnen auf die Volumeneinheit der Schüttung benötigt man die geometrische Gesamtoberfläche F aller Körner im Schüttvolumen V_R

$$\frac{F}{V_R} = \frac{6(1-\varepsilon)}{d} = 1{,}2 \text{ cm}^{-1}.$$

Man erhält die Wärmeübergangszahl pro Volumeneinheit der Schüttung:

$$\alpha_v = \alpha\,\frac{F}{V_R} = 3{,}84 \cdot 10^{-3}\,\frac{\text{cal}}{\text{cm}^3 \text{ sec } °C}$$

bzw.

$$13\,800\,\frac{\text{kcal}}{\text{m}^3 \text{ h } °C} \cdot$$

Das Temperaturgefälle im Korn ist im allgemeinen verhältnismäßig gering (vgl. Abschn. 2.2 und 4.6).

Für unrunde Schüttgutkörper, z. B. Erze, Koks usw., sind Abweichungen in den Gesetzen des Wärmeübergangs beobachtet worden, die sich aber ebenfalls mathematisch erfassen lassen [318]).

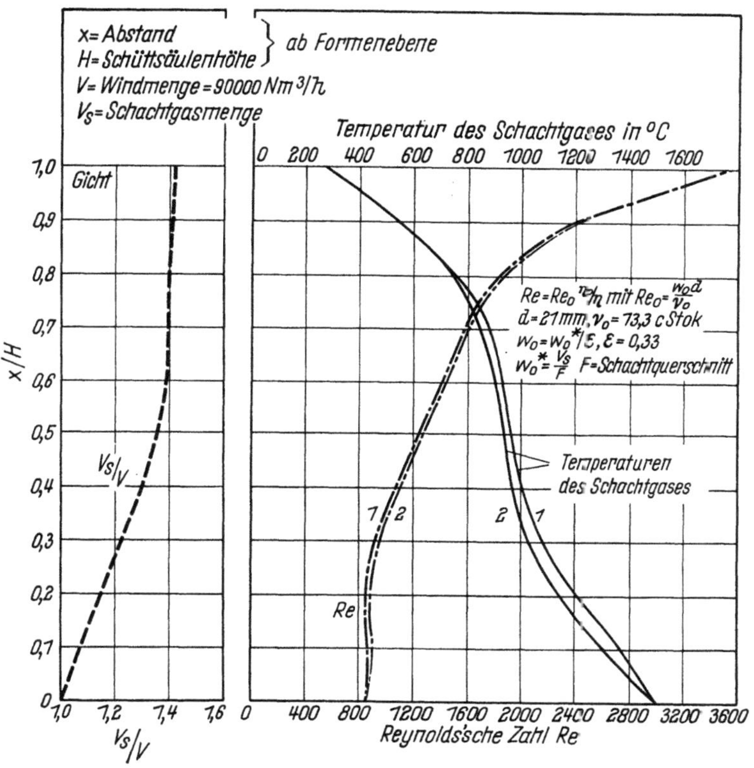

Bild 130. Verlauf der Menge des Schachtgases, seiner Temperatur und der Reynoldsschen Zahl in einer Hochofenschüttsäule nach M. HANSEN[315])

3.2. Wirbelschicht und Übergang zur Flugstaubwolke

Wirbelschichten entstehen aus Schüttschichten, die senkrecht von unten nach oben mit Gasen durchströmt werden, und zwar dann, wenn die Strömungsgeschwindigkeit des Gases eine von den Eigenschaften der Schüttung und des Gases abhängige kritische untere Grenze überschreitet. Die Schüttschicht dehnt sich zunächst etwas aus, danach geraten die Feststoffteilchen in eine kreisende Bewegung ähnlich einer siedenden Flüssigkeit (Bild 131). Die Oberfläche von Wirbelschichten stellt sich parallel zur Erdoberfläche ein, der Böschungswinkel wird annähernd gleich Null.

Bild 132 zeigt ein Beispiel einer solchen Wirbelschicht. Die Feststoffteilchen befinden sich dabei außerdem in kräftiger Relativbewegung gegeneinander und bieten somit gute Voraussetzungen für hohe Wärmeübergangszahlen und Reaktionsgeschwindigkeiten zwischen fester und gasförmiger Phase. Bild 133 zeigt kraterförmige Aufwürfe, die beim Durchbrechen von Gasblasen durch die Oberfläche entstehen.

Im angloamerikanischen Schrifttum hat sich wegen des flüssigkeitsähnlichen Zustandes der Wirbelschichten die Bezeichnung *fluidized bed* eingebürgert, im deutschen Schrifttum findet man gelegentlich auch die Bezeichnungen „Wirbelbett" oder „Fließbett". Im Sinne einer einheitlichen Terminologie ist jedoch die Bezeichnung *Wirbelschicht* allgemein verankert worden.

Großtechnisch wurde das Wirbelschichtprinzip erstmals durch WINKLER[321]) an dem nach ihm benannten Generator zur Kohlevergasung angewendet. Andere Beispiele sind die Abröstung von Schwefelkies (Bild 134) und katalytische Gasreaktionen, bei denen der Katalysator als Wirbel-

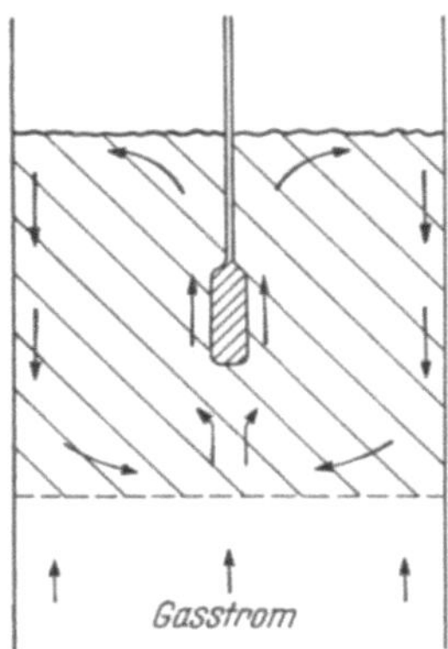

Bild 131. Schema der bei Wirbelschichten beobachteten Partikelströmungen nach E. WICKE[319])

Bild 132

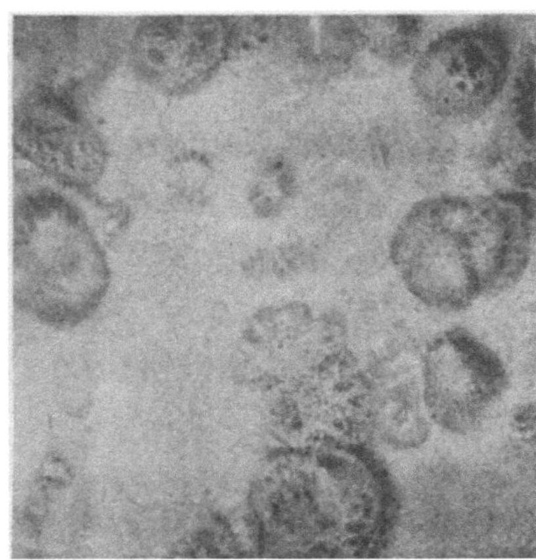

Bild 133

Bilder 132 u. 133. Brodelnde Wirbelschicht in einer Plexiglasapparatur nach W. BRÖTZ[320])

Bild 132. Ansicht der Apparatur   Bild 133. Aufsicht auf die Wirbelschicht

schicht arbeitet (Bild 135). Die Anlage zum Kracken von Mineralöl in Bild 135 besteht im wesentlichen aus zwei Wirbelschicht-Reaktionsgefäßen, davon

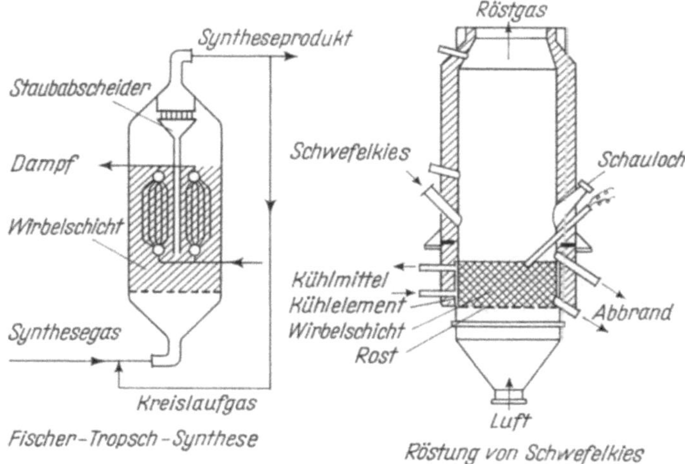

Bild 134
Wirbelschichtverfahren für exotherme Reaktionen nach NONNENMACHER[331])

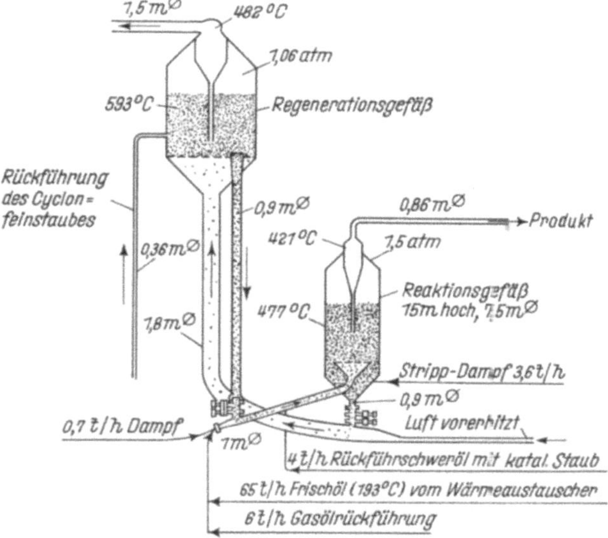

Bild 135. Katalytische Krackanlage nach dem Wirbelschichtverfahren mit einer Kapazität von etwa 2000 t/Tag nach NONNENMACHER[331])

eins für den Krackvorgang von Mineralöl; im zweiten Gefäß wird der Katalysator durch Umsatz mit erhitzter Luft von Krackrückständen befreit. Anlagen dieser Art haben Leistungen von 2000 t täglich und mehr. Nach PERRY[322]) beträgt die Gesamtkapazität der vorhandenen Wirbelschicht-Krackanlagen 220000 t Rohöl täglich.

Zahlreiche zusammenfassende Veröffentlichungen befassen sich mit den Grundlagen der Wirbelschichttechnik. Als Auswahl sei genannt[322-326, 330]).

In Wirbelschichten werden Feststoffe im Korngrößenbereich 1 μm bis 64 mm verarbeitet, das Optimum liegt jedoch bei 10 μm bis 0,25 mm. Zu feines Material neigt zum Agglomerieren, zu grobes zur ungleichmäßigen Wirbelung, Stoßen u. ä. Mischungen von Kornfraktionen können eingesetzt werden, jedoch gelten einschränkende Bedingungen. Die Leerraumgeschwindigkeiten des Gases in Wirbelschichtreaktoren liegen im allgemeinen zwischen 15 bis 300 cm/sec, die Höhe der Wirbelschichten zwischen 30 cm und 15 m[322]).

3.2.1. Existenzbereich der Wirbelschichten und Flugstaubwolken

Existenzbereich und Eigenschaften von Wirbelschichten sind vielfach untersucht worden. Bild 136 zeigt ein apparatives Beispiel aus einer Arbeit von E. WICKE und Mitarbeitern, Gemessen wird der Gasdurchfluß an der Meßblende b und der Druckabfall an der Schicht am Manometer C_2.

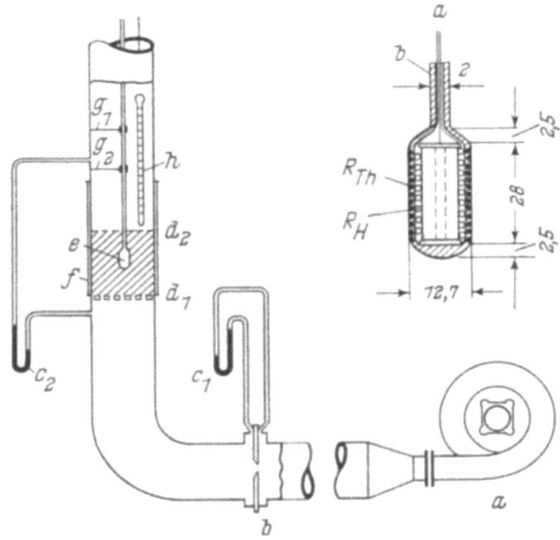

Bild 136. Schema der Versuchsanordnung nach E. WICKE[319])
a Gebläse, b Normblende, c_1, c_2 Manometer, d_1, d_2 Siebe (zur Begrenzung der Schüttschicht), e Versuchskörper (Heizkörper), f Glaszylinder, g_1, g_2 Führungen, h Thermometer
Heizkörper im Schnitt (Maße in mm) a Zuführungsleitungen, b Neusilberrohr, R_H Heizwicklung, R_{Th} Thermometerwicklung

Außerdem wird der Wärmeübergang aus der elektrischen Heizpatrone
rechts oben im Bild gesondert dargestellt) in die Schicht ermittelt. Bei
allmählich ansteigender Gasgeschwindigkeit u (bezogen auf den leeren
Querschnitt bei Arbeitstemperatur) steigt im Bereich der ruhenden Schicht
entsprechend der Carman-Kozenyschen Gleichung der Druckabfall an der
Schicht (Bild 137). Bei der kritischen Geschwindigkeit u_L wird der Druckverlust des Gases in der Schüttung Δp_L (d. h. der Gesamtdruckverlust
vermindert um den Druckverlust am Filterboden, auf dem die Schütt-

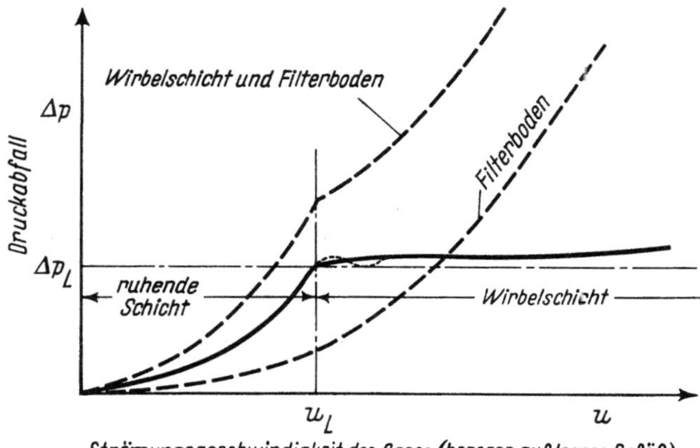

Bild 137. Druckverlust in durchströmten Partikelschüttungen nach E. WICKE[319])
(Druckverlust im Filterboden überhöht gezeichnet)

schicht aufliegt und der in getrennten Versuchen ohne Schüttschicht
zu ermitteln ist) gleich dem auf die Querschnittseinheit bezogenen Gewicht
der Schüttschicht [Gleichung von LEVA[323]), vgl. Abschn. 31, Gl. (4)].

$$\Delta p = \Delta p_L = \varrho_s \, (1 - \varepsilon) \, g \, H \tag{1}$$

(diese Gleichung gilt, wenn die Dichte des Mediums $\varrho_f \ll \varrho_s$, d. h. bei Wirbelschichten aus Feststoffen in Gasen).

Hierbei bedeuten:

ϱ_s Raumgewicht der Partikelchen,
g Gravitationskonstante,
H Höhe der Schüttschicht,
ε Lückengrad.

Bei Überschreitung von u_L beginnt der Existenzbereich der Wirbelschicht; Δp steigt nur noch geringfügig an. Aus der Gleichung von CARMAN
und KOZENY (vgl. Abschn. 31) läßt sich diejenige Strömungsgeschwindig-

keit u_L berechnen, bei der $\Delta p = \Delta p_L$ wird, d. h. bei der der Umschlag in den wirbelnden Bereich erfolgt.

Bei den in Wirbelschichten angewendeten Körnungen und Geschwindigkeiten befindet man sich fast stets im laminaren Bereich. Der erste Term der *Carman-Kozeny-Gleichung* reicht für die Formulierung infolgedessen aus*:

Es gilt (nach Abschn. 31 und Gl. (1)):

$$\psi = \frac{160}{Re} = \frac{\Delta p\, \varepsilon^3\, d\, \Phi}{H\, \varrho\, u^2(1-\varepsilon)} = \frac{160\eta(1-\varepsilon)}{\varrho\, u\, d\, \Phi} \cdot \tag{2}$$

Für $\Delta p = \Delta p_L$ wird also

$$u = u_L = \frac{\varrho_s\, g\, d^2\, \Phi^2}{160\eta}\, \frac{\varepsilon^3}{1-\varepsilon} \cdot \tag{3}$$

Für eine Gleichkornschüttung, in der sämtliche Teilchen durch gleiches d und ϱ gekennzeichnet sind, läßt sich aus der Gleichung die gesuchte Geschwindigkeit u_L, d. h. die untere kritische Strömungsgeschwindigkeit für den Existenzbereich der Wirbelschicht eindeutig berechnen. Auch bei kleineren Schwankungen, insbesondere von d, bleibt die Gleichung anwendbar. Bei Mehrkornschüttungen mit stark unterschiedlichen Korndurchmessern werden die Verhältnisse schwieriger, hierzu s. [323]).

Die Gasgeschwindigkeit in Wirbelschichten kann nicht beliebig gesteigert werden. Wenn u die Fallgeschwindigkeit der Feststoffteilchen übersteigt, werden diese mit dem Gasstrom ausgetragen. Diese Geschwindigkeit stellt somit die obere Grenze für den Existenzbereich einer Wirbelschicht und den Beginn des Existenzbereichs der „Flugstaubwolke" dar. Durch venturiartige Erweiterung des Reaktionsrohres nach oben hin, kann das Austragen der Schüttgutteilchen mit dem Gasstrom zurückgedrängt werden[324]). Die obere Grenzgeschwindigkeit u_F kann aus dem Gesetz von STOKES[325]) berechnet werden. Es gilt

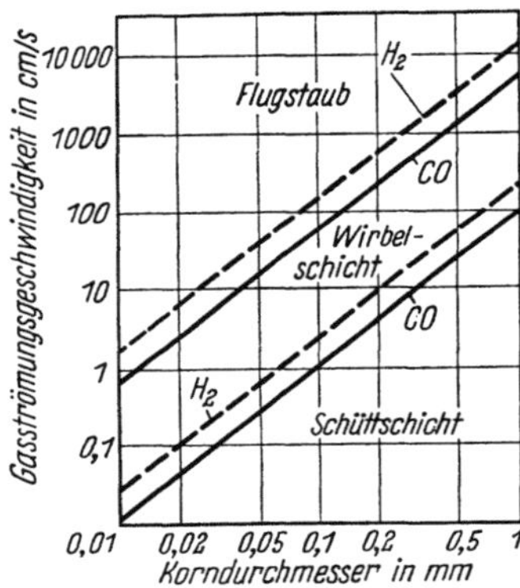

Bild 138. Existenzbereich der Wirbelschicht für Erzpulver mit $\varrho_s = 5$ g/cm³ (700 °C) [327])

---

* In Gl. (5), Abschn. 3.1, wurde zur Ermittlung der Stabilitätsgrenze grobstückiger Schüttschichten der zweite Term der Carman-Kozeny-Gleichung verwendet, da bei den überwiegenden großen Korndurchmessern und Strömungsgeschwindigkeiten fast stets Turbulenz vorliegt. Bild 123 in Abschn. 31 zeigte die allmähliche Überlagerung des „laminaren" Terms, der bei aus feinkörnigen Gütern bestehenden Wirbelschichten ausschlaggebend wird,

bei kugelförmigen Teilchen nach STOKES für die Fallgeschwindigkeit u_F in einem Medium mit der Viskosität η:

$$3\pi\, d\, \eta\, u_F = m\, g = \tfrac{1}{6}\,\pi\, d^3\, \varrho_s\, g,$$

m Masse eines Feststoffteilchens,

$$u_F = \frac{\varrho_s\, g\, d^2}{18\,\eta}\,. \qquad (4)$$

Bild 138 zeigt an einem Berechnungsbeispiel die Existenzbereiche von Erzwirbelschichten (Fe_2O_3, $\varrho_s = 5\ \mathrm{g/cm^3}$, $T = 700\ ^\circ\mathrm{C}$) in H_2 und CO. Die untere (u_L) und obere (u_F) kritische Geschwindigkeit liegen um knapp 2 Zehnerpotenzen auseinander und steigen beide mit dem Quadrat des Teilchendurchmessers an. Deutlich erkennbar ist der Einfluß der geringeren Zähigkeit des H_2 gegenüber CO. Wenn in Wirbelschichten Teilchen unterschiedlicher Korndurchmesser d vorliegen, so ist in Gl. (4) der kleinste vorkommende Wert für d einzusetzen, um den Beginn des Austragens zu kennzeichnen.

3.2.2. Besonderheiten der technischen Reaktionsführung in Wirbelschichten

Wegen der kreisenden Bewegung der Feststoffteilchen in der Wirbelschicht ist es im Prinzip nicht möglich, Gas und Feststoff im Gegenstrom zu führen und damit optimale Ausbeuten bzw. Umsetzungsgrade zu erhalten. Diese Schwierigkeit kann jedoch dadurch umgangen werden, daß mehrere Wirbel-

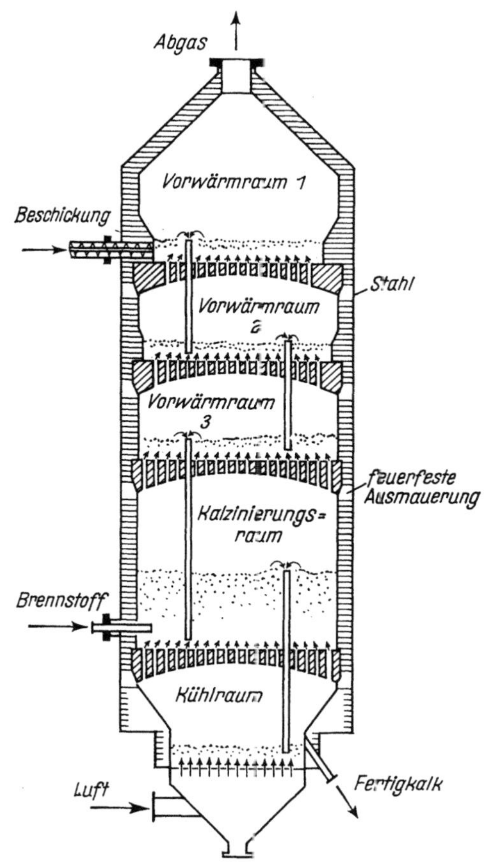

Bild 139. Mehrstufiger Wirbelschichtreaktor zum Brennen von Kalkstein nach J. H. PERRY[322])

schichten übereinandergesetzt werden (Bild 139). Die Berechnung gestaltet sich dann ähnlich wie bei Rektifikationskolonnen und wurde von

MEISSNER und SCHORA[328]) an einem Beispiel durchgeführt, unter der Voraussetzung der Gleichgewichtseinstellung in jedem Abschnitt.

Bei ungünstiger Dimensionierung der Wirbelschicht (z. B. große Höhe H bei geringem Durchmesser D, insbesondere bei $H/D > 5$) wird häufig eine Instabilität der Wirbelschicht beobachtet (verbunden mit überhöhten Δp-Werten (Bild 140). Stoßen wie bei Siedeverzügen, Bildung kolbenartiger

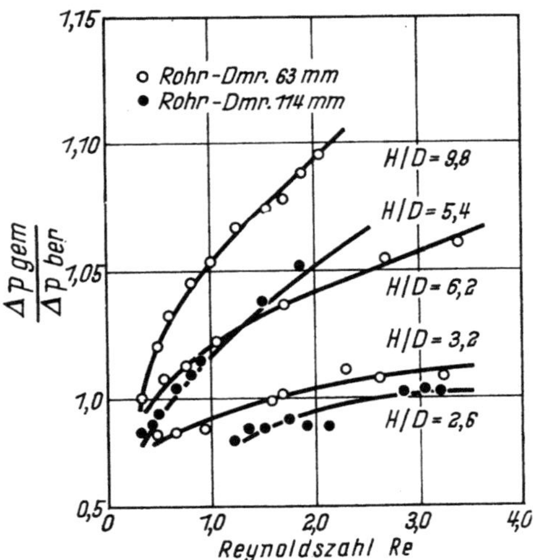

Bild 140. Abweichung des gemessenen Druckabfalls $\Delta p_{\text{gem.}}$ vom berechneten Druckabfall $\Delta p_{\text{ber.}}$ in der durch Luft aufgewirbelten Glasperlenschicht in Abhängigkeit vom Verhältnis der Schichthöhe zu Schichtdurchmesser nach W. BRÖTZ[320])

Gasblasen tritt bei ungünstiger Dimensionierung auf und erschwert die Prozeßführung (Bild 141).

Der Wärmeübergang verläuft in Wirbelschichten sehr rasch, wie man deutlich aus Bild 142 erkennt. Das gleiche gilt für die Stoffvermischung innerhalb von Wirbelschichten. Bringt man zwei übereinanderliegende Schüttschichten, deren Körner sich hinsichtlich Dichte und Kornform bzw. -größe nicht unterscheiden, zum Wirbeln, so erfolgt eine sehr rasche Vermischung. Je höher die Gasgeschwindigkeit und je größer die Korndurchmesser, desto rascher die Vermischung, die durch einen Mischungskoeffizienten charakterisiert werden kann (Bild 143). Der Mischungskoeffizient ist analog zum Diffusionskoeffizienten definiert.[325])

Körner unterschiedlicher spezifischer Gewichte lassen sich in Wirbelschichten ähnlich wie bei der Sink- und Schwimmaufbereitung trennen.

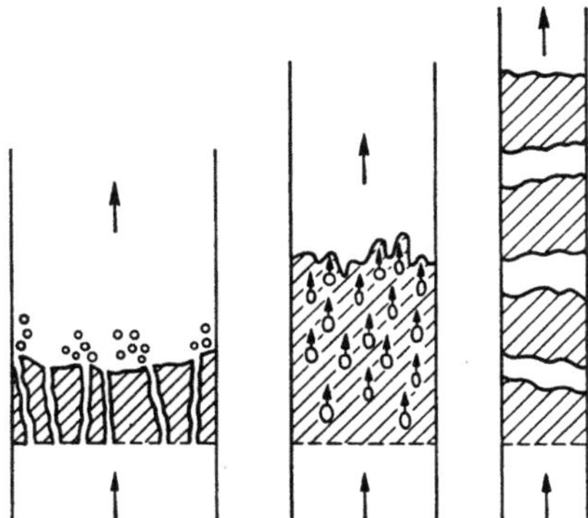

Bild 141. Inhomogene Aufströmung fest-gasförmiger Systeme nach H. TRAWINSKI[329]
Links: Kanalbildung, Mitte: Blasenbildung bzw. Brodeln, rechts: Stoßen

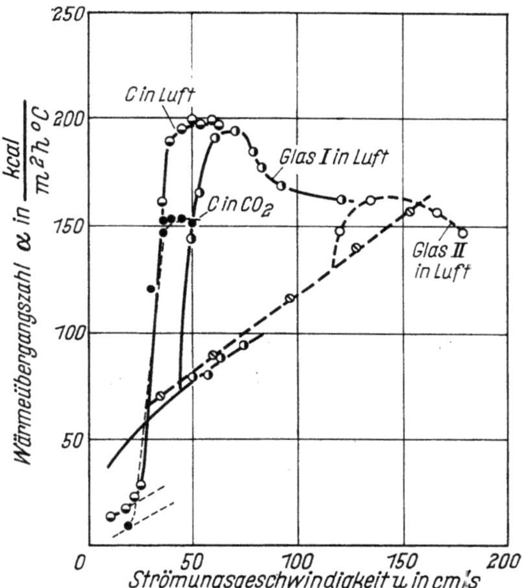

Bild 142. Wärmeübergangszahl α in Abhängigkeit von der Strömungsgeschwindig-
keit u für Glasperlen und Aktivkohlekörner in Luft und CO_2 nach E. WICKE[319]
Glas I: gleichmäßige Glaskugeln glatter Oberfläche, 0,9 mm, Glas II: ähnliche Glaskugeln, 3 mm,
C: Aktivkohlekörner, 0,31 mm

Der meist unerwünschte Feststoffaustrag mit dem Abgas ist bei Wirbelschichten im allgemeinen recht hoch, da auf Grund der Wirbelbewegung feiner Abrieb entsteht, der nach Gl. (5) schon bei niedriger Gasgeschwindigkeit ausgetragen wird.

Anwendungen des Wirbelschichtprinzips auf die Reduktion von Eisenerzen werden weiter unten beschrieben (Abschn. 4.3).

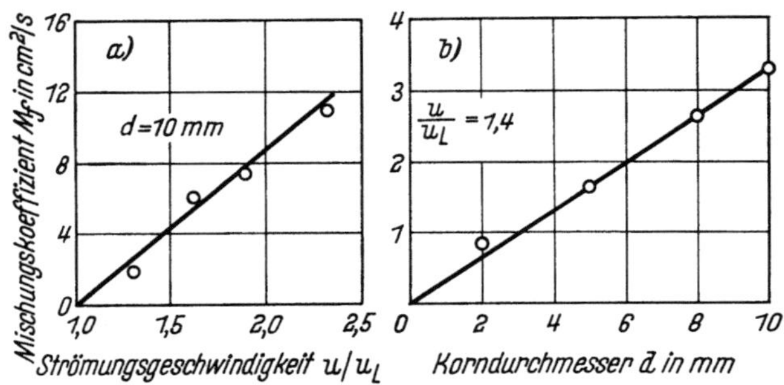

Bild 143a u. b. Mischungskoeffizient M_f des gekörnten Gutes in Abhängigkeit von der Strömungsgeschwindigkeit (a) und vom Korndurchmesser (b).
u_L = Geschwindigkeit am Wirbelpunkt; M_f ist nach Art eines Diffusionskoeffizienten definiert und wurde gemessen, indem die Durchmischung verschieden gefärbter Glaskugeln in Abhängigkeit von der Zeit der Durchwirbelung durch Auszählen ermittelt wurde (nach W. Brötz), zit. P. Grassmann[325])

4. Technische Durchführungsmöglichkeiten der Eisenerzreduktion (außerhalb des Hochofens)

4.1. Aufgabenstellung

Die Reduktion der Eisenerze zum Metall bildet die Grundlage der Stahlgewinnung. Zum überwiegenden Teil wird die Reduktion in Hochöfen durchgeführt, die bis zu 4000 t Fe täglich in Form von flüssigem Roheisen mit geringsten Umwandlungskosten in einer weitgehend vervollkommneten Apparatur erzeugen. Der Hochofen kann sich an fast sämtliche in der Natur vorkommenden Eisenerze anpassen, sein Produkt, das flüssige Roheisen, ist in den vorherrschenden Stahlerzeugungsverfahren ohne weiteres einsetzbar. Die Welterzeugung an Roheisen ist nach wie vor in steilem

Anstieg begriffen (Bild 144). Eine Schwäche des Hochofenverfahrens ist jedoch darin zu sehen, daß als Wärmeträger und Reduktionsmittel lediglich sog. „metallurgischer" Koks verwendet werden kann, der nur aus besonderen Kohlenarten herstellbar ist. Es ist als glücklicher Zufall zu betrachten, daß in den traditionellen Gebieten der Eisenerzeugung, insbesondere Europa und USA, diese Kohlenarten reichlich zur Verfügung standen und auch heute noch kein Mangel herrscht.

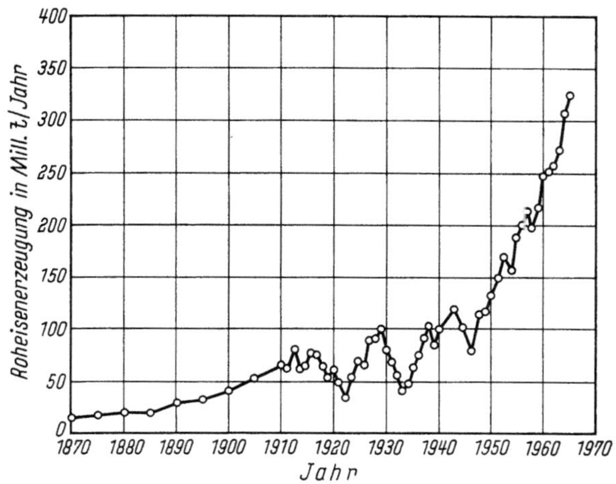

Bild 144. Roheisenerzeugung der Welt seit 1870 nach Stahleisenkalender 1966[332]), Statist. Bundesamt[333 a]), E. E. HOFMANN[333 b]) u. Wirtschaftsvereinigung Eisen- und Stahlindustrie[333 c])

Zahlreiche Länder mit einer sich stark entwickelnden Eisenindustrie verfügen jedoch nicht über Kokskohlevorräte. Es sind aber häufig andere hochwertige Brennstoffe in großen Mengen kostengünstig verfügbar, z. B. Erdgas, Erdöl, schlecht verkokbare Kohlenarten. In diesen Ländern besteht das Bedürfnis, die häufig im eigenen Land vorhandenen Eisenerze mit einheimischen Brennstoffen zu verhütten und damit eine günstige Basis für eine eigene eisenschaffende Industrie zu gründen.

Die Aufgabe, Eisenerze mit anderen Brennstoffen als Koks zum Metall zu reduzieren, ist daher von höchster Aktualität. Trotz aller Bemühungen ist es jedoch bis heute nicht gelungen, dem Hochofen ein in der technischen Reife annähernd gleichwertiges Verfahren an die Seite zu stellen.

Nach vorliegenden Unterlagen[334-342]) zeigt Tafel 11 die vorhandenen Kapazitäten zur Eisenerzeugung außerhalb des Hochofens nach den sog. *Direktreduktionsverfahren.*

Gegenüber einer Welterzeugung nach dem Hochofenverfahren von etwa 300 Mio t Roheisen nehmen sich die Erzeugungskapazitäten der Direktreduktionsverfahren vorläufig bescheiden aus (etwa 1,5% der Roheisenkapazität); ein erheblicher Teil der angegebenen Kapazitäten, z. B. beim Krupp-Renn-Verfahren, wird z. Z. nicht einmal genutzt. Im Hochofen

Tafel 11[334-343]). *Gesamtkapazität der außerhalb des Hochofens arbeitenden Reduktionsverfahren auf der Welt (angenäherte Zahlen, Stand 1964)*

Verfahren	Erzeugnis	Kapazität 1000 t/Jahr
Wirbelschicht-Verfahren (vorwiegend H-Iron)	Eisenschwamm	etwa 60
Retortenverfahren HyL	Eisenschwamm	etwa 250
Höganäs	Eisenschwamm	etwa 100
Drehgefäße S-L-Verfahren	Eisenschwamm	etwa 30
Krupp-Renn-Verfahren*	Luppen	etwa 2000
Basset und Stürzelberg	flüssiges Roheisen	etwa 50
Schachtöfen Wiberg-Verfahren	Eisenschwamm	etwa 50
Echeverria	Eisenschwamm	etwa 20
Elektroreduktion Tysland Hole Öfen	flüssiges Roheisen	etwa 1600
Sorel-Verfahren	flüssiges Roheisen	etwa 250

* Einige Öfen können auch nach dem Krupp-Eisenschwamm-Verfahren betrieben werden.

können aber nur bis zu 20% des Koksbedarfs durch flüssige oder gasförmige Brennstoffe ersetzt werden. Für einen weitergehenden Austausch ist der Einsatz anderer Verfahren (der sog. direkten Reduktion) erforderlich, die somit eine echte Chance gewinnen. Aufgabe der nachfolgenden Abschnitte ist eine Klärung aus physikalisch-chemischer, insbesondere reaktionskinetischer Sicht, welche Leistungsmöglichkeiten den zahlreichen und recht verschiedenen Verfahrensgruppen der Direktreduktion zuzuordnen sind. Die Leistungsfähigkeit der Reduktionsverfahren wird daher in erster Linie danach beurteilt, inwieweit es bei einer gegebenen verfahrenstechnischen Lösung gelungen ist, unter Berücksichtigung der Eigenschaften der eingesetzten Erze und Brennstoffe die Grundgesetze der Thermodynamik, der Reaktionskinetik und der Strömungslehre im Sinne höchster Leistung und Stoffausnutzung anzuwenden.

4.1.1. Verfügbare Rohstoffe

4.1.1.1. Erze

Über Mengen und Eigenschaften der verfügbaren Eisenerze gibt es so zahlreiche ausgezeichnete Unterlagen, z. B. [343]), daß sich eine ausführliche Darstellung an dieser Stelle erübrigt.

4.1.1.2. Brennstoffe

Bild 145 gibt einen Überblick über die Eigenschaften von festen Brennstoffen. Mit zunehmendem Inkohlungsgrad, d. h. vom Holz zum Koks hin, nehmen die Gehalte an flüchtigen Bestandteilen und auch die Reaktions-

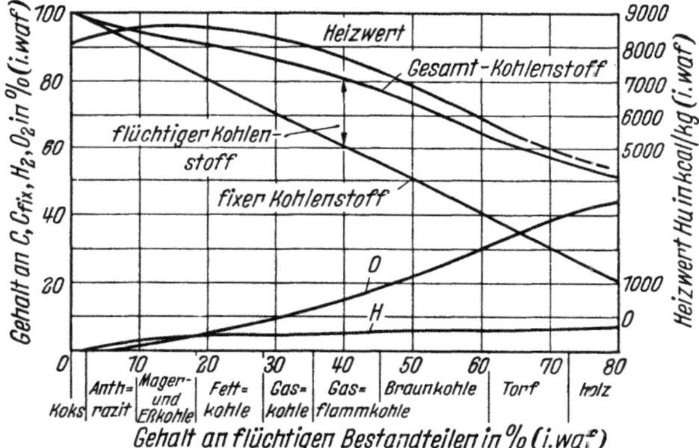

Bild 145. Elementarzusammensetzung fester Brennstoffe (wasser- und aschefrei) nach Anhaltszahlen für die Wärmewirtschaft in Eisenhüttenwerken[344])

fähigkeit der festen Brennstoffe ab. Die angegebenen Werte gelten für wasser- und aschefreie Substanz (waf), in jedem Fall sind die jeweils vorhandenen Gehalte an Nässe und Asche zu berücksichtigen. Weitere ausführliche Angaben in [344]).

In Tafel 12 sind die meistgebrauchten Heizöle gekennzeichnet, in Tafel 13 diejenigen Gasarten, die aus festen Brennstoffen gewonnen werden.

Tafel 14 zeigt an einigen Beispielen die Zusammensetzung von Erdgas. Allerdings wechseln die Anteile der einzelnen Komponenten sogar innerhalb eines Feldes verhältnismäßig stark; die angegebenen Werte sind daher lediglich als Anhalt zu betrachten. Die — teilweise recht hohen — Gehalte an H_2S müssen bei der Erdgasgewinnung entfernt werden, da sonst die Rohrleitungen unzulässig stark korrodieren, wenn gleichzeitig kondensierbarer Wasserdampf vorhanden ist.

Tafel 12. *Physikalisch-chemische Richtwerte für Heizöle* [344])

Prüfung auf	Maßeinheit	Richtwerte für			
		Heizöl L^1)	Heizöl M^2)	Heizöl M^3)	Heizöl S^4)
Dichte bei 15 °C . . .	kg/l	0,86 bis 0,88	bis 1,10	1,10 bis 1,18	0,95 bis 0,97
Flammpunkt nach PENSKY-MARTENS . . .	°C	80 bis 90	> 85	> 85	> 100
Stockpunkt.	°C	> − 20	—	—	− 12 bis + 20
Heizwert (Hu)	kcal/kg	10 000	9000	9000	9500
C-Gehalt etwa	%	84	90	90	85
H_2-Gehalt etwa . . .	%	12	6	6	11
Schwefel	%	bis 0,8	bis 1,0	bis 1,0	bis 3,5
Hartasphalt	%	bis 0,1	—	—	bis 6,0
Wasser	%	bis 0,2	bis 1,0	bis 0,5	bis 0,3
Asche	%	bis 0,05	bis 0,05	bis 0,2	bis 0,1

[1]) Leichtes Mineral-Heizöl.
[2]) Steinkohlenteer-Heizöl (Destillat ohne Pechzusatz: Typ IV).
[3]) Steinkohlenteer-Heizöl mit bis zu 40% Pechzusatz (Spezial-Hütten-Heizöl)
[4]) Schweres Mineral-Heizöl (frühere Bezeichnung Masut, Bunker-C-Öl).

Tafel 13[345]). *Kenndaten verschiedener Gasarten (Mittelwerte)*

	Maßeinheit	Koksofengas	Ferngas	Generatorgas aus	
				Gasflammkohle	Braunkohlenbrikett
Gaszusammen-setzung CO_2	%	1,5 bis 2,4	2,0	3 bis 4	3,5 bis 4,5
schwere Kohlenwasser-stoffe	%	1,8 bis 2,5	2,0	0,2	0,2
O_2	%	0,3 bis 0,6	0,5	—	—
CO	%	4,7 bis 6,7	5,5	28 bis 30	30 bis 32
H_2	%	52 bis 62	56,0	12 bis 14	12 bis 14
CH_4	%	24 bis 27	24,0	1,8 bis 2,5	2,5
N_2	%	5 bis 12	10,0	49 bis 51	49 bis 50
Teergehalt . . .	g/Nm³	—	—	10 bis 25	bis 22,5
Heizwert (Hu) .	kcal/Nm³	4000 bis 4200	4070	1300 bis 1400[1]	1300 bis 1500[1]
Dichte.	kg/Nm³	0,4 bis 0,5	0,485	1,25	1,2
Feuchtigkeits-gehalt	g/Nm³	10 bis 25	1 bis 2	30 bis 60	100 bis 120
theoretischer Luftbedarf . .	Nm³/Nm³	4,0 bis 4,3	4,1	1,4 bis 1,6	1,5
theoretische Abgasmenge, feucht	Nm³/Nm³	4,6 bis 5,0	4,8	2,3 bis 2,5	2,4

[1] einschließlich fühlbare Wärme und Teer (Rohgas) 1600 bzw. 1650 kcal/Nm³.

Tafel 14 [338, 346]. *Beispiele für die Zusammensetzung von Erdgas (Volumenprozent)*

	CH_4	C_2H_6	C_3H_8	höhere K.W.- Stoffe	CO_2	N_2	H_2S
Bentheim	89,6	1,0	0,5	—	2,8	5,5	0,6
Lacq (Frankreich)	70,0	2,9	—	2,1	10,0	0,5	14,5
Hassi R'Mel (Sahara) .	81,3	6,8	2,3	4,3	0,5	4,8	—
Venezuela	80,7	5,5	2,3	1,1	10,3	—	—
Texas	58,7	16,5	9,9	8,5	—	—	6,4
Kanada	88,1	5,6	1,8	0,8	—	3,6	—

4.1.2. Einteilung der außerhalb des Hochofens arbeitenden Reduktionsverfahren

Die Vielfalt der Verfahrensvorschläge ist verwirrend groß; die meisten sind jedoch nicht über das Laboratoriumsstadium hinausgekommen. Einige Vorschläge verstoßen sogar gegen grundlegende Gesetzmäßigkeiten der Reaktionskinetik und der Strömungslehre. Nachstehend seien die möglichen und vorgeschlagenen Verfahren zur Reduktion von Eisenerzen kritisch betrachtet, im wesentlichen unter Berücksichtigung folgender Gesichtspunkte:

a) Möglicher Umsatz pro Zeiteinheit und Volumen- bzw. Querschnittseinheit des Reaktionsraumes (entscheidend für die Größe der Anlage sowie Investitions- und Bedienungsaufwand).

b) Chemische und thermische Ausnutzung des eingesetzten Brennstoffs bzw. Reduktionsgases (entscheidend für die Brennstoffkosten pro t Fe).

c) Einsatzmöglichkeit verschiedener Energiearten, z. B. Kohle, Schweröl, Leichtöl, Erdgas, elektrische Energie (entscheidend für örtliche Verwendbarkeit in Abhängigkeit von den verfügbaren Energiequellen).

d) Einsatzmöglichkeit verschiedener Erzsorten, gangartarm bzw. -reich, stückig, fein, Pellets, Sinter, Briketts.

In Abschn. 3 waren Strömung und Wärmeübergang in verschiedenen Apparaturen zur Umsetzung fester Stoffe mit Gasen behandelt worden. Hieraus ergibt sich eine Einteilung für die möglichen Erzreduktionsverfahren. WENZEL[347]) hat diese Einteilungsmöglichkeiten weiter verfeinert.

In den nachfolgenden Abschnitten werden folgende Verfahrens- bzw. Apparategruppen der Erzreduktion außerhalb des Hochofens behandelt:

Flugstaubwolken und Rieselwolken,
Wirbelschichten,
Retorten,
Drehgefäße,
Schachtöfen,
Elektroreduktion.

4.1.3. Grenzbetrachtung zum Bedarf an Reduktionsmitteln und Wärme

Bild 146 zeigt die Aufteilung der Ballaststoffe auf flüchtige Bestandteile und Schlackenbildner für eine Auswahl von Eisenerzen, deren chemische Zusammensetzung in Tafel 15 verzeichnet ist.

Der Mindestbedarf an Wärme für Reduktion und Erhitzung ist durch die bekannten Enthalpiewerte gegeben. Bild 147 zeigt nach einer Unter-

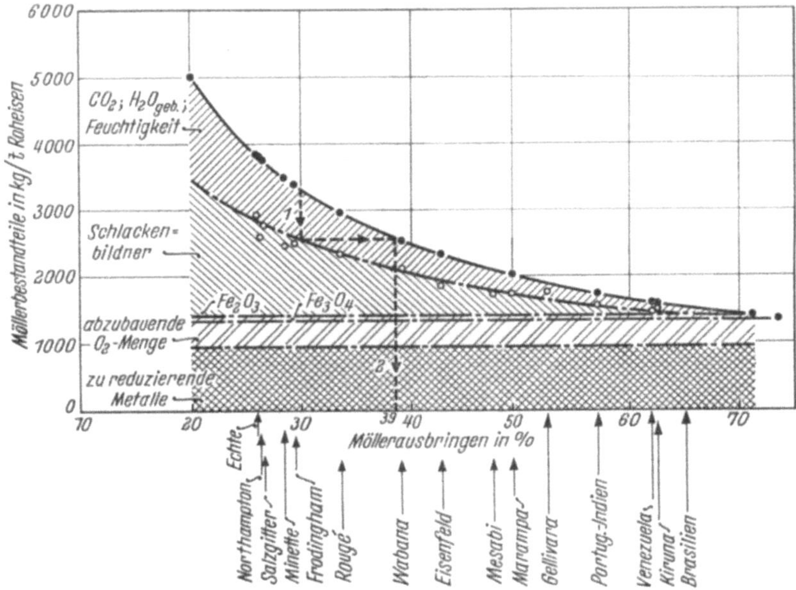

Bild 146. Aufbau verschiedener Erzmöller mit unterschiedlichem Ausbringen nach R. MINTROP[348]). Möllerausbringen definiert als Verhältniszahl aus der erzeugten Menge flüssigen Roheisens: eingesetzte Möllermenge (Erze + Zuschlagstoffe abzüglich Verstaubungsverluste)

suchung von MINTROP[348]) den theoretischen Wärmebedarf für Reduktion und Schmelzung in Abhängigkeit vom Fe-Gehalt der Erze, d. h. ihrem jeweiligen Anteil an Ballaststoffen. Der tatsächliche Wärmeaufwand muß bei sämtlichen Verfahren wesentlich höher liegen, da die verwendeten Reduktionsgase und Brennstoffe in keinem Fall vollständig ausgenutzt werden.

Reduktionsgase können chemisch maximal bis annähernd zum Gleichgewicht (Zahlenwerte in Kapitel 1) ausgenutzt werden. Reduziert man isotherm und einstufig bis zum Metall, so ist die untere Grenze des Gasbedarfs gegeben durch das Gleichgewicht

$$Fe - FeO/H_2 - H_2O$$

bzw.

$$Fe - FeO/CO - CO_2.$$

Die entsprechenden Werte sind in Bild 148 — jeweils obere Kurve — für
H$_2$ und CO eingetragen.

Ein H$_2$O-H$_2$- bzw. CO$_2$-CO-Gemisch, das im Gleichgewicht mit FeO-Fe
steht, FeO also nicht mehr zu reduzieren vermag, wirkt jedoch noch stark

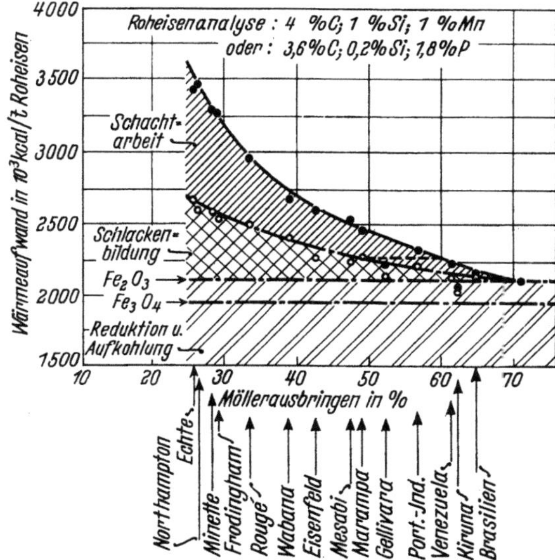

Bild 147. Wärmeaufwand in Abhängigkeit vom Möllerausbringen nach R. Mintrop[348])

Tafel 15[348a]). *Chemische Zusammensetzung verschiedener Erze*

	Nässe %	Fe %	Mn %	P %	S %	SiO$_2$ %	Al$_2$O$_3$ %	CaO %	MgO %
Brasil	1,0	68,2	0,06	0,024	0,015	0,53	0,83	0,35	0,10
Venezuela . . .	7,8	59,6	0,04	0,11	0,03	0,81	1,55	0,28	0,10
Kiruna D . . .	1,2	58,2	0,11	1,69	0,02	4,31	1,08	6,32	1,28
Port. Ind. Erz .	6,1	54,2	0,41	0,053	0,04	2,25	7,65	0,4	0,13
Wabana	1,52	49,3	0,17	0,92	0,037	13,10	5,88	3,35	0,71
Northampton . .	15,2	32,5	0,24	0,6	0,1	14,70	6,10	2,7	0,4
Frodingham . .	10,7	22,7	0,96	0,31	0,16	8,1	5,1	18,2	1,0
Rougé	4,2	43,5	0,03	0,49	0,04	16,04	6,68	0,38	0,13
Mesabi	13,17	51,4	0,62	0,052	—	6,06	1,51	0,09	0,08
Gellivara	1,3	56,6	0,06	0,85	0,09	9,24	2,38	3,55	1,78
Marampa . . .	6,8	50,8	1,51	0,034	0,06	4,47	9,00	0,37	0,10
Eisenfeld . . .	1,7	41,8	0,20	0,11	0,09	8,23	2,02	9,54	4,94
Minette (Lux.) .	9,9	23,5	0,18	0,51	0,05	10,44	4,47	19,79	0,81
Salzgitter . . .	13,3	32,9	0,15	0,47	0,20	14,43	6,28	3,94	1,59
Echte	6,4	23,6	0,12	0,49	0,10	11,87	8,33	17,69	1,97

reduzierend auf die höheren Oxydationsstufen des Eisens. Trennt man den gedachten Reduktionsreaktor derart auf, daß zunächst frisches Reduktionsgas Fe_3O_4 bzw. FeO zu Fe reduziert und läßt bei gleicher Temperatur das Abgas dieser ersten Stufe in einer zweiten Stufe auf Fe_2O_3 ein-

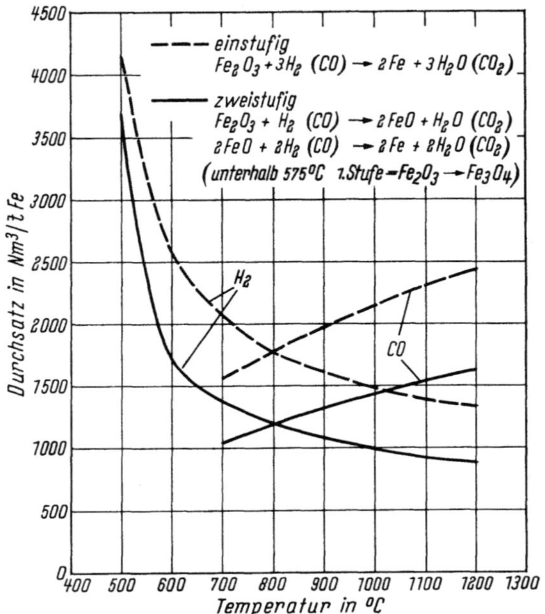

Bild 148. Mindestdurchsatz an H_2 bzw. CO-Gas bei isothermer Reduktion von Fe_2O_3 zu Fe (Gasausnutzung bis zum Gleichgewicht)

wirken, so ergeben sich geringere Mindestgasdurchsätze (Bild 148, untere Kurven).

Der isotherm arbeitende Reduktionsreaktor ist eine Abstraktion. Im allgemeinen deckt der fühlbare Wärmeinhalt des Reduktionsgases den Wärmebedarf zur Aufheizung und Reduktion der Beschickung soweit sie endotherm verläuft. Durch Anwendung des Gegenstroms bemüht man sich um möglichst gute Ausnutzung dieser Wärmemengen, man strebt niedrige Abgastemperaturen an, d. h. im Gegensatz zur isothermen Reduktion eine Art adiabatischer Arbeitsweise.

Bild 149 zeigt, daß beträchtliche Gasdurchsätze erforderlich sind, um den Wärmebedarf von Reduktion und Aufheizung von reinem Fe_2O_3 zu decken. Da die spezifischen Wärmen der Gase CO, H_2 und N_2 fast auf gleicher Höhe liegen, ist eine Unterscheidung im Hinblick auf die mögliche Wärmeabgabe nicht erforderlich. Man erkennt deutlich aus Bild 149, wie stark der erforderliche Gasdurchsatz zurückgeht, wenn es gelingt, die Abgastemperatur auf niedrige Werte zu drücken. Dies ist aber nur bei Anwendung des Gegenstromprinzips zwischen Erz und Gas möglich. Aus Bild 148 kann bereits gefolgert werden, daß bei Verwendung H_2-reicher Reduktionsgase hohe chemische Ausnutzungsgrade bzw. niedriger H_2-

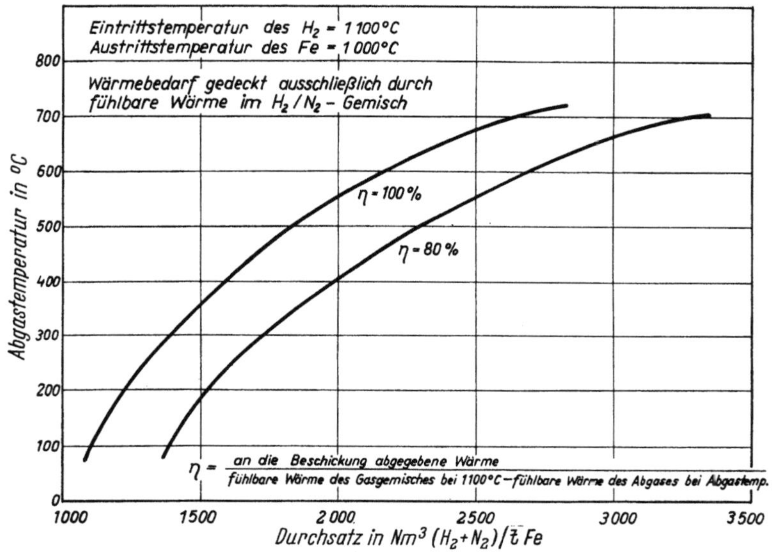

Bild 149

Abgastemperatur bei Reduktion mit H_2/N_2-Gemisch. $Fe_2O_3 + 3\,H_2 \rightarrow 2\,Fe + 3\,H_2O$

Verbrauch erreichbar sind, wenn die Reduktion bei möglichst hoher Temperatur geführt wird; bei 1000 °C und zweistufiger Reduktion genügen im Gleichgewichtsfall 992 Nm^3 H_2/t Fe. Zur Deckung des Bedarfs an fühlbarer Wärme reicht diese Gasmenge jedoch bei weitem nicht aus (Bild 149).

Das Angebot an fühlbarer Wärme kann jedoch wesentlich gesteigert werden durch Zumischen von Inertgas, z. B. N_2, zum Wasserstoff. Diese Überlegungen sind insbesondere für die Reduktion im Schachtofen bei Gegenstromführung von Erz und Gas wichtig und sollen dort weiter vertieft werden (Abschn. 4.6).

4.1.4. Produkte der außerhalb des Hochofens arbeitenden Reduktionsverfahren und ihre Weiterverarbeitung

Insoweit die Schmelztemperatur des Fe überschritten wird, entsteht auch bei diesen Verfahren ein dem Hochofenroheisen ähnliches Erzeugnis z. B. bei der Elektroreduktion, einigen Drehofenverfahren und beim jet smelting). In einigen Fällen gelingt es, eine Art Halbstahl, also ein Mittelding zwischen Roheisen und Stahl, herzustellen. Eine Frischbehandlung in den bekannten Stahlerzeugungsaggregaten ist jedoch bei diesen Schmelzprodukten im allgemeinen notwendig und ohne besondere Schwierigkeit durchführbar.

Bei den meisten Direktreduktionsverfahren wird bei Temperaturen unterhalb 1100 °C gearbeitet. Als Folge ändert sich die äußere Form der

Tafel 16[349]). *Beispiele für Bewitterungsversuche an Eisenschwamm (Lagerung im Freien)*

Probe	Lagerzeit Tage	Fe_{ges} %	Fe_{met} %	Fe_{met}/Fe_{ges}
Eisenschwamm aus Pellets, keine	0	95,04	90,06	0,948
nachträgliche Verdichtung	16	90,09	65,04	0,722
	30	84,64	53,84	0,636
Eisenschwamm nachträglich stark verdichtet				
5 kg Stückgewicht Probesendung I	1	84,7	76,6	0,904
	32 bis 37	83,2	68,2	0,819
Probesendung II	0	91,7	81,6	0,890
	90	91,3	78,4	0,859

aufgegebenen Erzstücke nicht wesentlich; das in fester schwammiger Form anfallende Metall wird als *Eisenschwamm* bezeichnet.

Steigert man die Temperatur auf etwa 1200 °C, so ballt sich der Eisenschwamm zu teigigen Klumpen zusammen, die man als *Luppen* bezeichnet, und die einen Übergang zwischen fester und flüssiger Phase darstellen.

Ein wesentlicher Nachteil des Eisenschwamms besteht in seiner hohen Reoxydationsanfälligkeit als Folge der reduktionsbedingt großen inneren Oberfläche. Durch Verdichten des pulvrigen oder stückigen Eisenschwamms auf Brikettpressen läßt sich die Reoxydationsanfälligkeit verringern.

Tafel 16 zeigt das Ergebnis von Bewitterungsversuchen an Eisenschwamm verschiedener Herstellung; ähnliche Werte geben MASI und CANNIZZO an (Bild 150). Man erkennt aus den Werten, daß der Rückgang des Gehalts an metallischem Eisen (d. h. die Reoxydation bzw. Verrostung) durch Brikettieren stark zurückgedrängt, aber nicht verhindert werden kann.

Will man die verhältnismäßig hohen Kosten der Brikettierung und die trotzdem noch unvermeidlichen Oxydationsverluste sparen, so ist eine unmittelbare Verarbeitung des Eisenschwamms am Ort seiner Herstellung zweckmäßig.

Im Versuchshochofen des U. S. Bureau of Mines wurden weitgehend reduzierte Pellets eingesetzt, zu Roheisen umgeschmolzen und die Auswirkung auf Leistung und spezifischen Koksverbrauch geprüft[363]). Bei 90%

Reduktionsgrad ergab sich eine etwa 50%ige Leistungssteigerung und eine Absenkung des spezifischen Koksverbrauchs um etwa 250 kg/t (auf Mindestwerte von 316 kg/t RE). Ähnliche Ergebnisse wurden auch im Großhochofen erreicht[363a]). Die chemische Ausnutzung des CO im Hochofen ging stark

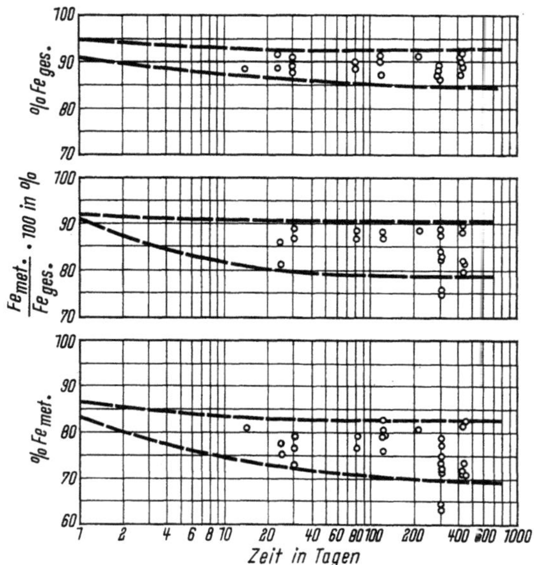

Bild 150. Gehalte an $Fe_{ges.}$ und $Fe_{met.}$ in R-N-Briketts nach unterschiedlicher Lagerungszeit im Freien nach O. MASI u. E. CANNIZZO[350])

zurück. Die genannten beachtlichen Verbesserungen der Hochofenkennzahlen dürften allerdings in den meisten Fällen nicht ausreichen, um eine Direktreduktionsanlage zu rechtfertigen[356, 357]).

Ein Stahlschmelzverfahren für den ausschließlichen Einsatz von Eisenschwamm gibt es heute noch nicht im industriellen Ausmaß außer im Lichtbogenofen.

Versuche im 3-t-Drehofen haben jedoch gezeigt, daß es hier auch möglich ist, Eisenschwamm als alleinigen metallischen Einsatz in Stahl umzuwandeln[351]). Eine Übertragung dieses Verfahrens ins Großtechnische scheint aussichtsreich.

Im Elektrolichtbogen-Ofen können 70% und mehr des metallischen Einsatzes als Eisenschwamm eingebracht werden[352]). Wichtig ist die schnelle Verschlackung und Abführung der meist sauren Gangart, da andernfalls das basische Ofengefäß zu rasch verschleißt. Der Verbrauch an elektrischer Energie ist stark vom Reduktionsgrad des eingebrachten Eisenschwamms abhängig (Bild 151). Günstige Werte ergeben sich beim kontinuierlichen Chargieren des Eisenschwamms[252 a].

Bei Blasstahlverfahren können begrenzte Mengen Eisenschwamm als Kühlmittel anstelle und etwa im gleichen Umfang wie Schrott gesetzt

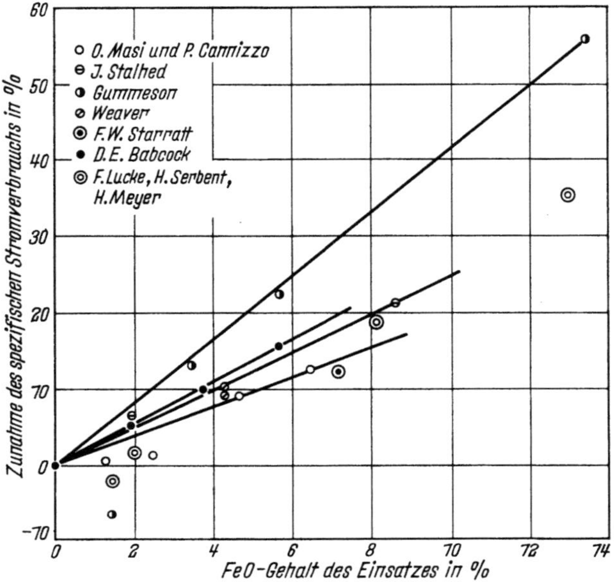

Bild 151. Zusammenhang zwischen dem Gehalt an Eisen(II)-oxyd im Einsatz und der Zunahme des spezifischen Stromverbrauchs bei Zusatz von Eisenschwamm im Elektroofen nach F. LUCKE, H. SERBENT u. G. MEYER[339])

werden. Versuche wurden im 3-t-LD-Tiegel[354]), im 40-t-LDAC-Tiegel[359]) und im Kaldo-Rotor[362]) durchgeführt. Dabei wurden vielfach nach dem R-N-Verfahren hergestellte Eisenschwammbriketts verwendet[350, 359]).

Über das R-N-Verfahren wird weiter unten berichtet (Abschn. 4.5). Die verwendeten Briketts enthielten

90 bis 95% Fe_{ges}	max. 3% Gangart,
80 bis 89% Fe_{met}	max. 0,03% P,
etwa 0,2% C	max. 0,03% S.

Das Schüttgewicht betrug 3,5 t/m³ [349,350]), die Reinwichte 7 g/cm³ und die Rohwichte 5 bis 6 g/cm³. Insoweit der Eisenschwamm noch höhere Anteile an nicht reduzierten Fe-Oxyden enthält, ist seine Kühlwirkung naturgemäß stärker als bei Schrott, so daß die für gleichen Kühleffekt einsetzbare Menge geringer ist (etwa 80 bis 86% bei R-N-Briketts[359]).

Einer Verwendung von Eisenschwamm im SM-Ofen steht die hohe Oxydationsempfindlichkeit entgegen, trotzdem sind bei kleinen Öfen geringe Anteile Eisenschwamm gelegentlich verwendet worden[350, 355].

Bei zahlreichen Direktreduktionsverfahren fällt Eisenschwamm in Staubform an. Es wurden auch Versuche angestellt, das feinkörnige Material unmittelbar im Elektrostahlofen zu schmelzen[358].

Versuche, Eisenschwamm ohne Schmelzung in Walzprodukte umzuwandeln, waren prinzipiell erfolgreich[360, 361]; der Anwendung im größeren Ausmaß steht die Schwierigkeit zur Beschaffung von Konzentraten höchster Reinheit entgegen.

Der gegenwärtige Stand der Verarbeitungsverfahren für Eisenschwamm ist insofern nicht voll befriedigend, als es einerseits noch nicht gelungen ist, Eisenschwamm ohne wesentliche Kostenerhöhung transport- und lagerbeständig zu machen, andererseits eine Stahlerzeugung überwiegend aus Eisenschwamm bisher nicht möglich ist, ohne die stets mit hohen Investitionskosten belastete Elektroenergie als Schmelzwärme in Anspruch zu nehmen.

4.2. Erzreduktion in Flugstaubwolken und Rieselwolken

4.2.1. Grenzen des Anwendungsbereichs

4.2.1.1. Maximale Reduktionsgeschwindigkeiten

Die Reduktionsgeschwindigkeit ist bei kleinsten Teilchen besonders hoch, da hier für die Reaktion eine besonders große Grenzfläche zwischen Gas und Erz voll verfügbar ist. Bild 152 enthält als Anhaltswerte für die obere Grenze der Reduktionsgeschwindigkeit von KNACKE[364] und auch BÉNARD und Mitarbeiter[365] gemessene Werte der Phasengrenzreaktion:

$$FeO + H_2 = Fe + H_2O$$

für ein Wüstitpräparat besonderer Herstellung und mit definierter Oberfläche.

Die gemessenen Reduktionsgeschwindigkeiten v ließen sich in folgender Gleichung zusammenfassen[364]:

$$v = 131\,n_{H_2}\exp\left(-\frac{15\,200}{RT}\right)\,(\text{Mol O/cm}^2\text{ sec}),$$

worin

n_{H_2} H_2-Konzentration   (Mol/cm³),
R Gaskonstante   (cal/Mol °K),
T absolute Temperatur   (°K)

bedeuten. Die hiernach berechneten Geschwindigkeiten stellen keine
Konstantwerte dar, sondern sind abhängig von der Vorbehandlung des

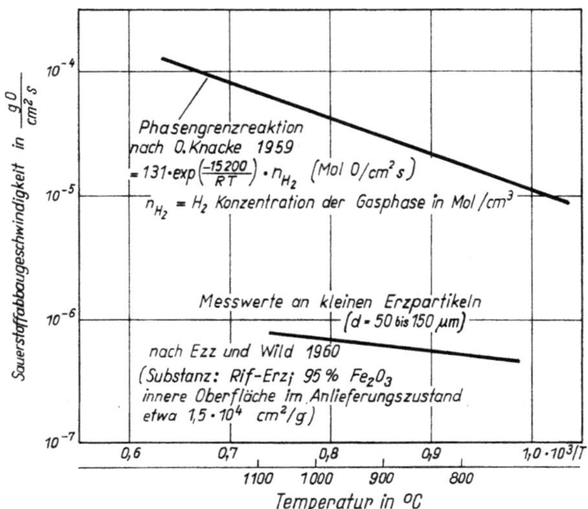

Bild 152. Sauerstoffabbaugeschwindigkeit bei kleinsten Partikelchen. Vergleich mit
Phasengrenzreaktion in reinem Wasserstoff

Wüstits, insbesondere seinem Fehlordnungsgrad. Als Anhalt sind die Werte
jedoch brauchbar.

Ezz und WILD[366]) reduzierten Erzpartikelchen verschiedener Herkunft
bei kleinster Körnung (50 bis 150 µm) im Schwebezustand in H_2 und fanden,
daß im Temperaturbereich von 700 bis 1100 °C der Zeitbedarf für 80 %
Reduktion zwischen 20 und 30 sec liegt, und zwar nahezu unabhängig von
Erzart und Korngröße (vgl. Bild 153 und 154). Bezieht man die gemessenen
Umsatzgeschwindigkeiten auf die — allerdings nur für den Lieferzustand
grob abgeschätzte — innere Oberfläche, so erhält man die untere Gerade
in Bild 152, deren Werte um 1 bis 2 Zehnerpotenzen unter denen der
unbeeinflußten Phasengrenzreaktionsgeschwindigkeit liegen. Die bei Ezz
und WILD aufgetretene Verarmung der Gasphase an H_2 durch Anreicherung
mit H_2O erklärt nur einen Teil dieser Diskrepanz. Wesentlicher dürfte sein,
daß die Diffusionswege im reagierenden Festkörper einen bremsenden

Einfluß haben, denn die Partikeldurchmesser sind immer noch groß gegenüber dem mittleren Abstand der Fe-Keime voneinander.

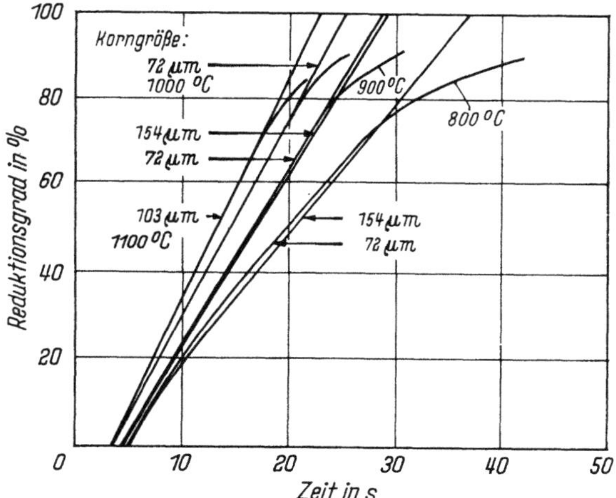

Bild 153. Reduktionsgrad in Abhängigkeit von der Zeit bei verschiedenen Temperaturen (kleinste Körnungen, H_2) nach S. Ezz u. R. WILD[366])

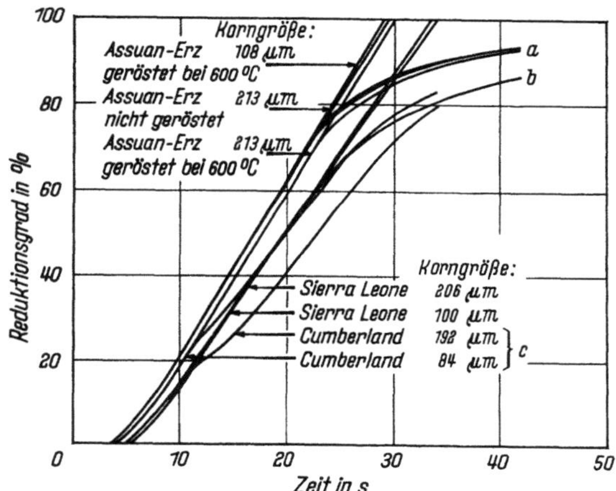

Bild 154. Reduktionsgrad in Abhängigkeit von der Zeit bei drei verschiedenen Erzen (H_2 bei 900 °C) nach S. Ezz u. R. WILD[366])

Erst bei einem Korndurchmesser unterhalb etwa 1 µm ist weiter eine wesentliche Beschleunigung der Reduktion zu erwarten.

Da bei großtechnischen Anlagen für die Erzreduktion Partikelgrößen von etwa 50 µm im allgemeinen die untere Grenze darstellen dürften, wird für die folgenden Betrachtungen die von Ezz und Wild beobachtete kleinste Reduktionszeit von 20 sec als Mindestzeitbedarf für vollständige Reduktion angesetzt.

4.2.1.2. Günstigste Betriebsdaten und maximale Belastung des Reaktionsraumes

Der maximale Umsatz pro Volumeneinheit des Reaktionsraumes ergibt sich für Flugstaubwolkenverfahren aus folgender Betrachtung:

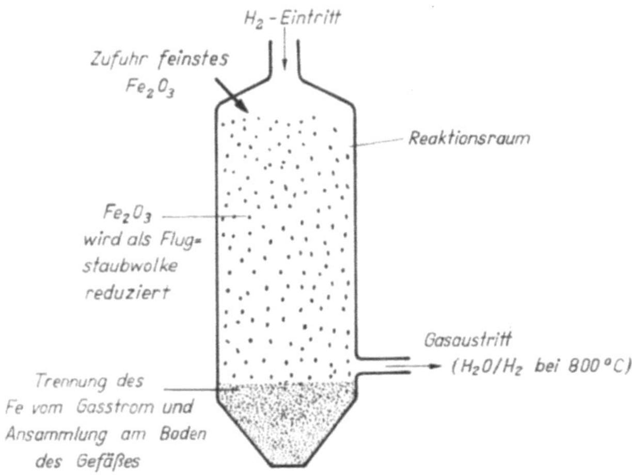

Bild 155. Reduktion in der Flugstaubwolke (schematisch)

In einem als zylindrisch angenommenen Reaktionsgefäß entsprechend Bild 155 trifft erhitztes Reduktionsgas H_2 oben auf suspendierte Erzpartikelchen, bildet mit ihnen eine Flugstaubwolke und verläßt es am unteren Ende, wobei durch eine besondere Vorrichtung dafür gesorgt wird, daß sich das reduzierte Erz vom Gasstrom trennt. Die Relativgeschwindigkeit der als sehr klein angenommenen Erzpartikelchen gegenüber dem Gasstrom sei vernachlässigbar.

4.2.1.2.1. Verbrauch an Reduktionsgas für chemische Reaktion. Wenn sich Erz und Gas im Gleichstrom bewegen, ist die maximal mögliche Gasausnutzung durch das Gleichgewicht Fe-FeO/H_2-H_2O bzw. Fe-FeO/CO-CO_2 gegeben. Der minimal erforderliche Gasdurchsatz ergibt sich somit aus Bild 148, Kap. 41, jeweils obere Kurve. Bei einer Reaktionstemperatur von z. B. 800 °C bedeutet dies einen Gasdurchsatz von mindestens 1770 Nm³ H_2(CO)/t Fe.

4.2.1.2.2. Verbrauch an Wärmeträgern. Wenn — wie wohl meist vorauszusetzen — lediglich das Reduktionsgas als Träger der Aufheiz- und Reduktionswärme zur Verfügung steht, so ist ebenfalls ein verhältnismäßig hoher Gasdurchsatz zur Lieferung des Wärmebedarfs erforderlich als Folge des Gleichstromprinzips.

Unter den im Abschn. 4.2.1.2.1 genannten Bedingungen müßte z. B. der eintretende Wasserstoff auf etwa 1500 °C erhitzt sein, damit sich bei einem Durchsatz von 1770 Nm^3 H_2/t Fe nach Deckung des Wärmebedarfs von Reduktion und Aufheizung des Fe_2O_3 noch eine Abgastemperatur, die in diesem Fall gleich der Reaktionstemperatur ist, von 800 °C ergibt. Geht man mit der Vorwärmtemperatur auf tiefere Werte, so verlängern sich die Reduktionszeiten infolge ebenfalls sinkender Abgastemperatur, und bei Verwendung von H_2 wird auch die maximal erreichbare chemische Gasausnutzung entsprechend Bild 148, Kap. 41, schlechter. Nach den vorstehenden Betrachtungen ist also ein hoher Verbrauch an Reduktions- und Heizgasen zu erwarten.

4.2.1.2.3. Maximale Belastung des Reaktionsraumes. Es erscheint möglich, beliebig große Gasmengen pro Zeiteinheit durch den Reaktionsraum zu leiten, ohne daß der Ablauf der Reduktion gefährdet wird. Dies ist ein Vorteil der mit Flugstaubwolken gegenüber den in Wirbelschichten oder stationären Schüttungen arbeitenden Verfahren.

Die Durchsatzleistung des Reaktionsraumes ist trotzdem begrenzt:

Wenn die Gasgeschwindigkeit wesentlich höher ist als die Fallgeschwindigkeit der Erzpartikelchen im Reduktionsgas wird die Relativgeschwindigkeit der Feststoffe im Gas vernachlässigbar. Dies ist bei Gasgeschwindigkeiten oberhalb 2 m/sec bei Korndurchmessern unterhalb 80 μm der Fall. Die Verweilzeit des Gases im Reaktionsraum muß dann etwa ebenso groß sein wie die für vollständige Reduktion mindestens benötigte Zeitspanne.

Bild 156 zeigt für 800 °C Reduktionstemperatur und Normaldruck die erzielbaren Durchsatzleistungen pro Volumeneinheit Reaktionsraum in Abhängigkeit von der erforderlichen Reduktionszeit. Im Vergleich zu Hochöfen (bis 2,5 tato Fe/m^3 Nutzinhalt) erscheinen selbst die günstigsten denkbaren Leistungswerte (0,5 tato Fe/m^3 bei 20 sec Reduktionszeit) sehr niedrig. Steigerungen sind allerdings bei höheren Drücken möglich, und zwar hängt die Leistung proportional vom Arbeitsdruck des Gases im Reaktionsraum ab.

Der zu Bild 156 führende Berechnungsgang sei an einem Beispiel verdeutlicht:

Die Reduktionszeit betrage $\tau = 25$ sec, das Apparatevolumen $V_R = 1\,m^3$, der Gasbedarf 1770 Nm^3 H_2/t Fe (Gleichgewichtsannäherung bei 800 °C!) und die mittlere Temperatur im Reaktionsraum 1150 °C. Dann beträgt das durchzusetzende Gasvolumen:

$$1770 \cdot \frac{1423}{273} = 9230 \, \frac{\text{m}^3}{\text{t Fe}} \, .$$

Im betrachteten Reduktionsraum von 1 m³ müssen sich Erz und Gas $\tau = 25$ sec aufhalten.

Durchsetzbar sind also

$$\frac{1 \, \text{m}^3}{25 \, \text{sec}} \cdot 3600 = 144 \, \text{m}^3/\text{h}.$$

Die Durchsatzleistung an Fe beträgt also:

$$\frac{L}{V_R} = \frac{144}{9230} = 0,0155 \, \frac{\text{t Fe}}{\text{h} \cdot \text{m}^3} = 0,374 \, \frac{\text{tato Fe}}{\text{m}^3} \, .$$

Wenn die Reduktionszeiten auf unter 5 sec gesenkt werden, wird die Leistung von modernen Großhochöfen erreicht. Reduktionszeiten dieser

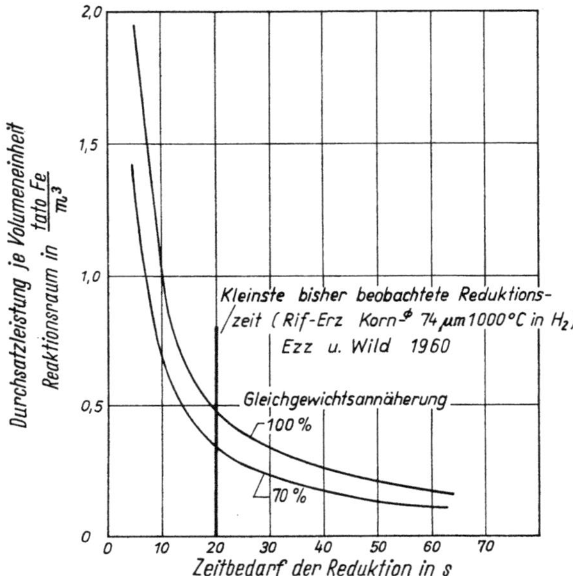

Bild 156. Maximale Durchsatzleistung eines Gleichstromreaktors für die Reduktion von feinstkörnigem Erz gemäß $Fe_2O_3 + 3\,H_2 \rightarrow 2\,Fe + 3\,H_2O$. Reaktionstemperatur 800 °C; $p = 1$ ata

Größenordnung sind nach Ezz und Wild[366]) jedoch nur dann denkbar, wenn auf eine nennenswerte Gasausnutzung verzichtet wird.

Ähnliche Verhältnisse ergeben sich bei *Rieselwolken.* Hier wird — bei geringen Geschwindigkeiten des aufsteigenden Gasstroms und entgegenfallenden Erzpartikelchen — eine Annäherung an das Gegenstromprinzip erreicht. Die Fallgeschwindigkeit der Körner muß jedoch größer als die Aufstiegsgeschwindigkeit des Gases sein. (Hierzu s. Abschn. 3.2, Bild 138.)

4.2.2. Möglichkeiten einer technischen Durchführung der Erzreduktion in Flugstaubwolken und Rieselwolken

CAVANAGH[367]) entwickelte ein Verfahren, genannt „Jet smelting", das dem theoretischen Modell in Bild 155 ziemlich nahe kommt (Bild 157). Feingemahlenes Magnetiterz wird von oben kommend in einem hocherhitzten Gasstrom dispergiert, der sich durch Verbrennung von Erdgas mit Sauerstoff gemäß

$$CH_4 + 2\,O_2 = CO_2 + 2\,H_2O$$

(Mengenverhältnis $O_2:CH_4 = 2:1$, d. h. vollständige Verbrennung) bildet. Durch zusätzliche Gaszufuhr (etwa das 1,6fache) in einem Ringraum wird eine reduzierende Atmosphäre hergestellt; der Wärmebedarf für Reduktion, Aufheizen und Schmelzen der Erzpartikelchen muß aus dem fühlbaren Wärmeinhalt des Gases gedeckt werden. Die Trennung des reduzierten Materials vom Gasstrom erfolgt im unteren Teil der Apparatur, das verflüssigte Eisen sammelt sich in einem Sumpf und wird von Zeit zu Zeit abgestochen. Für die sich bildende Schlacke ist ein besonderes Stichloch vorgesehen. Der halbtechnische Versuchsreaktor zeigte die Durchführbarkeit des Prinzips, ein kontinuierlicher Betrieb war noch nicht zu erreichen, so daß auch noch keine Leistungsangabe vorliegt. Der Wärme- bzw. Gasverbrauch wurde angegeben[367]) mit 1510 Nm³ Erdgas/t RE und zu-

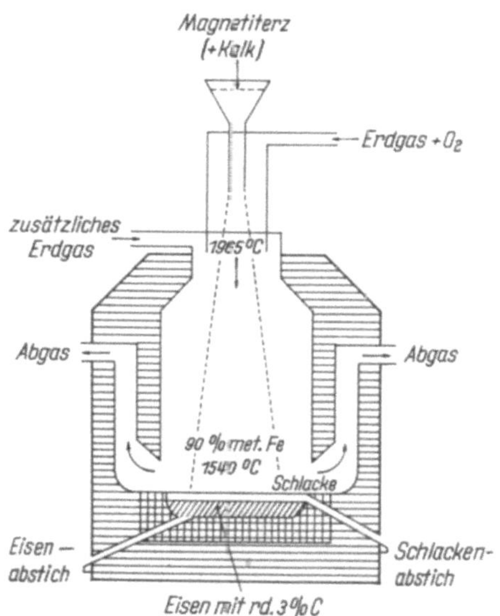

Bild 157. Schematische Darstellung des Versuchsofens nach R. L. CAVANAGH[367])

sätzlich 1170 Nm³ O_2/t RE, also etwa 14,6 Mio kcal/t RE. Dieser außerordentlich hohe Energieverbrauch ergibt sich als Folge des Gleichstromprinzips, bei dem mit hoher Abgastemperatur und einem stark reduzierend wirkenden Abgas gearbeitet werden muß. Der Heizwert des Abgases beträgt 1900 kcal/Nm³, die Menge etwa 5000 Nm³/t RE, also insgesamt 9,5 Mio kcal/t RE latente Wärme im Abgas[367]). Neuerdings wurde eine Senkung des Erdgasbedarfs auf 1000 Nm³/t Roheisen angegeben, allerdings ohne Bilanzierung[369]). Bei dem Jet-smelting-Verfahren wird dem Roheisensumpf Kohlenstoff zugesetzt. Wenn die auftreffenden Erzpartikelchen während des Fluges nicht völlig reduziert wurden, kann die

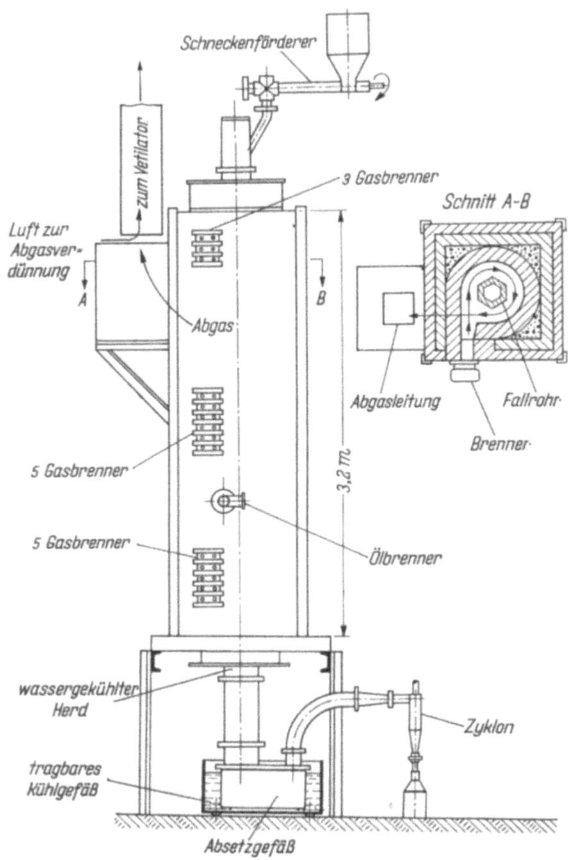

Bild 158. Schema des Reduktionsofens. Die Reduktion erfolgt beim Fallen der Erzpartikelchen durch das im Gegenstrom aufsteigende Gas nach T. W. Johnson, J. Davison[368])

Restreduktion über den Badkohlenstoff erfolgen. Somit sind bei diesem Verfahren Erdgas und feste Brennstoffe bis zu einem gewissen Grade austauschbar, allerdings muß der Gesamtbrennstoffbedarf bei Verfahrensvergleichen berücksichtigt werden.

Bei den Versuchen der BISRA[368]) zum „flame smelting process" wurden Erzkörnungen und Gasgeschwindigkeit so aufeinander abgestimmt, daß eine

Gegenstromführung zum Zwecke einer teilweisen Reduktion möglich war, d. h. eine Rieselwolke im Sinne der Tafel 8. Gas strömte in der Apparatur gemäß Bild 158 von unten nach oben, die oben aufgegebenen Erzpartikelchen wurden im Fallen reduziert.

Hierbei zeigte sich eine weitere Schwierigkeit derartiger Reduktionsverfahren, die erstmals von JOHNSON und DAVISON[368]) beschrieben worden ist: Bei den für ausreichende Reduktionsgeschwindigkeiten erforderlichen Temperaturen oberhalb 900 °C sinterten die teilreduzierten Erzpartikelchen an der Gefäßwand fest. Die zum Ansintern benötigte Temperatur ergab sich um so niedriger, je weiter die Reduktion bereits fortgeschritten war (Bild 159).

Auf Grund der dargelegten grundsätzlichen Einschränkungen und verfahrenstechnischen Schwierigkeiten (geringer Durchsatz bzw. Notwendigkeit erheblicher Druckerhöhung für annehmbare Leistungen, ungenügende chemische und thermische Ausnutzung der Reduktionsgase, Sintern der Erzpartikelchen) sind die Aussichten von Reduktionsverfahren, die mit Flugstaubwolken oder Rieselwolken arbeiten, zurückhaltend zu beurteilen. Flugstaubwolkenverfahren, die mit Zyklonbrennern oder Schmelzkammern arbeiten[370]), werden mit ähnlichen Schwierigkeiten zu kämpfen haben.

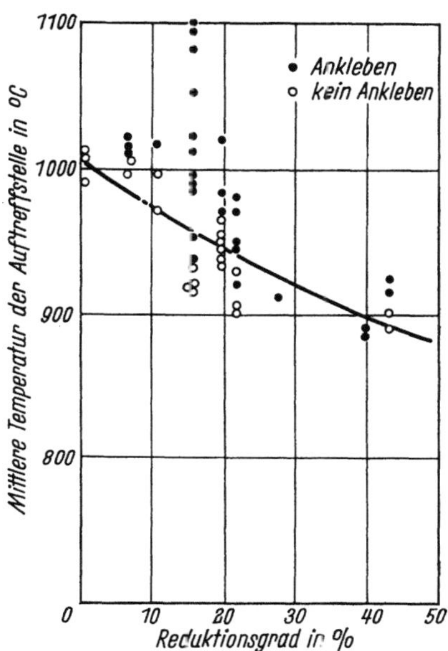

Bild 159. Einfluß der Temperatur und des Reduktionsgrades auf das Ankleben der Erzpartikelchen am keramischen Material nach T. W. JOHNSON u. J. DAVISON[368])

4.3. Reduktion in der Wirbelschicht

4.3.1. Einsatzmöglichkeiten und Grenzen

In den voraufgegangenen Abschnitten wurde gezeigt, daß die Reduktionsgeschwindigkeit im Korngrößenbereich unter 100 µm sehr hohe Werte annimmt. Wirbelschichtreaktoren sind in der Lage, Reaktionen zwischen Gasen und festen Stoffen bei diesen Korngrößen im größten Umfang durchzuführen. Weiterhin fallen beim Aufbereiten armer Eisenerze, z. B. bei der naßmagnetischen Takonitanreicherung, Fe-reiche Konzentrate im

Korngrößenbereich 10 bis 100 μm in großen Mengen an. Der Gedanke, derartige Konzentrate unter Umgehung der für den Hochofen notwendigen Agglomerierungsstufe im Wirbelschichtreaktor mit H_2- oder CO-reichen Gasen zum Metall zu reduzieren, ist daher wirtschaftlich sehr interessant. Die Möglichkeiten und Grenzen der Eisenerzreduktion in der Wirbelschicht lassen sich aus den voraufgegangenen theoretischen Kapiteln und Versuchen im Labormaßstab schon weitgehend angeben.

Wie bereits in Abschn. 3.2 gezeigt wurde, sind Wirbelschichten in einem Bereich von Gasströmungsgeschwindigkeiten nach oben durch die Austragungsgeschwindigkeit (Stokessche Grenzgeschwindigkeit) und nach unten durch den Wirbelpunkt begrenzt. Dieser Existenzbereich ist für Erzwirbelschichten bei 700 °C und wahlweise für H_2 oder CO in Abschn. 3.2, Bild 138, gezeigt worden (N_2 verhält sich praktisch wie CO in bezug auf die Charakteristik der Wirbelschicht). Die angegebenen Bereiche der Strömungsgeschwindigkeit gelten, wenn sämtliche Partikelchen den gleichen Durchmesser haben. Bei Gemischen aus mehreren Kornfraktionen, wie im technischen Fall stets vorliegend, gilt als obere Grenzgeschwindigkeit, die auf das Kleinstkorn bezogene Austragsgeschwindigkeit, da naturgemäß bei steigenden Geschwindigkeiten zuerst das Kleinstkorn ausgetragen wird. Da die Reduktion der feinen Körner durch das erhitzte Gas außerordentlich rasch erfolgt, stellt die chemische Reaktion im allgemeinen nicht den geschwindigkeitsbestimmenden Schritt dar. Bei den hohen Umsatzgeschwindigkeiten setzt sich das Reduktionsgas schon nach kurzer Berührung ins Gleichgewicht und kann nicht weiter reduzieren. Von starkem Einfluß ist daher, welche Gasmenge pro Zeiteinheit durch die Wirbelschicht geführt wird: aus der oberen Grenzgeschwindigkeit nach Bild 138 ergibt sich somit zugleich der maximale Durchsatz des Reaktors. Geht man von diesen oberen Grenzgeschwindigkeiten in Abhängigkeit von der Korngröße aus und nimmt als günstigsten Fall an, daß das Reduktionsgas chemisch bis zum Gleichgewicht ausgenutzt wird, so ergeben sich die Leistungsgrenzen (als Strömungsgeschwindigkeit werden aus Gründen der Stabilität des Reaktors 70% der oberen Grenzgeschwindigkeit angesetzt) in Bild 160 für 700 °C und wahlweise CO und H_2. Man erkennt, daß hochofenähnliche Leistungen erst erreicht werden können, wenn das verwendete Erz keine nennenswerten Anteile unter 0,2 mm enthält. Bei weitersteigender Korngröße gilt jedoch die oben getroffene Annahme der schnellen Annäherung an das Gleichgewicht zwischen Gas und Erz nicht mehr. Damit scheiden Naßmagnetkonzentrate bereits aus der Gruppe der verwendbaren Erze im allgemeinen aus. Allerdings kann die Leistung durch Erhöhen des Arbeitsdrucks im Wirbelschichtgefäß erheblich gesteigert werden. Die erzielbaren Leistungen steigen gegenüber Bild 160 (gerechnet für Normaldruck) nahezu proportional zum Druck an (vgl. Gl. (3) in

Abschn. 3.2), da die verfügbare Gasmenge ohne Erhöhung der Strömungsgeschwindigkeit gesteigert wird (Bild 161).

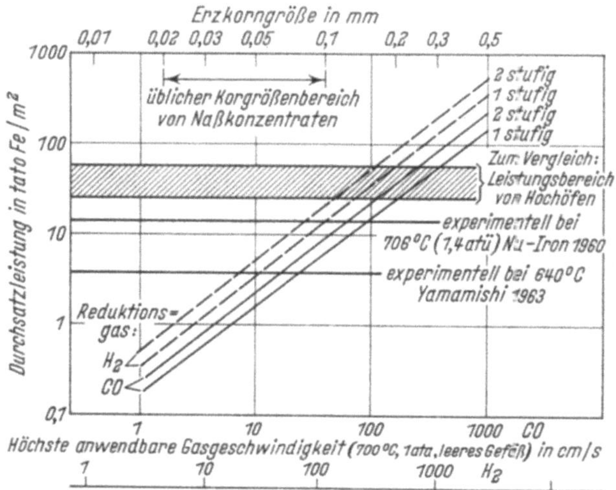

Bild 160. Maximale Durchsatzleistung eines Wirbelschichtreaktors je m² Querschnitt des Reaktionsraumes in Abhängigkeit von der Erzkorngröße (700 °C, 1 ata,
Gasausnutzung bis zum Gleichgewicht)

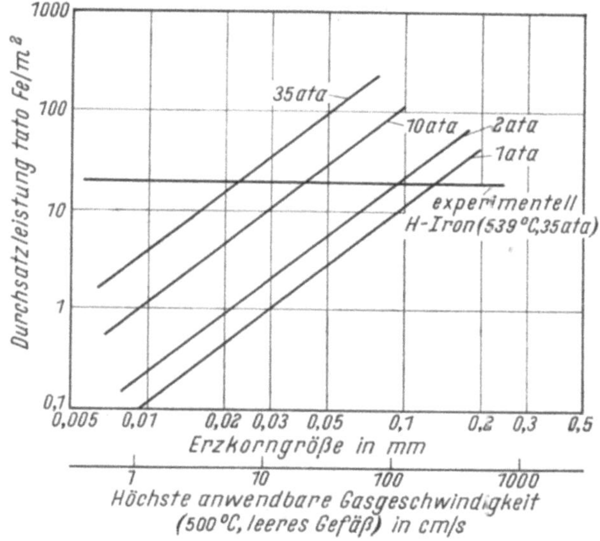

Bild 161. Maximale Durchsatzleistung eines Wirbelschichtreaktors je m² Querschnitt des Reaktionsraumes in Abhängigkeit von der Erzkorngröße bei verschiedenen Drucken (H₂, 500 °C, Gasausnutzung bis zum Gleichgewicht)

Günstig wirkt sich ein Aufteilen der Reduktion auf zwei oder mehr übereinanderliegende Wirbelschichten aus (Bild 162), hierbei erhöht sich nicht nur die chemische Ausnutzung des Gases (vgl. Abschn. 4.1), sondern auch die Durchsatzleistung (Bild 160).

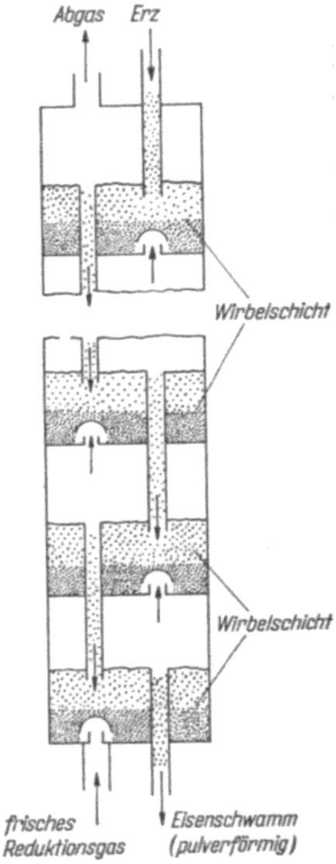

In den Bildern 160 und 161 sind die pro m² Reaktorgrundfläche erreichten Durchsatzleistungen einiger Wirbelschichtverfahren eingezeichnet, die teils aus Betriebs- und teils aus Versuchsreaktoren stammen. Man erkennt auch hier den Abstand zum Hochofen, was sich aus den verwendeten geringen Korngrößen ergibt (YAMAMICHI[373]): 0,04 bis 0,25 mm, H-Iron[374]): 0,06 bis 0,83 mm). Es liegt daher nahe, gröbere Feinerze zu verwenden, aus denen der Feinstanteil vorher abgetrennt wird, was allerdings erhebliche Kosten verursacht und damit den Anwendungsbereich der Wirbelschichtverfahren einschränkt oder aber die Feinsterze in Kleinstpellets von 2 bis 3 mm $\varnothing$ umzuwandeln, wie es in russischen Arbeiten geschah[375]). Auch dieser Schritt ist aufwendig und steht im Gegensatz zur ursprünglichen Konzeption der Wirbelschichtverfahren, die Agglomerierstufe einzusparen.

Im Schrifttum finden sich zahlreiche Hinweise auf Schwierigkeiten, die bei der Erzreduktion in der Wirbelschicht durch Aneinandersintern der Erzkörnchen entstehen. Die Stabilität der Wirbelschicht und die Durchführbarkeit des Verfahrens werden hierdurch gefährdet. Dieser Erscheinung wurde daher in einer besonderen Versuchseinrichtung[371, 376]) nachgegangen:

Bild 163 zeigt einen Laborreaktor, der mit H_2-Gas arbeitet. Das Verhalten der Wirbelschicht konnte durch ein Schauglas am oberen Ende des Reaktionsgefäßes beobachtet werden. Es zeigte sich hierbei, daß — vor allem bei höheren Arbeitstemperaturen — nach einiger Zeit ein Zusammensintern der Schicht eintrat (Bild 164). Dieses Sintern wurde zunächst in einem kleinen Bereich sichtbar und breitete sich dann innerhalb weniger Sekunden auf die gesamte Schicht aus. Die Erzschüttung lag dann unbeweglich auf dem Anströmboden auf, das Reduktionsgas trat durch einzelne Kanäle hindurch, ohne noch nennenswerte Reduktion zu bewirken. Bild 165 zeigt, daß dieser störende Sintervorgang bei Temperaturen über

Bild 162. Schematische Darstellung eines mehrstufigen Wirbelschichtreaktors (für Erzreduktion) nach H. P. MEISSNER u. F. C. SCHORA[372])

700 °C schon nach wenigen Minuten eintrat, also lange Zeit vor Reduktions-
ende. Dies gilt für das verwendete Hämatiterz im Korngrößenbereich
0,06 bis 0,1 mm. Bei gröberer Körnung und geringerer Reinheit des Erzes

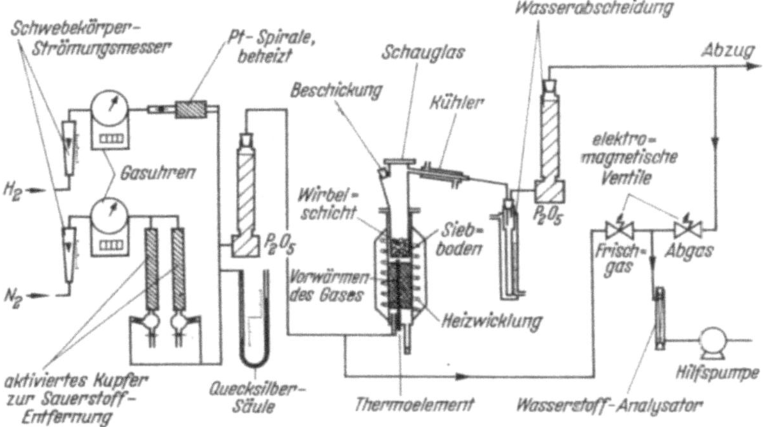

Bild 163. Versuchsanlage zur Erzreduktion in der Wirbelschicht nach D. WINZER[376]

wird der Sintervorgang gemildert, jedoch nicht völlig unterdrückt. Systematische Messungen über diese Einflüsse liegen u. W. noch nicht vor.

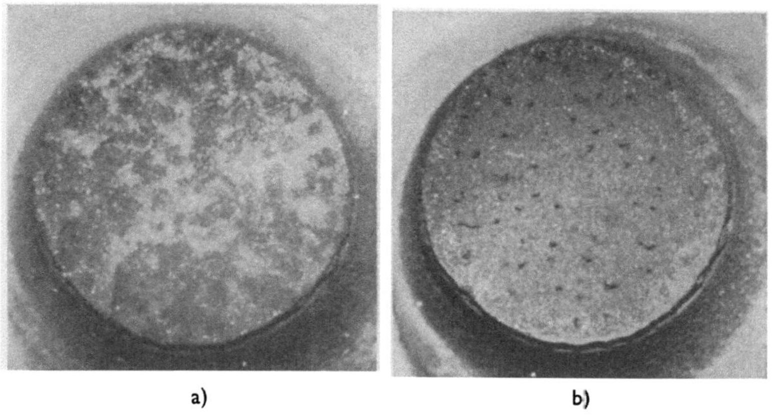

Bilder 164a u. b. Erzwirbelschicht während der Reduktion[376]
a) vor dem Sintern, b) nach dem Sintern

In der Temperatur dürfte jedoch der Hauptfaktor des Sinterbeginns
zu erblicken sein; die technisch angewendeten Verfahren müssen daher

entweder bei niedrigen Temperaturen (bis herab zu 500 °C) oder aber mit möglichst kurzer Verweilzeit des Erzes in der Wirbelschicht und folglich geringen Reduktionsgraden arbeiten.

Bei tieferen Temperaturen gewinnt, wenn das Reduktionsgas CO enthält, die Boudouard-Reaktion insofern an Bedeutung, als die C-Abscheidung

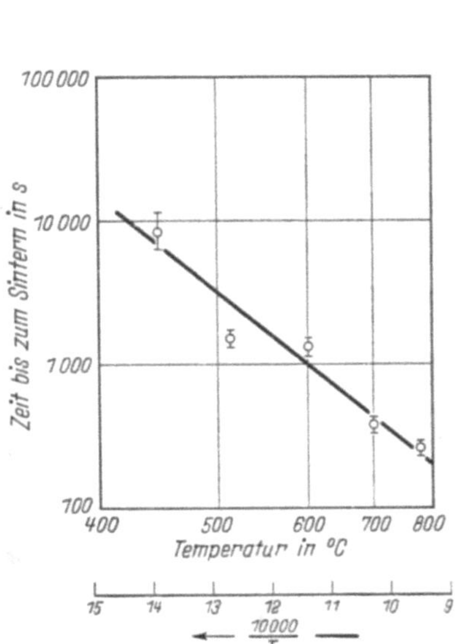

Bild 165. Zeit bis zum Sintern des Erzeinsatzes bei Reduktion mit Wasserstoff (Hämatit-Erz der Korngröße 0,06 bis 0,1 mm) nach D. WINZER[376])

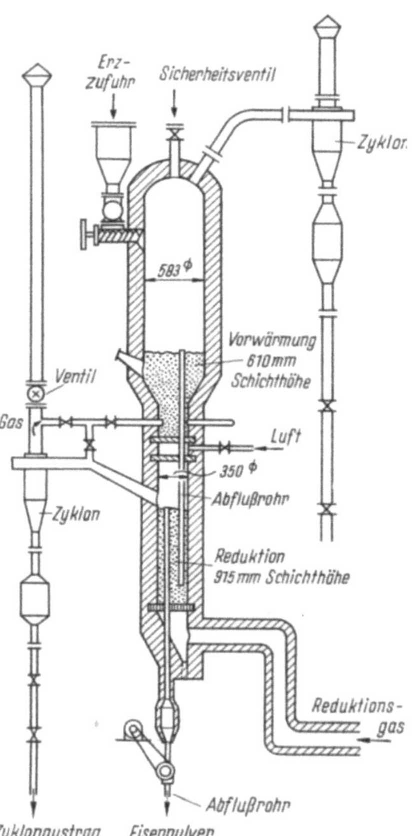

Bild 166. Wirbelschichtofen zur Erzreduktion nach Y. YAMAMICHI[373])

aus CO am Erz ab 600 °C abwärts die Reduktion stören würde. Bei Erzeugung von Reduktionsgas aus Erdgas oder Öl bildet sich aber primär stets CO (vgl. Abschn. 4.8), das bei den Tieftemperatur-Reduktionsverfahren vorher aus dem Reduktionsgas vollständig entfernt werden muß. Eine Unterdrückung der C-Abscheidung durch Antikatalysatoren, wie z. B. Spuren von H_2S, ist ebenfalls denkbar[377]), aber bei Wirbelschichtverfahren anscheinend noch nicht erprobt worden.

In einer größeren Versuchsapparatur erprobte YAMAMICHI[373]) das zweistufige Wirbelschichtverfahren (Bild 166). Die eingesetzte Erzkörnung lag im wesentlichen zwischen 0,04 und 0,25 mm (Tafel 17), die Gasgeschwindigkeit bei 35,6 cm/sec, also höher als die zulässige Maximalgeschwindigkeit

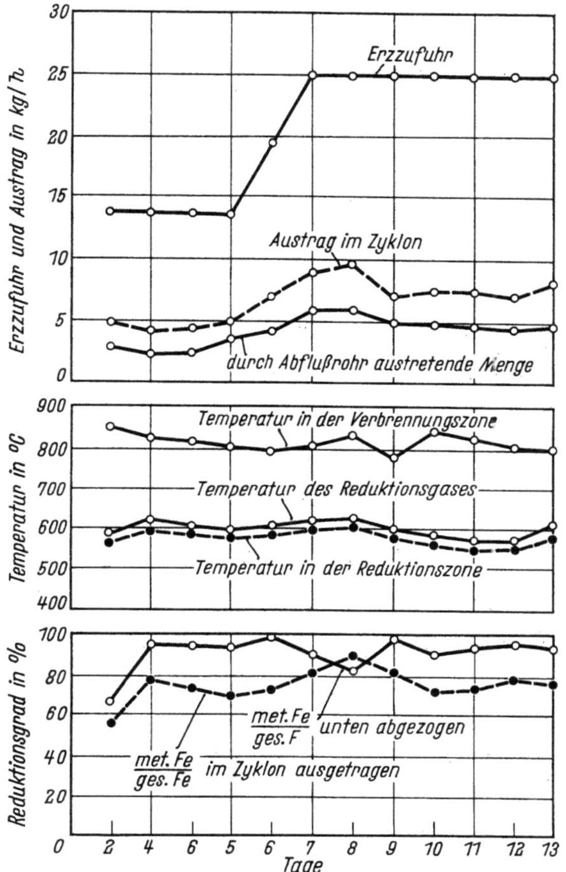

Bild 167. Ergebnisse des Wirbelschichtofens bei 4% Luftzusatz in der Vorwärmzone (350 mm Innendurchmesser) nach Y. YAMAMICHI[373])

bezogen auf den Feinstanteil. Dies hatte erwartungsgemäß zur Folge, daß etwa 30% der eingebrachten Feinerzmenge mit dem Gasstrom ausgetragen wurden und sich im Entstaubungszyklon abschieden (Bild 167 und Tafel 19). Da dieser ausgeblasene Anteil geringere Reduktionsgrade grade aufweist, müßte er bei technischen Anlagen in den Reaktor rückgeführt werden, wobei sich wahrscheinlich ein Kreislauf ergeben würde.

Das Zusammensintern der Beschickung konnte YAMAMICHI in Übereinstimmung mit den Feststellungen in Bild 166 durch Herabsetzen der Arbeitstemperatur von etwa 700 °C auf etwa 600 °C ausschalten.

Tafel 17

Maschenweite mm	+ 0,25	+ 0,15	+ 0,10	+ 0,074	+ 0,044	− 0,044
Erz I . . . . . . %	0	4,5	4,0	19,3	56,0	16,2
Erz II . . . . . %	25,0	18,0	18,0	12,0	20,0	7,0

H. SCHENCK[378] und Mitarbeiter konnten die Reduktion in der Wirbelschicht bei 1000 °C führen, indem das Feinerz in einer Wirbelschicht aus Feinkoks suspendiert wurde. Hier unterstützte der Feinkoks das Gas in

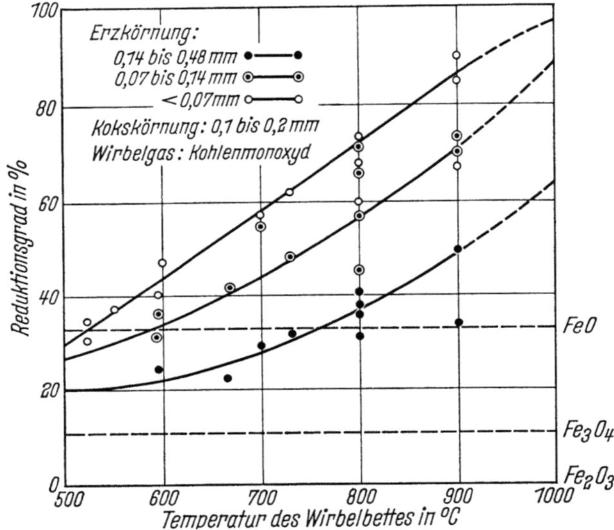

Bild 168. Einfluß der Wirbelbettemperatur auf den erzielten Reduktionsgrad für verschiedene Erzkörnungen (Erzdurchsatz satzweise) beim Verwenden von Kohlenmonoxyd als Wirbelgas nach H. SCHENCK, W. WENZEL u. H. D. BUTZMANN[378])

seiner Reduktionswirkung, so daß sich beträchtliche Erzdurchsatzgeschwindigkeiten ergaben. Bei 900 °C konnten hohe Reduktionsgrade erzielt werden (Bild 168).

LANGSTON und STEPHENS[379]) nutzten die Sinterneigung der Feinsterze bewußt aus, indem sie zunächst eine Erzwirbelschicht mit der verhältnismäßig groben Körnung 0,30 bis 0,84 mm erzeugten und während der Reduktion laufend Feinsterz (100 % unter 0,04 mm) zusetzten. Das Feinsterz sinterte während der Reduktion auf den gröberen Erzpartikelchen fest, wodurch sich deren Durchmesser vergrößerte (Bild 169). Ohne weitere Schwierigkeiten wurde ein Reduktionsgrad von 98% erreicht.

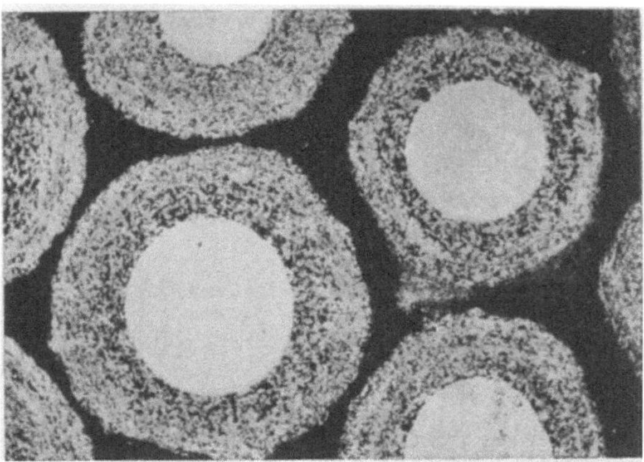

Bild 169. Reduzierte Erzpartikelchen aus selbstagglomerierender Wirbelschicht; reduz. bei 820°C (Querschnitt, 50:1) nach B. G. LANGSTON u. F. M. STEPHENS[379])

Wirbelschichtreduktionsversuche an verschiedenartigen Erzen[380]) zeigten bei Erzen mit hohem Magnetitgehalt eine deutlich schlechtere Reduzierbarkeit (Tafel 18). Es wurde bei 762 °C in H_2 reduziert.

Tafel 18. *Wirbelschichtreduktion an verschiedenen Feinerzen*

Körnung: 0,15 bis 0,84 mm
Temperatur: 762 °C
Strömungsgeschwindigkeit des Gases: 18,3 cm/sec

Name des Erzes	Zeitbedarf für 90% Reduktion					
	Gewichtsprozent (trocken)				magnetisch %	$t_{90\%}$ min
	Fe	O_2	SiO_2	Al_2O_2		
Venezuela	66,5	28,3	0,9	2,4	0,0	40
Labrador.	60,8	25,6	7,9	1,7	0,0	42
Mexiko	64,0	28,1	1,6	1,1	32,3	45
Siderite	40,5	14,1	10,9	4,2	0,0	26
Marcona	62,8	26,3	6,7	—	19,8	74
Rusk Crude . . .	38,8	14,6	15,5	6,5	0,0	30
Rusk Conc. . . .	42,2	15,4	16,3	7,2	0,0	34
Brasilien.	66,4	28,7	0,6	0,7	1,6	52
Chile	64,7	26,4	5,4	1,1	77,8	>140
Liberia	65,1	26,7	3,5	1,2	72,8	>140

Feinmann[394]) stellte fest, daß in Übereinstimmung mit der Theorie bei Reduktion mit H_2 (600 bis 700 °C) im Bereich 0,21 bis 1,19 mm alle Korngrößen gleich rasch reduziert wurden. Eingesetzt wurde Venezuela-Erz hoher Porosität.

4.3.2. Verfahrensübersicht

Es liegen zahlreiche Vorschläge für die Erzreduktion in der Wirbelschicht vor. Einige sind technisch weitgehend ausgereift. Eine Übersicht für den Zeitraum bis 1960 enthält [381]). Die Ergebnisse dieser Verfahren

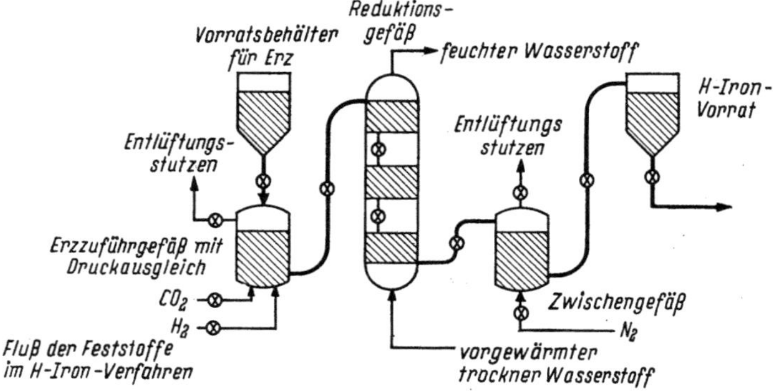

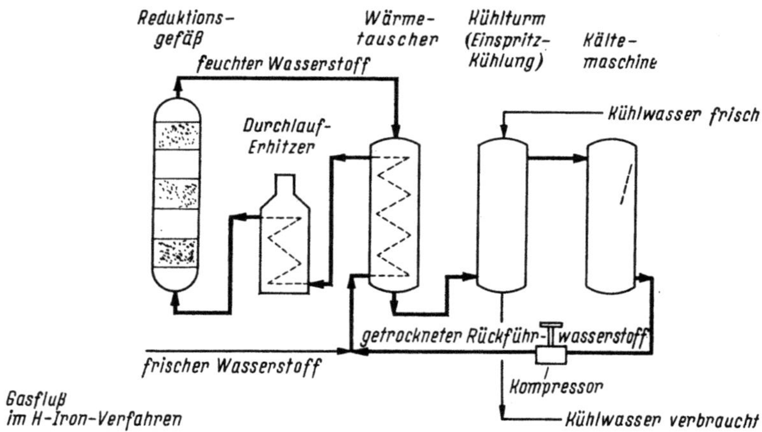

Bild 170. Schematische Darstellung des H-Iron-Verfahrens nach R. A. Lubker u. K. W. Bruland[374])

stimmen weitgehend mit den vorstehenden theoretischen Berechnungen und Laborversuchen überein. Im wesentlichen gibt es drei Gruppen von Arbeitsbedingungen:

1. Tiefe Temperatur, reiner H_2, hoher Druck (H-Iron-Verfahren)[374, 382, 383].
2. Mittlere Temperatur, reiner H_2, mittlerer Druck (z. B. *Nu*-Iron-Verfahren) [384–387].
3. Höhere Temperatur, H_2-CO-Gemisch, geringer Überdruck[373, 388, 389].

Bis zu Einheiten von 100 tato Fe Durchsatzleistung konnte das H-Iron-Verfahren[383] entwickelt werden (Bild 170). Im Wirbelschichtreaktor werden Konzentrate mit reinem H_2 bei etwa 500 °C und 35 atü weitgehend (zu

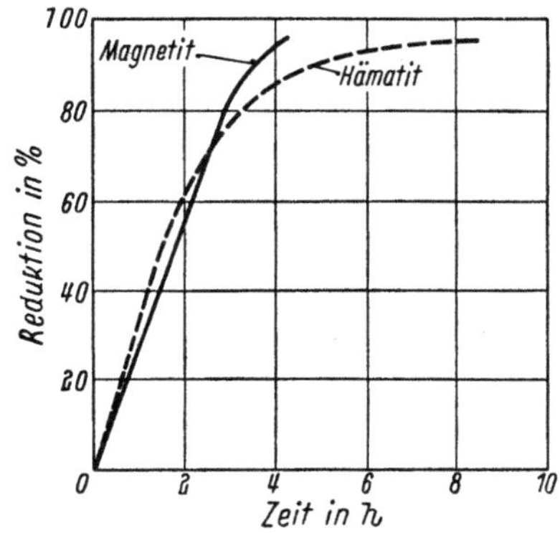

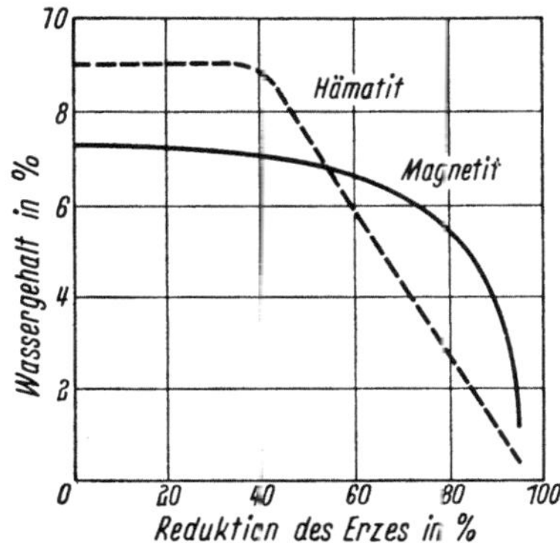

Bild 171. Reduktionsgeschwindigkeit beim H-Iron-Verfahren nach R. A. LUBKER u. K. W. BRULAND[374]

Bild 172. Umwandlung von Wasserstoff in Wasser beim H-Iron-Verfahren nach R. A. LUBKER u. K. W. BRULAND[374]

über 90%) reduziert. Das Reduktionsmittel wird aus Erdgas, Koksofengas oder Öl in folgenden Verfahrensschritten gewonnen: Spaltung mit O_2 im Überschuß:

$$CH_4 + 1/2\ O_2 = CO + 2\ H_2 (+ H_2O + CO_2),$$

Konvertierung des CO mit überschüssigem Wasserdampf:

$$CO + H_2O = CO_2 + H_2 (+ H_2O),$$

Auswaschen des H_2O und CO_2 in einer Druckwasserwäsche; es verbleibt reiner Wasserstoff, der in Durchlaufgaserhitzern auf die Reaktoreintritts-Temperatur von etwa 540 °C gebracht wird. Der für die Reduktion an sich ausnutzbare CO-Gehalt muß in H_2 umgewandelt werden, weil andernfalls am Erz bei 500 °C die Boudouard-Reaktion ablaufen und somit die Reduktion durch Rußabscheidung stören würde. Der Reaktor arbeitet mit drei übereinanderliegenden Wirbelschichten, zwei für die Reduktion, eine für die Vorwärmung, so daß eine Gegenstromwirkung zwischen Gas und Erz angenähert erreicht wird. Trotzdem verläuft infolge der niedrigen Temperatur die Reduktion langsam (Bild 171), und die chemische Ausnutzung des H_2 ist wegen ungünstiger Lage des Gleichgewichts und schlechter Gleichgewichtsannäherung recht gering (Bild 172). Das gereinigte Abgas des Reaktors (etwa 94% der Gesamtmenge) wird daher im Kreislauf geführt, und das gebildete Reduktions-H_2O bei jedem Umlauf in der Druckwasserwäsche entfernt.

Das *Nu*-Iron-Verfahren (Bild 173) unterscheidet sich von dem H-Iron-Verfahren im wesentlichen durch höhere Reaktionstemperaturen (600 bis

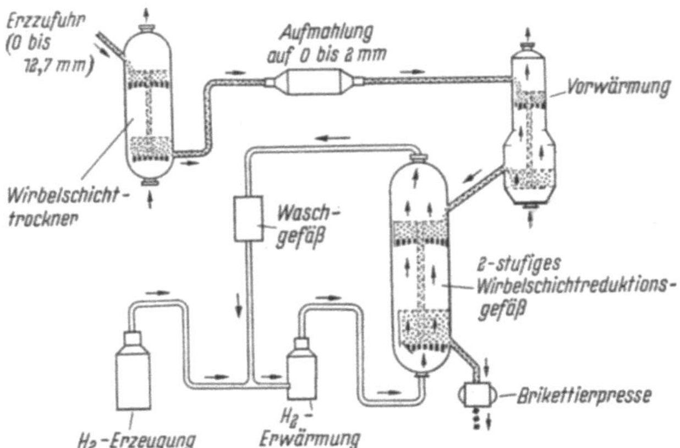

Bild 173. Schematische Darstellung des Nu-Iron-Verfahrens nach T. F. Reed, J. C. Agarwal u. E. H. Shipley[385])

760 °C) und niedrigere Überdrucke. Die Gasausnutzung ist verbessert, allerdings auf Kosten der Sicherheit in der Beherrschung der Wirbel-

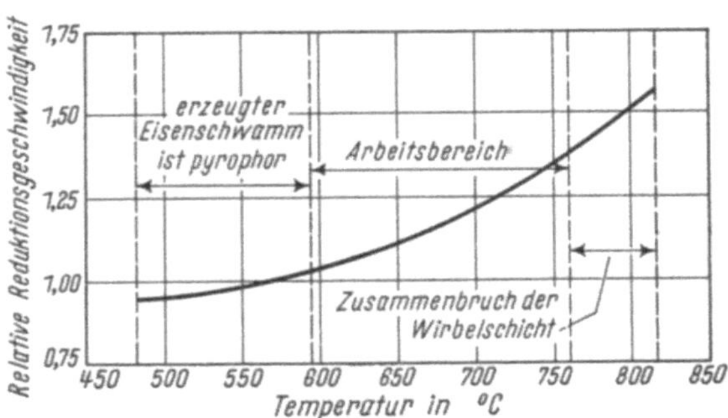

Bild 174. Einfluß der Temperatur auf die Reduktionsgeschwindigkeit beim Nu-Iron-Verfahren nach T. F. Reed, J. C. Agarwal u. E. H. Shipley[385])

schicht; man geht näher an den Sinterpunkt heran (Bild 174). Die Gasausnutzung liegt schon bei geringen Schütthöhen nahe dem Gleichgewicht

(Bild 175). Bisher besteht eine halbtechnische Anlage mit 2 t Fe Tages-
durchsatz. Der nicht verbrauchte H_2 wird nach Auswaschung des H_2O
im Kreislauf geführt.

Das Esso-Research-Little-Verfahren arbeitet ohne Gasrückführung bei
noch höherer Temperatur (Schema in Bild 176). Infolgedessen kann das

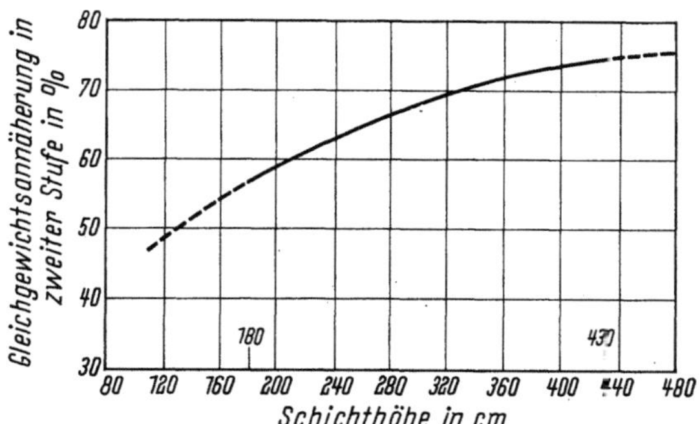

Bild 175. Einfluß der Schichthöhe (schematisch) nach T. F. REED, J. C. AGARWAL
u. E. H. SHIPLEY[385])

bei der Spaltung des Erdgases bzw. Öls entstehende CO im Reduktionsgas
verbleiben, wodurch sich die Gasaufbereitung erheblich vereinfacht. Aller-

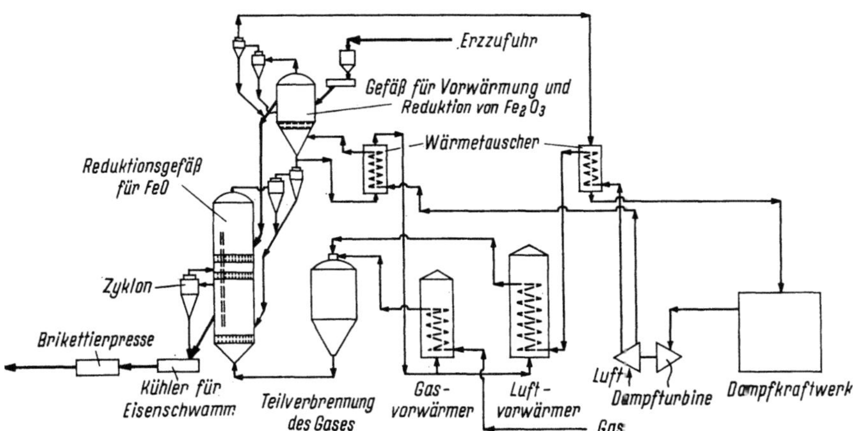

Bild 176. Schema des ER-L-Verfahrens nach R. W. HYDE[388])

dings ist die Stabilhaltung der Wirbelschicht nur dadurch zu erreichen,
daß die Reduktion bei etwa 85% abgebrochen wird.

Im CO-C-Eisen-Verfahren[390, 391]), ähnlich wie im Stelling[392])-Verfahren (Bild 177/178), wird die Boudouard-Reaktion absichtlich gefördert, indem eine bei etwa 500 °C befindliche Erz-Wirbelschicht mit CO-reichem Gas betrieben wird. Kohlenstoff scheidet sich auf den Erzpartikelchen ge-

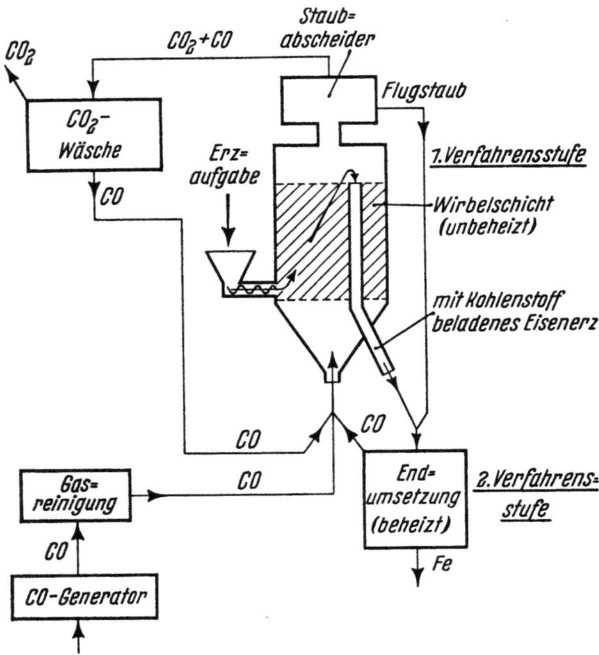

Bild 177. Schema der Erzreduktion nach dem Kohlenoxyd-Kohlenstoff-Verfahren nach E. WICKE, K. HEDDEN u. G. LÜTH[391])

steuert und ausreichend ab, um in einer zweiten bei oberhalb 900 °C arbeitenden Stufe eine Reduktion gemäß

$$Fe_2O_3 + 3\,C = 2\,Fe + 3\,CO\,(+CO_2)$$

zu ermöglichen. Diese zweite Stufe findet wegen der hohen Arbeitstemperaturen nicht in einer Wirbelschicht, sondern in ruhender Schüttung statt; das Verfahren kann daher nicht als eigentliches Wirbelschichtreduktions-Verfahren gelten. Das Problem besteht im Heranführen großer Wärmemengen zur Deckung des Bedarfs der stark endothermen Reaktionen.

Die zweite Stufe könnte ähnlich wie bei Koksöfen in Batterien geführt werden: Allerdings ist der Betrag der zuzuführenden Reaktionswärme, bezogen auf die t Produkt, wesentlich höher als bei der Verkokung.

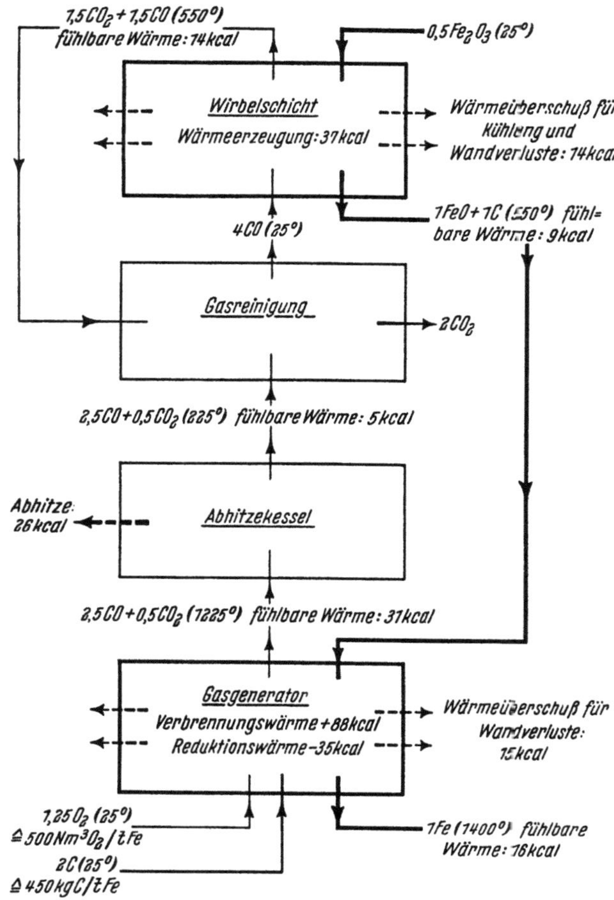

Bild 178

Stoff- und Wärmebilanz für ein kombiniertes Verfahren, bei dem die zweite Stufe mit der Gaserzeugung gekoppelt ist, nach E. WICKE, K. HEDDEN u. G. LÜTH[391])

4.3.3. Energieverbrauch der Wirbelschichtverfahren und Leistungsvergleich mit dem Hochofen

Der Energieverbrauch setzt sich zusammen aus

a) Energieverbrauch für Spaltung des Brennstoffs und Vorbereitung des Reduktionsgases

b) Energieverbrauch für die Reduktion.

Zu a): Spaltung des Brennstoffs (z. B. Öl, Erdgas) und Vorbereitung des Reduktionsgases sind in ihrer Durchführung je nach eingesetztem

Tafel 19. *Kenndaten von Wirbelschichtreaktoren bei der Erzreduktion*

	Einheit	Yamamichi	H-Iron		Nu-Iron	ERL	Hochofen als Vergleich	
			klein	mittel				
1. *Abmessungen des Reaktors:*								
Innendurchmesser des Reaktors (unterstes Bett)	m	0,350	0,85	1,65	0,419	0,30	9 (Gestell-durchmesser)	* Gesamthöhe der Anlage
Höhe der Wirbelschichten	m	0,915	9,0*	29*	5,3	9,0*		
Reaktorquerschnitt (unteres Bett)	m^2	0,096	0,57	2,14	0,138	0,071	63,6 (Gestell-querschnitt)	
Zahl der Wirbelschichten		2	3	3	3	2		
2. *Durchsatz*								
Eisen	tato Fe	0,36	10	50	2,0	1,0	2000 bis 3500	
bezogen auf Reaktor-querschnitt	tato Fe pro m^2	3,8	17,5	23,4	14,5	11,0	31,5 bis 55	
Reduktionsgrad	%	etwa 80	98	98	90	85	100	
3. *Eingesetztes Erz*								
Hauptbestandteil		Fe_2O_3	Fe_3O_4		Fe_2O_3	Fe_2O_3		
Korngröße	mm	7% bis 0,04 27% bis 0,06 39% 0,10 75% bis 0,25	0,040 bis 0,833	0,06 bis 0,833	0 bis 2	0 bis 3*		* Vorschrift: möglichst wenig Feinstanteile
ausgeworfener Anteil	%	30	keine Angabe		keine Angabe	30 bis 100	1 bis 5	

Eintrittstemperatur	°C	640	540	540	706	930		
Zusammensetzung		Koks-ofengas	H_2	H_2	H_2	H_2/CO/N_2*		* durch Spalten von CH_4 mit Luft
Druck	ata	etwa 1	36	36	etwa 2,4	1 bis 2		
lineare Strömungsgeschwindigkeit (leerer Gefäßquerschnitt, Arbeitstemperatur und -druck) beim Eintritt	cm/sec	35,6	33,5	21,5	45,7	90	250 bis 400	
chemische Ausnutzung bei einmaligem Durchlauf durch Reaktor	%	etwa 18	etwa 5	etwa 5	etwa 24	etwa 35	30 bis 45	
5. Geschätzter Brennstoffaufwand								
bei Großanlagen	kcal/t Fe	Koksgas** $3,8 \cdot 10^6$	Erdgas* $4,8 \cdot 10^6$ oder Schweröl $4,9 \cdot 10^6$		Heizöl $3,51 \cdot 10^6$	Erdgas* $3,77 \cdot 10^6$	Koks $4,0 \cdot 10^6$	* $H_u =$ 8580 kcal/Nm^3 ** $H_u =$ 3800 kcal/Nm^3

bei *Nu*-Iron und H-Iron werden Brennstoffbedarf für Reduktion und Beheizung getrennt ausgewiesen. Für die Reduktion werden annähernd Mengen angegeben, die bei der Spaltung den stöchiometrischen Bedarf an $CO + H_2$ ergeben (602 Nm^3 $CO + H_2$/t Fe), der nicht reagierte Gasanteil wird im Kreislauf geführt

Brennstoff und gewähltem Verfahren sehr unterschiedlich und sollen im Zusammenhang mit dem Spaltverfahren behandelt werden (Abschn. 4.8).

Zu b): Im Reaktor wird Gas bzw. Wärmeenergie verbraucht zur

b 1) Reduktion: Der stöchiometrische Verbrauch beträgt 602 Nm³ H_2 bzw. CO/t Fe bei Einsatz von Fe_2O_3 bzw. 535 Nm³ H_2 bzw. CO bei Einsatz von Fe_3O_4. Maßgebend für den tatsächlichen Gasverbrauch ist die chemische Ausnutzung des Gases, aus der sich die pro t Fe zuzuführende Gasmenge ergibt. Bei Verwendung von H_2 als Reduktionsmittel (H-Iron-Verfahren, *Nu*-Iron-Verfahren) wird H_2O aus dem Reduktionsabgas ausgewaschen, und der verbleibende H_2 im Kreislauf wieder zur Reduktion verwendet. Der H_2-Verbrauch ist somit nur wenig höher als stöchiometrisch zur O-Abbindung erforderlich.

b 2) Erwärmung der Beschickung: Entweder wird ein Teil des Reduktions-gases mit Luft im Reaktor verbrannt (dies gilt bei H_2/CO-Gemischen), um in vorgeschalteten Wirbelschichten das Erz möglichst über die er-wünschte Arbeitstemperatur vorzuwärmen, damit die nachfolgende Re-duktion beschleunigt wird oder es wird bei H_2 als Reduktionsmittel zu-sätzlich Brennstoff zum Beheizen der Anlage verwendet. Wegen der auf-wendigen Gasaufbereitung und auch der Tatsache, daß die Abgase mit hohen Temperaturen aus der Wirbelschicht austreten, ist der Gesamtwärmeaufwand höher als nach der Theorie, wie Tafel 19 ausweist, obwohl, wie die Ver-fahrensschemata zeigen (Bild 170, 173, 176), Einrichtungen geschaffen wurden, um die Abwärme zu verwerten.

Hinsichtlich der Leistung pro m² Reaktorfläche sind die Wirbelschicht-verfahren dem Hochofen unterlegen, da, wie Tafel 18 zeigt, zwangsläufig nur mit geringen Gasgeschwindigkeiten gearbeitet werden kann. Selbst die erhebliche Erhöhung des Arbeitsdrucks (H-Iron) kann in Übereinstimmung mit der Theorie den erheblichen Leistungsabstand zum Hochofen nicht ganz ausgleichen.

Verbesserungen der Durchsatzleistung pro m² Reaktorquerschnitt durch weitere Drucksteigerung scheinen möglich. Dagegen dürfte die Vergrößerung der Schütthöhe nur unwesentlich wirken, da der Gasdurchsatz pro m² Reaktorquerschnitt hierbei nicht erhöht werden darf. Ebenfalls könnte eine Erzagglomerierung bzw. Klassierung auf enge Kornbereiche um 3 mm durch Erhöhung der zulässigen Strömungsgeschwindigkeiten zu erheblichen Leistungssteigerungen führen. Allerdings verringert sich dann die Reaktions-geschwindigkeit und damit die chemische Ausnutzung des Gases und die Leistung.

In diesem Fall kann die Technik des Sprudelbetts für die Erzreduktion Anwendung finden, wie das Beispiel in Bild 179 zeigt.

Die Wärmebilanzen sind durch derartige Maßnahmen jedoch nicht nennenswert zu verbessern.

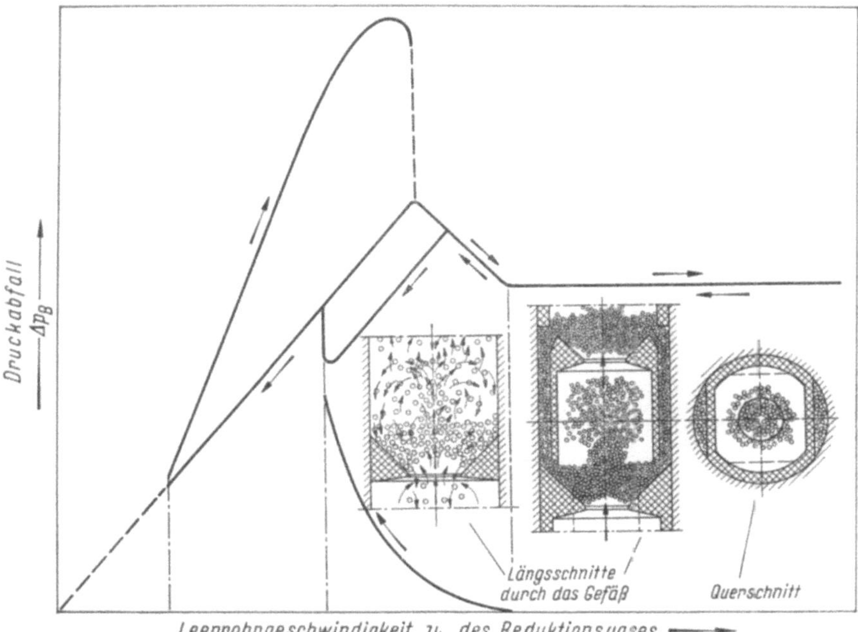

Bild 179. Reduktion von Kleinpellets im Sprudelbett (schematisch) nach N. S. VAVILOV[393]) (vgl. Bild 130)

4.4. Reduktion in Retorten

Stückerze oder Agglomerate werden in beweglichen oder feststehenden Behältern — Retorten — durch H_2- und CO-haltige Gase zu Eisenschwamm reduziert. Retorten-Verfahren arbeiten diskontinuierlich mit folgenden Arbeitsvorgängen: Füllen — Reduzieren — Entleeren — Füllen usw. Eine Gegenstromführung zwischen Gas und Erz ist infolgedessen grundsätzlich nicht gegeben und der Gasverbrauch entsprechend hoch zu erwarten. Eine Annäherung an das Gegenstromprinzip ist möglich, indem zwei oder mehrere Retorten hintereinandergeschaltet werden und der Gasstrom derart geleitet wird, daß zunächst ein Umsatz mit weitgehend vorreduziertem und zuletzt eine Vorreduktion des noch unreduzierten Erzes erfolgt.

16*

4.4.1. Grundlagen des Umsatzes in der Retorte

Die Leistungsdaten von Retorten zur Erzreduktion lassen sich aus Laboratoriumsversuchen mit guter Näherung vorausberechnen. Bild 180 erläutert die Berechnungsunterlagen. Das Reduktionsgas — in diesem Fall H_2 — tritt unten in die Retorte ein und reichert sich beim Aufsteigen mit dem Reduktionsprodukt H_2O an. Es wird für die folgenden Betrachtungen angenommen, daß die Beschickung in allen Teilen des Gefäßes auf gleicher Temperatur ist (isotherme Retorte) — eine Voraussetzung, die bei Laborversuchen leicht, in der Praxis annähernd verwirklicht werden kann. Durch die Anreicherung mit H_2O wird das Reduktionspotential des Gases allmählich geringer und der Umsatz mit dem Erz in den höheren Lagen immer langsamer: Die oberen Lagen hinken in ihrem Reduktionsgrad hinterher.

Eine Schwierigkeit in der nachfolgenden Betrachtung besteht nun darin, daß das Gleichgewicht der Reduktionsreaktion ganz unterschiedliche Werte annimmt, je nachdem, welche Oxydationsstufe des Fe gerade reduziert wird. Bild 181 zeigt die Gleichgewichtsstufen für das

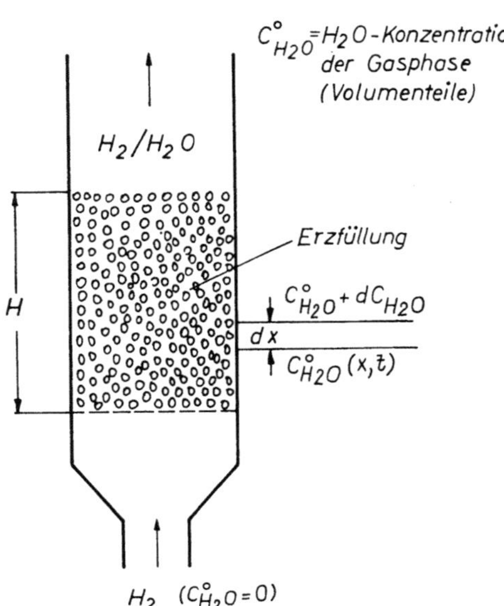

Bild 180. Isothermische Reduktion einer ruhenden Erzschüttung in der Retorte (instationäre Reduktion). Schema zur mathematischen Ableitung

System Fe-O-H bei 600 und 900 °C (gemäß Abschn. 1) in Abhängigkeit vom Reduktionsgrad. Ein Gasgemisch, das in den unteren Teilen der Retorte im Bereich FeO-Fe ausreagiert, d. h. die Gleichgewichtszusammensetzung erreicht hat, ist durchaus in der Lage, in den oberen Zonen bei niedrigeren Reduktionsgraden noch Reduktionsarbeit zu leisten. Leider ist die Zuordnung der Gleichgewichtskonzentrationen zu den jeweiligen Reduktionsgraden nicht eindeutig. Wegen des meist topochemischen Verlaufs der Reduktion (vgl. Abschn. 2) ist häufig auch bei niedrigsten Reduktionsgraden, d. h., wenn z. B. noch große Anteile Fe_2O_3 oder Fe_3O_4 vorhanden sind, in dem äußeren Bereich bereits metallisches Fe gebildet worden, das Gas reagiert mit FeO und der Abbau der höheren

Oxydationsstufen erfolgt über Festkörperdiffusion (vgl. Abschn. 2). In diesem Fall ist für das Gasgleichgewicht entsprechend dem Bereich FeO-Fe anzusetzen. Effektiv ist bei niedrigen Reduktionsgraden die Gasgleichgewichtskonzentration — vor allem bei hohen Reduktionsgeschwindigkeiten — niedriger als dem durchschnittlichen Reduktionsgrad entspricht. Als praktische Näherung wird daher so wie in Bild 181 angedeutet ver-

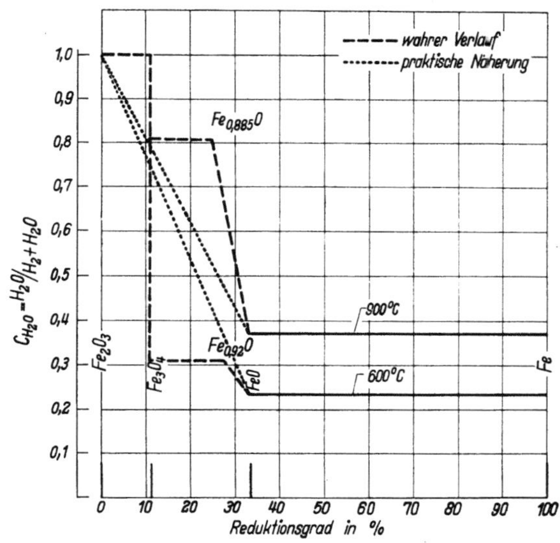

Bild 181
Gleichgewicht zwischen Fe-Oxyden und H_2/H_2O-Gemischen bei 900 °C und 600 °C

fahren: Im Bereich der Reduktionsgrade $\Re = 0$ bis $33,33\,\%$*, d. h., bis zur FeO-Stufe wird ein linearer Abfall der Gleichgewichtskonzentration mit steigendem Reduktionsgrad angenommen (entsprechend unterhalb des Existenzbereichs von Wüstit die Stufen Fe_2O_3-Fe_3O_4-Fe). Hieraus ergeben sich die in Tafel 20 verzeichneten, vom Reduktionsgrad abhängigen effektiven Gleichgewichtskonzentrationen für H_2-H_2O-Gemische.

Die Reduktionsgeschwindigkeiten müssen für den jeweils vorliegenden Einsatzstoff in Abhängigkeit von Temperatur, Gaszusammensetzung und

---

* In den Gleichungen der Tafel 20 und den nachfolgenden Berechnungen wird der Reduktionsgrad als Verhältniszahl (abgebauter Erzsauerstoff: eingebrachter Erzsauerstoff) angegeben. Damit vereinfachen sich die Formeln durch Weglassen des — dimensionsmäßig bedenklichen — %-Symbols. Zur Angabe von Reduktionsgraden im Text oder in Bildern wird nach wie vor der Reduktionsgrad in %, d. h. 100 mal so hoch angegeben. Außerdem wird, wie meist zutreffend, angenommen, daß der Fe-Inhalt des Erzes als Fe_2O_3 vorliegt. Für niedrigere Oxydationsstufen des Eisenerzes, z. B. Fe_3O_4, sind die Gleichungen sinngemäß zu verwenden.

Reduktionsgrad gemessen werden. Für ein Beispiel (Fe_2O_3-Pellets mit 1,5% Gangartgehalt, 31 mm $\varnothing$ und 19% Poren) sind derartige Messungen durchgeführt worden[395]). Im Experiment wurde bei verschiedenen Temperaturen T und H_2O-Anteilen $C_{H_2O}^0$ im Wasserstoff der Verlauf des Sauerstoffabbaus isotherm in Abhängigkeit von der Zeit verfolgt, d. h. $\Re = \Re(t)$.

Tafel 20. *Praktische Näherungswerte für das Gleichgewicht der Erzreduktion mit H_2 in Abhängigkeit vom Reduktionsgrad*

$$Fe_2O_3 + 3\,H_2 = 2\,Fe + 3\,H_2O$$

Temperatur °C	maximale Umsetzung des H_2 $$C_{H_2O}^{gl} = \frac{[\%\,H_2O]}{[\%\,H_2] + [\%\,H_2O]}$$	
	für $\Re \leqq 0,3333$	für $\Re \geqq 0,3333$
900	$1,00 - 1,892 \cdot \Re$	0,370
800	$1,00 - 1,981 \cdot \Re$	0,340
700	$1,00 - 2,130 \cdot \Re$	0,290
600	$1,00 - 2,298 \cdot \Re$	0,235
	für $\Re \leqq 0,111$	für $\Re \geqq 0,111$
500	$1 - 7,70 \cdot \Re$	0,145
400	$1 - 8,02 \cdot \Re$	0,110

Durch Anlegen der Tangente an die so ermittelten Kurven bei verschiedenen Reduktionsgraden ergibt sich für die jeweiligen Versuchsbedingungen die Reduktionsgeschwindigkeit, d. h. $d\Re/dt = f(\Re, T, C_{H_2O}^0)$. Der Gleichgewichtsabstand $C_{H_2O}^0 - C_{H_2O}^{gl}$ geht linear ein [395, 396]), so daß wie folgt vereinfacht werden kann:

$$v = \frac{d\Re/dt}{C_{H_2O}^{gl} - C_{H_2O}^0} \tag{1}$$

v bezogene Reduktionsgeschwindigkeit.

Die derart aus den Versuchen errechneten v-Werte sind in Bild 185 in Abhängigkeit von Temperatur und $\Re$ aufgetragen. Die Reduktionsgeschwindigkeit $d\Re/dt$ (Reduktionsgrad pro Zeiteinheit) ergibt sich für beliebig wählbare Bedingungen aus den v-Werten des Bildes 182 wie folgt:

$$d\Re/dt = v[C_{H_2O}^{gl} - C_{H_2O}^0] \quad (\text{sec}^{-1}) \tag{2}$$

$C_{H_2O}^{gl}$ (Dimension: Volumenanteile) ist nach Tafel 19 einzusetzen.
$C_{H_2O}^0$ ist die H_2O-Konzentration im freien Gasraum (Volumenanteil).

Für eine dünne horizontale Scheibe aus dem Reaktor in Bild 180 (Dicke dx) kann der molare Umsatz $\dot{n}_O$ (Mol O/sec) wie folgt angegeben werden[396]):

$$d\dot{n}_O = F\,dx\,M_{\text{Fe}} \cdot 2{,}69 \cdot 10^{-2}\,\frac{d\Re}{dt}\left(\frac{\text{Mol O}}{\text{sec}}\right), \tag{3}$$

wobei

F Reaktorquerschnitt (cm²) und
M_{Fe} Fe-Gehalt der Schüttung (g Fe/cm³) bedeuten.

$$2{,}69 \cdot 10^{-2} = \text{O-Gehalt des Erzes (Mol O/g Fe)}.$$

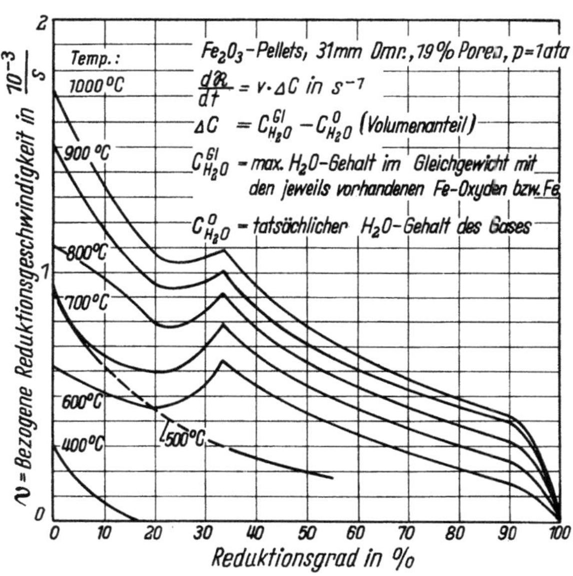

Bild 182. Reduktionsgeschwindigkeit in reinem H₂-Gas. Abhängigkeit von Temperatur und Reduktionsgrad $\Re$

Durch Kombination mit Gl. (1) wird

$$d\dot{n}_O = F\,dx\,M_{\text{Fe}} \cdot 2{,}69 \cdot 10^{-2} \cdot v(\Re)\,[C_{\text{H}_2\text{O}}^{gl}(\Re) - C_{\text{H}_2\text{O}}^{0}]. \tag{4}$$

Durch den erfolgten Umsatz ändert sich der H₂O-Gehalt des aufsteigenden H₂-Gases wie folgt:

$$dC_{\text{H}_2\text{O}}^{0} = \frac{d\dot{n}_O}{\dot{V}_{\text{H}_2}}; \qquad \dot{V}_{\text{H}_2} = \text{H}_2\text{-Durchsatz (Mol/sec)} \tag{5}$$

und durch Kombination mit Gl. (4) entsteht

$$\frac{dC_{\text{H}_2\text{O}}^{0}}{dx} = \frac{F}{\dot{V}_{\text{H}_2}}\,M_{\text{Fe}} \cdot 2{,}69 \cdot 10^{-2}\,v(\Re)\,[C_{\text{H}_2\text{O}}^{gl}(\Re) - C_{\text{H}_2\text{O}}^{0}]. \tag{6}$$

Die Integration von Gl. (6) mit den Randbedingungen $C_{H_2O}^0 (x = 0) = 0$ und $\mathfrak{R}$ nicht abhängig von x gibt

$$C_{H_2O}^{gl}(\mathfrak{R}) - C_{H_2O}^0 = C_{H_2O}^{gl}(\mathfrak{R})\, e^{-\alpha x}, \tag{7}$$

wobei zur Abkürzung gesetzt wurde:

$$\alpha = \frac{F}{\dot{V}_{H_2}}\, M_{Fe} \cdot 2{,}69 \cdot 10^{-2}\, v(\mathfrak{R}). \tag{8}$$

Gl. (7) in Gl. (4) eingesetzt und integriert über x über die gesamte Reaktorhöhe, d. h. $x = O$ bis H ergibt:

$$\dot{n}_O = \dot{V}_{H_2} C_{H_2O}^{gl}(\mathfrak{R})\, [1 - e^{-\alpha H}]\, \frac{\text{Mol O}}{\text{sec}}. \tag{9}$$

Bezogen auf das Volumen der Beschickung $F \cdot H = V_R$ (cm³) ist die Sauerstoffabbaugeschwindigkeit

$$\frac{\dot{n}_O}{V_R} = \frac{\dot{V}_{H_2}}{V_R}\, C_{H_2O}^{gl}(\mathfrak{R})\, [1 - e^{-\alpha H}]\, \frac{\text{Mol O}}{\text{cm}^3\,\text{sec}}. \tag{10}$$

Im Exponenten steht die sog. „Damköhlersche Zahl":

$$\begin{aligned}
\alpha H &= \frac{F H}{\dot{V}_{H_2}}\, M_{Fe} \cdot 2{,}69 \cdot 10^{-2}\, v(\mathfrak{R}) \\
&= \frac{V_R}{\dot{V}_{H_2}}\, M_{Fe} \cdot 2{,}69 \cdot 10^{-2}\, v(\mathfrak{R}).
\end{aligned} \tag{11}$$

In Gl. (10) tritt die eingesetzte Gasmenge $\dot{V}_{H_2}$ und das Volumen der Beschickung $V_R = F \cdot H$ vor und im Exponentialausdruck als Quotient auf, der, abgesehen von Proportionalitätsfaktoren, die Verweilzeit des Gases in der Beschickung τ_{H_2} bedeutet; denn: $\dot{V}_{H_2}$ auf cm³ umgerechnet ist (für $p = 1$ ata) bei der Arbeitstemperatur T (°K)

$$\dot{V}_{H_2} \cdot 22400\, \frac{T}{T_o} = 82{,}1\, T\, \dot{V}_{H_2}\, (\text{cm}^3/\text{sec})$$

$T_o = 273\ °\text{K}.$

Die Verweilzeit des H_2 in der Beschickung (bezogen auf Arbeitstemperatur T, leeres Gefäß, 1 ata) wird somit

$$\tau_{H_2} = \frac{V_R}{82{,}1\, T\, \dot{V}_{H_2}}\ (\text{sec}). \tag{12}$$

Aus Gl. (10) und (12) folgt, daß Reduktionsretorten unabhängig von ihrer Größe bei gleichem Erzeinsatz und gleicher Temperatur und Zusammensetzung des Reduktionsgases zu gleicher Leistung pro Volumeneinheit führen, wenn die Verweilzeit des Gases in der Beschickung gleichgehalten wird. Damit werden Ergebnisse von Laboratoriumsversuchen unmittelbar auf die Praxis übertragbar.

Diese Folgerung gilt nicht nur für den Fall $\Re$ = unabhängig von x, sondern allgemein; man kann sich nämlich stets in einer Retorte das Beschickungsvolumen in kleine Zonen aufteilen, für die die genannte Einschränkung gilt:

Als Grenzfälle lassen sich aus Gl. (10) ableiten

$$\text{a) } \alpha H \ll 1 \quad \text{und} \quad \text{b) } \alpha H \gg 1.$$

Zu a) $\alpha H \ll 1$, d. h., sehr kurze Verweilzeit τ_{H_2}.
Es wird die Volumenleistung

$$\frac{\dot{n}_0}{V_R} = 2{,}69 \cdot 10^{-2}\, M_{\mathrm{Fe}}\, v(\Re)\, C^{\mathrm{gl}}_{H_2O}(\Re), \tag{13}$$

d. h., die Reduktion verläuft ungestört von einer H_2O-Anreicherung, die Leistung ist maximal, die Gasausnutzung nahezu Null.
Zu b) $\alpha H \gg 1$,

$$\frac{\dot{n}_0}{V_R} = \frac{\dot{V}_{H_2}}{V_R}\, C^{\mathrm{gl}}_{H_2O}(\Re), \tag{14}$$

d. h., die eingebrachte Gasmenge wird bis zum Gleichgewicht ausgenutzt; die Leistung ist klein, die Gasausnutzung maximal.

Zwischen beiden Grenzfällen liegt das technische und wirtschaftliche Optimum.

Der Ansatz Gl. (4) erlaubt im Prinzip auch die Berechnung für den Fall, daß im Gefäß unterschiedliche Reduktionsgrade auftreten, daß also $\Re = \Re(x, t)$ ist, d. h. abhängig von Ort und Zeit, wie es im allgemeinen zutrifft.

Die Integration ist durchführbar, wenn man für $v(\Re)$ den in Bild 182 gezeigten Zusammenhang und für $C^{\mathrm{gl}}_{H_2O}$ die in Tafel 19 aufgeführten Werte einsetzt. Die Gleichung läßt sich jedoch nicht mehr in geschlossener Form darstellen, auf ihre Wiedergabe sei daher an dieser Stelle verzichtet. Eine numerische Berechnung kann ohne weiteres durchgeführt werden:

4.4.2. Numerische Berechnung der Reduktion in der Retorte[403]

Die nachstehende numerische Berechnung ist aus Gründen der Darstellung bewußt vereinfacht und soll nur das Prinzipielle zeigen. Für praktisch interessierende Fälle muß auf Grund der vorliegenden Erzeigenschaften von neuem gerechnet werden.

Eine Retorte mit $F = 1\ \mathrm{m}^2$ und $H = 1\ \mathrm{m}$ wird in 5 Zonen übereinanderliegende Zonen gleicher Dicke aufgeteilt (Bild 183). Das eingesetzte Erz entspreche den in Bild 182 gezeigten Reduktionsgeschwindigkeiten. Die

Arbeitstemperatur betrage 900 °C; $M_{Fe} = 1{,}61$ g Fe/cm³.* Die Verweilzeit τ_{H_2} wird variiert und zunächst wie folgt festgelegt:

$$\tau_{H_2} = 1{,}0 \text{ sec}, \quad \text{d. h.} \quad H_2\text{-Menge} = 1 \text{ m}^3/\text{sec} = 0{,}232 \frac{\text{Nm}^3}{\text{sec}}$$

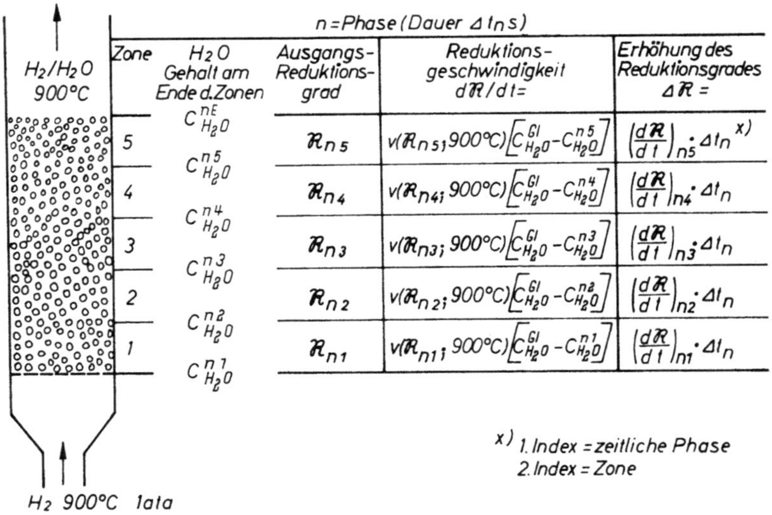

Zone	H_2O Gehalt am Ende d. Zonen	Ausgangs-Reduktions-grad	Reduktions-geschwindigkeit $d\mathcal{R}/dt=$	Erhöhung des Reduktionsgrades $\Delta\mathcal{R}=$
	$C_{H_2O}^{nE}$			
5		$\mathcal{R}_{n5}$	$v(\mathcal{R}_{n5}; 900°C)\left[C_{H_2O}^{Gl}-C_{H_2O}^{n5}\right]$	$\left(\dfrac{d\mathcal{R}}{dt}\right)_{n5}\cdot\Delta t_n$ [x)]
	$C_{H_2O}^{n5}$			
4		$\mathcal{R}_{n4}$	$v(\mathcal{R}_{n4}; 900°C)\left[C_{H_2O}^{Gl}-C_{H_2O}^{n4}\right]$	$\left(\dfrac{d\mathcal{R}}{dt}\right)_{n4}\cdot\Delta t_n$
	$C_{H_2O}^{n4}$			
3		$\mathcal{R}_{n3}$	$v(\mathcal{R}_{n3}; 900°C)\left[C_{H_2O}^{Gl}-C_{H_2O}^{n3}\right]$	$\left(\dfrac{d\mathcal{R}}{dt}\right)_{n3}\cdot\Delta t_n$
	$C_{H_2O}^{n3}$			
2		$\mathcal{R}_{n2}$	$v(\mathcal{R}_{n2}; 900°C)\left[C_{H_2O}^{Gl}-C_{H_2O}^{n2}\right]$	$\left(\dfrac{d\mathcal{R}}{dt}\right)_{n2}\cdot\Delta t_n$
	$C_{H_2O}^{n2}$			
1		$\mathcal{R}_{n1}$	$v(\mathcal{R}_{n1}; 900°C)\left[C_{H_2O}^{Gl}-C_{H_2O}^{n1}\right]$	$\left(\dfrac{d\mathcal{R}}{dt}\right)_{n1}\cdot\Delta t_n$
	$C_{H_2O}^{n1}$			

x) 1. Index = zeitliche Phase
2. Index = Zone

Bild 183. Isothermische Reduktion einer ruhenden Erzschüttung in der Retorte. Vereinfachtes Rechenschema

Zu Reduktionsbeginn wird eine zeitliche Phase 1 mit 0,5 min $\hat{=}$ 30 sec Dauer betrachtet.

Der Reduktionsgrad sei in allen Zonen zu Beginn $\mathfrak{R} = 0$, d. h. gemäß Tafel 19 $C_{H_2O}^{Gl} = 1$, weiterhin ist für Zone 1 $C_{H_2O}^{0} = 0$, nach Bild 182 ist dann die Reduktionsgeschwindigkeit $d\mathfrak{R}/dt = 1{,}48\cdot10^{-3}$ sec^{-1} ($\Delta C_{H_2O}=1$). In 30 sec erhöht sich also der Reduktionsgrad um $\Delta\mathfrak{R} = 30\cdot0{,}148\cdot10^{-2} = 0{,}0444$.

Hierdurch bildet sich Wasserdampf in folgender Menge:

$$\Delta H_2O = 0{,}0444\cdot194 = 8{,}61 \text{ Nm}^3.$$

Die Gasphase reichert sich somit an Wasserdampf wie folgt an:

$$\Delta C_{H_2O}^{0} = \frac{8{,}61}{30\cdot0{,}232} = 1{,}24$$

(Volumenanteile!), d. h. mehr, als H_2 eingegeben wurde.

---

* Die Fe-Menge pro Zone beträgt ($\Delta x = 20$ cm, $F = 10^4$ cm², $M_{Fe} = 1{,}61$ g/cm³)

$$\Delta x \cdot F \cdot M_{Fe} = 1{,}61\cdot10^4\cdot20 = 3{,}22\cdot10^5 \text{ g Fe/Zone}$$

und die daran gebundene Sauerstoffmenge $0{,}43\cdot3{,}22\cdot10^5 = 1{,}383 \ 10^5$ g O, das bedeutet bei stöchiometrischem Umsatz einen H_2-Verbrauch von 194 Nm³ H_2.

Dieses Ergebnis kann im gewählten Beispiel nur bedeuten, daß die Reduktionsgeschwindigkeit ausreicht, um bereits in Zone 1 die gesamte angebotene H_2-Menge in H_2O umzusetzen und dort entsprechend einen Reduktionsgrad von

$$\Delta \Re = \frac{30 \cdot 0{,}232}{194} = 0{,}036 = 3{,}6\,\%$$

zu erreichen. In Zone 2 kann kein Umsatz mehr erfolgen, da das H_2-Gas bereits in Zone 1 vollständig zu H_2O umgesetzt wurde.*

Die Rechnung wird fortgesetzt mit allmählich größer werdenden Zeitphasen (2,5; 6; 10 min). Für die 4. Phase sei noch ein Berechnungsbeispiel angeführt:

$$\text{Dauer: } 10 \text{ min} = 600 \text{ sec,}$$

durchgesetzte $\qquad$ H_2-Menge: 139 Nm³

1. Zone:
$$C^0_{H_2O} = 0 \qquad \Re = 0{,}421 \qquad v = 0{,}85 \cdot 10^{-3} \text{ sec}^{-1}$$
$$C^{gl}_{H_2O} = 0{,}37$$
$$d\Re/dt = 0{,}85 \cdot 10^{-3} \cdot 0{,}37 = 0{,}0314 \cdot 10^{-2} \text{ sec}^{-1}$$
$$\Delta \Re = 600 \cdot d\Re/dt = 0{,}189$$
$$\Delta H_2O = 0{,}189 \cdot 194 = 36{,}6 \text{ Nm}^3$$
$$\Delta C^0_{H_2O} = \frac{36{,}6}{139} = 0{,}264$$

2. Zone:
$$C^0_{H_2O} = 0{,}264 \qquad \Re = 0{,}224 \qquad v = 0{,}93 \cdot 10^{-3} \text{ sec}^{-1}$$
$$C^{gl}_{H_2O} = 0{,}576$$
$$d\Re/dt = 0{,}0290 \cdot 10^{-2} \text{ sec}^{-1}$$
$$\Delta \Re = 600 \cdot d\Re/dt = 0{,}174$$
$$\Delta H_2O = 0{,}174 \cdot 194 = 33{,}8 \text{ Nm}^3$$
$$\Delta C^0_{H_2O} = \frac{33{,}8}{139} = 0{,}242 \qquad\qquad \text{usw.}$$

Bild 184 zeigt zusammenfassend das Ergebnis. Es wird der zeitliche Reduktionsverlauf auf die 5 Zonen aufgeteilt dargestellt. Man erkennt deutlich das Nachhinken der Reduktionsgrades im oberen Bereich der Retorte und die zunächst sehr hohe chemische Ausnutzung des Wasserstoffs $C^E_{H_2O}$. Bild 185 zeigt die entsprechenden Berechnungsergebnisse für den 10fachen H_2-Durchsatz, d. h. $\tau_{H_2} = 0{,}1$ sec. Bedingt durch die größere Gasdurchsatzmenge ist die H_2O-Anreicherung des Reduktionsgases wesentlich geringer, die chemische Gasausnutzung wird schlechter. Dafür ver-

____

* Die Vernachlässigung bei dieser Berechnungsmethode besteht darin, daß für den gesamten zeitlichen und örtlichen Bereich in Zone 1 $\Re = 0$ und $C^0_{H_2O} = 0$, d. h. die Anfangswerte unverändert gehalten werden. Tatsächlich bremst sowohl die H_2O-Anreicherung als auch die Erhöhung des Reduktionsgrades die Reaktion. Um ganz exakt vorzugehen, müßte daher die Zonenlänge und die Dauer der Phase noch stark verkleinert werden. Der dann sich multiplikativ erhöhende Rechenaufwand ist mit Hilfe von Elektronenrechnern zu bewältigen.

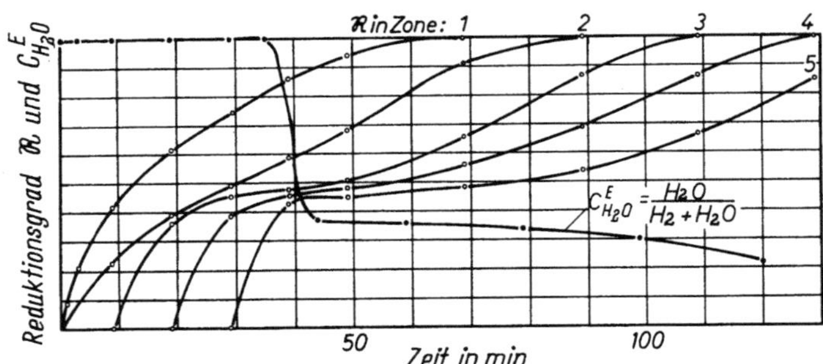

Bild 184

Reduktionsverlauf in isothermischer Retorte zonenweise aufgeteilt. $\tau_{H_2} = 1{,}0$ s

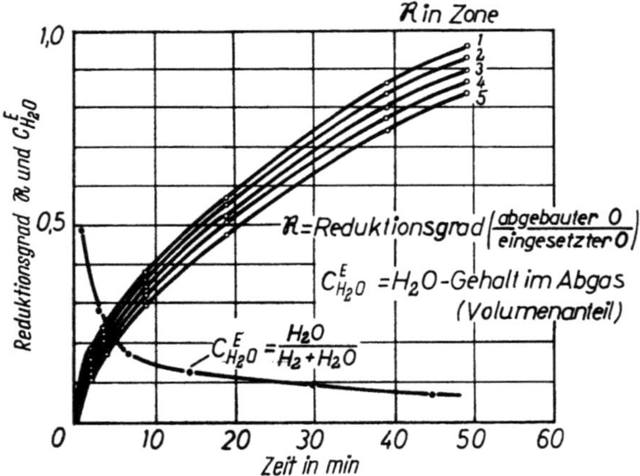

Bild 185

Reduktionsverlauf in isothermischer Retorte zonenweise aufgeteilt. $\tau_{H_2} = 0{,}1$ s

läuft die Reduktion in sämtlichen Zonen annähernd mit gleicher Geschwindigkeit.

Zu beiden Bildern ist einzuschränken, daß der errechnete Reduktionsverlauf wegen der verhältnismäßig groben Zoneneinteilung und großen Zeitabschnitte zu rasch erscheint. Mit verbesserten Rechenhilfsmitteln kann die Berechnung verfeinert und den tatsächlichen Verhältnissen noch besser angepaßt werden.

4.4.3. Experimentelle Untersuchung

Einfacher noch ist die experimentelle Prüfung im Laborversuch. Wie oben nachgewiesen wurde, kann ein auf industriellen Maßstab übertragbares Experiment in der Weise durchgeführt werden, daß das vorgesehene Erz in der vorgesehenen Stückgröße in dem für den Großbetrieb möglichen Bereich der Reduktionsbedingungen (im wesentlichen Gaszusammensetzung und Temperatur) geprüft wird. Bei gleicher Verweilzeit des Gases in der

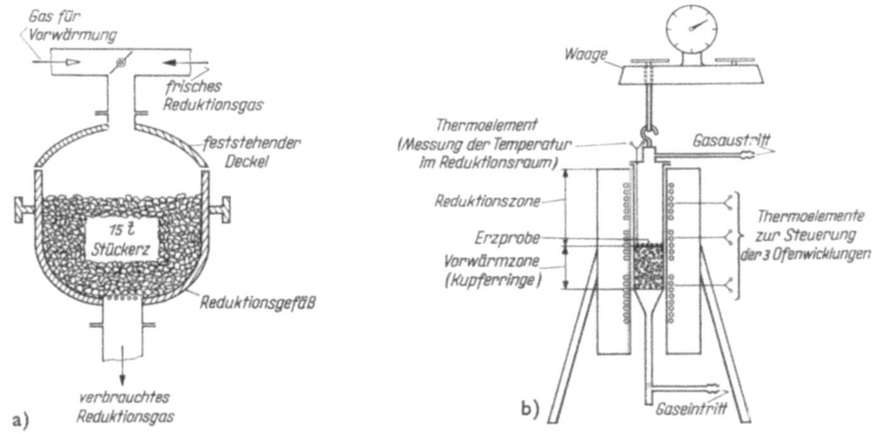

Bild 186a u. b. Reduktion in der Retorte

a) Betriebsanlage (HyL-Verfahren)[400]), b) Versuchsapparatur

Beschickung ergeben sich gleiche chemische Ausnutzungsgrade das Gases und die gleiche Leistung (t Fe/Tag m³) unabhängig von der Größe des Reaktionsraums.

Mit der in Bild 186 b dargestellten kleinen Retorte (140 mm Innendurchmesser) wurden Fe_2O_3-Pellets mit 31 mm $\varnothing$ und 19% Poren in H_2 bei 900 °C reduziert. Die Verweilzeit des Gases in der Beschickung wurde variiert durch Veränderung der Schichthöhe und des Gasdurchsatzes. Die

Reduktion wurde über den Gewichtsverlust verfolgt. Bei 90% Reduktion wurde abgebrochen. Der Gasverbrauch ergibt sich aus dem gemessenen Gasdurchsatz, die Volumenleistung der Retorte aus

$$\frac{L}{V_R} = \frac{M}{V_R\, t_{90\%}} \text{ tato Fe/m}^3,$$

worin

M die als Fe_2O_3 eingesetzte Fe-Menge (t Fe),

V_R das Beschickungsvolumen (m³) $\left(\dfrac{M}{V_R} = M_{Fe}\right)$ und

$t_{90\%}$ den Zeitbedarf für 90% Reduktion (gemessen in Tagen)

bedeuten.

Bild 187 zeigt die Volumenleistung der Versuchsretorte in Abhängigkeit von der Verweilzeit des Gases in der Beschickung. Man erkennt in Über-

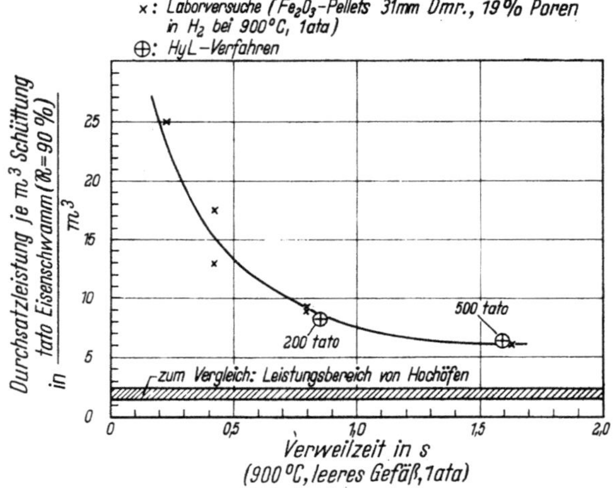

Bild 187. Durchsatzleistung bei isothermisch geführter Reduktion in der Retorte in Abhängigkeit von der Verweilzeit des Gases in der Beschickung

einstimmung mit den Berechnungsergebnissen (Bild 184/185), daß bei zunehmender Verweilzeit τ_{H_2} des Gases in der Beschickung die Leistung absinkt, und zwar erwartungsgemäß wesentlich schwächer als umgekehrt proportional. Die gemessenen Leistungen erreichen Werte von 15 tato Fe/m³ und mehr, d. h., die Leistung pro Volumeneinheit ist höher als im Hochofen. Dies ergibt sich auf Grund der hohen Reduktionswirkung des Wasserstoffs.

Bild 188 zeigt in entsprechender Auftragung den Gasverbrauch
(Nm^3 H_2/t Fe) als Funktion von τ_{H_2}.

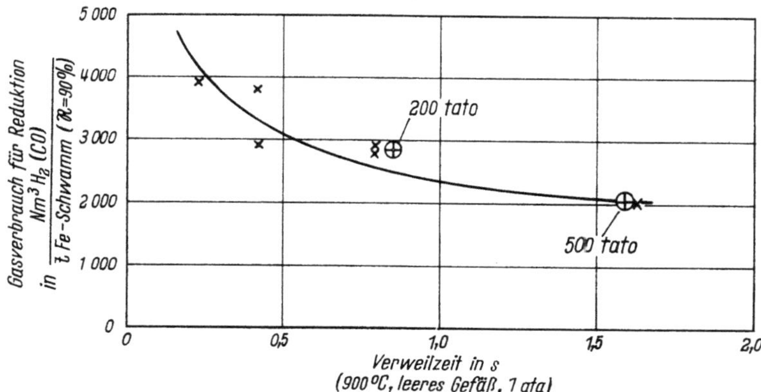

Bild 188. Reduktionsgasverbrauch bei isothermisch geführter Reduktion in Retorten. Abhängigkeit von der Verweilzeit des Gases in der Beschickung

4.4.4. Technische Durchführung der Reduktion in der Retorte

Schon verhältnismäßig früh hat man Stückerze und Agglomerate in
Retorten mit Gasen reduziert[397, 398]). Aber erst seit 1958 ist eine nach dem
HyL-Verfahren arbeitende Großanalage ununterbrochen in Betrieb[399, 400]).
Die Retorten dieser Erstanlage entsprechen etwa der Skizze in Bild 186a.
Die Anlage erzeugt mit 5 Retorten, die je etwa 15 t Erz fassen, 200 t
Eisenschwamm täglich. Das Reduktionsgas wird aus Erdgas durch Um-
setzung mit Wasserdampf gewonnen, entsprechend der Reaktion

$$CH_4 + H_2O = CO + 3\,H_2.$$

(Näheres über die Gasvorbereitung in Abschn. 4.8.)

Das Fertiggas für die Reduktion ist etwa wie folgt zusammengesetzt[400]):

74% H_2
13% CO
8% CO_2
5% CH_4

Wasserdampfgehalte werden nicht angegeben, dürften aber nach der Art
der Gasaufbereitung nicht unwesentlich sein. Die Eintrittstemperatur des
Reduktionsgases in die Retorte liegt bei 1040 °C, die Austrittstemperatur

bei 870 °C[400]). Die vorausgesetzte isotherme Arbeitsweise ist also nur annäherungsweise erfüllt.

Das Reduktionsgas durchläuft, wie Bild 189 zeigt, zunächst zwei parallelgeschaltete Retorten zur Fertigreduktion und wird anschließend abgekühlt, von H_2O durch Auswaschen teilweise befreit, von neuem auf 1040 °C erhitzt und durch zwei weitere parallelgeschaltete Retorten

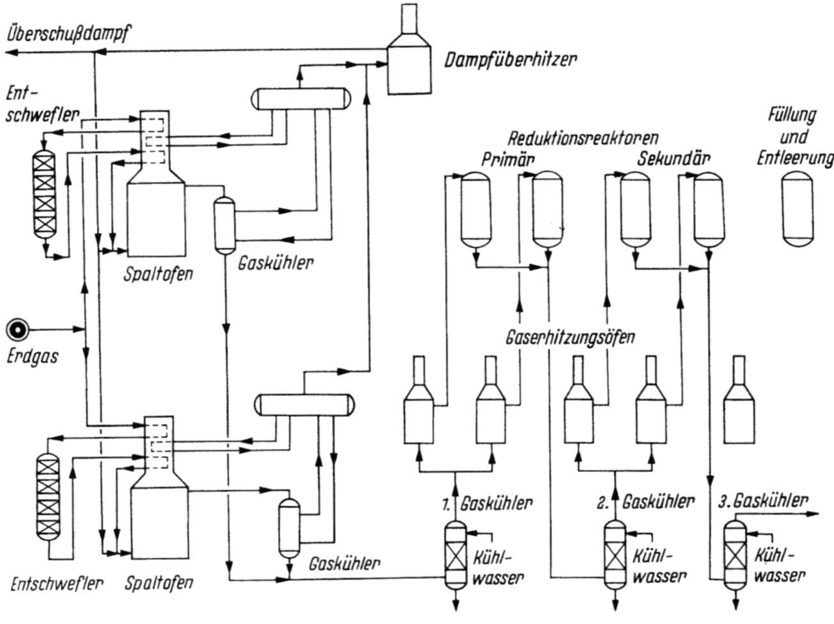

Bild 189
Schema des HyL-Verfahrens nach J. CELADA, C. K. MADER u. R. LAWRENCE[399])

geleitet, in denen die Vorreduktion des Erzes stattfindet. Eine Retorte wird jeweils gefüllt bzw. entleert.*

Der taktweise Arbeitszyklus der 5 Retorten geht aus Bild 190 hervor.

Das Erz wird in der Klassierung 9,5 bis 44,5 mm und folgender Analyse eingesetzt:

66% Fe
4% unlöslich (wahrscheinlich im wesentlichen SiO_2)
0,2% Al_2O_3
0,5% CaO
0,2% S

---

* Ein ähnliches Retortenverfahren mit vereinfachter Gasvorbereitung wurde in Rumänien entwickelt und in einer halbtechnischen Versuchsanlage von 1 t Eisenschwamm Tagesleistung betrieben[404]).

Nach beendeter Reduktion wird der Eisenschwamm durch Kippen aus der Retorte entfernt.

Später wurde eine nach dem gleichen Prinzip arbeitende größere Anlage mit 500 t Tagesleistung[401] errichtet. Die 4 Retorten fassen je 100 t Erz. Ähnlich, aber mit pulsierender Gasströmung, arbeitet eine Madaras-Anlage mit 75 t Tagesleistung[402] (Retortenfassung 15 bis 18 t Erzpellets).

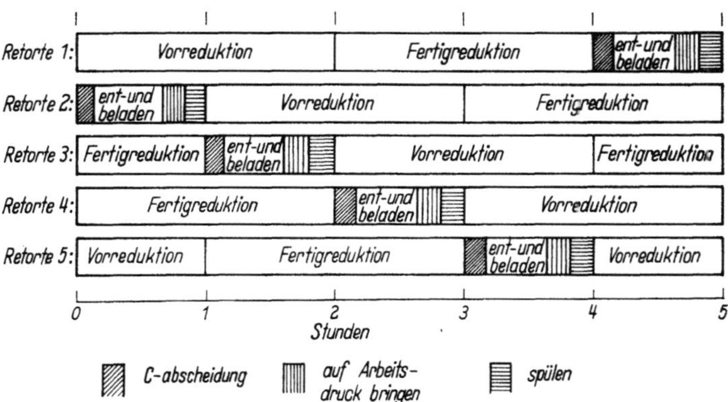

Bild 190. Arbeitsschema der 5 Retorten einer 200-tato-HyL-Anlage nach J. Celada, C. K. Mader u. R. Lawrence[399])

Aus den veröffentlichten Daten[399-401] errechnen sich folgende Kennziffern des HyL-Verfahrens: (Tafel 21a).

Das Beschickungsvolumen V_R errechnete sich aus der eingesetzten Erzmenge unter Zugrundelegung eines Schüttgewichts von 2,5 t/m³.

Die in vorstehender Tafel angegebenen Werte für das HyL-Verfahren wurden in Bild 187 und 188 eingetragen. Man erkennt, daß trotz der unvermeidlichen Unterschiede in der Betriebsweise Laborversuch und Betriebsanlage verblüffend gut übereinstimmen.*,**

Es wird bei der Großanlage zwar nicht mit reinem H_2-Gas gearbeitet wie beim Laborversuch, dafür wird aber ein Teil des bei der Reduktion entstandenen Wasserdampfs zwischen beiden Reduktionsstufen ausgewaschen. Wahrscheinlich ist auch die Reduzierbarkeit des eingesetzten Erzes etwas besser als die der im Laborversuch verwendeten Fe_2O_3-Pellets.

---

* Tafel 21b zeigt, daß — wie in Anbetracht der Verweilzeiten des Gases in der Beschickung und gemäß der in Bild 184 dargestellten Berechnungsergebnisse zu erwarten — der Reduktionsgrad des Eisenschwamms in den HyL-Retorten von oben nach unten sehr unterschiedliche Werte erreicht.

** Auch die Kennwerte des rumänischen Verfahrens passen sich diesen Kurven gut an[405]).

Immerhin erkennt man, daß Berechnungen und Laborversuche in der vorstehend geschilderten Weise geeignet sind, um Leistungsdaten von

Tafel 21a: *Kenndaten des HyL-Verfahrens*

Anlage	1	2	Dimension
Erzeugung L	200	500	tato Eisenschwamm
Zahl der Retorten unter Reduktionsgas	4	2	
eingesetzte Erzmenge pro Retorte	15	100	t
Beschickungsvolumen pro Retorte	etwa 6	etwa 40	m^3
Beschickungsvolumen, das jeweils reduziert wird V_R	etwa 24	etwa 80	m^3
Leistung pro Volumeneinheit Beschickung L/V_R	8,33	6,25	tato Fe-Schwamm/m^3
Gasverbrauch	710	510	Nm^3 Erdgas/t Fe-Schwamm
Verbrauch an $H_2 + CO$.	etwa 2840	etwa 2040	Nm^3 $(CO + H_2)$/t Fe-Schwamm
effektiver Gasdurchsatz $\dot{V}$	etwa 28,3	etwa 50,8	m^3 $(CO + H_2)$/sec (900 °C, 1 ata, leeres Gefäß)
Gasverweilzeit in Beschickung = $V_R/\dot{V}$ . . .	etwa 0,85	etwa 1,57	sec

Tafel 21b. *Zonenweise Ermittlung des Reduktionsgrades nach 4 Stunden Reduktion in einer großtechnischen Retorte (HyL-Verfahren). Gas-Verweilzeit in der Beschickung 0,85 sec (900 °C, leeres Gefäß, 1 ata)*

Zone	1	2	3	4	5
Bereich . [mm]	0 bis 305	305 bis 610	610 bis 915	915 bis 1220	1220 bis 1525
met. Fe . [%]	90,0	86,8	79,4	73,0	64,0
ges. Fe . [%]	93,4	93,0	90,8	89,8	87,4
$\dfrac{met.\ Fe}{ges.\ Fe}$ [%]	0,963	0,933	0,874	0,813	0,732
C . . . [%]	1,3	1,36	1,64	1,62	1,34
S . . . [%]	0,06	0,02	0,04	0,03	0,02

Großanlagen zumindest größenordnungsmäßig im voraus abzuschätzen und sich damit viel mühevolle und aufwendige Versuchsarbeit im Großbetrieb zu ersparen.

4.5. Reduktion im Drehgefäß

4.5.1. Arbeitsmöglichkeiten und Problemstellung

Erze unterschiedlicher Art können bei Zusatz von festen Reduktionsmitteln (feinkörnige Kohlen, Kokse) in drehbaren zylindrischen Gefäßen zum Metall reduziert werden (Bild 191). Eine Wärmezufuhr muß wegen

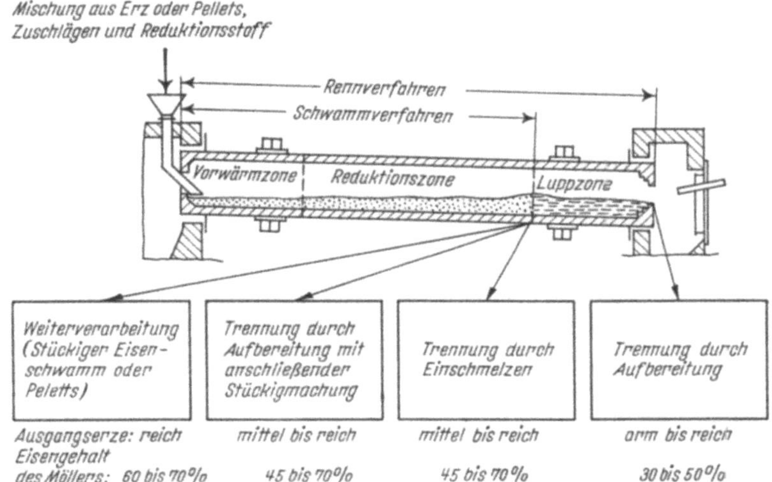

Bild 191. Möglichkeiten der Eisenerzeugung im Drehrohrofen nach F. LUCKE, H. SERBENT u. G. MEYER[406])

des stark endothermen Verlaufs der Umsetzung

$$Fe_2O_3 + 3\,C = 2\,Fe + 3\,CO$$

vorgesehen werden und erfolgt im Drehofen üblicherweise durch Verbrennen von Erdgas, Koksgas, Öl oder Kohlenstaub oberhalb der Beschikkung. Der von der Beschickung zuerst durchlaufene Teil des Drehofens wirkt als „Vorwärmzone". Sobald die Beschickung ausreichend erwärmt ist, beginnt die Reduktion der Eisenoxyde in der „Reduktionszone". Bei niedriger Arbeitstemperatur (bis etwa 1100 °C) wird das Erz unter Erhaltung der äußeren Form zu Eisenschwamm reduziert. Zusätzlich kann bei steigender Temperatur bis etwa 1250 °C unter Verkleinerung der Oberfläche eine *Luppenbildung* in der Luppenzone und bei noch höherer Temperatur die Schmelzung erfolgen. Der Übergang von Eisenschwamm zur Luppenbildung ist nach dem Ergebnis von Laboratoriumsversuchen fließend, wie die Bilder 192 und 193 zeigen.

17*

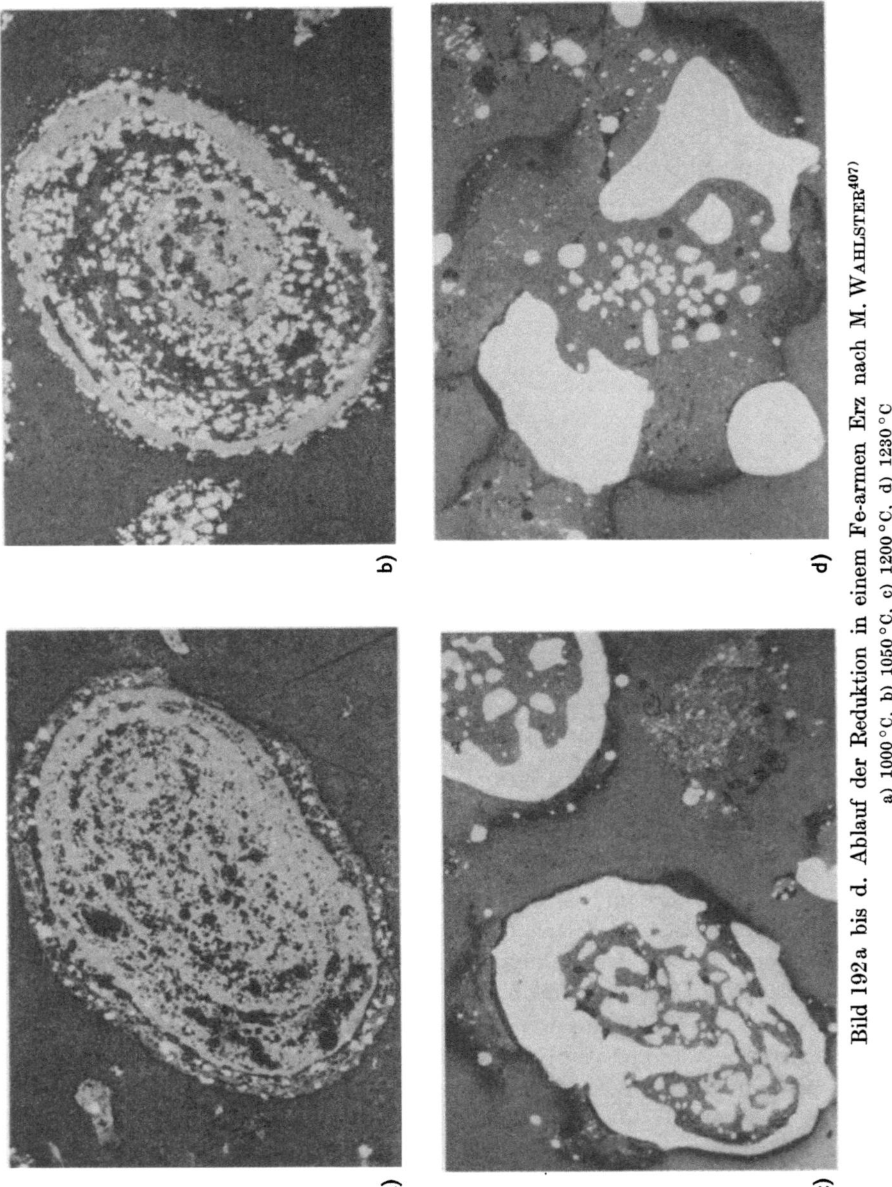

Bild 192a bis d. Ablauf der Reduktion in einem Fe-armen Erz nach M. WAHLSTER[407]
a) 1000 °C, b) 1050 °C, c) 1200 °C, d) 1230 °C

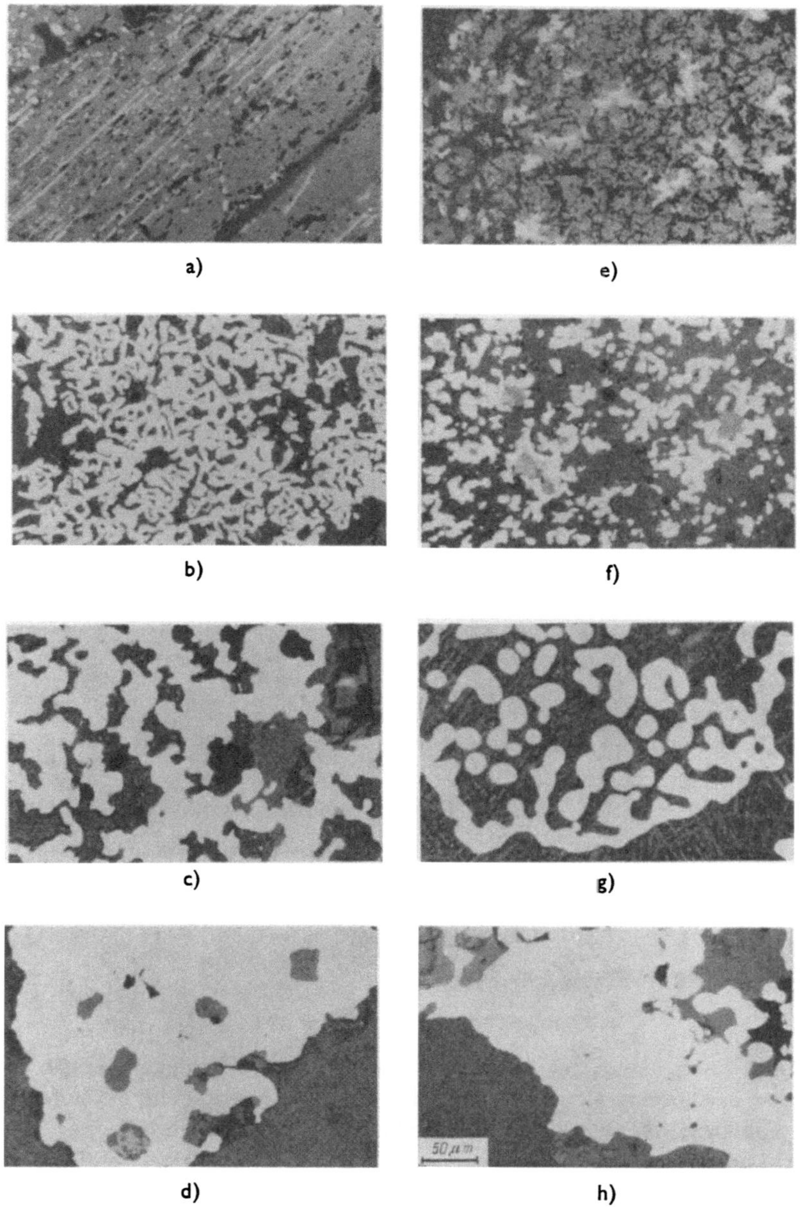

Bilder 193a bis h. Ablauf der Reduktion im Kiruna-D- (a—d) und im Venezuela-Erz (e—h) (Aufheizversuch) nach M. WAHSTER[407])
a) 1000 °C, b) 1100 °C, c) 1200 °C, d) 1230 °C, e) 1050 °C, f) 1125 °C, g) 1175 °C, h) 1200 °C

Der Wärmeübergang wird vor allem im Bereich tieferer Temperaturen durch die Drehbewegung gefördert, wie HEILIGENSTÄDT[408]) nachwies. Bei höherer Temperatur tritt die Wärmestrahlung in den Vordergrund, und der Einfluß der Drehbewegung auf den Wärmeübergang geht zurück. In der Reduktionszone bestehen zwei sehr unterschiedliche Gasatmosphären: Oberhalb der Beschickung die gegen Fe oxydierend wirkenden Abgase der Heizbrenner und innerhalb der Beschickung eine stark reduzierend wir-

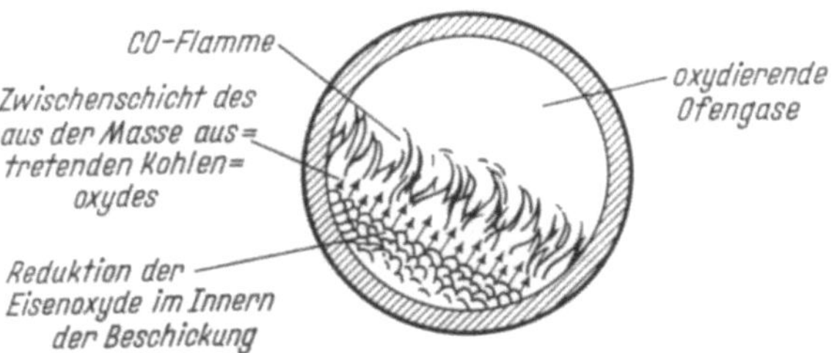

Bild 194. Vorgänge in der Reduktionszone nach F. JOHANNSEN[409])

kende CO-Atmosphäre. CO entsteht, sobald die Reaktionsfähigkeit des festen Reduktionsmittels bei steigender Temperatur ausreicht zur Umwandlung des aus der Ofenatmosphäre und der Erzreduktion stammenden CO_2 nach der Boudouard-Reaktion

$$CO_2 + C = 2\,CO.$$

Das Nebeneinander der beiden Gasatmosphären zeigt Bild 194.

4.5.2. Reaktionskinetik

Die Reduktion erfolgt im wesentlichen in 2 Teilschritten:
a) Bildung des Reduktionsgases:

$$CO_2 + C = 2\,CO,$$

b) Sauerstoffabbau aus dem Erz:

$$Fe_nO_m + m\,CO = n\,Fe + m\,CO_2.$$

Die im Schacht des Hochofens wegen ihres Wärmeverbrauchs nicht immer erwünschte Boudouardreaktion (a) wird somit beim Drehofen ausschlaggebend, da durch sie das Reduktionsgas entsteht bzw. regeneriert wird. Je rascher die Umsetzung a abläuft, desto niedriger sind die CO_2-Gehalte und desto rascher die Reduktion. Zur Sicherung ausreichender Umsätze ist eine hohe Reaktivität des festen Brennstoffs erforderlich.

Die kinetischen Gesetzmäßigkeiten der Boudouardreaktion wurden von HEDDEN[411]) in der in Bild 195 gezeigten Apparatur untersucht.

Als Ergebnis läßt sich die Geschwindigkeitskonstante k_{eff} in Bild 196 darstellen, deren Bedeutung aus der folgenden Definitionsgleichung hervorgeht:

$$v_C = \frac{d\,n_C}{d\,t} = k_{\text{eff}}(n^0_{\text{CO}_2} - n^{\text{gl}'}_{\text{CO}_2}).\tag{1}$$

Darin bedeuten:

$n^0_{\text{CO}_2}$ CO_2-Konzentration in der Gasphase (Mol/cm³),

$n^{\text{gl}'}_{\text{CO}_2}$ CO_2-Konzentration im Gleichgewicht mit C und CO (Boudouard-Reaktion), und

v_c molarer Umsatz pro cm³ Schüttung und sec.

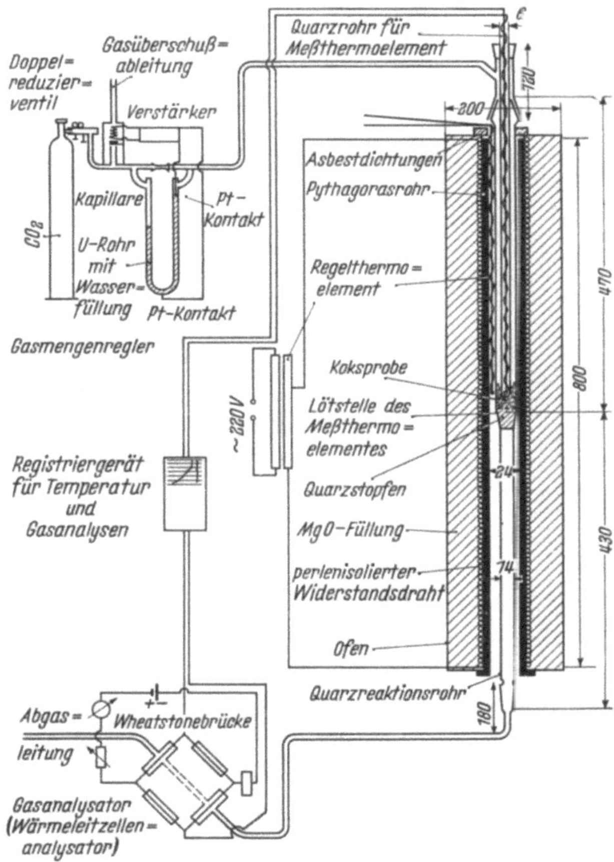

Bild 195. Schematische Darstellung der Einrichtung zur Bestimmung der Reaktionsfähigkeit von Koksen nach K. Hedden, G. Heynert, W. Zischkale u. E. Schürmann[412b])

Man erkennt drei Bereiche: bei niedriger Temperatur bis etwa 1000 bis 1100 °C ist die Temperaturabhängigkeit am größten und die chemische Reaktion geschwindigkeitsbestimmend, bei höherer Temperatur überlagern sich Porendiffusion und schließlich Gasgrenzschichtdiffusion. Definitionsgemäß ist weiterhin[411])

$$k_{\text{eff}} = k_M\, M_c\, \eta \qquad (2)$$

M_c Kohlenstoffmenge g/cm³ Schüttung
η Porenausnutzungsfaktor nach THIELE (Abschn. 2.5)

Für k_M gilt im Bereich, in dem die Phasengrenzreaktion geschwindigkeitsbestimmend ist[411]):

$$k_M = H_c\, e^{\frac{-86\,000}{RT}} \left(\frac{\text{cm}^3}{\text{g/sec}} \right)$$

und wegen $\eta = 1$,   (3)

$$k_{\text{eff}} = M_c\, H_c\, e^{\frac{-86\,000}{RT}}\ \text{sec}^{-1}.$$

H_c Reaktivitätsfaktor des festen Brennstoffs.

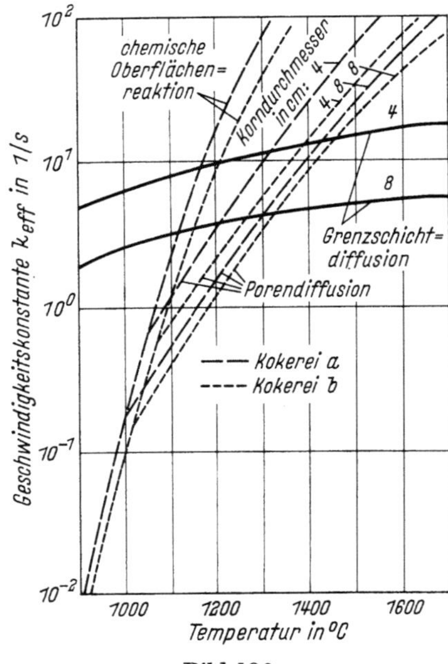

Bild 196
Verlauf der Grenzkurven für die effektive Geschwindigkeitskonstante der Boudouard-Reaktion bei Koksen der Kokerei a und b nach K. HEDDEN[412a])

Je nach Reaktivität und Schüttgewicht des Brennstoffs ist $M_c H_c = 0,4 \cdot 10^{13}$ bis $0,4 \cdot 10^{15}\,\text{sec}^{-1}$. Die Aktivierungsenergie von 86 000 cal/Mol ist für alle untersuchten Brennstoffe annähernd gleich[411]). Soweit mit feinen Kohlen bzw. Koksen (<8 mm) gearbeitet wird, kann sogar bis etwa 1200 °C die Phasengrenzreaktion als geschwindigkeitsbestimmend angesetzt werden, d. h. praktisch im gesamten interessierenden Bereich wird $\eta = 1$.

Die Reduktionsgeschwindigkeiten der in Frage kommenden Eisenerze sind ebenfalls bekannt. Bild 197 zeigt einige Grenzkurven des möglichen Reduktionsverlaufs bei 900 °C und 1 ata in reinem CO. Vereinfacht kann die Reduktionskurve durch folgende Gleichung beschrieben werden[414]):

$$\frac{d\Re}{dt} = k\,(1 - \Re) = 1{,}667 \left[\frac{d\Re}{dt} \right]_{40\%} (1 - \Re)\ (\text{sec}^{-1}) \qquad (4)$$

bzw. integriert:

$$- \lg(1 - \Re) = 0{,}724 \left[\frac{d\Re}{dt} \right]_{40\%} t.$$

Hierin bedeuten:

$\mathfrak{R}$ Reduktionsgrad $= \dfrac{\text{abgebaute O-Menge}}{\text{eingesetzte O-Menge}}$,

t Zeit in sec und

$\left[\dfrac{d\mathfrak{R}}{dt}\right]_{40\%}$ Reduktionsgeschwindigkeit in sec^{-1} bei $\mathfrak{R} = 0{,}4 = 40\%$.

Die Reduktionsgeschwindigkeiten der drei in Bild 197 gezeigten Erze wurden in einem Gasgemisch aus 40% CO und 60% N_2 gemessen (vgl.

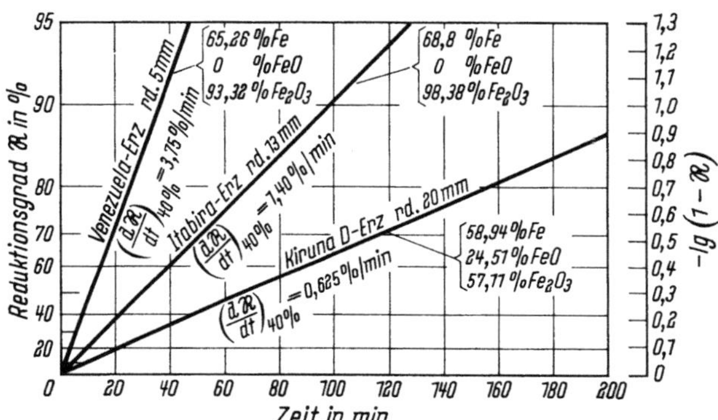

Bild 197. Reduktionsgrad in Abhängigkeit von der Zeit in CO bei 900 °C[435])

Abschn. 5.3) und durch Multiplikation mit 2,5 auf 100% CO umgerechnet. Wie im vorigen Abschnitt soll auch hier für den Reduktionsgrad der abgegebene O-Anteil, d. h. $\mathfrak{R} = 0$ bis 1 (gleich 0 bis 100%) und für die Zeit Sekunden angegeben werden. Hierdurch verändern sich die Zahlenwerte z. B. wie folgt:

$$\left(\frac{d\mathfrak{R}}{dt}\right)_{40\%} = 0{,}625\ \%/\text{min} = 0{,}625 \cdot 10^{-2}\ \text{min}^{-1} = 1{,}042 \cdot 10^{-4}\ \text{sec}^{-1}.$$

Zur Erfassung des Geschehens im Drehofen wird nun folgende Berechnung angestellt[435]): Unter der Voraussetzung, daß die Reduktion wesentlich durch die Gasdiffusion in den Poren des gebildeten Eisenschwamms gesteuert wird, was bei den in Frage kommenden Erzen mittlerer Körnung fast stets gerechtfertigt ist, kann die Gleichung (4) wie folgt erweitert werden[415]):

$$\frac{d\mathfrak{R}}{dt} = k\,(1 - \mathfrak{R})\left(\frac{T}{T_0}\right)^2 \frac{n_{CO_2}^{gl} - n_{CO_2}^{0}}{n_{CO_2}^{gl}}\ (\text{sec}^{-1}). \tag{5}$$

Hierbei bedeuten:

T_0 Temperatur (°K), bei der der Reduktionsverlauf gemessen wurde,
T jeweilige Temperatur (°K),
$n_{CO_2}^{gl}$ CO_2-Konzentration der Gasphase im Gleichgewicht mit Fe-FeO/CO oder FeO-Fe_3O_4/CO (Mol/cm³) und
$n_{CO_2}^{0}$ vorliegende CO_2-Konzentration (Mol/cm³).

Enthält eine Schüttschicht M_{Fe} (g Fe/cm³) in Form des eingesetzten Erzes, so ergibt sich die pro Zeit- und Volumeneinheit aus der Schüttung abgebaute O-Menge wie folgt:

$$v_O = 2,69 \cdot 10^{-2} \, M_{Fe} \, \frac{d\Re}{dt} \; \text{(Mol O/cm}^3 \text{ sec)}. \tag{6}$$

Das Erz enthalte 0,43 g O/g Fe (Hämatit) $= 2,69 \cdot 10^{-2}$ Mol O/g Fe.
   Aus Gl. (4), (5) und (6) wird

$$v_O = 4,48 \cdot 10^{-2} \, M_{Fe} \left[\frac{d\Re}{dt}\right]_{40\%} (1 - \Re) \left(\frac{T}{1173}\right)^2 \frac{n_{CO_2}^{gl} - n_{CO_2}^{0}}{n_{CO_2}^{gl}} \left(\frac{\text{Mol O}}{\text{cm}^3 \text{ sec}}\right) \tag{7}$$

und mit der Abkürzung $H_{Fe} = 4,48 \cdot 10^{-2} \, M_{Fe} \left[\dfrac{d\Re}{dt}\right]_{40\%}$ wird

$$v_O = H_{Fe}(1 - \Re) \left(\frac{T}{1173}\right)^2 \frac{n_{CO_2}^{gl} - n_{CO_2}^{0}}{n_{CO_2}^{gl}}, \tag{8}$$

wenn, wie im vorliegenden Fall (Bild 197), die Messung des Reduktionsverlaufs bei 900 °C $= 1173$ °K erfolgte. Der Faktor H_{Fe} charakterisiert die Reduzierbarkeit des Erzes und kann in folgenden Grenzen angesetzt werden:

$$H_{Fe} = 0,2 \cdot 10^{-5} \text{ bis } 2 \cdot 10^{-5} \frac{\text{Mol O}}{\text{cm}^3 \text{ sec}},$$

$\left[\dfrac{d\Re}{dt}\right]_{40\%}$ im Bereich von 3,75%/min $= 6,25 \cdot 10^{-4}$ sec⁻¹ (Venezuela, 5 mm Korndurchmesser) bis 0,625%/min $= 1,042 \cdot 10^{-4}$ sec⁻¹ (Kiruna D, 20 mm Korndurchmesser).

Der Fe-Gehalt pro Volumeneinheit der Beschickung M_{Fe} ergibt sich aus dem Schüttgewicht des Erzes unter Berücksichtigung des hohen Volumenanteils des Kokses effektiv zu etwa

$$M_{Fe} = 0,4 \text{ bis } 0,7 \text{ g Fe/cm}^3;$$

damit wird der mögliche Bereich für H_{Fe}:

$$H_{Fe} = 0,2 \cdot 10^{-5} \text{ bis } 2 \cdot 10^{-5} \frac{\text{Mol}}{\text{cm}^3 \text{ sec}}.$$

Zur Abkürzung wird eine „Geschwindigkeitskonstante" der Reduktion eingeführt:

$$k_{Fe} = H_{Fe}(1 - \Re)\left(\frac{T}{1173}\right)^2 \frac{1}{n_{CO_2}^{gl}} \; (sec^{-1}),\tag{9}$$

dann gilt:

$$v_O = k_{Fe}(n_{CO_2}^{gl} - n_{CO_2}^0)\frac{Mol}{cm^3\,sec}.\tag{10}$$

Hinsichtlich der Abhängigkeit der Gleichgewichtskonzentration $n_{CO_2}^{gl}$ vom Reduktionsgrad des Erzes wird wie in Abschn. 4.4 vorgegangen, d. h., mit steigendem Reduktionsgrad wird $n_{CO_2}^{gl}$ linear kleiner werdend angesetzt, bis bei $\Re = 0{,}333$ das Gleichgewicht FeO-Fe gilt.

In der Beschickung muß sich nun im stationären Zustand an jedem Ort eine zeitlich unveränderte CO_2-Konzentration einstellen, die sich aus den Geschwindigkeiten der beiden Hauptreaktionen wie folgt ergibt:

Eine zur Achse des Gefäßes senkrecht liegende Scheibe der Beschickung mit der Dicke dl, dem Querschnitt F hat das Volumen $dV = F \cdot dl$.

Als Folge der Ofenrotation seien in der Beschickung innerhalb dieser Scheibe örtlich und zeitlich keine Unterschiede der Temperatur oder Zusammensetzung einer reagierenden Phase vorhanden, abgesehen vom topochemischen Ablauf der Reduktion.

Die molaren Geschwindigkeiten der C-Vergasung:

$$v_C = -k_C[n_{CO_2}^0 - n_{CO_2}^{gl'}]\frac{Mol\,C}{cm^3\,sec}\tag{11}$$

mit

$k_C = k_{eff}$ nach HEDDEN (s. oben) = Geschwindigkeitskonstante der C-Vergasung und der Erzreduktion:

$$v_O = k_{Fe}[n_{CO_2}^{gl} - n_{CO_2}^0]\frac{Mol\,O}{cm^3\,sec}$$

müssen daher einander gleich sein, d. h.:

$$v_O = v_C.\tag{12}$$

Durch Einsetzen von Gl. (10) und (11) in Gl. (12) folgt die Konzentration des CO_2 in der Beschickung $n_{CO_2}^0$ in Abhängigkeit von den Geschwindigkeitskonstanten der beiden Reaktionen zu:

$$n_{CO_2}^0 = \frac{n_{CO_2}^{gl} - \dfrac{k_C}{k_{Fe}}\,n_{CO_2}^{gl'}}{1 + \dfrac{k_C}{k_{Fe}}}.\tag{13}$$

Man erkennt sofort, daß für $k_C \gg k_{Fe}$:

$$n_{CO_2}^0 = n_{CO_2}^{gl'} \quad \text{und für} \quad k_C \ll k_{Fe}:$$
$$n_{CO_2}^0 = n_{CO_2}^{gl} \quad \text{wird.}$$

Die Reduktionsgeschwindigkeit ergibt sich zu

$$v_{\mathrm{O}} = k_{\mathrm{Fe}}\, n_{\mathrm{CO_2}}^{\mathrm{gl}} \left[1 - \frac{1 - \dfrac{k_C}{k_{\mathrm{Fe}}}\, \dfrac{n_{\mathrm{CO_2}}^{\mathrm{gl'}}}{n_{\mathrm{CO_2}}^{\mathrm{gl}}}}{1 + \dfrac{k_C}{k_{\mathrm{Fe}}}} \right]. \tag{14}$$

Somit ist die Reduktionsgeschwindigkeit von den Geschwindigkeitskonstanten beider Reaktionen abhängig, mit den Grenzfällen:

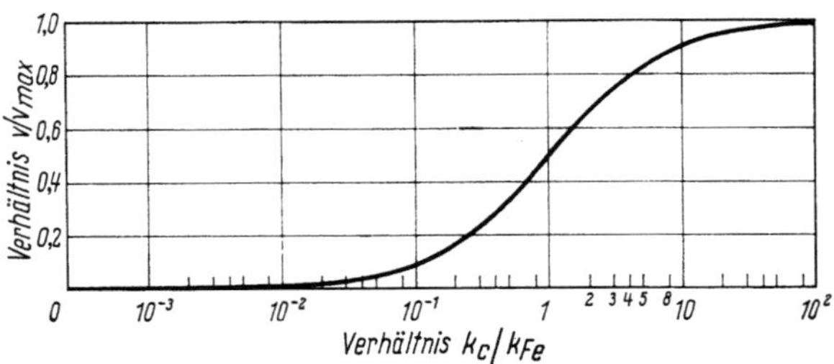

Bild 198. Verhältnis von tatsächlicher Reduktionsgeschwindigkeit zur maximal möglichen (d. h. in reinem CO) in Abhängigkeit vom Verhältnis der Geschwindigkeitskonstanten[435])

v_{max} Reduktionsgeschwindigkeit in reinem CO bei sonst gleichen Bedingungen gültig, wenn $T \geqq 900\,°\mathrm{C}$

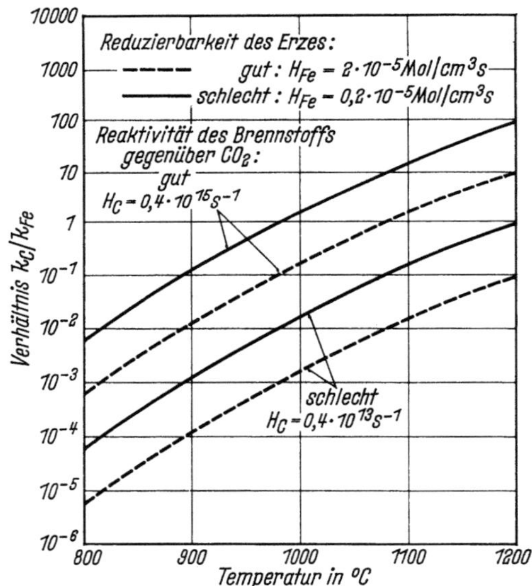

Bild 199. Verhältnis der Geschwindigkeitskonstanten für Erzreduktion k_{Fe} (nach 50% Sauerstoffabbau) und C-Vergasung k_{O} [435])

α) geringe Reaktionsfähigkeit des Brennstoffs im Vergleich zum Erz, d. h. bei

$$k_C \ll k_{Fe}$$

wird

$$v_O \approx 0;$$

β) hohe Reaktionsfähigkeit des Brennstoffs im Vergleich zum Erz, d. h. bei

$$k_C \gg k_{Fe}$$

wird:

$$v_O = v_{O\,max} = k_{Fe}[n_{CO_2}^{gl} - n_{CO_2}^{gl'}].$$

Der letztgenannte Ausdruck stellt also die bei der herrschenden Temperatur maximale Reduktionsgeschwindigkeit dar. Bild 198 zeigt das Verhältnis der tatsächlichen zur maximalen Reduktionsgeschwindigkeit $v_O/v_{O\,max}$ in Abhängigkeit vom Verhältnis der Geschwindigkeitskonstanten, errechnet

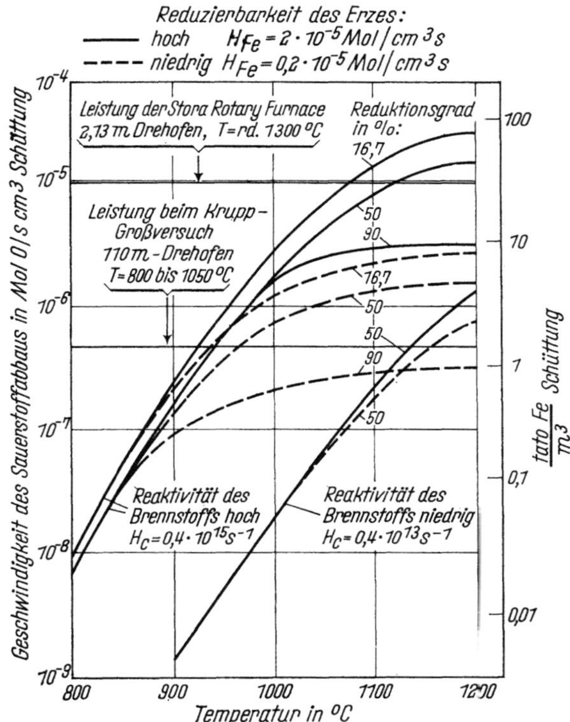

Bild 200. Erreichbare Reduktionsgeschwindigkeit in einer Schüttung aus Erz (10 bis 20 mm) und feinem Brennstoff (0 bis 8 mm)[435]

unter der oberhalb 900 °C erfüllten Voraussetzung, daß $n_{CO_2}^{gl'} \ll n_{CO_2}^{gl}$:

$$\frac{v_0}{v_{0\ max}} = \frac{v_0}{k_{Fe}\, n_{CO_2}^{gl}} = 1 - \frac{1 - \dfrac{k_C}{k_{Fe}}\, \dfrac{n_{CO_2}^{gl'}}{n_{CO_2}^{gl}}}{1 + \dfrac{k_C}{k_{Fe}}}\ . \tag{15}$$

Nach Bild 198 und Messungen, die im Laboratorium mit einfachen Mitteln durchführbar sind, läßt sich bereits die optimale Anpassung Erz/Brennstoff finden. Bild 199 zeigt die möglichen Grenzwerte für das Verhältnis k_C/k_{Fe} als Funktion der Temperatur und der Reaktivitäten von Erz und Brennstoff, H_{Fe} und H_C. Man kann noch einen Schritt weitergehen und die möglichen Umsätze berechnen:

Nach Gl. (14) ergibt sich in Abhängigkeit von den Reaktivitäten von Erz und Brennstoff sowie Temperatur und Reduktionsgrad die Sauerstoffabbaugeschwindigkeit pro Zeit- und Volumeneinheit der Schüttschicht. Diese Geschwindigkeiten sind in Bild 200 eingetragen. Die Werte lassen sich leicht auf den Fe-Durchsatz (t Fe pro Tag und m³ Schüttung) umrechnen (rechte Ordinatenteilung). Man erkennt den starken Einfluß der Reaktivitäten des Brennstoffs, was u. a. eine für die Erzreduktion ungewöhnliche starke Temperaturabhängigkeit des Gesamtvorgangs zur Folge hat. Man erkennt auch, in welchem Bereich die Reaktionsfähigkeit von Erz und Brennstoff liegen muß, um gewünschte Mengendurchsätze zu erreichen.

4.5.3. Vergleich mit dem Experiment

Eine große Zahl von aufschlußreichen Versuchen wurde in einem 14 m langen Drehofen durchgeführt (Bild 201). Die Temperaturverteilung wurde durch Zusätze von Verbrennungsluft über Manteldüsen gesteuert.

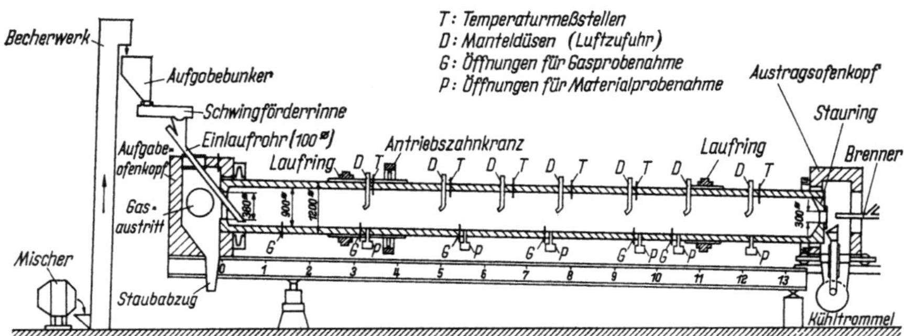

Bild 201. Drehrohrofenanlage für Reduktionsversuche (14 m Länge, 1,2 m Durchmesser nach F. Lucke, H. Serbent u. G. Meyer[410])

Hierbei ergab sich, daß die Vorausberechnung die wesentlichen Merkmale des Reduktionsvorgangs richtig trifft. Bild 202 zeigt zunächst die Zusammensetzung der innerhalb der Beschickung vorhandenen Gasatmosphäre: Man erkennt, daß das Verhältnis $\dfrac{CO_2}{CO + CO_2}$ erwartungsgemäß zwischen der Gleichgewichtskurve der Boudouard-Reaktion und der der

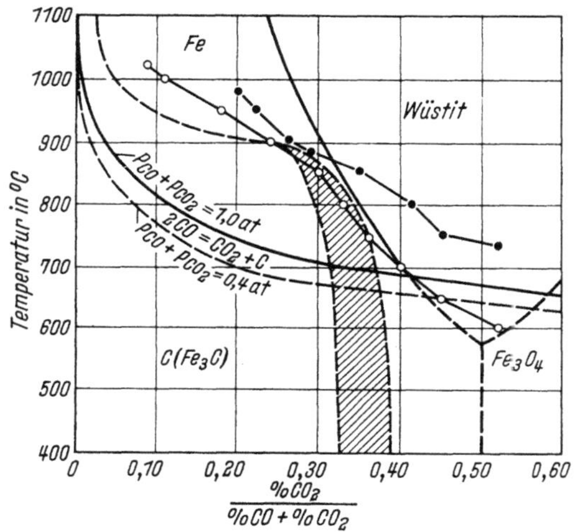

Bild 202. Änderung der Gaszusammensetzung im Schaubild Fe-O-C. Reduktion von Itabira-Erz mit Koksgruß (●) und Braunkohlenschwelkoks (○). Gestrichelt: Werte für den Hochofen (nach E. SCHÜRMANN, W. ZISCHKALE, P. ISCHEBECK u. G. HEYNERT und [410])

Eisenoxydreduktion liegt, und zwar bei hoher Temperatur der Reduktion von Wüstit zum Metall, bei niedriger Temperatur vom Magnetit zum Wüstit.

Auch die Annahme des topochemischen Reaktionsablaufs im Erzstück war berechtigt (Bild 203).

Wie man aus Bild 204 und 205 erkennt, läßt sich nachweisen, daß sowohl die Reaktivitäten des Erzes als auch die des Brennstoffs erwartungsgemäß [Gl. (14) und Bild 200] deutlich von Einfluß auf den Reduktionsablauf sind, ebenso erkennt man die starke Temperaturabhängigkeit.

Bild 206 zeigt den Verlauf von Gas- und Beschickungstemperatur sowie des Reduktionsgrads über die Ofenlänge. Die Aufteilung der Gesamtlänge in eine *Vorwärmzone* (bis 800 °C Beschickungstemperatur, geringfügige Reduktion) und in eine *Reduktionszone* (geringfügige Temperatursteigerung) ist deutlich erkennbar. Die Reduktion beginnt in erheblichem Ausmaß oberhalb 800 °C in einem Temperaturbereich, in dem nach Bild 200 bei

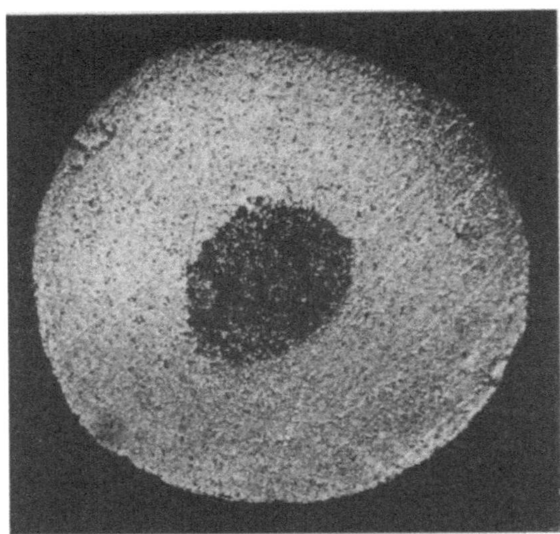

Bild 203. Querschnitt durch ein teilweise reduziertes Pellet aus dem S-L-Verfahren (topochemischer Reduktionsverlauf) nach J. G. Sibakin[416])

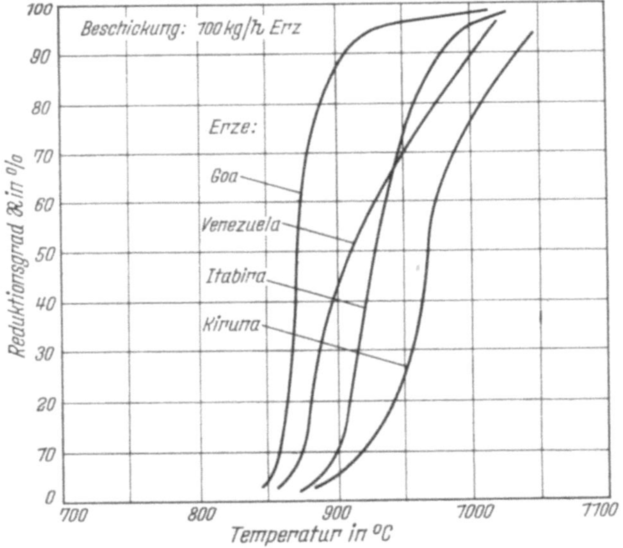

Bild 204. Abhängigkeit des Reduktionsgrades von der Temperatur bei der Reduktion verschiedener Erze der Körnung 5 bis 30 mm mit Koksgrus im Drehrohrofen (14 m Länge) nach F. Lucke, H. Serbent u. G. Meyer[406])

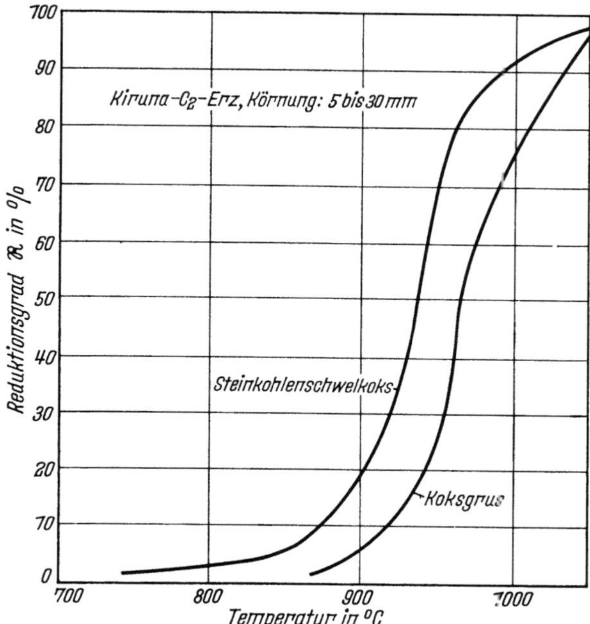

Bild 205. Abhängigkeit des Reduktionsgrades von der Temperatur bei Anwendung verschiedener Reduktionsstoffe nach M. Wahlster[407])

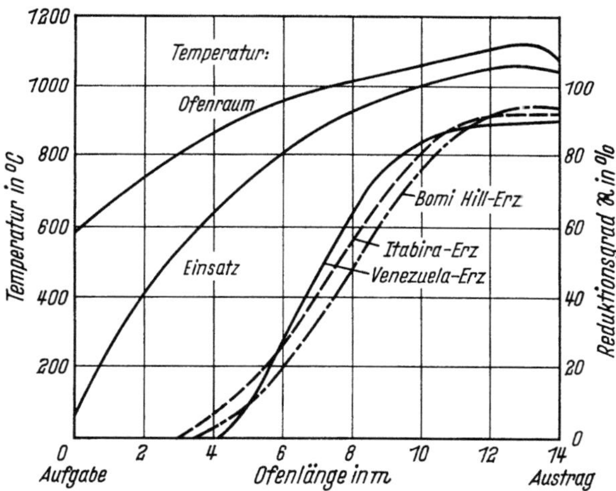

Bild 206. Reduktionsverhalten verschiedener Erze und Temperaturverlauf im Drehrohrofen. Reduktionsmittel: 60% Koksgrus nach F. Lucke, H. Serbent u. G. Meyer[410])

dem verwendeten reaktionsfähigen Brennstoff nennenswerte Umsätze zu erwarten sind.

Auf Grund der befriedigenden Übereinstimmung zwischen den errechneten Gesetzmäßigkeiten und dem tatsächlichen Reduktionsablauf scheint es gerechtfertigt, aus den Berechnungen weitere Folgerungen abzuleiten.

4.5.4. Wärmeübergang

Eine umfassende Durchleuchtung der Wärmeübergangsverhältnisse im Drehofen wurde von HEILIGENSTÄDT[408]) gegeben. Auf eine eingehende Darstellung kann daher an dieser Stelle verzichtet werden. Der Wärmeübergang im Bereich bis etwa 800 °C ist verhältnismäßig langsam, bei höherer Temperatur, d. h. in der Reduktionszone als Folge der zunehmenden Strahlung der Ofengase schneller. Eine abschnittsweise Bilanz von Wärme-

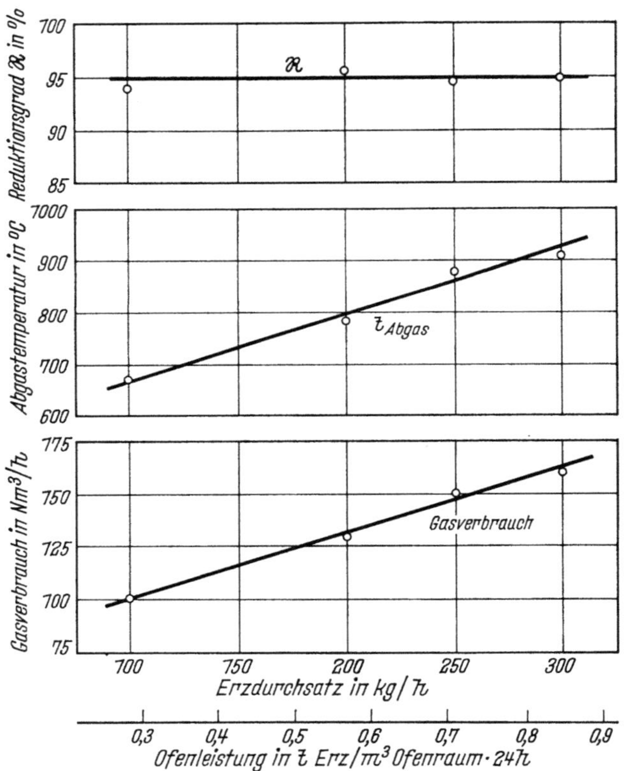

Bild 207. Zusammenhang von Erzdurchsatzleistung, Reduktionsgrad, Abgastemperatur und Gasverbrauch bei Verarbeitung von Itabira-Erz (5 bis 30 mm) im Versuchsdrehrohrofen (14 m Länge) nach F. LUCKE, H. SERBENT u. G. MEYER[410])

bedarf und -angebot sowie eine Abschätzung der Wärmeübergangszahlen läßt erkennen, daß nennenswerte Durchsatzleistungen erst bei Abgas-temperaturen oberhalb 500 °C möglich werden[408]). Erhöht man das Wärmeangebot pro Zeiteinheit in der Gasphase, so steigt mit zunehmender Abgastemperatur der Wärme-übergang an. Die Vorwärm-zone verkürzt sich zugunsten der Reduktionszone, und die Leistung des Aggregats steigt in Übereinstimmung mit dem Experiment an (Bild 207). Zur Vorwärmung einer Beschik-kung, wie sie für die Eisen-schwammgewinnung als ty-pisch gelten darf (1430 kg Fe_2O_3, 500 kg C, 100 kg Gang-art, 100 kg Nässe, alles pro t Fe) auf 800 °C werden etwa

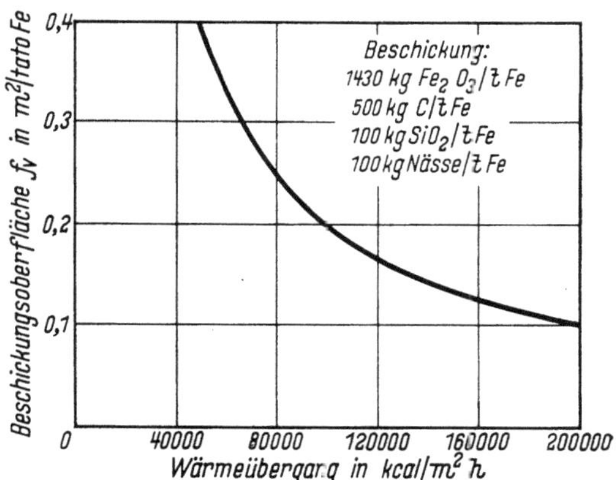

Bild 208. Vorwärmzone des Drehrohrofens (0 bis 800 °C Beschickungstemperatur) benötigte Beschickungsoberfläche f_v je gewünschte Durch-satzleistung in Abhängigkeit vom mittleren Wärmeübergang[435])

$Q = 480 \cdot 10^3$ kcal/t Fe benötigt. Um diese Wärmemenge auf die Be-schickung zu übertragen, wird eine Beschickungsoberfläche F_v in der Vorwärmzone benötigt, die sich wie folgt errechnet:

$$F_v = L\,\frac{Q}{q \cdot 24}\,, \tag{16}$$

L gewünschte Durchsatzleistung (tato Fe)

bzw.

$$f_v = \frac{F_v}{L} = \frac{Q}{24\,q}\,, \tag{17}$$

q Wärmeübergang $\left(\dfrac{\text{kcal}}{\text{m}^2\text{h}}\right)$.

f_v ist die pro gewünschte Durchsatzleistung für den Wärmeübergang er-forderliche Beschickungsoberfläche in der „Vorwärmzone".

Bild 208 zeigt die Abhängigkeit der benötigten Beschickungsoberfläche vom mittleren Wärmeübergang in der Vorwärmzone. Nach den Berech-nungen von HEILIGENSTÄDT[408]) kann die untere Grenze des angegebenen Wärmeübergangs $q = 40000\ \dfrac{\text{kcal}}{\text{m}^2\,\text{h}}$ Abgastemperaturen von etwa 500 °C, die oberen q-Werte $\left(200000\ \dfrac{\text{kcal}}{\text{m}^2\,\text{h}}\right)$ Abgastemperaturen von etwa 1000 °C zugeordnet werden.

Auch in der Reduktionszone besteht ein erheblicher Wärmebedarf. In dieser Zone ist jedoch wegen zunehmender Strahlung der Wärmeübergang wesentlich rascher und damit nicht mehr durchsatzbestimmend. Diese Folgerung läßt sich auch aus der Annäherung von Gas- und Beschickungstemperatur oberhalb 800 °C begründen (Bild 206).

4.5.5. Vorausbestimmung der Leistung von Drehofenreduktionsanlagen

Bisher wurde vielfach derart vorgegangen, daß in einem kleinen Drehofen die zu prüfende Erz-Brennstoff-Mischung zur Reaktion gebracht und das Ergebnis hinsichtlich Leistung, Brennstoffverbrauch und erzieltem Reduktionsgrad in Abhängigkeit von den gewählten Arbeitsbedingungen festgestellt wurde. Derartige Versuche lassen erkennen, ob die gewählten Einsatzstoffe für das Verfahren grundsätzlich geeignet sind, ob Ansatzbildungen auftreten, ob sich das Einsatzgut entmischt[429] usw. Die erzielte Durchsatzleistung L wurde dann gelegentlich auf den lichten Rauminhalt des Drehofens V bezogen und als Maßzahl für die Leistungsfähigkeit verwendet. Nach den voraufgegangenen Betrachtungen ist eine derartige Zahl zur Vorausberechnung der Leistung von betriebsmäßigen Großanlagen ungeeignet.

Hierzu ist vielmehr wie folgt vorzugehen:

4.5.5.1. Bemessung der Vorwärmzone

Wie in Abschn. 4.5.4 gezeigt wurde, ist der Wärmeübergang maßgebend und im wesentlichen bestimmt durch das Ausmaß der den Flammengasen ausgesetzten Beschickungsoberfläche F_v. Zur Errechnung der notwendigen Oberfläche ist zunächst Q zu bestimmen, der Wärmebedarf (kcal/t Fe) für die Erwärmung der Beschickung auf 800 °C. Abhängig von der gewünschten Durchsatzleistung L (tato Fe) und dem nach Bild 208 angesetzten Wärmeübergang, d. h. den in Kauf zu nehmenden Wärmeverlusten im Abgas, ergibt sich die benötigte Beschickungsoberfläche in der Vorwärmzone nach Gl. (16).

4.5.5.2. Bemessung der Reduktionszone und der Gesamtanlage

Aus den laboratoriumsmäßig zu ermittelnden Reaktivitätswerten für Erz und Brennstoff $\left(\left[\dfrac{d\Re}{dt}\right]_{40\%}\right.$ bzw. H_{Fe} und $\left.H_c\right)$ ergibt nach Gl. (7), (9), (14) und Bild 200 der mögliche Durchsatz pro m³ Beschickungsvolumen L/V_R (in tato Fe/m³). In der Reduktionszone muß also entsprechend der gewünschten Leistung L (tato Fe) und den gemessenen Reaktivitäten ein

Beschickungsvolumen

$$V_R = \frac{L}{L/V_R} \; [\text{m}^3] \tag{19}$$

angeboten werden.

Unter sonst gleichen Verhältnissen bestimmt sich also die Leistung des Drehofens bei der Reduktion von Eisenerzen im wesentlichen aus der *Beschickungsoberfläche*, die in der *Vorwärmzone* und dem *Beschickungsvolumen*, das in der *Reduktionszone* angeboten wird. Im Bereich der Vorwärmung ist also eine flache, in der Reduktionszone eine möglichst tiefe Beschickung erwünscht.*

Der freie Ofenraum hingegen erscheint als Bezugsgröße ungeeignet, zumindest nicht brauchbar, um von der Leistung kleiner Anlagen auf große Anlagen umzurechnen, denn das Verhältnis

Ofenraum: Beschickungsvolumen („Reduktionszone"): Beschickungs-oberfläche („Vorwärmzone")

ist stark von der Größe des Ofens abhängig. Besser übertragbar werden Kleinversuche in Drehöfen, wenn der Füllungsgrad des Ofens berücksichtigt wird[434]), d. h. das Verhältnis von Beschickungsvolumen zu Gefäßvolumen.

4.5.6. Technische Durchführung der Reduktion im Drehofen

Die große Zahl der im Schrifttum erwähnten und teilweise auch technisch verwirklichten Vorschläge kann hier nicht vollständig beschrieben werden, zumal verschiedene Verfahren sich im Prinzip nur geringfügig voneinander unterscheiden. Eine gute Übersicht ist in einer von der Hohen Behörde herausgegebenen Zusammenstellung[417]) enthalten. Es sei von jeder Gruppe nachstehend dasjenige Verfahren herausgegriffen, das bereits auf Grund vorliegender Betriebserfahrungen mit den theoretischen Berechnungen verglichen werden kann.

4.5.6.1. Erzeugung von Eisenschwamm [406, 407, 410, 416, 418-420])

Die Arbeitstemperatur im Gefäß wird so niedrig gehalten (meist unter 1050 °C in der Beschickung), daß ein Zusammenkleben nicht eintritt und das aufgegebene Erz unter Erhaltung seiner äußeren Form zu Eisenschwamm reduziert wird. Anlagen dieser Art tragen die Firmenbezeichnungen

---

* In diesem Zusammenhang ist darauf hinzuweisen, daß BARRET[431]) bereits im Jahre 1939 Eisenschwamm in einem Drehofen erzeugte, dessen Durchmesser nahe dem Austragsende wesentlich größer war als im übrigen Teil. Diese Maßnahme ist seitdem nicht wieder angewendet worden.

R-N[420]) (Republic Steel, National Lead)*, Krupp-Eisenschwamm[406, 407, 410]),
S-L[416, 419]) (Stelco-Lurgi)*, Kalling-Avesta[417]).

In allen Fällen wird dem eingesetzten Erz ein höherer Anteil fester
Reduktionsstoffe zugegeben, als stöchiometrisch notwendig wäre, um mit

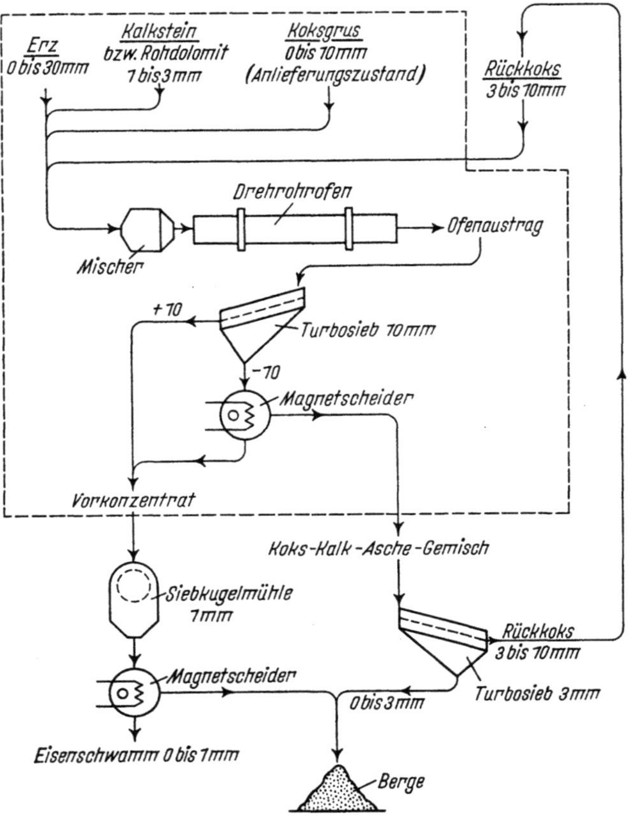

Bild 209. Verfahrensstammbaum nach F. LUCKE, H. SERBENT u. G. MEYER[406])

Sicherheit eine reduzierende Atmosphäre innerhalb der Beschickung aufrechtzuerhalten.** Außerdem werden Basenträger (Kalk, Kalkstein, Dolo-

---

* SL- und R-N-Verfahren sind neuerdings zu einem Komplex verschmolzen
worden, der die Bezeichnung SL- RN-Verfahren trägt[419a]).

** Eine interessante Variante wurde von PAVLOVIC[432]) vorgeschlagen und im
kleinen Maßstab verwirklicht: Anstelle des festen Reduktionsmittels Feinkohle bzw.
Koks wird Öl verwendet, das in die hocherhitzte Erzmischung eingeblasen wird.
Dabei spaltet sich das Öl zu Kohlenstoff und reduzierenden Gasen, die zur Reduktion
bzw. Gefäßbeheizung verwendet werden.

mit) zugesetzt, um den Brennstoffschwefel abzubinden und damit eine Aufschwefelung des Eisenschwamms zu verhüten[418] (vgl. Bild 209).

Die Trennung des Eisenschwamms von Überschußkoks und vom Entschwefelungsmittel erfolgt magnetisch, z. B. wie in Bild 209. Beim Einsatz

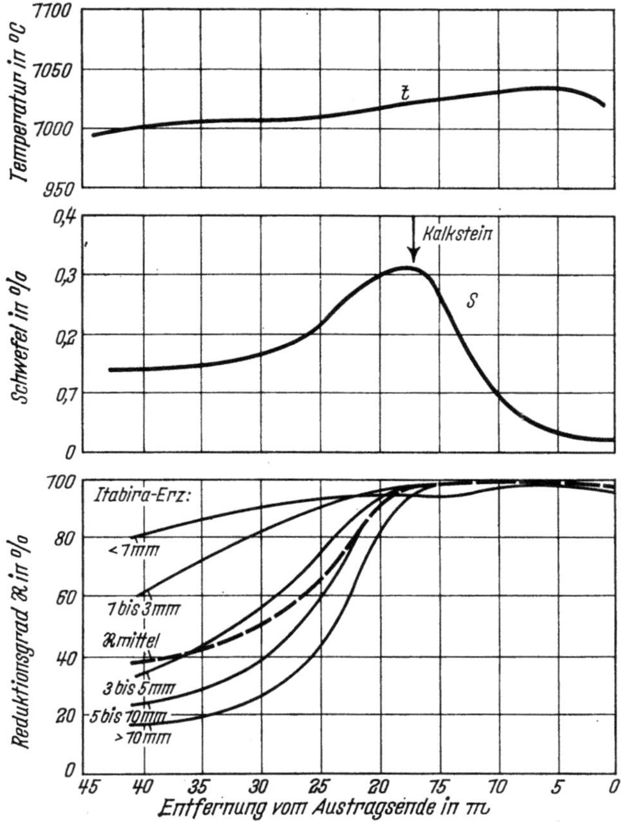

Bild 210. Temperaturverlauf, Auf- und Entschwefelung im Drehrohrofen (110 m Länge) nach F. LUCKE, H. SERBENT u. G. MEYER[406])

armer Erze wird beim R-N-Verfahren darüber hinaus der magnetische Anteil so stark aufgemahlen, daß das erzeugte Fe von der Gangart magnetisch getrennt werden kann.

Als Fe-Träger werden abgesiebte Stückerze, gebrannte oder ungebrannte Pellets eingesetzt.

Der Reaktionsablauf entspricht den kinetischen Berechungen und den Kleinversuchen (vgl. Bild 210 mit Bild 200 und 206). Tafel 22 nach Angaben in [406]) und [416]) gibt die wichtigsten Daten von Großversuchen nach dem Krupp-Eisenschwammverfahren (600 tato Erzdurchsatz) und S-L-Verfahren (120 tato Erzdurchsatz) wieder:

Tafel 22. *Kenndaten der Reduktionsverfahren im Drehofen*

	Maßeinheit	Krupp-Eisenschwamm		SL	
		pro t Schwamm	pro t met. Fe	pro t Schwamm	pro t met. Fe
Erz					
Menge	kg	1480	1680	1368	1578
Fe-Gehalt	%	68,4		66,5	
Nässe-Gehalt	%	3		n. b.	
Anthrazit (i. T.)					
Menge					
eingesetzt	kg	592	671	541	624
rückgeführt	kg	149	168	207	239
vergast	kg	443	503	334	385
C_{fix}-Gehalt	%	84,5		80,9	
vergaste C-Menge . . .	kg		426		311
Zuschläge					
Kalkstein	kg	86	98	—	—
Dolomit	kg	—	—	40	46
Heizgas		Koksgas		Erdgas	
Hu	kcal/Nm³	4100		etwa 9120	
Menge	Nm³	155	176	88	102
Luftbedarf	Nm³	etwa 2600	etwa 3000	1960	2260
Abgas					
Menge	Nm³	etwa 3400	etwa 3900	2560	2960
Temperatur	°C	650		etwa 650	
CO + H_2	%	2,5		etwa 0,5	
Netto-Wärmeverbrauch					
aus Gas	Mio kcal	0,635	0,720	0,800	0,930
aus Anthrazit	Mio kcal	2,995	3,400	2,140	2,460
gesamt.	Mio kcal	3,630	4,120	2,940	3,390
zuzüglich Rückgut-					
anthrazit	Mio kcal	1,000	1,130	1,330	1,540
Fe-Schwamm					
ges. Fe-Gehalt	%	91,8		91,9	
met. Fe-Gehalt	%	88,2		86,7	

Ein wesentlicher Unterschied zwischen beiden Verfahren besteht darin, daß die Regulierung des Wärmeangebots über die Ofenlänge beim Krupp-Verfahren durch Luftzufuhr in sämtlichen Ofenzonen erfolgt (Bild 201), während beim SL-Verfahren außerdem Brenngas durch sog. „Mantelbrenner" (Bild 211) verteilt über die Ofenlänge angeboten wird. Hierdurch ist eine gute Regulierung der Ofenraumtemperatur möglich (Bild 212). Damit ergibt sich gemäß den vorstehenden theoretischen Überlegungen die Möglichkeit höherer Durchsätze.

Außerdem ist beim SL-Ofen durch Einbau von 3 Stauringen[416] für einen hohen Füllgrad gesorgt, so daß sich erhebliche Materialmengen innerhalb des Ofenraums befinden. Die Leistungen der Aggregate sind in Tafel 23 miteinander verglichen[406, 416]:

Deutlich zeigt sich der Einfluß der höheren und gleichmäßigeren Ofentemperatur beim SL-Verfahren und des höheren Füllgrades V_R.

Nimmt man an, daß etwa $\frac{2}{3}$ des Beschickungsvolumens der Reduktionszone entsprechen, so ergibt sich pro m³ Reduktionszone eine Leistung von

$$(0{,}68 \text{ bis } 1{,}64) \cdot \tfrac{3}{2} = 1{,}02 \text{ bis}$$
$$2{,}46 \text{ tato Fe/m}^3.$$

Dies entspricht nach Bild 200 recht genau der angewendeten Reduktionszonentemperatur von etwa 900 °C bei mittleren bis guten Reaktivitäten von Erz und Brennstoff.

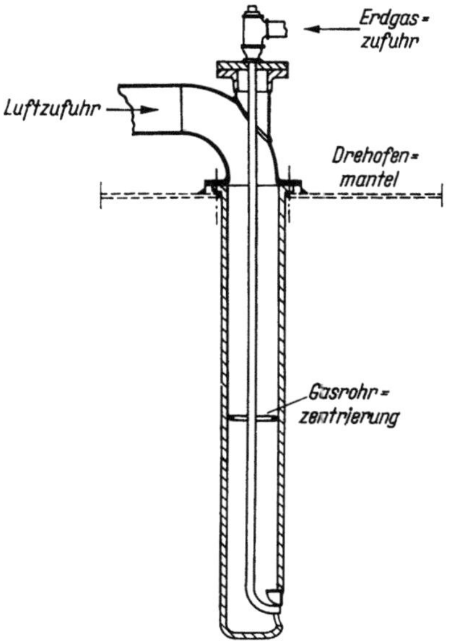

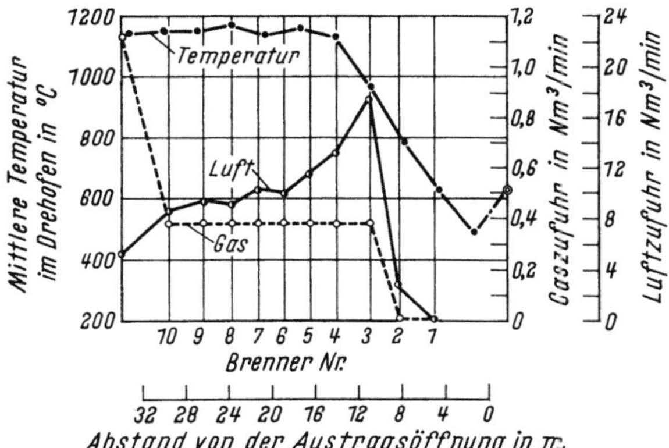

Bild 211
Mantelbrenner für den Drehofen (S-L-Verfahren) nach J. G. SIBAKIN[416]

Bild 212. Temperaturverlauf im Drehofen und Einstellung der Mantelbrenner nach J. G. SIBAKIN[416]

Weitere Leistungssteigerungen erscheinen möglich durch Erhöhen der Reaktivitäten von Erz und Brennstoff sowie des Füllgrades des Ofens.

Tafel 23. *Vergleich des Krupp-Eisenschwammverfahrens mit dem SL-Verfahren*

Verfahren	Krupp-Eisenschwamm		SL
	a)	b)	
Ofen			
Länge (l) . . . . [m]	14,5	110	35,1
Innendurchmesser (D) . . . [m]	1,2	4,6	2,29
Ofen-Inhalt (V_0) . . . . . [m³]	9,23	1330	145
Beschickungsvolumen (V_B) [m³]*	etwa 2	etwa 300	etwa 44
Leistung			
Erzdurchsatz . . . . . . [tato]	2,16	600	120
met. Fe (L) . . . . . . [tato]	1,35	365	72
spezifische Leistung			
pro m³ Ofen-Inhalt: L/V_0 . [tato Fe/m³]	0,146	0,274	0,497
pro m² Fläche: L/lD . . . [tato Fe/m²]	0,078	0,72	0,90
pro m³ Beschickungs- volumen: L/V_B . . . . . [tato Fe/m³]	etwa 0,68	etwa 1,22	etwa 1,64

* Leider konnte der Inhalt der Schüttung V_B aus den angegebenen Baudaten, Neigungswinkeln usw. nur roh abgeschätzt werden. Diese Zahlen sind daher unsicher, ihre genauere Ermittlung scheint im Hinblick auf die voraufgegangenen theoretischen Berechnungen für die Zukunft wichtig.

Der Erfolg solcher Maßnahmen kann auf Grund von Laboruntersuchungen und der oben abgeleiteten Berechnungsmethoden im voraus abgeschätzt werden.

4.5.6.2. Erzeugung von flüssigem Roheisen

Es ist unter bestimmten Bedingungen möglich, durch Erhöhung der Ofenraumtemperatur am Austragsende den Erzeinsatz nach Reduktion zum Schmelzen zubringen [Basset- und Stürzelberg-Verfahren][417]. Die Leistungen sinken dann ab, da ein zusätzlicher Vorgang im selben Gefäß ablaufen muß.

Hohe Leistungen erhält man demgegenüber durch Steigerung der Arbeitstemperatur im gesamten Beschickungsvolumen auf etwa 1300 °C wie beim Stora-Verfahren[421] (Bild 213) und ähnlich bei [433]. Das Eisen fällt unmittelbar flüssig an. Es werden Leistungen von 10,8 tato RE in einem sehr kleinen Schüttungsvolumen erreicht. Bezogen auf das Volumen der auf dem Roheisen schwimmenden festen reagierenden Schüttung liegt die Größenordnung der erzielten Leistung bei 40 tato Roheisen/m³ Schüttvolumen[430]

und stimmt größenordnungsmäßig mit der Theorie überein, s. Bild 200.*
Die Schwäche der Drehofenverfahren, der schlechte Wärmeübergang im
Vergleich zum Schachtofen, ist hier allerdings besonders deutlich. Das Abgas

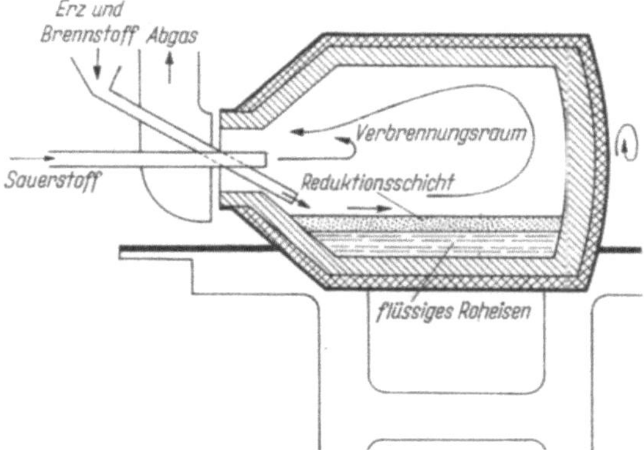

Bild 213. Schematische Darstellung des Stora-Rotary-Reduktionsofens nach
E. BENGTSSON, K. ALMQUIST u. A. JOSEFSSON[421])

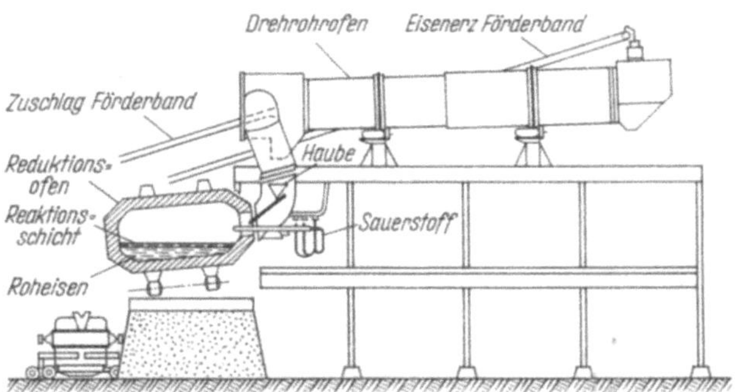

Bild 214. Geplante Ergänzung des Stora-Rotary-Reduktionsofens durch einen Vor-
wärmdrehrohrofen nach E. BENGTSSON, K. ALMQUIST u. A. JOSEFSSON[421])

verläßt mit mindestens 1500 °C den Ofen; dies zwingt zur Verwendung
von Sauerstoff anstelle von Luft als Verbrennungsmittel, um das Abgas-
volumen zu verkleinern und die Abfuhr an fühlbarer Wärme in erträg-
lichen Grenzen zu halten, und evtl. zum Vorschalten eines zweiten Dreh-
gefäßes zur Vorwärmung der Beschickung (Bild 214). Nicht ausgeschlossen

* Diese Übereinstimmung ist nur qualitativ zu werten, da die verwendeten mathematischen Ansätze nur bis etwa 1200 °C gültig sind.

erscheint es, auf diesem Wege in einem Gefäß vom Erz zum Stahl zu gelangen[433]). Der Wärmeverbrauch wird allerdings mit 17 bis 35 · 10⁶ kcal/t Produkt angegeben, ist also sehr hoch.

4.5.6.3. Erzeugung von Rennluppen

Zwischen den beiden Varianten steht die Erzeugung von *Rennluppen* (Krupp-Renn-Verfahren)[409, 422, 423]). Die Arbeitstemperatur wird am Austragende auf etwa 1200 °C in der Beschickung erhöht, das met. Fe koaguliert zu *Luppen* und kann daher leicht durch Magnetscheidung von der Gangart getrennt werden. Hinsichtlich des Reduktionsvorgangs ergeben sich keine neuen Gesichtspunkte. Das Verfahren wird ausschließlich bei sehr armen, vorwiegend sauren Erzen (CaO/SiO₂ ≤ 0,2) angewandt. Wegen des hohen Ballastanteils ist der Wärmeübergang weitgehend entscheidend[408]).

4.5.6.4. Vorreduktion

Bei unvollständiger Reduktion kann die Leistung der Drehöfen gesteigert und das nachfolgende Schmelzaggregat entlastet werden. Der

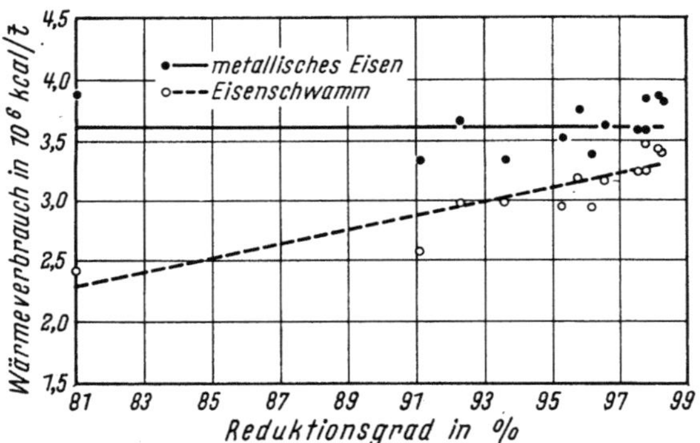

Bild 215. Zusammenhang zwischen Reduktionsgrad und Wärmeverbrauch (S-L-Verfahren) nach J. G. Sibakin[416])

Brennstoffverbrauch im Drehofen bezogen auf metallisches Eisen wird dadurch allerdings nicht unbedingt geringer (Bild 215). Man verwendet Drehöfen zur Vorreduktion bevorzugt im Zusammenhang mit Elektro-Reduktions- und Schmelzaggregaten (Bild 216), z. B. Elektroniederschachtöfen[424, 428]), d. h. zur Einsparung elektrischer Energie (Bild 217) (Strategic Udy, Orcarb, Elektrokemisk-Verfahren u. a.). Im Zusammenhang mit der Elektroreduktion wird diese Verfahrenskombination weiterbehandelt werden (Abschn. 4.7).

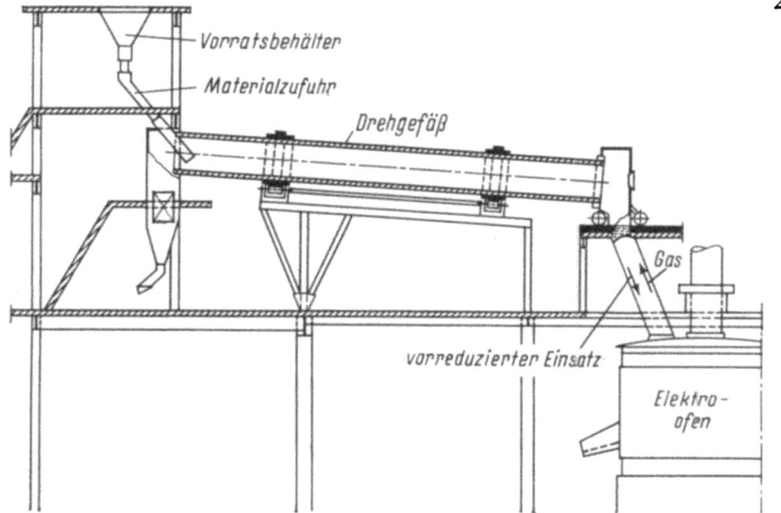

Bild 216. Pilotanlage mit Reduktionsdrehofen und Elektroofen (Schema des Strategic-Udy-Verfahrens) nach [428])

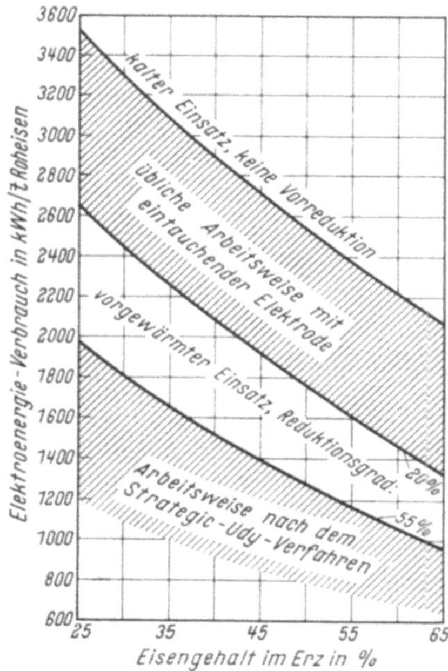

Bild 217. Einfluß des Eisengehaltes und der Vorbehandlung des Erzes auf den Bedarf an Elektroenergie für die Roheisenerschmelzung im Elektroreduktionsofen nach [428])

4.6. Reduktion im Schachtofen (ohne Schmelzung)

4.6.1. Einsatzbereich

Hohe Gasdurchsätze sowie Gegenstromführung von Erz und Gas ergeben im Schachtofen die Möglichkeit hoher Umsätze pro Volumeneinheit bei gleichzeitig gutem Ausnutzungsgrad des Reduktionsgases sowohl in thermischer als auch chemischer Hinsicht. Hierfür stellt das Hochofenverfahren einen eindrucksvollen Beweis dar. Der Hochofen dient bekanntlich

a) nicht nur der Aufheizung und Reduktion der Eisenerze; sondern die Anwesenheit des Kokses in der Beschickung gestattet die Durchführung zweier weiterer Hauptvorgänge innerhalb des Hochofens; nämlich:

b) Erzeugung des Reduktionsgases aus Heißwind und Koks im Formenbereich nach der Reaktionsgleichung:

$$C + 1/2\ O_2 = CO$$

und

c) Schmelzung der Beschickung, damit auch Trennung von Metall und Schlackenbildnern.

Unter Anwendung reduzierender Gase kann die Reduktion der Erze zu Eisenschwamm ebenfalls im Schachtofen vorgenommen werden, die Teilvorgänge b) und c) müssen jedoch in zusätzlichen Einrichtungen erfolgen. Ausnahmen sind z. B. dann möglich, wenn die Schmelzenthalpie durch elektrische Energie zugeführt wird.

4.6.2. Theoretische Grundlagen der Reduktion im Schachtofen mit festem Austrag

4.6.2.1. Strömungstheoretische Durchsatzgrenze

Die Anwendung des Gegenstromprinzips verlangt, daß die Beschickung im Schachtofen unter Erhaltung ihrer Schichtung gleichmäßig niedergeht, daß also in keinem Volumenelement nennenswerte Stockungen oder Aufwärtsbewegungen der Beschickung erfolgen. Die Strömungsgeschwindigkeit des Gases muß daher auf Werte unterhalb des Wirbelpunktes begrenzt werden. Auch die Ausbildung eines *Sprudelbetts* ist zu vermeiden. Die Bedingungen und Grenzen einer einwandfreien Durchgasung von ruhenden Schüttgutsäulen wurden in Abschn. 3.1 geschildert. Bei ausreichenden Reduktionsgeschwindigkeiten ergibt sich der theoretisch maximale Umsatz pro m² Reaktorquerschnitt aus derjenigen Gasmenge, die bei Stabilerhaltung der Schüttgutschicht gerade noch durchgesetzt werden kann und ihrem maximalen Reduktionsvermögen, das durch die Gleichgewichtsbeziehungen festgelegt ist.

Für die Reduktion von Erzschüttungen bei 900 °C und $p = 1$ ata ergibt sich die in Bild 218 gezeigte Abhängigkeit zwischen anwendbarer Gasge-

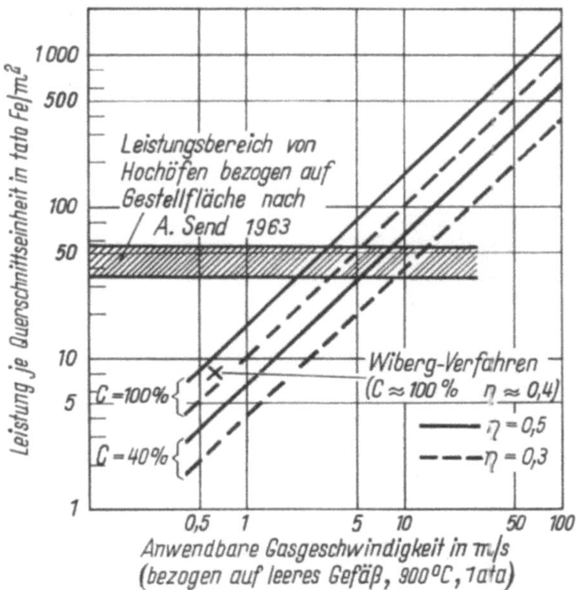

Bild 218. Durchsatzleistung eines Schachtofens bei Reduktion von Fe_2O_3 mit $H_2/CO/N_2$-Gemisch abhängig von:

u anwendbarer Gasgeschwindigkeit, *C* Gehalt des Reduktionsgases an $CO + H_2$, *η* chemischer Ausnutzung von $CO + H_2$

schwindigkeit und Durchsatzleistung pro m² Schachtquerschnitt, und zwar getrennt für Gase mit 40 bzw. 100% reduzierenden Anteilen (H_2 und CO) und für chemische Ausnutzungsgrade

$$\eta = \frac{CO_2 + H_2O}{CO + H_2 + CO_2 + H_2O}$$

wahlweise

$$\eta = 0,3 \quad und \quad 0,5.$$

Für Gasgeschwindigkeiten über 5 m/sec ergeben sich nach Bild 218 Durchsatzleistungen, die höher liegen als beim Hochofen. Nach Bild 123 sind bei H_2-reichen Gasen und Stückgrößen des Erzes über 20 mm Gasgeschwindigkeiten bis 40 m/sec möglich. Wichtig ist nun, daß der Austausch von Stoff und Wärme zwischen Gas und Beschickung rasch genug erfolgt, um bei diesen hohen Gasgeschwindigkeiten zu annehmbaren Ausnutzungsgraden des Gases zu kommen. Kinetische Größen und der Wärmeübergang begrenzen somit den Durchsatz.

4.6.2.2. Kinetik der Reduktion im Gegenstrom

Das Gegenstromprinzip bedingt zwar die besten Durchsatzleistungen bei gleichzeitig guter chemischer und thermischer Ausnutzung des Reduk-

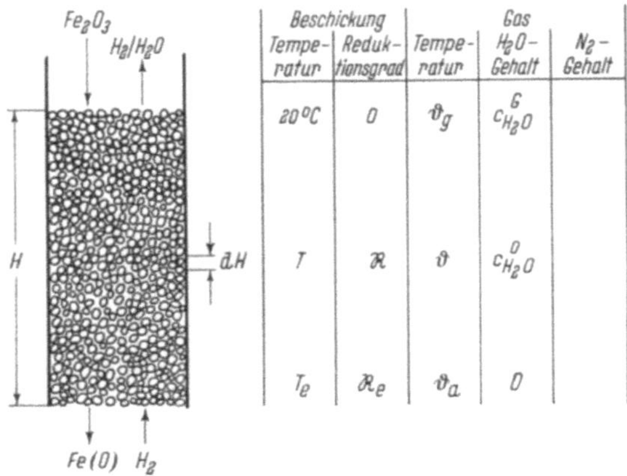

Bild 219. Vereinfachtes Schema eines Gegenstromreaktors für Erzreduktion

tionsgases, bereitet aber auch die größten Schwierigkeiten für die mathematische Behandlung.

Maßgebend für die erreichbaren Reduktionsleistungen ist auch hier die Verweilzeit des Gases in der Beschickung. Durch Erhöhen des Schachtes und evtl. Zusätze von Inertgas als Wärmeträger hat man zwar die Möglichkeit, auch bei den höchsten Gasgeschwindigkeiten die Gasverweilzeit auf gewünschte Werte zu bringen, und das Gleichgewicht zwischen Gas und Erz anzunähern, jedoch sind hier bauliche Grenzen gesetzt: Ein 1000 m hoher Schachtofen z. B. wäre Utopie.

Die reaktionskinetische Aufgabenstellung lautet:

Errechnung des Zusammenhangs zwischen Durchsatzzeit von Gas und Erz einerseits und Gesamtumsatz, d. h. Reduktionsgrad bzw. chemischer und thermischer Gasausnutzung andererseits, bei Variierung sämtlicher die Reduktion beeinflussender Parameter (Erzart, -stückgröße, Arbeitstemperatur, Gasart usw.). Besonders interessant sind nach den voraufgegangenen strömungstheoretischen Betrachtungen H_2-reiche Gasgemische.

Auf Grund der zu errechnenden Zusammenhänge kann dann für eine gewünschte Leistung pro Querschnittseinheit des Schachts die Schachthöhe angegeben werden, bei der eine vorgegebene Gasausnutzung und Durchsatzleistung an Fe erreicht werden.

Das Prinzip der Berechnung sei nachstehend an einem Modell verdeutlicht:

Ein zylindrischer Reduktionsschacht (Bild 219) mit dem Querschnitt F und der Höhe H, werde von oben mit Fe_2O_3-Pellets beschickt, die nach durchgeführter Reduktion unten abgezogen werden. Das Reduktionsgas bestehe im wesentlichen aus H_2, der von unten nach oben im Gegenstrom die Erzschüttung durchläuft. In der weiteren Behandlung sind mehrere Stufen der Annäherung an die tatsächlichen Verhältnisse möglich:

4.6.2.3. Erste Näherung (rein reaktionskinetische Näherung)[437]

4.6.2.3.1. Grundsätzliches zu den Rechenbeispielen. Eine Berechnung des Reduktionsverlaufs im Gegenstromreaktor in geschlossener Form ist leider nicht möglich, weil gemäß dem in Bild 182 gezeigten Beispiel die Abhängigkeit der Reduktionsgeschwindigkeit von Reduktionsgrad und Temperatur zu verwickelt ist. Eine numerische Berechnung ist durchführbar, allerdings sehr umständlich. Wegen der prinzipiellen Wichtigkeit der Zusammenhänge sei zur Erläuterung der Methode eine vereinfachte Zahlenrechnung an einem Beispiel etwas ausführlicher dargestellt.

Ausgehend von Bild 219 werde der als zylindrisch angenommene Reaktor wie folgt betrieben:

Eintrittstemperatur des Reduktionsgases: $\vartheta_a = 1000\ °C$, Reduktionsgaszusammensetzung wahlweise

a) 100% H_2,
b) 50% H_2, 50% N_2.

Für das unten abgezogene reduzierte Gut (Eisenschwamm) wird zunächst eine Austrittstemperatur T_e und ein Endreduktionsgrad $\Re_e$ angenommen.

Es wird jetzt versuchsweise die Reduktionsgasmenge pro kg Fe-Durchsatz $V_{gas}\left(\dfrac{Nm^3}{kg\ Fe}\right)$ festgelegt. Dieses Gas tritt in den Reduktionsschacht unten ein und kühlt sich auf Grund der Wärmeabgabe für Aufheizung und Reduktion allmählich ab. Der Schacht wird in Zonen eingeteilt, deren Ausdehnung einer ganz bestimmten, vorgewählten Temperaturabnahme des Gases entspricht. Es wird zunächst vereinfachend angenommen, daß die Temperaturdifferenz zwischen Gas und Beschickung $\vartheta - T$ in den Zonen, wo Reduktion stattfindet, vernachlässigbar sei.* Die Zonen sind starr

---

* Tatsächlich ist eine — allerdings sehr geringe — Temperaturdifferenz vorhanden, deren Betrag in Abschn. 4.6.2.4 errechnet und in seiner Auswirkung berücksichtigt wird.

miteinander gekoppelt, da das jeweils aus der vorigen Zone austretende Reduktionsgas das Eintrittsgas für die folgende Zone darstellt, und das entsprechende für die feste Beschickung in umgekehrter Richtung gilt. Die rechnerische Behandlung wird über sämtliche Zonen fortgesetzt. Dabei kann es sich herausstellen, daß schon verhältnismäßig früh die Reduktionskraft des Gases erschöpft ist, indem in einer Zone der errechnete H_2O-Gehalt den Gleichgewichtswert erreicht oder überschreitet. Dann waren die Ausgangsbedingungen falsch gewählt, der vorgewählte Reduktionsgrad kann also nicht erreicht werden; als Ausgangswert muß entweder ein niedriger Endreduktionsgrad $\Re_e$ oder eine höhere Gasmenge pro kg Fe (V_{gas}) angesetzt werden.

Als Ergebnis erhält man den Zeitbedarf der Reduktion in jeder Zone und damit ihre Länge. Als Summe ergibt sich die notwendige Gesamtverweilzeit der Beschickung im Schacht und dessen Höhe. Auf Grund des bekannten Schüttgewichts läßt sich hieraus die Durchsatzleistung pro m^3 Beschickungsvolumen errechnen.

4.6.2.3.2. Eigenschaften der eingesetzten Stoffe. Die Beschickung bestehe aus Fe_2O_3-Pellets mit den bereits in Abschn. 4.4 festgelegten Eigenschaften:

$$\text{Durchmesser } d = 3,1 \text{ cm}$$

usw.,

$$\text{Schüttgewicht } M_{Fe_2O_3} = 2,3 \text{ g/cm}^3$$

bzw.

$$M_{Fe} = 1,61 \frac{g\,\text{Fe}}{cm^3} \quad \text{bzw.} \quad \frac{t\,\text{Fe}}{m^3}\,.$$

Für dieses Erz wurden die Reduktionsgeschwindigkeiten in Wasserstoff, in Bild 182 des Abschn. 4.4 in Abhängigkeit von Reduktionsgrad, Temperatur des Erzes und Gaszusammensetzung dargestellt. Die Gaszusammensetzung wirkt sich nach diesem über den Faktor

$$\Delta C = C_{H_2O}^{gl} - C_{H_2O}^{0}$$

aus.

Hierin bedeuten:

$C_{H_2O}^{gl}$ die Gleichgewichtskonzentration an H_2O; einzusetzen als abhängig vom Reduktionsgrad (Tafel 20),

$C_{H_2O}^{0}$ die H_2O-Konzentration im freien Gasraum,

beides in Volumenanteilen.

Die weitere Handhabung des Bildes 182 wurde bereits im Abschn. 4.4 erläutert.

Weiter werden die Wärmeinhalte von Fe_2O_3 und H_2 benötigt. Nach [438, 439] werden für je 100° C Erwärmung der Beschickung im Mittel 28,6 kcal/ kg Fe angesetzt. Das sind 85% des theoretischen Wertes für Fe_2O_3, also im Mittel etwas zu hoch, da zwar im oberen Schachtteil Fe_2O_3, unten aber vorwiegend Fe vorliegt. Diese Vernachlässigung gleicht annähernd die ebenfalls nicht berücksichtigten Wärmeverluste des Reaktors aus.

Für die vollständige Reduktion wird an Wärme benötigt[439]):

$$Fe_2O_3 + 3\,H_2 = 2\,Fe + 3\,H_2O,$$

$$\Delta H = 21{,}8\,\frac{kcal}{Mol} = 195\ kcal/kg\ Fe.$$

Eine Zunahme des Reduktionsgrades um 1% erfordert also im Mittel eine Wärmezufuhr von 1,95 kcal/kg Fe. Die spezifischen Wärmen von Wasserstoff werden entsprechend[438]) eingesetzt. Die Änderung der spezifischen Wärme des im Schacht aufsteigenden Gasgemisches durch H_2O-Anreicherung wird zunächst nicht berücksichtigt, um den reaktionskinetischen Sachverhalt klar herausschälen zu können. In der folgenden 2. Näherung werden diese zunächst vernachlässigten 3 Faktoren voll in Rechnung gestellt.

4.6.2.3.3. Rechenbeispiele. Dem Berechnungsgang sollen folgende weitere Annahmen zugrunde liegen:

$\vartheta_a =$ 1000 °C Gaseintrittstemperatur unten
$T_e =$ 1000 °C Materialaustrittstemperatur unten
$\mathfrak{R}_e =$ 　99,5% Reduktionsgrad beim Austritt

Die Dicke jeder der Zonen ΔL sei so gewählt, daß in ihr die Gastemperatur ϑ jeweils um 100, 50 bzw. 25 °C absinkt. Damit sind alle Bedingungen festgelegt. Es ergibt sich für die kinetische Bilanz:

1. Ansatz:

Gasdurchsatz gewählt zu: $V_{gas} = 2{,}5\ Nm^3\ H_2/kg\ Fe$
(100% H_2 im eintretenden Gas)

　1. Zone

　　a) $\vartheta =$ 1000 °C → 　900 °C 　　$\Delta\vartheta =$ 100 °C
　　　$T =$ 　900 °C → 1000 °C 　　$\Delta T =$ 100 °C
　　　$\bar{\vartheta} =$ 　950 °C
　　　$\bar{T} =$ 　950 °C

Wärmeangebot:

$$
\begin{aligned}
V_{gas} \cdot \Delta\vartheta \cdot c_p &= 2{,}5 \cdot 100 \cdot 0{,}330 & &= 82{,}5\ kcal/kg\ Fe\\
\text{Bedarf für } \Delta T &= 100\ °C & &= 28{,}6\ kcal/kg\ Fe\\[-2pt]
\hline
\text{für Reduktion verbleibende Wärmemenge} & & &= 53{,}9\ kcal/kg\ Fe
\end{aligned}
$$

Mögliche Erhöhung des Reduktionsgrads $\left(100\%\ \text{Reduktion entspricht } 195\,\dfrac{kcal}{kg\ Fe}\right)$

$$\Delta\mathfrak{R} = \frac{53{,}9}{195} = 0{,}277\ (\text{von } 71{,}8 \text{ auf } 99{,}5\%).$$

Hierdurch erhöht sich der H_2O-Gehalt des Wasserstoffs wie folgt:

$$C_{H_2O}^0 = \frac{0{,}277 \cdot 0{,}430}{16}\,\frac{22{,}4}{2{,}5} = 0{,}0668.$$

Tafel 24a

$$2,5 \text{ Nm}^3/\text{kg Fe}; \qquad 100\% \text{ H}_2; \qquad 1000 \,°\text{C}; \qquad \Re_e = 99,5\%$$

1	2	3	4	5	6a	6b	6c	7	8	9a	9b	9c	10	11	12	13
					Wärme-			$\Delta\Re = \frac{(6c)}{195}$	$\Delta C^0_{H_2O}$	mittlere Daten						
Zo-ne	ϑ Ein-tritt	$\Delta\vartheta$	T Ein-tritt	ΔT	angebot aus dem Gas	bedarf für ΔT	verbleib für Reduk-tion			$\bar{\Re}$	$\bar{T}$	$\overline{C^0_{H_2O}}$	v	$C^{gl}_{H_2O}$	$\frac{d\Re}{d\tau} = 10\cdot(11-9c)$	$\tau = \frac{\Delta\Re}{\frac{d\Re}{d\tau}}$
Nr.	°C	°C	°C	°C	$\frac{\text{kcal}}{\text{kg Fe}}$	$\frac{\text{kcal}}{\text{kg Fe}}$	$\frac{\text{kcal}}{\text{kg Fe}}$		Vol.-Anteil		°C	Vol.-Anteil	sec^{-1}	Vol.-Anteil	sec^{-1}	sec
1	1000	−100	900	+100	82,5	28,6	53,9	0,277	0,0668	0,857	950	0,0334	$0,44\cdot10^{-3}$	0,385	$15,5\cdot10^{-5}$	$1,79\cdot10^3$
2	900	−100	800	+100	81,5	28,6	52,9	0,271	0,0652	0,583	850	0,0994	$0,60\cdot10^{-3}$	0,355	$15,3\cdot10^{-5}$	$1,77\cdot10^3$
3	800	−100	700	+100	80,5	28,6	51,9	0,266	0,0640	0,314	750	0,1640	$0,80\cdot10^{-3}$	0,354	$15,2\cdot10^{-5}$	$1,75\cdot10^3$
4	700	−100	600	+100	79,5	28,6	35,3	0,181	0,0436	0,090	650	0,2178	$0,62\cdot10^{-3}$	0,801	$36,2\cdot10^{-5}$	$0,50\cdot10^3$
5	600	−170	20	+580	133,9	133,9	—	—	—	—	—	—	—	—	—	$2,10\cdot10^3$
6	—	—	—	—	—	—	—	0,995	0,2396	—	—	—	—	—	—	$\sim 7,91\cdot10^3$

$$\tau_{\text{Beschickung}} = 2,19 \text{ h}$$

$$\frac{L}{V_R} = 17,6 \,\frac{\text{tato Fe}}{\text{m}^3}; \qquad \tau_{\text{gas}} = 0,49 \text{ sec}$$

Tafel 24b

$2,0\ \text{Nm}^3/\text{kg Fe};\quad 100\ \%\ \text{H}_2;\quad 1000\ °\text{C};\quad \Re_e = 99,5\ \%$

1	2	3	4	5	6a	6b	6c	7	8	9a	9b	9c	10	11	12	13
					Wärme-			$\Delta\Re =$		mittlere Daten						
Zo-ne	t Ein-tritt	Δt	T Ein-tritt	ΔT	angebot ex Gas	bedarf für ΔT	verbleib für Reduk-tion	$\dfrac{(6c)}{195}$	$\Delta C^0_{\text{H}_2\text{O}}$	$\overline{\Re}$	$\overline{T}$	$\overline{C^0_{\text{H}_2\text{O}}}$	v	$C^{gl}_{\text{H}_2\text{O}}$	$\dfrac{d\Re}{dt} =$ $10(11-9c)$	$\tau = \dfrac{\Delta\Re}{\frac{d\Re}{dt}}$
Nr.	°C	°C	°C	°C	$\dfrac{\text{kcal}}{\text{kg Fe}}$	$\dfrac{\text{kcal}}{\text{kg Fe}}$	$\dfrac{\text{kcal}}{\text{kg Fe}}$		Vol. Anteil		°C	Vol. Anteil	sec^{-1}	Vol. Anteil	sec^{-1}	sec
1	1000	−100	900	+100	66,0	28,6	37,4	0,192	0,0578	0,899	950	0,0289		0,385		
2	900	−100	800	+100	65,2	28,6	36,6	0,188	0,0566	0,709	850	0,0861		0,355		
3	800	−100	700	+100	64,4	28,6	35,8	0,184	0,0553	0,523	750	0,1420		0,315		
4	700	−100	600	+100	63,6	28,6	35,0	0,180	0,0542	0,341	650	0,1968		0,262		
5	600	−100	500	+100	63,2	28,6	34,6	0,178	0,0536	0,162	550	0,2507*		0,200*		
								0,922	0,2775							

* Reduktion kommt rechnerisch zum Erliegen, da $C^{gl}_{\text{H}_2\text{O}} < C^0_{\text{H}_2\text{O}}$.

Im Mittel herrschen in der Zone 1 folgende Bedingungen:

$$\overline{\Re} = 85{,}7\,\% \,; \quad \overline{T} = 950\ ^\circ\mathrm{C}; \quad C^0_{\mathrm{H_2O}} = \frac{0{,}0668}{2} = 0{,}0334.$$

Aus Bild 182 in Abschn. 4.4. und Tafel 20 ergibt sich daraus die Reduktionsgeschwindigkeit zu:

$$\frac{d\Re}{d\tau} = 0{,}44 \cdot 10^{-3}\,(0{,}385 - 0{,}0334) = 15{,}5 \cdot 10^{-5}\ \mathrm{sec}^{-1}.$$

Die notwendige Verweilzeit der Beschickung ergibt sich dann zu

$$\tau_1 = \frac{\Delta\Re}{d\Re/d\tau} = \frac{0{,}277}{15{,}5 \cdot 10^{-5}} = 1{,}79 \cdot 10^3\ \mathrm{sec}.$$

Diese Berechnung wird in gleicher Weise für die folgenden Zonen wiederholt (siehe Tafel 24a).

Zusammenfassung: 1. Ansatz (Einzelheiten in Tafel 24a).

	ϑ $^\circ$C	T $^\circ$C	$C^0_{\mathrm{H_2O}}$	$\Re$ %	$\tau_{\text{Beschickung}}$ sec
Zone 1 Anfang	1000	1000	0	99,5	1790
2 Anfang	900	900	0,0668	71,8	1770
3 Anfang	800	800	0,1320	44,7	1750
4 Anfang	700	700	0,1960	18,1	500
5 Anfang	600	600	0,2396	0	2100*
5 Ende	430	20	0,2396	0	
					7910 $\triangleq$ 2,19 h

* Dieser Wert wurde aus Aufheizversuchen von Erzproben entnommen.[448]

Die Gesamtverweilzeit der Beschickung im Reaktor muß also $\tau = 2{,}19$ h betragen, um unter den gegebenen Bedingungen Aufheizung und vollständige Reduktion zu sichern.

Den Verlauf der wichtigsten Größen in Abhängigkeit von der Verweilzeit der Beschickung, d. h. über die Schachthöhe, zeigt Bild 220/221

Die Volumenleistung des Reaktors errechnet sich dann wie folgt:

$$\frac{L}{V_R} = \frac{M_{\mathrm{Fe}}}{\tau} \cdot 24 = \frac{1{,}61}{2{,}19} \cdot 24 = 17{,}6\ \frac{\text{tato Fe}}{\mathrm{m^3}},$$

und

$$\vartheta_g = 430\ ^\circ\mathrm{C}\ \text{(Temperatur des oben austretenden Gases)},$$

$$\eta_{\mathrm{H_2}} = 23{,}96\,\%\ \text{(chem. Ausnutzung des }H_2).$$

2. Ansatz:

$$V_{\mathrm{gas}} = 2{,}0\ \mathrm{Nm^3}\ H_2/\mathrm{kg}\ \mathrm{Fe} \qquad \vartheta_a = 1000\ ^\circ\mathrm{C}\ (100\,\%\ H_2\ \text{im Reduktionsgas}).$$

Ergebnis: Keine vollständige Reduktion möglich (Einzelheiten der Berechnung in Tafel 24b).

Weitere Ansätze finden sich in [437]. Die Ergebnisse werden in der zusammenfassenden Tafel 25 und in Bild 222 gezeigt.

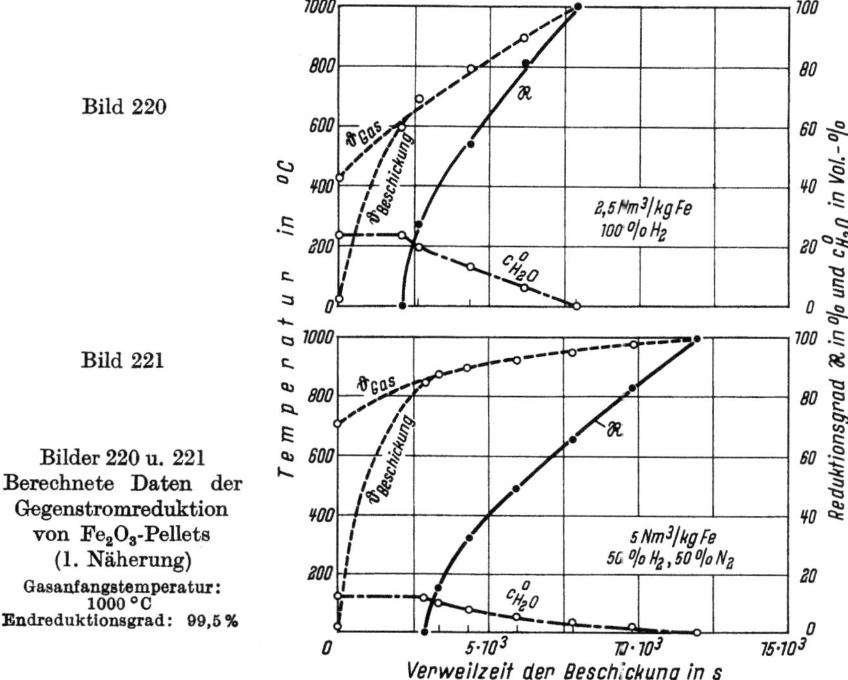

Bilder 220 u. 221
Berechnete Daten der
Gegenstromreduktion
von Fe$_2$O$_3$-Pellets
(1. Näherung)
Gasanfangstemperatur:
1000 °C
Endreduktionsgrad: 99,5 %

Tafel 25. *Zusammenstellung: Berechnete Daten der Reduktion im Gegenstromreaktor*

Reduktionsgas 1000 °C			$\Re_e$	Gichtgas		$\tau_{Beschickung}$	L/V_R	τ_{gas}
% H$_2$	% N$_2$	Nm³/kg Fe	%	°C	% η_{H_2}	h	tato Fe/m³	sec
100	—	bis 2,0	unvoll-ständig	—	—	—	—	—
100	—	2,1	99,5	320	28,5	3,60	10,7	0,95
100	—	2,3	99,5	380	26,0	2,31	16,7	0,56
100	—	2,5	99,5	430	24,0	2,19	17,6	0,49
100	—	3,0	99,5	530	20,0	2,00	19,3	0,37
100	—	4,0	99,5	645	15,0	1,93	20,0	0,27
100	—	5,0	99,5	720	13,0	1,89	20,5	0,21
100	—	7,0	99,5	820	8,6	1,77	21,3	0,14
50	50	bis 2,2	unvoll-ständig	—	—	—	—	—
50	50	2,3	99,5	380	52,0	47,20	0,8	11,40
50	50	2,5	99,5	430	47,9	11,00	3,5	2,44
50	50	3,0	99,5	530	40,0	4,46	8,7	0,83
50	50	4,0	99,5	645	29,9	3,72	10,4	0,41
50	50	5,0	99,5	720	24,0	3,33	11,5	0,37
50	50	7,0	99,5	820	17,1	3,06	11,9	0,26

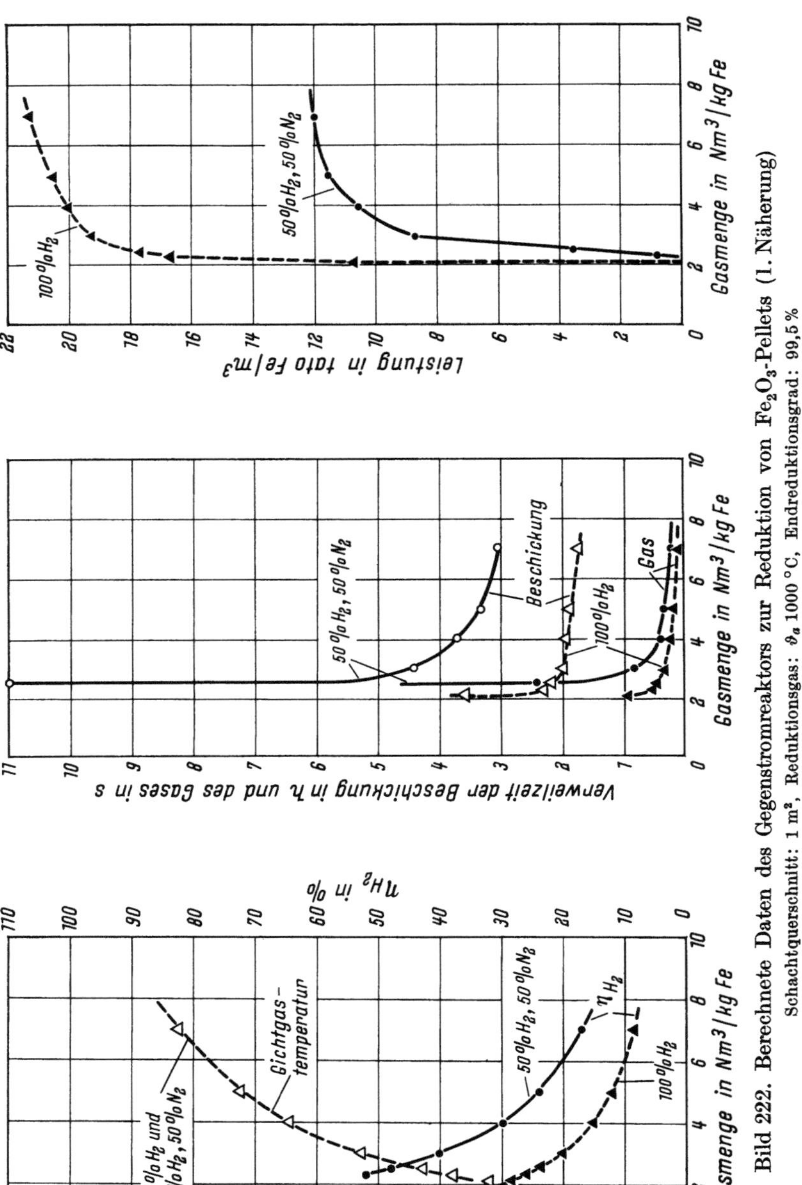

Bild 222. Berechnete Daten des Gegenstromreaktors zur Reduktion von Fe$_2$O$_3$-Pellets (1. Näherung)

Schachtquerschnitt: 1 m², Reduktionsgas: ϑ_a 1000 °C, Endreduktionsgrad: 99,5 %

Die in Tafel 24 und 25 aufgeführten Verweilzeiten des Gases in der Beschickung τ_{gas} errechnen sich aus der Verweilzeit der Beschickung τ und der durchgesetzten Gasmenge V_{gas} wie folgt:

$$\tau_{gas} = \tau \frac{273}{V_{gas}\,M_{Fe}\,1000\,T} \cdot$$

Hierin bedeuten:

V_{gas} die eingesetzte Gasmenge (Nm³/kg Fe),
T die durchschnittliche Temperatur des Gases (°K),
M_{Fe} die Fe-Menge pro Volumeneinheit Schüttung (t/m³),
$\tau_{gas},\ \tau$ die Verweilzeiten von Gas und Beschickung, jeweils in den gleichen Einheiten angegeben (h oder sec).

Als mittlere Arbeitstemperatur wurde $T = 1100$ °K (827 °C) gewählt.

4.6.2.3.4. Einschränkung der Ergebnisse.

Die Durchrechnung der Ansätze zeigte, wie mit abnehmender Gasmenge der Reduktionsgrad $\Re = 0$ sich bei immer tieferen Temperaturen T einstellt, bis der Reduktionsgrad $\Re = 0$ nicht mehr zu erreichen ist. Da das aufsteigende Gas (vgl. Bild 220 und 221) etwa ab $T = 500$ °C merklich zu reduzieren beginnt, ist also der richtige Ansatz derjenige, bei dem gerade noch $\Re = 0$ bei etwa 500 °C erreicht wird, im Falle reinen Wasserstoffs also eine Gasmenge von etwa 2,1 Nm³/kg Fe, im Falle der Mischung 50% H$_2$/50% N$_2$ eine Gasmenge von etwa 2,3 Nm³/kg Fe. In den Fällen, wo $\Re = 0$ bei höheren Temperaturen als etwa $T = 500$ °C erreicht ist, verläuft der Reduktionsvorgang tatsächlich so, daß $\Re = 99,5\%$ schon bei niedrigerer Temperatur erreicht wird.

Bild 220 zeigt die Ergebnisse für reinen H$_2$ mit etwa passend gewählten Gasmengen, Bild 221 die Ergebnisse für 50%igen H$_2$, bei dem $\Re = 0$ schon bei $T = 800$ °C erreicht wird. In diesem Fall ist der tatsächliche Reduktionsverlauf nicht richtig wiedergegeben (früherer und flacherer Anstieg von $\Re$, zeitigeres Erreichen von $\Re = 99,5\%$).

4.6.2.4. Zweite Näherung (Aufstellen eines mathematischen Modells unter Berücksichtigung des Wärmeübergangs) [437])

Die als 1. Näherung bezeichnete Vorgehensweise hat anschaulich gezeigt, daß und wie eine reaktionskinetische Rechnung durchgeführt werden kann. So grob sie im einzelnen auch war, brachte sie doch aussagefähige Ergebnisse, und insbesondere kam bereits bei ihr in Deutlichkeit der ganz wesentliche Zug derartiger Rechnungen zum Ausdruck: Nur wenn man mit passenden Anfangswerten in die Rechnung eingeht, läßt sie sich bis zum Endergebnis durchführen. Mathematisch gesprochen handelt es sich hier um ein Randwertproblem; denn an dem einen Rand (unteres Ende des Reaktors) sind Gastemperatur und -zusammensetzung *gegeben*. Umgekehrt treten am unteren Ende des Reaktors Beschickungstemperatur und -zusammensetzung (Reduktionsgrad) als *Ergebnisse* auf, am oberen Ende Gastemperatur und -zusammensetzung (H_2O-Gehalt).

Hinsichtlich der Reaktionskinetik kann auch bei einem anspruchsvolleren mathematischen Modell im Grundsätzlichen nicht anders vorgegangen werden als bei der 1. Näherung, wenn auch im einzelnen manches sich verfeinern läßt; der Wärmeübergang vom Gas auf die Beschickung kann, auf der Grundlage der Abschn. 2.2 und 3.1, völlig losgelöst von den Annahmen der 1. Näherung errechnet werden.

4.6.2.4.1. Temperaturdifferenz zwischen Kern und Oberfläche der Pellets. Da zwischen Kern- und Oberflächentemperatur der Pellets eine möglicherweise erhebliche Temperaturdifferenz besteht, ist es bei der Errechnung des Wärmeübergangs zunächst nicht statthaft, von der mittleren Temperatur eines Pellets auszugehen, vielmehr muß die Oberflächentemperatur in Rechnung gesetzt werden. Somit ist es erforderlich, den Temperaturunterschied zwischen Oberfläche und Kern bzw. zwischen Oberfläche und dem mittleren Wert des Querschnitts zu kennen.

Temperaturdifferenz ohne Reduktion.

Bezeichnet

T_k die Kerntemperatur,
T_0 die Oberflächentemperatur,
T die mittlere Temperatur eines Pellets
und ist weiter
$\dot{T}_0$ die zeitliche Änderung der Oberflächentemperatur, d. h. die Aufheizgeschwindigkeit in °C/h,

so gilt für praktisch alle vorkommenden Fälle, d. h. solange $\dot{T}_0$ während des Aufheizens nicht über etwa 1000 °C/h steigt und der Pellet- (Kugel-) Durchmesser nicht größer als etwa 8 cm ist, für die Temperaturdifferenzen

$$T_0 - T_K = \frac{1}{240} \frac{c_p \varrho}{\lambda} \dot{T}_0 \, d^2, \tag{1a}$$

$$T_0 - T = \frac{1}{600} \frac{c_p \varrho}{\lambda} \dot{T}_0 \, d^2. \tag{1b}$$

Hierbei bedeuten:

c_p (kcal/°C kg) die spezifische Wärme, ⎫
ϱ (t/m³)   die Dichte,   ⎬ der Pellets bei der
λ (kcal/m h °C) die Wärmeleitfähigkeit, ⎭ Temperatur T.
d (cm)   den Durchmesser

Dieses Ergebnis findet man aus der Wärmeleitungsgleichung der Kugel. Es zeigt sich dabei, daß die angegebene Differenz sich in so kurzer Zeit einstellt, daß diese Spanne des Einstellens im allgemeinen vernachlässigt werden kann.

Temperaturdifferenz unter Berücksichtigung der Reduktion. Durch den Vorgang der Reduktion wird innerhalb des Pellets Wärme frei (CO-

Reduktion) bzw. verbraucht (H_2-Reduktion). Es ist also notwendig, die Wärmeleitungsgleichung um die entsprechenden Glieder zu erweitern, wenn aus ihr die Temperaturdifferenzen ermittelt werden sollen.

Es seien

$\hat{\varrho}$	(t/m³)	die Dichte des Materials (der Pellets) im unreduzierten Zustand,
$\hat{g}$		der Gewichtsanteil des Sauerstoff im unreduzierten Zustand,
ΔH_{H_2}	(kcal/kg O)	die Reaktionswärme bei Reduktion durch H_2,
ΔH_{CO}	(kcal/kg O)	die Reaktionswärme bei Reduktion durch CO,
$\dot{\Re}_{H_2}$	(h^{-1})	die zeitliche Änderung des Reduktionsgrades infolge H_2-Reduktion,
$\dot{\Re}_{CO}$	(h^{-1})	die zeitliche Änderung des Reduktionsgrades infolge CO-Reduktion;

dann gilt für die Differenz zwischen mittlerer und Oberflächentemperatur

$$T_0 - T = \frac{1}{600}\,\frac{1}{\lambda}\left[c_p\,\varrho\,\dot{T}_0 + \hat{\varrho}\,\hat{g}(\Delta H_{H_2}\,\dot{\Re}_{H_2} + \Delta H_{CO}\,\dot{\Re}_{CO})\right]d^2. \qquad (2)$$

Bei vorstehender Formel ist zu beachten, daß jetzt c_p, ϱ und λ nicht nur von der (mittleren) Temperatur, sondern auch von Reduktionsgrad $\Re$ des Materials abhängen, da das reduzierte Fe sich in diesen Eigenschaften erheblich vom unreduzierten Material (Fe_2O_3) unterscheidet. Bezüglich der Wärmeleitfähigkeit ist die Porosität und deren Zunahme bei der Reduktion in Rechnung zu setzen.

Zahlenbeispiele für Reduktion mit H_2:

Für die vorliegenden Pellets mit $d = 3$ cm ergibt sich bei einer Aufheizgeschwindigkeit von 250 °C/h als Differenz zwischen Kern- und Oberflächentemperatur

bei Beginn des Aufheizens ($T \approx 0$ °C):	$T_0 - T_k = 7$ °C,
bei Beginn der Reduktion ($T \approx 400$ °C):	$T_0 - T_k = 15$ °C,
gegen Ende der Reduktion und des Aufheizens ($T \approx 800$ °C):	$T_0 - T_k = 2$ °C.

Beträgt die Aufheizgeschwindigkeit nur 100 °C/h, so ergeben sich die Differenzen 3°, 6°, 1 °C. Diese sind für die weitere Rechnung vernachlässigbar.

Steht die CO-Reduktion im Vordergrund, unterbleibt der starke Anstieg der Temperaturdifferenz mit Beginn der Reduktion.

4.6.2.4.2. Reduktion einer (Gleichkorn- bzw. Kugel-) Schüttung im Gegenstrom; Aufstellen der Differentialgleichungen.

Bei der Reduktion der Schüttung (Pellets) im Gegenstrom ist für jeden Augenblick der Stoffaustausch und der Wärmeaustausch zu betrachten. Es sind also Beziehungen aufzustellen für die momentane Stoffbilanz unter Berücksichtigung der Reaktionsgeschwindigkeit, für die momentane Wärmebilanz, ebenfalls unter Berücksichtigung der Reaktionskinetik, sowie für den momentanen Wärmeübergang. Die 1. Näherung ließ letzteren außer acht und ersetzte die momentane Betrachtung durch Betrachtung von Temperaturbereichen.

Die nachfolgende mathematische Betrachtung ist verhältnismäßig verwickelt und macht die Einführung zahlreicher Symbole notwendig, deren Bedeutungen sich mit denen der vorher benutzten Symbole teilweise überschneiden, die aber beibehalten wurden, um den Anschluß an die Originalarbeit zu erleichtern. Da die folgenden Ableitungen nur in speziellen Fällen interessieren dürften, wurde Kleindruck angewendet bis zu den Ergebnissen.

Stoffaustausch. Es bezeichne (gemäß Bild 219)

C_{H_2}, C_{H_2O}, C_{N_2}		den Volumenanteil von H_2, H_2O, N_2 im durchströmenden Gas,
$C_{H_2,a}$		den Volumenanteil von H_2 im einströmenden Gas (kein H_2O, Rest N_2),
w	$Nm^3/m^2\,h$	die einströmende Gasmenge,
B	$t/m^2\,h$	die Durchsatzgeschwindigkeit der Pellets.

Dann ergibt sich auf Grund der Stoffbilanzen

$$C_{H_2O} = \frac{M}{\mu_0}\,\hat{g}\,\frac{B}{w}\,(\Re_e - \Re) \tag{3}$$

mit

$\mu_0 = 16\ \text{kg/k Mol}$	Atomgewicht von O,
$M = 22{,}4\ Nm^3/\text{k Mol}$	Molvolumen,
$\Re_e$	Reduktionsgrad der Pellets beim Austreten aus dem Reaktor,
$\hat{g} = \dfrac{\text{kg O}}{\text{t Pellets}}$	abbaufähiger O-Gehalt.

und weiter

$$C_{H_2} = C_{H_2,a} - C_{H_2O}, \quad C_{N_2} = 1 - C_{H_2,a} \quad \text{(konstant)}.$$

Für die Reduktionsgeschwindigkeit gilt (vgl. oben)

$$\dot{\Re} = v\,\Delta c = v\big(C^{gl}_{H_2O} - C^0_{H_2O}\big) \quad \text{mit } v \text{ in } 1/h.$$

Mit

$$\frac{C^{gl}_{H_2O}}{C_{H_2O} + C_{H_2}} = K \quad \text{[abhängig von Materialtemperatur } T \text{ und Reduktionsgrad } \Re \text{ (vgl. Tafel 20)]}$$

findet man daraus

$$\dot{\Re} = v\,(K\,C_{H_2,a} - C^0_{H_2O}). \tag{4}$$

Momentane Wärmebilanz. Die 1. Näherung stellt die angenäherte Wärmebilanz auf für jeweils einen bestimmten Temperaturbereich der Beschickung bzw. des Gases. Ermittelt man die Wärmebilanz genauer und läßt man diesen Bereich immer mehr zusammenschrumpfen, so gelangt man schließlich zu der Differentialgleichung des Wärmeaustausches.

Es bezeichne

$$c_{p\,i} \quad (\text{kcal}/^\circ\text{C Nm}^3 \text{ bzw. kcal}/^\circ\text{C kg})$$

die spezifische Wärme der Komponente i, bezogen auf 1 Nm^3 bei Gasen bzw. 1 kg bei festen Stoffen $c'_{p\,i} = \dfrac{d\,c_{p\,i}}{d\,t}$ die Ableitung nach der Temperatur t.

Sämtliche c_{p_i} sind empirisch gegebene Funktionen von t bzw. T, wie dies auch für v und K der Fall war und aus [438-440] zu entnehmen ist.

Weiter werde zur Abkürzung gesetzt (μ:Molgewichte):

$$\Delta = \frac{1}{3\mu_0}\left(2\mu_{Fe}\,c_{p_{Fe}} - \mu_{Fe_2O_3}\,c_{p_{Fe_2O_3}}\right)T \qquad\qquad \text{kcal/kg O}, \qquad (5)$$

$$\delta = 10^{-3}\,\frac{M}{\mu_0}\left(c_{p_{H_2O}} - c_{p_{H_2}}\right)t \qquad\qquad \text{kcal/kg O}, \qquad (6)$$

$$I = \frac{1}{3\mu_0}\left[2\mu_{Fe}\,c_{p_{Fe}}\,\Re + \mu_{Fe_2O_3}\,c_{p_{Fe_2O_3}}(1 - \Re)\right]T \quad \text{kcal/kg O} , \qquad (7)$$

$$i = 10^{-3}\,\frac{w}{\hat{g}\,B}\left[\hat{c}_{p_{H_2}}\,c_{p_{N_2}} + (1 - \hat{c}_{p_{H_2}})\,c_{p_{N_2}}\right]t \qquad \text{kcal/kg O}, \qquad (8)$$

$$w = \Delta H_{H_2} + \Delta + \delta. \qquad (9)$$

Schließlich gilt:

$$\frac{dI}{dT} = I' = \frac{1}{3\mu_0}\left[2\mu_{Fe}(c_{p_{Fe}} + c'_{p_{Fe}}\,T)\,\Re + \mu_{Fe_2O_3}(c_{p_{Fe_2O_3}} + c'_{p_{Fe_2O_3}}\,T)(1 - \Re)\right], \quad (10)$$

$$\frac{di}{dt} = i' = 10^{-3}\,\frac{\omega}{\hat{g}\,B}\left[\hat{C}_{p_{H_2}}(c_{p_{H_2}} + c'_{p_{H_2}}t) + (1 - \hat{c}_{p_{H_2}})(c_{p_{N_2}} + c'_{p_{N_2}}t)\right], \qquad (11)$$

$$\frac{d\delta}{dt} = \delta' = 10^{-3}\,\frac{M}{\mu_0}\left[(c_{p_{H_2O}} + c'_{p_{H_2O}}\,t) - (c_{p_{H_2}} + c'_{p_{H_2}}t)\right]. \qquad (12)$$

Mit Hilfe dieser Größen schreibt sich die Differentialgleichung des Wärmeaustausches:

$$i\left[i' + \delta'(\Re_e - \Re)\right] = \dot{T}\,I' + \dot{\Re}\left[\Delta H_{H_2} + 2(\Delta + \delta)\right] + \frac{2\sqrt{\pi/{}^\circ L}}{10^3\,\hat{g}\,\varrho_s}\,Q_v. \qquad (13)$$

Hierbei bedeutet noch mit τ als Zeit in h:

$$i \equiv \frac{dt}{d\tau} \quad \text{und} \quad \dot{T} \equiv \frac{d\dot{T}}{\delta\tau}$$

die Ableitungen von t bzw. T nach der Zeit, wobei die Zeit τ angibt, wie lange die Beschickung, wenn sie sich an einer bestimmten Stelle im Reaktor befindet, bereits im Reaktor aufgehalten hat.

Weiter bedeuten

Q_V	kcal/m² h	die Wandverluste des Reaktors,
${}^\circ L$	m²	den Querschnitt des Reaktors und
ϱ_s	t/m³	das Schüttgewicht des Pellets (s. o.).

$A = 10^3\,\hat{g}\,\varrho_s = 690$ kg O/m³.

Vergleicht man (13) mit der Rechnung nach der 1. Näherung, so stellt man folgende Ergänzungen fest:

1. Das Glied mit den Wandverlusten Q_V.

2. Die Berücksichtigung des Unterschieds der spezifischen Wärmen von H_2 und H_2O einerseits und Fe_2O_3 und Fe andererseits sowie die Änderung der Wärmetönung der H_2-Reduktion bei $t > 18$ °C und $T > 18$ °C, d. h. die Größen δ und Δ.

3. Bei I den unterschiedlichen Wärmeinhalt des bereits reduzierten Fe gegenüber dem unreduzierten Fe_2O_3.

4. Der Wärmeinhalt des Gases ist jetzt entsprechend der jeweiligen Zusammensetzung berechnet.

Momentaner Wärmeübergang. Schreibt man (13) in der Gestalt

$$\frac{Q}{A} = t[i' + \delta'(\Re_e - \Re)] - \dot{\Re}\,\delta - \frac{2\sqrt{\pi/°L}}{A}\,Q_\nu = \dot{T}\,I' + \dot{\Re}(\varDelta H_{\mathrm{H_2}} + \varDelta), \qquad (14)$$

so bedeutet

$Q\,\dfrac{\mathrm{kcal}}{\mathrm{m^3\,h}}$ die ausgetauschte, d. h. vom Gas auf die Beschickung übergegangene Wärmemenge.

Für diese Wärmemenge muß nun die den Wärmeübergang beschreibende Beziehung aufgestellt werden.

Es bezeichne

$\eta_{\mathrm{H_2}}, \eta_{\mathrm{H_2O}}, \eta_{\mathrm{N_2}}$	kg sec/m²	die dynamische Viskosität,
$\lambda_{\mathrm{H_2}}, \lambda_{\mathrm{H_2O}}, \lambda_{\mathrm{N_2}},$	kcal/m h °C	die Wärmeleitfähigkeit von H_2, H_2O, N_2; abhängig von t,
$g = 9,81$	m/sec²	die Erdbeschleunigung,
α	kcal/m² h °C	die Wärmeübergangszahl (Gas/Schüttung),
ε	1	den Lückengrad der Schüttung,
w^*	m/h	die tatsächliche Gasgeschwindigkeit,
$\tilde{w}$	m/h	die Gasgeschwindigkeit, berechnet für Gas im Normalzustand,
w	$\dfrac{\mathrm{m}}{\mathrm{h}}$ bzw. $\dfrac{\mathrm{Nm^3}}{\mathrm{m^2\,h}}$	die Gasgeschwindigkeit, Gas im Normalzustand, bezogen auf leeres Volumen (s. o.),
$\varrho_{\mathrm{H_2}}, \varrho_{\mathrm{H_2O}}, \varrho_{\mathrm{N_2}}$	kg/m³	die Dichte von H_2, H_2O, N_2 und
$\varrho_{\mathrm{H_2}}^{(0)}, \varrho_{\mathrm{H_2O}}^{(0)}, \varrho_{\mathrm{N_2}}^{(0)}$	kg/Nm³	die Dichte von H_2, H_2O, N_2 im Normalzustand.

Weiter seien

$\bar{\eta}_g, \bar{\lambda}_g, \bar{\varrho}_g, \bar{\varrho}_g^{(0)}, \bar{c}_g$	die entsprechenden Größen der Gasmischung,
Re	die Reynolds-Zahl,
Nu	die Nußelt-Zahl und
Pr	die Prandtl-Zahl.

Nach Abschn. 2.2. und [174]) gilt für den Wärmeübergang:

$$Nu\,\sqrt[3]{Pr/Pr_0} = 2\,\frac{\varepsilon}{1-\varepsilon} + \sqrt{\Re_e} + \beta\,\Re_e \quad \text{mit} \quad Pr_0 = 0,7 \quad \beta = 0,005; \qquad (15)$$

hieraus folgt:

$$\alpha = 100\,\frac{1}{d}\,\frac{1-\varepsilon}{\varepsilon}\,\lambda_g\sqrt{\Re_e}\,\underbrace{\sqrt[3]{\frac{Pr}{Pr_0}}\,\Big(1 + \beta\,\sqrt{\Re_e} + 2\,\frac{\varepsilon}{1-\varepsilon}\Big/\sqrt{\Re_e}}_{\text{nur wenig veränderlich}}\,. \qquad (16)$$

Ferner kann für die übergehende Wärmemenge geschrieben werden:

$$Q = 600\,\frac{1-\varepsilon}{d}\,\alpha(t - T_0). \qquad (17)$$

Einsetzen von (16) in (17) liefert die den Wärmeübergang beschreibende Differentialgleichung. Simultane Lösung von (14) und (17) unter Ersetzen von $\Re$ nach (4) gibt den Temperatur- und Reduktionsverlauf im Reaktor, insbesondere also T_e und t_g

sowie vor allem $\mathfrak{R}_e$. Die Integration ist dabei zu erstrecken von $\tau = 0$ bis $\tau = \tau_e$ mit

τ_e h $=$ Verweilzeit der Beschickung im Reaktor.

4.6.2.4.3. Lösen der Differentialgleichungen.

Eine formelmäßige geschlossene Lösung der beiden Gl. (14) und (17) ist nicht möglich. Deswegen muß, wie schon erwähnt, wie bei der 1. Näherung schrittweise vorgegangen werden. Hierbei gilt: Je kleiner die Schrittweite, desto genauer das Ergebnis.

Der einzelne Integrationsschritt. Ersetzt man in (14) und (17) $\mathfrak{R}$ gemäß (4), so treten nur die Ableitungen $\dot{i}$ und $\dot{T}$ auf. Durch Aufteilung des Reaktors im n-Bereiche (Zonen) der Länge $\Delta L = L_e/n$ wird gesetzt:

$$\dot{i} = \frac{B}{\sigma}\,\frac{\Delta t}{L_e/n} = \frac{n\,B}{\sigma\,L_e}\,\Delta t = C\,\Delta t , \qquad (18)$$

$$\dot{T} = \frac{B}{\sigma}\,\frac{\Delta T}{L_e/n} = C\,\Delta T \quad \text{mit} \quad C = n\,\frac{B}{\sigma\,L_e} . \qquad (19)$$

Bezeichnet man mit $j = 0, 1, \ldots, n$ die Zonengrenzen und mit t_j bzw. T_j die Temperaturen an diesen Grenzen, so folgt aus (14) und (17)

$$\mathfrak{Q}_j = AC(t_j - t_{j-1})\,[\bar{\dot{i}}'_j + \bar{\delta}'_j(\mathfrak{R}_e - \bar{\mathfrak{R}}'_j)]\; A\,\bar{\dot{\mathfrak{R}}}_j\,\bar{\delta}_j - 2\sqrt{\frac{\pi}{{}^0L}}\,Q_v$$

$$= AC(T_j - T_{j-1})\,\bar{J}'_j + A\,\bar{\dot{\mathfrak{R}}}_j(\bar{\omega}_j + \bar{\Delta}_j) , \qquad (20)$$

$$\mathfrak{Q}_j = 600\,\frac{1-\varepsilon}{\alpha}\,\bar{\alpha}_j(t_j - \bar{T}_{0,j}) \quad \text{mit} \quad AC = n\,\frac{10^3\,\vartheta\,B}{L_e}\,\frac{\text{kg O}}{\text{m}^3\,\text{h}} . \qquad (21)$$

Hierbei bedeuten die Querstriche über den verschiedenen Größen, daß zu mitteln ist zwischen der jeweiligen Größe an der Grenze j und $j - 1$. Da vor Beginn eines solchen Integrationsschrittes aber nur die Werte an der Grenze $j - 1$ bekannt sind, wird zunächst statt mit den Mittelwerten mit diesen gerechnet. Nunmehr lassen sich die überstrichenen Größen wirklich als Mittelwerte errechnen und daran anschließend erneut t_j und T_j, d. h., es wird so lange iteriert, bis t_j und T_j genau genug vorliegen. Damit ist der Integrationsschritt j beendet, der nächste wird in entsprechender Weise in Angriff genommen.

Anfangs- und Endbedingungen. Die Integration muß bei $L = 0$ beginnen und bis zu $L = L_e$ fortschreiten, d. h., zuerst werden die Werte für Zone 1 errechnet, dann die für Zone 2 und so fort bis Zone n.

Außer den als *System-Parameter* ins Modell eingehenden Größen, wie L_e usw., sind beliebig vorgebbar:

B t/m² h   der Durchsatz an Pellets,
v Nm³/m² h   die Gasmenge und
γ_{H_2} der Anteil H_2 am Gas

Weiter aber ist noch wesentlich

t_a °C   die Eintrittstemperatur des Gases;

die Anfangstemperatur der Beschickung sei grundsätzlich mit 20 °C angesetzt. Somit ist also für den ersten Integrationsschritt gegeben

$$T_0 = 20,$$

für den letzten Integrationsschritt

$$t_n = t_a .$$

Um den ersten Integrationsschritt beginnen zu können, fehlt aber noch die Kenntnis von t_0 (gleichbedeutend mit t_g) sowie von $\Re_e$. Wie schon anläßlich der ersten Näherung erwähnt, gelangt man auch jetzt nur dann mit dem letzten Integrationsschritt richtig zu t_a und $\Re_e$, wenn man die Integration mit dem passenden Wert t_g und dem zutreffend vorweggenommenen Ergebnis $\Re_e$ beginnt. Da beides nicht der Fall sein kann, findet man t_g und $\Re_e$ nur durch wiederholte Durchführung der gesamten Integration mit versuchsweise verschiedenen Werten t_g und $\Re_e$, d. h. durch Iterieren. Wie diese Iteration zweckmäßig zu gestalten ist, soll hier nicht besprochen werden. Nach erfolgreicher Beendigung liegen also vor: $t_g, \Re_e$ sowie der Verlauf sämtlicher übriger interessierender Größen über die Höhe des Reaktors hin.

4.6.2.4.4. Ergebnisse des mathematischen Modells.

Abschließend sollen noch einige Ergebnisse angeführt werden, wie sie die vorstehend geschilderte

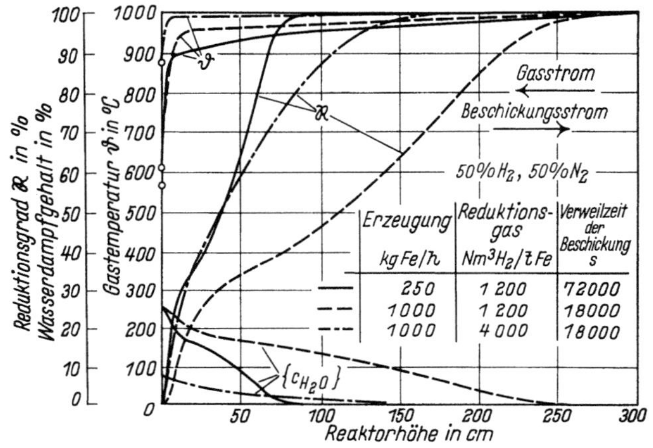

	Erzeugung kg Fe/h	Reduktionsgas Nm³H₂/t Fe	Verweilzeit der Beschickung s
——	250	1 200	72000
– – –	1000	1 200	18000
– · –	1000	4 000	18000

Bild 223. Verlauf von Reduktionsgrad, Gaszusammensetzung und Gastemperatur im Gegenstromreaktor (2. Näherung)[437]
Reaktorhöhe: 3 m, Reaktorquerschnitt: 1 m², Gasanfangstemperatur: 1000 °C, Gaszusammensetzung: 50 % H₂, 50 % N₂

Rechnung erbracht hat. Als spezieller Fall werde ein zylindrischer Reaktor mit 1 m² Querschnitt und 3 m Höhe betrachtet:

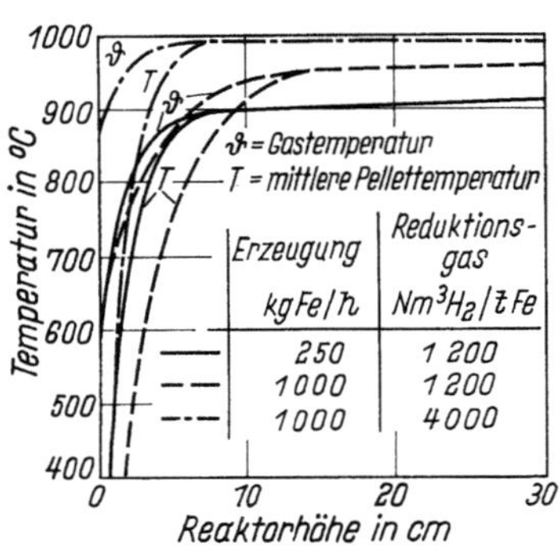

	Erzeugung kg Fe/h	Reduktionsgas Nm³H₂/t Fe
——	250	1 200
– – –	1000	1 200
– · –	1000	4 000

Bild 223 zeigt den Verlauf des Reduktionsgrades, der H₂O-Konzentration im Gas und der Gastemperatur über der Reaktorhöhe bei drei verschiedenen

Bild 224. Annäherung von Gas- und Beschickungstemperatur im Gegenstromreaktor (2. Näherung)[437]
Gaszusammensetzung: 50 % H₂, 50 % N₂, Gasanfangstemperatur: 1000 °C, Reaktorhöhe: 3 m, Reaktorquerschnitt: 1 m²

Durchsatzgeschwindigkeiten der Pellets und unterschiedlichem H_2-Angebot. Man erkennt, daß im Falle 1000 kg Fe/h und 1200 Nm³ H_2/t Fe gerade noch vollständige Reduktion erzielt werden kann, während in den beiden anderen Fällen die Pellets schon in halber Reaktorhöhe oder noch höher ausreduziert sind.

In Bild 224 ist der Temperaturverlauf von Gas und Beschickung für die vorgenannten Fälle wiedergegeben. Es ist bemerkenswert, daß die

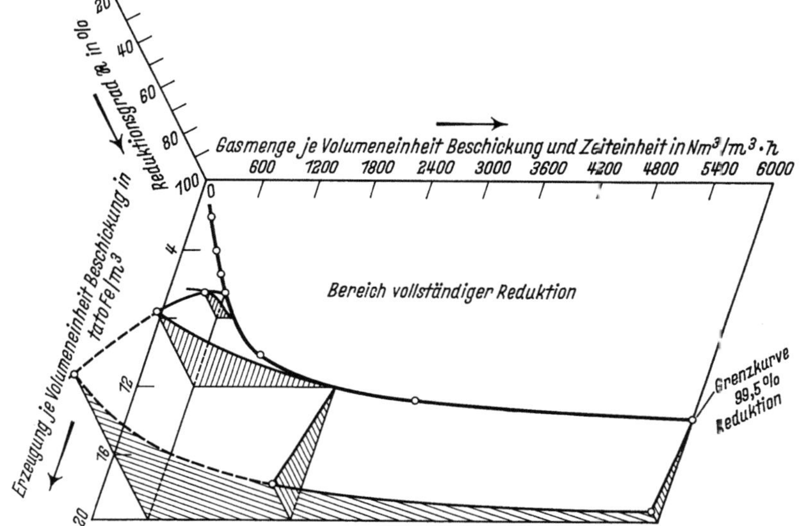

Bild 225. Reduktion von Hämatitpellets im Gegenstromreaktor (2. Näherung)[437]
Gaszusammensetzung: 50 % H_2, 50 % N_2, Gasanfangstemperatur: 1000 °C, Reaktorhöhe: 3 m

Pellet-Temperatur sich sehr bald der des Gases bis auf weniger als 1 °C Temperaturdifferenz annähert. Dieser geringe Unterschied ist ausreichend, den noch notwendigen Wärmeübergang aufrechtzuerhalten.

In räumlicher Darstellung verdeutlicht Bild 225, wie man mit abnehmendem Gasangebot und steigendem Durchsatz der Pellets an eine Grenze stößt, bei deren Überschreiten vollständige Reduktion nicht mehr möglich ist. Das Leistungsoptimum, d. h. die höchste Ausnutzung des Reaktorvolumens, wird also gerade auf dieser Grenzkurve erreicht. In Bild 225 wurden die Ergebnisse des speziellen Reaktors auf die Volumeneinheit des Reaktionsraums umgerechnet unter Beachtung gleicher Verweilzeiten für Erz und Gas.*

---

* Hierbei ist nicht berücksichtigt, daß z. B. bei einer Verdopplung der Schachthöhe bei Konstanthaltung der Aufenthaltszeiten von Erz und Gas in der Beschickung, der Wärmeübergang sich auf Grund der Verdopplung der Gasgeschwindigkeit verbessert. Diese Vernachlässigung ist aber unbedeutend, da der Wärmeübergang sowieso schon sehr rasch abläuft (Bild 224).

Die Bilder 226 und 227 zeigen diese Grenzkurve bei Reduktion mit H_2/N_2-Gemisch (Wiederholung von Bild 225) und reinem H_2, wobei zu-

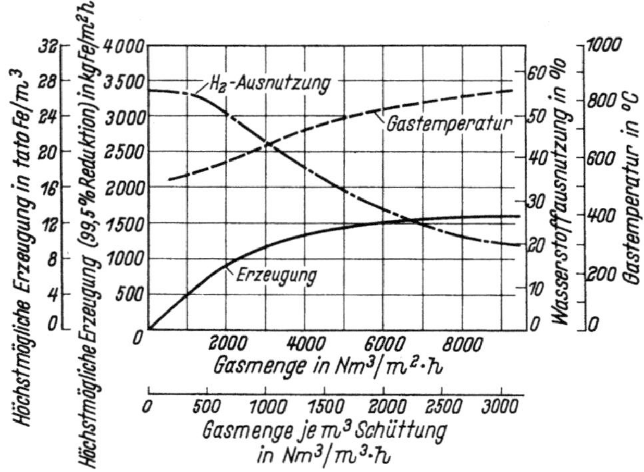

Bild 226. Reduktion vom Hämatitpellets im Gegenstromreaktor (2. Näherung)[437]
Gaszusammensetzung: 50% H_2, 50% N_2, Gasanfangstemperatur: 1000 °C, Reaktorhöhe: 3 m

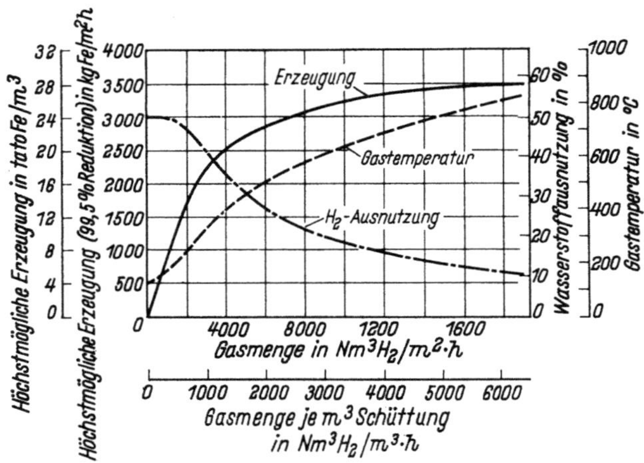

Bild 227. Reduktion von Hämatitpellets im Gegenstromreaktor (2. Näherung)[437]
Gaszusammensetzung: 100% H_2, Gasanfangstemperatur: 1000 °C, Reaktorhöhe: 3 m

gleich der zugehörige Gas-Ausnutzungsgrad und die sich ergebende Gas-Austrittstemperatur wiedergegeben sind. Es ist augenscheinlich, daß die Erhöhung des Gasangebots, also der Gasgeschwindigkeit, über ein bestimmtes Maß hinaus kaum mehr Erfolg bringt.

4.6.3. Technische Realisierung der Gegenstromreduktion im Schachtofen

Die Bilder 228 und 229 zeigen ein im technischen und ein im halbtechnischen Maßstab ausgeführtes Beispiel. Im *Wiberg-Verfahren* (Bild 228) wird durch Koksvergasung mit H_2O und CO_2 bei elektrischer Energiezufuhr ein Reduktionsgas aus vorwiegend CO erzeugt und nach Entschwefelung in

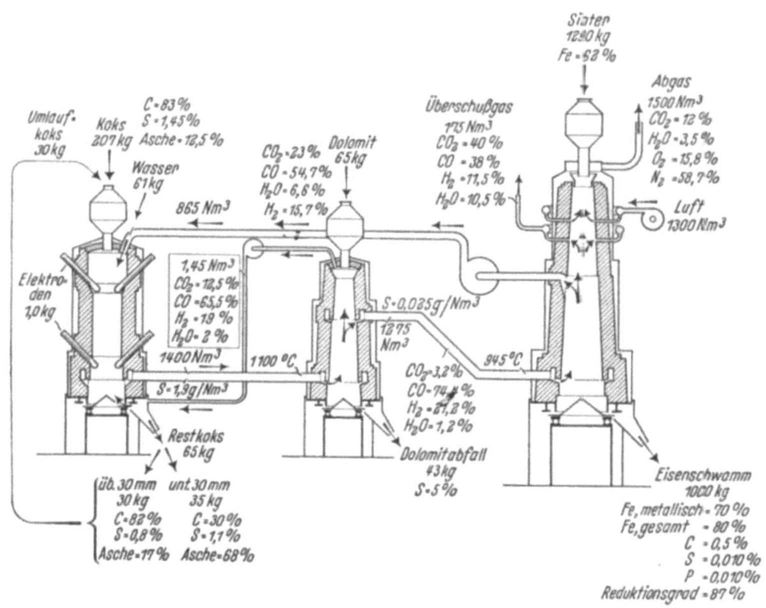

Bild 228. Stoffbilanz für 1 t Eisenschwamm beim Wiberg-Söderfors-Verfahren nach J. STALHED[442]

einem Dolomitturm mit etwa 950 °C in den Reduktionsschacht geleitet, wo es im Gegenstrom das oben eingebrachte Erz reduziert. Im oberen Teil des Schachtes findet die Vorreduktion zu FeO und eine Vorheizung der Beschickung auf etwa 900 °C durch Verbrennung eines Teilstroms mit Luft statt. Ein Charakteristikum des Verfahrens ist darin zu sehen, daß die Hauptreduktionszone (FeO → Fe) annähernd isotherm geführt wird, bedingt durch die Vorwärmung des Erzes und die Zusammensetzung des Reduktionsgases (bei etwa $CO:H_2 = 3:1$ verläuft die Reduktionsreaktion nahezu ohne Wärmetönung, denn die Reduktion mit CO ist schwach exotherm, mit H_2 stärker endotherm). Auf ähnlicher Grundlage hinsichtlich des Reduktionsgases beruht das Finsider-Schachtofenreduktions-Verfahren[449]).

20*

Ein Heißgasventilator fördert beim Wiberg-Verfahren den Hauptteil (60 bis 75%) des Reduktionsgases aus der Hauptreduktionszone zurück in den Gaserzeuger, wo es nach

$$H_2O + C = CO + H_2$$

und

$$CO_2 + C = 2\,CO$$

zu Reduktionsgas regeneriert wird.

Der Drucksprung an diesem Ventilator ist bestimmend für den Gasdurchsatz pro Zeiteinheit durch die Gesamtanlage und damit auch für die Leistung. Wegen der schwierigen Arbeitsbedingungen (Staubgehalte des Gases, Temperatur rd. 900 °C) ist die erzielbare Drucksteigerung des Ventilators verhältnismäßig gering. Die Leistung von Wiberg-Anlagen beträgt etwa 0,67 tato Schwamm/m³ Beschickungsvolumen. Tafel 26 zeigt weitere

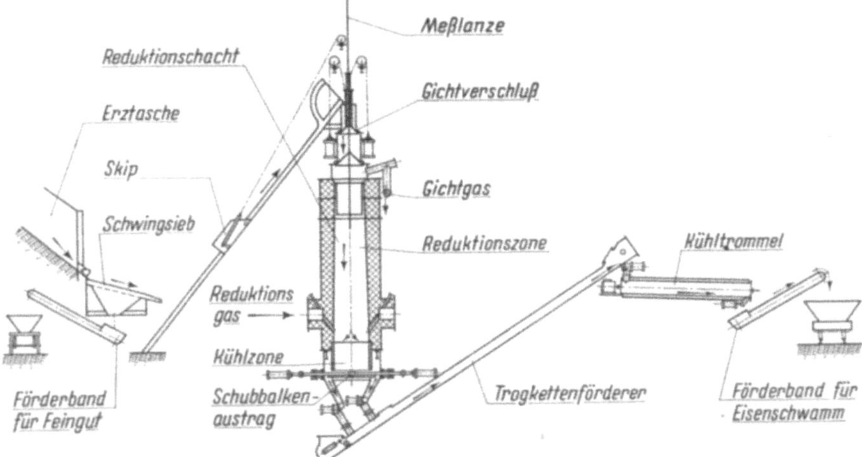

Bild 229. 20-tato-Purofer-Versuchsanlage. Weg des Erzes zum Eisenschwamm[445])

Leistungsdaten des Wiberg-Ofens. Die verhältnismäßig geringe Leistung ist vorwiegend auf die geschilderten Verhältnisse am Rückführgebläse für das heiße Gas zurückzuführen. Die chemische Gasausnutzung ist sehr hoch und liegt für den Hauptteil bei etwa $\eta_{CO,\,H_2} = 38{,}7\%$. Die Gasgeschwindigkeit bezogen auf leeren Schachtquerschnitt von 0,61 m/sec kann nur zu geringen Leistungen pro m² Schachtquerschnitt führen; die erreichte Leistung stimmt mit den zu erwartenden Werten gut überein (Bild 218).

Im *Purofer-Verfahren* der Hüttenwerk Oberhausen AG[445, 446, 447]) wird aus CH_4-reichen Gasen ein H_2-reiches Reduktionsgas erzeugt (hierzu

Tafel 26. *Kenndaten von Schachtofen-Reduktionsverfahren*

	Maßeinheit	Wiberg nach[441]) Schwamm	met. Fe	Purofer nach[446]) Schwamm	met. Fe	
1. *Abmessung der Anlage*						
Höhe der Beschickung	m	15		3,7		
lichter Schacht-⌀ unten	mm	3000		700		
Nutzinhalt (Austragsebene bis Beschickungslinie)	m³	etwa 85		1,2		
2. *Reduktionsgas*						
chemische Ausnutzung	%	38,7*		35,4		* in Hauptreduktionszone
Menge**	Nm³/t	1400**		1665**		** bezogen auf N_2-freies Gas
Zusammensetzung						
CO	%	74,4		26,7		
CO_2	%	3,2		0,8		
H_2	%	21,1		58,1		
H_2O	%	1,2		unter 3		
CH_4	%	n. b.		1,8		
N_2	%	n. b.		11,8		
Eintrittstemperatur	°C	950 bis 1000		1000		
Eintrittsgeschwindigkeit (leerer Schachtquerschnitt)	cm/sec	61		177		
3. *Eisenschwamm*						
erzeugte Menge	tato	57,0		5,8*		* Leistung durch mangelnde Gasversorgung begrenzt
Erzeugung/Nutzinhalt	tato/m³	0,67		4,83		
Erzeugung/Reaktorquerschnitt, unten	tato/m²	8,06		15,1		
chem. Zusammensetzung						
Fe_{ges}	%	86,0		95,3		
Fe_{met}	%	77,0		90,5		
Fe_{met}/Fe_{ges}	%	etwa 90		etwa 95		
P	%	0,007		0,015		
S	%	0,007		0,012		
C	%	0,7		1,5		
Gangart	%	11,0		1,7		
4. *Spezifische Verbrauchszahlen*		pro t Schwamm	met. Fe	pro t Schwamm	met. Fe	
Koks	kg/t	115	149	0	0	*errechnet für Großanlagen aus Betriebszahlen der 20-tato-Versuchsanlage (dort 30% höher)
Schweröl	kg/t	50	65	0	0	
elektr. Heizenergie	kWh/t	900	1170	0	0	
Erdgas (= CH_4)	Nm³/t	0	0	400*	442*	
Sauerstoff	Nm³/t	0	0	40	44,2	
Gesamtwärmeverbrauch	kcal/t	2,06·10⁶	2,68·10⁶	3,43·10⁶	3,79·10⁶	
davon Anteil Elektrowärme	%	37,6		0		

s. Abschn. 4.8), das ebenfalls im Gegenstrom die Erzschüttung reduziert. Wegen des höheren H_2-Gehaltes sind kürzere Reduktionszeiten erzielbar (Bild 230). Die Anlage ähnelt dem Oberteil eines Hochofens, Rast und Schmelzzone fehlen; der erzeugte Eisenschwamm wird fest ausgetragen.

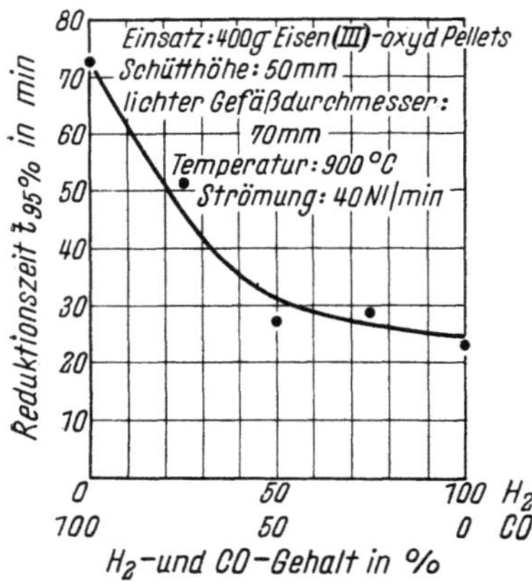

Bild 230. Reduktionszeit (95% Reduktionsgrad) in Abhängigkeit vom H_2- und CO-Gehalt des Gases[445]

Das Abgas wird in der Gasvorbereitungsanlage verbrannt, ähnlich wie beim Cowperbetrieb des Hochofens. Die Abbildung 231 zeigt das Fließbild der Gesamtanlage.

Die bei Einsatz von Fe_2O_3-Pellets mit $d = 3,1$ cm erreichten Betriebsdaten ergeben sich aus Tafel 26. Analyse und Reduktionsgeschwindigkeit der Pellets sind die gleichen wie die in Abschn. 4.6.2.2 angegebenen und der theoretischen Berechnung zugrunde gelegten. Die Reduktionsgeschwindigkeit dieser Pellets bei 800 °C in H_2 bei 40% Reduktionsgrad wird in Bild 232 mit der anderer Erze verglichen. Es zeigt sich, daß die Reduzierbarkeit etwa im Mittelfeld des möglichen Bereichs liegt. Die Leistung pro Volumeneinheit der Beschickung betrug:

$$\frac{L}{V_R} = 4,83 \text{ tato } Fe/m^3,$$

und die chemische Gasausnutzung

$$\eta_{CO, H_2} = 35,4\% .$$

In Bild 233 sind die sich aus dem mathematischen Modell ergebenden Zusammenhänge zwischen Durchsatzleistung und chemischer Ausnutzung des Reduktionsgases aufgetragen, und zwar nach der 1. und 2. Näherung getrennt. Die mit der 2. Näherung im Elektronenrechner ermittelten Zusammenhänge sind wegen der verfeinerten Betrachtung zu bevorzugen. Der experimentelle Wert liegt zwischen den Ergebnissen der 1. und 2. Näherung. Die nicht völlige Übereinstimmung dürfte zurückzuführen sein auf die CO_2- und H_2O-Anteile im Reduktionsgas und auf die hohen Wandverluste des kleinen Versuchsschachtes (700 mm Innendurchmesser). Schon bei der ersten Näherungsberechnung hatte sich gezeigt, daß eine zu frühe Temperaturabsenkung des Gases im oberen Schachtteil die Reduktionsgeschwindigkeit und damit auch den Durchsatz stark vermindert. Außerdem

war die Gasversorgung bei dem Versuch unzureichend. Aus den genannten
Sachverhalten folgt, daß bei größeren Anlagen mit ausreichender Gasversorgung und geringeren Wärmeverlusten noch höhere Durchsatzleistungen pro
m³ Beschickungsvolumen und voraussichtlich eine weitere Annäherung an

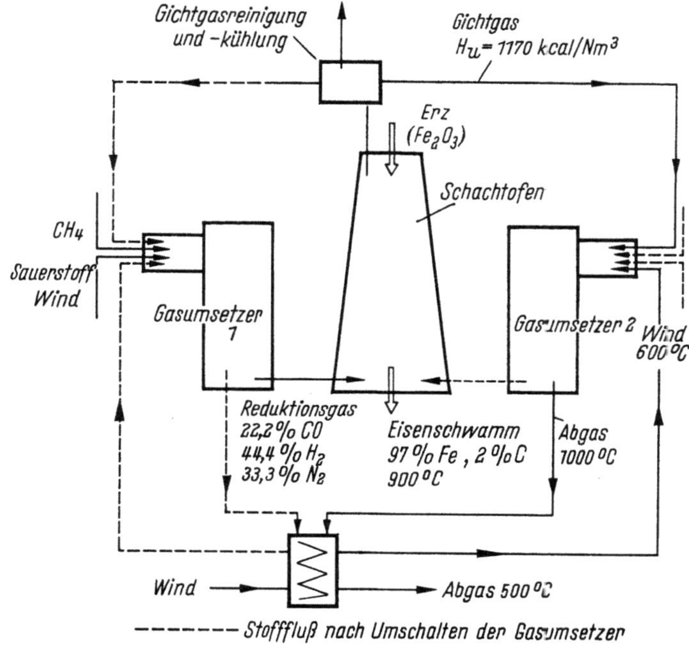

Bild 231. Fließbild einer Purofer-Anlage. Erdgas-Sauerstoff-(Wind-) Betrieb

die theoretischen Werte zu erwarten sind. Die schon jetzt erkennbare grobe
Annäherung zwischen berechneten und beobachteten Werten zeigt, daß
Ansätze der obigen Art grundsätzlich zur Vorausabschätzung von Gegen-
stromreduktionsapparaten geeignet sind*. Dieses Ergebnis ist auch für
den Hochofen von Bedeutung. Weiterhin ist bewiesen, daß mit H_2-reichen
Reduktionsgasen eine Eisenschwammgewinnung im Schachtofen möglich

---

* Das Echeverria-Verfahren[450]) verwendet ebenfalls einen Schachtofen für die
Erzeugung von Eisenschwamm. Im Unterschied zu den vorher behandelten Verfahren
wird das aufgegebene Stückerz mit festem Brennstoff bei 1050 °C reduziert. Die für
Aufheizung und Reduktion erforderliche Wärmemenge wird durch Schachtbeheizung
von außen der Beschickung zugeführt. Bei hohen Leistungen sind Schwierigkeiten
im Wärmeübergang und damit ein hoher spezifischer Wärmeaufwand zu erwarten.
Eine Betriebsanlage in Legazpia, Spanien, erzeugt etwa 20 000 t Eisenschwamm jährlich entsprechend etwa 60 tato.

312

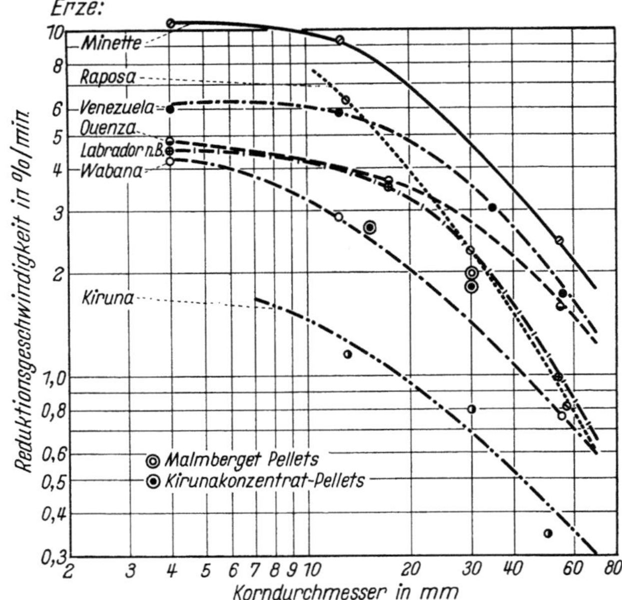

Bild 232. Zusammenhang zwischen Stückgröße und Reduktionsgeschwindigkeit bei Erzen, gemessen in Wasserstoff bei 800 °C und 40 % Reduktion

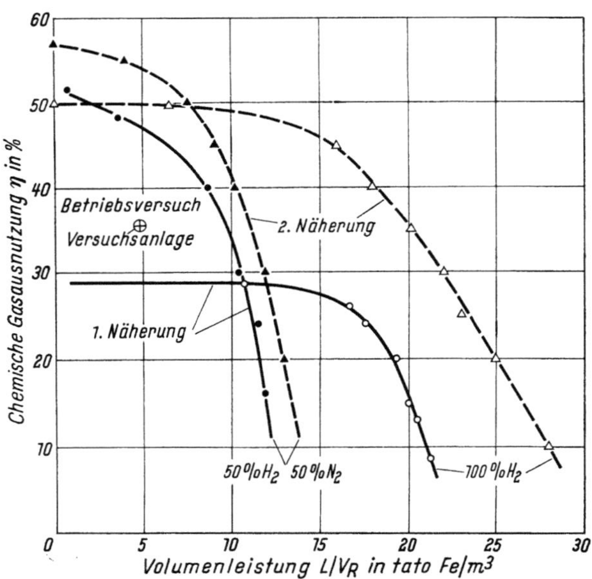

Bild 233. Volumenleistung L/V_R des Gegenstromreaktors und Gasausnutzung für die Reduktion von Fe_2O_3-Pellets mit Wasserstoff[447])

Reduktionsgas: $\vartheta_a = 1000$ °C, Endreduktionsgrad $\Re_e = 99{,}5\ \%$

ist und daß die spezifischen Leistungen höher sind als im Hochofen. Dies gilt bei Verwendung sowohl des Volumens als auch des mittleren Querschnittes des Arbeitsgefäßes als Bezugsgröße.

Gleichzeitig ergeben sich chemische und thermische Ausnutzungsgrade in der gleichen Größenordnung wie im Hochofen. Dies dürfte einen entscheidenden Vorteil der Reduktionsverfahren im Schachtofen gegenüber anderen Direktreduktionsverfahren zur Eisenschwammerzeugung bedeuten.

Wegen des fehlenden Koksgerüstes hat man die beginnende Erzerweichung in den Zonen höchster Temperatur unter der Last der Beschickungssäule lange Zeit als schwerwiegende Gefahr für die Durchgasung der Beschickung angesehen. Dieses Problem kann jedoch durch richtige Abstimmung der Gaseintrittstemperatur auf die Erweichungstemperatur der Beschickung gelöst werden.

Die Weiterverfolgung der Eisenschwammgewinnung im Schachtofen insbesondere auf Erdgasbasis scheint daher lohnend.

4.7. Elektroreduktionsverfahren

Als Elektroreduktionsverfahren seien nachstehend Verfahren zur Erzeugung von flüssigem Roheisen behandelt, bei denen Elektroenergie zur Deckung eines überwiegenden Teils des Wärmebedarfs für Reduktion, Aufheizung und Schmelzung des Möllers eingesetzt wird. Für die Umsetzung

$$Fe_2O_3 + 3\,C = 2\,Fe + 3\,CO \tag{1}$$

werden theoretisch $1{,}047 \cdot 10^6$ kcal/t Fe $= 1217$ kWh/t Fe und $322{,}2$ kg C/t Fe verbraucht, hinzu kommt der Wärmebedarf für Aufheizen und Schmelzen. Wenn es gelingt, das bei der Reduktion entstehende CO-Gas mit dem Erz zu CO_2 umzuwandeln, sinkt der Bedarf an Energie und Kohlenstoff erheblich ab (Bild 234). Die entstehenden Gasmengen sind jedoch sehr klein. Bei vollständigem Umsatz gemäß Gl. (1) entstehen 602 Nm³ CO/t Fe. Nimmt man an, daß dieses Gas bei der Entstehung etwa die Temperatur des flüssigen Roheisens (1350 °C) hat, dann reicht der fühlbare Wärmeinhalt gerade aus, um eine gangartfreie Beschickung auf etwa 500 °C vorzuwärmen. Tatsächlich wird diese Erwärmung infolge der Gehalte an Ballaststoffen und der Wärmeverluste noch nicht einmal erreicht. Bei Temperaturen unter 500 °C sind aber die Umsetzung $Fe_2O_3 + 3\,CO \rightarrow 2\,Fe + 3\,CO_2$ und selbst die Vorreduktion $Fe_2O_3 + CO = 2\,FeO + CO_2$ noch sehr langsam. Eine nennenswerte „indirekte" Reduktion wie im Hochofen ist deshalb nicht zu erwarten. Da nun Elektroenergie fast immer und überall die teuerste Energieart ist, bemüht man sich trotzdem, das entstehende CO-Gas durch sorgfältigen Umsatz mit dem Möller soweit wie möglich zu nutzen und dadurch Elektroenergie einzusparen.

Die meisten der bisher beschrittenen Verfahrenswege lassen sich in folgende Gruppen einteilen:

a) *Elektroreduktionsbett* (flüssiges Roheisen und flüssige Schlacke) *mit darüberstehender, stückiger Möllersäule* (ruhende Schüttgutschicht), die im

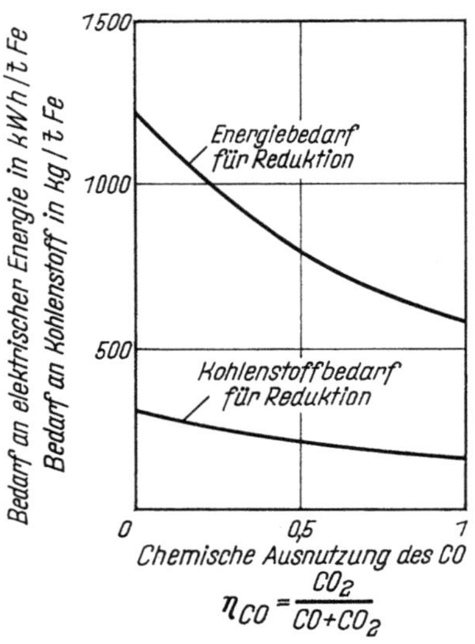

$$\eta_{CO} = \frac{CO_2}{CO + CO_2}$$

Bild 234. Elektroreduktion von Eisenerzen. Mindestbedarf an elektrischer Energie und Kohlenstoff für die Reduktion gemäß

$$Fe_2O_3 + \frac{3}{1 + \eta_{CO}} \cdot C = 2\,Fe + 3\,\frac{1 - \eta_{CO}}{1 + \eta_{CO}} \cdot CO + \frac{3\eta_{CO}'}{1 + \eta_{CO}} \cdot CO_2$$

in Abhängigkeit von der chemischen Ausnutzung des CO

Gegenstrom zum entstehenden Gas bewegt wird (Elektroniederschachtöfen, Tysland Hole-Öfen)[452, 453]).

b) *Elektroreduktionsbett* (flüssiges Roheisen und flüssige Schlacke) *mit darüber befindlicher feinkörniger Möllersäule,* die vom CO-Gas nach Art einer Wirbelschicht bewegt wird (Lubatti-Verfahren[456], Elektrofließbett[457])).

c) Wie a), jedoch mit vorgeschaltetem Reduktionsaggregat, meist *Drehöfen,* um eine weitgehende Vorreduktion und Vorwärmung des Einsatzes zu erzielen (Elkem, Strategic-Udy, Orcarb-Verfahren[454, 458, 459, 461])).

4.7.1. Elektroreduktionsbett mit darüberstehender stückiger Möllersäule

Bild 235 zeigt schematisch einen Elektroniederschachtofen. Das Erz wird von oben über mehrere Zwischenbehälter möglichst gleichmäßig auf den Ofenquerschnitt verteilt. 3 Söderberg-Elektroden tauchen in die Be-

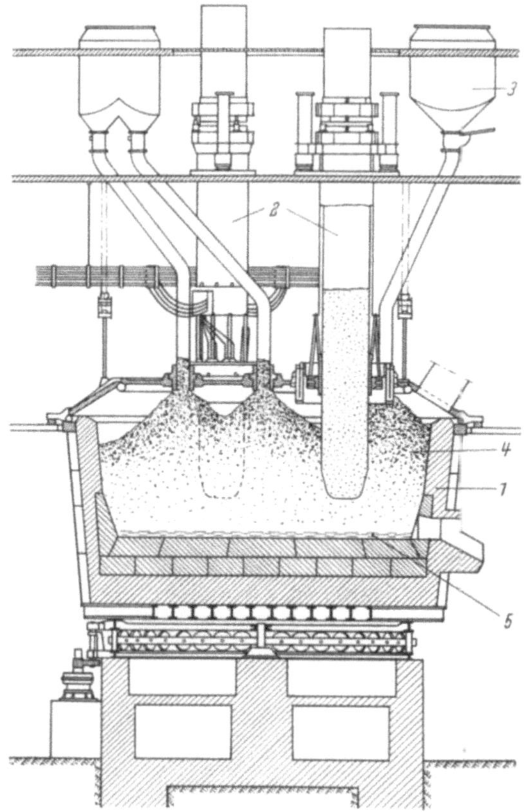

Bild 235. Elektroniederschachtofen nach B. Marincek[452])
Reduktions- und Schmelzgefäß, 2 Elektroden, 3 Aufgabebehälter für Erz und Koks, 4 Beschickung, 5 Schmelze

schickung bis zur Schlackenschicht ein und erzeugen im wesentlichen Joulesche Wärme. Unter Einwirkung der Wärmeentwicklung reagiert der Brennstoff (meist Koks hoher Reaktivität oder Kohle) mit dem Erzsauerstoff, das entstehende Eisen wird geschmolzen, ebenso die Schlacke, und von Zeit zu Zeit abgestochen. Hochofenkoks hoher Festigkeit und geringer Reaktivität ist nicht erforderlich; das ist ein Vorteil des Verfahrens.

Dagegen kommt es sehr darauf an, daß der Möller stückig und sauber klassiert ist.

Tafel 27 und 28 zeigen typische Stoff- und Wärmebilanzen des Verfahrens. Infolge der Möglichkeit, die elektrische Energie gezielt im Hauptreaktionsbereich zur Anwendung zu bringen, wird die Wärme gut ausgenutzt.

Die Erzeugungsleistung der Elektroniederschachtöfen ist jedoch bemerkenswert niedrig.

Die größte z. Z. bekannte Anlage der Welt in Matanzas, Venezuela, mit Öfen von 11,4 m Gefäßinnendurchmesser, hat nach WIEDER[453]) lediglich eine Erzeugung von 200 tato RE pro Ofen erreicht. Die Beschickungshöhe beträgt etwa 3 m, die Elektroden haben Durchmesser von 1,5 m; der elektrische Anschlußwert eines Ofens beträgt 20 000 kW, die angewandte Spannung liegt bei 90 bis 240 Volt. Der Erzmöller wird bei 10 mm abgesiebt, der Feinanteil kommt in gesinterter Form zum Einsatz. Es werden — in ungefährer Übereinstimmung mit Tafeln 27 und 28 — folgende Betriebszahlen erreicht[453]):

Koksverbrauch:	380— 420	kg/t RE
basische Zuschläge:	etwa 300	kg/t
Elektroenergie:	2300—2600	kWh/t
Elektrodenmasse:	13— 18	kg/t
Schlackenmenge:	400	kg/t
Roheisenanalyse:	4,1	% C
	0,8	% Si
	0,5	% Mn
	0,13	% P
	0,045	% S

Die Leistung pro Einheit der Fläche des Reaktionsraums (11,4 m Durchmesser) betrug

$$L/F = \frac{200}{102} = 1,96 \text{ tato RE/m}^2,$$

eine im Vergleich zu Hochöfen — bezogen auf die Gestellfläche $L/F = 30$ bis 55 tato RE/m² — sehr niedrige Zahl. Bezieht man auf das nutzbare Beschickungsvolumen V_R (etwa 300 m³), so ergibt sich $L/V_R = 0,667$ tato RE/m³.

Bei Hochöfen ergibt sich:

$$L/V_R = 1,5 - 2,5 \text{ tato/m}^3$$

liegt. Die unbefriedigende Leistung des Elektroniederschachtofens ist im wesentlichen bedingt durch die beschränkte Zufuhrmöglichkeit und starke Konzentrierung der elektrischen Energie und durch die Tatsache, daß nur eine geringe Gasmenge entsteht, die für eine nennenswerte Vorwärmung

Tafel 27[452]). *Stoffbilanz des Stahlroheisenmöllers (Elektroverhüttungsofen)*

A. Zusammensetzung der Möllerbestandteile in % (bezogen auf trockene Substanz)

Möllerbestandteil	Fe	Fe_2O_3	FeO	MnO_2	P_2O_5	CaO	MgO	SiO_2	Al_2O_3	C fix.	Fl. Best.	CO_2	S	Feuchtigkeit
Sinter	48,6	69,5	—	0,8	0,4	7,7	0,5	10,8	8,6	— (86,9)	—	1,5	0,2	1,2
Koks	0,9	(Versch.) 0,4	—	—	—	0,7	0,2	4,5	3,3	87,3	1,8	—	0,9	4,8
Elektrodenmasse	0,5	—	—	—	—	0,2	0,1	3,3	1,8	77,8	16,1	—	0,6	—
Kalkstein	0,6	0,8	—	—	—	(55,1) 55,4	—	0,2	0,2	—	—	43,4	—	0,9

B. Möllergewicht in kg je t Roheisen

Rohstoff	feucht	trocken	Fe	Fe_2O_3	FeO	MnO_2	P_2O_5	CaO	MgO	SiO_2	Al_2O_3	C fix.	Fl. Best.	CO_2	S	Feuchtigkeit
Sinter	1969,9	1946,5	946	1352,8	—	15,6	7,8	149,9	9,7	210,2	167,4	—	—	29,2	3,9	23,4
Koks	388,8	371,0	3,3	(Versch.) 1,5	—	—	—	2,6	0,7	16,7	12,2	322,4	6,7	—	3,3	17,8
El.-Masse	20,0	20,0	0,1	—	—	—	—	—	—	0,1	—	15,6	3,2	—	0,1	—
Kalkstein	235,7	233,6	1,4	1,9	—	—	—	129,4	—	0,5	0,5	—	—	101,4	—	2,1
Einsatz	2614,4	2571,1	950,8	(Versch.) 1,5	—	15,6	7,8	281,9	10,4	227,5	180,1	338,0	9,9	130,6	7,3	43,3
Bei der Reduktion		946			—	12,7	6,9	—	—	10,7	—	338,0	—	—	0,5	—
In die Schlacke		707,5	(4,8)	(Versch.) 1,5	6,2	2,9	0,9	281,9	10,4	216,8	180,1	—	—	—	6,8	—
Schlacken zusammen in %				0,2	0,9	0,4	0,1	39,8	1,5	30,6	25,5	—	—	—	1,0	—

Tafel 28[452]). *Gesamtstrombedarf des Elektroniederschachtofens in kWh/t Roheisen*

	kcal	kWh	kWh	%
A. *Reiner Roheisenmöller*				
Reduktionswärme	972455	1131		43,6
Erhitzen und Schmelzen	287000	334		12,9
Gichtgaswärme	72931	85		3,3
	1332386	1550	1550	(59,8)
B. *Schlackenhaltiger Roheisenmöller*				
Feuchtigkeit	33908	39		1,5
Hydratwasser	—	—	—	—
Kohlensäure	138775	161		6,2
Schlacke	277340	323		12,5
	450023	523	523	(20,2)
C. *Reiner* und *schlackenhaltiger* Roheisenmöller	1782409		2073	80,0
D. Ofenverluste (20%)	445602		518	20,0
E. Gesamtwärmemenge bzw. Stromverbrauch	2228011		2591	100,0

und Vorreduktion des Möllers nicht ausreicht. Einer noch stärkeren Aufweitung des Gefäßdurchmessers mit dem Ziel einer weiteren Leistungssteigerung steht der dann immer mehr zunehmende apparative Aufwand für die gleichmäßige Verteilung des Möllers auf den Ofenquerschnitt entgegen.

Das Verfahren wird daher auf Sonderfälle begrenzt bleiben. Immerhin bestehen z. Z. etwa 50 Elektroniederschachtöfen mit einem Gesamtanschlußwert von etwa 650 MW[454]), die von der auf diesem Gebiet führenden Firma erstellt wurden.

Einige dieser Sonderfälle sind metallurgisch sehr interessant: Im Elektroniederschachtofen kann das Reduktionsmittel unabhängig von der gewünschten Wärmeerzeugung dosiert werden. Man ist daher in der Lage, aus komplexen Erzen selektiv bestimmte Oxyde zu reduzieren und die übrigen vollständig zu verschlacken. Auf diese Weise ist z. B. in Kanada die Aufarbeitung titanhaltiger Eisenerze gelungen; es wird ein fast Ti-freies Roheisen (0,02% Ti) und eine TiO_2-reiche Schlacke für die Pigmentherstellung erzeugt[455]) (bis zu 72% TiO_2).

Auch in Japan hat man sich mit den Grundlagen der Roheisenherstellung aus titanhaltigen Eisensanden im Elektroreduktionsofen befaßt[465]).

Ferrolegierungen können ebenfalls in Elektroniederschachtöfen und Öfen abgewandelter Bauart erzeugt werden, vgl. die ausführliche Zusammenstellung in [464]).

4.7.2. Elektroreduktionsbett mit feinkörniger wirbelnder Möllersäule

Der Wunsch, feinkörnige Erze und Kohlen zu verwenden, gab Veranlassung, diese unmittelbar auf ein Elektroreduktionsbett aufzugeben. Im Lubatti-Verfahren (Bild 236) wird im Prinzip ähnlich wie im Elektroniederschachtofen gearbeitet. 3 oder auch 6 Elektroden tauchen in die flüssige Schlacke ein und erzeugen dort Joulesche Wärme, die den Energiebedarf für Aufheizung, Reduktion und Schmelzung des Möllers deckt. Feinkörniges Erz und Brennstoff befinden sich in einer 20 bis 50 cm starken Schicht über dem Schlackenbad und werden von dem bei der Reduktion entstehenden CO-Gas durchströmt und aufgewirbelt (Bild 237). Der Ofen ist oben offen. Das flüssige Roheisen sammelt sich unten und wird von Zeit zu Zeit abgestochen. Der Verbrauch an Elektroenergie liegt im gleichen Bereich wie beim Elek-

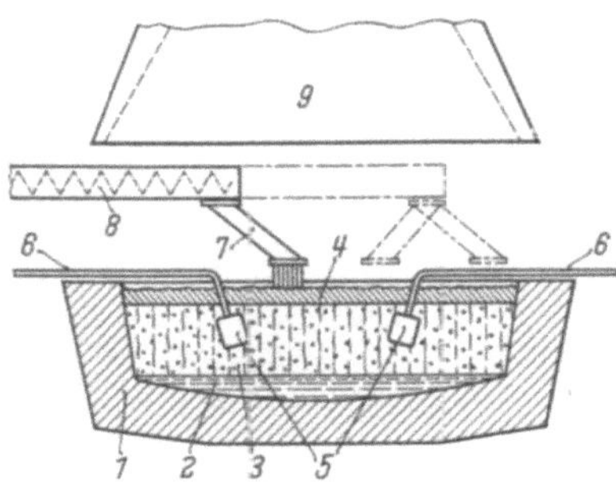

Bild 236. Lubatti-Ofen im Schnitt nach A. Pecorari[456])

1 Zustellung, *2* Metallsumpf, *3* flüssiges Schlackenbad, *4* schwimmende Möllerschicht, *5* versenkte kopfförmige Elektroden, *6* wassergekühlte Elektrodenarme, *7* drehbarer Verteiler, *8* schwenkbare Förderschnecke, *9* Gasabzugshaube

troniederschachtofen (2500 kWh/t Roheisen)[456]). Das Verfahren wird bei kleinen Leistungen weniger für die Erzeugung von Roheisen als vielmehr zur Aufarbeitung edelmetallhaltiger Abfälle u. a. eingesetzt.

Im Elektrofließbett-Reduktionsverfahren[457]) befindet sich ebenfalls eine Wirbelschicht aus Feinerz und feinkörnigem Reduktionsmittel oberhalb

Bild 237. 3500-kVA-Lubatti-Ofen. Aussehen der Mölleroberfläche des Ofens im Vollbetrieb nach A. Pecorari[456])

der Schmelze (Bild 238). Die Elektroden tauchen nicht bis in die Schlacke ein, sondern erzeugen Joulesche Wärme durch Stromleitung zwischen den Kohlepartikelchen der Wirbelschicht. Um einen weitgehenden Umsatz zwischen aufsteigendem Gas und Erzschüttung zu erhalten, wird die Erzschüttung wesentlich erhöht. Jedoch gelten auch hier die Einschränkungen

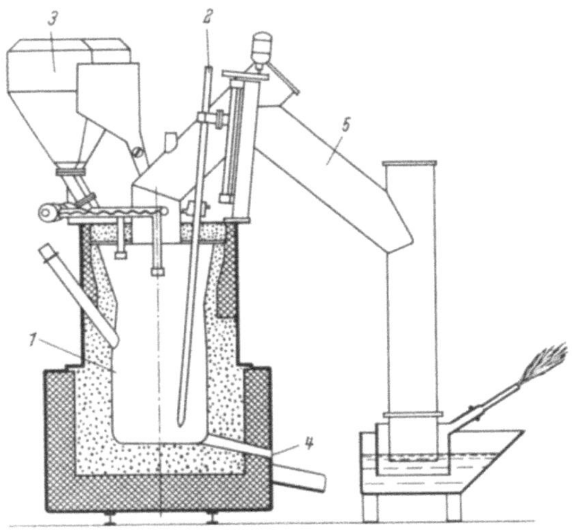

Bild 238. 200-kw-Elektro-Fließbettofen des Instituts für Eisenhüttenwesen in Aachen nach W. WENZEL[457])
1 Reduktions- und Schmelzgefäß, *2* Elektroden, *3* Aufgabebehälter, *4* Abstich, *5* Gasabzug

der Wirbelschichttechnik hinsichtlich anwendbarer Gasgeschwindigkeit und damit Leistung (vgl. Abschn. 3.2 und 4.3) und die Schwierigkeit, eine Gegenstromführung von Gas und Erz zu verwirklichen. Gearbeitet wird mit Gasgeschwindigkeiten (bezogen auf leeres Gefäß) von nur 2 cm/sec[458]). Dieser Wert konnte inzwischen auf 14 cm/sec gesteigert werden[466]). Es werden Erzeugungsleistungen von etwa 4 tato Roheisen/m² Gefäßquerschnittsfläche angegeben[466]), doppelt soviel wie beim Elektroniederschachtofen, aber wesentlich weniger als beim Hochofen. Der Energieverbrauch beträgt 2500 kWh/t RE und etwa 400 kg Koksgrus/t RE.

Auch hier ist die Anwendung für die Herstellung von Ferrolegierungen sowie CaC_2 aktuell.

4.7.3. Elektroreduktion mit vorreduziertem Einsatz

Durch Vorreduktion und Vorwärmen des Möllers wird der Elektroofen von metallurgischer Arbeit entlastet und es werden bei gleichem Einbrin-

;en von Elektroenergie pro Zeiteinheit — infolge geringeren spezifischen
Verbrauchs — höhere Erzeugungen erreichbar. Die Kombination Dreh-
)fen—Elektroofen ist in diesem Zusammenhang üblich geworden[459-461]).
Das Abgas des Elektroofens wird im vorgeschalteten Drehofen genutzt.
Es besteht daher nicht mehr die Notwendigkeit, das CO-Gas im Elektro-
)fen durch die Beschickung zu leiten. Der Einsatz kann im Elektroofen
inders und günstiger verteilt werden, und Feinerze werden unmittelbar
verwendbar. Die Elektroden tauchen nur noch flach in die Beschickung

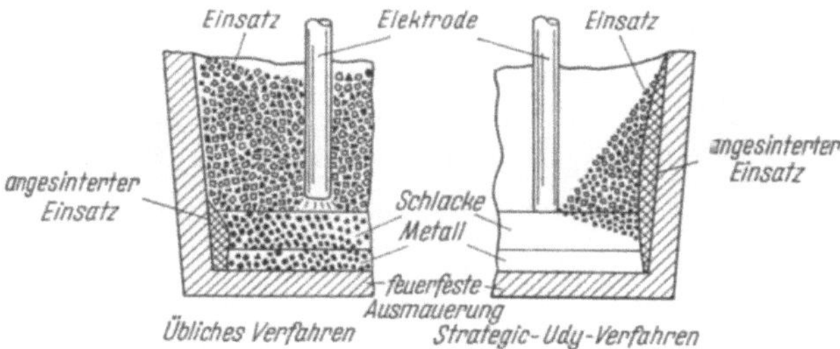

Bild 239. Vergleich des üblichen Elektroverhüttungsverfahrens mit dem Strategic-
Udy-Verfahren nach M. C. Udy[461])

in (Bild 239)[461]). Die Verteilung des Einsatzes nahe dem Gefäßrand ergibt sich u. a. aus der Notwendigkeit, das vorreduzierte, elektrisch gut
leitende Einsatzgut von den Elektroden fernzuhalten, andernfalls würde
der elektrische Wirkungsgrad stark abfallen. Näheres über den Ablauf der
Reduktion im Drehgefäß kann Abschn. 4.5 entnommen werden. Bild 216
zeigte bereits die Zusammenschaltung von Drehofen und Elektroreduktionsofen schematisch und Bild 217 den Zusammenhang zwischen Vorreduktion
und Vorwärmung auf den Verbrauch an elektrischer Energie bei Erzen
unterschiedlicher Fe-Gehalte.

In einer halbtechnischen Anlage[461]) konnte bei 55% Vorreduktion im
Drehofen der Verbrauch an Elektroenergie auf 1080 kWh/t RE gesenkt
werden. Außerdem wurden 430 kg Kohle/t RE verbraucht und im 1000 kVA-
Ofen immerhin 15 bis 20 tato Roheisen erzeugt[460]), etwa das Doppelte wie
ohne Vorreduktion. In einer Großanlage in Venezuela mit einem 107 m
langen Drehofen (3,05 m Innendurchmesser) wird z. Z. die Übertragbarkeit
des Verfahrens auf den Großbetrieb geprüft[459]). Kohle wird in 4 Zonen
innerhalb des Gefäßes zugesetzt und die Verbrennungsluft durch 11 Venti-
latoren vom Gefäßmantel her eingeblasen. Es wird Feinerz ohne Agglomerierung und eine einheimische Kohle mit etwa 44% flüchtigen Bestandteilen
eingesetzt. Auch Ti-haltige Eisensande können verarbeitet werden[463 a]).

4.7.4. Sonstige Möglichkeiten der Elektroreduktion

WIMMER[462]) verwendet Elektroenergie zur Herstellung einer Al-reichen FeSi-Legierung, (53% Si, 26% Al, 16% Fe), mit der in zweiter Stufe Eisenerz auf aluminothermischem bzw. silikothermischem Weg zu flüssigem Eisen bzw. Stahl reduziert wird. DE SY[463]) bringt die zur Reduktion erforderliche Energie induktiv in das System hinein.

Für die vorstehend beschriebenen Elektroreduktionsverfahren und auch zahlreiche ähnliche Vorschläge gilt, daß eine großtechnische Anwendung nur bei Vorhandensein ganz besonderer und selten anzutreffender örtlicher Bedingungen in Frage kommt. Wenn aber auf Grund der weiterentwickelten Verfahren zur Umwandlung von Atomkernenergie in Elektroenergie die Wärmeeinheit aus Elektroenergie einmal billiger werden sollte als aus den heute üblichen Brennstoffen, wird sich das Bild voraussichtlich zugunsten der Elektroreduktion wandeln.

4.8. Vorbereitung der Brennstoffe für die Erzreduktion

In den seltensten Fällen können primäre Energieträger, wie Rohkohle, Erdöl oder Erdgas, ohne Vorbehandlung für die Reduktion der Eisenerze genutzt werden. Erst durch besondere Verfahrensschritte, Verkokung, Vergasung, chemische oder thermische Spaltung usw. werden Reduktionsmittel gewonnen. Nachstehend sei ein kurzer Überblick gegeben, wobei der Koks nur kurz mitbehandelt wird, da hierüber umfassende Veröffentlichungen vorliegen, z. B. [467, 468]).

4.8.1. Feste Brennstoffe und Reduktionsmittel

Einige Verfahren sind in der Lage, die Reduktionsgase CO und H_2 aus unverkokten festen Brennstoffen innerhalb des Reduktionsaggregates zu erzeugen. Dies trifft z. B. für die im Drehofen ablaufenden Reduktionsverfahren zu, wo Feinkohlen einsetzbar sind. Auch der Hochofen ist in der Lage, einen kleinen Anteil handelsüblicher Feinkohlen zu verwerten (Abschn. 5.4).

Hauptreduktionsmittel und -brennstoff für den Hochofen und damit für die Eisenerzeugung überhaupt ist jedoch der Koks, ein Veredelungsprodukt bestimmter Kohlenarten. Über die Kokserzeugungsverfahren und die Beeinflussung der Koksqualität sei auf umfangreiches Schrifttum hingewiesen, z. B. [467, 468]). Die Kokserzeugung kann unabhängig vom eigentlichen Hochofenbetrieb und örtlich getrennt erfolgen.

Zu erwähnen sind als Bedingungen für guten Hochofenkoks*:

a) hoher Gehalt an C, niedrige Gehalte an Asche und Schwefel;

b) enger Korngrößenbereich;

c) große Festigkeit;

d) geringe Reaktionsfähigkeit gegenüber CO_2 bei Temperaturen unterhalb 1100 °C, damit die wärmeverbrauchende Reaktion

$$CO_2 + C = 2\,CO$$

im Hochofenschacht möglichst unterdrückt wird. Reaktivitätsmessungen an Koks wurden verschiedentlich durchgeführt, z. B. [471, 474, 496]. Ein

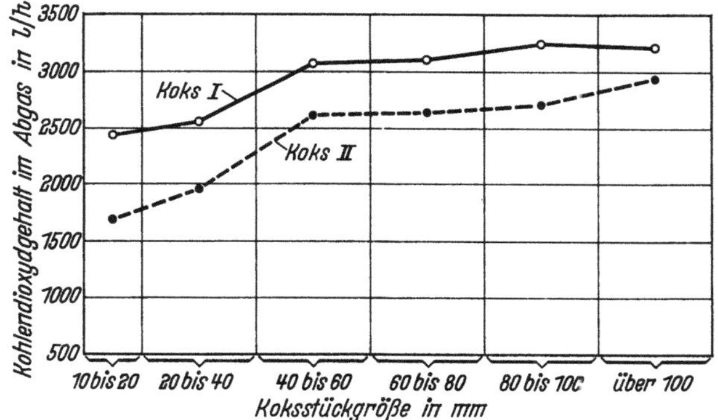

Bild 240. Kohlendioxydgehalt im Abgas in Abhängigkeit von der Koksstückgröße bei der Untersuchung der Reaktionsfähigkeit zweier Kokse nach U. PÜCKOFF[474])

Beispiel zeigt Bild 240. Hier wurden zwei verschiedene Kokse mit CO_2 umgesetzt, je niedriger der Ordinatenwert, desto höher also die Reaktivität. Die Korngröße hat einen nur geringen Einfluß, da, wie schon in Abschn. 4.5 dargelegt, unterhalb 1100 °C die Phasengrenzreaktion geschwindigkeitsbestimmend ist. Um den Einfluß der Koksreaktivität auf den Hochofenbetrieb klar zu erkennen, wurden Betriebsversuche mit Koksen unterschiedlicher Reaktivitäten gegen CO_2, bewirkt durch unterschiedliche Kohlensorten, Garungszeiten und -temperaturen im Koksofen, durchgeführt. Dabei zeigte sich, daß dieser Größe eine begrenzte Bedeutung zuzumessen ist[475] (Bild 241). Weitere amerikanische Versuche[496] ergaben, daß unter sonst gleichen Bedingungen die Reaktivität des Kokses gegen CO_2 stark

---

* Grenzwerte und Prüfmethoden gemäß [469, 470]).

vom Aschegehalt abhängt und bei 5% Asche nur noch etwa halb so hoch liegt wie bei 10%.

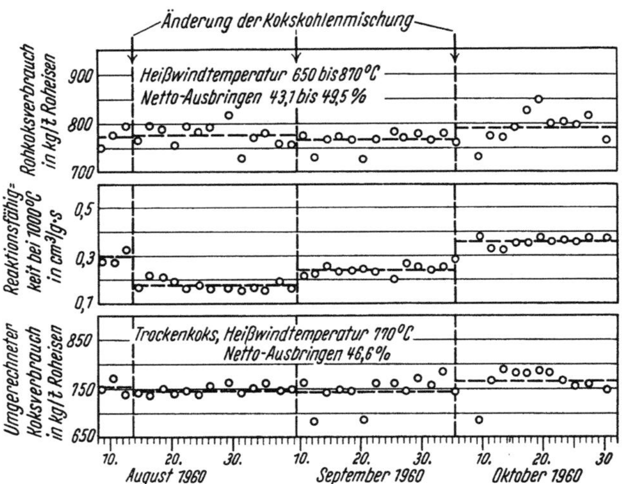

Bild 241. Einfluß von Änderungen der Kokskohlenmischung auf die Reaktionsfähigkeit des Kokses und den Koksverbrauch im Hochofen nach H. KAHLHÖFER, G. PFRÖTSCHNER, A. SEND u. O. STEINHAUER[475])

4.8.2. Gasförmige Brennstoffe und Reduktionsmittel

4.8.2.1. Problemstellung

Die sog. ,,Gasreduktionsverfahren'', d. h. im wesentlichen die Retortenverfahren, die Wirbelschichtverfahren und die ohne Schmelzung arbeitenden Schachtofenverfahren, benötigen als Reduktionsmittel entweder H_2, CO oder Gemische aus beiden Gasen, gegebenenfalls mit Inertbestandteilen gemischt (z. B. N_2). Hierfür sind feste, flüssige und gasförmige Brennstoffe einsetzbar, aus denen nach entsprechender Umwandlung die gewünschten Reduktionsgase gewonnen werden können. Die im Prinzip benötigten Verfahrensschritte zeigt schematisch Bild 242. Eine Vielzahl von Reaktionen und damit auch Verfahren können angewandt werden (Zusammenstellung z. B. in [478, 495]), wobei die Verfahrenskosten sehr entscheidend von folgenden Faktoren abhängen:

a) Höhe von Arbeitstemperatur und -druck (bedingt durch Lage der Gleichgewichte und Reaktionsgeschwindigkeiten).

b) Zuzuführende bzw. abzuführende Wärmemengen. Als günstig sind diejenigen Reaktionen anzusehen, bei denen die Reaktionsenthalpie gerade ausreicht, um das Reaktionsgas in gewünschter Zusammensetzung entstehen

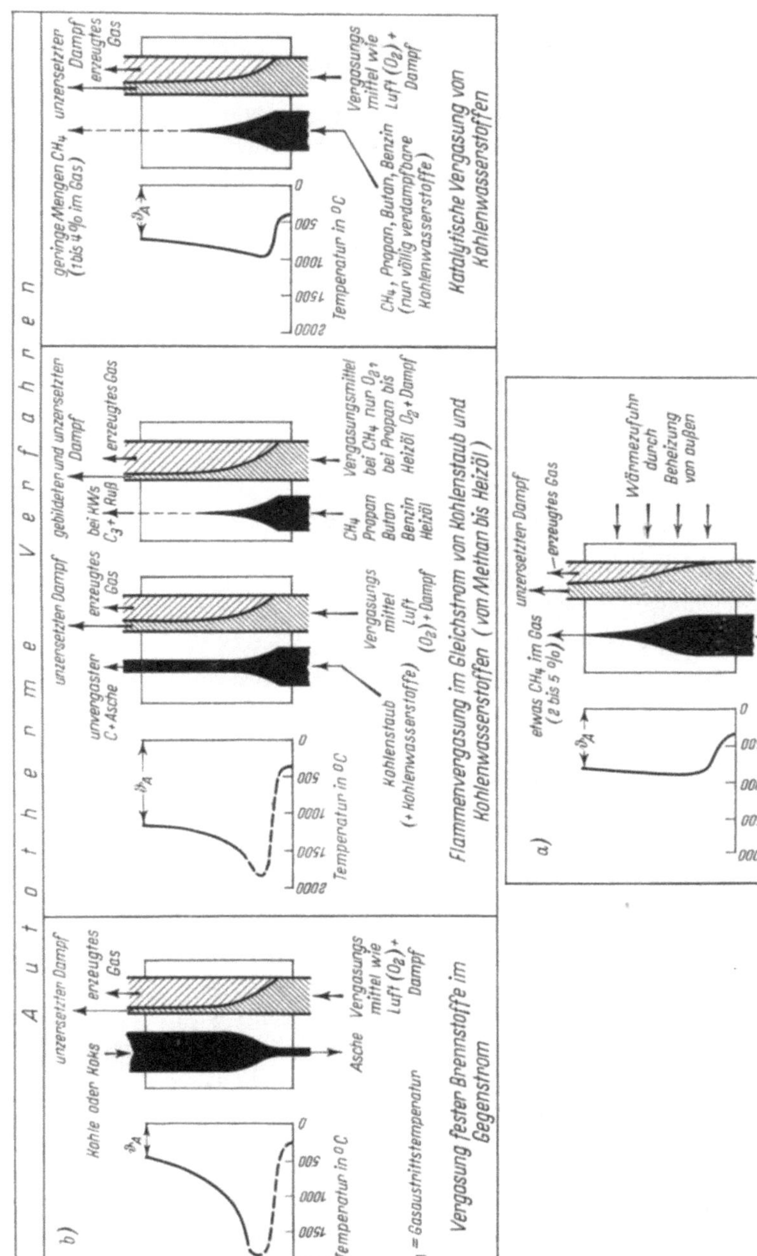

Bild 242a u. b. Schematische Darstellung von Verfahren zur Erzeugung von Reduktionsgasen nach H. W. von GRATKOWSKI[498]

zu lassen und auf die für die nächste Stufe gewünschte Temperatur aufzuheizen („autotherme" Verfahren).

Für die Vergasung von Kohle zu CO oder auch zu CO/H_2-Gemischen ist eine Vielzahl von technisch gut erprobten Verfahren bekannt, über die v. GRATKOWSKI[477, 478]) zusammenfassend berichtete. Im allgemeinen dürfte es beim heutigen Entwicklungsstand wirtschaftlich sein, feste Brennstoffe ohne Vorbehandlung in Drehofenreduktionsverfahren einzusetzen. Im folgenden sei daher bevorzugt auf die Umwandlung von Erdgas und Heizölen in Reduktionsgase eingegangen.

Die Anforderungen der verschiedenen Reduktionsverfahren an die herzustellenden Gase sind unterschiedlich, es werden benötigt: entweder

a) H_2 mit möglichst geringen Gehalten an CO, CO_2, H_2O und unzersetzten KW-Stoffen oder

b) CO mit möglichst geringen Gehalten an CO_2, H_2O und unzersetzten KW-Stoffen oder

c) H_2/CO-Gemische mit möglichst geringen Gehalten an CO_2, H_2O und unzersetzten KW-Stoffen.

4.8.2.2. Gleichgewichte

Die gewünschten Umwandlungen sind im wesentlichen nach folgenden Reaktionsgleichungen möglich:

a) $CH_4 = C + 2\,H_2$ (thermische Spaltung), $\Delta H = 798$ kcal/Nm³ CH_4.

b) $CH_4 + H_2O = CO + 3\,H_2$ (reforming), $\Delta H = 2198$ kcal/Nm³ CH_4.

c) $CH_4 + CO_2 = 2\,CO + 2\,H_2$ (reforming), $\Delta H = 2637$ kcal/Nm³ CH_4.

d) $CH_4 + 1/2\,O_2 = CO + 2\,H_2$, $\qquad\Delta H = -380$ kcal/Nm³ CH_4.

e) $CO + H_2O = CO_2 + H_2$ (Konvertierung), $\Delta H = -439$ kcal/Nm³ CO.

Für Heizöl laufen die Reaktionen analog ab, z. B.:

f) $(CH_2) + 1/2\,O_2 = CO + H_2$, $\Delta H = -1466$ kcal/kg Öl.

Zu beachten ist die höhere exotherme Spaltungswärme des Öls — hier Heizöl S — gegenüber CH_4 und das geringere H_2:CO-Verhältnis [vgl. Reaktion d) mit f)].

Reaktion d) verläuft über mehrere Stufen: Zunächst wird CH_4 teilweise zu CO_2 und H_2O verbrannt, die nachträglich mit überschüssigem CH_4 gemäß Gleichung b) und c) reagieren. Die Gleichgewichtslagen dieser Reaktionen sind bekannt (Bild 243 bis 246).

Man entnimmt den Bildern, daß bei Normaldruck und bei Temperaturen über 900 °C bei allen drei Reaktionen das Gleichgewicht fast vollständig auf der rechten Seite liegt.

Bildung größerer Mengen Ruß wirkt bei technischen Umsetzungen fast stets störend und wird daher möglichst unterbunden. Reaktion a) dürfte aus diesem Grunde für die großtechnische Erzeugung von reduzierenden Gasen nicht in Frage kommen. Reaktion a) ist früher in USA zur H_2-

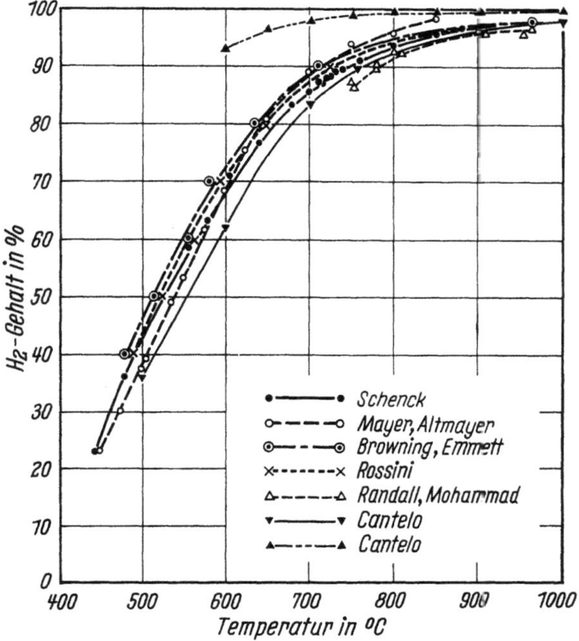

Bild 243. Gleichgewicht $CH_4 \rightleftharpoons C + 2H_2$ bei 1 ata[479−485])

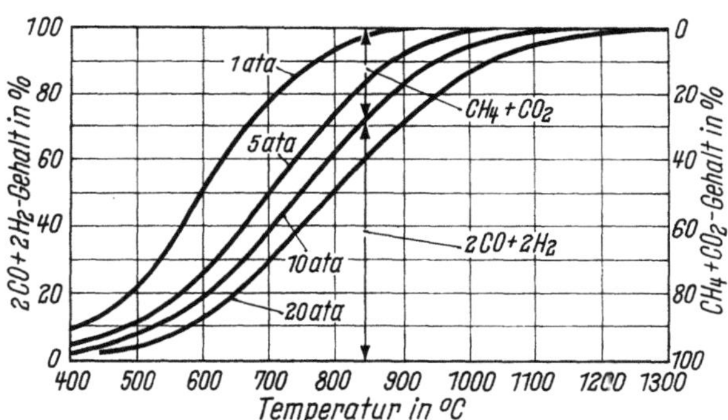

Bild 244
Druckabhängigkeit der Reaktion $CH_4 + CO_2 = 2CO + 2H_2$ nach H. HILLER[486])

Erzeugung und Rußgewinnung in Cowpern bei 1200 °C durchgeführt worden. Die Ergebnisse waren nach heutigen Begriffen unbefriedigend (störende Rußbildung sowie Acetylen, Naphthalin und teerige Substanzen im Gas). Nach Entwicklungsarbeiten der Ruhrgas A.G. und der Universal Oil Products ist es möglich, CH_4 an Ni-Katalysatoren zu $2 H_2 + C$ bei $\sim 900\ °C$ zu spalten, wobei der C fest am Katalysator haftenbleibt. Der Katalysator wird in 2. Stufe (Katalysator-Umlauf zwischen zwei Wirbelschicht-Reak-

Berechnete Spaltgaszusammensetzung bei $CH_4 : H_2O = 1:1$

°C	400	500	600	700	800	900	1000
CO_2	4,2	7,0	6,0	2,4	0,7	0,2	0,0
H_2O	37,0	24,9	13,2	5,4	2,0	0,7	0,4
CH_4	41,2	32,0	19,2	7,8	2,5	0,9	0,2
CO	0,2	2,0	9,4	18,7	23,0	24,4	24,8
H_2	77,4	34,1	52,2	65,7	71,8	73,8	74,8

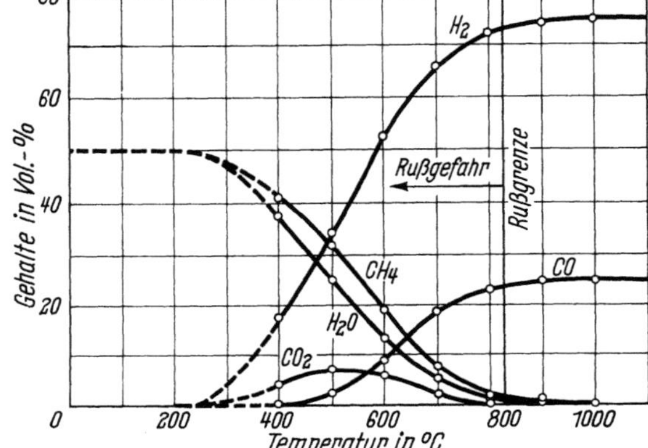

Bild 245. Abhängigkeit der Spaltgaszusammensetzung von der Temperatur: $CH_4 : H_2O = 1:1$ nach K. Peters u. E. Kappelmacher[487])

toren oder 2 Reaktoren mit ruhender Schicht und pneumatischer Förderung vom Regenerator zum Spaltreaktor) durch Verbrennen des C zu CO regeneriert und wieder auf Spalttemperatur aufgeheizt. Der Katalysator dient dabei zusätzlich als fester Wärmeträger.

Aber auch bei den Reaktionen b), c) und d) entsteht häufig Ruß in erheblichen Mengen. Nach Untersuchungen von Montgomery, Weinberger und Hoffmann[488]) sind die Gleichgewichtsbedingungen für die Vermeidung von Rußbildung bei Reaktion d) geklärt (Bild 247). Es kommt vor allem darauf an, das richtige Verhältnis $O_2 : CH_4$ einzustellen.

Von der Thermodynamik her sind somit die Bedingungen für die Erzeugung einer gewünschten Zusammensetzung des Reduktionsgases nach den Umsetzungen b), c), d) bekannt: Stöchiometrische Einstellung des

Reaktionsgemisches, d. h.

$$CH_4 : CO_2 = 1 \quad bzw. \quad CH_4 : H_2O = 1 \quad bzw. \quad CH_4 : O_2 = 2,$$

Temperatur mindestens 900 °C und Anwendung eines geeigneten Katalysators. Für die Konvertierungsreaktion genügen Temperaturen von höch-

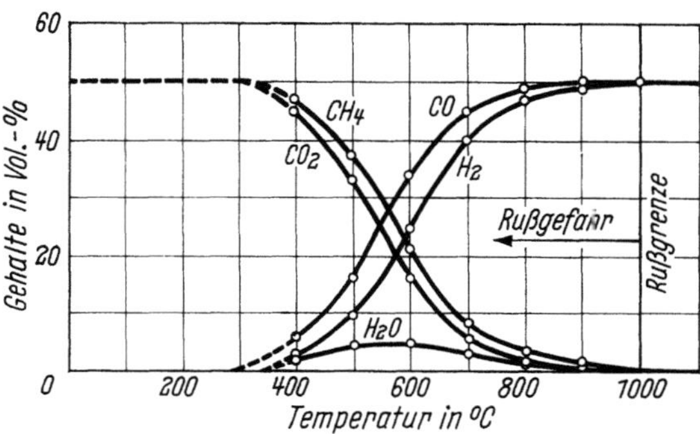

Berechnete Spaltgaszusammensetzung bei $CH_4 : CO_2 = 1:1$

°C	400	500	600	700	800	900	1000
CO_2	44,9	33,2	16,2	5,0	1,3	0,3	0,1
H_2O	1,5	3,8	4,2	2,8	1,1	0,5	0,2
CH_4	46,5	36,9	20,8	7,8	2,5	0,9	0,2
CO	5,1	16,8	33,8	45,0	48,7	49,6	49,9
H_2	2,0	9,3	24,6	39,4	46,4	48,7	49,6

Bild 246. Abhängigkeit der Spaltgaszusammensetzung von der Temperatur: $CH_4 : CO_2 = 1:1$ nach K. PETERS u. E. KAPPELMACHER[487])

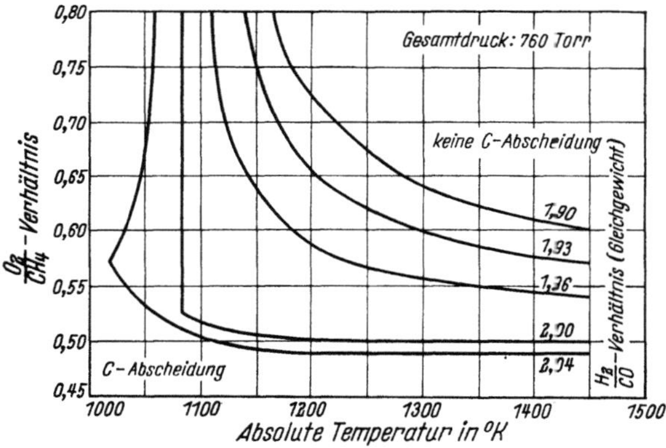

Bild 247. Temperaturabhängigkeit des Verhältnisses von $O_2 : CH_4$ bei verschiedenen Verhältnissen von $H_2 : CO$ im Spaltgas nach C. W. MONTGOMERY, E. B. WEINBERGER u. D. S. HOFFMANN[488])

stens 450 °C (Bild 248), da das Gleichgewicht dann auf der gewünschten Seite liegt und die Reaktion genügend rasch abläuft. Mit neuartigen Katalysatoren, wie sie z. B. von der BASF entwickelt wurden, kann die Konver-

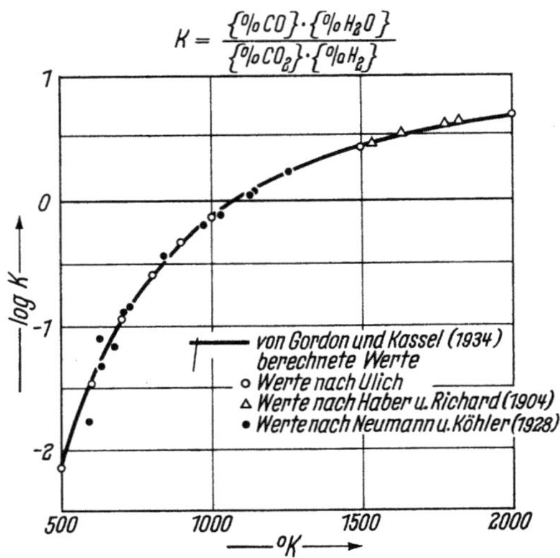

Bild 248

Wassergasgleichgewicht $CO_2 + H_2 \rightleftharpoons CO + H_2O$ nach   H. ULICH   u.   W. JOST[489])

tierungsreaktion bei Einsatz von sehr reinem Erdgas oder Leichtbenzin schon bei 200 °C durchgeführt werden.

4.8.2.3. Reaktionsgeschwindigkeiten und technische Realisierung

Der Ablauf der CH_4-Spaltreaktionen mit H_2O, CO_2 bzw. O_2 wurde schon 1928 von FISCHER und TROPSCH[490]) in den Grundzügen aufgeklärt Am Nickelkatalysator verlaufen die Reaktionen bei 800 bis 900 °C. Die chemische Industrie hat in der Folgezeit zahlreiche Großanlagen erstellt, in denen CH_4-haltige Gase (Erdgas, Koksofengas und daraus abgeleitete Restgase) mit CO_2, H_2O oder O_2 zu Synthesewasserstoff gespalten werden. Die Herstellung von Synthesewasserstoff nach z. B. folgenden Reaktionen ist für die Ammoniakindustrie von großer Bedeutung geworden:

1. „Reforming"-Prozeß nach Reaktion b), d. h. Spaltung am Ni-Katalysator bei ≤ 900 °C mit großem Überschuß an Dampf.

2. Konvertierung des CO nach Reaktion e) bei 200 bis 450 °C.

3. Auswaschen von CO_2 mit geeigneten Waschlösungen (z. B. Äthanolamin, K_2CO_3-Lösungen oder auch Wasser), Kondensation des überschüs-

gen Dampfes unter Druck. Die Konvertierungsreaktion läuft auch im ptimalen Temperaturbereich bei wirtschaftlich vertretbaren Dampfüber- :hüssen wegen der Gleichgewichtslage nur unvollständig ab. Wenn reiner Vasserstoff benötigt wird, muß der Rest-CO-Gehalt (0,5 bis 4%) entweder lit ammoniakalischer Cu(I)-Salzlösung bei hohem Druck oder mit flüssigem [$_2$ ausgewaschen werden. Nach einer Wäsche mit flüssigem Stickstoff ent- ält der Wasserstoff allerdings erhebliche Anteile N_2.

Nach Verfahren dieser erprobten Art wird H_2 für das H-Iron und das Tu-Iron-Verfahren gewonnen.

Unbefriedigend ist an diesen Verfahren, daß die Reaktionsstufen 2 nd 3 an sich nicht nötig erscheinen, denn auch ein CO/H_2-Gemisch von 00 °C, wie es bei 1 zunächst entstehen könnte, ist für die Reduktion von Lisenoxyden gut geeignet. Eine erhebliche Vereinfachung und damit 'erbilligung der Spaltverfahren für Erdgas und Öl wäre möglich, wenn es elingt, CO/H_2-Gemische „in einer Hitze" zu erzeugen und ohne Temperatur- erluste, das heißt z. B. ohne Auswaschvorgänge dem Reduktionsaggregat uzuführen.

Die Forderungen an das Spaltverfahren lauten dann: Erzeugung eines [$_2$/CO-Gemisches mit wenig Rest-CH_4 und so wenig CO_2 und H_2O wie löglich, da diese Bestandteile die Reduktionswirkung auf Eisenoxyde inschränken. Tolerierbar erscheint höchstens ein *Oxydationsgrad* des Gases on

$$\frac{CO_2 + H_2O}{CO + H_2 + CO_2 + H_2O} = 0,05 = 5\%.$$

[ier sind mehrere Lösungen möglich:

4.8.2.3.1. Endotherme Spaltverfahren. Entsprechend der Reaktion

$$CH_4 + H_2O = CO + 3\,H_2$$

/ird Erdgas nach Entschwefelung (Schwefel ist ein Katalysatorgift!) mit inem Überschuß an Dampf gemischt und durch von außen beheizte löhrenbündel geführt, in denen am Ni-Kontakt die gewünschte Reaktion ·ei etwa 900 °C abläuft. Die zu übertragenden Wärmemengen sind er- .eblich (Reaktionsenthalpie 2198 kcal/Nm³ CH_4, zuzüglich Aufheizwärme ·on etwa 1200 kcal/Nm³ CH_4), es sind daher große Flächen (Röhrenöfen) .ötig, um den Wärmedurchgang von den Heizgasen auf die reagierende lischung zu ermöglichen. Das entstehende Gemisch von etwa 900 °C nthält hohe Anteile an überschüssigem Dampf, so daß Abkühlung, luswaschung und Wiedererhitzung unumgänglich sind (vgl. Abschn. 4.4 ınd [491])). Nach diesem Verfahren arbeiten z. B. die bei Hojalata y Lamina, Ionterrey, Mexiko, errichteten Anlagen[491]).

4.8.2.3.2. „Autotherme" Spaltverfahren[495, 497]. Die Reaktion

$$CH_4 + 1/2\,O_2 = CO + 2\,H_2 - 380\ kcal/Nm^3\ CH_4$$

ist schwach exotherm. Wenn zusätzlich die reagierenden Gase vorgewärmt werden, erscheint ein *autothermes* Verfahren grundsätzlich möglich, d. h. ein Spaltverfahren, bei dem der Spaltreaktion weiter keine Wärme zuge-

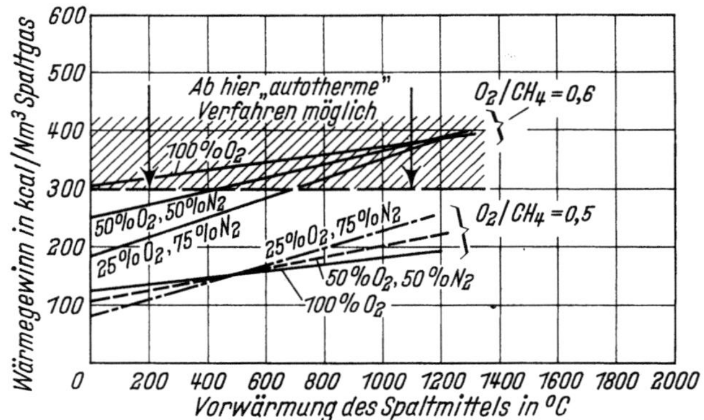

Bild 249. Wärmegewinn aus der Spaltreaktion $CH_4 + 1/2\,O_2 = CO + 2\,H_2$ in Abhängigkeit von Vorwärmung und O_2-Gehalt des Spaltmittels

führt zu werden braucht. In Bild 249 wurden die Wärmebilanzen für mehrere denkbare Fälle dargestellt:

> Vorwärmung des CH_4: keine
> Vorwärmung des Spaltmittels: bis 1200 °C
> Zusammensetzung des Spaltmittels: 25% O_2
>   50% O_2
>   100% O_2
>   Rest N_2

Gemischeinstellung:

a) $O_2:CH_4 = 0,5$; (d. h. stöchiometrisches Mischungsverhältnis, damit kein CO_2 und H_2O entsteht.

b) $O_2:CH_4 = 0,6$; d. h. 20% O_2-Überschuß über den stöchiometrischen Bedarf der Spaltreaktion hinaus und damit ein theoretischer Oxydationsgrad des Gases bei vollständiger CH_4-Umwandlung von:

$$\frac{CO_2 + H_2O}{CO + H_2 + CO_2 + H_2O} = 0,067 = 6,7\%.$$

Errechnet wurde der Wärmegewinn — bezogen auf das Spaltgasgemisch —, der durch Vorwärmung und Reaktionswärme entsteht. *Autotherme* Reaktionsführung ist nur möglich, wenn dieser Wärmegewinn mindestens 300 kcal/Nm³ Spaltgas beträgt, d. h., wenn der Wärmegewinn

.sreicht, um das erzeugte Gasgemisch auf 900 bis 1000 °C aufzuheizen.
.enn der Wärmegewinn geringer ist, dann muß der fehlende Wärme-
.etrag entweder von außen der Reaktion zugeführt werden, oder aber die
.eaktion läuft nicht im gewünschten Sinne unter Bildung von $CO + H_2$
.b. Man erkennt aus Bild 249, daß autotherme Reaktionsführung ohne
.heblichen O_2-Überschuß nicht möglich ist. Bei O_2-Überschuß muß eine
.nangenehme Verschlechterung des Spaltgases in Kauf genommen werden.
.in wärmemäßig knapp ausreichender O_2-Überschuß von 20 %, entsprechend
.ild 249, oberer Teil, ergibt, daß 6,7 % des entstehenden CO/H_2-Gemisches
.ereits zu $CO_2 + H_2O$ oxydiert sind. Da z. B. bei 820 °C nur etwa 35 %
.nes CO/H_2-Gemisches für die Reduktion

$$FeO + H_2(CO) = Fe + H_2O(CO_2)$$

.enutzt werden können, ist die Reduktionskraft des Gasgemisches schon
.m $\frac{6,7}{35} = 19,2\%$ verringert. Die bekannten autothermen Verfahren, bei
.enen Erdgas oder Heizöl in der Flamme gespalten wird, und deren
.ufbau einfach ist, erscheinen daher jedoch nicht optimal für die Erzeugung
.on Reduktionsgasgemischen, zumal der O_2-Überschuß häufig noch höher
.ls 20 % gewählt werden muß, um die Wärmeverluste der Anlage auszuglei-

.afel 29. *Spaltung von schwerem Heizöl im Koppers-Totzek-Generator (Niederdruck-spaltung)* nach v. GRATKOWSKI[477])

Brennstoffzusammensetzung:	Gaszusammensetzung:
0,2 % Wasser	10,2 % CO_2
0,2 % Asche	42,8 % CO
87,2 % C	45,2 % H_2
11,0 % H	Spuren CH_4
0,5 % O	1,6 % N_2
0,5 % N	0,2 % H_2S
0,6 % S	

Heizwert H_u ... 9825 kcal/kg

Verbrauch je t Öl:

O_2	872 Nm³
Dampf	1 t
Kraftstrom	98 kWh

Verbrauch an O_2 je Nm³ $CO + H_2$:   0,33 Nm³

Erzeugung je t Öl:

Gas	2943 Nm³
$CO + H_2$	2590 Nm³
Abdampf (15 atü, 280 °C) . .	1,75 t

chen. Die Tafeln 29, 30 und 31 zeigen die entsprechenden Bilanzen für die autothermen Verfahren nach Koppers-Totzek, Texaco und Shell. Die H_2O-Gehalte der erzeugten Spaltgase sind nicht angegeben, dürften jedoch auf Grund des angewandten O_2-Anteils beträchtlich sein. Schon die CO_2-Gehalte sind unzulässig hoch.

Verwendet man ein solches Verfahren für die Erzeugung von Reduktions-Gas-Gemischen, so ist man gezwungen, eine erhebliche Nachbe-

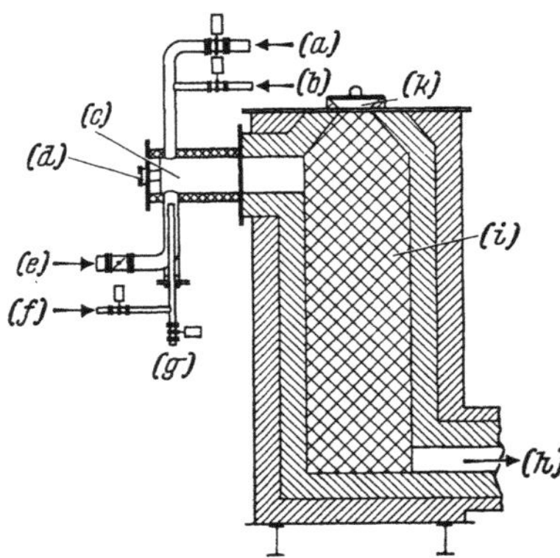

Bild 250. Schema eines HOAG-Gas-umsetzers[492])

a Gichtgas vom Reduktionsschachtofen, b methan-haltiges Gas, c Zyklonbrenner, d Schauloch, e Ge-bläseluft, f Wasserdampf, g Sauerstoff und Wind, h Reduktionsgas Kohlenmonoxyd-Wasserstoff 1000 bis 1100 °C, i Katalysator, k Überdruckventil

handlung vorzunehmen (mindestens Kühlung und Auswaschen von CO_2 und Kondensation von H_2O).

Mit einer anderen Apparatur konnte im Zusammenhang mit dem Purofer-Verfahren der Hüttenwerk Oberhausen AG das Problem der Erzeugung CO_2- und H_2O-armer Reduktionsgasgemische bei exothermer Reaktion gelöst werden[492]), ohne daß eine Auswaschbehandlung erforderlich wird. Bild 250 zeigt die verwendete Apparatur. In einem Zyklonbrenner wird CH_4 mit O_2-haltigem Gas bei genau stöchiometrischer Einstellung ($O_2 : CH_4$ = 0,5) in einer Flammenreaktion umgesetzt; das entstehende Gemisch durchläuft anschließend eine vorerhitzte Katalysatorschicht, wo die Umsetzung unter geringem Wärmeverbrauch im gewünschten Sinne zu Ende geführt wird. Tafel 32 zeigt Zusammensetzung und Temperatur der entstehenden Gasgemische, die nunmehr ohne Einschränkung und ohne weitere Behandlung für die Reduktion von Eisenoxyden einsetzbar sind. Zwei derartige Gasumsetzer arbeiten im Wechseltakt wie die Winderhitzer beim Hochofen. Ein Gasumsetzer wird jeweils mit dem Gichtgas der Erzreduktion aufgeheizt, der andere erzeugt das benötigte Reduktionsgas. Die Funktion der Spaltöfen ist somit zweifach: Regenerativer Wärmespeicher und Katalysator für die Spaltreaktion. Über die Zusammenschaltung derartiger Gasumsetzer mit dem Reduktionsaggregat vgl. Abschn. 4.6.

Sämtliche Spaltverfahren sind in Aufbau und Betriebsweise bei Einsatz von Erdgas und anderen CH_4-haltigen Gasen wesentlich einfacher als bei

Tafel 30. *Spaltung nach dem Texaco-Verfahren nach* v. GRATKOWSKI[477]

Spaltung eines amerikanischen Erdgases:

Erdgaszusammensetzung:	Spaltgaszusammensetzung:
0,9% CO_2	2,2% CO_2
81,9% CH_4	38,0% CO
7,0% C_2H_6	59,5% H_2
6,2% C_3H_8	0,1% CH_4
2,4% C_4H_{10}	0,2% N_2
1,6% N_2	

Verbrauch:	je Nm³ Erdgas	je Nm³ CO + H_2
Erdgas	1 Nm³	0,329 Nm³
O_2	0,826 Nm³	0,272 Nm³
Erzeugung:		
Spaltgas	3,12 Nm³	1,025 Nm³
CO + H_2	3,04 Nm³	1 Nm³
mögliche Ab-dampferzeugung	etwa 1,7 kg	etwa 0,57 kg

Spaltung von Heizöl:

Brennstoffzusammensetzung:	Spaltgaszusammensetzung:
0,06% Asche	3,65% CO_2
85,59% C	47,97% CO
11,38% H	47,45% H_2
0,72% N	0,26% CH_4
1,96% S	0,22% N_2
0,35% O	0,46% $H_2S + COS$
Wichte .. 0,977 kg/l bei 23 °C	

Verbrauch:	je t Öl	je Nm³ CO + H_2
Öl	1 t	0,351 kg
Dampf	0,38 t	0,1335 kg
O_2	719 Nm³	0,2523 Nm³
Erzeugung:		
Spaltgas	2980 Nm³	1,046 Nm³
CO + H_2	2850 Nm³	1 Nm³

Einen Abhitzekessel sieht Texaco nicht vor
Angaben über den Rußgehalt des Gases liegen nicht vor

Einsatz von Öl. Öl muß in zusätzlichen Verfahrensschritten vergast werden. Die Neigung zur Rußbildung ist dabei besonders groß.

Tafel 31. *Spaltung höherer Kohlenwasserstoffe nach dem Shell-Verfahren nach v. GRATKOWSKI[477])*

	Brennstoff		
	Schweres Heizöl	Leichtbenzin	Propan
	Dichte 0,97 kg/l H_u 9840 kcal/kg Asche 0,07% C 85,4 % H 11,0 % N 0,2 % S 2,7 % (Rest auf 100% 0,63%)	Dichte 0,668 kg/l Siedebeginn 37 °C Siedeende 119 °C C 84% H 16%	C_2 0,2 Mol-% C_3H_6 28,2 Mol-% C_3H_8 69,3 Mol-% C_4 1,1 Mol-% $N_2 + CO_2$ 1,2 Mol-%
	Gaszusammensetzung		
CO_2	4,0%	4,0%	3,2%
CO	46,3%	41,3%	39,0%
H_2	48,2%	53,9%	56,8%
CH_4	0,3%	0,5%	0,7%
N_2	0,3%	0,3%	0,3%
$H_2S + COS$	0,9%	—	—
	Verbrauch je kg Brennstoff		
O_2	0,75 Nm³	0,77 Nm³	0,79 Nm³
Dampf	0,4 kg	0,4 kg	0,4 kg
	Verbrauch je Nm³ CO + H_2		
O_2	0,267 Nm³	0,245 Nm³	0,242 Nm³
	Erzeugung je kg Brennstoff		
Rohgas	3,0 Nm³	3,32 Nm³	3,40 Nm³
CO + H_2	2,83 Nm³	3,16 Nm³	3,26 Nm³
Hochdruck- Abdampf	2,45 kg	2,45 kg	2,45 kg

Tafel 32

	CO_2 %	C_nH_m %	CO %	H_2 %	CH_4 %	N_2 %	H_u kcal/Nm³
Restgas	0,9	1,9	11,4	9,8	54,1	21,0	5545
Erdgas	0,6	0,0	0,0	0,8	97,8	0,8	8406

Spaltgas aus	CO_2 %	CO %	H_2 %	CH_4 %	N_2 %
Restgas + O_2 . . .	0,8	26,7	58,1	1,8	11,8
Erdgas + O_2 . . .	1,7	25,4	63,1	4,7	4,8

Die Wasserdampfgehalte lagen unter 25 g/Nm³. Die Temperatur des Spaltgases lag zwischen 1050 bis 1100 °C.

5. Das Hochofenverfahren

5.1. Ansatzpunkte für die physikalisch-chemisehe Behandlung

Der Hochofen als Reduktions- und Schmelzgefäß für Eisenerze hat die
Genialität seiner Konzeption allein schon dadurch unter Beweis gestellt,
daß am Prinzip des Verfahrens über einen Zeitraum von 100 Jahren nahezu
nichts geändert zu werden brauchte. Bild 251 zeigt 3 Profile in vereinfachter
schematischer Darstellung, deren Konstruktion über etwa 100 Jahre aus-

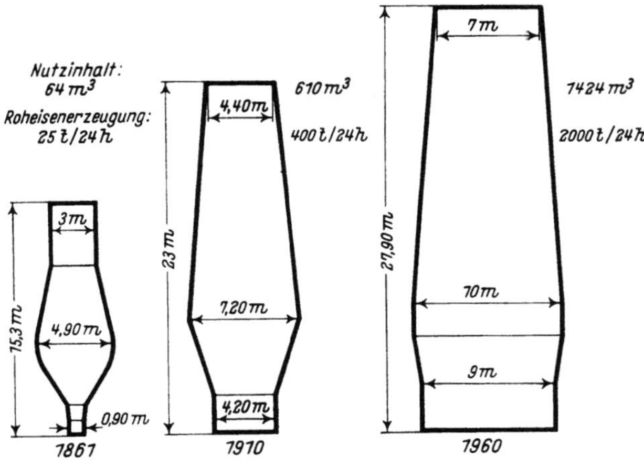

Bild 251
Entwicklung des Hochofenprofils von 1861 bis 1960 nach F. A. SPRINGORUM[499]

einanderliegt, als Beweis. Auf die Bauweise von Hochöfen soll an dieser
Stelle nicht im einzelnen eingegangen werden, hierzu bestehen ausführliche Handbücher, z. B. [517], vgl. [518].

Größe, Leistung und Wirkungsgrad wurden dagegen entscheidend verbessert, besonders rasche Fortschritte wurden seit 1950 erzielt. Bild 252
zeigt die erhebliche Steigerung der Leistung pro Ofen und die Absenkung
des spezifischen Kokssatzes in den Hochofenwerken der Bundesrepublik
(1950 gleich 100 gesetzt), Bild 253 die parallele Entwicklung in den USA.

Die physikalisch-chemische Durchleuchtung des Hochofenverfahrens
hat sich hierbei als nützlich erwiesen.

Anfangs beschäftigte man sich mit den thermodynamischen Aspekten
des Hochofens, z. B. [503-505]. Weiterhin wurden in den klassischen Arbeiten

von WAGNER, HOLSCHUH und BARTH[501]) sowie JOSEPH und Mitarbeitern[502]) bereits die Grundzüge der Möllervorbereitung richtig erkannt und dargestellt.

Die im wesentlichen thermodynamischen Untersuchungen wurden in jüngerer Zeit von F. WESEMANN[506]), R. GÖRGEN[507]) und E. SCHÜRMANN[508])

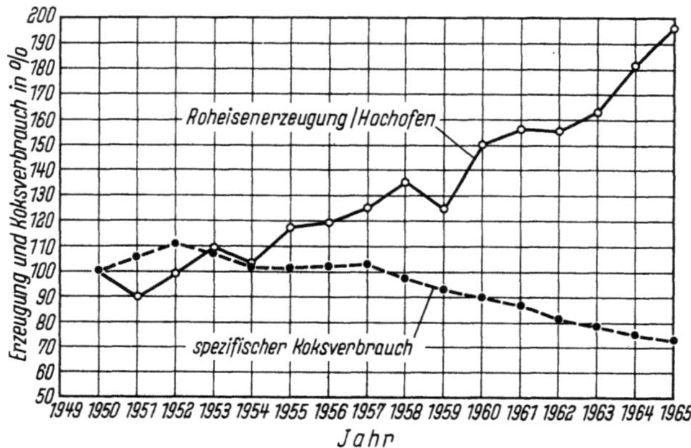

Bild 252. Entwicklung der Leistungszahlen der Hochöfen (Bundesrepublik Deutschland)

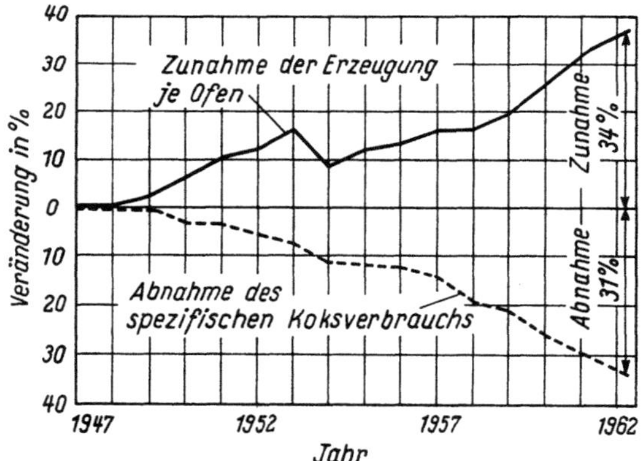

Bild 253. Entwicklung der Leistungszahlen der Hochöfen in den USA
nach W. R. TROGNITZ[500])

weitergeführt. Es wurde gezeigt, daß sich durch Verknüpfung der Wärme- und Stoffbilanzen zahlreiche Möglichkeiten der kontrollierenden Nachrechnung und daraus ein vertieftes Verständnis von Betriebsdaten aus der Hochofenpraxis ergeben. Derartige Berechnungen sind ein unentbehrliches

Hilfsmittel bei der Bewertung und Auswertung von Betriebsversuchen geworden.

Parallel und in Ergänzung zu diesen Arbeiten wurden die thermodynamischen Funktionen, insbesondere die Gleichgewichte und Wärmetönungen der im Hochofen ablaufenden chemischen Reaktionen in umfangreichen

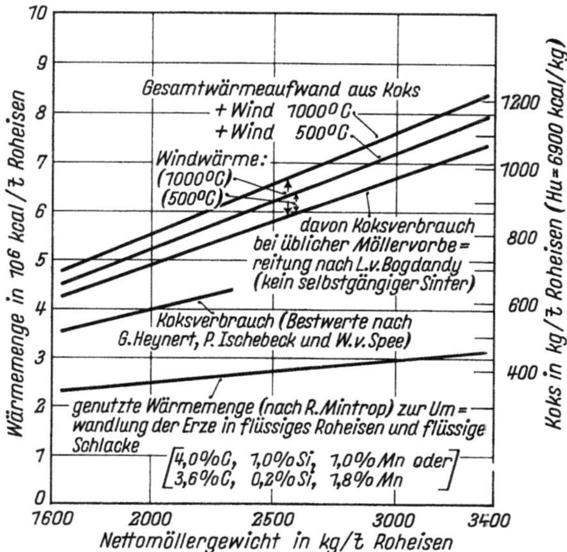

Bild 254. Aufgewendete und im Hochofen genutzte Wärmemengen beim Erschmelzen von Roheisen bei unterschiedlichem Nettomöllergewicht (Stückerzmöller voll klassiert mit Agglomeraten)

Untersuchungen ermittelt. Sie dürften heute für den überwiegenden Anteil als hinreichend genau geklärt gelten (Näheres in Abschn. 1).

Man ist heute in der Lage, den Wärmebedarf für die Umwandlung von Erzen in flüssiges Roheisen recht genau anzugeben (vgl. Abschn. 4.1 und [507, 509]). Beim Vergleich mit dem tatsächlichen Brennstoffaufwand ergibt sich jedoch ein weit unter 100% liegender und zudem noch stark veränderlicher Nutzungsgrad der Wärme, wie Bild 254 zeigt. Die Linie für den Koksverbrauch bei üblicher Möllervorbereitung stammt aus einer mathematisch-statistischen Auswertung der im Jahre 1961 zur Verfügung stehenden Betriebsdaten[510]), die Bestwerte aus [511]) (Näheres in Abschn. 5.2). Der Nutzungsgrad der eingebrachten Wärme liegt zwischen 35 und 60%, Tafel 33. Wärmeverluste entstehen hauptsächlich durch

    a) Kühlung und Abstrahlung,
    b) den fühlbaren Wärmeinhalt des Gichtgases und
    c) den im Hochofen ungenutzten CO-Anteil, der sich im Gichtgas wiederfindet.

Die Verluste gemäß a) sind durch die Bauart der Hochöfen bedingt und liegen in der Größenordnung von 2 bis 5% des Gesamtwärmeeinbringens (vgl. Tafel 33). Der fühlbare Wärmeinhalt des Gichtgases b) entsprechend den vorkommenden Temperaturen von 100 bis 400 °C an

Tafel 33. *Überschlagsangaben für Hochofen-Wärmebilanzen*[520])

		%
Wärmeeinnahmen	Kokswärme	90 bis 95
	Windwärme	5 bis 10
Wärmeausgaben	Nutzwärme	30 bis 45
	Wandverluste	2 bis 5
	Abgaswärme	50 bis 65
Im einzelnen	Reduktion Fe	15 bis 25
	Reduktion Eisenbegleiter	1,5 bis 3,5
	Wärmewert C im RE	3 bis 6
	Wärmeinhalt des fl. RE	2,5 bis 4,0
	Wärmeinhalt der fl. Schlacke	3 bis 5,5
	Vorbereitung der Beschickung	2 bis 5,5
	Bildungswärme der Schlacke	0,8 bis 1,5
	Fühlbare Gaswärme	3 bis 6
	Gasheizwert	45 bis 60

der Gicht normal gehender Hochöfen beträgt ebenfalls nur wenige Prozent des Gesamtwärmeaufwandes. Ins Gewicht fällt vorwiegend (c), daß nämlich ein erheblicher Teil des CO nicht bei der Reduktion der Erze unter Wärmeentwicklung verbraucht wird, sondern ungenutzt den Ofen verläßt. Der chemische Nutzungsgrad des CO im Hochofen kann gekennzeichnet werden durch den Ausdruck:

$$\eta_{CO} = \frac{CO_2}{CO + CO_2}$$

wobei CO_2 und CO die entsprechenden Volumenanteile im Gichtgas bedeuten. CO_2 aus der Kalksteinzersetzung ist einzubeziehen (vgl. Abschn. 5.2). Bild 255 (berechnet nach den Daten in [510])) zeigt, daß η_{CO} zwischen 25 und 45% liegt, und zwar bei reichem Möller, d. h. niedrigem Nettomöllergewicht, im allgemeinen am höchsten. Der im Gichtgas als Verbrennungswärme des CO verlorene Anteil der eingebrachten Brennstoffwärme liegt in jedem Fall sehr hoch.

Die Wirtschaftlichkeit des Hochofenbetriebs hängt entscheidend von dem erreichten chemischen Ausnutzungsgrad η_{CO} ab.

Nicht ausreichend geklärt sind die leistungsbestimmenden Faktoren des Hochofenbetriebs. Als Weltrekord der Erzeugungsleistung wurden 4240 t Roheisen täglich (als Monatsmittelwert) in einem sowjetischen Hochofenwerk[512 a]) erreicht. Der Gestelldurchmesser des Hochofens beträgt 9,75 m, die Gestellfläche 74,7 m² und die Leistung pro m² Gestellfläche 56,5 tato RE/m², Bestwerte weiterer Hochöfen wurden in Tafel 34 zusammenge-

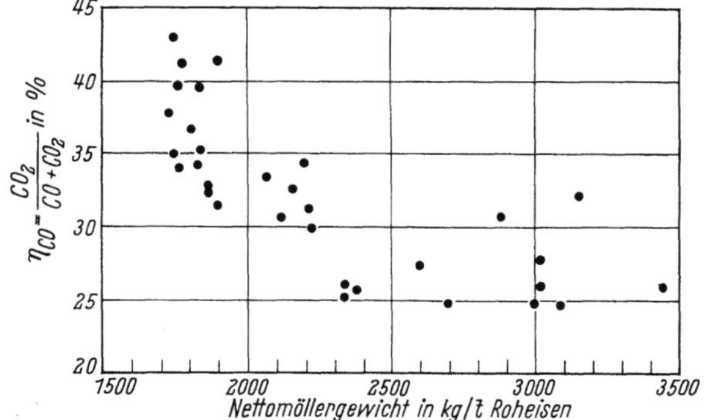

Bild 255. Chemische Ausnutzung des Gichtgases η_{CO} in Abhängigkeit vom Nettomöllergewicht (aufgetragen nach Unterlagen in [510])

stellt, wobei der besseren Vergleichbarkeit halber die Erzeugungsleistung auch auf den Nutzinhalt und die Gestellfläche der Öfen bezogen wurde.

Die Meinungen, welche Einsatzstoffe und welche Art der Möllervorbereitung und Hochofenbetriebsweise zur Erzielung von Höchstleistungen am günstigsten sind, gehen weit auseinander. Diese Unsicherheit nimmt nicht

Tafel 34. *Bestleistungen von Hochöfen*[746, 752, 757, 758])

Werk	Maßeinheit	Mannesmann AG, Duisburg-Huckingen	Hüttenwerk Oberhausen AG Ofen A	Bethlehem Steel Corporation Sparrows Point	Čerepovec	Chiba Nr. 5
telldurchmesser	m	7,0	8,5	8,76	9,75	10,0
zinhalt	m³	821	1449	1430	2000	2141
e	kg/t Roheisen	255	686	11	3	49
ter	kg/t Roheisen	—	1040	397	1645	51
lets	kg/t Roheisen	1320	—	969	—	—
tomöller . . .	kg/t Roheisen	1897	1690	1570	1648	—
xsverbrauch (tr.)	kg/t Roheisen	578	580	500	434	488
. . . .	kg/t Roheisen	—	—	44	—	50
lgas	Nm³/t Roheisen	—	—	—	110	—
melzleistung . .	t/24 h	2091	2781	3177	4240	4125
nraumausnut- ung	t/m³ · 24 h	2,547	1,92	2,222	2,12	1,926
eugung pro Ge- tellflächeneinheit	t Roheisen/ 24 h · m²	54,3	49,0	52,7	56,5	52,5
lackenmenge. .	kg/t Roheisen	386	379	235	361	320
htgasdruck . .	atü	—	—	0,70	1,77	1,00

wunder, wenn man die Vielzahl von möglichen Maßnahmen betrachtet, mit denen der Hochöfner das Betriebsergebnis beeinflussen kann (s. Bild 256).

Auch ist nicht bekannt, ob die angegebenen Höchstleistungen die Grenze des im Hochofen möglichen darstellen.

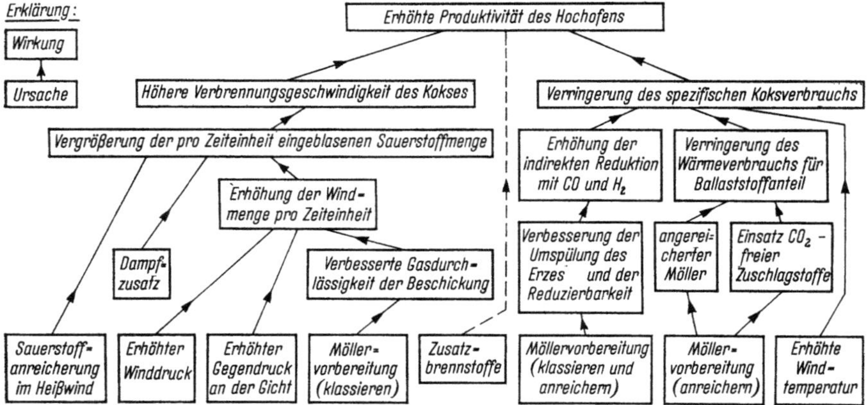

Bild 256. Einflußgrößen auf die Produktivität des Hochofens nach E. W. Voice u. K. G. Dixon[515])

Aus diesen Darlegungen ergeben sich wichtige Aufgaben für die theoretische Behandlung:

a) Feststellung der Leistungsgrenzen des Hochofens hinsichtlich Erzeugung und Brennstoffverbrauch;

b) Vorausbestimmung der günstigsten Betriebsweise der Erzvorbereitung und des Hochofens, insbesondere Stückerzklassierung und Agglomerierung der Feinerze;

c) Vorausberechnung der unter bestimmten Möller- und Arbeitsbedingungen zu erwartenden Betriebsergebnisse, insbesondere Leistung und Koksverbrauch;

d) Züchtung optimal reduktionsfähiger und hochofentauglicher Agglomerate aus Feinerzen;

e) Teilersatz des Kokses durch billigere Brennstoffe; Vorausabschätzung der bei Zusätzen von gasförmigen, flüssigen und festen Brennstoffen aller Art zu erwartenden Betriebsdaten;

f) Beschleunigung der Reaktionen und damit Steigerung des Durchsatzes und der Hochofenleistung, bezogen auf die Einheit des nutzbaren Volumens und der Gestellfläche.

Diese Aufgaben sind unter Berücksichtigung zahlreicher Nebenbedingungen zu behandeln, insbesondere Durchgasung, Wärmeübergang, Standfestigkeit der Einsatzstoffe im Hochofen und viele andere.

Eine vollständige, sichere Vorausberechnung von Hochofenbetriebsdaten ist bis heute nicht möglich.

Die z. Z. noch vorherrschende thermodynamische Betrachtungsweise ist nur in der Lage, die Betriebsresultate nachträglich zu interpretieren und die Meßdaten auf Richtigkeit und Vollständigkeit zu prüfen.

Vorausberechnungen von Reaktionsgeschwindigkeiten und damit der Erzeugungsleistung und des Koksverbrauchs sind auf der Basis von Stoffbilanzen und Enthalpiewerten (Wärmebilanzen), d. h. der Thermodynamik allein, grundsätzlich nicht möglich.

Reaktionskinetisch auswertbare Messungen über die Geschwindigkeit der im Hochofen ablaufenden chemischen Umsetzungen werden in größerem Umfang seit 1950 durchgeführt (s. Abschn. 2), und zwar sowohl im Laboratorium als auch im Hochofenbetrieb. Das bisher vorliegende Material ergibt jedoch ein in wichtigen Zügen noch unvollständiges Bild. Besonders die Vorgänge beim Erweichen und Schmelzen der Einsatzstoffe sind erst wenig erforscht und können nur gestreift werden. Der Schwerpunkt der nachstehenden Kapitel liegt — entsprechend der Zielsetzung dieser Monographie — in der Anwendung der Reaktionskinetik.

Annähernde Voraussagen und Erzbewertungen sind bis heute nur unter Einschaltung entweder allgemeiner reaktionskinetischer Überlegungen oder der betrieblichen Erfahrung über die mathematische Statistik gelungen, z. B. [510, 516]. Eine echte Vorausberechnung von Betriebsdaten, unabhängig von bereits vorliegenden Daten aus dem zur Berechnung anstehenden Fall sehr nahekommenden Betriebsergebnissen, ist nur durchführbar, wenn die Reaktionsgeschwindigkeiten und Wärmeübergangszahlen für sämtliche Einsatzstoffe in einem weiten Bereich der Zustandsbedingungen genau bekannt sind, d. h., wenn eine Großzahl von reaktionskinetischen Daten vorliegt.

Nachstehend wird geschildert, welche Ergebnisse aus der Anwendung der Grundlagen auf den Hochofenbetrieb und ihrer sinngemäßen Verknüpfung mit der praktischen Erfahrung bis jetzt erreicht werden konnten und gleichzeitig aufgezeigt, wo die Durchführung weiterer Berechnungen und Versuche im Laboratorium und Betrieb sinnvoll und sogar notwendig erscheint.

5.2. Vorbereitung des Möllers

5.2.1. Grundzüge der Verfahrenstechnik

Schon im Jahre 1932 wiesen WAGNER, HOLSCHUH und BARTH[521] nach, daß der Stückgrößenbereich der Erze vor Aufgabe in den Hochofen nach oben und unten eingeengt werden muß, wenn ein Optimum an Leistung und Brennstoffverbrauch erreicht werden soll. Ähnliche Überlegungen führten in den USA fast gleichzeitig zu bemerkenswerten Ergebnissen[521a]. Das feine Korn etwa unterhalb 5 mm ist schädlich, da es sich beim Begichten meist örtlich anreichert und damit die Möllersäule in bestimmten Bereichen

Bild 257. Luftbild einer Möllervorbereitungsanlage[523])

regelrecht verstopft. In Abschn. 3.1 war bereits darauf hingewiesen worden, daß schon verhältnismäßig geringfügige Feinkornanteile in der Möllersäule genügen, um deren Durchgasungswiderstand erheblich zu erhöhen. Ebenso schädlich wie Feinkornanteile sind grobe Brocken oberhalb etwa 80 mm Stückgröße, da in ihnen der Wärmeübergang und auch die Reduktion stark gebremst werden. Die Einengung des Stückgrößenbereichs durch eine Vorbereitung des Möllers, von WAGNER und Mitarbeiter auch ,,physikalische Möllerung“ genannt, hat sich in den letzten 10 Jahren auf einer überwiegenden Mehrzahl von Hochofenwerken eingeführt, z. B.[523-526.526a]), wobei die reaktionskinetische und strömungstechnische Durchleuchtung der Vorgänge eine wesentliche Hilfestellung zu geben vermochte.*

Für die Vorbereitung des Möllers unterscheidet man im wesentlichen 3 Gruppen von Anlagen, deren Einsatzbereich von der Natur der Erze abhängt:

5.2.1.1. Erzbrech- und Siebanlagen

Verfahrenstechnik: Das angelieferte stückige Roherz wird in Brechern auf die gewünschte Stückgröße zerkleinert, und anschließend das mit angelieferte sowie das beim Brechen zusätzlich entstehende Feinkorn durch

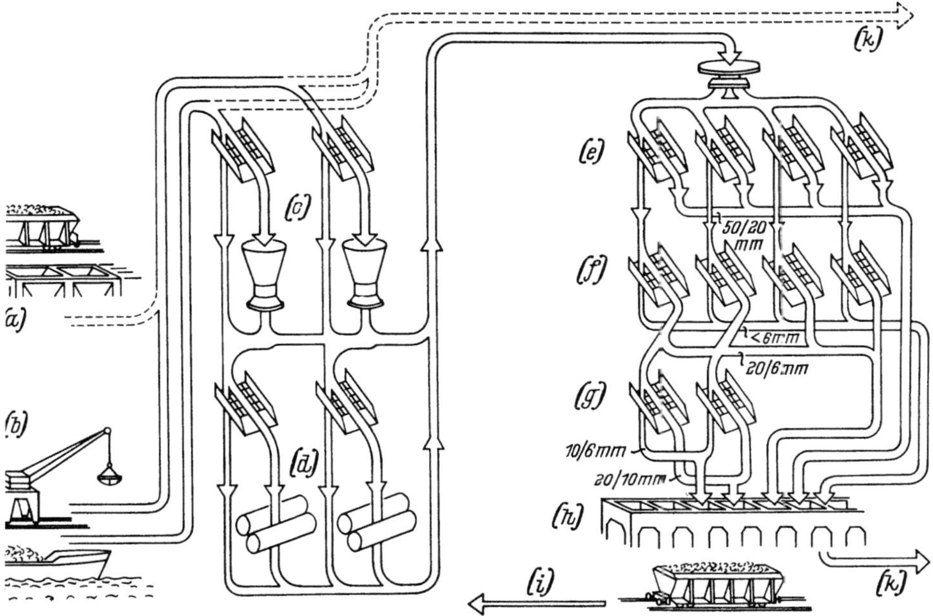

Bild 258. Fließbild einer Erzbrech- und Siebanlage[523])

(*a*) Tiefbunker, (*b*) Kräne, (*c*) 1. Brecherstufe von 300 auf 50 mm, (*d*) 2. Brecherstufe von 50 auf 20 mm, (*e*) 1. Siebstufe, 20 mm-Quadratmaschensiebe, (*f*) 2. Siebstufe, 6 mm-Tria-Harfensiebe, (*g*) 3. Siebstufe, 10 mm-Quadratmaschensiebe, (*h*) 14 Erzbunker (470 m³), (*i*) Zum Hochofenwerk, (*k*) Zur Sinteranlage

Siebung abgetrennt. Bild 257 zeigt einen Überblick über die Erzbrech- und Siebanlagen eines westdeutschen Hüttenwerkes[523]), deren Standort zwischen Erzentladung (Wasser- und Bahntransport) und Sinteranlage als typisch für Anlagen dieser Art gelten kann. In Bild 258 ist der Stofffluß

---

* Über das ältere Schrifttum zur Möllervorbereitung, insbesondere die verwendeten Anlagen, berichtete zusammenfassend W. LUYKEN[522]).

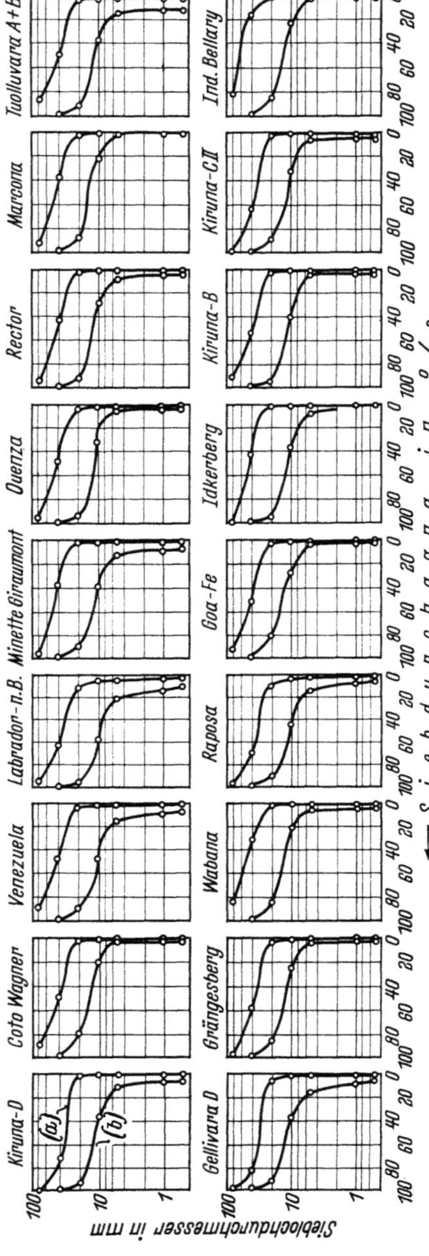

Bild 259. Siebanalysen von Stückerzen nach Durchgang durch Erzbrech- und Siebanlage. Zeitraum für die Auswertung Oktober 1960 bis September 1961

(a) Absiebung auf 20 bis 60 mm, (b) Absiebung auf 6 bis 20 mm[523] der in Bild 257 gezeigten Erzbrech- und Siebanlage schematisch dargestellt. Das Erz durchläuft nach der Entladung zwei Brechstufen, Kegelbrecher und Walzenbrecher, die jeweils durch eine Vorabsiebung entlastet werden, und anschließend vier parallel arbeitende Siebstraßen. Auf Einzelheiten kann in diesem Zusammenhang nicht eingegangen werden. Es genüge der Hinweis, daß der Körnungsbereich, der im Anlieferungszustand zwischen etwa 0 bis 200 mm liegt, durch Brechen und Sieben etwa in die folgenden 3 Bereiche zerlegt wird:

a) Feinkorn 0 bis etwa 6 mm (zur Agglomerieranlage),
b) Stückerz etwa 6 bis 20 mm (zum Hochofen) und
c) Stückerz etwa 20 bis 60 mm (zum Hochofen).

Bild 259 zeigt an einigen Beispielen die tatsächlich entstehende Korngrößenverteilung der Fraktionen b) und c). In manchen Erzbrech- und Siebanlagen fällt nur *eine* Stückerzfraktion an[526]. Auf die Vor- und Nachteile dieser beiden Varianten wird weiter unten eingegangen.

5.2.1.2. Sinteranlagen

Verfahrenstechnik: Feinerze fallen beim Brechen und Sieben der Erze, häufig auch schon in der Grube oder bei der Aufbereitung von armen Erzen an. Soweit der Anteil unter 0,1 mm im Feinerz nicht zu hoch wird, ist die klassische Sinteranlage (Bild 260) noch immer ein ausgezeichnet geeigneter und weitverbreiteter Apparat zur Stückigmachung. Die z. Z. gebräuchlichen Anlagen arbeiten fast sämtlich nach dem Saugzugprinzip, z. B. [523, 527–529], in Einzelfällen auch mit Drehöfen[530], ähnlich wie bei der Zementklinkerherstellung. Bei den Saugzugsinteranlagen wird das Feinerz mit etwa 4 bis 10% Brennstoffzusatz, meist Koksgrus, in Trommeln gemischt, vorgekrümelt und auf beweglichen Rosten nach Zündung des Koksgruses mit Gas- oder Ölbrennern unter Hindurchsaugen von Luft bei Gastemperaturen zwischen 1200 bis 1400 °C zusammengesintert. Die Schütthöhen betragen bis zu 35 cm, der anwendbare Saugzug ist auf etwa 1100 mm WS begrenzt. Die Sinterung ist beendet, wenn der in der Mischung vorhandene Brennstoff verbrannt ist. Die Verbrennungsgeschwindigkeit und damit die erzielbare Leistung der Anlage ist abhängig von der gleichmäßigen, schnellen Zufuhr der Verbrennungsluft an die Koksgrusteilchen der Schüttschicht, wie von VOICE (Bild 261) und RAUSCH und CAPPEL[540] nachgewiesen wurde. Auch hier ist also eine hohe und gleichmäßige Durchgasbarkeit der Schüttung entscheidend. Bild 262, das nach der Carman-Kozeny-Gleichung (für das Beispiel in Bild 263) errechnet wurde, zeigt, daß die Schüttung keine nennenswerten Anteile unter 0,3 mm enthalten darf, wenn hohe Durchgasbarkeit (auch Permeabilität genannt), Wärmeübergang[540a] und dadurch eine hohe Sinterleistung gewährleistet werden

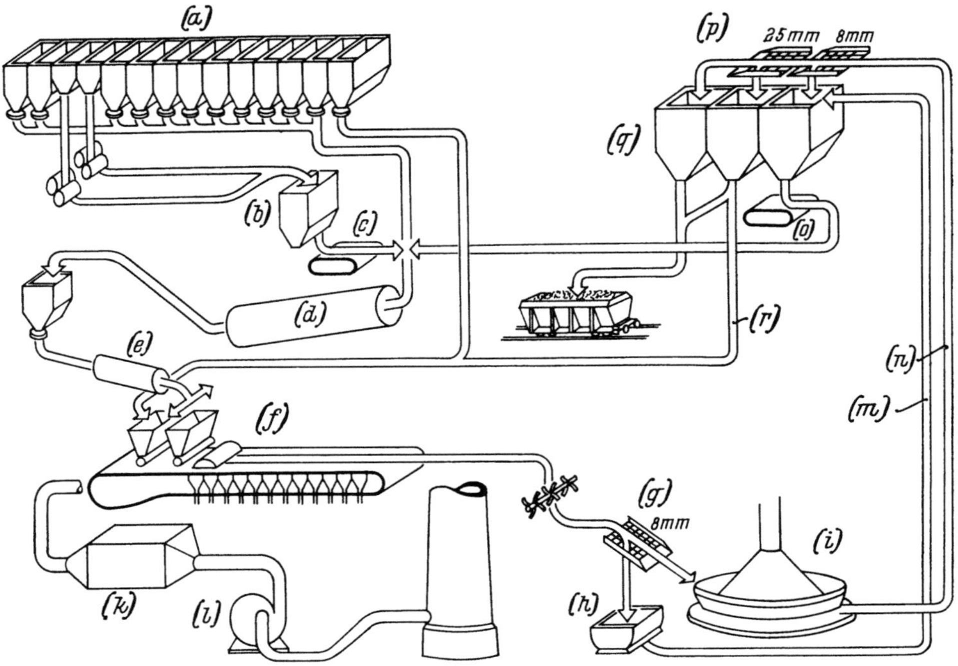

Bild 260. Fließbild einer Bandsinteranlage[523])

(a) 2 Bunker für Koksgrus, 11 für Feinerz, 1 für Erzsplitt, (b) Koksgrus 3 mm, (c) Koksdosier-band, (d) Vormischtrommel, (e) Nachmischtrommel, (f) Sintermaschine: Breite 2,50 m, Länge 37,50 m, Saugfläche 93,75 m², (g) Heißabsiebung, (h) Rückgutkühler, (i) Sinterkühler (255000 m³ Kühlluft/h, 180 mm WS), (k) Staubgehalt hinter den zweistufigen Elektrofiltern unter 0,100 g/m³, (l) Gebläse 150°C, 1100 mm WS, 550000 m³/h, (m) gekühltes Rückgut, (n) gekühlter Sinter, (o) Rückgut-Dosierband, (p) Kaltabsiebung, (q) Fertigsinter, (r) Rostbelag

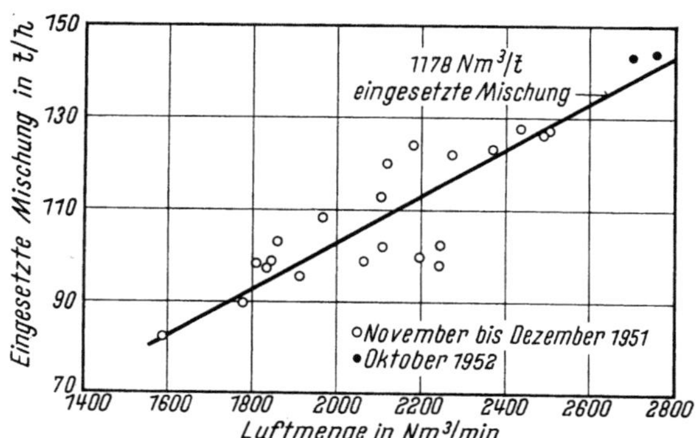

Bild 261. Einfluß der Luftmenge je Zeiteinheit auf den Durchsatz der Sinteranlage nach E. W. Voice, S. H. Brooks, W. Davies u. B. L. Robertson[531])

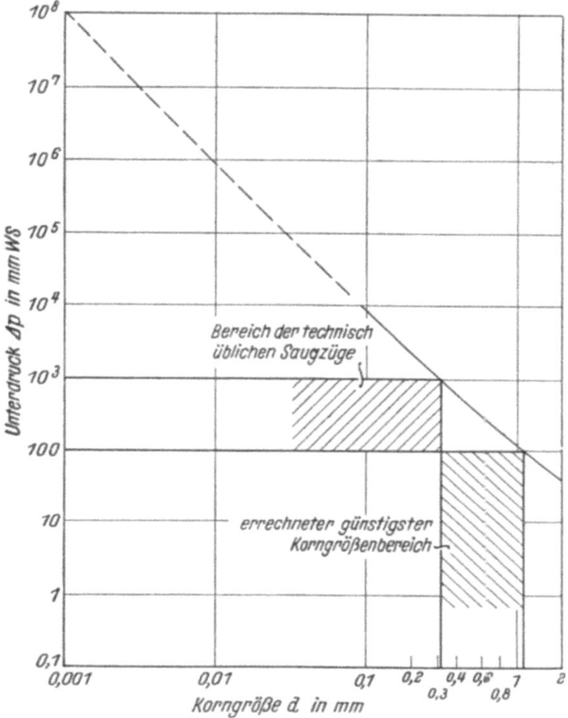

Bild 262. Notwendiger Unterdruck beim Sintern in Abhängigkeit von der Korngröße der Sintermischung[533])

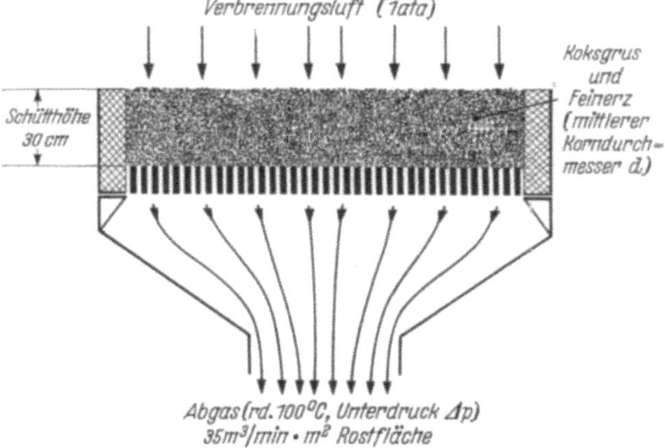

Bild 263. Schema der Saugzugsinterung von Eisenerzen[533])

 Tafel 35. *Zusammenstellung der untersuchten Rohstoffe mit den ermittelten*
nach H. KOSMIDER,

| Art des Erzes | Bestwert | | | | | Sinter-grad | Rückgut < 10 mm |
	H_2O %	C %	Kalk*) (CaO) %	Dolo-mit %	Dach-staub %	%	%
Walzenschlacke	6,0	3,0	—	—	—	100,0	18,0
	6,0	3,0	3,0	—	—	100,0	19,3
	6,0	3,0	—	6,0	—	100,0	18,0
	6,0	3,0	—	—	6,0	100,0	17,0
Schwedenkonzentrat C . .	8,0	4,0	—	—	—	75,0	13,4
	8,0	4,0	4,0	—	—	100,0	—
	8,0	4,0	—	5,0	—	67,9	23,4
	8,0	4,0	—	—	7,5	100,0	15,7
Allerheiligen-Erz	14,0	4,0	—	—	—	100,0	—
	14,0	4,0	5,0	—	—	100,0	25,5
	14,0	4,0	—	4,0	—	100,0	20,4
	14,0	4,0	—	—	15,0	100,0	20,0
Echte fein	13,0	5,0	—	—	—	100,0	28,3
	13,0	5,0	2,0	—	—	100,0	—
	13,0	5,0	—	4,0	—	100,0	25,7
	13,0	5,0	—	—	10,0	100,0	23,0
Naßkonzentrat	13,0	3,5	—	—	—	100,0	22,2
	13,0	3,5	7,0	—	—	100,0	—
	13,0	3,5	—	4,0	—	100,0	23,5
	13,0	3,5	—	—	25,0	100,0	22,6
Geislinger Erz fein . . .	14,0	6,0	—	—	—	100,0	21,4
	14 0	6,0	2,0	—	—	100,0	22,9
	14,0	6,0	—	2,0	—	100,0	18,0
	14,0	6,0	—	—	15,0	100,0	19,0
Gichtstaub	16,0	8,7	—	—	—	100,0	25,6
Gichtstaub mit Purpurerz	17,0	5,0	—	—	—	100,0	19,4
Spanische Abbrände . . .	21,0	5.0	—	—	—	80,0	—
	21.0	5,0	6,0	—	—	100,0	35,1
	21.0	5,0	—	6,0	—	100,0	31,1
	21,0	5,0	—	—	15,0	100,0	31,6
Abbrände aus Bochum-Riemke . .	25,0	6,0	—	—	—	42,5	—
	25,0	6,0	5,0	—	—	64,3	—
	25,0	6,0	—	5,0	—	56,6	—
Purpurerz	18,0	5,0	—	—	—	100,0	35,5
	18,0	5,0	2,0	—	—	100,0	48,4
	18,0	5,0	—	4,0	—	100,0	41,7
	18,0	5,0	—	—	15,0	100,0	38,1
Jugoslawische Abbrände .	26,0	5,0	—	—	—	50,0	—
	26,0	5,0	10,0	—	—	50,0	—
	26 0	5 0	—	7.5	—	50,0	—
	26,0	5,0	—	—	10,0	50,0	—
Portugiesische Abbrände .	15,0	6,0	—	—	—	79,8	—
	15,0	6,0	3,0	—	—	100,0	—
	15,0	6,0	—	6,0	—	100,0	—
	15,0	6,0	—	—	5,0	100,0	—
Rückgut, 10 mm	8,4	2,9	—	—	—	100,0	17,3
	7,0	2,6	—	—	—	100,0	16,5

* Der bei den Versuchen verarbeitete Kalk hatte 66,5% CaO.

Chemische Analyse des Rohstoffes								
FeO %	Fe_2O_3 %	ΣFe %	Mn %	P %	SiO_2 %	Al_2O_3 %	CaO %	MgO %
49,56	39,99	67,91	0,90	0,60	2,14	1,09	0,15	0,23
24,32	65,14	64,40	0,24	1,28	2,36	1,38	2,85	0,34
1,30	49,10	35,48	0,42	0,60	21,82	8,47	6,05	1,26
14,65	18,03	23,97	0,28	0,38	15,93	11,50	16,73	3,33
4,59	49,88	38,48	0,36	0,54	15,32	6,83	4,69	2,03
2,40	46,82	34,64	0,58	0,40	21,68	7,35	6,95	1,52
26,30	19,57	34,09	0,94	1,02	15,94	5,37	11,85	1,39
6,30	74,90	57,31	0,17	0,16	6,52	3,05	0,61	0,39
3,50	59,55	44,28	0,29	0,024	16,56	6,12	2,56	1,17
1,25	85,92	61,12	0,09	0,056	6,18	2,44	0,65	0,28
2,05	76,65	55,10	0,10	0,032	12,81	3,70	0,35	0,2
1,11	82,80	58,82	0,12	0,02	3,24	2,65	0,71	0,13
9,15	61,16	49,86	0,33	0,36	12,36	3,45	5,60	1,13
7,23	56,23	44,92	0,27	0,36	14,18	2,81	8,74	1,17

sollen. Bild 264 bestätigt, daß sich bei höherer Permeabilität der Schüttung bessere Leistungen ergeben.

Da fast sämtliche Feinerzsorten erhebliche Anteile unter 0,3 mm enthalten, ist es erforderlich, die Feinerze zwischen Vermischung und Aufgabe auf den Sinterrost unter Ausnutzung der Oberflächenspannung des Wassers in kleine Krümel mit losem Zusammenhalt umzuformen. Diese Aufgabe wird in modernen Sinteranlagen durch getrennte Granulier- oder Rolliertrommeln oder Teller gelöst. Diese Maßnahme führt zu einer beträchtlichen

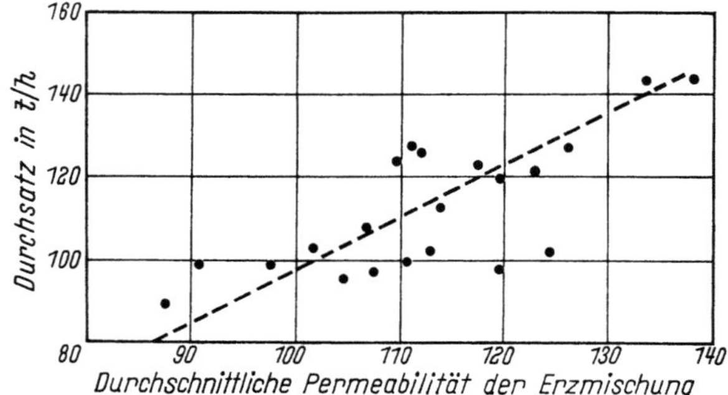

Bild 264. Einfluß der Permeabilität der Mischung auf den Durchsatz nach E. W. VOICE, S. H. BROOKS, W. DAVIES u. B. L. ROBERTSON[531])

Senkung der Sinterzeit und zu entsprechenden Leistungssteigerungen, wie mehrfach nachgewiesen werden konnte[533-536]). Nach oben sollte die Korngröße der Sintermischung auf etwa 5 mm begrenzt sein, da sonst der Wärmeübergang und das Zusammensintern behindert werden[532 a]).

Bei älteren Sinteranlagen hat man sich auch damit geholfen, eine vorhandene Mischtrommel so stark zu vergrößern, daß der angestrebte Krümelungseffekt bereits dort erreicht wurde[537]). Selbstverständlich ist der ordnungsgemäße Ablauf der Krümelung nur dann zu erreichen, wenn die Erzmischung auf einen optimalen Wassergehalt eingestellt ist. KOSMIDER, BERTRAM und SCHENCK[538]) haben diese *Bestnässe* für zahlreiche Erze ebenso wie den optimalen Brennstoffsatz experimentell ermittelt. Tafel 35 zeigt, daß diese Werte von Erz zu Erz sehr unterschiedlich ausfallen. Hier machen sich Einflüsse von Kornform, -größe und Benetzbarkeit bemerkbar. Bei der Aufgabe der Mischung auf das Sinterband muß durch geeignete Maßnahmen eine Entmischung nach Korngrößen verhindert werden[538a]).

Die Sinterroste sind entweder zu einem endlosen umlaufenden Band vereinigt (Dwight-Lloyd-Anlagen Bild 260[523])) oder aber zu beweglichen Einzelpfannen[539]) zusammengefaßt. Neuerdings sind Versuche im Gange, vom Prinzip des horizontalen Sinterrostes abzugehen und die Sinterung im vertikalen Strang[541]) vorzunehmen.

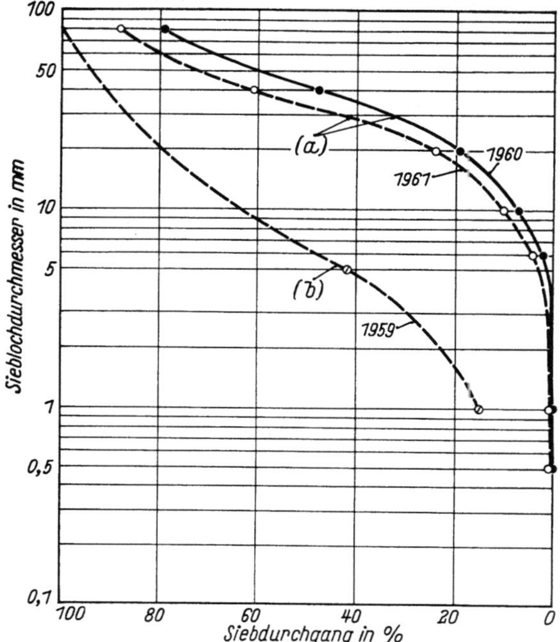

Bild 265. Siebanlage von Sinter[523])
(a) neue Bandsinteranlage, (b) alte Drehofenanlage

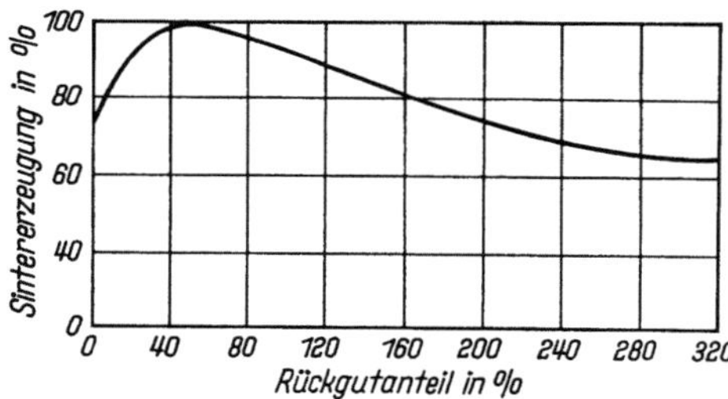

Bild 266. Erzeugungsleistung an Sinter in Abhängigkeit vom Rückgutanteil nach H. RAUSCH u. F. CAPPEL[540])

In sämtlichen modernen Sinteranlagen wird größter Wert gelegt auf einwandfreie Abtrennung des noch vorhandenen Feinkorns aus dem Fertigsinter. Die Notwendigkeit dafür zeigt Bild 265 mit den Körnungskennlinien von Sinter aus einer modernen Bandsinteranlage im Vergleich zu einer veralteten Drehofenanlage, der keine Siebanlage nachgeschaltet war.

Das abgetrennte Feinkorn geht als *Rückgut* wieder in die Mischung, wo
es einen notwendigen, die Durchgasung, den Sinterablauf und die Sinterleistung fördernden Bestandteil darstellt[540]) (Bild 266). Bei einem bestimmten, mischungsabhängigen Rückgutsatz zwischen 60 und 160% vom

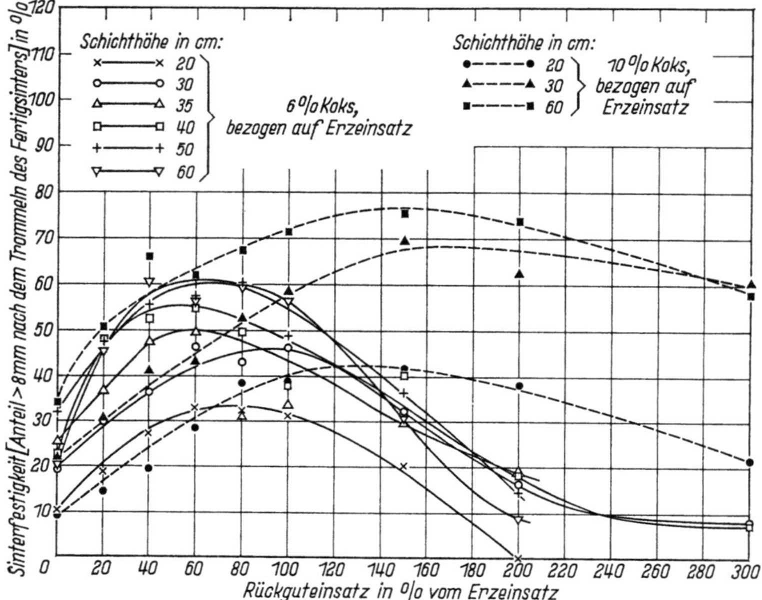

Bild 267. Sinterfestigkeit in Abhängigkeit von Rückguteinsatz und Schichthöhe
bei einem Kokssatz von 6 und 10% nach F. CAPPEL[550 b])

Erzeinsatz, durchläuft die Sinterfestigkeit ein Maximum[550b]) (Bild 267).
Saugzugsinteranlagen erreichen Leistungen von 200000 t monatlich (Jones
and Laughlin in Aliquippa[541a])).

5.2.1.3. Pelletisierungsanlagen (für Feinsterze)

Verfahrenstechnik: Feinste Erze (0 bis 0,1 mm entstehen in immer
stärkerem Umfang bei der Naßaufbereitung armer Erze, z. B. der Takonite
im Seengebiet der USA[542, 543, 543a]). Schon verhältnismäßig früh hat SENG-
FELDER[544]) erkannt, daß für die Stückigmachung feinster Erze grundsätzlich andere Verfahren eingesetzt werden müssen: Der aus der klassischen
Saugzugsinteranlage bekannte Krümelungseffekt wurde perfektioniert und
zur Grundlage eines neuen Verfahrens. Unter Zusatz von Wasser und geringen Anteilen von Bindemitteln (z. B. Spezialtone wie Bentonit, NaCl,
$CaCl_2$ oder $FeSO_4 \cdot 7\,H_2O$) werden in schräggestellten langsam rotierenden
Tellern oder Trommeln (Bild 268 und 269) aus den Konzentraten Kugeln von

Bild 268. Vorderansicht eines Pelletisiertellers von 5 m Dmr. mit Puderrand nach K. MEYER[546])

Bild 269 Ausschnitt eines in Betrieb befindlichen Tellers nach K. MEYER[546])

10 bis 30 mm Dmr. geformt, die durch die Oberflächenspannung des Wassers zusammengehalten werden, wie TIGERSCHIÖLD[545]) nachwies (Bild 270). An-

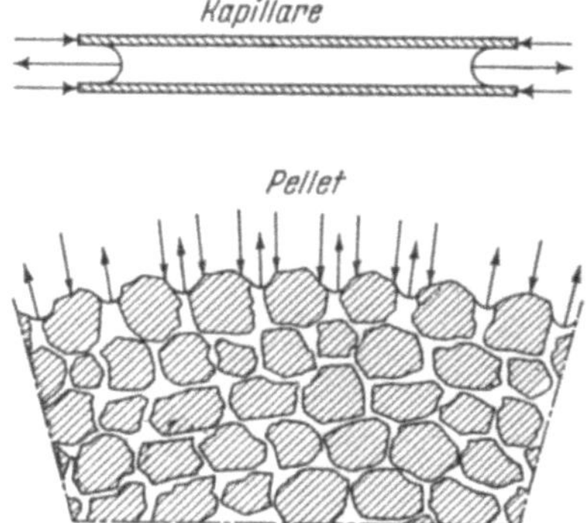

Bild 270. Druck- und Zugspannung im Kapillarrohr und im Porensystem eines Pellets nach M. TIGERSCHIÖLD[545])

schließend werden die nassen Kugeln (*Grünpellets*) in Schachtöfen, Drehöfen und teilweise auf Sinterbändern durch Verbrennungsabgase von Öl oder Gas bei Temperaturen oberhalb 1000 °C gehärtet. Auf Sinterrosten erfolgt die Wärmeentwicklung teilweise durch Verbrennung fester, feinkörniger Brennstoffe, die beim Herstellen der Grünpellets in die Außenzone eingebunden werden und ähnlich wie bei der klassischen Sinterung wirken. Die Bilder 271 bis 273 zeigen schematisch einige Anlagebeispiele. Bei der Aufheizung durchlaufen die Kugeln einen kritischen Temperaturbereich, wenn das Bindemittel Wasser schon verdampft ist, die Verfestigung durch Rekristallisation und Sinterung aber noch nicht eingesetzt hat. Hier wird ein

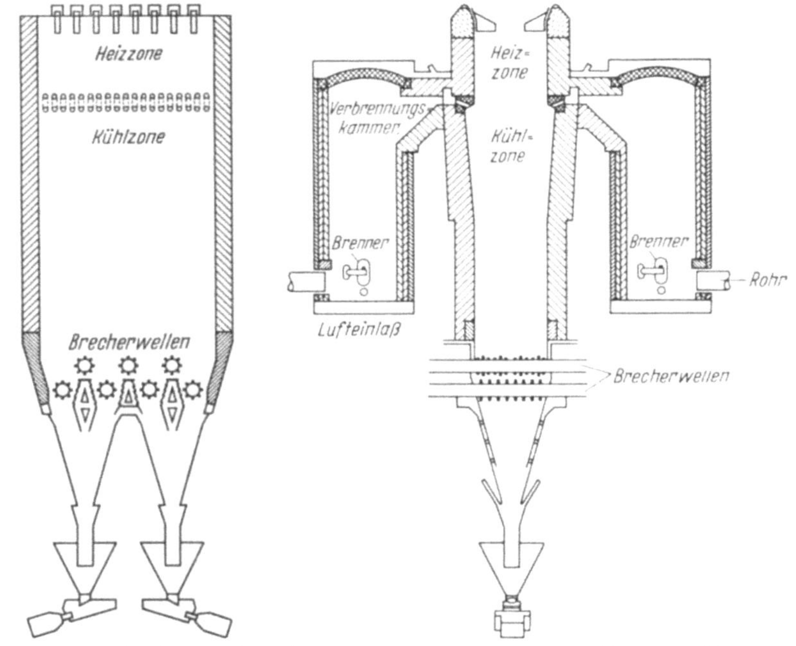

Bild 271. Schachtofen der Erie-Mining Co., zum Brennen von Pellets nach K. MEYER[546])

wenigstens schwacher Zusammenhalt durch die erwähnten zusätzlichen Bindemittel wie NaCl usw. gesichert, da sie die Erzteilchen wie eine mörtelartige Kruste verbinden. In Schachtöfen ist diese Phase schwieriger zu beherrschen als auf beweglichen Rosten. Das Fertigprodukt wird als

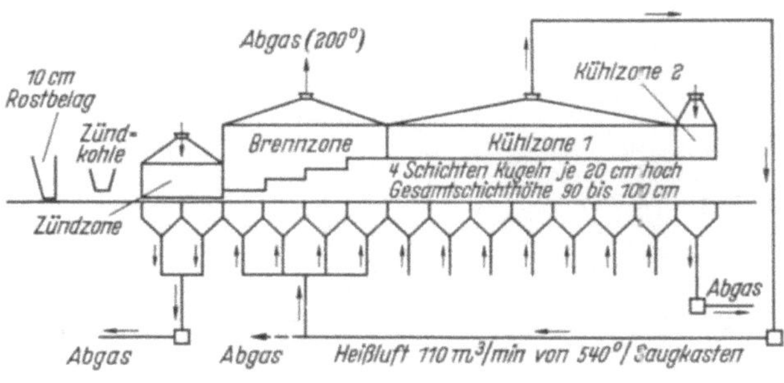

Bild 272

Druckpelletisiermaschine der Cleveland Cliff Iron Ore Co. nach K. Meyer[546])

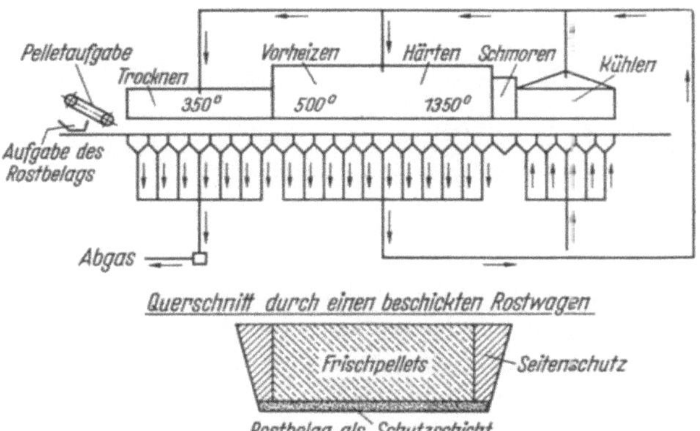

Bild 273. Pelletisiermaschine mit mehreren Brennzonen nach K. Meyer[546])

Pellets oder Kugelsinter bezeichnet und hat sich in den letzten Jahren einen erheblichen Markt erobert[547, 547a]).

Während die Gesamtkapazität der in den USA und Kanada[547b]) vorhandenen Pelletisieranlagen im Jahre 1956 erst 1 Mio t jährlich betrug, ist sie bis 1964 auf 37,3 Mio t jährlich gestiegen[606]). Einschließlich der geplanten und in Bau befindlichen Anlagen beläuft sich die Gesamtjahreskapazität in den USA und Kanada sogar auf 55,6 Mio t.

In einigen Fällen werden die Vorteile der Pellets als so groß erachtet, daß Feinerze absichtlich auf Pelletisierfeinheit gemahlen werden, damit sie nicht in Sinter, sondern in Pellets umgewandelt werden können.

5.2.1.4. Sonstige Agglomerierverfahren

Verfahrenstechnik: Verschiedentlich wurde versucht, Feinerze durch Zusammenpressen bei Raumtemperatur, d. h. durch Brikettieren, so zu verfestigen, daß Hochofentauglichkeit erreicht wird[533, 548, 548a]). Bild 274 zeigt ein Anlagebeispiel. Es hat sich herausgestellt, daß diese Art Agglo-

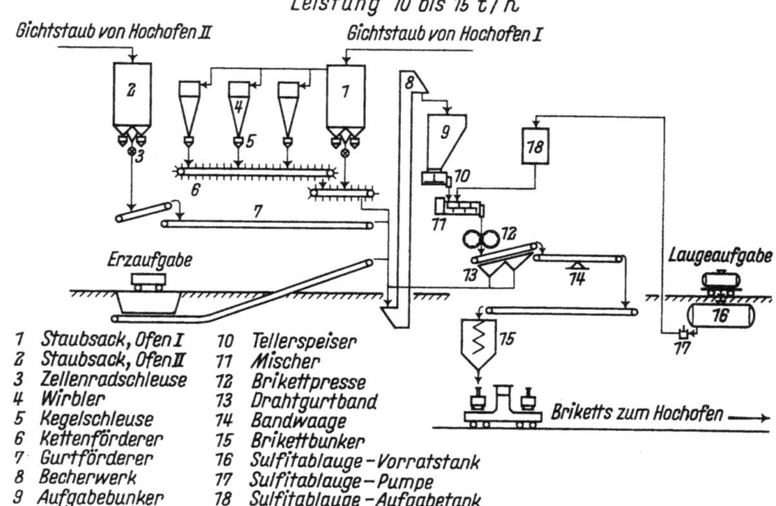

Bild 274. Stammbaum einer Brikettieranlage nach W. WOLF, W. WYSOCKI[548])

merate der starken Druck- und Abriebbeanspruchung scharf betriebener, großer Hochöfen nicht voll gewachsen ist. Der quantitative Nachweis konnte durch Verwendung radioaktiver Isotope erbracht werden[533]) (siehe auch Abschn. 5.3.)

Neuerdings wird versucht, die Briketts durch Erhitzen beim Pressen bis auf 1000 °C und evtl. teilreduzierten Einsatz zu verbessern („Heißbrikettierung")[550, 550a]); das Ergebnis bleibt abzuwarten, insbesondere hinsichtlich des zu erwartenden hohen Werkzeugverschleißes.

5.2.2. Anwendung der Reaktionskinetik auf die Möllervorbereitung und betriebliche Ergebnisse

5.2.2.1. Sicherung der Gleichmäßigkeit der Durchgasung

Der Hochofen kann als ein im Gegenstrom arbeitender Stoff- und Wärmeaustauscher zwischen der niedergehenden zunächst festen, später teigigen und flüssigen Beschickung und dem aufsteigenden Gas aufgefaßt werden. Ein guter Ofengang, d. h. hohe Durchsatzleistung bei niedrigem Brennstoffverbrauch, ist nur erreichbar, wenn die aufsteigenden Gase sowohl thermisch als auch chemisch weitestgehend ausgenutzt, d. h. mit möglichst niedriger Temperatur und möglichst hohem CO_2-Gehalt den Ofen verlassen.

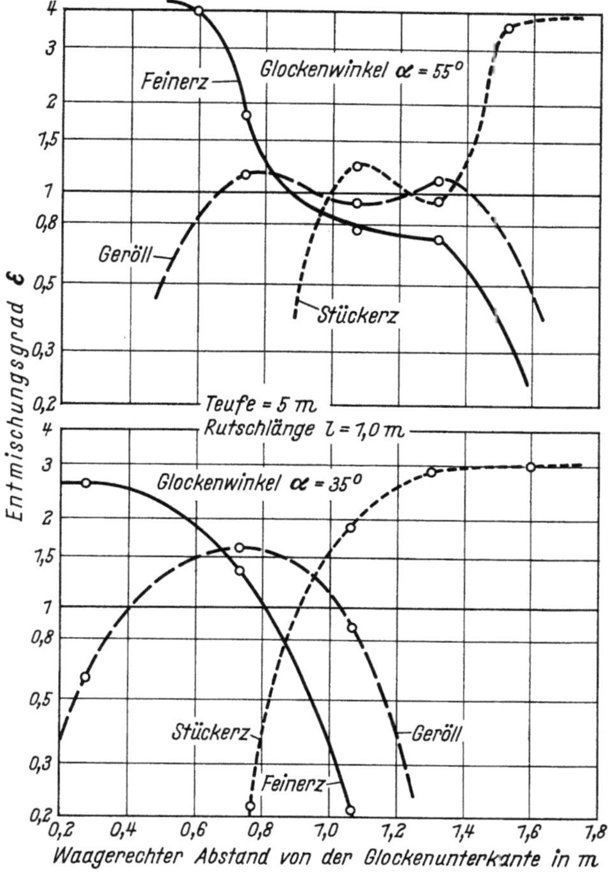

Bild 275. Entmischung von Gellivara-Erz bei verschiedenen Glockenwinkeln nach F. Toussaint, G. Heynert, J. Willems u. G. Quade[552])

Hohe Ausnutzungsgrade sind aber nur möglich, wenn die Erzstücke der Beschickung in allen Teilen des Ofenquerschnittes gleichmäßig vom Gas umspült werden, d. h., der Durchgasungswiderstand der Möllersäule muß — horizontal über den Querschnitt des Hochofens gesehen — annähernd konstant sein. Dies läßt sich bei den heute üblichen großen Ofendurchmessern nur erreichen, wenn Erze in einem verhältnismäßig engen Korngrößenbereich zum Einsatz kommen. Versuche von G. Winzer und

Peetz[551]) sowie Heynert und Mitarbeiter[552]) haben gezeigt, daß selbst
gut durchmischte Kornfraktionen sich bei Abrutschen über die große
Glocke wegen unterschiedlicher Wurfparabeln entmischen (Bild 275). Dieser

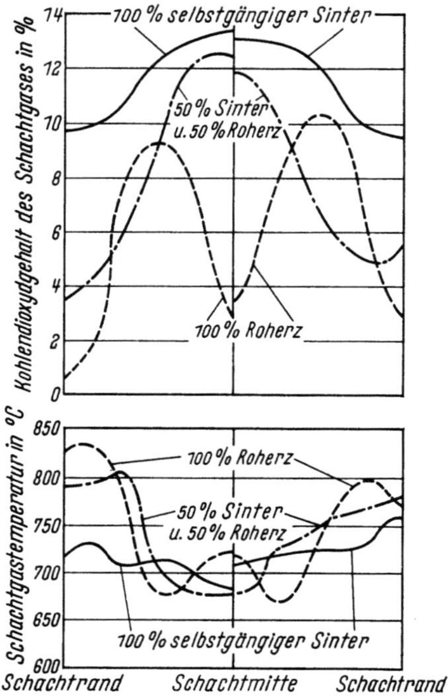

Bild 276. Kohlendioxydgehalt und Temperatur des Schachtgases 6 m unterhalb
der Gicht bei verschiedenen Möllern nach J. Doi u. K. Kasai[553])

Sachverhalt läßt sich durch Einbau von Prallschürzen und dgl. nur
mildern, aber nicht beseitigen.

Beim Einsatz engklassierter Stückerze, gut abgesiebten Sinters oder
Pellets wird die Durchgasung vergleichmäßigt. Als Nachweisbeispiel zeigt
Bild 276 Durchgasungsmessungen von Doi und Kasai[553]), die in ähnlicher
Weise auch von anderer Seite[554-557] erhalten) wurden. Temperatur- und
Konzentrationsverteilung des Schachtgases werden beim Übergang von
Roherzmöller zum Sintermöller mit guter Absiebung in überzeugender
Weise gleichmäßiger. Diese Horizontal-Sondenmessungen sind in Teufen
von etwa 6 m unterhalb der Gicht durchgeführt worden Es wäre inter-
essant, derartige Messungen auch in größeren Teufen zu wiederholen, um
festzustellen, in welcher Zone die zunächst im Formenbereich auf einen
engen Ringquerschnitt konzentrierte Gasströmung sich auf den gesamten

Ofenquerschnitt ausbreitet. Zweifellos wird die Ausnutzung des Schachtgases um so besser sein, in je größerer Teufe dieser Übergang stattfindet,

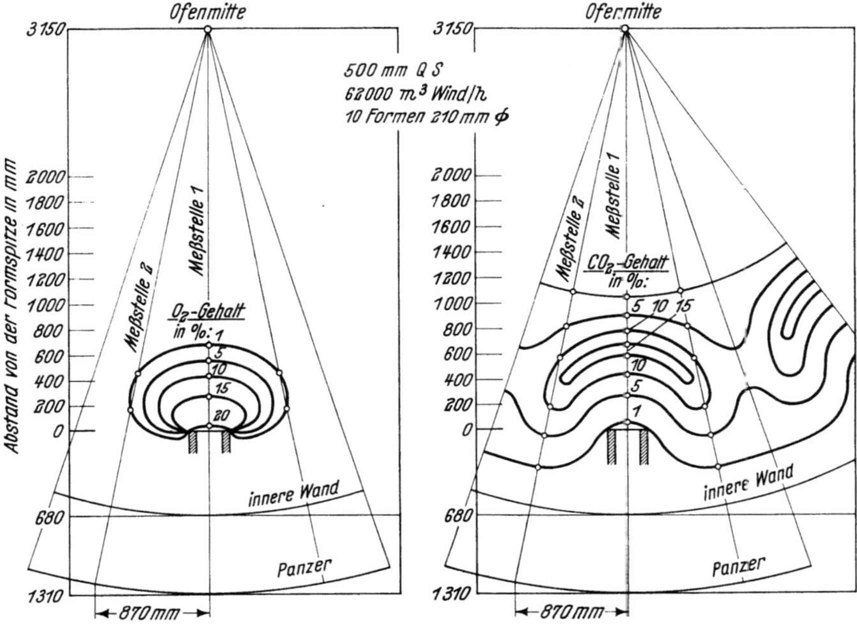

Bild 277
Linien gleichen O₂- und CO₂-Gehaltes in der Formenebene nach A. MÖLLER[558])

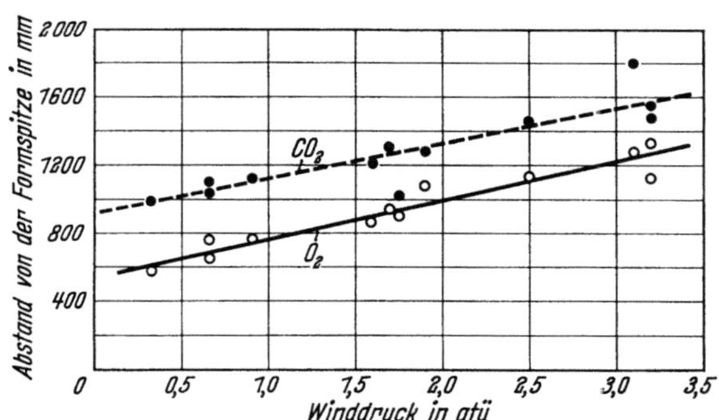

Bild 278. Eindringtiefe der Zone mit 1% O₂ und 1% CO₂ in Abhängigkeit vom Winddruck nach A. MÖLLER[558])

d. h., je kleiner der schlecht durchgaste Bereich — der „tote Mann" — ist. Die in Formenhöhe durchgaste Gestellringfläche ist, wie zahlreiche

Sondenmessungen zeigen, etwa 1 m breit (Bild 277). Bei 9 m Gestelldurchmesser beträgt der stark durchgaste Querschnittsanteil der Formenebene
somit nur etwa 40%. Durch Erhöhen des Winddrucks kann diese Zone
geringfügig aufgeweitet werden (Bild 278).

5.2.2.2. Behandlung der Stückerze

Zunächst muß beim Brechen und Klassieren ein enger Korngrößenbereich der Stückerze erreicht werden. Der Brechgrad kann in weitem
Bereich verändert werden, wodurch die Reduzierbarkeit der Erze beeinflußt wird. Mit abnehmender Stückgröße verbessert sich die Reduzierbarkeit, die Brechkosten und der entstehende Feinanteil nehmen aber zu.

Um hier ein Optimum zu finden, muß zunächst Klarheit über den Verlauf der Reduktionsreaktion im Hochofen geschaffen werden:

Die Umsetzung der niedergehenden Erze wirkt sich auf den Verlauf
der Zusammensetzung und Temperatur des Schachtgases aus. Durch
Vertikalsonden[559,-561]), die mit dem Möller absinken, lassen sich Temperatur und Zusammensetzung des Schachtgases ermitteln, wie Bild 279
zeigt. Von oben nach unten erkennt man zunächst eine Zone steil zunehmender Temperatur (bis etwa 800 °C), in der die Gaszusammensetzung sich kaum
ändert. Hier wird der Möller auf Reduktionstemperatur erwärmt. Es folgt
der Bereich der *indirekten Reduktion*, gekennzeichnet durch annähernd
gleichbleibende Temperatur und starke Veränderung des CO_2-Gehaltes im
Gas. Darunter, im Bereich der *direkten Reduktion*, ab etwa 1100 °C sind die
CO_2-Gehalte trotz rascher Reduktion infolge der gleichzeitig ablaufenden
Boudouardreaktion gering.

Hupfer und Weidenmüller[560]) führten derartige Messungen in dem-
selben Hochofen nacheinander mit zwei sehr unterschiedlichen Möllern
durch:

a) leicht reduzierbarer Stückerzmöller

b) Sintermöller mittlerer Reduzierbarkeit (63,3% Sinter, 19% klas-
siertes Stückerz).

Aus den an jeder Stelle gemessenen CO- und CO_2-Gehalten wurde der
Ausdruck $\dfrac{CO_2}{CO + CO_2}$ gebildet und gegen die an der gleichen Stelle gemessene Temperatur in das Gleichgewichtsschaubild eingetragen (Bild 280).

Bei a) ergaben sich wesentlich tiefere Temperaturen für den Reduktionsbeginn als bei b), erkennbar am Abfall der $CO_2/(CO + CO_2)$-Werte oberhalb 400 bzw. 800 °C. Die Versuche wurden ergänzt durch eine unmittelbare Aussage über den Reduktionsverlauf am Erzstück. An die Sonde wurde
ein Korb angesetzt (Bild 281), in dem Erzproben niedergingen und sich
mit dem aufsteigenden Gas umsetzten. Bei nachträglicher Analysierung

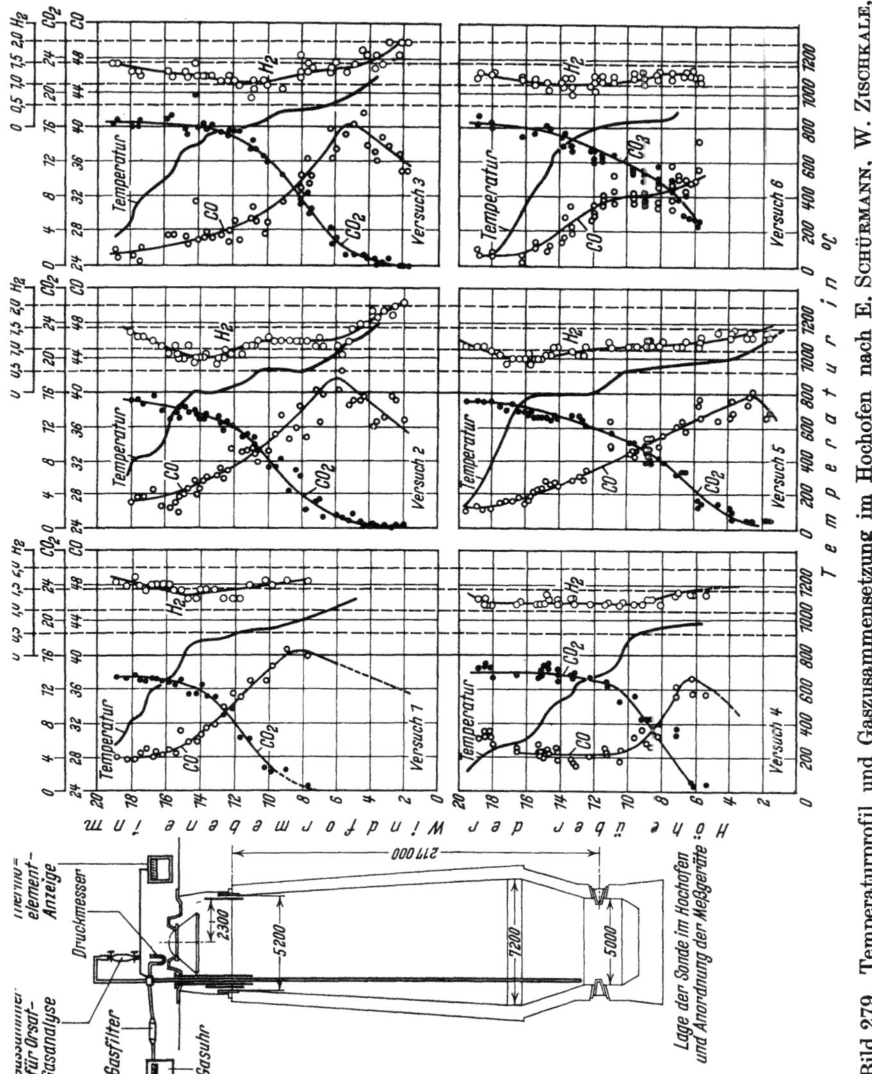

Bild 279. Temperaturprofil und Gaszusammensetzung im Hochofen nach E. SCHÜRMANN, W. ZISCHKALE, P. ISCHEBECK u. G. HEYNERT[559)

ergab sich, daß im Bereich der indirekten Reduktion, d. h. also der meß-
baren Veränderungen des CO_2-Gehaltes im Schachtgas, bei denselben Erzen
abhängig von der mittleren Reduzierbarkeit des Möllers und der Ofen-

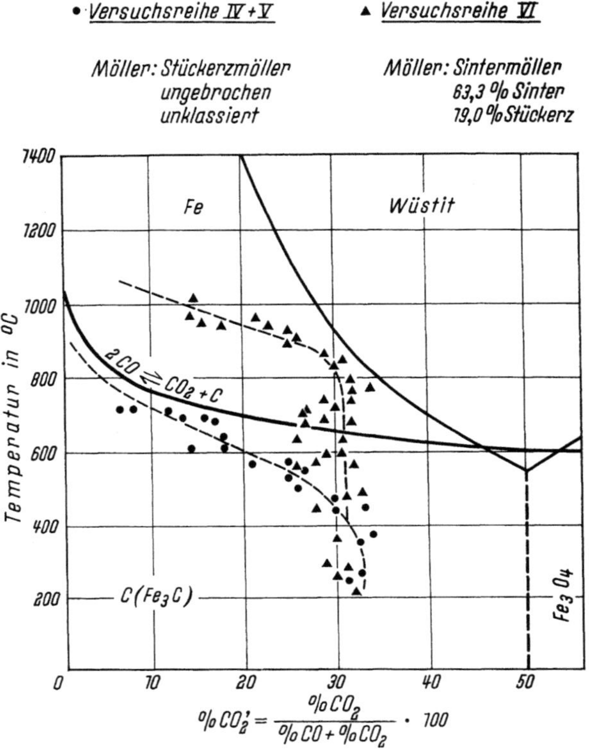

$$\% CO_2' = \frac{\% CO_2}{\% CO + \% CO_2} \cdot 100$$

Bild 280. Änderung der Gaszusammensetzung im Schaubild Fe-O-C nach K. Hupfer
u. H. Weidenmüller[560])

fahrweise sehr unterschiedliche Reduktionsgrade erreicht wurden. Die
Bilder 282a und 282b zeigen den abgebauten Sauerstoffanteil $\Re_{CO}$ in 8 m
bzw. 14 m Höhe über den Windformen.

Wegen dieser offensichtlichen gegenseitigen Beeinflussung der Reduktion sämtlicher Erzstücke im Hochofen gelten die Ergebnisse derartiger
Sondenmessungen stets nur für den jeweils vorliegenden Fall und dürfen
nicht verallgemeinert werden. Eine gemeinsame Schlußfolgerung ist allerdings zulässig, daß nämlich die Reduktionsgeschwindigkeit der Erze bei
Temperaturen unterhalb 1000 bis 1100 °C, d. h. im Bereich der indirekten
Reduktion, möglichst hoch sein soll.

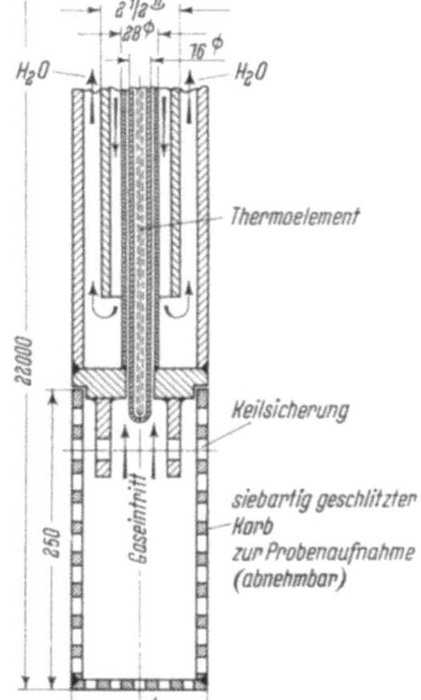

Bild 281. Wassergekühlte Meßsonde nach
K. HUPFER u. H. WEIDENMÜLLER[560])

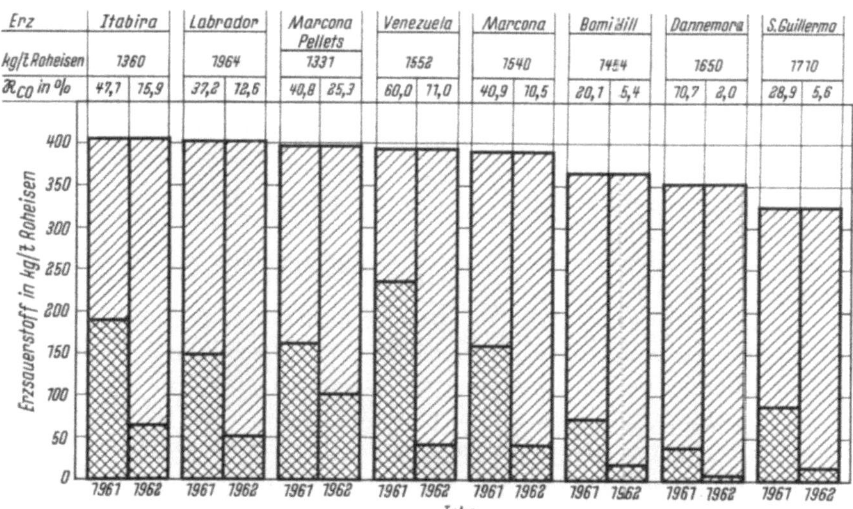

Erz	Itabira		Labrador		Marcona Pellets		Venezuela		Marcona		Bomi Hill		Dannemora		S. Guillermo	
kg/t Roheisen	1360		1964		1331		1552		1540		1454		1650		1710	
$\mathcal{R}_{CO}$ in %	47,7	15,9	37,2	12,6	40,8	25,3	60,0	11,0	40,9	10,5	20,1	5,4	70,7	2,0	28,9	5,6

Bild 282a. Sauerstoffabbau an Eisenerzen nach K. HUPFER u. H. WEIDENMÜLLER[560])
Versuchsreihe 1961: Stückerzmöller: ungebrochen, unklassiert
Versuchsreihe 1962: Sintermöller: 63,3 % Sinter, 19,0 % Stückerz klassiert

Bei Stückerzen ist die Reduktionsgeschwindigkeit vom Einsatz her über die Stückgröße zu beeinflussen, wie Bild 283 an drei Beispielen zeigt. Die

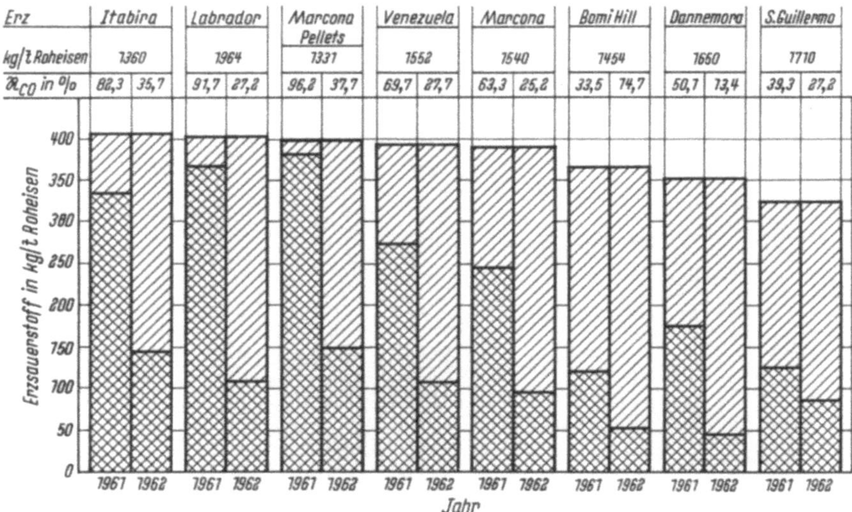

Bild 282b. Sauerstoffabbau an Eisenerzen nach K. HUPFER u. H. WEIDENMÜLLER[560])

Versuchsreihe 1961: Stückerzmöller: ungebrochen, unklassiert
Versuchsreihe 1962: Sintermöller: 63,3 % Sinter, 19,0 % Stückerz klassiert

Reduktion erfolgte bei 800 °C in Wasserstoff, im übrigen gemäß Stahleisenprüfblatt 1770-64[562a]).

Die Übertragbarkeit dieser Untersuchungsergebnisse auf den Hochofenbetrieb wurde wie folgt geprüft[562, 605]):

5.2.2.2.1. Begrenzung der Erzkörnung nach oben. Der erste derartige Versuch[562]) fand in einem Hochofen mit 6 m Gestelldurchmesser statt. Dieser Ofen wurde 8 Wochen lang mit einem annähernd gleichbleibenden Möller beschickt mit einem Anteil von etwa 35 Fe-% des schwer reduzierbaren Kiruna-Erzes. Je 4 Wochen wurde dieses Erz in der Körnung 6 bis 20 bzw. 20 bis 60 mm eingesetzt, wodurch nach Bild 283 die Reduktionsgeschwindigkeit stark beeinflußt wird. Die wichtigsten Betriebsdaten beider Versuchsabschnitte zeigt Tafel 36. Der spezifische Koksverbrauch ging bei gleichbleibender Roheisenerzeugung bei der höheren Reduzierbarkeit stark zurück. Nach Bild 284 bewegt sich der spezifische Koksverbrauch bei der geringen Stückgröße des Kiruna-Erzes in der Größenordnung, die auf Grund einer statistischen Auswertung für einen gut klassierten Möller gleichen Ballaststoffanteils, d. h. gleichen Nettomöllergewichts, zu erwarten ist (ausgezogene Gerade in Bild 284). Auf diese „Erwartungswerte" wird weiter unten ausführlich eingegangen werden. Die Wärmebilanz für

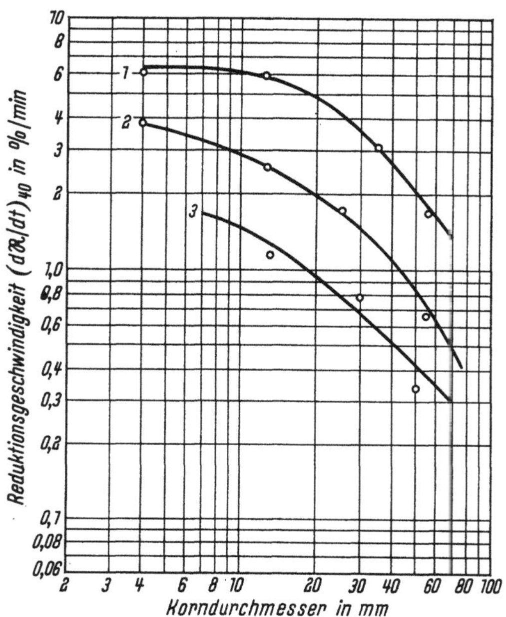

Bild 283. Zusammenhang zwischen Stückgröße und Reduktionsgeschwindigkeit bei Erzen. Prüfbedingungen: 800 °C, H_2; Reduktionsgeschwindigkeit bei 40% Reduktion
Erzsorte: 1 Venezuela, *2* Chile P-haltig, *3* Kiruna D

beide Versuchsabschnitte (Bild 285) beweist, daß die Brennstoffersparnis im wesentlichen durch verbesserte chemische Ausnutzung des aufsteigenden Gases erzielt wurde.

Ähnliche Versuche wurden von KAHLHÖFER, PFRÖTSCHNER und SEND[605] durchgeführt. In einem Hochofen mit 6,2 m Gestelldurchmesser wurde ein annähernd gleichbleibender Grundmöller eingesetzt mit etwa 38 bis 45 Fe-% in Form unterschiedlich gut reduzierbarer Stückerze. Auch hier sank der spezifische Koksverbrauch deutlich ab, wenn schwer reduzierbare Möllerbestandteile durch leichter reduzierbare ausgetauscht wurden (Bild 284).

Nach Bild 283 kann für die Erzsorten in den Körnungen der Versuchsabschnitte $a_1 - c_2$ die Reduzierbarkeit angegeben werden, z. B. für Kiruna-D-Erz 20 bis 60 mm, im Mittel also 40 mm Stückgröße $(dR/dt)_{40\%} = 0{,}52\%/$min (800 °C, H_2).

Körnung des Kirunaerzes in mm Versuchszeit	20 bis 60 3. bis 27. April 1959	6 bis 20 3. bis 30. Mai 1959
Roheisenerzeugung (t/24 h)	696	693
Koksverbrauch (kg/t Roheisen)	876	760
Nettomöller (kg/t Roheisen)	2142	2084
Nettomöllerausbringen (%)	46,68	47,95
Gichtstaubentfall (kg/t Roheisen)	73	94
Eisen aus		
Kirunaerz . . . . %	36,9	33,7
Wabana (unklassiert) . . . . %	3,4	3,7
Sinter . . . . %	19,2	20,5
deutschen Erz. (< 100 mm) . . . . %	13,6	11,6
Venezuelaerz (6 bis 60 mm) . . . . . . %	4,1	10,6
metallischem Einsatz . . . . %	11,1	7,6
Schlacken . . . . %	6,3	5,7
Sonstigem . . . . %	5,4	7,2
	100	100
Mölleranteil < 1 mm in %	7,4	8,7
Gestellbelastung (kg Koks/m² · h)	898	776
Windtemperatur (°C)	703	649
Winddruck (cm Hg)	60,3	61,8
Gichtgas		
Temperatur (°C)	229	185
Heizwert *Hu* (kcal/Nm³)	1046	951
Zusammensetzung in %		
CO_2	7,5	10,7
CO	33,3	30,0
H_2	1,6	1,8
Temperatur des Roheisens (°C)	1352	1351
Chemische Zusammensetzung des Roheisens in %		
C	3,71	3,80
Si	0,34	0,34
Mn	0,82	0,77
P	1,83	1,72
S	0,059	0,059
Schlacke: Menge (kg/t Roheisen)	639	608
Zusammensetzung in %		
CaO	43,33	43,08
SiO_2	32,39	32,33
FeO	0,9	1,07
MnO	1,16	1,21
S	1,02	1,04
MgO	5,10	4,54
P_2O_5	0,61	0,41
$Al_2O_3 + TiO_2$	11,53	10,75
Basengrad CaO/SiO_2	1,34	1,33
Koks (gleichbleibend) Zusammensetzung in %		
C		87,84
Asche		9,02
Nässe		2,11
S		0,76

Diese Werte zeigen eine klare Korrelation zum spezifischen Koksverbrauch (Bild 286).

Vom gemessenen Reduktionsverhalten der Erze her sollte die obere Grenze der Stückgröße, je nach Reduzierbarkeit, auf 20 bis 80 mm ein-

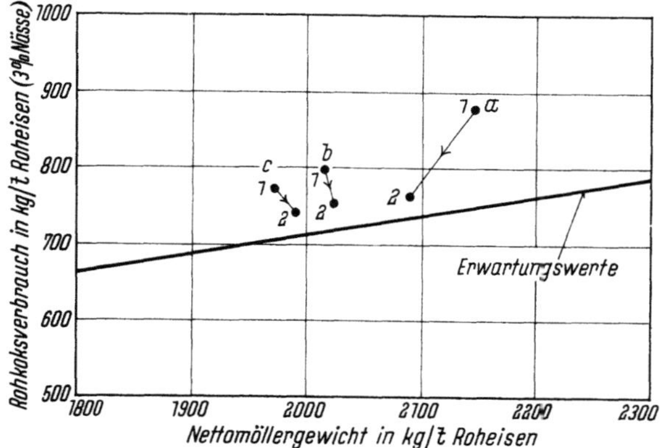

Versuch	Charakteristische Möllerkomponente Anteil Fe %	Art	Kornbereich mm	Werk
a 1	36,9	Kiruna D	20 bis 60	Oberhausen
a 2	33,7	Kiruna D	6 bis 20	
b 1	38,0	Kiruna D	8 bis 40	Huckingen
b 2	37,5	Venezuela	12 bis 70	
c 1	42,0	Chile	15 bis 70	Huckingen
c 2	45,0	Chile	8 bis 50	

Bild 284. Einfluß der Reduzierbarkeit auf den spezifischen Koksverbrauch in Abhängigkeit vom Nettomöllergewicht

gestellt werden, damit eine Reduzierbarkeit $\left(\dfrac{d\,\Re}{dt}\right) = 1\,\%/\text{min}$ erreicht oder überschritten wird. Dies gilt für Möller der in den Versuchsabschnitten $a_1 - c_2$ verwendeten Art.

5.2.2.2.2. Begrenzung der Erzkörnung nach unten. Wie Betriebsversuche gezeigt haben, ist der Hochofen in der Lage, Körnungen bis herunter zu 3 mm zu verarbeiten[564]). Ein scharfer Siebschnitt bei dieser Körnung ist jedoch nur durch Sondermaßnahmen möglich. Die meist verwendeten, trocken arbeitenden Resonanzsiebe u. ä. versagen im allgemeinen schon bei der Trennung um 5 mm, die Stückerzfraktion enthält dann noch erhebliche Anteile Fehlkorn, d. h. unter 5 mm. Feinkorn im Hochofen verschlechtert die Gleichmäßigkeit der Durchgasung und erhöht dadurch den Koksver-

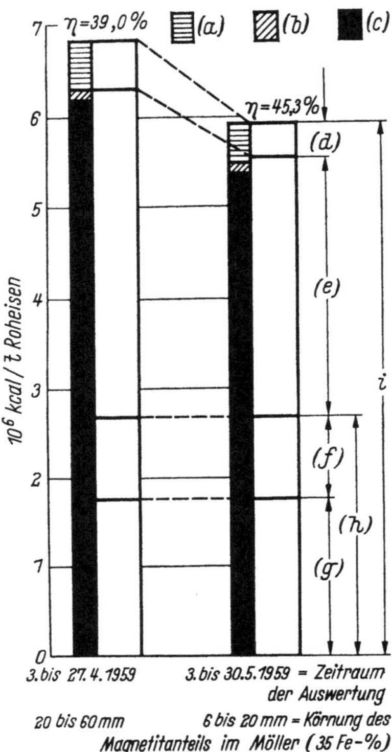

Bild 285

Wärmebilanz eines Hochofens mit 6 m Gestelldurchmesser bei Einsatz von klassiertem Kiruna-Erz (35 Fe-% des Möllers)[523]

(a) Windwärme, (b) Lösungswärme, (c) Kokswärme, (d) Verluste, (e) Heizwert, Gichtgas und Gichtstaub, (f) Schmelz- und Schachtarbeit, (g) Reduktion und Aufkohlung, (h) Nutzwärme, (i) Gesamtwärme

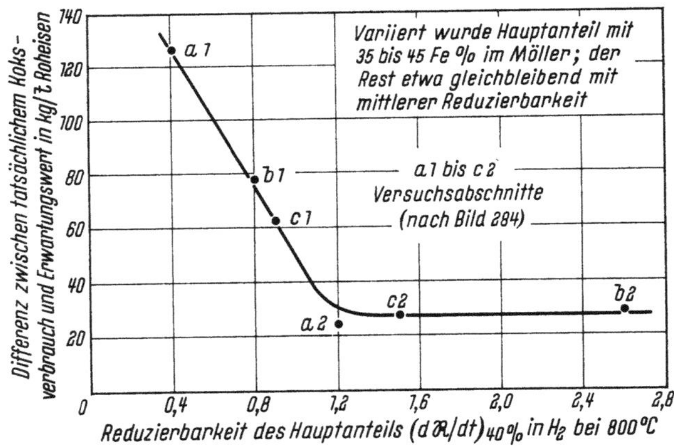

Bild 286. Zusammenhang zwischen Reduzierbarkeit und Koksverbrauch

brauch unter Herabsetzung der Erzeugung. Als Beweis dient Bild 287, in dem der spezifische Gichtstaubanfall als Indikator für den Feinkorngehalt des Möllers verwendet wird (je mehr Feinkorn im Möller, desto mehr Gichtstaub entsteht). Tafel 37 zeigt die allgemeine Verschlechterung der

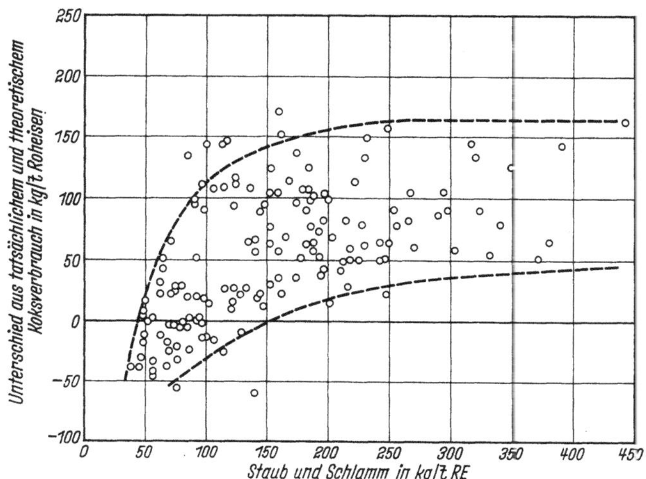

Bild 287. Abweichung des Koksverbrauchs vom Erwartungswert in Abhängigkeit vom Staub- und Schlammanfall[523])

Ofenbetriebsergebnisse schon bei verhältnismäßig geringen Feinkornanteilen im Möller (vgl. auch [565, 566, 604])). Die Absiebgrenze ist deshalb nach unten hin vor allem so einzustellen, daß eine vollständige Abtrennung des Feinkorns aus dem Möller erfolgt.

5.2.2.2.3. Fahrweise der Erzbrech- und Siebanlage.

Bei Brechen der Stückerze in den betriebsüblichen Kegel- und Walzenbrechern entstehen zusätzlich erhebliche Anteile Feinkorn unter 5 mm. Diese Anteile müssen ausgesiebt und nachträglich durch Sintern agglomeriert werden. Hierdurch fallen zusätzliche, erhebliche Kosten an; man ist daher bestrebt, diese zusätzlichen Feinanteile klein zu halten. Betriebsversuche[567]) in einer großtechnischen Erzbrech- und Siebanlage an mehreren Erzsorten zeigten, in welch erheblichem Maße der Feinanteil ansteigt, je weiter die Erze heruntergebrochen werden (Bilder 288, 289).

Hieraus folgt, daß man die Erze nicht weiter herunterbrechen sollte, als zur Erzielung einer gleichmäßigen Durchgasung und ausreichenden Reduktionsgeschwindigkeit erforderlich ist. Das bedeutet Stückgrößenbereiche für die am besten reduzierbaren Erze zwischen etwa 7 und 80 mm, für die schlecht reduzierbaren etwa 7 und 20 mm. Erze mit einem Korn-

Tafel 37. *Betriebskennzahlen vor und nach dem Absieben der Pellets in Bethlehem*[565])

	Maßeinheit	Vor	Nach
		der Absiebung	der Absiebung
Monat		Mai 1962	August 1963
Hochofen		B	D
Gestelldurchmesser	m	8,76	8,76
Monatserzeugung	t	83575	91292
Erzeugung	t/Tag	2696	2945
Spezifische Ofenleistung	t/m² · Tag	44,7	48,8
Koksverbrauch	kg/t Roheisen	586	552
Netto-Möllerausbringen	%	61,5	61,4
Möllerzusammensetzung:			
Grace-Pellets	kg/t Roheisen	997	762
Eigener Sinter	kg/t Roheisen	345	648
Abgesiebtes Erie-Erz	kg/t Roheisen	77	—
Zugekaufter Sinter	kg/t Roheisen	—	11
Siemens-Martin-Schlacke	kg/t Roheisen	113	68
Schrott	kg/t Roheisen	86	64
Kalkstein	kg/t Roheisen	87	102
Kies	kg/t Roheisen	—	12
Brutto-Möller	kg/t Roheisen	1705	1667
Gichtstaub (einschließlich Filterschlamm)	kg/t Roheisen	78	39
Schlackenmenge	kg/t Roheisen	268	274
Windmenge	Nm³/h	189000	200000
Heißwindtemperatur	°C	724	777
Gichtgastemperatur	°C	238	232
Gichtdruck	atü	0,18	0,20
CO/CO_2-Verhältnis		1,50	1,47

Kornaufbau der Grace-Pellets

Korngröße	bei der Anlieferung (ungesiebt) Gew.-%	nach dem Absieben Gew.-%
über 15 mm	12 bis 15	13
10 bis 15 mm . . .	70 bis 75	80
6 bis 10 mm . . .	5 bis 8	5
unter 6 mm	7 bis 8	1 bis 2

Kornaufbau des Sinters

Kornanteil	Mai 1962 Gew.-%	August 1963 Gew.-%
über 25 mm . . .	20	25
6 bis 25 mm . . .	70	68
unter 6 mm	10	7

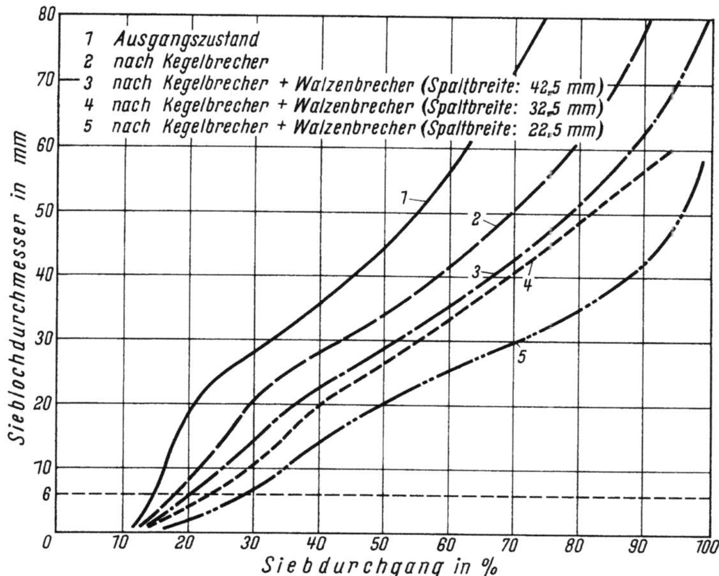

Bild 288a. Veränderung der Siebkennlinie beim Brechen von Venezuela-Erz nach H. D. Herr[567])

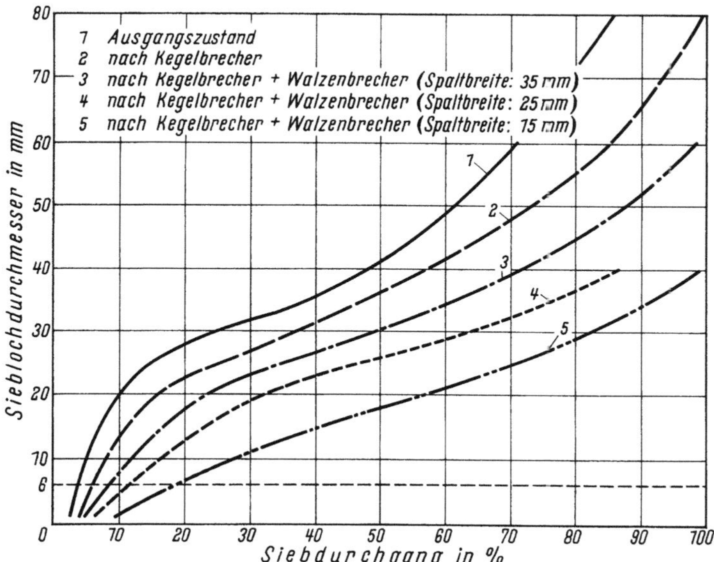

Bild 288b. Veränderung der Siebkennlinie beim Brechen von Kiruna-Erz nach H. D. Herr[567])

bereich von 7 bis 80 mm neigen jedoch beim Umschlag und bei der Aufgabe im Hochofen deutlich zur Entmischung mit all ihren nachteiligen Folgen für den Ofengang. Es ist dann zweckmäßig, einen zusätzlichen Siebschnitt einzulegen, der das Stückerz nochmals in 2 Fraktionen zerlegt, z. B. 7 bis 30 und 30 bis 80 mm (80 mm als obere Grenze dürfte selten zweckmäßig sein, meist genügt 60 mm). Diese Fraktionen sind getrennt dem Hochofen aufzugeben. Häufig ist eine solche Arbeitsweise nicht durchzuführen, weil sich die Zahl der getrennt zu transportierenden und lagernden Erzsorten dadurch stark erhöht. Dann ist es besser, die Stückerze auch bei an sich guter Reduzierbarkeit weiter als nötig herunterzubrechen, die Stückerzfraktion im nunmehr engeren Kornbereich ungetrennt einzusetzen, damit die Gleichmäßigkeit der Durchgasung gesichert ist, und die höheren Sinterkosten in Kauf zu nehmen. Beide Arbeitsweisen werden in der Praxis angewendet, die erste insbesondere dort, wo nur verhältnismäßig wenige Erzsorten gleichzeitig verhüttet werden. Einzelheiten können der

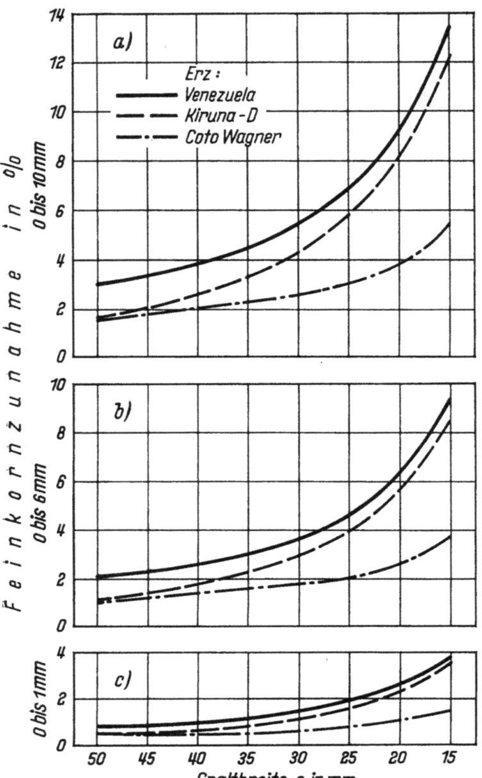

Bild 289. Anfallender Feinanteil beim Brechen der Erze mit gleichem Ausgangskornband in Abhängigkeit von der Spaltbreite s nach H. D. Herr[567])

umfangreichen Literatur entnommen werden (Zusammenstellungen[524,562,568]), Einzelarbeiten[569-572]). Hier zeigt sich, daß bei einer Möllerbereinigung und Übergang auf wenige Erzsorten erhebliche technische und wirtschaftliche Vorteile zu erwarten sind.

5.2.2.3. Behandlung der Feinerze

Für das Sintern gelten grundsätzlich die gleichen Gesichtspunkte wie beim Brechen und Sieben, d. h., erwünscht ist die Herstellung eines Sinters mit einem Körnungsbereich, der im Hochofen eine gleichmäßige Durchgasung sichert und sich gut reduzieren läßt. Beim Sintervorgang besteht die Möglichkeit, neben dem Stückigmachen die Erzsubstanz mineralogisch

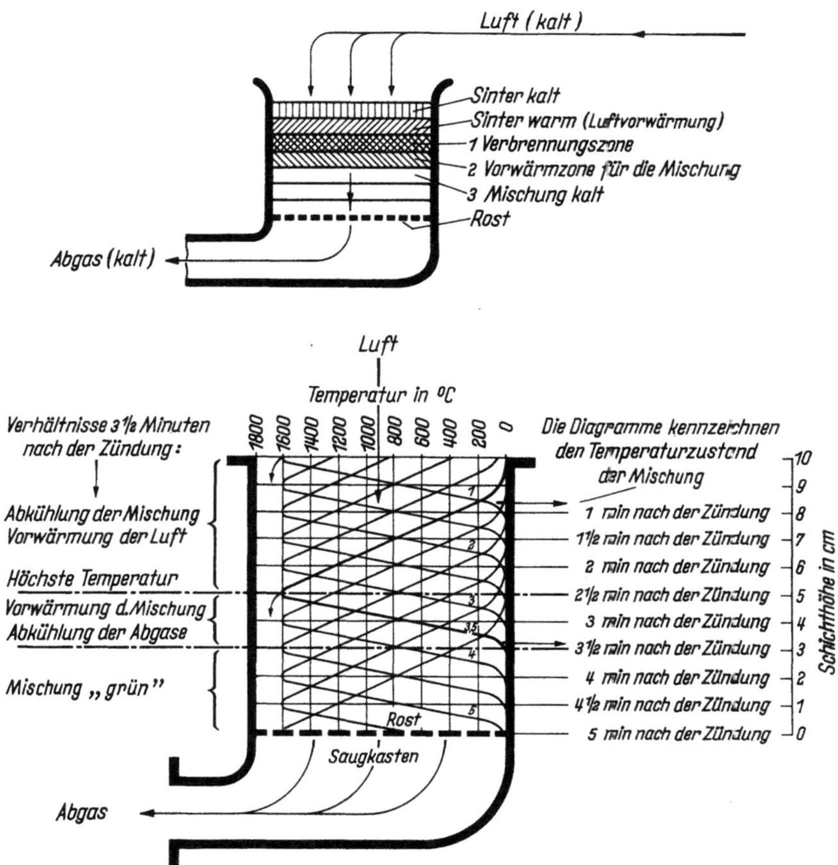

Bild 290. Schema des Temperaturzustandes in den Beschickungsabschnitten (einer Schmelze) während des Saugzugsinterns nach H. WENDEBORN[572])

so zu verändern, daß optimal den Bedürfnissen des Hochofens angepaßte Phasen entstehen. Dies geschieht im wesentlichen über Zusätze zur Sintermischung, die Bemessung des Rückgutanteils sowie über den Brennstoffgehalt, der die Temperatur und Gehalte der Gasphase an CO und CO_2 innerhalb der Mischung während des Brennvorgangs beeinflußt. Aus Bild 290 ist zu entnehmen, daß sich innerhalb der Schüttschicht beim Sintern übereinander oxydierende, reduzierende und wieder oxydierende

Zonen ausbilden, deren Ausdehnung von der Höhe des Brennstoffsatzes abhängt und die Güte des Sinters entscheidend beeinflußt.

5.2.2.3.1. Züchtung optimal reduktionsgeeigneter Phasen beim Sintervorgang.

Die Reduktionsgeschwindigkeit ist bei sonst gleichen Verhältnissen [575,576] durch Gleichungen etwa folgender Art bestimmt:

$$v = k \cdot F \cdot (C_{CO_2}^{gl} - C_{CO_2}^{0}),$$

wobei

F die für die Reaktion verfügbare Grenzfläche zwischen Gas und Feststoff,
k die Geschwindigkeitskonstante, abhängig von Temperatur, Reduktionsgrad usw.,
$C_{CO_2}^{0}$ die Konzentration der Gasphase an CO_2,
$C_{CO_2}^{gl}$ die maximal mögliche CO_2-Konzentration bei Umsatz bis zum Gleichgewicht

bedeuten. Beeinflußbar sind k, F und $C_{CO_2}^{gl}$ durch den Sinterprozeß.

Günstig ist die Erzeugung von Phasen, die zu möglichst hohen $C_{CO_2}^{gl}$-Werten führen. Nach Untersuchungen von R. SCHENCK und Mitarbeitern[577,578] liegen diese Werte für die wichtigsten Phasen, nämlich für reine Eisenoxyde sowie Verbindungen der Eisenoxyde mit CaO und SiO_2, vor (Abschn. 1.1.4, Bild 21).

Ausgehend von reinen Fe-Oxyden ergeben sich im wichtigen Bereich des Wüstits die höchsten $C_{CO_2}^{gl}$-Werte. Die Abbindung des FeO an SiO_2 ist am ungünstigsten.

Aus der obigen Gleichung folgt weiterhin, daß die Reaktionsgrenzfläche F, d. h. die Oberfläche der Sinterstücke möglichst groß sein soll. Bei schwachem Brand, d. h. niedrigen Brennstoffzusätzen und damit niedrigen Sintertemperaturen, sind große Porenanteile und damit hohe F-Werte zu erreichen, wie v. D. ESCHE und STEINHAUER[579] nachwiesen. Eine Grenze ist dadurch gegeben, daß die Festigkeit des Sinters ausreichend hoch sein muß, um Umschlag, Transport und die Beanspruchung im Hochofen zu überstehen.

Schließlich kann die Reaktionsgeschwindigkeitskonstante k beeinflußt werden. Nach neueren Untersuchungen ist k dann besonders hoch, wenn das bei der Reduktion intermediär entstehende FeO einen hohen Fehlordnungsgrad aufweist. Dies trifft in erster Linie zu, wenn das Fe im Sinter als Fe_2O_3 und nicht als Fe_3O_4 vorliegt. Auch wird Fe_2O_3 beim Sintern nicht so stark an die Bestandteile der Gangart (Al_2O_3, SiO_2, MgO) gebunden wie FeO, das mit Al_2O_3 Spinell, mit SiO_2 den Fayalith und mit MgO Mischkristalle bildet. Fe_2O_3 wird nur von Kalk stark gebunden, wenn er örtlich im Überschuß zur Kieselsäure vorkommt und bildet in geringerem Maß mit vorhandenen Spinellen wie $CaAl_2O_4$ Verbindungen oder Mischkristalle. Ferner verursacht die Bindung des Fe_2O_3 an CaO nur eine Hemmung der Reduktion bei niedrigen Reduktionsgraden. Erfolgt die Reduktion bis zum FeO schnell und bei niedriger Temperatur, so ist damit

zu rechnen, daß die weitere Reduktion des FeO schneller abläuft als die
Abbindung des FeO durch Kieselsäure, Tonerde und Magnesiumoxyd.

Empirisch wurden diese Zusammenhänge schon 1950 von TIGER-
SCHIÖLD[580]) erkannt, der die Forderung nach hohen „Oxydationsgraden"
des Sinters aufstellte, d. h. nach hohem Fe_2O_3-Gehalt. Es ergab sich nämlich — scheinbar paradox — bei hohem Oxydationsgrad des Sinters, d. h.

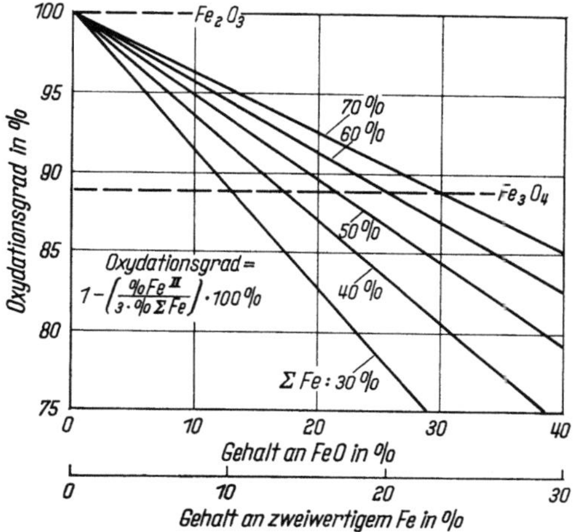

Bild 291. Oxydationsgrad (Verhältnis aus tatsächlich an Fe gebundenem O zum
Maximal-O-Gehalt) in Abhängigkeit vom Gehalt an zweiwertigem Fe (FeII) und
an Gesamt-Fe (Σ Fe)

bei erhöhtem Sauerstoffeinbringen in den Hochofen, ein geringerer Koksverbrauch[580]). An Rohstoffen standen magnetitische Konzentrate hoher Fe-
Gehalte zur Verfügung. Durch niedrige Brennstoffsätze beim Sintern wurde
darauf hingewirkt, daß auf dem Sinterband eine vollständige Umsetzung
mit Luftsauerstoff:

$$2\,Fe_3O_4 + 1/2\,O_2 = 3\,Fe_2O_3$$

stattfand. Durch konsequente Beachtung dieser Verfahrensregel haben
die schwedischen Hochöfner jahrelang die niedrigsten Koksverbrauchszahlen der Welt ausweisen können[581, 582]).

Die Forderung nach hohem Oxydationsgrad des Sinters ist gleichbedeutend mit niedrigem FeO-Gehalt (Bild 291). FeO ist zwar im allgemeinen nicht im Sinter enthalten, ergibt sich aber bei der üblichen naß-
analytischen Prüfung auf zweiwertiges Fe, wenn Fe_3O_4 enthalten ist
($Fe_3O_4 = FeO \cdot Fe_2O_3$) bzw. bei Anwesenheit von Fayalith ($2\,FeO \cdot SiO_2$)
u. a. Bei hämatitischen Feinerzen tritt bei zu hohem Brennstoffsatz beim

Sintern eine Teilreduktion zu Fe_3O_4 ein. KLEIN[564,583]) konnte auch bei derartigen Erzen nachweisen, daß die günstigsten Koksverbrauchszahlen dann erreicht wurden, wenn der Oxydationsgrad des Sinters möglichst

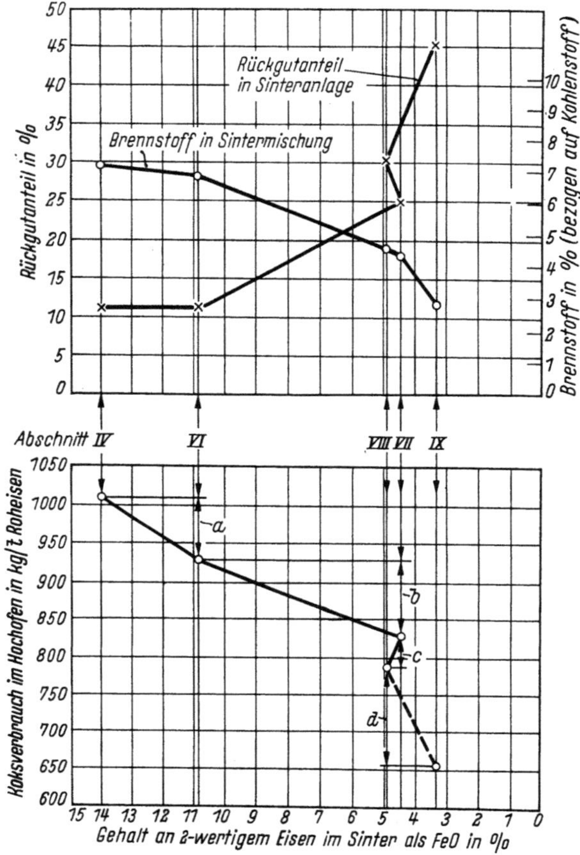

Bild 292. Einfluß der Behandlung des Sinters auf den Koksverbrauch im Hochofen nach E. KLEIN[564])

a gemeinsamer Einfluß von FeO und SiO_2 sowie Siebdurchmesser bei der Rückgutsiebung, b gemeinsamer Einfluß von FeO, SiO und Kalk sowie der Doppelabsiebung des Sinters, c Einfluß der Doppelabsiebung, d gemeinsamer Einfluß von FeO und versuchsmäßiger Doppelabsiebung

hoch bzw. der FeO-Gehalt niedrig gehalten wurde (Bild 292). Tafel 38 zeigt die wichtigsten Daten des Sinters aus den Versuchsperioden. Allerdings wurde neben der Absenkung des FeO-Gehalts und damit Verbesserung der Reduzierbarkeit gleichzeitig die Absiebtechnik in der Sinteranlage verbessert, so daß der Einfluß der verbesserten Reduzierbarkeit überdeckt wird. — Uns ist jedoch z. Z. kein gezielter Betriebsversuch bekannt, bei dem unter Konstanthaltung sämtlicher Bedingungen ausschließlich die Reduzierbarkeit des Sinters verändert wurde. Die Durchführung eines solchen Versuchs wäre von großem theoretischen und praktischen Interesse.

Tafel 38. Ergebnisse von Sinterversuchen[564]

| Hauptmerkmal des Versuchszeitraums | Sintermischung % | | | Sinteranalyse % | | | | Erzeugungszahlen | | | Bemerkungen |
	Koks	Gichtstaub	Rückgut	Fe als Fe_2O_3	Fe als FeO	CaO	SiO_2	aufgegebene Sintermenge %	Erzeugung pro Ofen und Tag t	Kokssatz kg/t	
Erze < 9,5 mm ∅, gesintert	4,5	7,7	11	46,0	14,0	0,2	11,5	39,4	458	1010	Erzfraktionen: < 50,8 mm > 19 mm ∅, < 19 mm > 3,2 mm ∅
Erze < 3,2 mm ∅, gesintert	3,7	8,1	11	51,4	10,9	0,2	8,5	40,5	495	927	
Erze < 3,2 mm ∅ + Kalkstein gesintert	3,6	3,2	24,5	54,0	4,5	5,4	7,7	37,9	518	830	
Erze < 3,2 mm ∅ + Kalkstein + Rückgut gesintert	4,0	2,9	29,7	52,6	4,9	5,5	6,6	38,6	540	790	
Erze < 3,2 mm ∅ + vergrößerter Rückgutanteil aus gröberer Absiebung des Fertigsinters + Kalkstein gesintert	1,9	2,8	46,0	55,6	3,4	5,7	7,9	75,0	620	658	

Bei Fe-armem Sinter (etwa unterhalb 45% Fe) treten neben den in Abschn. 1.1.4 genannten weitere Misch- und Verbindungsphasen der Eisenoxyde immer mehr in den Vordergrund, deren Zusammensetzung von COHEN[584], DOI und KASAI[585], V. D. ESCHE und STEINHAUER[579] u. a. ermittelt wurden.[585a,b]

Bei diesen Sintern wird die Erzielung einer ausreichenden Festigkeit selbst auf Kosten der Reduzierbarkeit entscheidend, wie ELLIOTT an armen, englischen Erzen überzeugend nachwies[586].

Es fällt aber auf, daß bei Fe-armem Möller das CO im Hochofen besonders schlecht chemisch ausgenutzt wird (Bild 255). Durch verfeinerte Möllervorbereitung, besonders beim Sintern, zur Erziehung hoher Reduzierbarkeit bei gleichzeitig verbesserten mechanischen Eigenschaften und günstigerem Erweichungsverhalten müßten gerade hier noch erhebliche Absenkungen des spezifischen Brennstoffbedarfs erreicht werden können.

5.2.2.3.2. Selbstgängiger Sinter (vgl. ausführliche Zusammenstellung in [525]).

In der Mehrzahl werden die Einsatzstoffe der Hochöfen aus Gründen der Entschwefelung und der Schlackenverwertbarkeit so zusammengestellt, daß Schlacken mit Basengraden von

$$p = \frac{CaO}{SiO_2} = 1{,}0 \text{ bis } 1{,}3$$

entstehen. Bei überwiegendem Einsatz SiO_2-haltiger Erze waren Zusätze von Kalkstein oder Dolomit zum Möller daher jahrzehntelang normal. Allmählich hat man jedoch erkannt, daß es große Vorteile bringt, die benötigten CaO bzw. MgO-Mengen bereits im Sinter einzubinden und somit die Entsäuerung auf das Sinterband vorzuverlegen. Neben einer Begünstigung der Schlackenbildungsreaktion liegen hierfür auch wesentliche Verbesserungen der Reduktionsreaktion als Gründe vor:

Zum einen wird hierdurch die Reduzierbarkeit erhöht (Bild 293 und Abschn. 2.7), zum anderen stört die Entsäuerungsreaktion des Kalksteins im Hochofen erheblich, wie durch reaktionskinetische Berechnungen und durch mathematisch-statistische Auswertung zahlreicher Betriebsdaten erwiesen werden konnte[525]:

Die Entsäuerungsreaktion des Kalksteins

$$CaCO_3 = CaO + CO_2,$$

mit dem hohen Wärmebedarf von

$$\Delta H = 42{,}4 \text{ kcal/Mol} = 965 \text{ kcal/kg } CO_2,$$

entzieht dem Hochofen in einer empfindlichen Zone erhebliche Wärmemengen. Bei 892 °C wird $p_{CO_2} = 760$ Torr[588]), oberhalb dieser Grenze verläuft die Entsäuerungsreaktion bei Normaldruck mit hoher Geschwindigkeit. WUHRER und RADERMACHER[589]) wiesen nach, daß die Zersetzung der Kalksteinbrocken zonenweise von außen nach innen verläuft und daß die Wärmeleitung innerhalb der Stücke den Gesamtumsatz bestimmt. Infolgedessen sind erhebliche Überhitzungen der Oberfläche erforderlich, und die Entsäuerungszeiten t_z nehmen quadratisch mit der Stückdurchmesser d zu

$$t_z \sim d^2$$

Aus diesem Sachverhalt folgt, daß Kalkstein im Hochofen im wesentlichen erst bei Gastemperaturen zwischen 1000 und 1100 °C entsäuert wird, wodurch dem Schachtgas in diesem Bereich erhebliche Wärmemengen (etwa

1300 kcal/kg CO_2) entzogen werden (Bild 294). Bei Einbindung des CaO in den Sinter und damit Vorverlegung der Entsäuerung sowie der Schlacken-

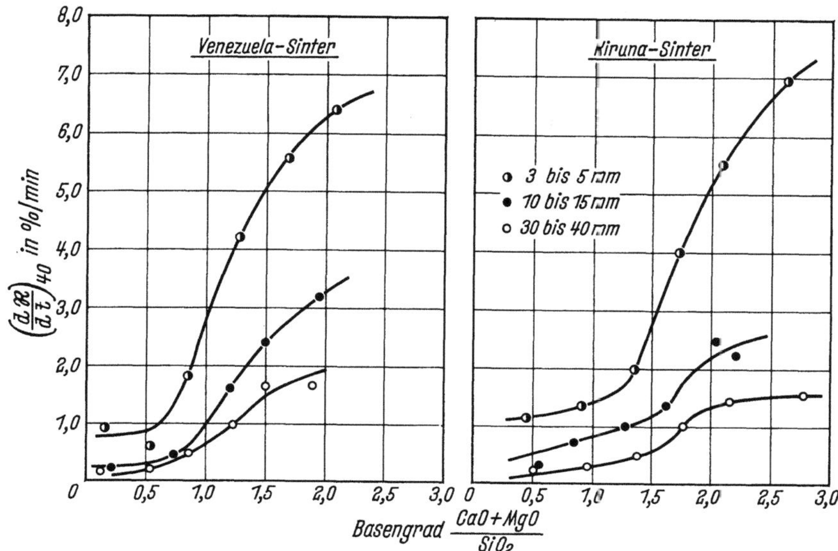

Bild 293. Zusammenhang von Basengrad und Reduzierbarkeit für „Venezuela- und Kiruna-Sinter". Zum Vergleich sei angegeben, daß die Sauerstoffabbaugeschwindigkeit bei einem Reduktionsgrad von 40% $\left[\left(\frac{d\Re}{dt}\right)_{40}\right]$ für Venezuela-Erz der Körnung 10 bis 15 mm rd. 1,5%/min und für Kiruna-Erz der Körnung 10 bis 15 mm rd. 0,8%/min betrug, nach G. MEYER[590]

bildungsreaktion auf das Sinterband treten demnach folgende Änderungen im Wärmebedarf des Möllers auf:

Dissoziationswärme und zusätzliche Aufheizwärme erspart: 1300 kcal/kg CO_2
Schlackenbildungswärme verloren: —450 kcal/kg CO_2
Wärmerückgewinn aus CO_2: 0—220 kcal/kg CO_2

insgesamt min. 630 kcal/kg CO_2
insgesamt max. 850 kcal/kg CO_2

Bei einer nutzbaren Wärmeentwicklung von 2000 kcal/kg Heizkoks ergibt sich somit ein Aufwand von 0,32 bis 0,43 kg Koks/kg CO_2. Hierzu addiert sich ein weiterer Teilbetrag auf Grund kinetischer Zusammenhänge:

Bei der Kalksteinentsäuerung frei werdendes CO_2 (1000 bis 1100 °C) erhöht im aufsteigenden Schachtgas $C_{CO_2}^0$ und bremst damit die Reduktion.*

---

* Teilweise findet eine Zersetzung des Kalkstein-CO_2 am Koks gemäß $CO_2 + C$ = 2 CO statt, wie POCHWISNEV[585c] feststellte. Für die Berechnung des Koksverbrauchs ändert sich hierdurch nichts gegenüber dem hier durchgeführten Berechnungsgang.

Bei mehreren systematisch durchgeführten Betriebsversuchen mit stufenweisem Ersatz des Kalksteins durch im Sinter eingebundenes CaO zeigte sich [586, 591, 592]), daß die chemische Ausnutzung des Gichtgases, d. h. das Verhältnis

$$\eta_{CO} = \frac{CO_2}{CO + CO_2} \, ,$$

bei unterschiedlichem Kalksteinsatz konstant blieb. Zum gleichen Ergebnis führt eine statistische Auswertung der CO_2-Gehalte zahlreicher Hochöfen, die teils mit, teils ohne Kalkstein betrieben wurden[525]).

Hieraus folgt, daß für jedes Mol CO_2, das bei der Kalksteinzersetzung entsteht, der gewünschte Umsatz Gas—Erz annähernd ebenfalls um ein

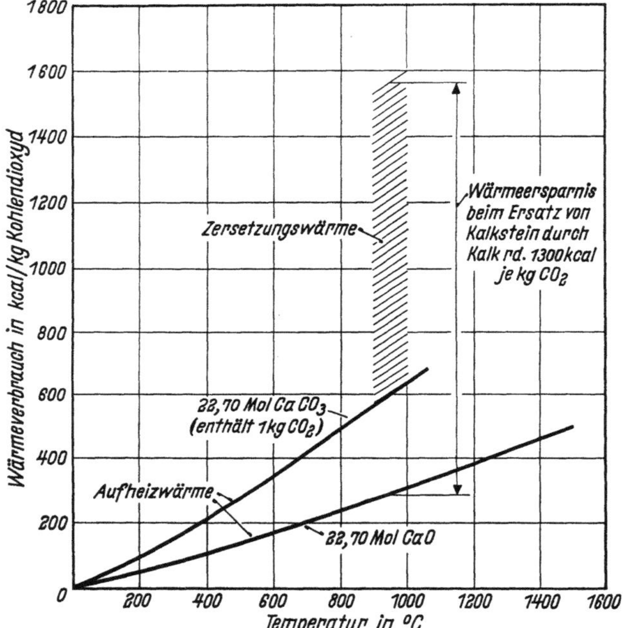

Bild 294. Wärmeverbrauch beim Einsatz äquivalenter Mengen Kalkstein und Kalk (gebunden im Sinter) im Hochofen[525])

Mol zurückgedrängt wird. Auf dieser Basis läßt sich die Verschlechterung der indirekten Reduktion und damit die Erhöhung des Koksverbrauchs errechnen:

1 kg CO_2 ergibt 0,509 Nm³ CO_2,

1% Abbau des Gesamterzsauerstoffs (380 kg) = 3,8 kg O, entspricht dem Umsatz von 5,35 Nm³ CO zu CO_2.

Für die Freisetzung von 1 kg CO_2 werden etwa 0,36 kg Heizkoks verbraucht, aus denen zusätzlich 0,57 Nm^3 CO/kg CO_2 entstehen. Die übrigen Berechnungsunterlagen und das Ergebnis enthält Bild 295. Man erkennt hieraus, daß je kg CO_2, das im Hochofen aus $CaCO_3$ freigesetzt werden

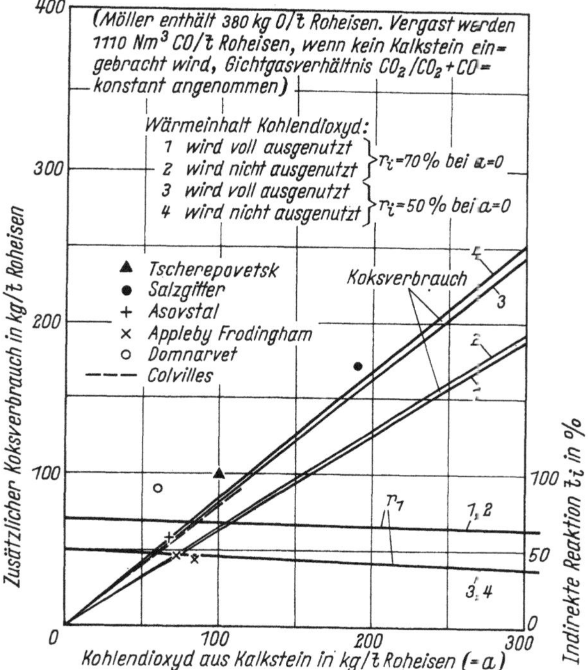

Bild 295. Veränderung von Koksverbrauch und Grad der indirekten Reduktion im Hochofen bei steigenden Zusätzen von Kalkstein[525]

muß, 0,7 bis 0,9 kg Koks zusätzlich verbraucht werden.* CO_2 im Kalkstein kann somit als der bei weitem brennstoffaufwendigste Ballaststoff im Hochofen angesehen werden.

5.2.2.3.3. Betriebsergebnisse.

Der Vergleich von systematischen Versuchen in der Praxis mit der Berechnung zeigt im allgemeinen Übereinstimmung (Bild 295 und [593]). Der Brennstoffverbrauch für die Kalksteinentsäuerung in der Sinteranlage beträgt nur einen Bruchteil der im Hochofen ersparten Koksmenge; pro t aufgegebenem Kalkstein benötigt man

---

* Bei geringeren Ausgangskokssätzen, d. h. reicherem Möller als dem Berechnungsbeispiel entspricht, sinkt die rechnerische Koksersparnis pro kg CO_2 etwas ab, wie SCHÜRMANN[587] auf Grund ergänzender Berechnungen feststellte.

Tafel 39 a[525]). *Betriebsergebnisse von*

Hochofenwerk	Hoch-ofen Nr.	Sinter-anteil %	Netto-Möller kg/t Roh-eisen	Wind-tempe-ratur °C	Roh-eisen-erzeu-gung t/24 h	Koks (roh) kg/t Roh-eisen	Schlacke kg/t Roh-eisen	Schlacke $\frac{CaO}{SiO_2}$	Hochofen Gestell-durch-messer m	Hochofen Nutz-inhalt m³
Appleby Froding-ham 1953 . .	9/10	95	2700	624	655	880	1283	1,09	7,62	1131
Appleby Froding-ham 1957 . .	Queen Victoria	98	2513	683	1250	770	1250	1,20	8,7	1256
Dillingen	2	96	2224	675	495	721	892	1,21	5,0	485
Domnarvet . . .		100	1780	895	438	609	430	1,30	4,5	221
Kokura	1	94	1753	836	555	570	439	1,16	5,6	470
Magnitogorsk . .	B	85	1670	880	2344	633	471	1,09	8,0	1371
Salzgitter . . .		73	2602	813	722	814	1123	0,68	6,3	860
Seraing	7	94	2163	848	444	687	820	1,21	5,0	497
Steel Co. Kanada 7. — 27. 3. 1958	B	100	1764	690	952	624	480	0,95	5,49	587

Tafel 39 b. *Betriebsergebnisse von Hochöfen*

Hochofenwerk	Hoch-ofen Nr.	Sinter-anteil %	Netto-Möller kg/t Roh-eisen	Kohlen-dioxyd aus Kalkstein kg/t Roheisen	Wind-tempe-ratur °C	Roh-eisen-erzeu-gung t/24 h	Koks (roh) kg/t Roh-eisen	Schlacke kg/t Roh-eisen	Schlacke CaO/SiO₂
Bundesrepublik									
HOAG	A	27	2120	89	735	1524	725	573	1,32
HOAG	8	64	1830	84	820	486	644	402	1,32
								400	1,29
Hoesch	6	70	1769	2	855	1526	619		
Mannesmann	3	~50	2336	143	840	830	789	840	
Mannesmann	3	~50	2341	139	840	814	805	831	
Mannesmann	3	~50	2376	140	785	821	811	807	
Phoenix-Ruhrort . .	1	60	1751	11	804	852	606	365	1,22
Salzgitter	4	69	3016	194	706	514	1045	279	1,09
Thyssen	10	50	1901	37	864	1720	662	1505	1,28
Völklingen		57	2669	116		420	775		
Großbritannien									
Appleby Frodingham		0	3570				1190		
Appleby Frodingham		35	3090	~170	438	508	1130	1195	1,18
Appleby Frodingham		42	3020	~142	491	525	1100	1195	1,13
Appleby Frodingham		63	3000	~ 97	562	647	980	1280	1,11
									$\frac{CaO + MgO}{SiO_2}$

ochöfen mit kalksteinfreiem Möller

stell-che m²	Koks-durch-satz t/m³·24 h	Koks-durch-satz t/m²·24 h	Gichtgas Menge Nm³/t Roheisen	Heizwert kcal/Nm³	CO %	CO₂ %	Besonderheiten
5,6	0,51	12,6	3510	896	~28,8	~ 9,5	
,4	0,77	16,2					Zusätzliche Windformen in Rast. Regelmäßiges Stauchen
,6	0,74	18,2	2720	864	27,3	11,7	
5,9	1,21	16,8	2090	783	25,0	17,5	
4,6	0,673	12,8	1990	720	22,8	17,2	
,2	1,08	29,6				~15,5	19,69 g H_2O/Nm³ Wind 0,96 atü Gichtdruck
,2	0,68	18,8	2930	935	29,5	11,0	
,6	0,61	15,6	2660	821	26,1	12,6	
,7	1,01	25,1	2420	767	24,6	16,0	Schlacke enthielt 13,3 % MgO

annähernd voll vorbereitetem Möller

Hochofen stell-rch-sser m	Nutz-inhalt m³	Gestell-fläche m²	Koks-durch-satz t/m³·24 h	Koks-durch-satz t/m²·24 h	Gichtgas Menge Nm³/t Roh-eisen	Heizwert kcal/Nm³	CO %	CO₂ %	Besonderheiten
,5	1450	56,7	0,76	19,5	2680	919	28,9	12,8	
,6	673	24,6	0,47	12,7	2450	830	26,2	13,6	
,0	1359	50,2	0,65	18,8		904	28,6	14,7	O_2/H_2O-Zusatz
,1	664	29,2	0,99	22,4	3010	977	30,9	10,9	
,1	664	29,2	0,99	22,4	3071	985	31,1	10,4	
,1	664	29,2	1,00	22,8	3118	976	30,6	10,6	
,5	561	23,7	0,92	21,8	2160	823	25,8	13,8	
,3	860	31,2	0,62	17,2	3900	914	29,5	11,3	
,0	1424	63,6	0,80	17,9	2410	901	28,5	13,1	
,8	557	26,4	0,58	12,3					
,62	1131	45,6							
,62	1131	45,6	0,51	12,6	4830	901	~29,1	~ 9,5	
,62	1131	45,6	0,51	12 7	4610	910	~29,0	~10,2	
,62	1131	45,6	0,56	13,9	4030	919	~29,7	~ 9,8	

Tafel 39 b [525])

Hochofenwerk	Hoch-ofen Nr.	Sinter-anteil %	Netto-Möller kg/t Roh-eisen	Kohlen-dioxyd aus Kalkstein kg/t Roheisen	Wind-tempe-ratur °C	Roh-eisen erzeu-gung t/24 h	Koks (roh) kg/t Roh-eisen	Schlacke kg/t Roh-eisen	Schlacke CaO/SiO₂
Großbritannien									
Colvilles Clyde . . .		44	1843	79	699	580	663	341	1,47
Colvilles Clyde . . .		50	1731	42	677	656	621	350	1,48
Colvilles Ravenscraig		47	1842	55	759	1042	655	421	1,31
Dorman Long . .		98	1812	94		575	689	~470	
Dorman Long . .		2	2211	141		538	824	~550	CaO/SiO₂
Steel Co. Wales									
Margam	3	63	2200	~ 75	612	970	738	558	1,34
Minette-Verhüttung									
Belval		65	2890		794	457	988		1,22
Chiers	4	51	2890		725	378	875		
Knutange Fontoy .		63	2670		~750	400	825		1,45
Mont St. Martin . .		24	3446	~250	710	322	997		1,35
Mont St. Martin . .		32	3146	~205	641	407	884		1,34
Mont St. Martin . .		44	2878	~152	664	451	811		1,32
Schweden									
Domnarvet		95	1800	60		157	700	~400	
Sowjetunion									
Asowstal		79	2135	102	834	1430	822	765	1,13
Cherepovetsk	2	100	~2055	~ 70	950		657	815	1,15
Magnitogorsk . . .	C		1872	36	848		680	513	1,06
Vereinigte Staaten von Amerika									
Algoma	5 (1954)	61	~2050	138	529	879	671	521	
Edgar Thomson . . .		21	2071	126	507	1442	812	477	1,28
Fontana	1	42	~1900		682	1205	679		
Gary	12	82	1863	61	660	1160	684	474	1,04

etwa 50 bis 70 kg Koksgrus[525]). Es ist also im allgemeinen sehr wirtschaftlich, die Kalksteinentsäuerung bereits auf dem Sinterband vorzunehmen und den Hochofen mit selbstgängigem Sinter zu beschicken. Auch
hinsichtlich der Schlackenbildungsreaktion ergeben sich Vorteile, auf die
in diesem Zusammenhang nicht näher eingegangen werden kann. Wichtig
ist dagegen die Verhinderung des manchmal auftretenden Zerfalls von

(Fortsetzung)

Hochofen		Gestell-fläche	Koks-durch-satz	Koks-durch-satz	Gichtgas				Besonderheiten
stell-:ch-:sser n	Nutz-inhalt	fläche	satz	satz	Menge Nm³/t Roh-eisen	Heiz-wert	CO	CO_2	
	m^3	m^2	$t/m^3 \cdot 24\,h$	$t/m^2 \cdot 24\,h$		$kcal/Nm^3$	%	%	
57		24,4		15,8		~825	~26,5	~14,4	
57		24,4		16,7		~792	~25,4	~15,5	
85	1265	48,4	0,54	14,1		~770	~24,7	~16,2	
49	603	23,7	0,66	16,7	2600	~826	26,5	15,2	
49	603	23,7	0,74	18,7	3300	~886	28,5	12,9	
86		48,4		14,8		~870	27,8	14,6	alle 20 min stauchen
5		23,7		19,1		1001	32,0	7,65	
0		19,6		16,9					
0		19,6		16,8		830			
8	623	18,1	0,51	17,7		975	29,7	10,4	
8	623	18,1	0,58	19,9		915	27,8	13,2	
8	623	18,1	0,59	20,2	~3140	914	27,9	12,4	
1	140	7,5	0,78	14,7					
0	1300	50,2		23,4	~3010	~1000			Hochdruck-ofen
			1,00					14,8	Hochdruck-ofen
					2290	887	27,9	13,4	Hochdruck-ofen
62		45,6		12,9					
4	1260	55,4	0,93	21,1	3330	820	26,3	13,2	
77	1300	47,5	0,63	17,3		~740	~23,8	~16,8	Erz <25 mm
6	951	45,3	0,83	17,5	~2695	845	26,1	12,7	

selbstgängigem Sinter beim Lagern. Wegen der erforderlichen Maßnahmen sei auf die Spezialliteratur verwiesen[525]).

Betriebsdaten von Hochöfen mit hohen Sinteranteilen bei sehr unterschiedlicher Erzbasis enthält die Tafel 39. Trägt man die Koksverbrauchszahlen gegen das Nettomöllergewicht auf, und zwar getrennt nach selbstgängigem Sintermöller und Möller mit Kalksteinzusätzen (ebenfalls voll klassiert bzw. gesintert), so erhält man zwei Streubereiche (Bild 296). Die Ausgleichsgeraden (Regressionsgeraden) dieser Meßwerte errechnen sich wie folgt:

a) selbstgängiger Sintermöller

$$K = 175 + 0{,}247 \cdot M \qquad (\text{Bestimmtheitsmaß } B = 92\%);$$

b) Möller mit Kalkstein

$$K = 200 + 0{,}257 \cdot M \qquad (B = 82\%).$$

Hierin bedeuten K den Koksverbrauch kg/t Roheisen, M das Nettomöllergewicht in kg/t Roheisen.

Das Bestimmtheitsmaß ist verhältnismäßig sehr hoch, die Reststreuung dementsprechend gering. Die Regressionsgerade für selbstgängigen Sintermöller verläuft um etwa 45 kg Koks/t RE unter der anderen, die einem an Kalkstein gebundenen CO_2-Einsatz von durchschnittlich 113 kg/t RE ent-

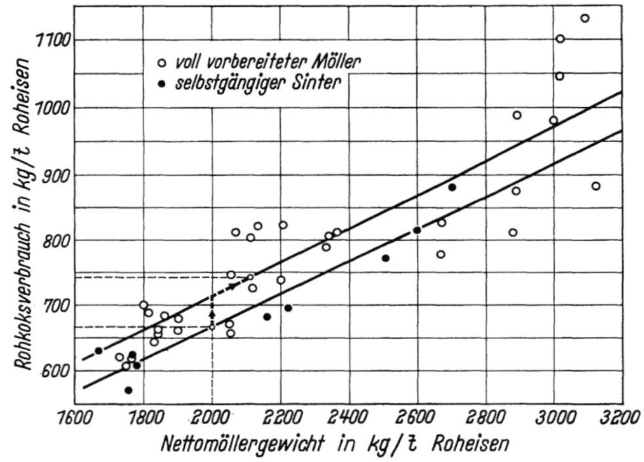

Bild 296. Rohkoksverbrauch in Abhängigkeit vom Nettomöllergewicht[525]

spricht. Bei Übergang von einem selbstgängigen Sintermöller mit z. B. $M = 2000$ kg/t (Ablesebeispiel in Bild 296) auf nichtselbstgängigem Einsatz mit entsprechenden Kalksteineinsätzen (113 kg CO_2/t RE) erhöht sich der Koksverbrauch um insgesamt 77 kg/t, das sind etwa 0,7 kg Koks/kg CO_2, auch hier in befriedigender Übereinstimmung mit der Berechnung.

Die in Bild 296 eingetragenen Geraden können wegen der geringen Reststreuung verwendet werden, um angenäherte Koksverbrauchswerte für einen gegebenen Möller im Voraus abzuschätzen. Diese Zahlen werden daher auch als „Erwartungswerte" bezeichnet.

Wie sich die Kennwerte der gesamten Roheisenproduktion eines Hüttenwerks allmählich diesen Erwartungswerten nähern, wenn alle vorbeschriebenen Maßnahmen konsequent angewendet werden, zeigt Bild 297. Jeder

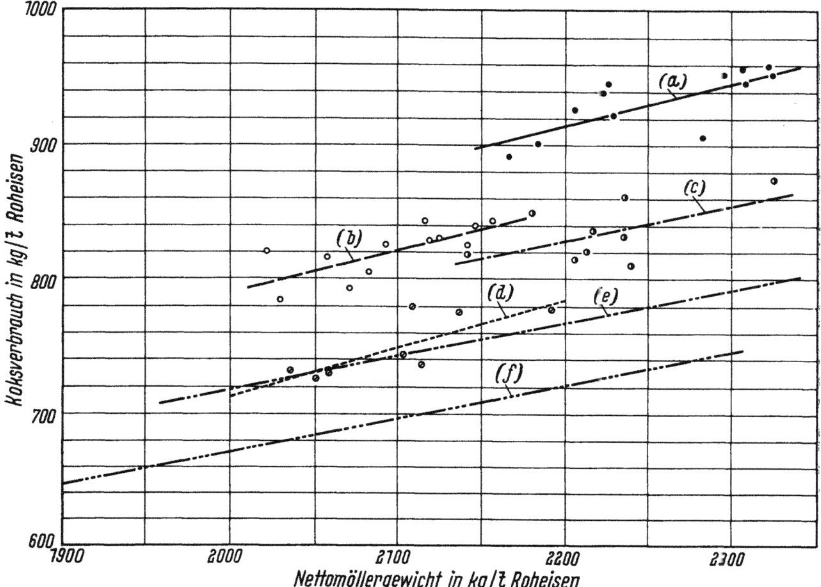

Bild 297. Koksverbrauch und Nettomöllergewicht für Thomasroheisen bei unterschiedlicher Möllervorbereitung[523])
(a) 1. Zeitraum, (b) 2. Zeitraum, (c) 3. Zeitraum, (d) 4. Zeitraum, (e) Erwartungswerte bei vollklassiertem und gesintertem Möller, (f) Erwartungswerte bei Einsatz von selbstgängigem Sinter

Punkt entspricht einer Monatserzeugung von etwa 100000 t Thomas-Roheisen. In der als 1. Zeitraum bezeichneten Spanne war keine Erzbrech- und Siebanlage vorhanden und die Siebanlage des Sinters unzureichend. Im 2. Zeitraum kam die Erzklassierung zur Wirkung, die Erze wurden nach ihrer Reduzierbarkeit gebrochen, der Feinanteil ausgesiebt und das verbleibende Stückerz, soweit möglich, in 2 Fraktionen eingesetzt. Der 3. Zeitraum ist gekennzeichnet durch einen Großhochofen, dessen günstigere Profilgestaltung zu leicht erniedrigten Koksverbrauchszahlen führte. Im 4. Zeitraum schließlich stand auch der Sinter mit wesentlich verbesserter Siebanalyse zur Verfügung. Gleichzeitig mit diesen Maßnahmen verschiebt sich der Koksverbrauch parallel zur Ausgangsgeraden, bis schließlich die „Erwartungswerte" erreicht wurden.

5.2.2.4. Behandlung der Feinsterze

5.2.2.4.1. Vorgänge im Pellet während des Brennens. Tafel 40 zeigt eine typische Siebanalyse eines Ausgangserzes und Tafel 41 die Eigen-schaften mehrerer Sorten Fertig-pellets. Beim Brennen der Grün-pellets ist darauf zu achten, daß die Sinteratmosphäre genügend freien Sauerstoff enthält, damit die Oxydation von Fe_3O_4 zu Fe_2O_3 vollständig abläuft bzw. im Falle des Einsatzes von Fe_2O_3 keine Reduktion statt-findet. Während der Oxydation findet wegen der unterschied-lichen Kristallsysteme der Pha-sen Fe_3O_4 und Fe_2O_3 eine voll-ständige Rekristallisation statt, die zur Verfestigung führt. COOKE und Mitarbeiter[595 a,b] konnten mit metallographischen

Tafel 40 [546]). *Beispiel für die Siebanalyse je eines zur Sinterung und zur Pelletisierung geeigneten Feinerzes*

Rückstand auf DIN-Sieb	Feinerz, geeignet zur	
	Sinterung	Pelletisierung
mm	Kornanteil in %	
10,0	4,1	—
8,0	2,3	—
3,0	11,7	—
1,0	7,0	—
0,5	27,1	—
0,3	18,2	—
0,15	20,3	0,4
0,09	2,1	11,6
0,075	4,1	n. b.
0,06	3,1	11,3
unter 0,06	—	76,7

Untersuchungsmethoden den auf deutlich erkennbare Verfestigungsmechanismus beim Brennen Umkristallisationsvorgänge zurückführen. Bild 298 zeigt, daß Fe_3O_4-Teilchen bereits bei 800 °C unter Umwandlung in Fe_2O_3 zusammenwachsen, so daß bei geeigneter Nachbehandlung (Glühen bei 1200 bis 1300 °C unter Kornver-gröberung) hohe Festigkeiten erreicht werden können. Demgegenüber beginnt bei Fe_2O_3 (Bild 299) erst bei sehr hoher Temperatur (über 1300 °C) eine festig-keitssteigernde Rekristallisation. Die Brennzeiten sind bei Fe_2O_3-Erzen daher höher[547]). Bild 300 zeigt die möglichen Verfestigungsmechanismen.

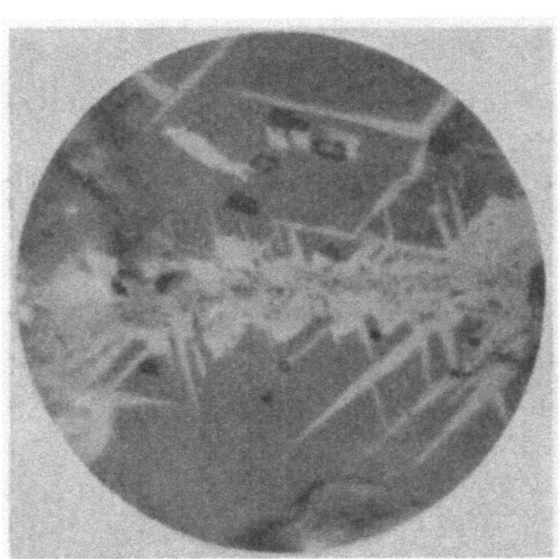

Bild 298. Verfestigung in Pellets aus Magnetitkonzentrat: Zementations-linie zwischen zwei Magnetitpartikel-chen (2 h bei 800 °C in Luft, dann im Ofen abgekühlt) (1250:1, Original 2000:1) nach S. R. B. COOKE u. W. F. STOWASSER[595 b])

Bei Pellets aus Magnetitkonzentra-ten wandert die Oxydationszone lang-sam in das Stück hinein, wobei, wie EDSTRÖM[595]) nachwies, in Luft die Zudiffusion des O_2 durch die be-reits oxydierte Schicht geschwindig-

Tafel 41a [547]). *Chemische Zusammensetzung verschiedener Pelletsorten*

Pellets	Fe	FeO	Mn	P	SiO_2	CaO	MgO	Al_2O_3	S	H_2O
					Anteil in %					
achtofenpellets										
Crie	62,13	0,38	0,37	0,025	9,33	0,91		0,19	0,007	3,39
Grace	56,60		0,07	0,005	2,80	0,50	1,80	0,70		
Hilton	64,80				2,85	0,25	2,61	0,29	0,01	1,30
Malmberget	68,50	1,03	0,05	0,04	0,70	0,50	0,25	0,40	0,04	
Marmora	63,71	0,73	0,09	0,005	4,14	1,80	0,97	0,85	0,012	0,75
Oskarshamner . . .	60,85		0,03	0,08	7,16	2,20	0,78	1,85	0,05	
nd-Drehrohrofen-Pellets										
Humboldt	62,18		0,21	0,05	8,48	0,66		0,43	0,009	2,63
Republic Mine										
Saure Pellets	63,80	0,75	0,39	0,07	7,40	0,29	0,81	0,50	0,005	1,00
SiO_2-arme Pellets . .	65,00	0,75	0,07	0,39	4,80	0,29	0,81	0,50	0,005	1,00
Selbstgehende	59,94	0,31	0,038	0,036	4,40	4,31	0,47	0,46	0,037	3,33
ndpellets										
Silver Bay	63,00	2,58	0,18	0,06	7,82	1,00	0,60	0,20	0,04	3,28
Ungava	65,40	1,81	0,25	0,01	4,53	0,56	0,33	0,50	0,02	

Tafel 41b [547]). *Korngrößenverteilung verschiedener Pelletsorten*

Pellets	Kornklasse in mm												
	> 30	> 20	> 15	> 12	> 10	> 8	> 6	> 5	> 3	> 2	> 1	> 0,5	> 0,2
	Anteil in %												
hachtofen-pellets													
Oskarshamner	18,5				73,5		74,7		84,7		91,0	92,6	94,3
Malmberget .	5,0	41,7			78,7			84,3					
Marmora . . .		5,10		42,0	69,9		82,4		88,5		91,6		
Erie		2,0		11,0	56,6			87,5	93,5		96,0		
Hilton		0,6		10,6		83,9	93,7			97,3			97,7
Grace		2,2	10,7	37,7		82,4	93,6		97,1				
and-Drehrohr-ofen-Pellets													
Republic-Mine													
Saure Pellets .			17,0	68	90,0	90,0	98,0				98,5		
Selbstgehende	2,7			78,8		95,0	97,0			98,2			98,3
Humboldt . .				53,3	92,7			97,8	98,5		98,9		
and-Pellets													
Silver Bay . .						85,35	88,19	91,14		94,59	95,17		

Tafel 41 c [547]. *Physikalische Eigenschaften verschiedener Pelletsorten*

Pellets	Roh-wichte g/cm³	Dichte g/m³	Porigkeit %	mittlere Druck-festigkeit kg	Schmelzverhalten		
					Erwei-chungs-punkt °C	Schmelz-punkt °C	Fließ-punkt °C
Schachtofen-pellets							
Oskarshamner	3,10	4,70	26,00	180			
Malmberget .	3,94	5,14	23,40	756	1560	1615	1660
Marmora . . .	3,60	4,89	25,80	335	1500	1545	1640
Band-Pellets							
Silver Bay . .	3,21	4,72	31,90	146	1323	1525	1635
Ungava . . .	3,30	4,88	32,70	140	1465	1540	1575

keitsbestimmend wirkt. Als besonders geeignetes Bindemittel haben
sich Kalkhydrat und Bentonit erwiesen, die schon bei geringen Zusätzen
(etwa 0,5%) durch chemische Reaktion die benötigten Brenntemperaturen

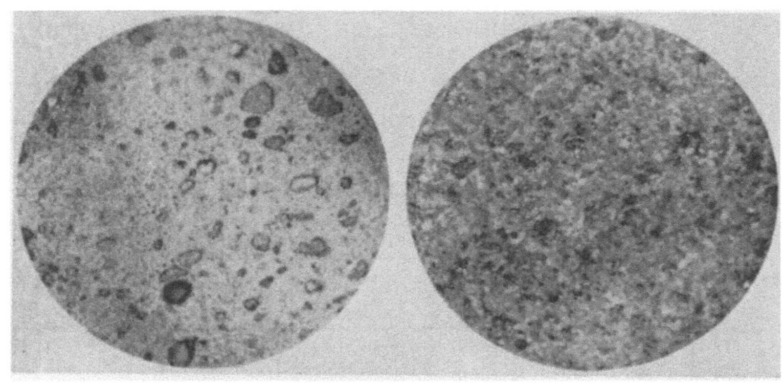

Bild 299a

	30 min 1100 °C	30 min 1200 °C
mittl. Korngröße:	6 μm	7 μm

nach S. R. B. Cooke u. W. F. Stowasser[595 b]

stark herabsetzen[594]. Bei reinsten Konzentraten ist es nach Ottow zweckmäßig, den Brennvorgang in neutraler Atmosphäre zu führen, so daß die
Fertigpellets vorwiegend aus Fe_3O_4 bestehen. Dann ist zwar die Reduzierbarkeit verschlechtert, aber die Reduktionsfestigkeit gut[595 d].

Konzentrate mit SiO_2-Gehalten zwischen 3 bis 8% lassen sich durch
$CaCO_3$-Zusätze zu selbstgängigen Pellets verarbeiten. Dies setzt jedoch eine

aufwendige Feinstmahlung des $CaCO_3$ voraus (z. B. [595b, 597a]), außerdem treten Schwierigkeiten durch Zusammenbacken auf[607]).

Die Reduktionsgeschwindigkeit von Pellets ist mehrfach untersucht worden (z. B. [596, 601]). Auf Grund der meist vorhandenen erheblichen Porigkeit verläuft die Reduktion der Pellets im allgemeinen verhältnismäßig rasch. Bild 301 zeigt die Summenhäufigkeitsverteilung der Reduzier-

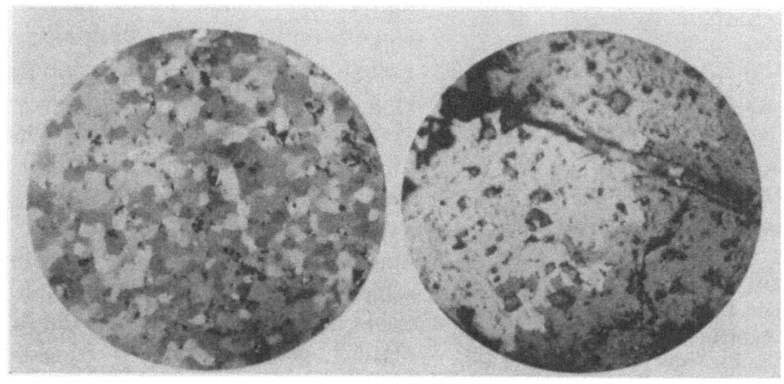

Bild 299b

30 min	30 min
1300 °C	1400 °C
20 μm	400 μm

Verfestigung in Pellets aus Hämatitkonzentrat, Rekristallisation bei steigender Temperatur nach S. R. B. COOKE u. W. F. STOWASSER[595 b] (125:1, Original 200:1)

Zusammensetzung des Bindemittels	Hämatit	Hämatit	Magnetit	Schlacke
Art seiner Bildung	Oxydation zu Hämatit	Rekristallisation von Hämatit	Rekristallisation und Kornwachstum von Magnetit	Bildung von Eisensilikaten
Atmosphäre	oxydierend	oxydierend	neutral	neutral oder leicht oxydierend
Bildungstemperatur °C	>200	>1100	>900	1000

Bild 300. Unterschiedliche Bindungsarten zwischen den Erzkörnchen in Pellets aus Magnetitkonzentraten nach M. TIGERSCHIÖLD[545])

barkeit (gemessen wie in Abschn. 5.3 beschrieben) an einer typischen Auswahl von Erzen und Agglomeraten bei 10 bis 15 mm Stückgröße. Pellets liegen bei gleichem Durchmesserbereich im oberen Drittel des gemessenen Reduzierbarkeitsbereichs (Silver Bay-Pellets bei 0,68%/min).

5.2.2.4.2. Betriebsergebnisse mit Pellets im Hochofen; Vergleich mit Sinter. Die runde Form und die geringe Streubreite der Durchmesser der Pellets sind gute Voraussetzungen für eine gleichmäßige Durchgasung im Hochofen. Daher und wegen der zumeist guten Reduzierbarkeit entstand die Vermutung, daß Pellets allen anderen Hochofeneinsatzstoffen weit überlegen seien. Diese Vermutung schien zunächst gestützt durch Betriebsversuche, bei denen durch allmählich gesteigerten Pelleteinsatz die Leistung eines amerikanischen Großhochofens um etwa 50% gesteigert und der spezifische Koksverbrauch von anfänglich 900 auf 650 kg/t RE gesenkt wurde [598]. Allerdings waren die Ausgangswerte sehr unbefriedigend. Nach den Ergebnissen der voraufgegangenen Abschnitte ist auch bei gut klas-

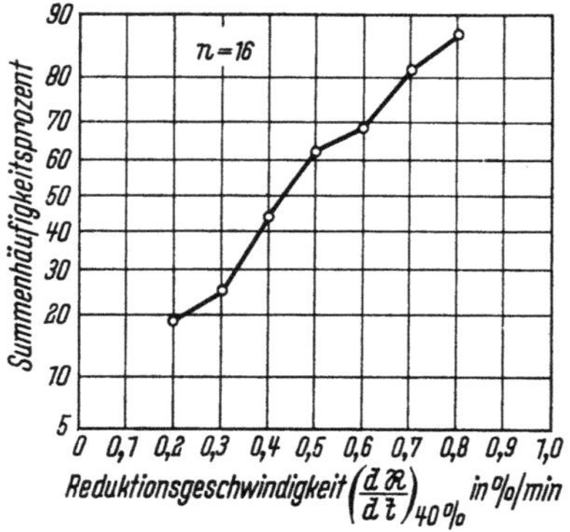

Bild 301. Summenhäufigkeitsverteilung der Reduzierbarkeit von Erzen und Agglomeraten (Stückgröße 10 bis 15 mm) geprüft nach Stahleisenprüfblatt 1770–64 [597]

Tafel 42 [600]. *Betriebskennwerte japanischer Hochöfen mit unterschiedlichem Pelletanteil*

Betriebskennwerte	Maßeinheit	Hochofen		
		1	2	3
Gestelldurchmesser	m	7,5	8,8	8,8
Roheisenerzeugung	t/24 h	1540	2450	2210
Spezifische Ofenleistung . . .	t/m² · 24 h	34,8	34,2	36,2
Koksverbrauch	kg/t Roheisen	586	543	494
Ölzusatz	kg/t Roheisen	0	33,4	44,7
Mischerz	kg/t Roheisen	592	552	458
Goa-Erz	kg/t Roheisen	63	48	91
Sinter	kg/t Roheisen	165	512	524
Pellets	kg/t Roheisen	728	449	445
Windmenge	Nm³/h	97000	128000	133000
Windtemperatur	°C	944	801	941
CO im Gichtgas	%	24,8	25,7	23,0
CO_2 im Gichtgas	%	17,1	17,3	17,6
Schlackenmenge	kg/t Roheisen	391	323	335

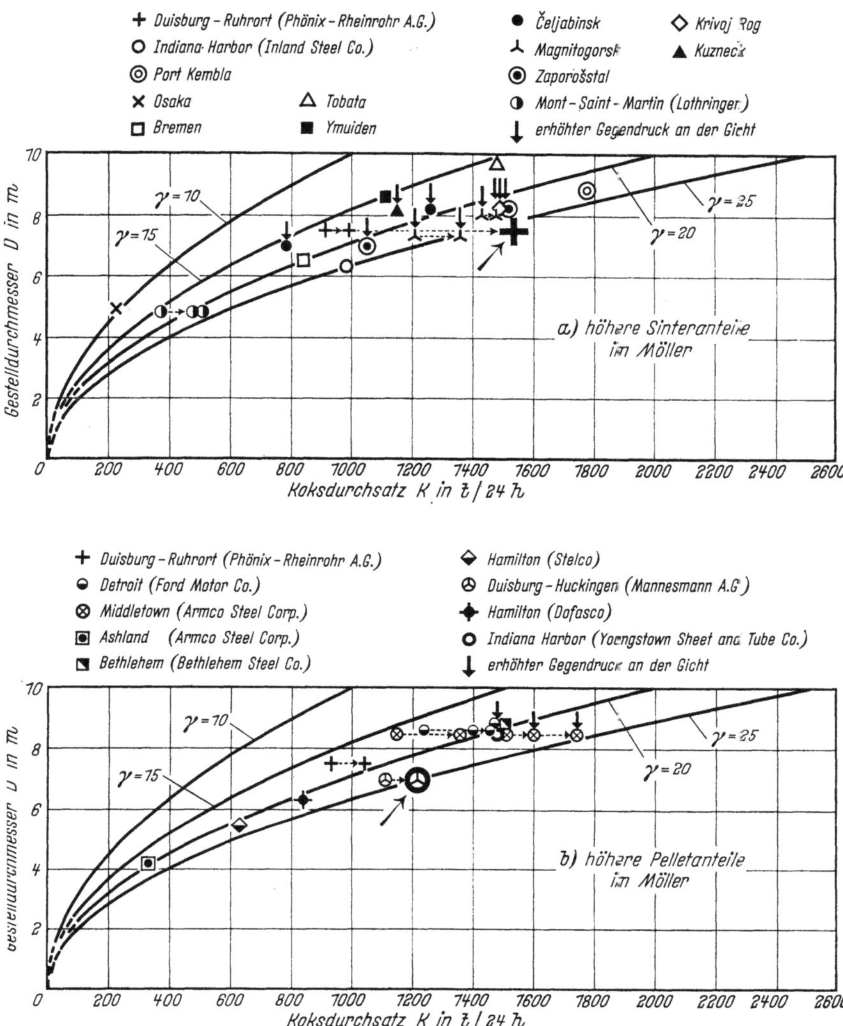

Bild 302. Hochofenleistungen ($K = \gamma \cdot D^2$) bei höheren Sinter- und Pelletanteilen im Möller nach H. SCHENCK[603])

iertem Stückerz und bei Sinter eine recht gleichmäßige Durchgasung erreichbar, die Reduktionsgeschwindigkeiten sind in gleicher Höhe einstellbar wie bei Pellets, und bei Verwendung von selbstgehendem Sinter sind Kalksteinzusätze im Hochofen im Gegensatz zu Pelletmöller nicht erforderlich. Es nimmt daher nicht wunder, daß die gründliche Prüfung sämtlicher z. Z. vorliegender Hochofenbetriebsdaten aus dem Schrifttum zu dem Ergebnis führt, daß hinsichtlich der erreichbaren Hochofenbetriebswerte kein gesicherter Unterschied zwischen Sinter und Pellets besteht[599–603, 603a]. Diese Feststellung kann beispielsweise untermauert werden durch Ergebnisse japanischer Hochöfen (Tafel 42), wie auch durch Großversuche[601, 602] zweier deutscher Hochofenwerke. Die Öfen wurden auf größtmögliche Durchsatzleistung getrieben; im Ergebnis — bezogen auf gleiche Gestellfläche oder auch Nutzvolumen — waren die Erzeugungsleistungen annähernd gleich. Der spezifische Koksverbrauch war allerdings im zweiten Versuch (Stückerz/Sintermöller) höher; als Begründung wird, sicherlich zutreffend, angegeben, daß ein erheblicher Anteil schwer reduzierbaren Kiruna-Erzes in nicht optimaler Klassierung eingesetzt wurde. Bild 302 stellt eine Zusammenfassung der Koksdurchsatzleistungen als Maß für die Leistung zahlreicher gutgehender Hochöfen dar, das obere Teilbild für Sinter, das untere für Pelletmöller, beide in Abhängigkeit vom Gestelldurchmesser. Als Vergleichslinien wurden Kurven $\gamma = $ const eingetragen, wobei γ als Leistungsfaktor wie folgt definiert wurde:

$$\gamma = \frac{K}{D^2}$$

K Koksdurchsatz pro Tag (t),
D Gestelldurchmesser (m).

Bei Sintermöller und Pelletmöller ergeben sich annähernd die gleichen Streubereiche für die γ-Werte und damit auch die Leistungszahlen der Hochöfen. Somit kann die prinzipielle Überlegenheit der einen oder anderen Möllerkomponente vorläufig nicht als erwiesen gelten.

5.3. Prüfung der Erze für den Hochofen

Die Prüfung der Eisenerze und Agglomerate steht im engen Zusammenhang mit der Erzbewertung, d. h. der Ermittlung des anlegbaren Preises. Für Hüttenwerke ohne eigene Erzbasis, wie z. B. in Deutschland und Japan, ist eine optimale Erzauswahl auf Grund einer richtigen Erzbewertung lebenswichtig. Der Erzprüfung wurde deshalb seit jeher große Aufmerksamkeit zugewandt.

Die nachfolgenden Ausführungen befassen sich mit der wissenschaftlich-technischen Grundlage der Erzprüfung für den Hochofen. Wirtschaftliche Aspekte werden entsprechend der Konzeption des vorliegenden Bandes bewußt nicht direkt berührt.

Der Wert eines Eisenerzes oder Agglomerats ist im wesentlichen bestimmt durch den bei seiner Verhüttung erforderlichen Aufwand für die

Vorbereitung sowie den Brennstoffverbrauch im Hochofen, die erzielbare Durchsatzleistung und den Anteil, der in Form von Gichtstaub aus dem Hochofen ausgetragen wird.

Der Brennstoffaufwand bestimmt sich zunächst aus dem Anteil der Ballaststoffe des Erzes, wie in Abschn. 4.1 dargelegt wurde. Darüber hinaus ist es von entscheidender Bedeutung, daß die Reduktionsreaktion möglichst rasch, störungsfrei und mit guter chemischer Ausnutzung des im Hochofen aufsteigenden Schachtgases verläuft. Als Voraussetzungen hierfür sind in erster Linie von Bedeutung:

a) Gleichmäßigkeit der Durchgasung der Möllersäule im Hochofen, d. h.

a 1) saubere Klassierung, insbesondere Ausscheidung des Feinanteils;

a 2) hohe Beständigkeit gegen mechanischen Abrieb und Sturz;

a 3) später Erweichungsbeginn und kurzes Intervall zwischen Beginn der Erweichung und vollständigem Schmelzen.

b) Gute Reduzierbarkeit.

Die Bedeutung der genannten Faktoren wurde in den Abschn. 3.1, 5.2 behandelt, nachstehend sei über Prüfmöglichkeiten berichtet.

Es ist aus Platzgründen unmöglich, auf die Vielzahl der früheren Arbeiten im einzelnen einzugehen. Trotz der intensiven Beschäftigung mit diesem Gebiet ist es erst in den letzten Jahren und auch nur teilweise gelungen, aussagekräftige und von Werk zu Werk übertragbare Prüfmethoden zu entwickeln (vor allem durch die Gemeinschaftsarbeit der zuständigen Fachausschüsse des Vereins Deutscher Eisenhüttenleute). Die bekannten Prüfverfahren lassen sich in zwei Gruppen einteilen:

a) Prüfung auf Eigenschaften und deren Gleichmäßigkeit ohne Übertragbarkeit auf den Hochofenbetrieb,

b) Prüfungen, die auf den Hochofenbetrieb übertragbar sind, d. h. quantitative Voraussagen über das Verhalten des Erzes oder Agglomerats im Hochofen gestatten.

Prüfverfahren der zweiten Gruppe sind naturgemäß von höherem Aussagewert.

Nachstehend werden lediglich die spezifisch hochofennahen Prüfverfahren behandelt und nicht die der allgemeinen Laboratoriumstechnik entsprechenden Verfahren, z. B. zur Ermittlung der chemischen Zusammensetzung, der Porigkeit, der Roh- und Reinwichte u. ä., da hierfür gute Handbücher vorliegen, z. B. [608]).

5.3.1. Korngrößenverteilung

Für die Kontrolle der Korngrößenverteilung von Erzen und Agglomeraten bestehen Richtlinien, die zunächst ein Trocknen, sofern nötig, und anschließend ein Absieben auf genormten Sieben vorsehen[608,608a]). Diese

Prüfmethode ist jedoch wegen des Trocknungsvorgangs auf gelegentliche Stichproben mit verhältnismäßig kleinen Probemengen beschränkt. Das Hauptproblem besteht darin, kleine Probemengen so zu entnehmen, daß sie für die Gesamtmenge repräsentativ sind.

Größere Probemengen können im Wege der Naßabsiebung geprüft werden. Bild 303 zeigt die verwendete Einrichtung. Das Erz wird ohne Vortrocknung auf die Siebfläche gegeben und dort mit einem scharfen Wasserstrahl abgebraust, wodurch sich der Feinanteil, insbesondere auch der

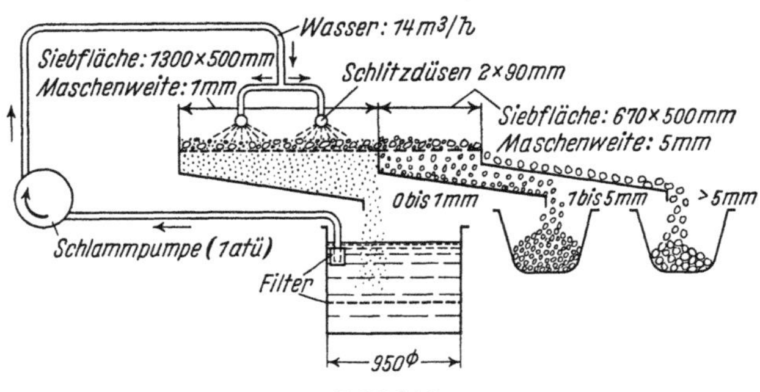

Bild 303
Feinabsiebung größerer Probenmengen ohne Trocknung (Durchsatzleistung 3 t/h) [609]

an den groben Stücken anhaftende, das sog. *Haftkorn*, von den Grobfraktionen löst und erfaßt wird. Im vorliegenden Fall wurde nacheinander auf 1 bzw. 5 mm auf einer zusammenhängenden Siebfläche abgesiebt. Die Fraktionen über 1 mm wurden gewogen und der Nässegehalt bestimmt, aus der Feinfraktion unter 1 mm wurde die Hauptmenge des Wassers zunächst abfiltriert und dann ebenso verfahren wie bei den Grobfraktionen, so daß sich die Gewichte der Fraktionen, bezogen auf Trockenzustand, errechnen lassen. Es wurde jeweils eine Stichprobe von 1000 kg Umfang in der Möllerung des Hochofenbetriebs geprüft. Die ermittelten Feinanteile unter 1 mm betrugen trotz vorheriger Erzklassierung zwischen 2,4 und 9,1% der jeweils geprüften Menge (i. T.). Diese Werte sind meist wesentlich höher als die, die sich bei den Kontrollsiebungen in der Erz-, Brech- und Siebanlage ergeben. Dies ist im wesentlichen auf die Beanspruchung der Erze beim Transport und Umschlag sowie auf das Haftkorn zurückzuführen.

Bei trockenem Agglomerat, z. B. Sinter, ist eine laufende Kontrollabsiebung ohne umständliche Trocknung möglich. Bild 304 zeigt eine automatisch arbeitende Probenahme- und Prüfeinrichtung: Der zu siebende Teilstrom geht über Waage *1* und ein Wuchtsieb; der Feinanteil wird durch Waage *2* erfaßt. Anschließend wird die Probemenge zerkleinert und der chemischen Untersuchung zugeführt. Die mechanische Beanspruchung des Sinters durch den Absiebvorgang ist beträchtlich, so daß nicht nur

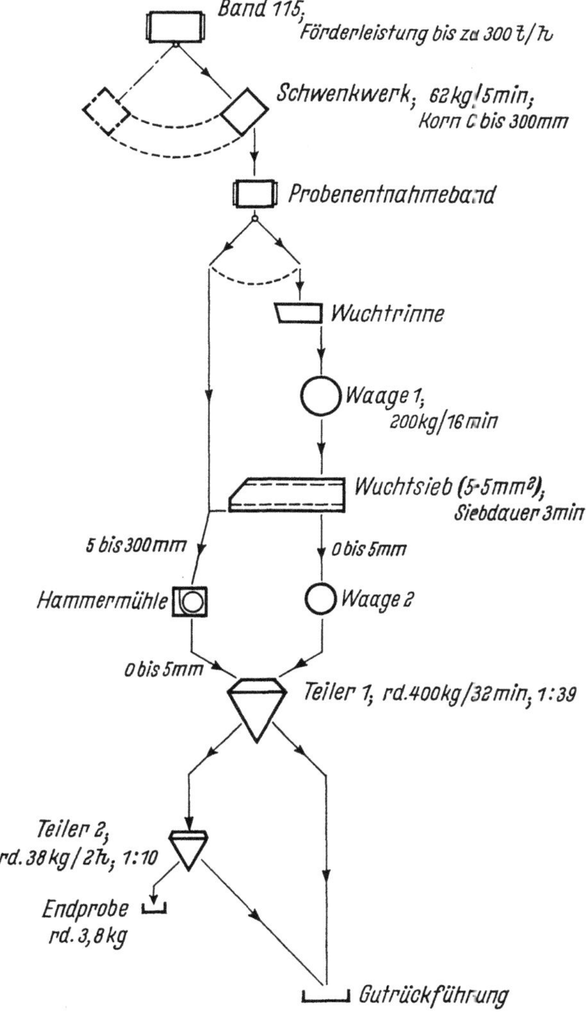

Bild 304. Übersicht über eine selbsttätige Sinter-Siebfestigkeitsprüfung und Probenahme nach G. Heynert, P. Ischebeck u. W. von Spee[611])

der vorhandene Feinanteil, sondern in gewissem Ausmaß die Zerfallsempfindlichkeit des Sinters geprüft wird.

Versuche, bei denen fraktionsweise gestaffelt radioaktivierte Erzproben in den Hochofen eingesetzt wurden, zeigten, daß von dem Erzanteil mit einem Korndurchmesser unterhalb 0,5 mm ein erheblicher Teil ausgetragen wird, jedoch nicht alles. Selbst von der Körnung 0,1 bis 0,2 mm verblieben Anteile im Hochofen[610]), andererseits verstaubten Fraktionen über 0,5 mm zu erheblichen Teilen. Der Hochofen muß somit als ein unvollkommen arbeitender Windsichter angesehen werden.

5.3.2. Mechanische Beständigkeit

Auf dem Wege von der Erzklassieranlage bis zur Gicht werden die Erze mehrfach durch Stürzen und teilweise durch Reibung gegeneinander beansprucht, im Hochofen hauptsächlich durch Reibung und Druck unter gleichzeitiger Temperaturerhöhung in reduzierender Atmosphäre.

Sturzempfindlichkeitsprüfungen* sind in zahlreichen Varianten entwickelt worden, die angegebenen Zahlenwerte sind daher im allgemeinen nicht zu vergleichen. Ein aussagefähiger Prüfwert ergibt sich erst dann, wenn das Verhalten einer größeren Zahl von Erzen unter gleichbleibenden Prüfbedingungen ermittelt wird; dann können die geprüften Erze nach gut/mittel/schlecht eingeordnet werden. Ein Erz hoher Sturzempfindlichkeit neigt naturgemäß beim Umschlag dazu, zu Bruch zu gehen.

Systematische Sturzversuche wurden an 32 unterschiedlichen Erzen[609,612]) (chem. Zusammensetzung in Tafel 43) in der Weise durchgeführt, daß je 3,0 kg Erzstücke der Körnung 20 bis 40 mm aus 4,0 m Höhe auf eine kompakte Stahlplatte stückweise fallen gelassen wurden, und anschließend der entstandene Feinanteil 0 bis 5 mm als Maß der Sturzempfindlichkeit bestimmt wurde. Hierbei ergab sich die in Bild 305 gezeigte Summenhäufigkeitsverteilung der Prüfwerte.

Die Abriebempfindlichkeit wird meist in Trommeln geprüft (Beispiele: [609-614a])). Eine vergleichbare Prüfung für die Abriebbeständigkeit von Sinter wurde von SEND und WEILANDT[613]) beschrieben.

In Bild 305 ist für die gleichen 32 Erze die Summenhäufigkeitsverteilung der Abriebwerte aufgetragen (Einsatz: 10 kg, Körnung: 20 bis 40 mm, 4 min Prüfdauer bei 25 Upm, Trommeldurchmesser 1000 mm, sonstige Maße wie nach [614]), Prüfwert ist der Anteil 0 bis 0,5 mm nach der Trommelung). In einer ähnlichen Apparatur wurde die Abriebempfindlichkeit bei 300 °C unter Gichtgasatmosphäre geprüft. Die so erhaltenen Warmabriebwerte standen in so enger Korrelation zu den Kaltabriebwerten, daß hier keine zusätzliche Aussage gewonnen wird[612]) (Bild 306).

---

* Die Verwendung des Begriffs „Festigkeit" im Zusammenhang mit Prüfungen der mechanischen Eigenschaften von Erzen (z. B. „Sturzfestigkeit, Abriebfestigkeit") ist abzulehnen, weil unter Festigkeit stets eine definiert aufgebrachte, häufig annähernd einachsige Spannung verstanden wird, bei der eine bestimmte Formänderung (Fließen, Bruch usw.) erfolgt. Die Prüfbeanspruchung von Erzen ist jedoch nicht mit der Erzeugung von derartigen definierten Spannungszuständen verbunden.

Tafel 43. *Chemische Zusammensetzung der untersuchten Erze*

Erz	Fe	FeO	Fe_2O_3	P	Mn	CaO	SiO_2	$H_2O_{geb.}$	CO_2	Nässe
Magnetite										
ni Hill.	65,25	24,64	65,99	0,14	0,24	0,05	1,70	1,02	0,18	2,0
memora	50,94	23,85	46,26	0,01	2,92	4,46	10,40	n. b.	n. b.	1,0
a	54,73	24,51	51,09	0,03	0,28	2,90	10,53	1,0	3,83	2,0
livara	62,00	24,30	61,72	0,87	0,09	3,25	5,50	Sp	0,1	1,0
erberg	64,80	29,41	60,06	0,71	0,15	2,41	4,88	0,05	n. b.	1,7
una D	61,75	26,44	58,99	2,04	0,24	7,10	2,70	0,26	0,47	0,6
y-sur-orne . . .	43,0	33,67	24,17	0,60	0,45	2,45	15,16	3,86	11,42	1,5
berg	45,55	19,48	43,54	0,02	0,21	5,40	22,65	0,26	n. b.	0,7
tor	56,70	23,35	55,19	3,36	0,23	10,4	1,32	0,23	0,33	0,3
llavara	62,60	25,22	61,56	0,048	0,15	0,5	5,8	0,78	0,07	1,0
Hämatite										
enisches										
isenerz	63,82	8,51	81,82	0,45	0,21	1,3	4,11	1,42	0,05	0,7
ti	58,39	0,65	82,50	0,055	0,74	0,05	2,05	6,90	0,02	2,2
rissa.	57,10	0,90	80,65	0,02	2,33	3,8	3,13	5,31	3,88	6,8
nco Belga . . .	56,15	5,0	76,08	0,02	1,33	6,0	12,41	0,32	0,18	0,6
seberg	52,9	0,19	75,60	0,006	9,60	0,2	9,93	n. b.	0,22	5,2
sches Eisenerz .	58,9	2,84	81,08	0,05	0,38	0,05	2,05	4,44	Sp.	1,3
ira	68,22	0,38	97,13	0,04	0,13	0,05	0,51	0,60	0,0	1,0
rador	61,54	0,38	87,57	0,037	0,78	0,05	6,2	0,0	3,0	6,0
ampa	56,9	0,25	81,08	0,039	0,37	0,05	4,4	4,86	0,3	6,8
cona	62,0	3,1	85,25	0,055	0,11	0,50	6,0	2,20	0,0	1,2
espera . . .	52,56	6,58	67,87	0,009	1,05	2,07	10,0	0,54	1,29	0,3
ay St. Sulpize .	44,55	0,83	62,78	0,71	0,08	0,1	13,67	n. b.	n. b.	2,3
I	65,9	8,25	85,08	0,03	0,57	1,3	7,7	2,0	0,4	5,6
berg.	48,81	6,45	62,65	0,02	0,21	1,0	23,37	10,67	0,0	0,2
ezuela.	63,6	0,52	90,37	0,14	0,16	Sp.	0,6	4,8	0,07	7,1
oana	54,75	8,51	68,85	0,90	0,24	3,1	13,18	2,9	3,61	1,4
Fe-arme Erze mit hohem Gehalt flüchtiger Bestandteile										
nstadt	34,5	2,71	46,33	0,31	0,56	8,7	19,9	6,48	8,57	7,25
te	28,3	15,8	22,96	0,46	0,20	18,6	15,3	4,92	15,91	6,7
lenberg . . .	18,9	1,35	25,55	0,32	0,24	28,5	13,07	3,51	25,55	7,0
penflöz	14,1	5,7	13,8	0,22	0,18	34,2	11,31	2,0	26,69	2,7
ette	32,2	11,35	33,69	0,65	0,30	16,0	3,30	7,84	14,65	11,0
ie.	24,31	3,74	30,61	0,83	2,25	24,7	5,05	4,60	20,64	5,5

Die Abriebwerte der Erze konnten wie folgt auf den Hochofenbetrieb
ibertragen werden:

Nach Absiebung und Trocknung wurden Probestücke von 6 unterschied-
ichen Erzen im Atomreaktor mit schnellen Neutronen bestrahlt und dabei
aktiviert (durch Bildung von Fe^{55}, Fe^{59}). Nach Einsatz der aktivierten

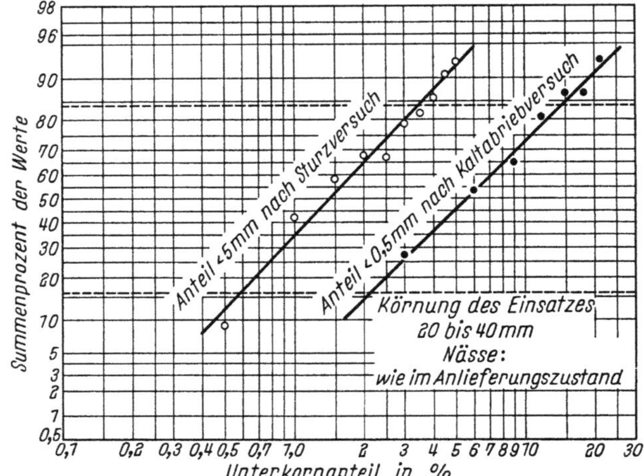

Bild 305. Sturz- und Kaltabriebversuch: Anteil an Unterkorn nach der Prüfbeanspruchung bei 32 Eisenerzen[609])

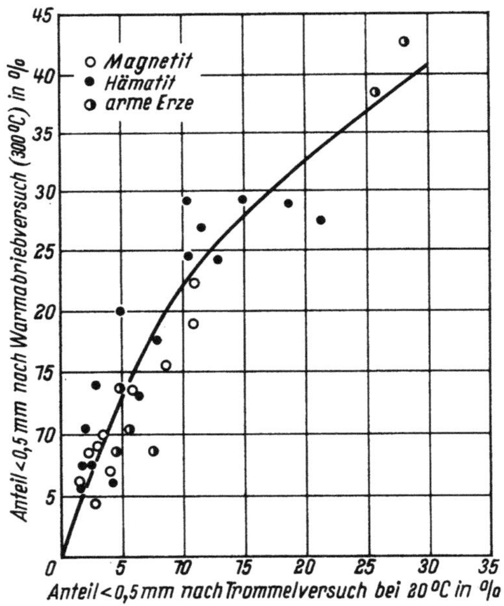

Bild 306. Vergleich zwischen Micum-Trommel- und Warmabriebergebnis nach
W. Janke[612])

Probestücke in den Hochofen wurde mit einer Sonde (Bild 307 und 308) aus
der Rohgasleitung ein definierter Teilstrom des Rohgases abgesaugt und der
Staubgehalt auf Menge und spezifische Radioaktivität untersucht. Hierbei

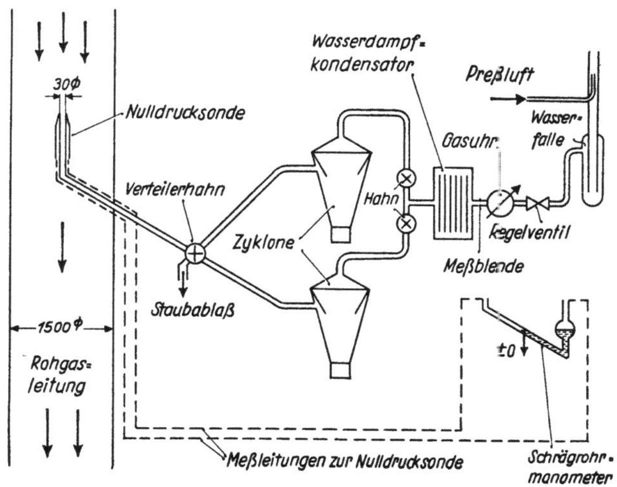

Bild 307
Apparatur zur Bestimmung des Staubgehaltes von Hochofengas[615])

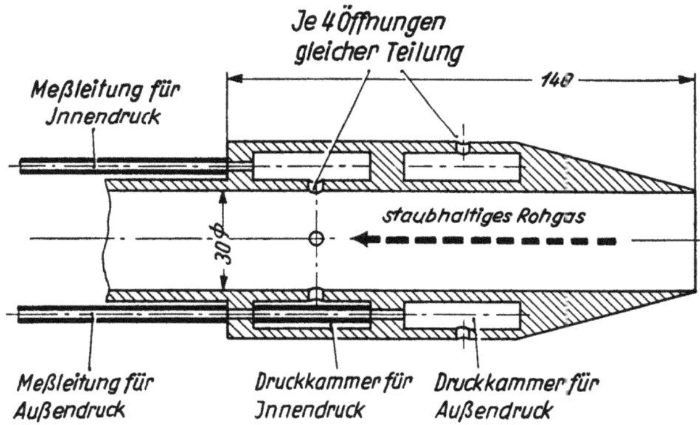

Bild 308. Nulldrucksonde zum Geschwindigkeitsangleich bei der Staubprobenahme[615])

ergibt sich, daß der ausgetragene Anteil des eingesetzten Erzes je nach Abriebempfindlichkeit in weiten Grenzen schwankt. Bild 309 zeigt 2 Beispiele (Sinter und Briketts aus Gichtstaub). Wegen Einzelheiten der Versuchsdurchführung sei auf die Originalarbeiten verwiesen[615, 616]).

Zwischen der im Trommelversuch ermittelten Abriebempfindlichkeit und dem aus dem Hochofen ausgetragenen Anteil* ergab sich eine enge

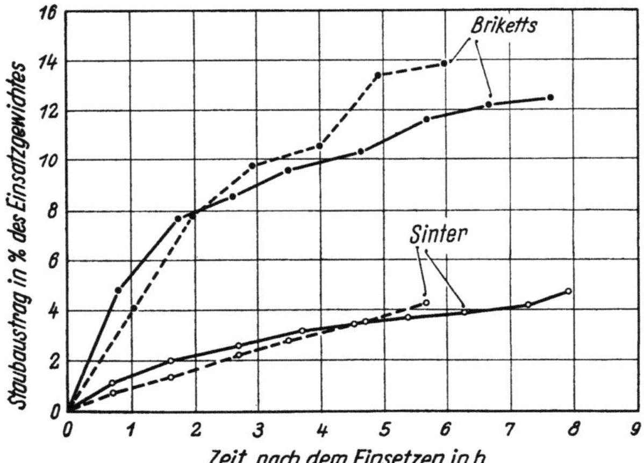

Bild 309. Summe des Staubaustrages als Funktion der Zeit nach dem Einsetzen im Hochofen[615])

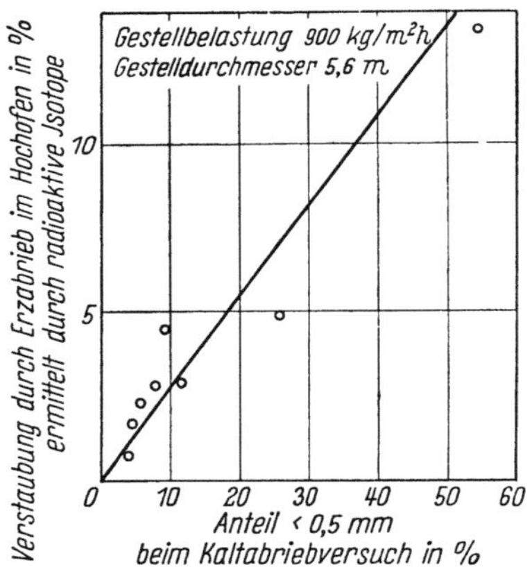

Bild 310. Verstaubung durch Erzabrieb im Hochofen[609])

Beziehung (Bild 310). Die im Laboratorium gemessenen Prüfwerte sind somit auf die Verhältnisse im Hochofen übertragbar.

---

    * Beim Isotopenversuch ergab sich tatsächlich lediglich der Austrag infolge Abrieb im Hochofen. Da das Erz vorher getrocknet und gut abgesiebt war, konnten weder von vornherein eingeschleppte Feinanteile verstauben, noch eine Dekrepitation stattfinden.

Von LINDER[617]) wurde ein Versuchsaufbau angegeben, mit dem die Abriebbeanspruchung in einer Trommel bei wesentlich erhöhten Temperaturen (bis 1000 °C) in reduzierender Atmosphäre vorgenommen wird und gleichzeitig der Reduktionsgrad nach einer programmierten Behandlung ermittelt wird.

5.3.3. Dekrepitationsempfindlichkeit

Einige Erze haben die Neigung, beim Aufheizen zu zerplatzen, wobei mehrere größere Teilstücke und Feinstkornanteile entstehen. Diese Er-

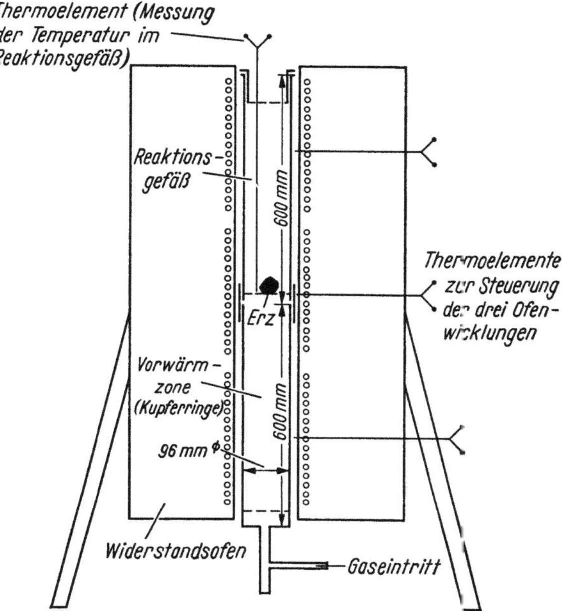

Bild 311. Versuchseinrichtung zur Bestimmung der Dekrepitation von Eisenerzen nach [609]) u. B. PEHLKE[620])

scheinung ist zuerst an Minetteerz beobachtet worden[618, 619]). Zum näheren Studium dieser Erscheinung wurden in der Apparatur nach Bild 311 Erzproben im N_2-Strom von 400 °C erhitzt; damit sollte der Wärmeübergang in den oberen Zonen des Hochofens nachgeahmt werden.* Das Zerplatzen, auch Dekrepitieren genannt, wurde beobachtet und der entstehende Anteil unter 0,5 mm durch Absieben ermittelt. Hierbei ergab sich, daß das De-

---

* Die gegenüber dem Gichtgas höhere Temperatur gleicht hinsichtlich des Wärmeübergangs die niedrige Strömungsgeschwindigkeit des Stickstoffs annähernd aus.

krepitieren im wesentlichen vom Nässegehalt des Erzes abhängt (Bild 312);
getrocknete Proben zerplatzten nicht. Durch Berechnung konnte nachgewiesen werden, daß eine plötzliche Wasserverdampfung in den Poren —

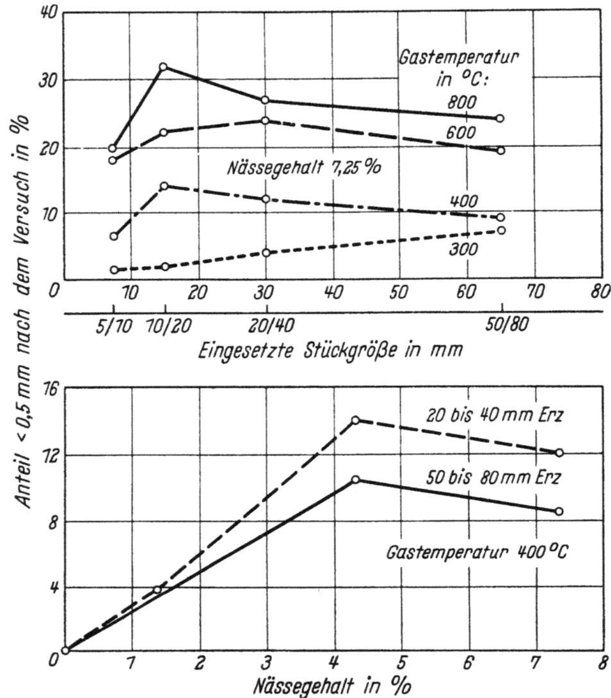

Bild 312. Einfluß von Stückgröße und Nässegehalt auf die Dekrepitation eines
oolithischen Erzes[609])

nach einem Siedeverzug — die Ursache für das Zerplatzen sein dürfte[620]).
Die Blasenkeimbildung scheint hier eine entscheidende Rolle zu spielen;
hierzu siehe [621, 622]).

5.3.4. Verstaubungsempfindlichkeit

Im Hochofen wird mit dem aufsteigenden Schachtgas bzw. Gichtgas
ein erheblicher Teil des eingebrachten Feinstkorns ausgetragen. Feinst-
korn entsteht aus 3 Ursachen:

    a) mangelhafte Absiebung;
    b) Abrieb;
    c) Dekrepitation.

Zu a): Der im Erz vorhandene Feinstanteil kann durch Absieben ermittelt werden (s. Abschn. 5.3.1.) Der Anteil 0 bis 0,5 mm wird als austragsanfällig angesehen und mit x_1 bezeichnet.

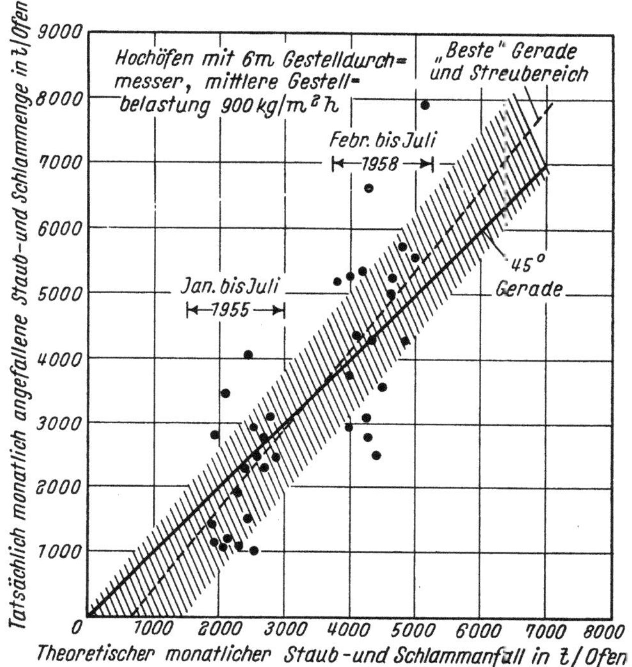

Bild 313. Vergleich zwischen tatsächlichem und theoretischem Staub- und Schlammanfall (trocken)[609]

Zu b): Die Abriebprüfung in der Trommel gestattet einen unmittelbaren Schluß auf die verstaubende Menge x_2 (Bild 310).

Zu c): Bei der Dekrepitationsprüfung unter hochofenähnlichem Wärmeübergang wird der entstehende Anteil 0 bis 0,5 mm ebenso wie a) als austragsanfällig angesehen und mit x_3 bezeichnet.

Der theoretisch zu erwartende Austrag (Staub und Feststoffanteil im Schlamm) des Hochofens ergibt sich somit als Summe

$$x_1 + x_2 + x_3$$

für sämtliche eingesetzten Möllerkomponenten. Der Vergleich mit der Praxis zeigt nach Bild 313 annähernde Übereinstimmung zwischen theoretischem und tatsächlichem Wert. Die mathematisch-statistische Auswertung ergibt folgenden Zusammenhang zwischen theoretischem Staub-

und Schlammanfall $x = x_1 + x_2 + x_3$ und der tatsächlich gefundenen Menge y

$$y = -842 + 1{,}247\,(x_1 + x_2 + x_3)$$

mit einem Bestimmtheitsmaß von 49%.

Die Verstaubungsbeiträge x_1, x_2, x_3 erweisen sich einzeln und als Summe statistisch gesichert[609]).

Man kann somit die im Laboratorium und theoretisch ermittelten Verstaubungswerte benutzen, um Erze vergleichend einzustufen und darüber hinaus die zu erwartende Verstaubung halbquantitativ vorausbestimmen. Je höher der verstaubende Anteil der Erze sich ergibt, desto schlechter ist im allgemeinen auch die Durchgasung des Ofens, da stets ein Teil des Feinkorns im Ofen verbleibt und die Möllersäule örtlich verstopft.

5.3.5. Erweichung

Über die Erzerweichung liegen zahlreiche Untersuchungen[623-630]) vor, bei denen im wesentlichen 2 Gruppen von Apparaturen verwendet wurden:

a) Druck-Erhitzungsöfen (Bild 314). Das eingesetzte Erz wird unter Druckbelastung (meist 2 kg/cm²) allmählich aufgeheizt und das Zusammensinken beobachtet, ähnlich wie bei der Prüfung von feuerfesten Stoffen.

b) Erhitzungsmikroskope (Bild 315). Kleine Probekörper werden auf einer keramischen Unterlage erhitzt und die Veränderung durch ein Mikroskop laufend beobachtet. Zusätzlich kann ein seitlicher Druck aufgebracht werden.

Zunächst befaßte man sich mit dem Erweichungsverhalten des unreduzierten Erzes und fand für den Erweichungsbeginn Temperaturen zwischen 700 und 1350 °C[625]). Bei diesen Temperaturen ist das Erz im Hochofen jedoch schon weitgehend reduziert und dadurch im Mineralbestand und Erweichungsverhalten wesentlich verändert. Es wurden deshalb Versuche mit systematischer Variierung des Reduktionsgrades angestellt[626-630]).

Nach Poos und DECKER[626]) findet die stärkste Erweichung im Bereich oberhalb $\Re = 50\%$ statt, während bei GRIEVE[627]) die Haupterweichung schon oberhalb $\Re = 20\%$, d. h. im FeO-Gebiet einsetzte.

Untersuchungen von BRAUMANN[629]) zeigten, daß nicht nur die Höhe des Reduktionsgrades, sondern auch der Weg zu seiner Erreichung eine wesentliche Rolle spielen, wie man aus Bild 316 erkennt (t_a, t_e sind die Temperaturen für Anfang und Ende der Erweichung[630])). Hiermit ergibt sich eine große Zahl von Faktoren, die das Erweichungsverhalten eines Erzes beeinflussen. Eine Zusammenfassung ist möglich, weil sich ein großer Teil dieser Einflüsse über die leicht meßbare Porigkeit auswirkt. Bild 317

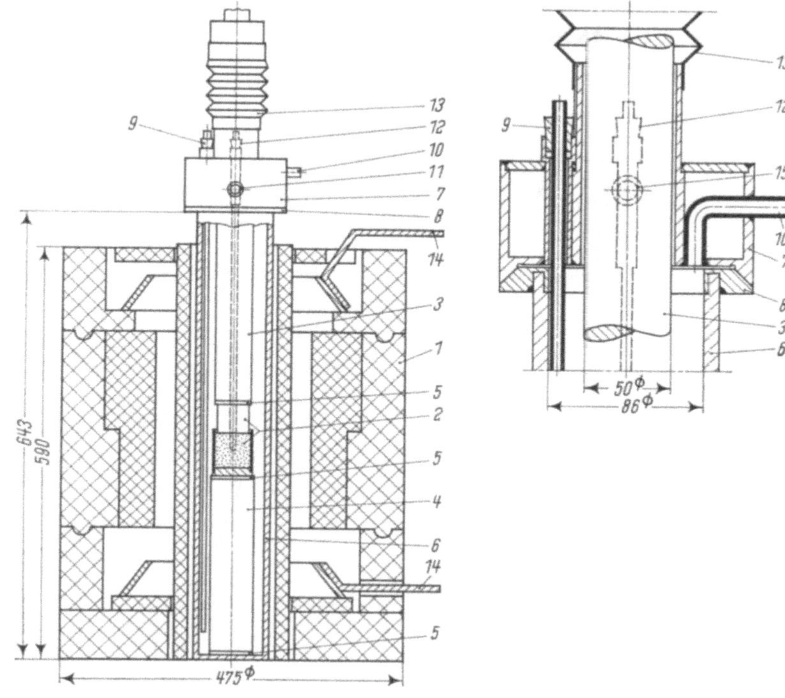

Bild 314. Versuchsofen für die Erweichungsprüfung[630])

1 Kohlegrießofen (Schamotteteile mit Stahlmantel), *2* Probentiegel mit Verschluß, *3* oberer Belastungsstempel (90% SiC), *4* unterer Belastungsstempel (90% SiC), *5* keramische Unterlegscheiben, *6* Stahlrohr, *7* Wasserkühlung (Kupfer), *8* Auflagering (Kupfer), *9* Schutzgaszuführung, *10* Schutzgasableitung, *11* Kühlwasserzufluß, *12* Thermoelementschutzrohr (zwischen *2* und *6*), *13* Abdichtungsmanschette, *14* Stromzuführung, *15* Kühlwasserabfluß

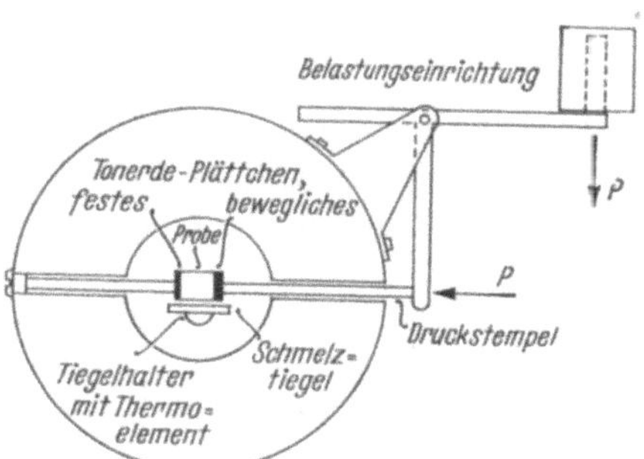

Bild 315. Vorrichtung im Erhitzungsmikroskop zum Bestimmen der Druckerweichung nach P. DICKENS, W. VOR DEM ESCHE u. J. WILLEMS[625])

sagt aus, daß ein Erz bei um so tieferer Temperatur erweicht, je höher der Volumenanteil an Poren ist, wobei es gleichgültig ist, ob die Poren schon ursprünglich vorhanden waren oder auf Grund der Reduktionsbedingungen

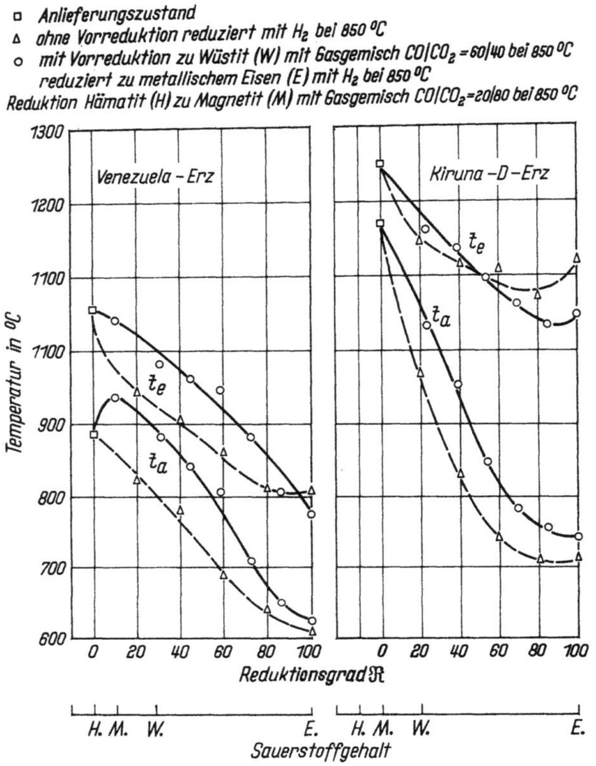

Bild 316. Einfluß der Vorreduktion auf die Temperaturen gleicher Höhenabnahme[630])
t_a, t_e = Temperaturen des Beginns und des Endes der Erweichung (3 mm bzw. 10 mm Höhenabnahme)

entstanden sind. Dieser Zusammenhang gilt besonders für das Ende der Erweichung (definiert als 10 mm Höhenabnahme).

Für einige typische Erze sind die Erweichungsbereiche in Bild 318 dargestellt.

Ohne daß bisher eine quantitative Korrelation dieser Prüfwerte zum Hochofenbetrieb festgestellt wurde, kann qualitativ ausgesagt werden, daß ein hohes, enges Erweichungsintervall bei Reduktionsgraden über 50% die günstigsten Voraussetzungen für einen störungsfreien Hochofenbetrieb schafft. In diesem Sinne sind Erze oder Agglomerate höchster Porigkeit, trotz bester Reduzierbarkeit, nicht als optimal anzusehen. Die

Steigerung der Reduzierbarkeit über einen bestimmten Punkt hinaus
ergibt im Hochofen keine Verbesserung des Koksverbrauchs und führt auf

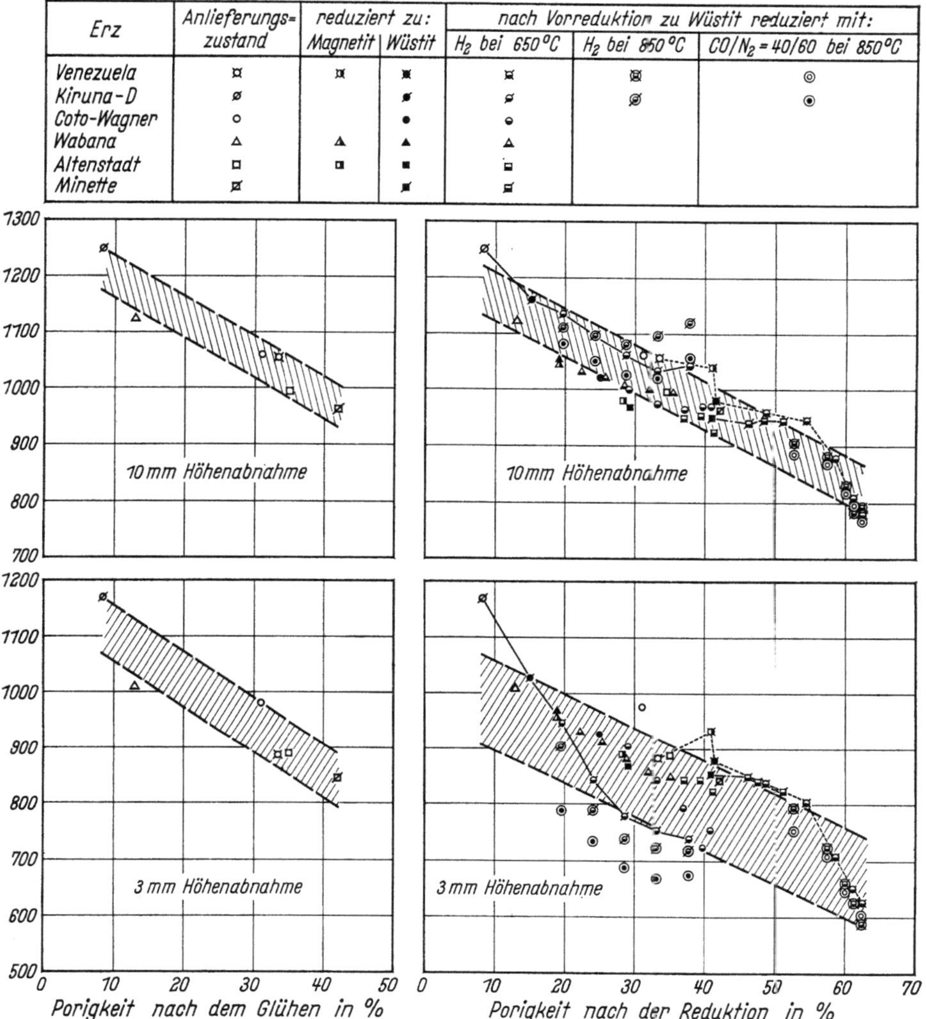

Bild 317. Porigkeit und Temperaturen gleicher Höhenabnahme bei verschiedenem
Sauerstoffgehalt[630])

Grund der in Bild 317 dargestellten Verhältnisse zu frühzeitiger Erweichung
und damit u. U. Störungen der Durchgasung und Hängeerscheinungen mit
all ihren bekannten nachteiligen Folgen. Hiernach erscheint es nicht günstig,

gut reduzierbare Stückerze zu weit herunterzubrechen oder z. B. Pellets mit besonders hoher Porigkeit herzustellen, zumal die Porigkeit in jedem Fall mit steigenden Reduktionsgraden stark zunimmt[630, 631]).

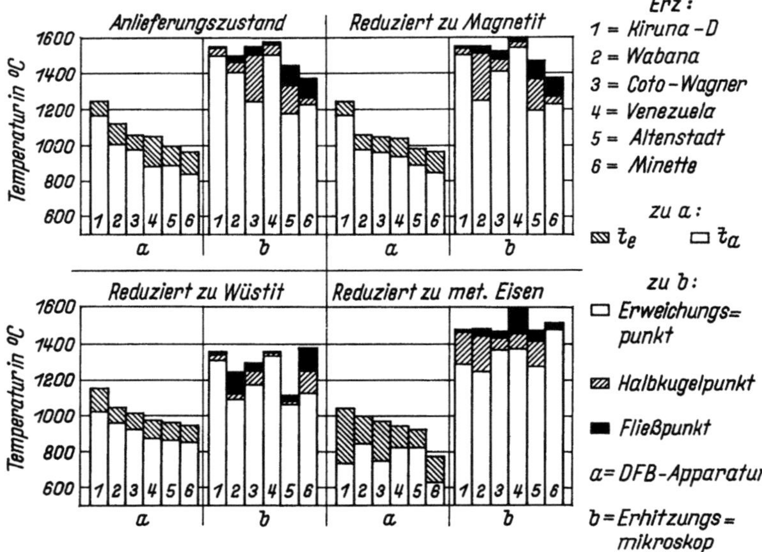

Bild 318. Zusammenpreßbarkeit und Schmelzverhalten[630])

5.3.6. Reduzierbarkeit

Unter „Reduzierbarkeit" versteht man im allgemeinen eine Maßzahl für die Reduktionsgeschwindigkeit.

Beim Herstellen von Agglomeraten ist man in der Lage, durch entsprechende Führung des Brennvorgangs die Reduzierbarkeit in weiten Grenzen zu beeinflussen. Bei Stückerzen kann die Reduzierbarkeit durch Wahl der eingesetzten Stückgröße eingestellt werden.

Die optimale Reduzierbarkeit ergibt sich als Kompromiß zwischen verschiedenen Forderungen, hier insbesondere

> hohe Reduktionsgeschwindigkeit,
> gleichmäßige Durchgasung der Möllersäule,
> Erweichungsverhalten,
> Kosten der Erzvorbereitung.

Der Ermittlung der Reduzierbarkeit als Hilfsmittel der Betriebsführung kommt daher ganz besondere Bedeutung zu. Sie ist in vielen Arbeiten nach unterschiedlichen Methoden durchgeführt worden[632-640]).

Die Prüfaufgabe erscheint zunächst verhältnismäßig einfach: Das Erz bzw. Agglomerat wird hochofenähnlichen Bedingungen hinsichtlich Temperatur und Gaszusammensetzung unterworfen und das Reduktionsergebnis (Reduktionsgeschwindigkeit, Reduktionsgrad nach einer bestimmten Zeit o. ä.) ermittelt. Zahlreiche derartige Vorschläge sind schon früh verwirklicht worden, z. B. [632, 633]). Die Kenntnisse über den Vorgang des Sauerstoffabbaus aus Erzen wurden dabei vertieft.

Das im Prinzip auf MATHESIUS[632]) zurückgehende, jetzt aber verfeinerte *Aufheizverfahren* (Bild 319) verfolgt den Verlauf der verschiedenen Abbau-

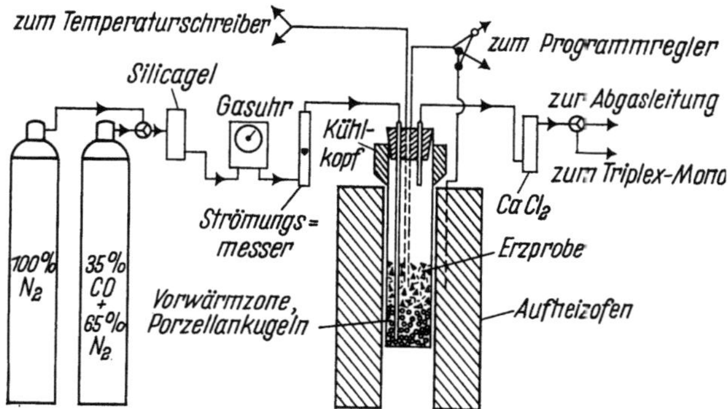

Bild 319. Versuchseinrichtung des Aufheizverfahrens zur Reduktion von Erzen[634])

reaktionen bei ansteigender Temperatur. Das zu prüfende Erz (Körnung 10 bis 15 mm) wird in einem Gefäß von 50 mm lichtem Durchmesser bei einer Temperatursteigerung von 4 °C/min von 20 auf 980 °C aufgeheizt und dabei von einem reduzierenden Gasgemisch (35% CO, 65% N_2) langsam durchströmt. Die chemischen Umsätze werden mit Hilfe der Abgasanalysierung (CO_2, CO, H_2) laufend verfolgt; durch Bilanzrechnungen können die gefundenen Werte den verschiedenen Reaktionen (Reduktion, Boudouardreaktion, Karbonatzersetzung, Wassergasreaktion) zugeordnet werden. Bild 320[a–c] zeigt einige Meßbeispiele. Man erkennt, daß z. B. die Temperatur des Reduktionsbeginns für die untersuchten Erze sehr unterschiedlich ausfällt. Eine klare Korrelation zu den Kenngrößen des Hochofenbetriebs hat sich bei Untersuchungen dieser Art zunächst noch nicht ergeben.

Immerhin ist die Abstufung der gemessenen Reduzierbarkeitswerte bei zahlreichen Prüfverfahren im großen und ganzen ähnlich, wie Poos und LINDER[645]) durch Untersuchung von 35 Erzen und Agglomeraten nach 3 Reduktionsprüfverfahren nachweisen konnten (Aufheizverfahren, Linder-Verfahren[617]) und ein in Belgien angewendetes isotherm arbeitendes Prüfverfahren[647]). In einzelnen Fällen konnte eine Parallelität zwischen den Ergebnissen dieser Reduktionsprüfverfahren, dem Grad der indirekten Reduk-

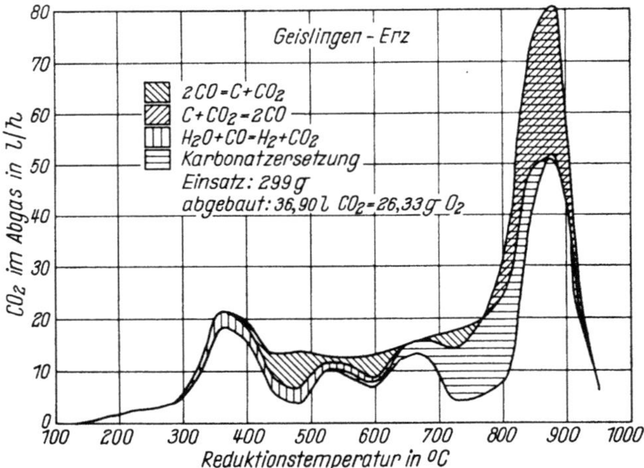

Bild 320a. Reduktionsversuch mit Geislingen-Erz nach dem Aufheizverfahren nach P. Dickens, W. v. d. Esche u. J. Willems[625])

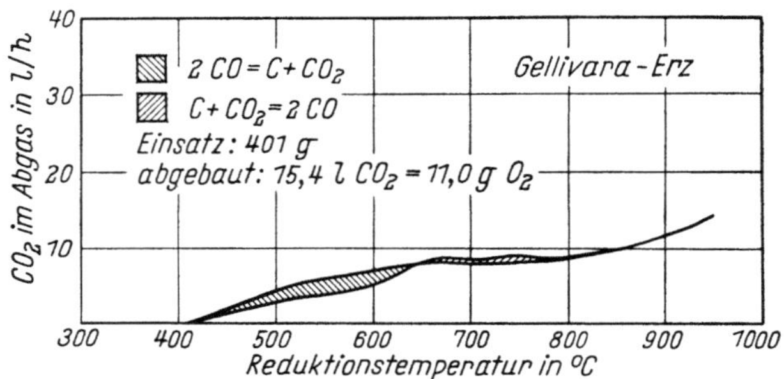

Bild 320b. Reduktionsversuche mit Gellivara-Erz nach dem Aufheizverfahren[625])

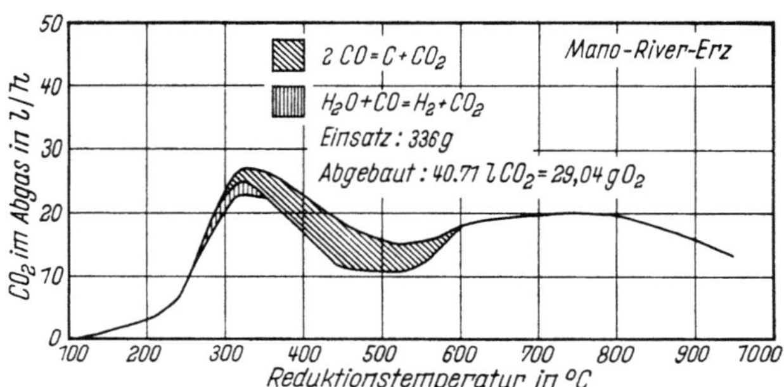

Bild 320c. Reduktionsversuch mit Mano-River-Erz nach dem Aufheizverfahren[625])

tion im Hochofen und dem Koksverbrauch gezeigt werden [645, 648] vgl. [648a]). Allerdings ist der Grad der indirekten Reduktion kein verallgemeinerungsfähiges Charakteristikum für das Verhalten von Erzen im Hochofen. Die Sondenmessungen von HUPFER und WEIDENMÜLLER haben im Gegenteil deutlich gezeigt, daß das gleiche Erz je nach Betriebsweise des Hochofens zu ganz unterschiedlichen Graden der indirekten Reduktion geführt wird.

Die Problematik der Reduzierbarkeitsprüfung folgt im wesentlichen aus 2 Ursachen:

Die *praktische* Schwierigkeit besteht darin, daß einige der im Hochofen herrschenden Zustandsbedingungen, wie z. B. Abrieb, Druckbeanspruchung und Strömungsgeschwindigkeit des Gases (etwa 3 m/sec), im Laboratorium nur mit sehr großem Aufwand reproduziert werden können. Daß der Druck der Möllersäule die Reduktionsgeschwindigkeit, insbesondere bei stark porigen Erzen, wesentlich verringert, wurde von H. SCHENCK[631]) nachgewiesen.

Die *prinzipielle* Schwierigkeit ist weiterhin darin zu sehen, daß die Hochofenbedingungen, also Temperatur- und Gaskonzentrationsverlauf über die Schachthöhe, und der Temperaturbereich der Reduktion keineswegs als unveränderlich gelten können, sondern sich im Gegenteil in erster Linie als Folge der Reaktionsgeschwindigkeiten der eingesetzten Stoffe ergeben (vgl. Bild 320 a, b, c und Abschn. 5.2, Bild 280 und 282). Hier eine Festlegung über die im Hochofen herrschenden Bedingungen für die Reduktion zu treffen, hieße das Ergebnis in wesentlichen Anteilen vorwegzunehmen.

Mit Versuchshochöfen (z. B. [633a, 633b, 633c])) kann das Reaktionsgeschehen in kleinerem Maßstab nachgebildet werden, wobei sich echte Reduktionswerte ergeben. Wegen der umständlichen und zeitraubenden Handhabung konnten sich derartige Methoden in der Praxis für die Prüfung einer größeren Zahl von Erzsorten nicht durchsetzen. Manche Ergebnisse sind auch schwer verständlich. Der Versuchshochofen des Bureau of Mines wurde z. B. aus dem laufenden Betrieb durch Stickstoffeinblasen so schnell wie möglich abgekühlt und sämtliche im Ofen verbliebenen Zwischenstufen der Reduktion eingefroren und analytisch zonenweise erfaßt. Dabei ergab sich unerklärterweise, daß Venezuela-Erz und Sinter trotz unterschiedlicher Reduzierbarkeit den beinahe gleichen Reduktionsverlauf über die Ofenhöhe zeigen (Bild 321).

Wegen dieser teils prinzipiellen, teils praktischen Schwierigkeiten ist man in letzter Zeit in den deutschen Hochofenwerken vielfach von der Forderung auf Hochofenähnlichkeit der Versuchsbedingungen abgegangen und baut die Reduzierbarkeitsprüfung auf folgender Überlegung auf[609, 634−641]):

Es wird ein Prüfverfahren gefordert, bei dem sich eine Abstufung der Reduzierbarkeit der Erze und Agglomerate ergibt, entsprechend dem Verhalten im Hochofen. Die Signifikanz dieser Prüfung für den Hochofenbetrieb ist durch Betriebsversuche zu sichern, wie beispielsweise in Abschnitt 5.2 geschildert wurde.

Die wichtigste Bedingung für den Prüfversuch ist also, daß die Reduktion
so geführt wird, daß im Interesse der richtigen Abstufung — reaktions-

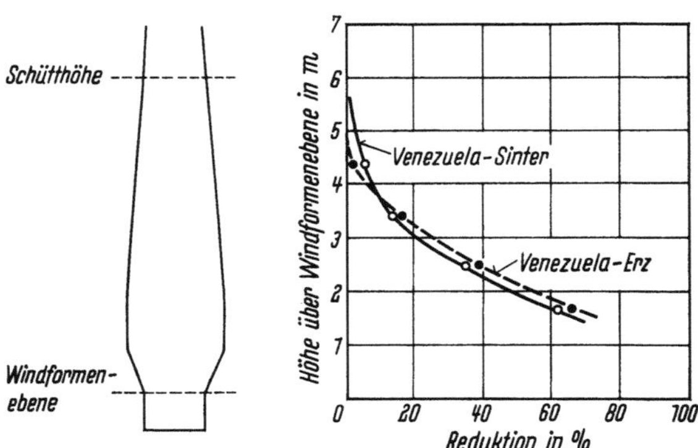

Bild 321. Reduktionsverlauf von Sinter und Erz in einem Versuchshochofen nach
J. J. BOSLEY, N. B. MELCHER u. M. M. HARRIS[633a])

kinetisch gesehen — der gleiche Teilschritt wie bei der Reduktion im Hochofen geschwindigkeitsbestimmend ist. Das bedeutet eine Versuchsdurchführung unter folgenden Bedingungen:

a) Hohe Strömungsgeschwindigkeit des Gases, damit nicht Diffusionsund Konvektionsvorgänge im freien Gasraum geschwindigkeitsbestimmend
werden.

b) Temperatur zwischen 700 und 1000 °C wählbar.

c) Stückgröße wie im praktischen Betrieb, denn bei Änderung der
Stückgröße kann ein Wechsel im Reaktionsmechanismus und damit auch
im geschwindigkeitsbestimmenden Schritt erfolgen (Abschn. 2.5.3).

d) Reduktionsgas: CO/N_2-Gemisch, evtl. H_2.

Bild 322 zeigt eine apparative Einrichtung (ähnlich schon bei
BARRETT und WOOD[649])) zur Erfüllung der genannten Forderungen, die mit
standardisierten Versuchsbedingungen in der Mehrzahl der deutschen
Hüttenwerke verwendet wird. Die Prüfbedingungen lauten wie folgt:

Gastemperatur: 900 °C;
Gaszusammensetzung: 60% N_2, 40% CO;
Gasangebot pro Zeiteinheit: 5 Nm³/h*;
Lichter Gefäßdurchmesser: 140 mm.

---

* Entsprechend einer Leerrohrgeschwindigkeit von 38,8 cm/sec bei 900 °C.

P. Dickens und Mitarbeiter[635] stellten fest, daß der Einfluß der Strömungsgeschwindigkeit und damit der Konvektion und Diffusion im freien Gasraum vollständig erst bei noch höheren Strömungsgeschwindigkeiten zurückgeht (oberhalb einer linearen Leerrohrgeschwindigkeit von etwa

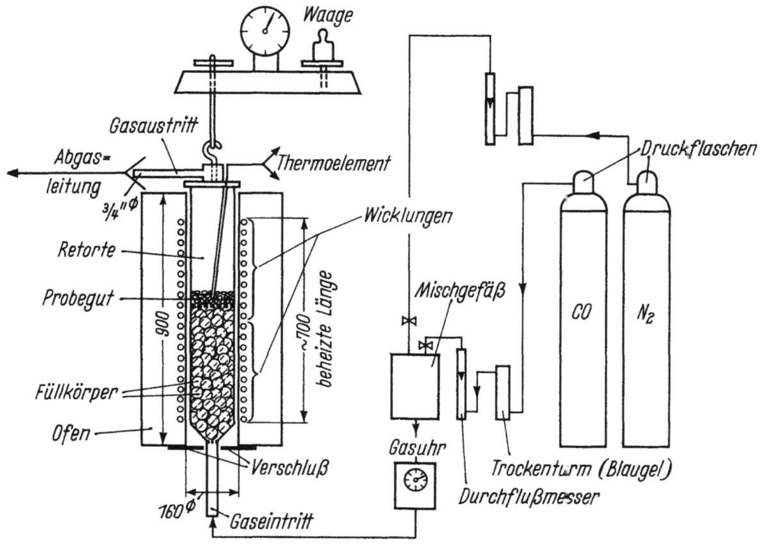

Bild 322
Versuchseinrichtung zur Ermittlung der Reduzierbarkeit von Eisenerzen und Agglomeraten bei gleichbleibender Temperatur nach Stahleisen-Prüfblatt 1770-64[639])

100 cm/sec), jedoch ist die Anwendung der vorgenannten geringeren Strömungsgeschwindigkeit noch ohne wesentliche Verfälschung der Versuchsergebnisse zulässig.

Eingesetzte Probemenge: 1000 g
Stückgröße: 3 der folgenden Bereiche*: von   3,15 bis   5 mm
                                        von 10   bis 16 mm
                                        von 31,5 bis 40 mm
                                        von 50   bis 63 mm.

Als Maß für die Reduzierbarkeit wird die Reduktionsgeschwindigkeit bei 40% Reduktionsgrad verwendet. Die Bilder 323 und 324 zeigen ein Auswertungsbeispiel.

Der Sauerstoffabbau und damit der Reduktionsgrad werden durch Wägung kontinuierlich verfolgt. Zur Kontrolle des bei Versuchsende

---

* Die Zahlen für die Korndurchmesser entsprechen DIN 4187/88 für Lochbleche und Drahtgewebe für Prüfsiebe (Quadratlochung).

v. Bogdandy/Engell, Die Reduktion der Eisenerze   27

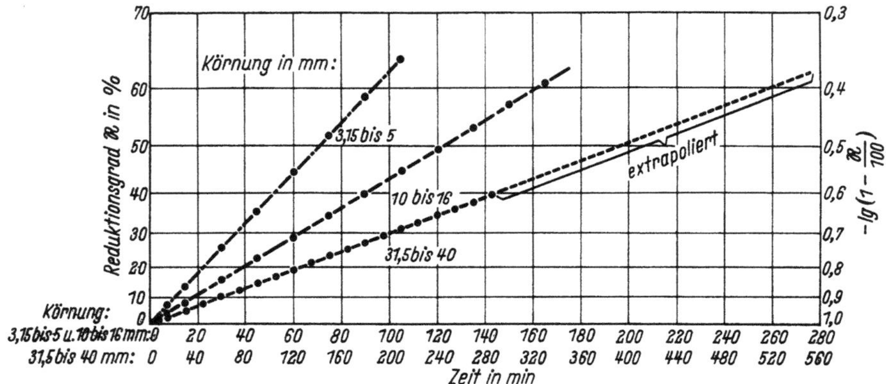

Bild 323. Darstellung des Zusammenhangs zwischen dem Reduktionsgrad und der Zeit (Beispiel: Kiruna-D-Erz) nach Stahleisen-Prüfblatt 1770-64[639])

Erz-sorte	Reduk-tions-prüfung am	Körnung mm	Chemische Zusammensetzung				Sauer-stoff-einsatz g	Reduktions-geschwindigkeit $\left(\dfrac{d\Re}{dt}\right)_{40} = \dfrac{33,6}{t_{60} - t_{30}}$
			Fe	FeO	Fe$_2$O$_3$	SiO$_2$		
					%			
Kiruna-D	1. 11. 63	3,15 bis 5	55,43	21,92	54,85	8,0	212,9	33,6:(93,5 − 36,5) = 0,59
		10 bis 16	59,20	23,73	58,34	3,55	228,4	33,6:(162 − 63) = 0,34
		31,5 bis 40	59,73	24,04	58,81	3,72	229,5	33,6:(520 − 200) = 0,105

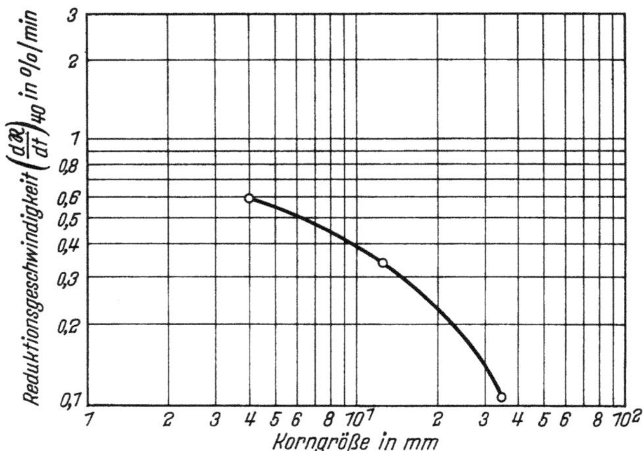

Bild 324. Zusammenhang zwischen Stückgröße und Reduktionsgeschwindigkeit (Beispiel: Kiruna-D-Erz) nach Stahleisen-Prüfblatt 1770-64[639])

erreichten Reduktionsgrades wird das reduzierte Gut chemisch auf Fe_{met} und Fe_{ges} analysiert. Diese Analysierung kann besonders rasch auf Grund der magnetischen Eigenschaften des Reduktionsgutes erfolgen[638]).

Als Reduktionsmittel wird ein Gemisch 60% N_2, 40% CO verwendet. Die Verwendung von reinem CO wäre aus Kostengründen und wegen des rascheren Versuchsablaufs günstiger und auch reaktionskinetisch unbedenklich. Sämtliche Reduktionsgeschwindigkeiten würden den 2,5fachen Wert erreichen. Leider zerfällt reines CO-Gas unter Kohlenstoffabscheidung in den Vorwärmezonen des Gefäßes bei etwa 500 °C in erheblichem Maße auf Grund der Boudouardreaktion:

$$2\,CO = C + CO_2$$

mit der Gleichgewichtskonstante

$$K_p = \frac{p_{CO}^2}{p_{CO_2}}.$$

p_{CO} geht quadratisch in die Gleichgewichtskonstante K_p und damit in die Zerfallswahrscheinlichkeit ein, die Verdünnung durch 60% N_2 hindert den Zerfall infolgedessen erheblich.

Die ersten derartigen Reduktionsversuche zur Feststellung des Stückgrößeneinflusses sind bei einfachster Versuchsdurchführung mit H_2 bei 800 °C[609, 612]) durchgeführt worden. Hierbei ergab sich prinzipiell das gleiche Ergebnis wie bei CO/N_2-Gemischen. Reduziert man eine größere Zahl von Erzen und Agglomeraten unter beiden Bedingungen (H_2 bei 800 °C und 40% CO/60% N_2 bei 900 °C), so ergibt sich ein deutlicher Zusammenhang der Prüfwerte (Bild 325). Allerdings erscheint bei Sinterproben mit besonders niedriger Reduzierbarkeit die Reduktion mit H_2 im Verhältnis zum CO/N_2-Gemisch rascher als bei den übrigen Proben. Dies ist in Übereinstimmung mit Versuchen von KRAINER und Mitarbeiter[643]) sowie SKODIN[642]), die feststellten, daß schon geringe H_2-Zusätze zu CO-reichen Reduktionsgasen bei Sinterproben mit sehr niedriger Reduzierbarkeit stärker beschleunigend wirken als bei den übrigen. Dies deutet auf einen Wechsel im Diffusionsmechanismus in den Mikroporen[642]). Die Verwendung von H_2 als Reduktionsgas erscheint daher kinetisch nicht ganz einwandfrei, das CO/N_2-Gemisch ist trotz umständlicherer Handhabung vorzuziehen.

Reduktionsprüfergebnisse einer größeren Zahl von Erzen unter den standardisierten Bedingungen des Stahleisen-Prüfblatts 1770-64 zeigt als Beispiel Bild 326a (Analysen in Tafel 44).* Man erkennt die Stückgrößen-

---

* In Tafel 43 und 44 erscheinen teilweise die gleichen Erze mit etwas unterschiedlicher Zusammensetzung. Dies ist auf die unterschiedlichen Untersuchungszeiträume Tafel 43: 1958/59, Tafel 44: 1963) zurückzuführen.

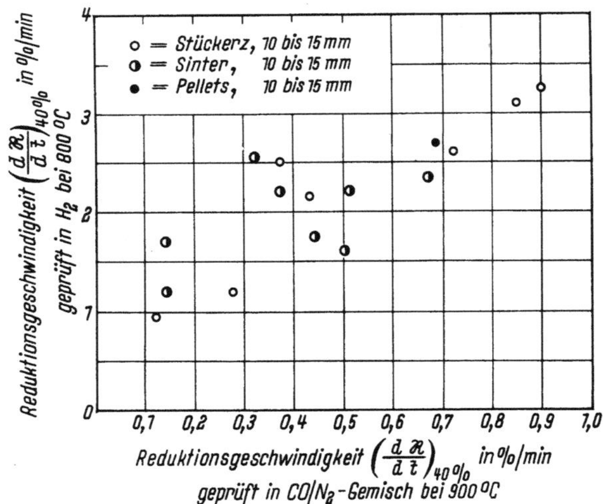

Bild 325. Isotherme Reduzierbarkeitsprüfung. Vergleich der Reduktionsgeschwindigkeit $\left(\dfrac{d\,\Re}{d\,t}\right)_{40\,\%}$ bei einem Reduktionsgrad von 40% in Abhängigkeit von den Reduktionsbedingungen. (Prüfung in Kohlenmonoxyd-Stickstoff-Gemisch bei 900 °C nach Stahleisenprüfblatt 1770-64)[644])

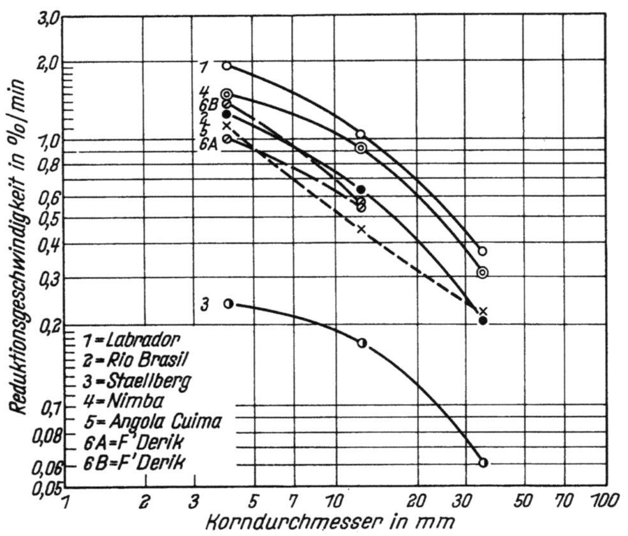

Bild 326a. Reduktionsgeschwindigkeit in Abhängigkeit von der Korngröße für verschiedene Erze (geprüft nach Stahleisen-Prüfblatt 32)[646])

abhängigkeit und ist auf Grund dieser Prüfwerte in der Lage, ein gegebenes Erzgemisch auf eine gewünschte Reduzierbarkeit einzustellen.

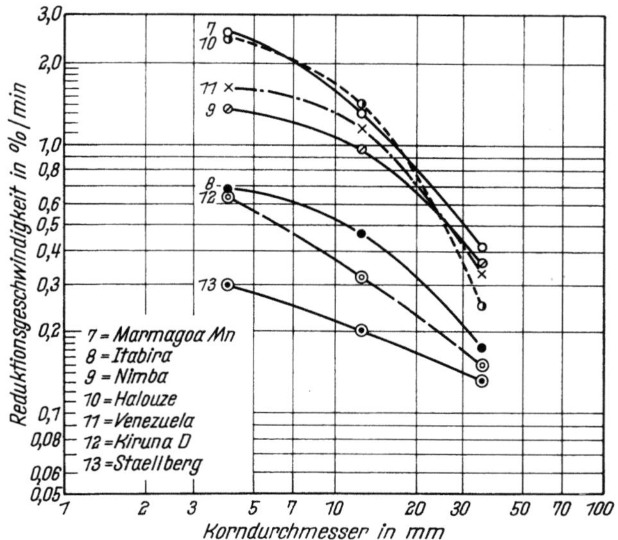

Bild 326b. Reduktionsgeschwindigkeit in Abhängigkeit von der Korngröße für verschiedene Erze (geprüft nach Stahleisen-Prüfblatt 1770-64)[646])

Tafel 44. *Analysen der Erze in Bild 326a und b*

Erz	Fe$_{ges.}$	FeO	Fe$_2$O$_3$	Mn	P	SiO$_2$	Al$_2$O$_3$	CaO	MgO
Labrador	60,05	0,00	85,87	0,92	0,13	7,50	0,73	0,25	0,06
Rio-Brasil	76,60	0,91	95,65	0,07	0,047	1,11	1,06	0,34	0,16
Staellberg	47,36	25,95	38,95	4,37	0,015	10,00	0,83	6,25	3,96
Nimba	67,02	0,77	94,98	0,16	0,063	0,50	1,68	0,16	0,08
Angola-Cuima . . .	64,27	7,55	83,54	0,17	0,055	4,02	1,54	0,25	0,70
F'Derik A	67,57	0,00	96,63	0,04	0,10	1,12	1,00	0,34	0,04
F'Derik B	66,46	0,00	95,04	0,04	0,10	2,30	1,34	0,28	0,04
Marmagoa	46,30	0,00	66,21	7,71	0,040	5,10	7,64	0,34	0,12
Itabira	68,80	0,00	98,38	0,05	0,027	0,45	0,60	0,28	0,08
Nimba	67,69	1,55	95,08	0,22	0,068	0,73	1,06	0,28	0,08
Halouze	49,50	9,11	60,69	0,39	0,84	14,56	6,76	3,47	1,45
Venezuela	59,82	0	85,54	0,05	0,09	1,38	0,92	0,15	0,06
Kiruna D	57,89	24,08	56,01	0,05	1,36	4,93	0,99	5,31	1,41
Staellberg	46,13	25,69	37,41	4,36	0,02	9,84	0,72	6,66	4,51

5.4. Verhalten von Austauschbrennstoffen im Hochofen

5.4.1. Aufgabenstellung

Schon verhältnismäßig früh[651-655]) ist der Gedanke entstanden, den Koks als zunächst alleinigen Brennstoff im Hochofen teilweise oder ganz durch andere Brennstoffe zu ersetzen. Als solche kommen gasförmige

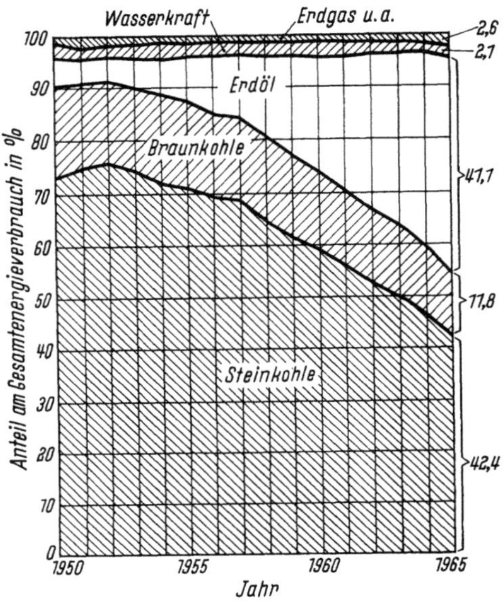

Bild 327. Primärenergieverbrauch in der Bundesrepublik nach Daten zur Entwicklung der Energiewirtschaft in der Bundesrepublik Deutschland[657] und Statist. Unterlagen der Ruhrkohlenberatung GmbH[658b])

(insbesondere Erdgas und Koksofengas), flüssige (mineralische Leicht- und Schweröle sowie Teeröle) und feste Brennstoffe (Feinkohlen) in Betracht. Erst spät wurde systematisch an Versuchshochöfen gearbeitet[666, 666a, 680, 697, 697a]) und dann verhältnismäßig rasch der Übergang auf die großbetriebliche Anwendung vollzogen. Besonders reizvoll ist ein Zusatz von *Austauschbrennstoffen* (auch „Ersatzbrennstoffe" oder „Hilfsbrennstoffe" genannt) naturgemäß dann, wenn die Wärmeeinheit im Austauschbrennstoff billiger zur Verfügung gestellt werden kann als im Hochofenkoks. Die Aufgliederung des Primärenergieverbrauchs zeigt, wie sich die Anteile der Energieträger auf Grund des scharfen Wettbewerbs verschoben haben[656-658b]). Die angegebenen Prozentanteile der Energieträger weichen in den verfügbaren Veröffentlichungen um 1 bis 2% voneinander ab, was

hauptsächlich auf der Benutzung verschiedener Heizwertangaben beruht.
Bild 327 und Bild 328 zeigen die Entwicklung in der Bundesrepublik und

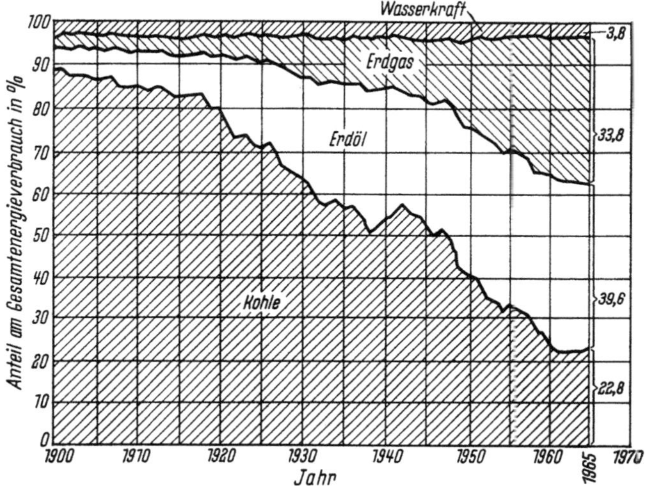

Bild 328. Prozentuale Aufteilung des Primärenergieverbrauchs in den USA nach
H. LAURIEN, G. WEDEKIND[656]) u. Statist. Unterlagen der Ruhrkohlenberatung
GmbH[658b])

Tafel 45 [657]). *Umrechnungsfaktoren auf*
SKE = unterer Heizwert von Steinkohle = 7000 kcal/kg

Steinkohle.	1,0	kg/kg
Steinkohlenbriketts	1,071	kg/kg
Steinkohlenkoks	0,971	kg/kg
Rohbraunkohle	0,286	kg/kg
Braunkohlenerzeugnisse	0,69	kg/kg
Hartbraunkohle	0,5	kg/kg
Pechkohle.	0,71	kg/kg
Grubengas ⎫ . . . . Gasausfuhr ⎰	0,57	kg/Nm³
Erdgas	1,29	kg/Nm³
Erdölgas	1,47	kg/Nm³
Erdöl, Mineralölerzeugnisse . . .	1,43	kg/kg
Wasserkraftstrom ⎫ . . . . . . Stromaußenhandel ⎰	0,4	kg/kWh
Brennholz.	0,5	kg/kg
Brenntorf	0,43	kg/kg

in den USA. Umrechnungsfaktoren der verschiedenen Energiearten werden
in Tafel 45 aufgeführt.

Bei einem Ersatz des Kokses durch andere Brennstoffe ist stets zu berücksichtigen, daß der Koks im Hochofen 3 Hauptfunktionen erfüllt, nämlich als

Heizmittel,
Reduktionsmittel und
Stützgerüst der Beschickung.

5.4.1.1. Heizmittel

Vor den Formen erfolgt die Verbrennung des *Heizkokses* mit vorgewärmtem Wind zu CO; auf Grund des Boudouardgleichgewichtes kann die Verbrennung nur bis zum CO geführt werden

$$C + 1/2\,O_2 = CO,$$

$$\Delta H = -26{,}416\,\frac{kcal}{Mol} = -2202\,kcal/kg\,C.$$

Vor den Formen entsteht somit aus Heizkoks und Heißwind das *Formengas*, bestehend aus etwa 34,9% CO, 63,5% N_2, 1,6% H_2 mit einem je nach Windtemperatur um 700 kcal/Nm³ liegenden fühlbaren Wärmeinhalt (entsprechend etwa 2000 °C). Dieses Gas gibt beim Aufsteigen im Hochofen seine Wärme zum größten Teil an die Möllersäule ab und deckt damit den Wärmebedarf für sämtliche endothermen Reaktionen sowie Aufheizung und Schmelzung der Beschickung. An der Gicht verläßt das Gas den Ofen mit Temperaturen zwischen 100 und 400 °C.

Die im Ofen verfügbare Wärmemenge ergibt sich aus der Reaktionswärme C → CO zuzüglich der fühlbaren Windwärme abzüglich der mit dem Gichtgas verlorengehenden Wärme. Außerdem sind noch die Wandverluste abzuziehen.

5.4.1.2. Reduktionsmittel

Das im Formengas enthaltene CO sowie gegebenenfalls H_2 dienen als Reduktionsmittel

$$Fe_nO_m + m\,CO = n\,Fe + m\,CO_2.$$

Insoweit diese Reaktion bei hohen Temperaturen (etwa oberhalb 1100 °C) abläuft, bildet sich aus dem Reduktions-CO_2 nach der Boudouardreaktion:

$$CO_2 + C = 2\,CO$$

zusätzlich CO. Der hierbei verbrauchte Koks wird als *Reduktionskoks* bezeichnet.

5.4.1.3. Stützgerüst der Beschickung

Auf Grund seiner hohen Warmfestigkeit, die die sämtlicher Möllerstoffe bei weitem übertrifft, sichert der Koks auch dann noch die Durchgasung des Ofens — und damit den ordnungsgemäßen Ablauf des Verfahrens überhaupt —, wenn sämtliche anderen Komponenten der Beschickung erweichen oder schmelzen.

Die einfachste und zuverlässigste Einbringung von Austauschbrennstoffen in den Hochofen besteht in der Zugabe durch die Windformen. Die Bilder 329, 330 und 331 zeigen typische Zugabevorrichtungen für Erdgas, Schweröl und Feinkohle. Gemeinsam ist diesen Einrichtungen, daß vollständige Verbrennung bzw. Vergasung der Austauschbrennstoffe im oxydierenden Formenbereich der Gestellzone angestrebt wird bei gleichzeitig möglichst weitgehender Schonung der Düsen und Windzuleitung vor Zerstörung durch zu frühzeitige Verbrennung. Es liegt in der Natur der Sache, daß diese Aufgabe am einfachsten für gasförmige Austauschbrennstoffe, sodann für flüssige und am schwierigsten für Feinkohlen zu lösen ist[661 a-e]). Einen interessanten Mittelweg stellt die Einspritzung von pumpfähigen Suspensionen (z. B. 60% Feinkohle mit 40% Schweröl) dar[661b]). Derartige Suspensionen sind bemerkenswert stabil (Bild 332).

Etwa die Hälfte der Hochöfen in der westlichen Welt ist für die Zugabe von Austauschbrennstoffen eingerichtet.

Im unmittelbaren Formenbereich werden die Austauschbrennstoffe zunächst mit überschüssigem Heißwind zu CO_2 und H_2O verbrannt und dann beim Auftreffen auf den im Überschuß befindlichen Koks zu CO und H_2 reduziert. Insgesamt spielen sich in der Formenzone folgende Reaktionen ab:

bei Erdgas:
$$CH_4 + 1/2\ O_2 = CO + 2\ H_2,$$
bei Öl:
$$\diagdown CH_2 \diagup + 1/2\ O_2 = CO + H_2.$$

Bei Kohle entstehen als Endprodukte ebenfalls CO und H_2 in Anteilen, die der chemischen Zusammensetzung der Kohle entsprechen.

Tafel 46 gibt einen Überblick über die Eigenschaften der in Frage kommenden flüssigen und gasförmigen Austauschbrennstoffe. Bei der Vergasung entsteht ein Formengas, das gegenüber dem aus Koks durch höhere H_2-Gehalte gekennzeichnet ist. H_2 ist ein schärferes Reduktionsmittel als CO[664-664b]), die Anreicherung des Formengases mit H_2 ist somit zunächst als Vorteil zu werten. Besonders bei schwer reduzierbarem Sinter wirken schon geringste H_2-Gehalte stark beschleunigend auf die Reduktion[664a, 664b]). Allerdings ist in Tafel 46 zu erkennen, daß die Wärmetönung der Ver-

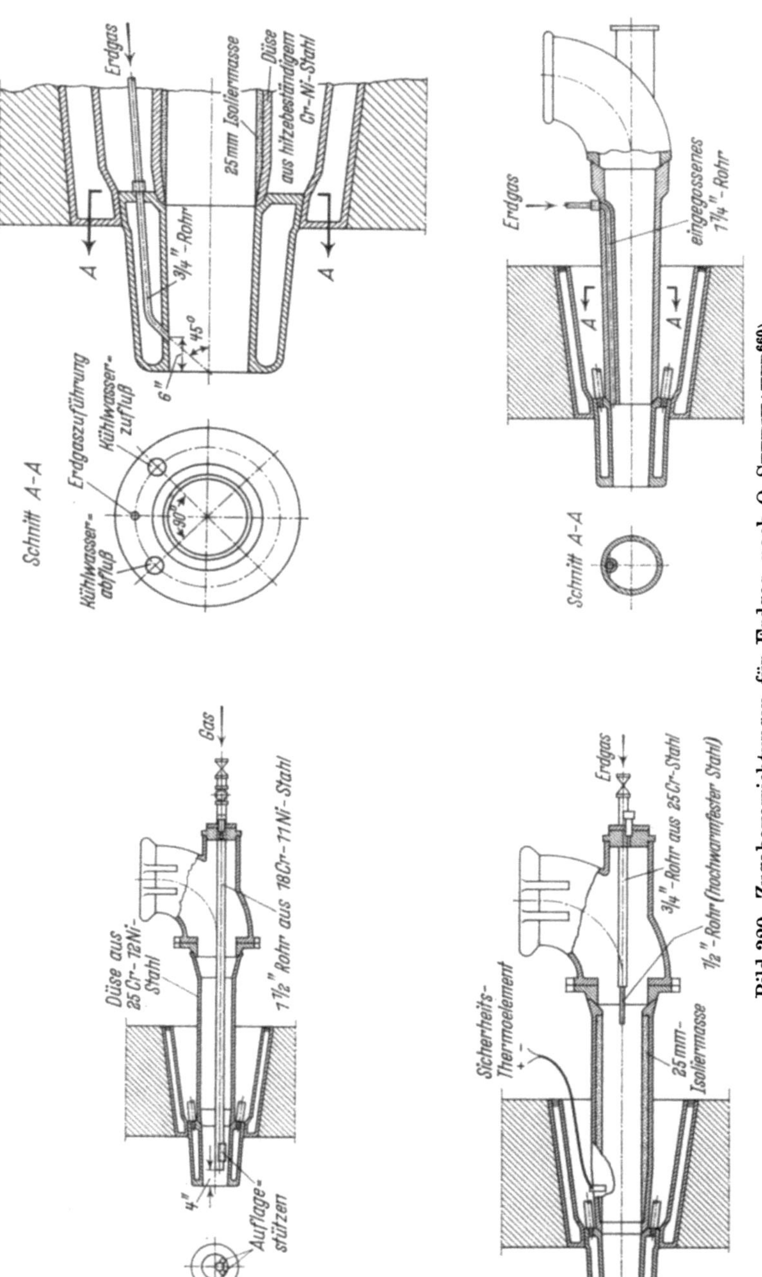

Bild 329. Zugabeverrichtungen für Erdgas nach O. STEINHAUER[660])

Einblasrohr für Erdgas (Pittsburgh Coke & Chemical Company)
Blasform mit eingegossenem Zuführungsrohr für Erdgas (US Steel Corp., Fairless)
Kurzes Einblaserohr für Erdgas (Lone Star Steel Company)
Düsenspitze mit eingegossenem Zuführungsrohr für Erdgas (Altos Hornos de Mexico)

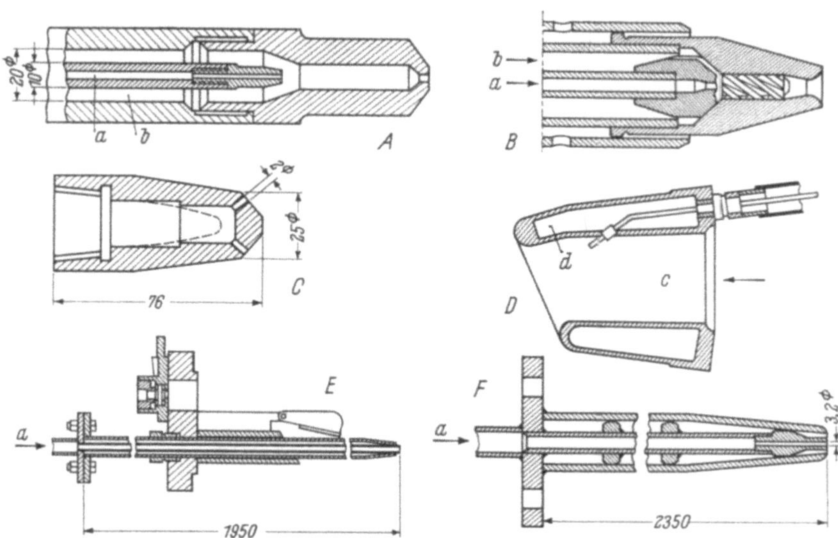

Bild 330. Vorrichtungen zum Eindüsen von Heizöl durch die Blasform des Hochofens nach W. Grimm[660a])

a Heizöl, *b* Zerstäuberluft, *c* Blasform, *d* Kühlmantel, *A* Zentrallanze (Niederschachtofen in Lüttich), *B* Zentrallanze (Irsid, Frankreich), *C* Zentrallanze mit sechs Austrittsöffnungen für das Heizöl (Cockerill-Ougree Seraing, Belgien), *D* Blasformzerstäuber, gekühlt durch den Kühlmantel der Blasform (Steel Company of Wales, Margam; Richard Thomas & Baldwins, Ebbw Vale), *E* Zentrallanze (Richard Thomas & Baldwins, Ebbw Vale), *F* Zentrallanze (Shell-Bisra, England)

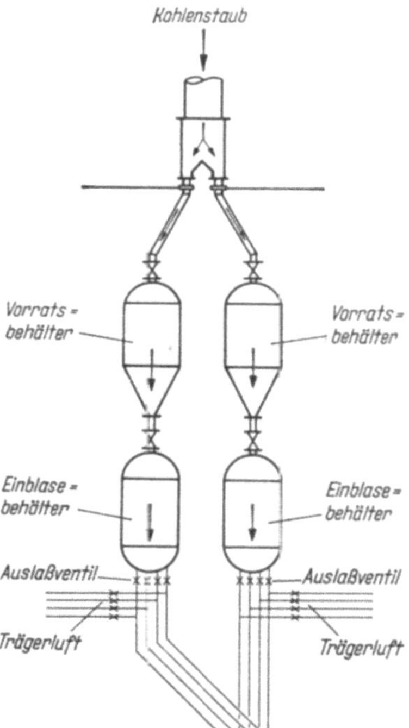

Bild 331. Einrichtung zum Kohlenstaubeinblasen nach J. H. Strassburger, E. J. Ostrowski u. J. R. Dietz[661a])

Tafel 46. *Eigenschaften von Koks und Wasserstoffträgern*

	% O_2 im Wind		Koks	Schweröl	Erdgas	Koksofengas	Wasserdampf
Chemische Zusammensetzung					**	**	
Kohlenstoff		%	87,0	84,0	—	—	—
Asche		%	10,0	0,5	—	—	—
Schwefel		%	1,0	2,5	—	—	—
Wasserstoff		%	0,4	12,0	—	57,0	11,11
Sauerstoff		%	0,6	0,5	—	—	88,89
Stickstoff		%	1,0	0,5	—	6,9	—
Methan		%	—	—	100,0	26,0	—
Kohlenmonoxyd		%	—	—	—	5,7	—
Kohlendioxyd		%	—	—	—	2,0	—
Schwere Kohlenwasserstoffe .		%	—	—	—	2,4	—
Heizwert *Hu*		kcal/kg (Nm³)	6900 bis 7200	9600 bis 9800	8580	4200	—
Windbedarf zur Umsetzung	21	Nm³/kg oder	3,84	3,71	2,38	0,74	−2,96***
in Kohlenmonoxyd und	22	Nm³/Nm³	3,67	3,54	2,27	0,71	−2,83
Wasserstoff	23		3,51	3,39	2,17	0,68	−2,70
Formengas aus Koks- oder							
Wasserstoffträgern							
Kohlenmonoxyd		Nm³/kg oder	1,62	1,57	1,00	0,42	1,24
Wasserstoff	21	Nm³/Nm³	0,05	1,34	2,02	1,17	1,24
Stickstoff			3,06	2,95	1,88	0,65	—
	21	Nm³/kg oder	(4,67)* 4,73	5,86	4,90	2,24	2,48
Formengas gesamt	22	Nm³/Nm³	(4,49) 4,55	5,70	4,79	2,21	2,48
	23		(4,33) 4,39	5,54	4,69	2,18	2,48
Zusammensetzung des							
Formengases							
Kohlenmonoxyd		%	34,2	26,8	20,5	18,7	50,0
Wasserstoff	21	%	1,1	22,9	41,1	52,3	50,0
Stickstoff		%	64,7	50,3	38,4	29,0	—
Vergasungs- und Spaltreaktion .			$C + 1/2\,O_2$ $= CO$	$-CH_2^- + 1/2\,O_2$ $= CO + H_2$	$CH_4 + 1/2\,O_2$ $= CO + 2\,H_2$	$CH_4 + 1/2\,O_2 = CO$ $+ 2\,H_2$	$H_2O = H_2$ $+ 1/2\,O_2$
Wärmetönung		kcal/kg (Nm³)	−1912	−1466	−381	−169	+3211

* Ohne flüchtige Bestandteile.   ** Raumprozent, sonst Gewichtsprozent.   *** Windersparnis.

gasungsreaktion von wasserstoffreichen Austauschbrennstoffen geringer ist als bei Koks, besonders, wenn man auf die entstehende Formengasmenge bezieht und zusätzlich die Tatsache berücksichtigt, daß nur der Heizkoks auf etwa 1500 °C vorgewärmt zur Verbrennung kommt; bei den Austauschbrennstoffen ist eine derartige Vorwärmung unmöglich. Nach Bild 333

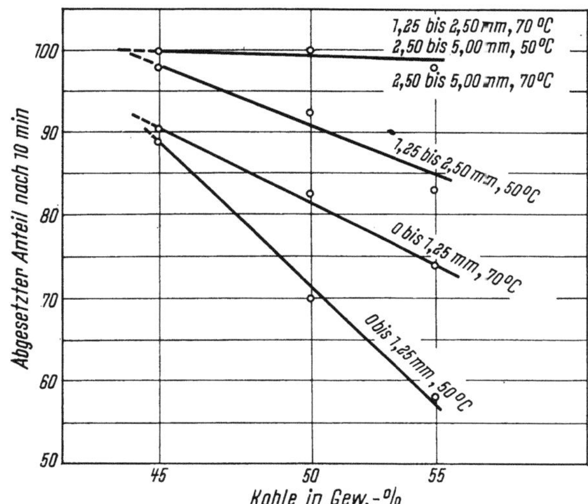

Bild 332. Sedimentation von Feinkohle unterschiedlicher Korngrößen in Schweröl nach 10 Minuten nach R. LIMPACH[661 c])

ist mit steigendem C:H-Verhältnis die im Formenbereich gewinnbare Wärmemenge ΔQ größer. Bei Feinkohlen (Tafel 47a) ist die Wärmetönung der Vergasungsreaktion bei niedrigeren H_2-Gehalten höher als bei Öl und Gas. Tafel 47b zeigt die sich ergebenden Mengen und Zusammensetzungen des Formengases bei verschiedenen Kohlenarten. Thermisch ist wegen der geringeren Kühlwirkung folglich der Zusatz von Kohle günstiger als der von Öl und Gas, reaktionskinetisch sind Öl und Gas wegen der Reduktionsbeschleunigung durch H_2 im Vorteil. Die sich hieraus ergebenden Gesamtwirkungen werden weiter unten behandelt. Prinzipiell muß aber bei kleinen Mengen Austauschbrennstoffen und sonst ungeänderten Verhältnissen der thermische Wirkungsgrad des Ofens dank der Reduktionswirkung des H_2 besser werden. Sobald man die Mengen steigert, dürfte sich demgegenüber die fallende Temperatur des Formengases auswirken und der Wirkungsgrad sinken.

Auf Grund dieser Verhältnisse ist bald die Grenze wirtschaftlicher Zusatzmengen erreicht. Eine Verbesserung ergibt sich, wenn man in der

Lage ist, die kühlende Wirkung der Austauschbrennstoffe in der Formenebene durch entsprechende Anhebung der Heißwindtemperatur zu kompensieren, so daß die theoretische Temperatur bzw. der Wärmeinhalt des Formengases konstant gehalten wird. In diesem Fall ergeben sich wesentlich

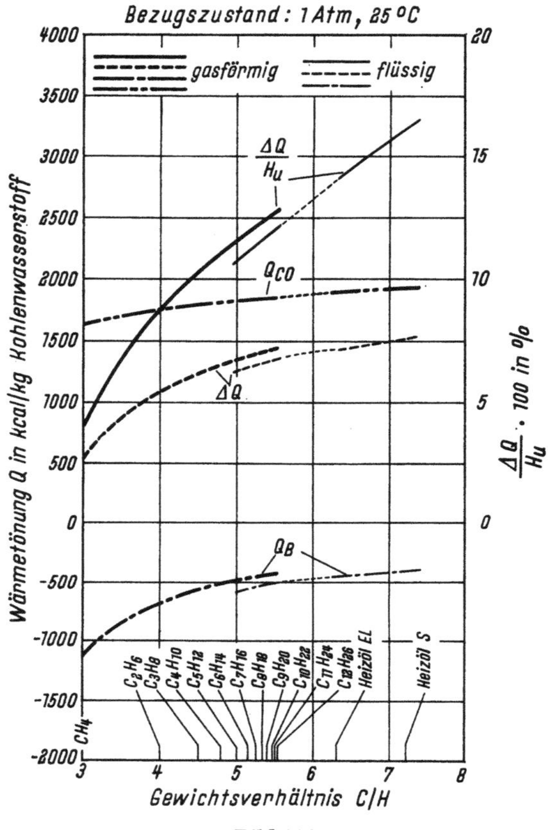

Bild 333
Wärmetönung bei thermischer Spaltung und Vergasung von Kohlenwasserstoffen
Q_{CO} Verbrennungswärme bei $C \to CO$, Q_B Bildungswärme des Kohlenwasserstoffs, $\Delta Q = Q_{CO} - Q_B$

höhere Ersatzverhältnisse (Ersparnisse an Koks pro eingesetzte Brennstoffmenge). Allerdings ist auch hier bald die Grenze durch die thermische Belastbarkeit der Winderhitzer erreicht. Heißwindtemperaturen am Hochofen von max. 1100 °C dürften für die üblichen schamotteausgekleideten Winderhitzer das äußerste darstellen, 1200 °C für Sillimanitauskleidung und 1350 °C für Silikabesatz[665, 665a]. Häufig werden die maximalen Heißwindtemperaturen schon im Normalbetrieb (d. h. ohne Austauschbrenn-

Tafel 47a. *Zusammensetzung und Heizwerte fester Brennstoffe*

Nr.	Zusammensetzung *waf**	Einheit	Anthra-zit	Fett-kohle	Gas-kohle	Gas-flamm-kohle	Braun-kohle
1a	C	%	92,0	88,9	86,6	83,6	68,3
1b	H	%	3,4	4,8	5,3	5,7	5,0
1c	O	%	2,3	3,9	5,9	8,5	25,7
1d	N	%	1,5	1,6	1,5	1,5	0,5
1e	S	%	0,8	0,8	0,7	0,7	0,5
1f	flüchtige Bestandteile . .	%	9,0	22	32	38	55
2	Heizwert *waf*	kcal/kg rK**	8390	8420	8280	7980	6037
3	Wärmewert von CO . .	kcal/kg rK**	5181	5007	4877	4708	3846
4	Wärmewert von H_2. . .	kcal/kg rK**	975	1376	1519	1634	1433
5	Wärmewert von CO und H_2 (3 + 4)	kcal/kg rK**	6156	6383	6396	6342	5279
6	Wärmetönung *waf** Entgasung+Vergasung (2 − 5)	kcal/kg rK**	2234	2037	1884	1638	758

* *waf* = auf wasser- und aschefreie Substanz bezogen,
  Reaktionswärme S → SO_2 wegen Geringfügigkeit vernachlässigt.
** rK = Reinkoks bzw. Reinkohle.

Tafel 47b. *Windbedarf, Formengasmenge und Zusammensetzung bei einer Windfeuchtigkeit von 10 g/Nm³ (Aschegehalt der Kohle 6% wf.)*

...hlefeuchtig-...eit in % ...: Rohkohle	Anthrazit		Fettkohle		Gaskohle		Gasflammkohle		Braunkohle	
	3	5	3	5	3	5	3	5	3	5
...ndbedarf ...Nm³/kg *waf*	3,78	3,72	3,53	3,47	3,44	3,37	3,32	3,16	2,01	1,94
...mengas-...menge ...Nm³/kg *waf*	5,19	5,16	5,08	5,06	5,02	4,99	4,83	4,81	3,49	3,46
...mengas-...usammen-...etzung										
...O . . %	33,1	33,3	32,7	32,8	32,2	32,4	32,3	32,5	36,5	36,8
H_2 . . %	9,0	9,5	12,2	12,8	13,4	14,0	14,8	15,4	17,8	18,8
N_2 . . %	57,9	57,2	55,1	54,4	54,4	53,6	52,8	52,1	45,7	44,4

stoffe) angewendet. Eine Steigerung ist dann nicht mehr möglich. Allerdings gibt es Möllerbedingungen — vor allem bei Einsatz von früh erweichenden Stückerzen —, bei denen nur verhältnismäßig niedrige Heißwindtemperaturen anwendbar sind. Hier stellt die Zugabe von Austauschbrennstoffen eine gute Möglichkeit zur Steigerung von Windtemperatur und Wirkungsgrad des Hochofens dar. Zwischen beiden Extremen:

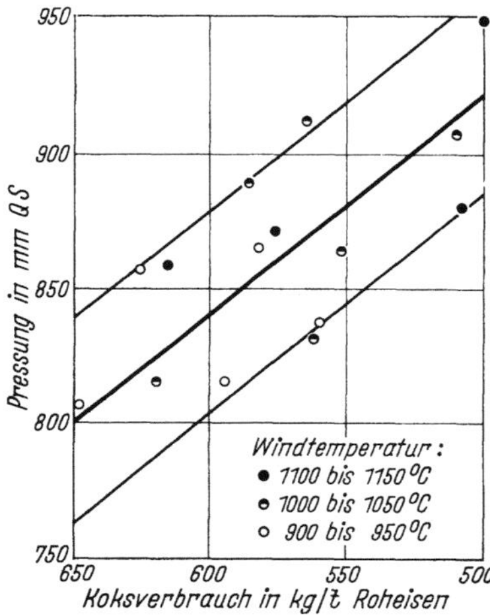

Bild 334. Zunahme der Pressung mit kleiner werdendem Koksverbrauch nach P. ISCHEBECK, G. HEYNERT u. H. BEER[661])

α) Zusatz von Austauschbrennstoffen bei unveränderter Windtemperatur.

β) Zusatz von Austauschbrennstoffen bei unverändertem Wärmeinhalt des Formengases (d. h. erhöhter Windtemperatur),

wird im allgemeinen das technische und wirtschaftliche Optimum liegen.

Daneben darf die Bedeutung des Punktes 5.4.1.3 nicht vernachlässigt werden. Kein Austauschbrennstoff stellt einen Ersatz für die stützende Wirkung der Koksschüttung im Hochofen dar. Es ist bisher nicht gelungen, die untere Grenze der Kokssatzes zu ermitteln, bei der der Hochofenprozeß noch zu führen ist. ISCHEBECK und Mitarbeiter[661]) konnten nachweisen, daß der Durchgasungswiderstand der Möllersäule bei steigendem Ölzusatz, d. h. abnehmendem Kokssatz, deutlich anstieg (Bild 334). Eine untere Grenze des Koksverbrauchs wurde jedoch bisher nicht reproduzierbar erreicht, da die Zusätze an Austauschbrennstoffen im Hochofen bisher aus wirtschaftlichen Gründen noch nie an diese Grenze bewußt herangeführt worden sind. Die niedrigsten spezifischen Kokssätze, etwa 440 kg/t RE, werden aus Japan berichtet bei 65 kg Ölzusatz/t RE und 211 kg Schlacke/t RE[715,716]).

Die Aufgabe für die Berechnung lautet daher, unter Auswertung der bekannten Gesetzmäßigkeiten und Erkenntnisse aus Thermodynamik und Reaktionskinetik sowie der im Laboratorium und Betrieb durchgeführten Versuche zu präzisen Voraussagen zu gelangen, nach denen es möglich ist, die voraussichtliche Wirkung des einen oder anderen Austauschbrennstoffs auf einen gegebenen Hochofenbetrieb abzuschätzen. Insbesondere sind folgende Fragen zu klären:

Wie ändern sich die Hauptbetriebsdaten (Erzeugungsleistung, Koksverbrauch, Gichtgasmenge und -zusammensetzung)?

Wo liegt die wirtschaftliche Grenze des Zusatzes?

Welcher Austauschbrennstoff ist am günstigsten?

Der Versuch einer solchen Berechnung ist mehrfach unternommen worden[662, 663, 667-676a]).

5.4.2. Grundsätzliches zur Vorausberechnung von Hochofenbetriebsdaten bei Austauschbrennstoffen

Die Ausführungen von Abschn. 5.1 gelten sinngemäß auch bei Betrieb mit Austauschbrennstoffen: Eine von der Betriebserfahrung losgelöste Vorausberechnung der Wirkung im Hochofen wird erst möglich, wenn die Geschwindigkeiten sämtlicher Reaktionen, insbesondere der Erzreduktion, der Koksvergasung mit CO_2 sowie des Wärmeübergangs für das Erhitzen und Schmelzen der Beschickung bekannt sind, und zwar im gesamten Bereich der vorkommenden Temperaturen, Gaszusammensetzungen und -drücke sowie der Veränderungen in der Beschickung selbst. Mangels ausreichender Daten, besonders der Reaktionsgeschwindigkeiten, ist das Problem der echten Vorausberechnung z. Z. noch nicht lösbar.

Dagegen ist es möglich, unter gemeinsamer Verwendung betrieblicher Erfahrungswerte und bekannter thermodynamischer und kinetischer Gesetzmäßigkeiten ein Gleichungssystem zu schaffen, in dem nur noch für wenige Daten Annahmen gemacht werden müssen, deren Richtigkeit allerdings erst durch den Betriebsversuch geprüft werden kann. Der Wert dieser Methode liegt darin, daß nach Vorliegen der Ergebnisse einiger gezielter betrieblicher Versuche mit genauer Erfassung sämtlicher Meßgrößen eine Anpassung der Grundannahmen an die Praxis möglich wird, und danach zahlreiche weitere Fälle auf Grund der geschaffenen Gleichungssysteme der Rechnung mit guter Voraussagewahrscheinlichkeit zugänglich werden.

5.4.3. Durchführung der Berechnung

5.4.3.1. Vergasung der Austauschbrennstoffe vor den Formen

Nach dem heutigen Stand der Kenntnis wirken die Austauschbrennstoffe dann am günstigsten, wenn ihre vollständige Vergasung mit Windsauerstoff zu CO und H_2 unmittelbar vor den Formen gelingt. Die Zugabevorrichtungen müssen daher für eine möglichst weitgehende Zerteilung des Ersatzbrennstoffs im Windstrom eingerichtet sein. Die Verbrennung soll jenseits der Düsenmündung im oxydierenden Bereich der Formenzone eintreten. Heißwind und Austauschbrennstoff müssen daher getrennt bis zur Düsenspitze geführt und dann möglichst intensiv vereinigt werden. Eine Vereinigung bereits in der Form wird dann zulässig, wenn die Strömungsgeschwindigkeit des Heißwindes höher ist als die Zündgeschwindigkeit des Brennstoffs. Für Öl ist der Vergasungs- bzw. Verbrennungsvorgang weitgehend geklärt. Nach GRIMM[677a]), der im wesentlichen den Darlegungen von FRITSCH[677b]), MASDIN und THRING[677c]) folgt,

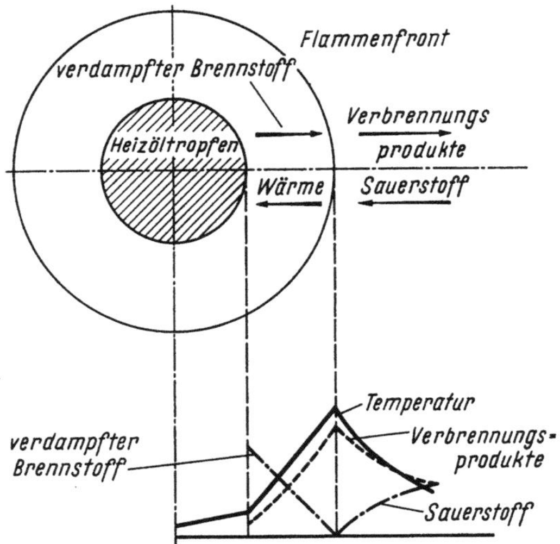

Bild 335. Kugelsymmetrisches Modell eines brennenden Öltropfens (nach MASDIN u. W. GRIMM[677a])

überlagern sich am brennenden Öltropfen (Bild 335) folgende Vorgänge:

    a) Erwärmung des Brennstoffs und Verdampfung;
    b) Gemischbildung des vergasten Anteils mit dem Heißwind;
    c) Zündung der verdampften Anteile und ggf. der Kohlenstoffskelette;
    d) Verbrennung.

Bei vollständig verdampfbaren Ölen ist die Verdampfungsgeschwindigkeit der umsatzbestimmende Teilschritt; die Abnahme des Tropfendurchmessers vollzieht sich nach der Gleichung

$$D_0^2 - D^2 = k(t - t_0)$$

Hierin bedeuten:

D_0 Ausgangsdurchmesser (zur Zeit t_0),
D Durchmesser (zur Zeit t),
k Verdampfungskonstante, die in Luft für Kerosin zwischen $1{,}0 \cdot 10^2$ und $1{,}5 \cdot 10^2$ cm²/sec liegt.

Die Gleichung zeigt die Notwendigkeit, D_0 möglichst klein zu halten, d. h., den Brennstoff zu feinsten Tröpfchen zu zerstäuben. Gelingt bei Zusatz von Gasen oder Öl die vollständige Vergasung und Umwandlung in CO und H_2 im oxydierenden Bereich vor den Formen nicht, so vercracken insbesondere bei Öl die nicht umgesetzten Reste in der Beschickung des Hochofens, führen zur Bildung von Ruß im Formen- bzw. Gestellgas und damit zu erheblichen Belästigungen in der Gasreinigung[702]. Gleichzeitig

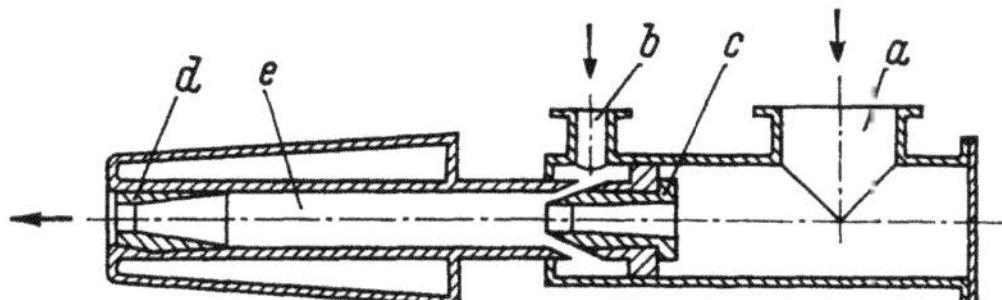

Bilder 336a. Blasform eines Abstichgaserzeugers für kombinierte Benzin/Koks-Fahrweise nach F. DUFTSCHMID u. F. MARKERT[679].

a Eintritt der Vergasungsmittel, *b* Eintritt des Benzindampfes, *c* Mischeinsatz, *d* Düsenmund, *e* Mischstrecke

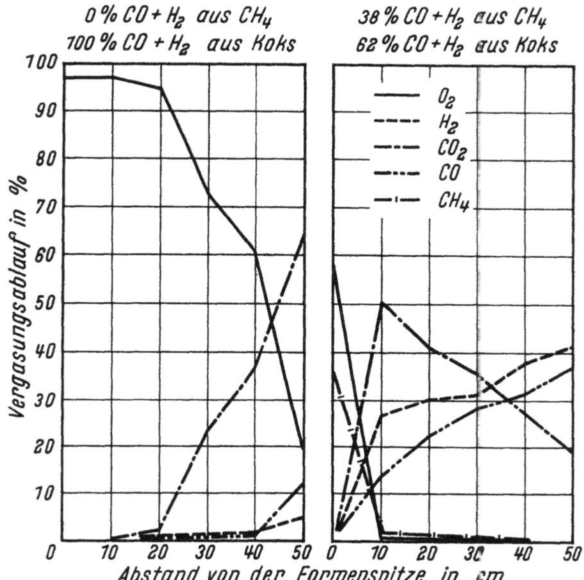

Bild 336b. Vergasungsablauf vor den Formen nach F. DUFTSCHMID u. F. MARKERT[679]

tritt eine Verminderung des Brennstoffwirkungsgrades ein (der Wärmeinhalt des Rußes geht dem Ofen verloren), schließlich können bei größerem Rußanfall Verstopfungserscheinungen in der Möllersäule auftreten.

Die Umsetzung von gasförmigen Brennstoffen und Leichtbenzin im Formenbereich sind im analogen Fall des Abstichgaserzeugers von DUFT-SCHMIDT und MARKERT[679]) mit Sonden untersucht worden. Ein typisches Ergebnis zeigt Bild 336 a/b. Die vollständige Umsetzung zu CO und H₂ ist in einer kurzen Entfernung vor der Formenspitze erreicht. Das Verschwinden des gasförmigen Sauerstoffs findet näher an der Formenspitze statt als bei reinem Koksbetrieb, die Flamme wird kürzer. Daraus ist zu

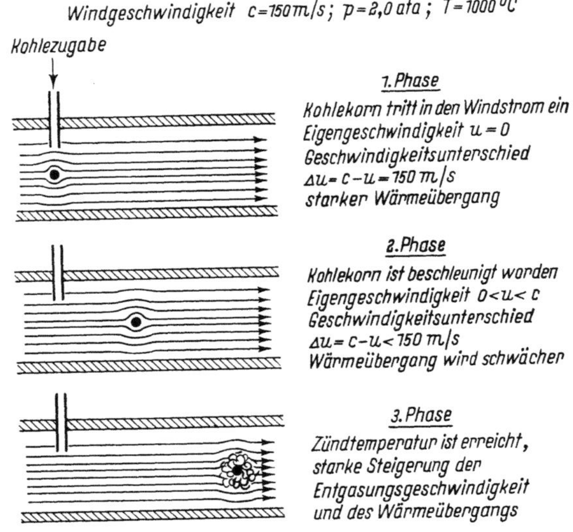

Bild 337
Schema der Vorgänge am Kohlekorn beim Eindüsen in den Heißwindstrom[663]

folgern, daß die Wärmeabführung im Kühlwasser der Form zunimmt. Das bedeutet erhöhte Wärmeverluste.

Für gasförmige und flüssige Brennstoffe ist im allgemeinen die vollständige Vergasung bzw. Umsetzung zu CO und H_2 beim heutigen Stand der Technik gesichert.

Bei festen Brennstoffen sind die Verhältnisse vor der Form schwieriger zu übersehen. Um auch hier zu einer vollständigen Vergasung zu CO und H_2 im Formenbereich zu kommen, wurde anfänglich in russischen Werken mit feinst gemahlenen Kohlen[680] (0 bis 0,1 mm Körnung) gearbeitet. Eine derartige Feinstmahlung bedingt jedoch hohe Kosten. Wirtschaftlich interessanter ist die Verwendung von Feinkohlen im Kornbereich 0 bis 3 mm, möglichst sogar 0 bis 6 mm.

Die Vorgänge in und an Kohlekörnern, die strömendem Heißwind zugegeben werden, wurden kürzlich untersucht[663, 677].

Bild 337 zeigt die Modellvorstellung, die der Rechnung zugrunde gelegt wurde[663]: Die Kohlekörner werden mit Umgebungstemperatur in den Heißwindstrom eingebracht. Die Geschwindigkeit des heißen Windes betrage $c = 150$ m/sec (bezogen auf Betriebszustand, d. h. 2,0 ata und

1000 °C). Die Geschwindigkeit des Kohlekorns in Richtung Formen-
achse ist zunächst $v = 0$; durch Impulsübertragung wird es allmählich
annähernd auf $c = 150$ m/sec beschleunigt. Unter Zugrundelegung des
bekannten Widerstandsgesetzes für Kugeln[681]) und der Gleichung von RANZ
und MARSHALL[682]) für den Wärmeübergang:

$$Nu = 2 + 0{,}6\,Re^{1/2} \cdot Pr^{1/3}$$

lassen sich die durch Konvektion übergehenden Wärmemengen berechnen.
In $Re = \dfrac{\varDelta u\,d}{\nu}$ wird für $\varDelta u$ der jeweilige Geschwindigkeitsunterschied

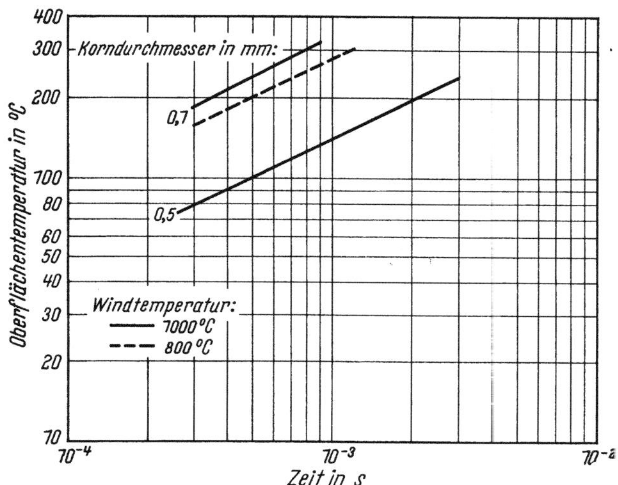

Bild 338. Oberflächentemperatur in Abhängigkeit von der Zeit t, der Windtemperatur, dem Korndurchmesser (Wärmeleitfähigkeit 0,2 kcal/m h °C[663]))

zwischen Windstrom und Kohlekorn eingesetzt. Es wird eine Wärmeleitfähigkeit des Kohlekorns von $\lambda = 0{,}2$ kcal/m h °C[683, 683a]) angesetzt.

Die errechnete Aufheizung in Abhängigkeit von der Zeit geht aus
Bild 338 hervor. Man erkennt hieraus, daß schon nach wenigen Tausendstel
bis Hundertstel Sekunden Temperatursteigerungen in der Oberfläche erreicht sind, die zu einer Zündung des gasförmigen Kohleanteils führen.

Bild 339 zeigt die Zündtemperaturen in Abhängigkeit vom brennbaren
Anteil der flüchtigen Bestandteile der Kohle. Dieses Berechnungsergebnis
wird durch experimentelle Feststellungen bestätigt. Sobald die Zündung
erfolgt ist, gelten die Voraussetzungen der Berechnungsunterlagen nicht
mehr, der Wärmeübergang wird erheblich gesteigert, Entgasung und Vergasung des Kohlekorns zu CO und H_2 gefördert. PETERS und LEHMANN[677])
berechneten den Zeitbedarf der Einzelvorgänge vom Aufheizen bis zur Vergasung nach dem Schema in Bild 340 getrennt und gelangten zu der Fest-

stellung, daß im oxydierenden Bereich eine vollständige Vergasung der Kohlekörner unwahrscheinlich ist; die Verweilzeiten sind zu gering (Bild 341). Eine weitgehende Entgasung ist dagegen im Körnungsbereich oberhalb

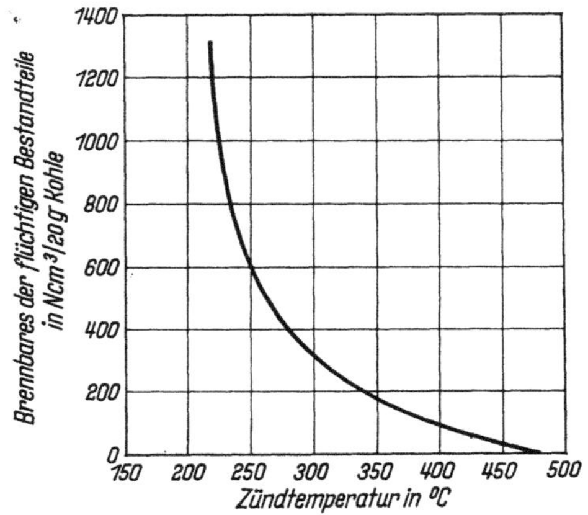

Bild 339. Zusammenhang zwischen dem Brennbaren der flüchtigen Bestandteile und der Zündtemperatur nach W. Gumz[684])

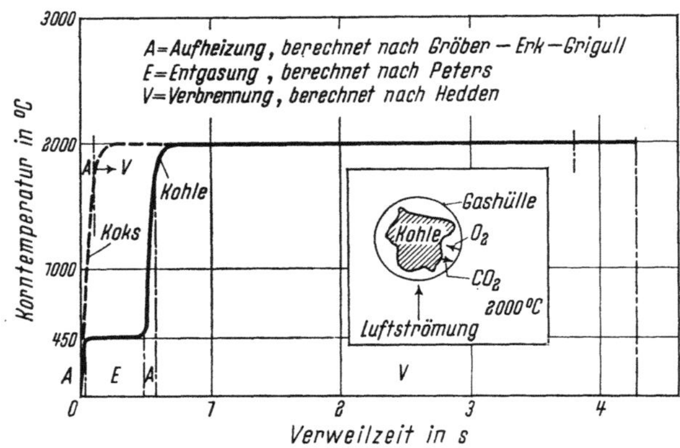

Bild 340. Verbrennungsablauf von 1 mm Koks- und Kohlekörnern in Luft bei 2000 °C und 2 ata nach W. Peters u. J. Lehmann[677])

1 mm anzunehmen. Sofern die *Ver*gasung im Formenbereich nicht abläuft, tritt das *ent*gaste Kohlekorn in die Beschickung ein. Im ungünstigen Fall, insbesondere bei stoßweiser Zufuhr, umhüllen sich die Kohlenstoffpartikelchen mit Schlacke und kommen nicht chemisch zur Wirkung, sondern verlassen den Ofen gemeinsam mit der Schlacke[678]). Im günstigen Fall ersetzen die entgasten Kohlepartikelchen Anteile des *Reduk-*

tionskokses. Es ist noch nicht vollständig geklärt, unter welchen Bedingungen der eine oder andere Fall überwiegend zu erwarten ist. Erst der Betriebsversuch kann Klarheit schaffen. Die nachfolgenden Berechnungen

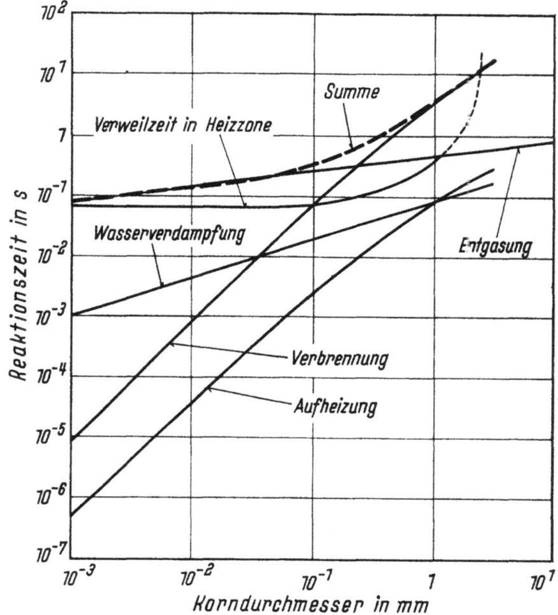

Bild 341. Körnungsabhängigkeit der Kohleverbrennung in Luft bei 2000 °C und 2 ata nach W. PETERS u. J. LEHMANN[677])

gehen von dem günstigen Fall aus. Dieser lag bei den meisten bisher veröffentlichten Betriebsversuchen vor.

Für die weitere Berechnung wird einheitlich zugrunde gelegt, daß die Austauschbrennstoffe im Formenbereich vollständig in CO und H_2 umgewandelt werden.*

5.4.3.2. Beeinflussung der Reaktionen im Hochofen durch Austauschbrennstoffe, wenn die Formengastemperatur konstant gehalten wird (d. h. Erhöhung der Windtemperatur)

Im Sinne der grundlegenden Betrachtungen des Abschn. 5.4.1 müssen jetzt einige Festlegungen getroffen werden:

Die festzulegenden Größen sind zu unterteilen in unabhängige und abhängige Veränderliche, d. h. solche, die in einem bestimmten Spielraum

---

* Ohne Einfluß auf die Rechnung ist es, wenn statt dessen Feinkohlen als entgastes Kohlenstoffskelett in die Beschickung eintreten und Reduktionskoks ersetzen[663]).

frei gewählt werden können und solche, die sich als Folge der ersten zwangsläufig einstellen.

Zu den *unabhängigen* Veränderlichen gehören:

α) Möller: Wird als konstant angesetzt;

β) Wärmeinhalt des Formengases Q_F (beeinflußbar durch Zusätze und Windtemperatur): Wird für die erste Berechnung ebenfalls als konstant angesetzt ($Q_F = $ const.);

γ) Formengasmenge pro Zeiteinheit V_{FZ} (beeinflußbar durch Windmenge und Zusätze): Wird ebenfalls als konstant angesetzt

$$V_{FZ} = \text{const}$$

δ) Art und Menge des Austauschbrennstoffs.

Zu den *abhängigen* Veränderlichen gehören:

α') Chemische Ausnutzung des CO im Schachtgas

$$\eta_{CO} = \frac{CO_2}{CO + CO_2},$$

wobei CO_2, CO die entsprechenden Volumenanteile im Gichtgas bedeuten (Korrekturen sind für den nicht an CaO gebundenen Anteil der Möllerkohlensäure notwendig);

β') Chemische Ausnutzung des H_2 im Schachtgas

$$\eta_{H_2} = \frac{H_2O}{H_2 + H_2O}.$$

γ') Ausnutzung der fühlbaren Wärme des Schachtgases (gemessen an der Gichtgastemperatur und an den Kühlverlusten).

Für die Größen α', β' und γ' müssen Annahmen gemacht werden, die das Ergebnis in allen Einzelheiten (z. B. Leistung, Koksverbrauch, Grad der indirekten Reduktion) festlegen. Die Richtigkeit der Annahmen ist im Betriebsversuch zu prüfen.

Zu α') Chemische Ausnutzung des CO. Der chemische Ausnutzungsgrad η_{CO} ist nach Abschn. 5.1 im allgemeinen stark möllerabhängig. Wie Betriebsversuche gezeigt haben, ändert η_{CO} sich jedoch im Mittel bei Zusatz von Austauschbrennstoffen nicht, wenn der Möller gleichgehalten wird (Bild 342). Für die weitere Berechnung wird daher zunächst $\eta_{CO} = $ const gesetzt.

Zu β') Chemische Ausnutzung des H_2. Durch Auswertung von Betriebsversuchen konnte nachgewiesen werden, daß die chemische Ausnutzung des H_2 bei Möllern guter Reduzierbarkeit sich parallel zu der des CO ergibt. Durch Regressionsanalyse ergab sich:

$$\eta_{H_2} = 0{,}88\,\eta_{CO} + 0{,}10 \qquad (\text{Bestimmtheitsmaß} = 68\%).$$

Diesem Befund wurde in Laborversuchen weiter nachgegangen. Es wurde eine Reduktionsapparatur verwendet, die beim Arbeiten mit H_2/CO-Gemischen eine Aufteilung des Gesamtumsatzes auf H_2 und CO ermöglichte. Auch hier ergab sich eine Parallelität von η_{CO} und η_{H_2} (Bild 343).

Dieser Befund ist wahrscheinlich auf eine vergleichsweise schnelle Einstellung des Wassergasgleichgewichtes bei den Temperaturen der indirekten

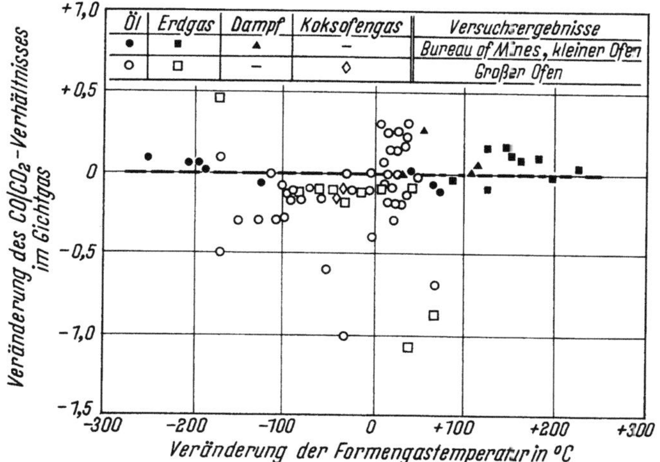

Bild 342. Wirkung von eingespritzten Wasserstoffträgern auf das CO/CO_2-Verhältnis nach R. V. TRENSE u. D. F. ROSBOROUGH[674])

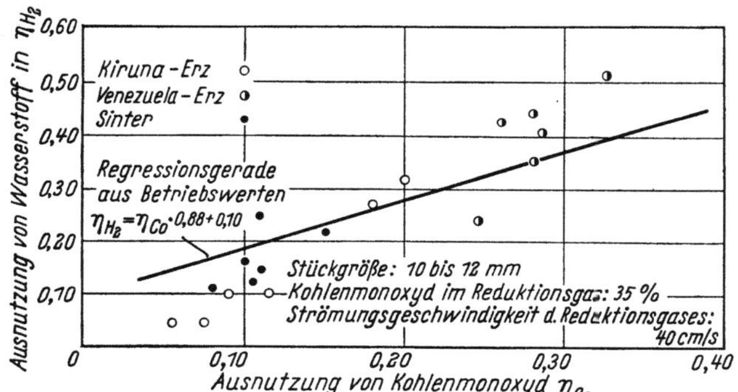

Bild 343. Beziehung zwischen den Ausnutzungsgraden von Kohlenmonoxyd und Wasserstoff bei der Reduktion von Eisenerzen bis zu einem Reduktionsgrad von 60% in der Retorte[662])

Reduktion zurückzuführen. Die Gleichgewichtskonstante

$$K_p = \frac{(CO_2) \cdot (H_2)}{(CO) \cdot (H_2O)}$$

hat bei 700 °C den Wert $K_p = 0,8$ und bei 1000 °C $K_p = 1,6$, d. h., sobald durch Reduktion bevorzugt größere Anteile H_2O entstehen, wird durch Ablauf der Wassergasreaktion H_2O unter Verbrauch von CO teilweise zu H_2 rückgebildet. Bei schwer reduzierbarem Sinter ist nach den Ergebnissen von SKODIN[664a]) und KRAINER[664b]) eine stärkere Wirkung des H_2 zu erwarten.

Zu γ') Ausnutzung der fühlbaren Wärme des Schachtgases. Beim Zusatz von Austauschbrennstoffen tritt eine Anreicherung des Formengases mit

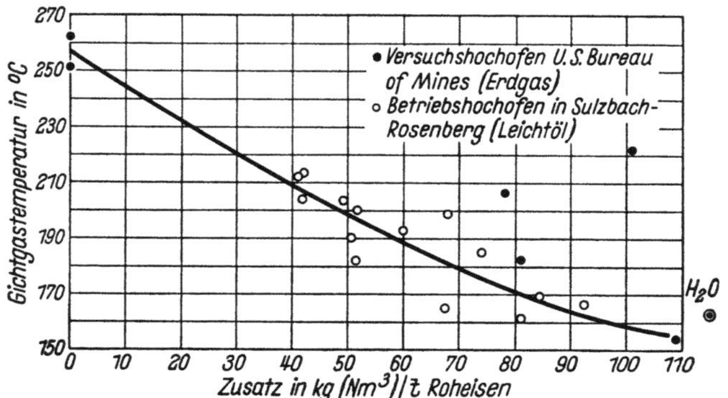

Bild 344. Gichtgastemperatur beim Zusatz von Wasserstoffträgern[662])

H_2 ein. Bei hohen Gichtgastemperaturen ist auf Grund dieser Anreicherung des Formengases eine Senkung zu erwarten und in einigen Fällen auch tatsächlich beobachtet worden (Bild 344), in anderen Fällen dagegen nicht. Die Möglichkeit einer Veränderung der Gichtgastemperatur sollte daher von vornherein als Parameter in die Berechnung eingehen.

Folgende Grundannahmen für die abhängigen Veränderlichen werden also gemacht:

Zu α') η_{CO} = möllerabhängig, aber unverändert durch Zusatz von Austauschbrennstoffen.

Zu β') $\eta_{H_2} = 0,88\,\eta_{CO} + 0,10$.

Zu γ') Ausnutzung der fühlbaren Wärme des Schachtgases bei hohen Gichtgastemperaturen etwas verbessert, sonst konstant.

Um den Wärmeinhalt des Formengases Q_F bei Zusatz von Austauschbrennstoffen konstant zu halten, muß die Windtemperatur von ϑ_1 auf ϑ erhöht werden.* Der Inhalt des Formengases an fühlbarer Wärme ergibt

---

* Ähnliche Wirkung hat bei gleichbleibender Windtemperatur ein Sauerstoffzusatz zum Heißwind, wie BRANDI und Mitarbeiter[668a]) nachwiesen.

sich bei reinem Koksbetrieb zu[662])

$$Q_F = \frac{K_{h1}\,(2432 + 3,84\,c_p\,\vartheta_1)}{K_{h1}\,4,67} \; \frac{\text{kcal}}{\text{Nm}^3}\,.$$

Bei Betrieb mit Zusatz von z. B. Heizöl gilt

$$Q_F = \frac{K_h\,(2432 + 3,84\,c_p\,\vartheta) + H\,(1466 + 3,71\,c_p\,\vartheta)}{4,67\,K_h + 5,86\,H}\,.$$

Hierin bedeuten:

$$\left.\begin{array}{l} K_h \\ K_{h1} \end{array}\right\} \text{ den Heizkoksbedarf (kg/t RE)} \left.\begin{array}{l} \text{ohne} \\ \text{mit} \end{array}\right\} \text{Austauschbrennstoff,}$$

2432 kcal/kg den Wärmeinhalt des auf
    1400 °C vorgewärmten Kokses =

Wärmeinhalt durch Vorwärmung	= 520 kcal
+ Verbrennungsenthalpie	
des Kokses zu CO	= 1912 kcal
zusammen	= 2432 kcal),

c_p mittlere spez. Wärme des Heizwindes

$$\vartheta_1,\ \vartheta \quad \text{Heißwindtemperatur} \left\{\begin{array}{l} \text{ohne} \\ \text{mit} \end{array}\right. \text{Austauschbrennstoff,}$$

H Austauschbrennstoffmenge (z. B. Heizöl) kg/t RE,
3,84 und 3,71 den Windbedarf zur Vergasung von 1 kg Kcks bzw. 1 kg Heizöl zu
    $CO + H_2$ in Nm³,
4,67 und 5,86 die Formengasmenge/kg Koks bzw. kg Heizöl zu Nm³/kg und
1466 kcal/kg die Verbrennungsenthalpie des Heizöls in der Formenebene (Tafel 46).

Aus den beiden gleichzusetzenden Gleichungen geht bereits hervor, daß man die Koksersparnis kennen muß, um die Windtemperaturerhöhung berechnen zu können, die für die Konstanthaltung von Q_F erforderlich ist. In ähnlicher Weise sind alle wichtigen Kenngrößen des Hochofens voneinander abhängig, wodurch die Rechnung sehr umständlich wird. Entsprechendes gilt für Zusätze an Gasen oder Feinkohle.

Für den Rechnungsgang ist fernerhin zu berücksichtigen, daß im Wärmebedarf des Hochofens folgende Änderungen eintreten: Veränderte Schlackenmenge (weniger Koksasche), teilweise höheres S-Einbringen, geringere Koksmenge, dadurch geringerer Bedarf an Vorheizwärme.

Als Folge änderte sich das im Formengas benötigte Wärmeangebot, die Formengasmenge und das Angebot an CO und H_2. Der Grad der indirekten Reduktion ändert sich ebenfalls. Der Rechnungsgang und das Ergebnis sind aber durch die Annahmen festgelegt, eine ausführliche Darlegung ist daher an dieser Stelle nicht erforderlich; es wird auf die Originalliteratur verwiesen[662]). Andere Berechnungsmethoden unterscheiden sich lediglich in der Festlegung der Grundannahmen, die nicht immer klar genug herausgestellt werden, und die naturgemäß nur einen Behelf in An-

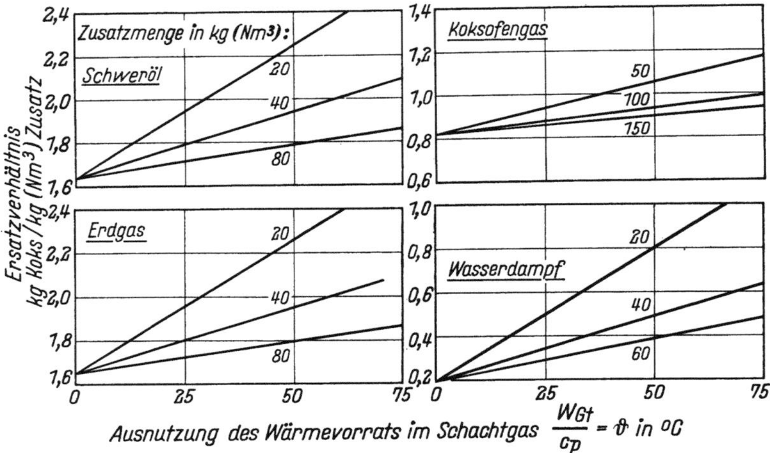

Bild 345. Ersatzverhältnis, Zusatzmenge und Ausnutzung des Wärmevorrates des Schachtgases[662] (Q_F = const)

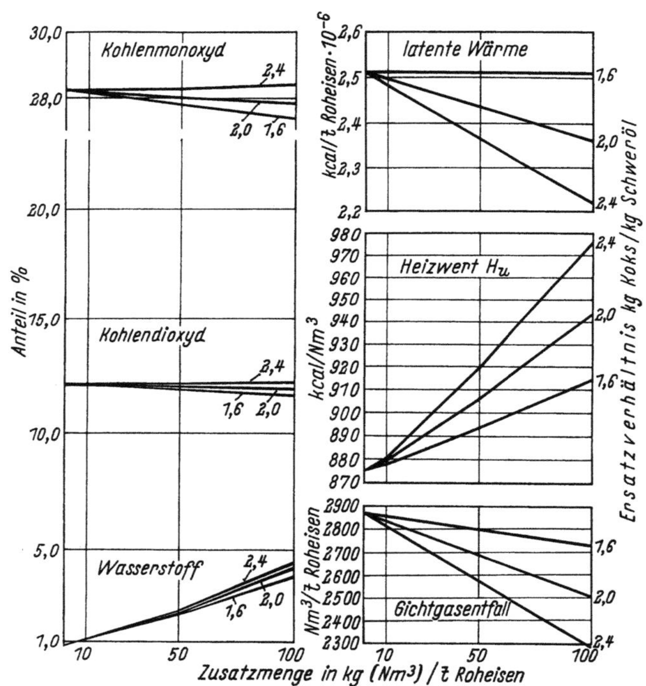

Bild 346. Eigenschaften des Gichtgases beim Einblasen von Schweröl[662] (Q_F = const)

betracht der fehlenden Reaktionsgeschwindigkeiten darstellen. Das Ersatzverhältnis, d. h. die pro kg Ersatzbrennstoff ersparte Koksmenge ergibt sich, wie Bild 345 zeigt, abhängig von dem Ausmaß, in dem sich die thermische

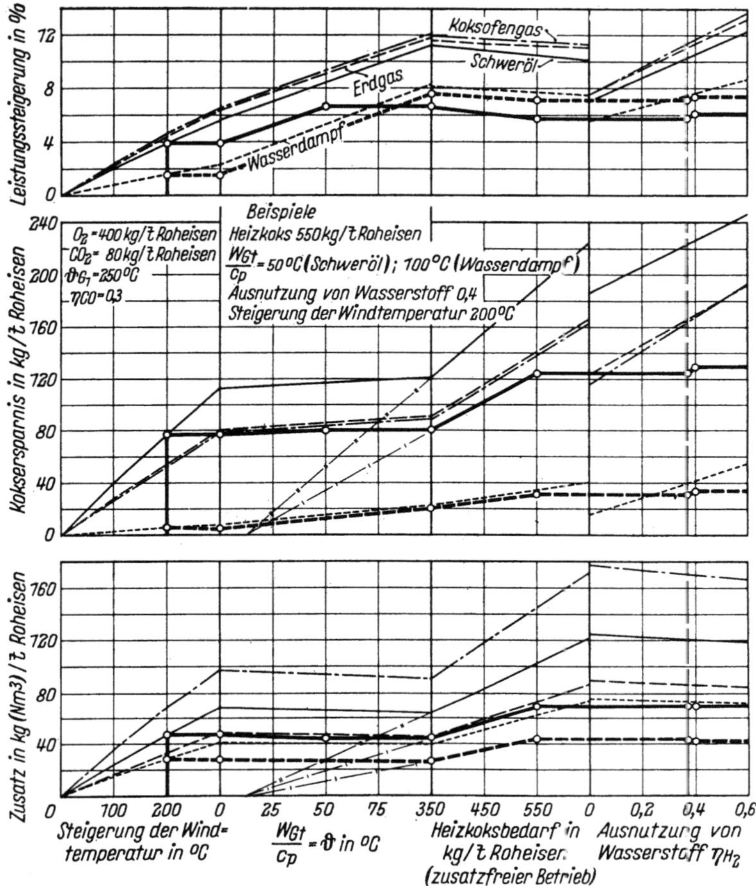

Bild 347. Nomogramm zur Bestimmung der Änderung wichtiger Betriebskennzahlen beim Einblasen von Wasserstoffträgern in das Gestell eines Hochofens[362]) bei konstanter theoretischer Formengastemperatur (Q_F = const)

Ausnutzung des Schachtgases ändert, z. B. die Gichtgastemperatur gesenkt werden kann.

Das zunächst merkwürdig anmutende Berechnungsergebnis, daß auch Wasserdampfzusätze zu Koksersparnissen führen, findet seine Erklärung in der gleichzeitig angehobenen Windtemperatur. Im Gichtgas steigt erwartungsgemäß der Gehalt an H_2, umgekehrt sinkt der CO-Gehalt, der spezifische Heizwert steigt, die Gichtgasmenge sinkt (Bild 346). Das Nomogramm in Bild 347 faßt die wichtigsten Daten zusammen und gestattet so Vorhersagen über bestimmte Fälle. (Ablesebeispiele sind eingetragen.)

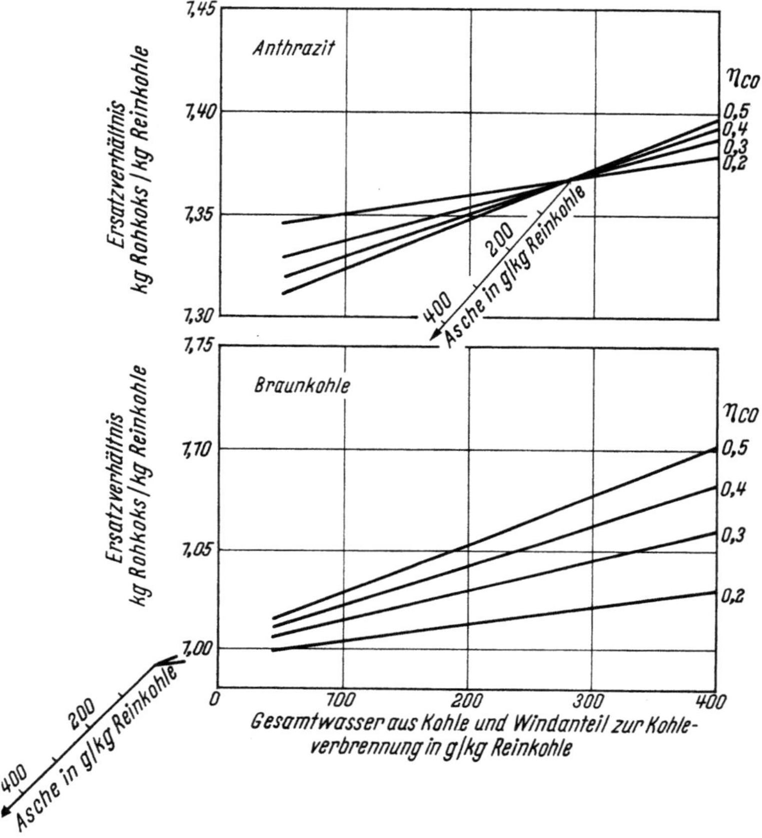

Bild 348. Ersatzverhältnis bei Zugabe von Anthrazit und Braunkohle in Abhängigkeit von der Kohlenfeuchtigkeit und der Wassermenge aus dem Windanteil für die Kohleverbrennung und $\eta_{CO}(\eta_{H_2} = 0{,}88\ \eta_{CO} + 0{,}1)$ bei $Q_F = \text{const}$[663])

Tafel 48 gibt aus den vorangegangenen Darlegungen abgeleitete Voraussagen für die aktuellen Fälle: Reicher, mittlerer und armer Möller (in jedem Fall klassiert bzw. gesintert).

Zusätze von Feinkohlen ergeben bei der Rechnung die Komplikation, daß je nach Vorbehandlung bzw. Feuchtegehalt wechselnde Mengen H_2O

Tafel 48[662]. *Ergebnisse der theoretischen Berechnung bei konstantem Wärmeinhalt des Formengases* (Q_F = const)

Angenommene Betriebsbedingungen		A	B	C
Sinteranteil	Möller-%	100	50 bis 70	unter 50
Nettomöllergewicht	kg/t Roheisen	1800	2200	3000
Koksverbrauch	kg/t Roheisen	620	765	970
Windtemperatur	°C	850	750	600
Ausnutzung des Kohlenmonoxyds	%	40	30	25
Kohlendioxyd aus Kalkstein	kg/t Roheisen	—	80	120
Gichtgastemperatur	°C	300	250	150

		Schwer-öl	Erdgas	Koks-ofengas	Wasser-dampf	Schwer-öl	Erdgas	Koks-ofengas	Wasser-dampf	Schwer-öl	Erd-gas	Koks-ofengas	Wasser-dampf
Windtemperatur-steigerung	°C/kg (Nm³) Zusatz	4,3	5,9	3,1	6,9	2,8	4,0	2,0	4,8	2,3	3,3	1,6	4,0
Ersatzverhältnis	kg Koks/kg (Nm³) Zusatz	2,0	2,1	1,1	0,7	1,7	1,8	0,9	0,6	1,62	1,63	0,9	0,4
Leistungssteigerung	%/kg (Nm³) Zusatz	0,21	0,28	0,16	0,23	0,08	0,12	0,06	0,16	0,04	0,07	0,04	0,07

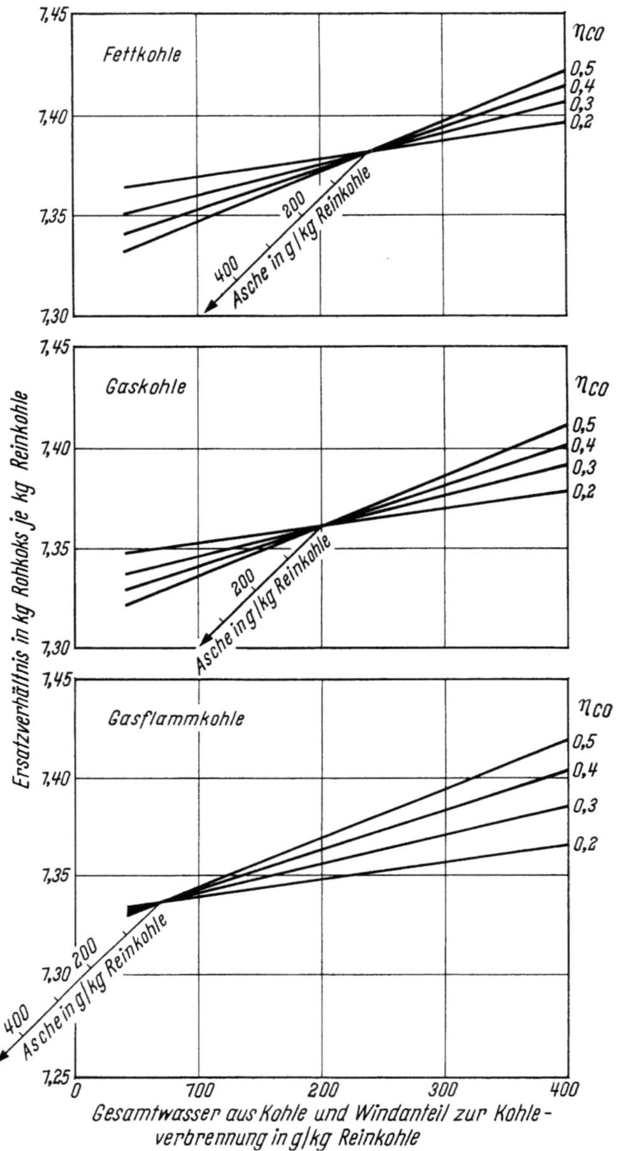

Bild 349. Ersatzverhältnis bei Zugabe von Fett-, Gas- und Gasflammkohle in Abhängigkeit von der Kohlenfeuchtigkeit und der Wassermenge aus dem Windanteil für die Kohleverbrennung, $\eta_{CO}(\eta_{H_2} = 0{,}88\ \eta_{CO} + 0{,}1)$ bei $Q_F = \text{const}$[663])

in den Hochofen eingebracht werden. H_2O wirkt auf Grund der Reaktion

$$C + H_2O = CO + H_2$$

in der Formenzone einerseits als starkes Kühlmittel, andererseits erfolgt eine zusätzliche Anreicherung des Formengases mit H_2.

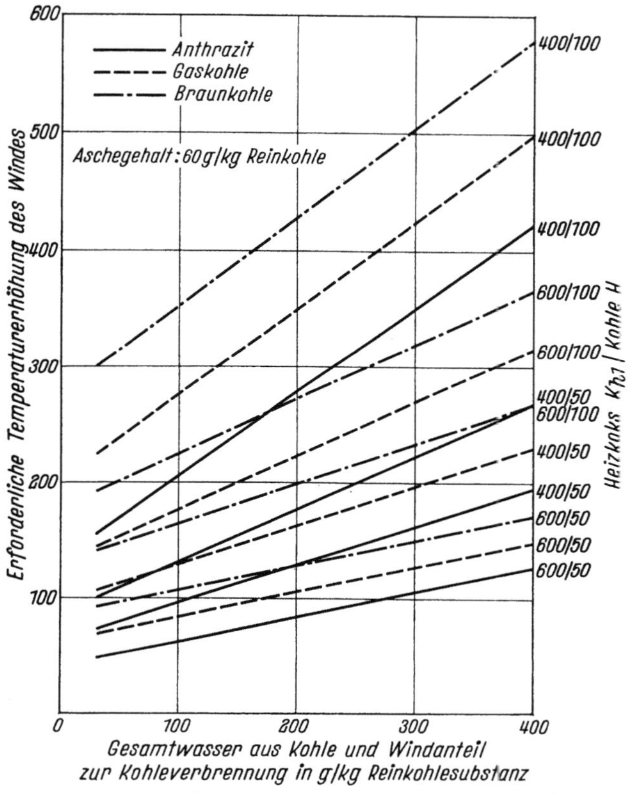

Bild 350. Für Konstanthaltung der theoretischen Formengastemperatur erforderliche Windtemperaturerhöhung in Abhängigkeit vom Gesamtwasser aus der Kohle und der anteiligen Windmenge sowie dem Verhältnis Heizkoks K_{h1} zur Kohle $H\,(wf)$[663])

In gleicher Weise wie für Gas und Öl wird unter der Voraussetzung vollständiger Vergasung bzw. Nutzung der Feinkohle in der Formenzone die Wirkung für verschiedene Kohlenarten berechnet[663]). Die Bilder 348 und 349 zeigen die zu erwartenden Ersatzverhältnisse (kg Koks je kg zugesetzte Kohle), und Bild 350 die zur Konstanthaltung des Wärmeinhaltes im Formengas erforderliche Steigerung der Windtemperatur. Die zu erwartende Leistungssteigerung ist gering (Bild 351).

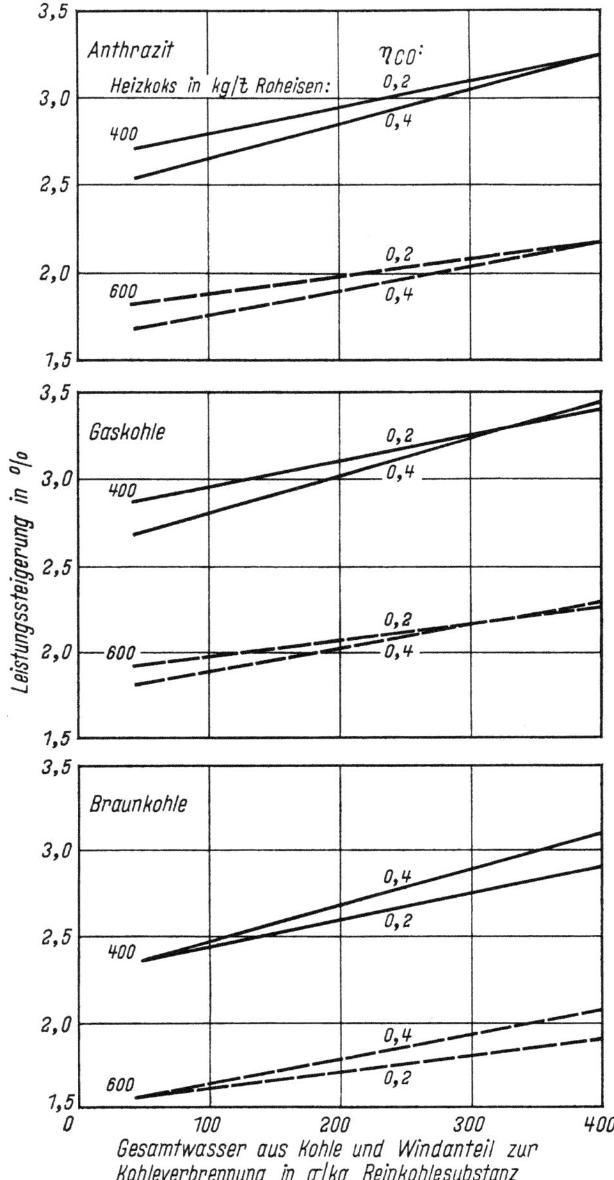

Bild 351. Leistungssteigerung in Abhängigkeit vom Gesamtwasser aus der Kohle und der anteiligen Windmenge, η_{CO} und der Heizkoksmenge, Kohlezusatz wf : 53 kg/t Roheisen (6 % Asche) bei $Q_F = \text{const}$[663])

5.4.3.3. Beeinflussung der Reaktionen im Hochofen durch Austauschbrennstoffe bei konstant gehaltener Windtemperatur (d. h. Absenkung der Formengastemperatur)

Wenn bei Zugaben von Austauschbrennstoffen die Windtemperatur nicht erhöht werden kann, sinkt der Wärmeinhalt des Formengases ab. Es gelingt durch entsprechend höhere Brennstoffsätze, die Temperaturen

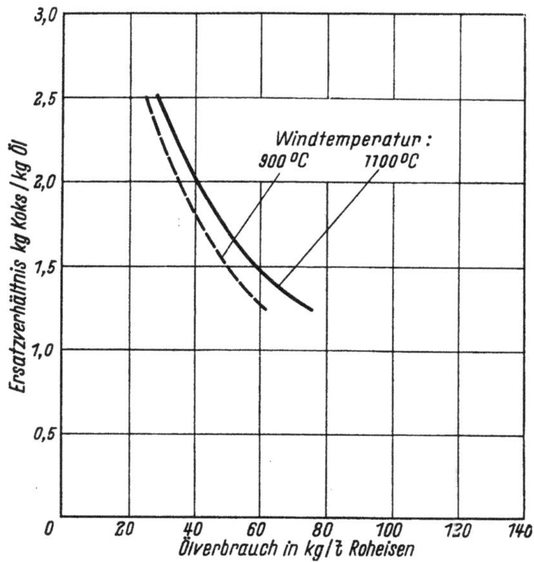

Bild 352
Ersatzverhältnis bei verschiedenen Ölmengen und konstanter Windtemperatur[689])

der Beschickung im Formenbereich auf gleicher Höhe zu halten, was sich darin zeigt, daß die Zusammensetzung des Roheisens, insbesondere der Si-Gehalt, sich nicht ändert. η_{CO}, die chemische Ausnutzung des CO, bleibt auch bei veränderten Temperaturen des Formengases nach TRENSE und ROSBOROUGH[674]) im Mittel die gleiche. Mit angenommenen Werten für die thermische Ausnutzung des Schachtgases lassen sich nun die Verhältnisse bei konstanter Windtemperatur in Abhängigkeit von den Austauschbrennstoffen errechnen. Man kann von den Verhältnissen bei konstantem Wärmeinhalt des Formengases ausgehen und dann so rechnen, als ob die Windtemperatur gesenkt würde. Die Zusammenhänge zwischen Windtemperatur und Hochofenbetriebsdaten sind bekannt, z. B. [676]). Im Gegensatz zu den Verhältnissen bei konstantem Wärmeinhalt des Formengases muß das Ersatzverhältnis mit steigender Zusatzbrennstoffmenge und damit fehlendem Wärmeinhalt des Formengases abfallen (Bild 352). Bei einem Zusatz von

Tafel 49 [663]. *Optimal einsetzbare Kohle und Gemischmengen aus Kohle und Heizöl sowie Ersatzverhältnisse bei gleichbleibender Windtemperatur von 900 °C*

a	b	c	d	e
Brennstoffart	im Gestell frei werdende Wärme**	optimal zusetzbare Mengen kg/t RE	eingesparte Koksmenge kg/t RE	Ersatzverhältnis† kg Koks/ kg Austauschbrennstoff
Koks	1995			
Heizöl	1440	46	73,5	1,60
Anthrazit*	1792	110	116	1,05
Fettkohle*	1620	85	90	1,06
Gaskohle*	1461	81	79	1,06
Gasflammkohle*	1268	73	73	1,0
Mischung aus 40% Heizöl S und 60% Gaskohle*	1437	62	73	1,18

* Steinkohlen mit 3% Wasser und 7% Asche *wf*.

** Wärmebedarf zur Zersetzung der Kohle- und Windfeuchtigkeit mit 114 kcal/kg Kohle bzw. 3208 kcal/kg Wasser abgezogen.

† $\dfrac{\text{Spalte d}}{\text{Spalte c}}$.

60 kg Öl/t RE entsprechend einer Erniedrigung der theoretischen Temperatur des Formengases um etwa 130 °C ergibt sich theoretisch, daß der Austausch annähernd im Verhältnis der Heizwerte erfolgt:

$$E = \frac{H_u\,(\text{Öl})}{H_u(\text{Koks})} = \frac{9800}{7000} = 1,40\ \frac{\text{kg Koks}}{\text{kg Öl}}\ .$$

Für andere Austauschbrennstoffe ergeben sich ähnliche Verhältnisse (Tafel 49).

5.4.4. Vergleich mit der Praxis

Die Auswertung einzelner Betriebsversuche ist mit unvermeidlichen Unsicherheiten verbunden. Das Brennstoffaustauschverhältnis E wird ermittelt aus den Daten der Vergleichs- und der Versuchsperiode. Wenn M_1 die erzeugte RE-Menge (in t) und K_1 den Koksverbrauch (in t) in der Vergleichsperiode, M_2 und K_2 die entsprechenden Zahlen für die Versuchsperiode und H die eingesetzte Ölmenge (in t) bedeuten, so errechnet sich das Brennstoffersatzverhältnis wie folgt:

$$E = \frac{\dfrac{K_1}{M_1} - \dfrac{K_2}{M_2}}{\dfrac{H}{M_2}}\ .$$

Die unvermeidlichen Wiegefehler, obgleich verhältnismäßig klein, beeinträchtigen die Genauigkeit von E sehr stark, da die kleine Differenz zweier großer Zahlen eingeht. Nach den Gesetzen der Fehlerrechnung wurde der in Bild 353 gezeigte Zusammenhang zwischen Wiegefehler und Fehlerbereich des Ersatzverhältnisses für ein Beispiel errechnet. Die Ge-

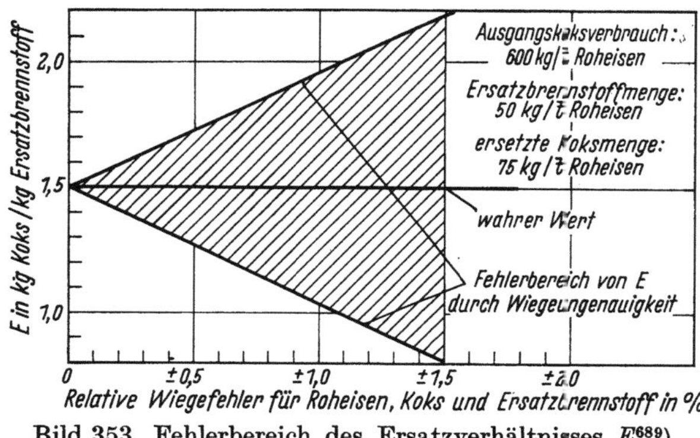

Bild 353. Fehlerbereich des Ersatzverhältnisses E[689])

nauigkeit von elektronischen Waagen ist zwar recht gut[688]), trotzdem kann für den rauhen Hochofenbetrieb im allgemeinen ein Wiegefehler von bestenfalls $\pm 0,5\%$ angenommen werden, so daß im Berechnungsbeispiel sich für E ein Bereich von 1,25 bis 1,75 kg Koks/kg Öl ergibt. Mit diesen und häufig noch größeren Einschränkungen sind die betrieblich gefundenen Ersatzverhältnisse zu bewerten. Außerdem ist häufig auch der Möller nicht genau konstant gehalten worden. Klare Aussagen können sich daher nur bei großzahlmäßigen Auswertungen ergeben.

5.4.4.1. Erdgas

Russische Untersuchungen[696a]) über die Gaszusammensetzung im Formenbereich (Bilder 354a und b) zeigen, daß die gemachten Annahmen zutreffen, daß insbesondere die Verbrennungszone bei Erdgaszusatz kürzer wird, erkennbar besonders am Verlauf der O_2-Konzentration.

Ein Vergleich der theoretischen Voraussagen mit den bekanntgewordenen Betriebsergebnissen bei Erdgaszusätzen ist auf Grund der Zusammenstellung amerikanischer Daten von O. STEINHAUER[680]) möglich. Die ausgewerteten Betriebszahlen sind in Tafel 50 zusammengefaßt[680–696]). Das Ersatzverhältnis steigt mit zunehmender Erhöhung der Heißwindtemperatur an (Bild 355). Bei reichem bis mittlerem Möller (Fall A bis B in Tafel 48) mit einem Windverbrauch von etwa 1700 Nm³/t RE bedeutet 1% Erdgaszusatz einen Verbrauch von 17 Nm³/t RE. Bei einer Erhöhung der Heißwindtemperatur um 5,0 °C/Nm³ CH_4/t RE (Mittelwert aus 4,0 und

Tafel 50[660]). *Versuchs- und Betriebsergebnisse*

Betriebs-abschnitt	Werk	Ofen	Gestell-durch-messer m	Nutz-inhalt m²	Anzahl der Blas-formen	Mölleranteil in %				
						Pellets %	Sinter %	Ab-gesieb-tes Stück-erz %	Un-gesieb-tes Erz %	Walz-zunder %
1	Altos Hornos de	2	6,40	806	14	—	51	49	—	—
2	Mexico, S. A.					—	53	47	—	—
3	Bethlehem Steel Co.,	H	7,92	1290	20	40	30	15	10	5
4	Johnstown					85	1	—	—	14
5						88	1	—	—	11
6						91	—	—	—	9
7	Bethlehem Steel Co.,	J	9,12	1573	20	65	30	—	5	—
8	Lackawanna					65	30	—	5	—
9						65	30	—	5	—
10						65	30	—	5	—
11	Colorado Fuel & Iron	F	6,63	765	12	—	51	41	—	8
12	Corp.					—	65	23	—	12
13						—	60	32	—	8
14	Great Lakes Steel	B	8,84	1340	24	—	55	45	—	—
15	Corp.					—	55	45	—	—
16						—	55	45	—	—
17						—	75	25	—	—
18						—	69	31	—	—
19	Great Lakes Steel	A	9,22	1578	24	—	77	23	—	—
20	Corp.					—	85	15	—	—
21	Lone Star Steel Co.		8,23	1254	18	—	36	—	63	1
22						—	38	—	58	4
23	Pittsburgh Coke	B	6,70	860	12	~20	—	—	~80	—
24	Chemical Co.					~20	—	—	~80	—
25	US-Steel Corp.,	3	8,54	1340	20	—	60	40	—	—
26	Fairless					—	65	35	—	—

merikanischer Hochöfen beim Zusatz von Erdgas zum Wind

Schrott kg/t Roheisen	Windmenge 1000 Nm³/h	Erzeugung t/24 h	Koksverbrauch kg/t Roheisen	Erdgaszusatz Nm³/t Roheisen	Ersatzverhältnis kg Koks/Nm³ Gas	Windtemperatur °C	Windfeuchtigkeit g/Nm³
—	95	951	833	—	—	684	32,3
—	104	995 + 4,6%	716 — 14,0%	54,0	2,17	810	29,7
72	144	1581	701	—	—	721	26,3
133	145	1736 + 9,8%	587 — 16,3%	52,6	2,17	810	15,0
141	142	1859 + 17,6%	553 — 21,1%	60,4	2,45	845	11,6
152	142	1888 + 19,4%	540 — 23,0%	59,0	2,73	875	11,8
—	165	1712	714	—	—	699	31,1
—	165	1834 + 7,1%	608 — 14,8%	61,0	1,74	785	17,8
—	158	1820 + 6,3%	577 — 19,2%	59,6	2,30	818	11,3
—	162	1832 + 7,0%	596 — 16,5%	61,1	1,93	820	8,0
—	74	674	707	—	—	597	9,6
—	76	693 + 2,8%	654 — 7,5%	59,5 +(16,7 l Öl/t)		628	10,1
—	71 (26% O₂)	904 + 34,1%	575 — 18,7%	79,4 +(19,6 l Öl/t) +(122 Nm³ O₂/t)		667	12,3
—	149	1737	661	—	—	965	42,2
—	148	1856 + 6,9%	585 — 11,5%	47,8	1,59	955	27,5
—	149	1870 + 7,7%	538 — 18,6%	80,6	1,54	1008	15,2
—	148	1878 + 8,1%	515 — 22,1%	73,1	2,01	995	16,4
—	141	1760 + 1,3%	549 — 16,9%	69,4	1,62	994	18,3
—	175	2080	647	—	—	750	28,9
—	168	1950(— 6,3%)	557 — 13,9%	41,6	2,16	748	16,4
225	131	958	1023	—	—	556	9,6
172	146	1200 + 25,3%	870 — 15,0%	87,0	1,76	693	8,0
—	82	766	853	—	—	757	23,2
—	75	678(— 11,5%)	751 — 12,0%	66,6	1,53	814	17,1
—	140	1800	625	—	—	877	38,6
—	137	2040 + 13,3%	499 — 20,2%	47,1	2,68	1080	12,5

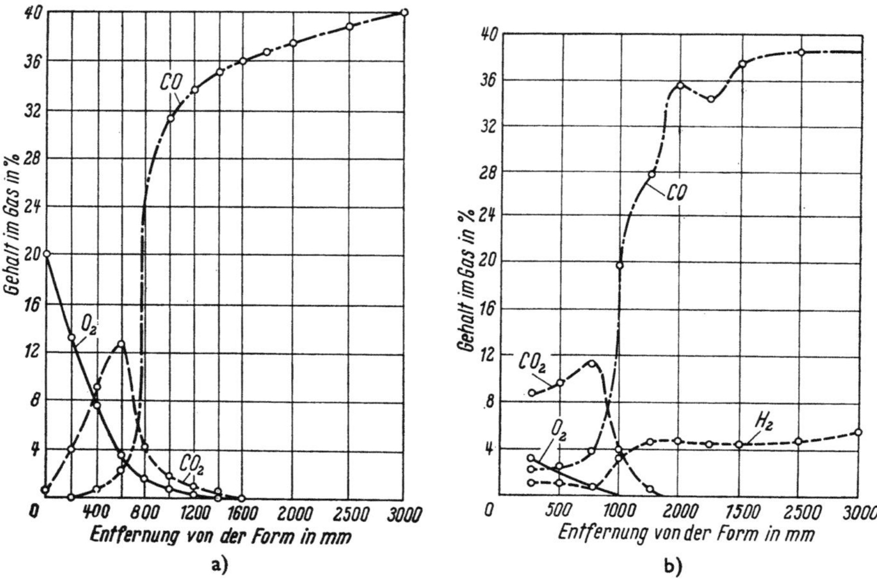

Bild 354a u. b. Veränderung der Gaszusammensetzung über den Gestellradius ohne (a) und mit Erdgas (b) nach J. J. Nekrasov, V. L. Pokryškin, A. V. Zagreba und R. D. Kramenev[696a])

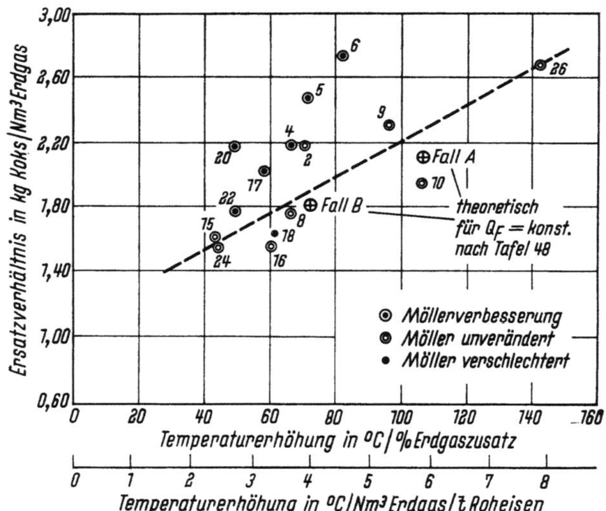

Bild 355. Ersatzverhältnis in Abhängigkeit von der Erhöhung der Heißwindtemperatur (die Zahlen entsprechen den Betriebsabschnitten in Tafel 50) nach O. Steinhauer[660])

5,9 entsprechend 85 °C/% CH_4 im Wind wird der Wärmeinhalt des Formengases nach der voraufgegangenen Berechnung konstant gehalten.
Unter diesen Bedingungen wird das theoretische Ersatzverhältnis 1,9 kg
Koks/Nm³ CH_4 (Tafel 48) nach Bild 355 fast genau erreicht. Die beobachteten Leistungsänderungen schwanken; dies dürfte jedoch weitgehend auf
die Schwankungen der jeweiligen Bedarfssituation in den Hochofenwerken
zurückzuführen sein.

Wenn die Windtemperatur konstant gehalten wird, fällt das Ersatzverhältnis gemäß Bild 355 (extrapoliert auf Temperaturerhöhung 0) auf
etwa 1,1 $\dfrac{\text{kg Koks}}{\text{Nm}^3 \text{ Erdgas}}$ ab, d. h. etwas unterhalb des Heizwertverhältnisses:

$$\frac{H_u\,(CH_4)}{H_u\,(\text{Koks})} = \frac{8580}{7000} = 1,22.$$

Es ist allerdings zu berücksichtigen, daß diese Extrapolation nicht mehr
ganz dem vorhandenen Wertepark gerecht wird und außerdem die Heizwerte der verwendeten Erdgase sich unterscheiden. Die Gleichsetzung
Erdgas = CH_4 stellt eine nur bei Vergleichsrechnungen zulässige Idealisierung dar.

5.4.4.2. Heizöl

Alle bekannt gewordenen und auswertbaren Betriebsdaten[661, 662, 698–711])
sind in Tafel 51 dargestellt. Die Summmenhäufigkeitsverteilung der beob-

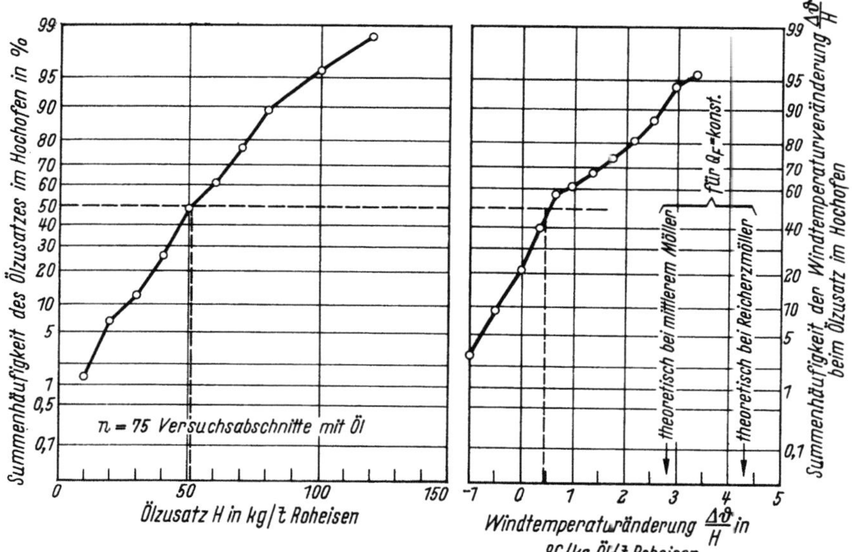

Bild 356. Summenhäufigkeit der zugesetzten Ölmenge und der Windtemperatur-
änderung (aus Tafel 51)

achteten Zusatzmengen und Veränderungen der Windtemperatur sind in
Bild 356 zusammengefaßt. Ersatzverhältnisse ohne und mit Korrektur* für

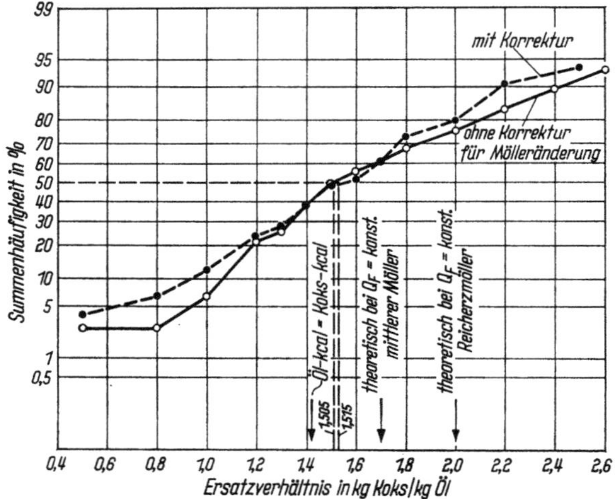

Bild 357. Summenhäufigkeit des Ersatzverhältnisses E
($n = 75$ Versuchsperioden mit Öl aus Tafel 51)

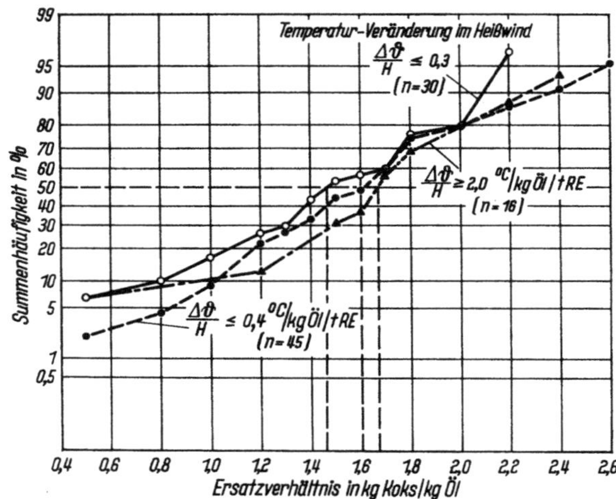

Bild 358. Summenhäufigkeit des für Mölleränderungen korrigierten Ersatzverhältnisses E unter Berücksichtigung der unterschiedlichen Erhöhung der Windtemperatur (aus Tafel 51)

---

* Je ± 1 kg Änderung des Nettomöllergewichts wurde nach Abschn. 5.2 mit
$\pm 0,25$ kg Änderung des Koksverbrauchs gerechnet.

Mölleränderung zeigt Bild 357. Die Streuungen sind erheblich. Jedoch zeigt die mathematisch-statistische Auswertung, daß erwartungsgemäß bei gesteigerter Windtemperatur das Ersatzverhältnis höhere Werte annimmt

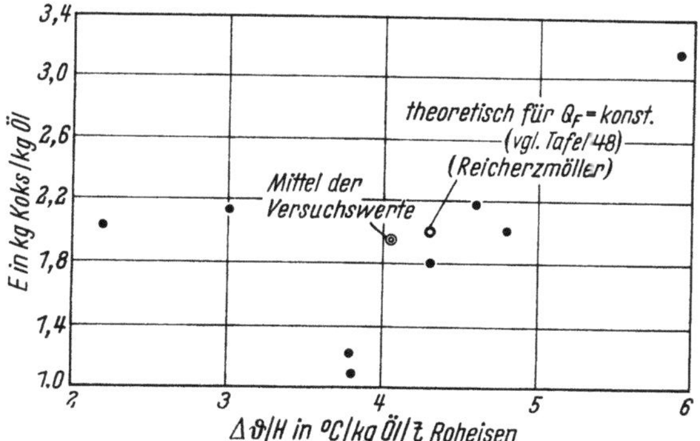

Bild 359. Ersatzverhältnis E in Abhängigkeit von der Steigerung der Windtemperatur $\Delta\vartheta$ (°C) bei verschiedenen Ölzusätzen H (kg/t Roheisen) (Versuche Phoenix Rheinrohr 1962)

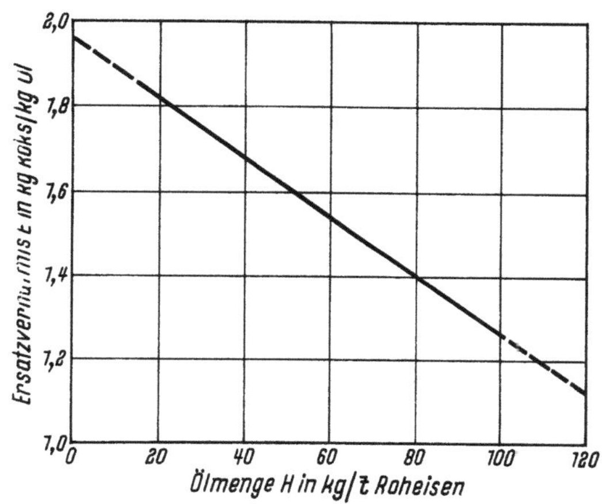

Bild 360. Ersatzverhältnis E in Abhängigkeit von der zugesetzten Ölmenge H bei konstantem Möller und konstanter Temperatur und Feuchte des Windes. Regression über $n = 75$ Versuchsabschnitte aus Tafel 51[689])

(Bild 358). Die Versuchswerte der Phoenix Rheinrohr AG[661]) zeigen gemäß Bild 359 bei Versuchsperioden mit im Mittel 4,1 °C/kg Öl/t RE Temperatursteigerung gute Übereinstimmung mit den theoretischen Voraussagen der Tafel 48. Die mehrdimensional ausgeführte Regressionsanalyse[689]) (Bild 360)

Tafel 51. *Zusammenstellung der Daten für die*

Werk	lfd. Nr.	Ofen-Nr.	Gestell-⌀ / Fläche m/m²	Ofen-Nutzvolumen m³	Netto-möllergewicht kg/t RE	Möllerzusammensetzung			Gichtstaub kg/t RE	Koksverbrauch kg/t RE	Ölzusatz kg/t RE
						Sinter %	Pellets %	Stückerz* %			
Société des Aciéries de Pompey	1	3	4,8 / 18,1	542,8	3022	–	–	100	202	1008	–
	2				2975	–	–	100	194	920	51
	3				2911	–	–	100	235	907	43
	4				2782	–	–	100	256	889	48
S. A. Cockerill-Ougree	5	4	3,8 / 11,3	?	2683	40,6	–	59,4	?	789	–
	6				2841	40,6	–	59,4		718	61
	7				2776	40,8	–	59,2		836	–
	8				2812	41,0	–	59,0		732	62
	9				2744	41,0	–	59,0		723	63
	10				2787	40,7	–	59,3		737	58
	11				2192	89,2	–	10,8		712	–
	12				2240	90,6	–	9,4		620	50
	13				2219	90,4	–	9,6		626	49
Phoenix-Rheinrohr AG, Werk Ruhrort	14	8	7,7 / 46,6	963	1877	48,4	–	51,6	74	648	–
	15				1855	48,4	–	51,6	84	626	9
	16				1826	48,2	–	51,8	68	595	20
	17				1877	48,4	–	51,6	76	582	39
	18				1889	49,8	–	50,2	90	560	92
	19				1841	48,8	–	51,2	101	620	–
	20				1887	48,8	–	51,2	70	562	42
	21				1834	48,3	–	51,7	85	552	45
	22				1867	48,6	–	51,4	103	565	53
	23				1883	48,9	–	51,1	78	536	78
	24				1855	49,8	–	50,2	96	510	115
	25				1879	48,7	–	51,3	97	616	–
	26				1828	49,6	–	50,4	83	536	38
	27				1866	48,2	–	51,8	62	508	71
	28				1905	50,0	–	50,0	106	500	117
Richard Thomas Baldwins Ltd. Ebbw Vale	29	C	6,1 / 29,2	732,6	1790	–	–	100,0	49	923	(7,5)
	30				1773	–	–	100,0	58	808	69,0
	31				ca.1770	7,1	–	92,9	38	941	63,5
	32				1770	6,0	–	94,0	33	790	52,5
	33				1770	3,3	–	96,7	23	743	73,5
	34					30,2	–	69,8	87	670	56,0
ARBED Terre Rouge	35	1	6,0 / 28,3	841,5	3351	29,9	–	70,1	~ 40	1052	–
	36				3355	30,2	–	69,8		972	59,2
	37				3357	30,2	–	69,8		916	63,3
	38				3317	30,3	–	69,7		901	78,0
	39				3305	30,6	–	69,4		905	99,0
	40				3348	30,8	–	69,2		907	80,4
ARBED, Belval	41	2	4,8 / 18,1	626	3584	29,5	–	70,5	110	1130	–
	42				3718	28,7	–	71,3	111	1095	22,5
	43				3731	29,3	–	70,7	138	1200	–
	44				3697	31,3	–	68,7	140	1217	39,2
	45				3740	22,7	–	77,3	105	1174	–
	46				3662	21,5	–	78,5	77	1126	37,5
Dofasco, Hamilton Ontario	47	3	6,2 / 30,2	?	1567	–	61,8	38,2	23	617	–
	48				1560	–	57,8	42,2	19	564	29
Steel Company of Wales, Margam	49	1	7,24 / 41,2	843	2028	48,9	–	51,1	43	719	–
	50				1938	50,0	–	50,0	65	613	76
	51				1962	51,2	–	48,8	64	578	130

* Stückerz: einschließlich Luppen, Umschmelzeisen, Schlacken- und Kalksteinzuschlägen.

Auswertung von Hochofen-Öleinblaseversuchen

| RE-Erzeugung | | Wind-temp. | Wind-feuchte | Gichtgas | | | Roheisen | | | Schlacken-menge | CaO/SiO_2 Schlacke² | Bemerkungen |
t/24 h	t/24 h·m²	°C	g/Nm³	Co %	CO_2 %	H_2 %	Si %	P %	S %·10^{-3}	kg/t RE		
258,2	14,3	781	5,35	26,7	12,8	3,7	0,55	1,74	59	?	1,47	Literatur [662]
271,3	15,0	869	4,46	27,0	13,3	4,4	0,59	1,83	35		1,47	
292,0	16,1	903	6,64	27,3	13,1	4,3	0,67	1,80	30		1,52	
291,3	16,1	910	6,78	26,9	13,9	4,5	0,63	1,77	41		1,46	
202,8	17,9	710	?	26,6	13,8	1,7	0,32	1,85	71	?	1,50	Literatur [662]
200,6	17,8	810		25,7	14,1	3,6	0,35	1,84	65		1,42	
225,4	19,9	697		27,2	13,0	1,9	0,38	1,86	64		1,50	
222,0	19,6	817		24,5	13,0	3,7	0,30	1,80	80		1,45	
230,8	20,4	821		26,1	13,6	3,8	0,35	1,81	43		1,37	
229,3	20,0	823		27,0	12,9	3,8	0,37	1,80	55		1,43	
266,4	23,6	707		26,3	12,7	1,3	0,67	1,78	114		1,22	
269,4	23,8	822		25,6	13,0	2,6	0,47	1,82	115		1,17	
293,0	25,9	795		26,0	12,7	2,4	0,40	1,80	128		1,22	
1448	31,1	920	19	29,7	12,7	1,8	0,34	Th-RE	51	516	1,27	Literatur [661]
1574	33,8	934	20	29,7	12,4	2,1	0,32		47	500	1,31	
1582	33,9	902	20	29,1	12,5	2,6	0,37		47	474	1,27	
1610	34,5	943	20	28,6	12,4	3,4	0,37		52	489	1,26	
1410	30,3	956	19	26,9	12,6	4,6	0,37		54	481	1,30	
1525	32,7	998	20	29,4	13,2	1,8	0,30		55	518	1,29	
1626	34,9	1003	20	27,9	13,3	3,0	0,37		52	474	1,31	
1625	34,9	1010	20	28,0	13,1	3,1	0,33		55	468	1,29	
1577	33,8	1029	20	28,0	12,8	3,4	0,34		52	498	1,30	
1548	33,2	1003	18	27,6	13,1	4,1	0,32		56	493	1,29	
1482	31,8	997	19	26,8	12,5	5,5	0,33		51	466	1,30	
1644	35,3	1130	19	29,5	12,6	2,3	0,32		61	508	1,32	
1700	36,5	1113	18	27,9	13,9	2,9	0,33		56	467	1,31	
1693	36,3	1135	18	27,4	13,6	3,9	0,37		45	499	1,29	
1573	33,8	1151	16	27,1	13,0	5,4	0,33		55	494	1,28	
607	20,8	715	6,3	30,4	11,3	2,7	0,70	0,79	66	433,5	1,00**	Literatur [698]
654	22,4	653	7,5	28,3	12,0	3,9	0,62	0,75	30	423,0	1,09**	
459	15,7	457	10,9	28,6	10,4	3,7	0,82	1,02	37	470	1,01**	
595	20,4	516	7,1	27,2	12,5	3,7	0,89	0,76	35	390	0,99**	
614	21,0	754	5,4	26,9	13,4	4,3	0,92	0,76	44	360	1,05**	
670	22,9	676	5,1	26,1	14,1	6,0	0,86	0,30	35	300	1,06**	
473,5	16,7	900	6,7	29,7	12,1	2,2	0,39	1,81	51	1341	1,38	Literatur [699]
500,2	17,7	900	6,4	29,5	12,2	3,3	0,25	1,77	53	1346	1,46	
503,1	17,8	901	5,2	28,8	12,8	3,3	0,25	1,81	64	1331	1,37	
500,9	17,7	904	3,6	28,5	12,6	3,6	0,27	1,80	63	1316	1,38	
482,9	17,1	911	6,4	28,6	11,9	4,2	0,29	1,83	64	1336	1,38	
496,3	17,5	902	7,8	28,5	12,3	3,5	0,34	1,84	53	1350	1,37	
323,9	17,9	809	5,6	30,0	11,1	2,2	0,31	1,74	55	1422	1,36	Literatur [700]
311,9	17,2	847	7,6	29,8	11,5	2,6	0,25	1,68	53	1460	1,36	
281,0	15,5	661	10,2	30,4	10,6	2,3	0,26	1,80	62	1473	1,35	
287,0	15,9	672	10,5	29,9	10,1	2,8	0,18	1,74	70	1450	1,37	
254,5	14,1	773	4,4	30,2	11,0	2,5	0,39	1,78	45	1457	1,35	
258,0	14,3	814	4,8	28,8	11,4	2,9	0,26	1,73	70	1440	1,33	
1458	48,3	863	41,4	25,8	16,8	2,3	1,11	0,10	26	304	1,04	Literatur [701] u. [711]
1491	49,4	877	29,1	25,8	16,9	3,0	1,15	0,10	23	288	1,08	
742	18,0	713	8,3	31,0	10,4	1,5	0,44	1,96	26	430	1,02**	Literatur [702]
809	19,6	748	8,3	29,3	10,7	3,4	0,44	2,02	24	378	1,06**	
773	18,8	788	10,1	29,7	10,0	4,1	0,44	1,89	27	384	1,07**	

** $\dfrac{CaO + MgO}{SiO_2 + Al_2O_3}$

Werk	lfd. Nr.	Ofen- Nr.	Gestell-∅ / Fläche m/m²	Ofen- Nutz- volu- men m³	Netto- möller- gewicht kg/t RE	Möllerzusammensetzung			Gicht- staub kg/t RE	Koks- ver- brauch kg/t RE	Öl- zusatz kg/t RE
						Sinter %	Pellets %	Stück- erz* %			
Hoesch AG, Westfalenhütte, Dortmund	52	7	7,5 / 44,2	974,1	1854	74,7	—	25,3	59	620	—
	53				1689	76,8	—	23,2	51	496	50
	54				1845	68,2	—	31,8	107	548	34
	55				1722	66,0	—	34,0	65	521	44
Klöckner Werke AG, Georgs- marienwerke	56	3	5,28 / 21,9	537	1801	35,6	—	64,4	52	671	—
	57				1804	38,5	—	61,5	85	610	39,3
	58				1833	58,9	—	41,1	48	594	40,4
Fuji Iron and Steel Co., Ltd.**, Muroran Works	59	1	7,21 / 40,8	925	~ 1530	65,9	—	34,1	?	614	—
	60				~ 1510	61,4	—	38,6		588	17,6
	61				~ 1520	61,2	—	38,8		574	27,8
	62				~ 1500	60,1	—	39,9		561	38,4
	63				~ 1530	58,9	—	41,1		570	39,4
	64				~ 1490	59,2	—	40,8		553	45,2
	65				~ 1540	60,2	—	39,8		547	48,8
	66				~ 1520	76,5	—	23,5		546	52,2
Fuji Iron and Steel Co., Ltd.**, Kamaishi Works	67	1	7,3 / 41,9	905	~ 1530	70,6	—	29,4	?	560	—
	68				~ 1570	63,8	—	36,2		515	30,7
	69				~ 1550	69,2	—	30,8		494	45,4
	70				~ 1490	65,2	—	34,8		479	69,7
	71				~ 1580	75,6	—	24,4		476	71,4
	72				~ 1490	67,2	—	32,8		456	64,9
	73				~ 1530	73,7	—	26,3		462	60,7
Hirohata Works	74	1	7,8 / 47,8	1140	~ 1580	71,5	—	28,5	?	577	—
	75				~ 1600	81,4	—	18,6		536	18,0
	76				~ 1610	68,4	—	31,6		506	48,0
	77				~ 1620	69,8	—	30,2		471	81,0
	78				~ 1630	65,8	—	24,2		482	82,0
	79	2	7,6 / 45,4	1128	~ 1620	59,7	—	40,3	?	583	—
	80				~ 1560	51,9	—	48,1		561	17,0
	81				~ 1580	60,8	—	39,2		513	34,0
	82				~ 1580	63,8	—	36,2		470	77,0
	83				~ 1620	60,3	—	39,7		475	80,0
Chusor Metallur- gical Plant	84	?	?	?	~ 2010	57,1	—	42,9	58	972	—
	85				~ 1910	48,9	—	51,1	64	903	—
	86				~ 1840	59,1	—	40,9	46	878	—
	87				~ 1880	58,6	—	41,4	87	835	62
	88				~ 1860	51,7	—	48,3	104	844	59
	89				~ 1890	57,9	—	42,1	83	809	43
Ural, UdSSR	90	?	~ 5 / ~ 19,6	278	~ 2040	58,1	—	41,9	?	934	—
	91				~ 2160	60,8	—	39,2		833	98
	92				~ 1900	75,8	—	24,2		729	77
Société des Acié- ries de Pompey	93	4	4,8 / 18,1	542,8	~ 2900	—	—	100	202	1008	—
	94				~ 2900	—	—	100	194	908	49,2
USINOR, Louvroil	95	1	4,50 / 15,9	488,5	2552	—	—	100	80	813	—
	96				2509	—	—	100	82	692	44
	97				2542	—	—	100	97	677	59
	98				2541	—	—	100	98	701	62
Société Hadir, Differdingen	99	10	6,0 / 28,3	748	3566	20,7	—	79,3	285	1127	—
	100				3712	20,4	—	79,6	272	1059	50,5
	101				3598	22,4	—	77,6	280,6	1034	57,5
	102				3480	25,6	—	74,4	255,8	1043	56,9
Dofasco, Hamil- ton, Ontario	103	3	6,2 / 30,2	?	1618	—	9,4	90,6	21	752	—
	104				1670	—	0,4	99,6	43	664	66,5

** Nettomöllergewicht errechnet aus Koksverbrauch und dem Erz/Koks-Verhältnis.

(Fortsetzung)

RE-Erzeugung		Wind-temp.	Wind-feuchte	Gichtgas			Roheisen			Schlak-ken-menge	CaO/SiO$_2$ Schlacke	Bemerkungen
t/24 h	t/24 h · m²	°C	g/Nm³	Co %	CO$_2$ %	H$_2$ %	Si %	P %	S % · 10⁻³	kg/t RE		
1344	30,4	885	25,6	25,7	15,7	2,3	0,81	0,15	30	367†	1,09	
1487	33,6	992	9,8	24,4	16,5	3,1	0,73	0,15	27	328	1,02	
1468	33,2	868	4,0	24,0	16,8	2,5	0,56	0,14	39	309	1,12	
1556	35,2	891	4,0	24,4	15,3	2,9	0,67	0,19	37	301	1,09	
507	23,2	799	11,5	27,6	13,7	1,8	0,63	0,25	35	334	1,48	Literatur [704]
527	24,1	904	10,7	27,3	13,0	2,7	0,73	0,19	40	367	1,36	
512	23,4	892	8,2	27,3	12,8	3,1	0,72	0,19	37	362	1,35	
1158	28,4	770	26,6	?	?	2,1	0,71	Stahl-eisen	35	392	1,23	Literatur [705]
1283	31,4	830	18,6			2,3	0,84		27	378	1,27	
1310	32,1	805	8,7			2,0	0,77		32	376	1,24	
1303	31,9	785	2,8			2,1	0,73		30	376	1,28	
1265	31,0	767	3,0			2,2	0,78		35	400	1,25	
1271	31,1	820	2,8			2,2	0,76		24	384	1,31	
1327	32,5	883	3,4			2,5	0,72		26	378	1,32	
1192	29,2	908	5,0			2,7	0,82		24	431	1,27	
1342	32,0	854	14,3	?	?	2,6	0,65		33	383	1,28	
1393	33,2	824	14,3			3,4	0,64		36	389	1,29	
1408	33,6	854	13,1			3,7	0,56		31	349	1,32	
1362	32,5	884	12,0			4,9	0,56		35	379	1,32	
1324	31,6	873	13,1			5,4	0,49		34	414	1,31	
1390	33,2	891	11,0			4,9	0,47		33	349	1,36	
1352	32,3	968	12,0			4,4	0,56		39	349	1,31	
1574	32,9	944	54,7	?	?	2,4	0,66		24	349	1,30	
1676	33,8	963	33,1			2,4	0,72		28	360	1,24	
1524	31,9	977	33,6			3,0	0,68		32	364	1,25	
1428	29,9	982	25,8			3,7	0,69		28	354	1,26	
1468	30,7	958	34,3			4,3	0,65		33	336	1,27	
1526	33,6	908	58,7	?	?	2,5	0,67		30	345	1,30	
1612	35,5	967	36,8			2,5	0,70		29	345	1,26	
1527	33,6	962	32,4			2,5	0,68		30	366	1,24	
1351	29,8	971	25,8			3,0	0,66		27	350	1,27	
1239	27,3	958	39,3			4,0	0,65		34	288	1,26	
?	?	690	?	31,9	8,5	1,7	?	?	?	1384	?	Literatur [706]
		670		31,2	9,7	1,6				1353		
		660		31,9	9,5	1,8				1349		
		640		30,0	10,0	2,1				1382		
		653		30,3	10,0	2,1				1342		
		670		31,0	10,2	2,2				1313		
100 %	?	695	22,8	?	?	1,5	?	?	?	?	?	Literatur [707]
104,5 %		732	18,8			3,5						
118,0 %		745	17,7			—						
258,2	14,3	780	?	26,7	12,8	3,8	?	?	?	?	~ 1,50	Literatur [708]
283,4	15,7	910		27,0	13,3	4,5	0,63	?	40		1,46	
362,2	22,8	709	?	?	?	2,4	0,40	1,77	97	~ 720	1,26	Literatur [709]
424,7	26,7	854				3,5	0,32	1,76	105	~ 720	1,33	
457,4	28,8	917				4,1	0,45	1,81	92	~ 720	1,26	
403	25,3	862				4,2	0,46	1,83	80	~ 720	1,28	
417,6	14,8	790	?	30,8	11,2	2,3	0,53	?	46	?	1,43	Literatur [710]
419,4	14,8	800		30,4	10,8	3,7	0,45		63		1,37	
451,3	15,9	796		29,8	11,1	3,6	0,38		91		1,36	
478,5	16,9	808		29,3	10,8	4,1	0,28		85		1,40	
1057	35,0	781	24,8	?	?	?	1,15	?	26	313	?	Literatur [711] u. [701]
1101	36,5	849	27,1				1,26		29	350		

† Monat Juli 1962.

Tafel 52 [661a, 713, 714]). *Ersatzverhältnisse und Betriebsdaten beim Kohleeinblasen in den Hochofen*

Werk / Gestelldurchmesser des Versuchsofens	Stanton u. Staveley 5,8 m			Hanna Furnace Co. 4,9 m				Cie des Hauts Fourneaux de Chasse 2,5 m				
Brennstoffbezeichnung	Basis Koks	Colverton	Cadeby	Basis Koks	Lower-Kittanning	Basis Koks	Pittsburgh	Basis Koks	Flammkohle		Magerkohle	
1. Brennstoffzusammensetzung												
Feuchtigkeit — Gew.-%	4,9	9,1*	3,7*		max. 3		max. 3	1,8	1,9		1,1	
Asche — Gew.-%	10,0	7,7	5,7	7,99	7,6	7,99	4,4	9,8	7,9		9,3	
Flüssige Bestandteile — Gew.-%	0,9	32,5	35,4	1,10	17,6	1,1	40,0	1,0	34,5		6,6	
S — Gew.-%	1,11	0,70	1,47	0,74	0,94	0,74	1,14	0,90	0,80		0,60	
Kornbereich — mm		0 bis 4	0 bis 4		0 bis 4		0 bis 4		0 bis 0,2		0,05 bis 2	
2. Möller												
Nettomöllergewicht — kg/t RE	n. b.	n. b.	n. b.	1800	1782	1730	1715	1904	1948	1878	1946	1890
Anteil Sinter oder Pellets — %	70,8	72,6	74,4	3,1	1,3	21,5	25,0	15,6	18,4	14,2	14,0	4,9
3. Betriebsdaten												
Dauer des Versuchs — Tage	14	14	28	12	12	12	11	14	27	27	8	8
Roheisenerzeugung — t/Tag	470	514	516	612	603	605	607	162	169	176	195	230
Windtemperatur — °C	850	910	950	790	803	795	816	750	871	795	820	855
Schlackenmenge — kg/t RE	448	481	490	473	487	475	473	335	303	315	340	314
Koksverbrauch — kg/t RE	783	710	710	783	658	795	670	710**	579**	565**	578**	522**
Kohlezusatz — kg/t RE	0	67,5	74	—	142	—	132	0	108**	110**	110**	155**
Ersatzverhältnis Koks/Kohle — kg/kg	0	1,08	0,98	—	0,88	—	0,94	—	1,27†	1,14†	1,24†	1,05†
η_{CO}	0,23	0,23	0,24	0,39	0,38	0,38	0,37	0,303	0,328	0,341	0,337	0,355
Leistungssteigerung — %	—	9,6	9,7	—	1,5	—	0,3	—	4,2	8,7	12,2	14,2
4. Roheisenanalyse												
C — Gew.-%	3,77	3,72	3,72	n. b.	n. b.	n. b.	n. b.	4,22	4,06	4,18	4,19	4,24
Si — Gew.-%	2,49	2,60	2,66	2,34	2,32	2,37	2,27	0,90	0,75	0,70	0,70	0,49
Mn — Gew.-%	0,28	0,29	0,28	0,93	1,01	0,92	0,93	2,50	2,37	2,44	2,30	2,36
S — Gew.-%	0,04	0,04	0,04	0,025	0,027	0,023	0,25	n. b.	n. b.	n. b.	n. b.	n. b.
P — Gew.-%	0,62	0,64	0,65	0,36	0,99	1,06	1,01	n. b.	n. b.	n. b.	n. b.	n. b.

* anschließend getrocknet   ** trocken   † korrigiert für Mölleränderung

zeigt den Einfluß der zugesetzten Menge, bezogen auf konstantes Nettomöllergewicht sowie konstante Feuchtigkeit und Temperatur des Heißwindes. Der Kurvenverlauf ist statistisch genügend belegt und stimmt
in dem praktisch besonders interessierenden Bereich von Zusätzen um 50 kg
Öl/t RE gut mit der theoretischen Berechnung überein (vgl. mit Bild 352).

5.4.4.3. Feinkohle

Tafel 52 gibt einen Überblick über die bekanntgewordenen Ergebnisse
von Betriebsversuchen[661a, 713, 714]. Für eine großzahlmäßige Auswertung
ist der Wertepark zu klein; größenordnungsmäßig besteht Übereinstimmung mit der theoretischen Berechnung.

Es sei nochmals betont, daß die theoretische Berechnung keine absolute Voraussage darstellt, sondern hinsichtlich der Annahmen für die
chemischen und thermischen Wirkungsgrade des Schachtgases sich an Daten
der Praxis anlehnte. Insoweit diese Daten aus den gleichen Betriebsversuchen stammten, wie vorstehend ausgewertete Versuchsabschnitte,
beweist die Übereinstimmung der gemessenen Ersatzverhältnisse mit der
Theorie eigentlich nur, daß die Bilanzen in Ordnung und die Meßfehler
gering waren. Der Wert der theoretischen Betrachtung liegt hauptsächlich
darin, daß die Vielfalt der beobachteten Erscheinungen übersichtlich ge-
ordnet wurde und für zukünftige Fälle gesicherte Voraussagen getroffen
werden können.

5.5. Mathematische Erfassung, Vorausberechnung und Grenzen des Hochofenverfahrens

5.5.1. Aufgabenstellung

Die Vorausberechnung von Hochofenbetriebszahlen in Abhängigkeit
von den Eigenschaften der eingesetzten Erze und Brennstoffe sowie den
angewandten Betriebsbedingungen, wie z. B. Windmenge und Windtemperatur, ist von großer theoretischer und praktischer Bedeutung. Eine derartige Berechnung kann die Grundlage für zahlreiche technisch-wirtschaft-
liche Entscheidungen darstellen, wie z. B. die Erzbewertung, die Optimierung
der Hochofenfahrweise und schließlich auch für eine Automatisierung des
Gesamtbetriebs. Besonders wichtig ist die Ermittlung des unter gegebenen
Möllerbedingungen erreichbaren niedrigsten Brennstoffverbrauchs und der
maximalen Durchsatzleistung. Die Zusammenfassung sämtlicher benötigter
Wechselbeziehungen, die das verwickelte Geschehen im Hochofen beschreiben, kann als mathematisches Modell bezeichnet werden; zu seiner
Handhabung ist der Einsatz von Elektronenrechnern zweckmäßig.

5.5.2. „Klassische" Modelle des Hochofenverfahrens

Die lange Zeit vorherrschenden „klassischen" Hochofenmodelle[717-726]) können in drei Gruppen eingeteilt werden:

Thermodynamische Modelle: Bilanzierende Modelle auf Grund des 1. Hauptsatzes der Thermodynamik. — Bilanzierende Modelle auf Grund des 1. und 2. Hauptsatzes der Thermodynamik.

Verfeinerte bilanzierende Modelle mit reaktionskinetischer Korrektur. Mathematisch-statistische Modelle.

Diese Modelle unterscheiden sich in der Breite ihrer theoretischen Grundlage und daher auch in ihrem Aussagewert erheblich, sind aber sämtlich für eine Vorausberechnung nur bedingt brauchbar.

5.5.2.1. Bilanzierende Modelle auf Grund des 1. Hauptsatzes der Thermodynamik

Sämtliche im Hochofen ablaufenden Reaktionen sind mit Wärmetönungen verbunden. Nach dem 1. Hauptsatz muß die Summe Q_R aller dieser Wärmetönungen gleich dem Heizwert des eingesetzten Brennstoffs zuzüglich der Windwärme und abzüglich der Verluste sein:

$$Q_R = K + W - H_g - F_g - V \text{ in kcal/t Roheisen} \tag{1}$$

Hierin bedeuten:

K Kokssatz $\times$ Koksheizwert in kcal/t Roheisen,
W Windwärme in kcal/t Roheisen,
H_g Heizwert des Gichtgases $\times$ Menge in kcal/t Roheisen,
F_g Fühlbare Wärme des Gichtgases $\times$ Menge in kcal/t Roheisen,
V Kühlverluste in kcal/t Roheisen und
Q_R Summe der Wärmetönungen der ablaufenden Reaktionen und der Aufheiz- und Schmelzwärme in kcal/t Roheisen

Die Summe Q_R der überwiegend endothermen Wärmetönungen, die sog. Nutzwärme, läßt sich für jeden Möller mit großer Genauigkeit ermitteln[718]). Sie ist stark von der Art des Erzes, insbesondere dem Anteil an Ballaststoffen abhängig. Die eingesetzten Wärmemengen und die Verluste sind durch Wägen und Analysieren des Kokses und Ermitteln von Menge und Temperatur des Heißwindes sowie der Gichtgaseigenschaften mit guter Genauigkeit zugänglich. Gleichung 1 ist für die kontrollierende Bilanzierung besonders im Zusammenhang mit Stoffbilanzen sehr geeignet, worauf zuerst von WESEMANN[717]) hingewiesen wurde. Eine Vorausberechnung der wichtigsten Betriebskennzahlen, insbesondere des Brennstoffverbrauchs im Hochofen, wäre auf Grund von Gl. (1) möglich, wenn der Nutzungsgrad der eingesetzten Wärme

$$\eta_W = \frac{Q_R}{K + W} = 1 - \frac{H_g + F_g + V}{K + W}$$

nahe 1 oder aber zumindest konstant wäre. Dies ist jedoch bei weitem nicht der Fall. Wie in Abschn. 5.1 dargelegt wurde, ist selbst bei neuzeitlichen, mit vorbereitetem Möller betriebenen Hochöfen der Wärmeaufwand beträchtlich größer als der Bedarf für die Reaktionen und das Schmelzen. Auch treten große Unterschiede im Verhältnis Nutzwärme zu eingebrachte Wärmemenge auf. Diese Schwankungen sind in erster Linie bedingt durch unterschiedliche chemische Ausnutzung des im Hochofen aufsteigenden Schachtgases, besonders des darin enthaltenen

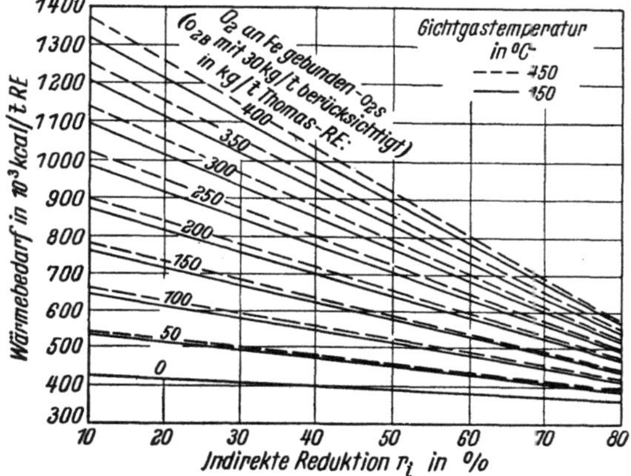

Bild 361. Wärmebedarf für Reduktion und Dissoziation der Oxyde aus Komplex-verbindungen sowie für Roheisenschmelzen in 10^3 kcal je t Roheisen (O_{2S} = Sauerstoff in der Schlacke; O_{2B} = an Eisenbegleitelemente gebundener Sauerstoff) (nach F. WESEMANN)[717 u. 747]

Kohlenmonoxyds (Bild 381). 45 bis 60% der im Koks eingebrachten Wärmemenge werden im Hochofen nicht genutzt, sondern als unverbrauchtes CO im Gichtgas abgegeben. Ferner sind auch Unterschiede in der Nutzung des fühlbaren Wärmeinhaltes des Schachtgases von Bedeutung. Eine echte Vorausberechnung des benötigten Brennstoffeinsatzes, der wichtigsten Verarbeitungskenngröße der Erze, ist daher nur möglich, wenn genaue Voraussagen über die chemische Ausnutzung des aus dem Koks entstehenden Kohlenmonoxyds gemacht werden oder, was auf dasselbe hinausläuft, über den Grad der indirekten Reduktion jedes einzelnen Erzes, der sich sehr stark auf den Wärmebedarf auswirkt (Bild 361). Diese Angaben sind jedoch nur auf Grund reaktionskinetischer Messungen möglich. *Sie können grundsätzlich nicht als erzabhängige Konstanten angesehen werden, sondern hängen in weitestgehendem Maße von der Betriebsführung des Hochofens ab.* Diese theoretisch zwingend ableitbare Feststellung wurde erst kürzlich von HUPFER und WEIDENMÜLLER durch Sondenmessungen am Hochofen bestätigt[727]).

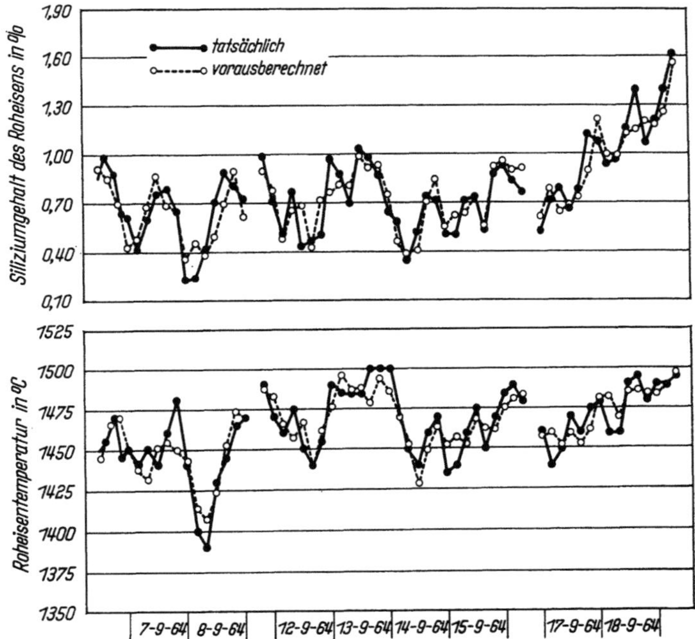

Bild 362. Tatsächliche und vorausberechnete Siliziumgehalte und Temperaturen des Roheisens nach G. B. Spallanzani. N. Andreotti, G. Sironi u. L. Pompilio[729])

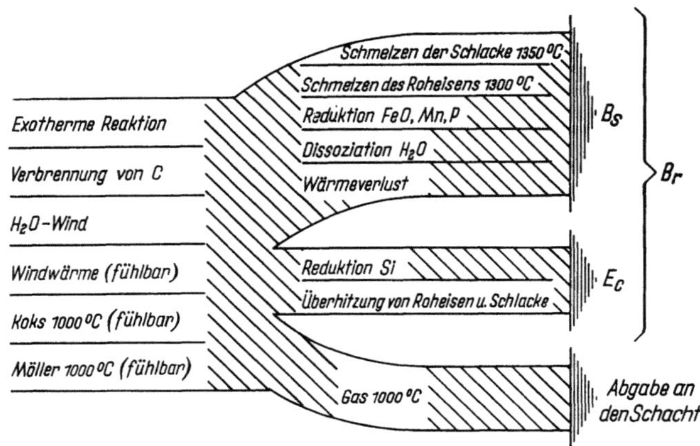

Bild 363a. Aufbau der Größe E_C nach A. Poos, R. Vidal u. J. Lückers[731])

Thermodynamische Modelle dieser Art haben trotzdem eine interessante Anwendung gefunden[728-731]): Durch laufende genaue Ermittlung von Windmenge und -temperatur und Windzusätzen, Gichtgaszusammensetzung und -temperatur sowie der aufgegebenen Stoffmengen und ihrer Zusammensetzung kann auf Grund von Gl. (1) laufend eine Wärmebilanz durchgeführt werden. Aus der Differenz von eingebrachter Wärmemenge (Koks, Heißwind und Windzusätze) und im Gichtgas ausgebrachter Wärme-

menge (Menge, Heizwert und Temperatur) unter Annahme konstanter Kühlverluste ergibt sich die an den Möller abgegebene Nutzwärme Q_R. Bei konstant gehaltener Möllerzusammensetzung ist bei steigendem Q_R eine Zunahme der Roheisentemperatur und des Si-Gehaltes zu erwarten und umgekehrt. Eine laufende Verfolgung der genannten Größen gestattet somit eine ständige Vorausberechnung der Roheisentemperatur und des Si-Gehaltes, die mit der Praxis recht gut übereinstimmt (Bild 362). Man kann noch einen Schritt weitergehen und den zu erwartenden Änderungen durch bewußte Steuerung der Windtemperatur und Windzusätze entgegenwirken. Wie Bild 363a zeigt, kann die Wärmebilanz für die 1000 °C-Zone im Hoch-

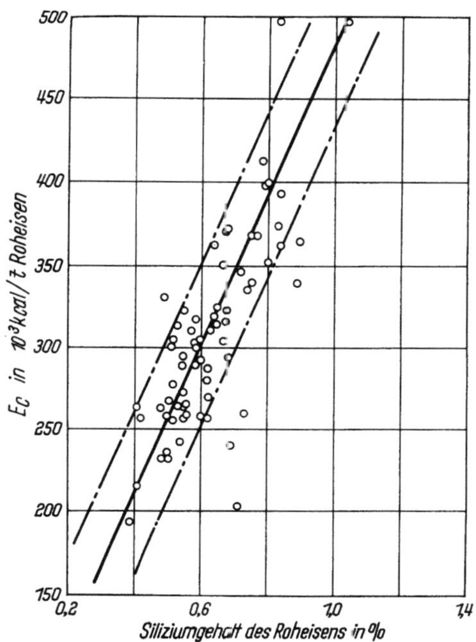

Bild 363b. Zusammenhang zwischen E_c und dem Si-Gehalt des Roheisens nach A. Poos, R. Vidal u. J. Lückers[731])

ofen durchgeführt werden. Die Differenz E_c zwischen der in diese Zone eingebrachten Wärme B_r und der Mindestnutzwärme B_s steht in engem Zusammenhang mit dem Si-Gehalt des Roheisens (Bild 363b). Eine automatische Steuerung auf dieser Basis mit dem Ziel einer Konstanthaltung des Si-Gehaltes im Roheisen setzt naturgemäß eine erstklassige Meßtechnik und den Einsatz elektronischer Rechenautomaten am Ofen voraus. Am schwierigsten dürfte sich hierbei die laufende genaue Erfassung der chemischen Zusammensetzung und sonstigen Eigenschaften der Möllerstoffe durchführen lassen. Die mathematisch-statistische Auswertung der Roheisenanalysen mit und ohne automatische Steuerung des Wärmeangebots zeigt noch keine überzeugende Verbesserung. So erreichte z. B. HORIE[753]) bei hervorragendem Ofengang folgende Standardstreuungen der Si-Gehalte:

Ohne automatische Steuerung: $\pm\,0{,}12\%$
mit automatischer Steuerung: $\pm\,0{,}10\%$.

5.5.2.2. Bilanzierende Modelle auf Grund des 1. und 2. Hauptsatzes der Thermodynamik

Eine Verfeinerung stellt das Wärmestufenschaubild von REICHARDT[719]) dar (Bild 364).* Es geht von der Erkenntnis aus, daß nach dem 2. Haupt-

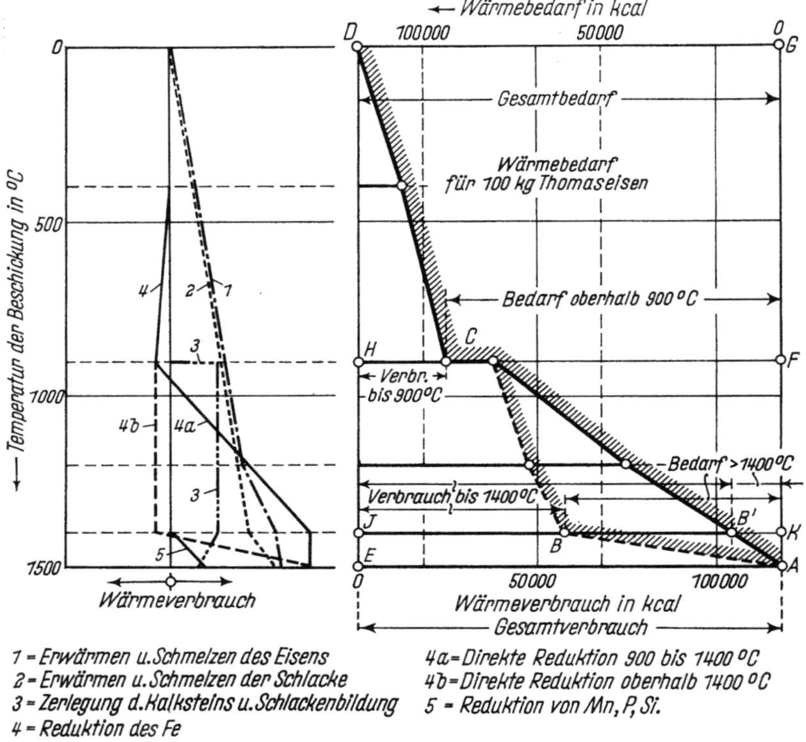

Bild 364. Die Linie des Wärmebedarfs für 100 kg Thomasroheisen nach P. REICHARDT[719])

satz der Wärmelehre in jedem Teilabschnitt des Hochofens die Gastemperatur höher als die Möllertemperatur sein muß, sofern nicht exotherme Reak-

---

* Vorläufer war die Zweistufenwärmebilanz von MATHESIUS[726]), die neuerdings auch von SCHÜRMANN und BÜLTER in verbesserter Form verwendet wird[720, 721]).

tionen ablaufen. Die Bilanzierung wird verfeinert und für jeden Temperaturbereich des Ofens getrennt vollzogen. Es ist jetzt erforderlich, die Temperaturbereiche der chemischen Reaktionen im Hochofen zu kennen,

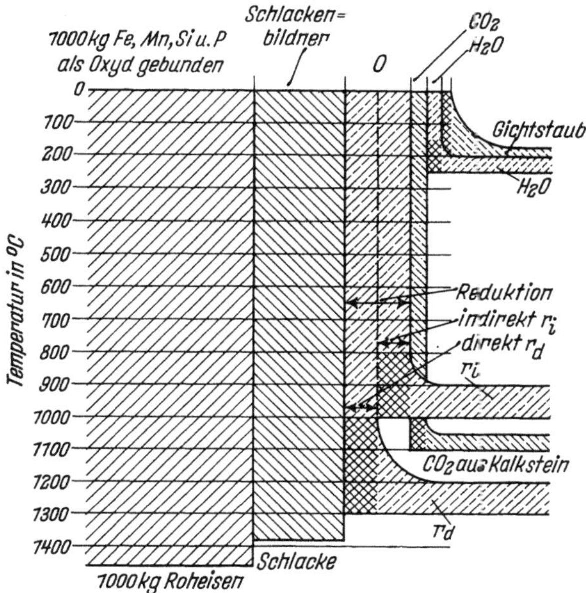

Bild 365. Temperaturbereiche der Umsetzungen mit der Gasphase im Hochofen[732]) (schematisch)

damit ihre Wärmetönungen in den jeweils richtigen Zonen eingesetzt werden. Im groben sind diese Temperaturbereiche aus Sonden- und Laboratoriumsmessungen bekannt.

Bild 365 faßt die Ergebnisse mehrerer Arbeiten hinsichtlich der Temperaturbereiche der wichtigsten im Hochofen vorkommenden Vorgänge zusammen. Diese Feststellungen dürfen zwar nicht verallgemeinert werden, machen jedoch die Wärmestufenbilanzen im Sinne von REICHARDT angenähert möglich. Die Frage der echten Vorausberechnung ist jedoch auch hier noch keineswegs gelöst, denn die Temperaturbereiche der einzelnen Reaktionen können sich, abhängig von Erzart und Betriebsweise des Hochofens, um mehrere 100 °C verschieben. Beispiele zeigt Bild 366. Hier wurden zwei unterschiedliche Erze bei allmählich ansteigender Temperatur in einem N_2/CO-Gemisch ähnlich wie im Hochofen reduziert. Es ergab sich, daß das leicht reduzierbare Mano-River-Erz sich bereits ab 100 °C reduzieren läßt, schwer reduzierbares Gellivare-Erz erst ab 400 °C. Auch hier gilt,

daß diese Temperaturbereiche keine das Erz kennzeichnenden Konstanten
sind, sondern von der Art des Gesamtmöllers und der Betriebsführung
abhängen. Zum Beispiel beginnt bei gleicher Temperatur die Reduktion der
Erze um so eher, je höher der Kohlenmonoxydgehalt der Gasphase, d. h.,

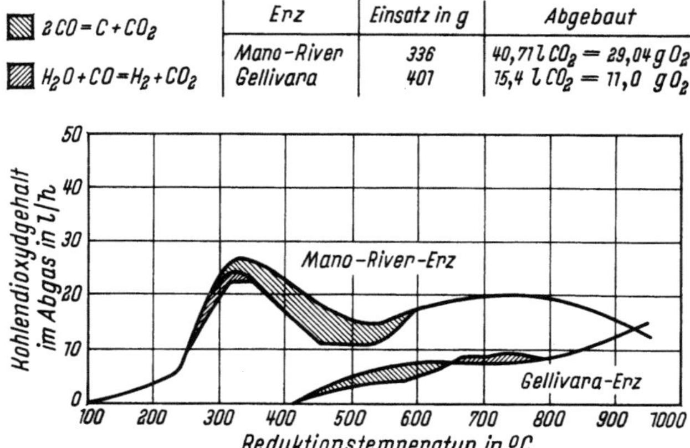

Bild 366. Reduktionsversuch mit Mano-River- und Gellivara-Erz nach dem Aufheizverfahren[733a])

je höher der spezifische Koksverbrauch ist. Das Endergebnis geht somit als
Parameter in die Grundlagen der Berechnung ein.

5.5.2.3. Verfeinerte bilanzierende Modelle mit reaktions-
kinetischer Korrektur[722, 725, 734, 735])

R. WARTMANN[734]) entwickelte ein Hochofenmodell, bei dem zusätzlich
auf Grund des Wärmeübergangs vom Gas auf den Möller sowie bekannter
reduktionskinetischer Gesetze berichtigend in die Stufenbilanzen einge-
griffen wird, und die Erze nicht mehr durch Kenngrößen, wie eine konstante indirekte Reduktion, sondern durch eine Reaktivitätskonstante gekennzeichnet werden. Die tatsächliche Höhe der indirekten Reduktion
eines jeden Erzes wird dann zonenweise und aus den Betriebsbedingungen
(Gaszusammensetzung, Absinkgeschwindigkeit des Möllers u. ä.) mit Hilfe
dieser Reaktivitätskonstanten rechnerisch ermittelt. Die durchschnittliche
Höhe dieser Konstanten wird so gewählt, daß betrieblich gefundene Ergebnisse bei der Nachrechnung von Hochofendaten bei gegebenem Misch-
möllerbetrieb herauskommen. Ihre Abstufung geschieht gemäß Laboratoriumsversuchen. Die Aufteilung der Reaktionen auf festliegende Temperaturbereiche bleibt jedoch bestehen (Bild 367), z. B. die Aufteilung

auf *indirekte* Reduktion von 450 bis 1100 °C und *direkte* Reduktion über 1100 °C. Einige Ergebnisse dieses Modells zeigt Bild 368.

Infolge der nur verhältnismäßig groben Berücksichtigung der Reaktionskinetik und der deshalb erforderlichen Anpassungen ist jedoch auch dieses

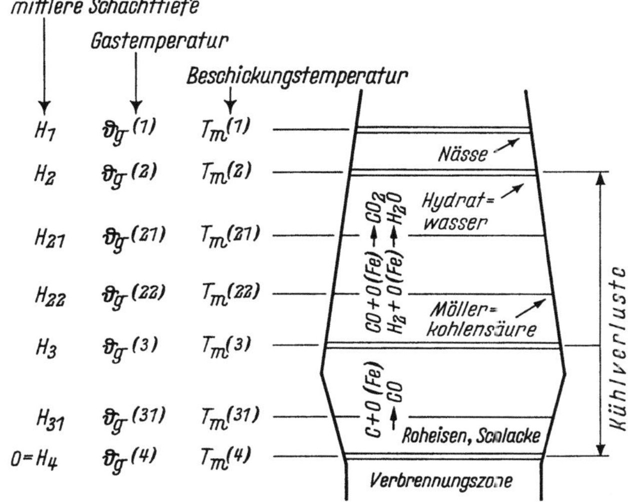

Bild 367. Schematisierung der Vorgänge im Hochofen für ein mathematisches Modell nach R. WARTMANN[734])

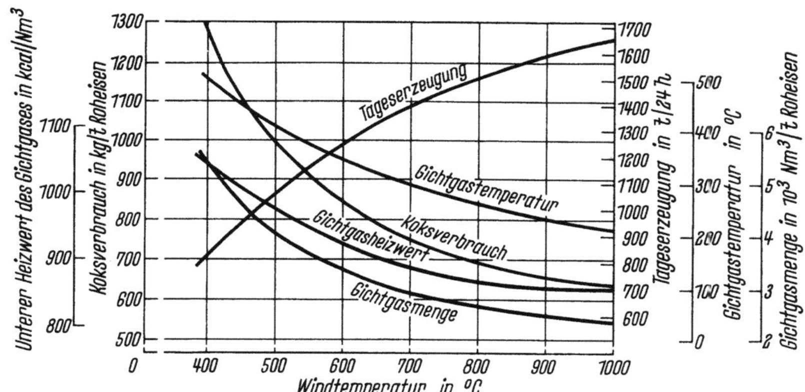

Bild 368. Einfluß der Windtemperatur (Gestellbelastung gleichbleibend)[736])

Modell für eine absolute Vorausberechnung nur bedingt brauchbar. Das gleiche gilt für zahlreiche ähnliche von verschiedenen Forschungsstellen entwickelte Modelle.

5.5.2.4. Mathematisch-statistische Modelle[732, 737-739])

Aus den Bedürfnissen der Praxis heraus, und weil das theoretische
Rüstzeug für weitergehende Verfeinerungen lange Zeit hindurch nicht aus-
reichte, hat man verschiedentlich mit beachtlichen Ergebnissen versucht,
die Fülle des betrieblichen Beobachtungsmaterials so zu ordnen, daß Schluß-
folgerungen, z. B. Erzbewertungen, möglich werden. Mit Hilfe der
mathematischen Statistik sind derartige Zusammenfassungen von Be-

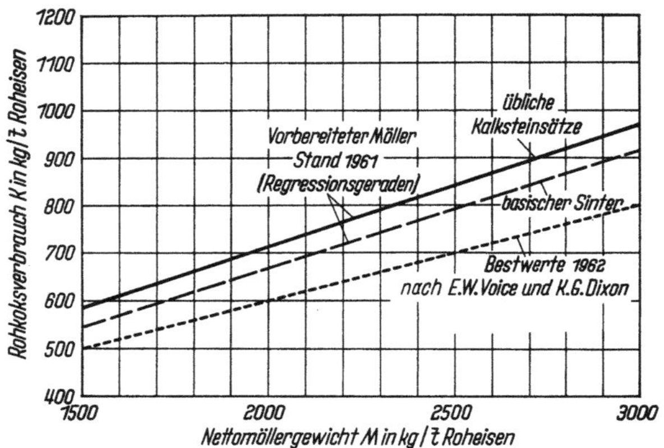

Bild 369. Rohkoksverbrauch (ca. 85% C) in Abhängigkeit vom Nettomöllergewicht
(keine Austauschbrennstoffe)

triebsergebnissen ableitbar. Die sich ergebenden Regressionsgleichungen
können als mathematisch-statistische Hochofenmodelle aufgefaßt werden.
Ein derartiges Modell einfachster Art ergibt sich beispielsweise bei der
mathematisch-statistischen Untersuchung des Zusammenhangs zwischen
Nettomöllergewicht und spezifischem Koksverbrauch, getrennt nach Einsatz von selbstgängigem Sinter und nicht selbstgängigem Möller. Bild 369
zeigt das Ergebnis, vgl. auch Abschn. 52, während die Bestwerte von
Voice und Dixon[739]) ermittelt wurden. Auf Zusammenhängen dieser und
ähnlicher Art beruht auch heute noch ein erheblicher Teil der Erzbewertung in zahlreichen Hüttenwerken.

Mit einer wesentlich größeren Zahl von Einflußgrößen kann die Grundlage der mathematisch-statistischen Modelle verfeinert werden[738]).

Ihre Anwendbarkeit ist jedoch stets insofern begrenzt, als die Gültigkeit
der Regressionsgleichungen nur in dem Bereich vorausgesetzt werden darf,
der durch das ausgewertete Zahlenmaterial abgegrenzt ist. Es können daher
nur die Wirkungen von Änderungen innerhalb des bekannten und durch
Betriebsversuche gesicherten Bereichs im voraus abgeschätzt werden.

5.5.3. Ansatzpunkte für voraussetzungsfreie Modelle des Hochofenverfahrens

Die bis vor kurzem üblichen klassischen Modelle des Hochofenverfahrens waren in ihrer Anwendbarkeit stark eingeschränkt durch die Tatsache, daß bei ihnen, wie z. B. in Abschn. 5.4 am Beispiel der Austauschbrennstoffe beschrieben, in gewissem Umfang das Endergebnis in mehr oder weniger versteckter Form in die Rechnung eingebracht werden mußte, z. B. als „Grad der indirekten Reduktion" oder als „chemische Ausnutzung von CO oder H_2", als „durchsetzbare Gasmenge" usw. Diese Modelle konnten daher auf die Dauer nicht befriedigen.

Seit einiger Zeit beginnt sich deshalb eine andere Betrachtungsweise durchzusetzen, bei der von einer Analyse der Einzelvorgänge ausgegangen wird[736, 740-743]. Der mit H_2 betriebene Schachtofen, das Purofer-Verfahren, gab bereits die Möglichkeit, eine derartige Behandlung, ausgehend von einwandfreien Meßdaten, an einem vereinfachten Beispiel durchzuführen (Abschn. 4.6). Im Prinzip kann der Hochofen genauso behandelt werden. Allerdings laufen hier zahlreiche weitere Vorgänge gleichzeitig ab, deren meßtechnische Erfassung teilweise noch in den Anfängen steckt, z. B.:

Koksvergasung mit O_2 und CO_2,
Erweichungsvorgänge, die sowohl die Durchgasung wie die Reduktionsgeschwindigkeit beeinflussen,
Reaktionen in den flüssigen Phasen,
Schlackenbildung usw.

Eine gesicherte mathematische Behandlung des Hochofenverfahrens auf dieser Basis ist mangels ausreichender Daten noch nicht annähernd möglich.

Nur kurz sei der begonnene Weg skizziert:
Zunächst sind die Geschwindigkeiten der Hauptreaktionen im Schacht, insbesondere die Reduktion der Eisenerze

$$Fe_nO_m + m\,CO = n\,Fe + m\,CO_2$$

und die Koksvergasung mit CO_2

$$C + CO_2 = 2\,CO$$

in Abhängigkeit von Temperatur, Gaszusammensetzung, Umsetzungsgrad, Vorgeschichte usw. zu ermitteln, und zwar im gesamten Bereich der Zustandsbedingungen, die im Hochofen denkbar sind. Derartige Untersuchungen wurden von PÜCKOFF[743] am Beispiel zweier Erze im Bereich zwischen 500 und 1200 °C durchgeführt, wobei außerdem die Stückgröße und die Gaszusammensetzung variiert wurden. Die Ergebnisse lassen sich, ähnlich

wie in Abschn. 4.4 am Beispiel der Reduktion mit Wasserstoff gezeigt wurde,
wie folgt zusammenfassen:

Die jeweils gemessene Reduktionsgeschwindigkeit $d\Re/dt$ wird in zwei
Faktoren aufgespalten:

$$\frac{d\Re}{dt} = v(C^{gl}_{CO_2} - C^{0}_{CO_2}).\tag{3}$$

Darin bedeuten:

$v = v(\Re, T)$ in sec^{-1} die „Geschwindigkeitskonstante",

$C^{gl}_{CO_2}$, $C^{0}_{CO_2}$ maximaler und tatsächlicher CO_2-Gehalt der Gasphase in Volumenanteilen und

$\Re$ Reduktionsgrad

$C^{gl}_{CO_2}$ ist abhängig vom Reduktionsgrad, wie Bild 370 zeigt. Aus den in
Abschn. 4.4 dargelegten Gründen wird zwischen dem jeweils höchsten und

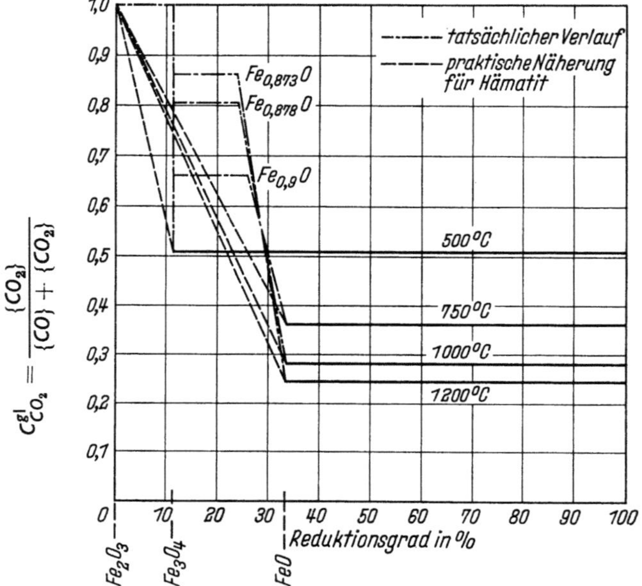

Bild 370. Gleichgewichte zwischen Eisenoxyden und Kohlenmonoxyd-Kohlendioxyd-
Gemischen bei 500, 750, 1000 und 1200 °C nach [743])

niedrigsten $C^{gl}_{CO_2}$-Wert für jede Temperatur linear interpoliert. Die v-Werte
sind in Bild 371 und 372 für 2 Erze in Abhängigkeit von Reduktionsgrad
und Temperatur dargestellt. Aus diesen Unterlagen läßt sich die Reduktionsgeschwindigkeit nach Gl. (3) für jede beliebige Kombination der erfaßten
wichtigsten Bedingungen errechnen. Nicht erfaßt ist der Einfluß der Vorgeschichte. Es ist nicht gleichgültig, ob ein bestimmter Reduktionsgrad

bei hoher oder niedriger Temperatur schnell oder langsam erreicht wurde, d. h. die Abhängigkeiten $v = v(\Re, T)$ und sogar $C^{gl}_{CO_2} = C^{gl}_{CO_2}(\Re, T)$ sind

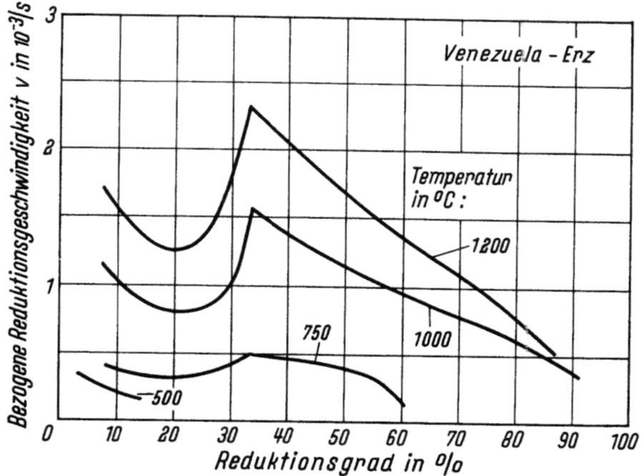

Bild 371. Reduktionsgeschwindigkeit in Kohlenmonoxyd-, Kohlendioxyd- und Stickstoff-Gasgemischen ($p_{CO} + p_{CO_2} = 0{,}4$ ata) in Abhängigkeit von der Temperatur und dem Reduktionsgrad. Stückgröße 15 bis 20 mm nach [743])

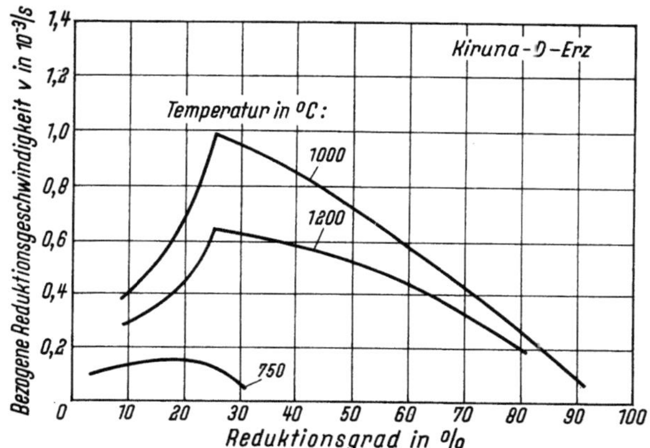

Bild 372. Reduktionsgeschwindigkeit in Kohlenmonoxyd-, Kohlendioxyd- und Stickstoff-Gasgemischen ($p_{CO} + p_{CO_2} = 0{,}4$ ata) in Abhängigkeit von der Temperatur und dem Reduktionsgrad. Stückgröße 10 bis 15 mm nach [743])

nicht ganz eindeutig. Glücklicherweise zeigten Kontrollversuche, daß die Abweichungen im interessierenden Bereich nicht allzu groß sind und daher fürs erste vernachlässigt werden können[743]).

In ähnlicher Weise werden die Reaktionsgeschwindigkeiten des Kokses gegenüber CO_2 ermittelt und zusammengefaßt nach den Ansätzen von HEDDEN (vgl. Abschn. 4.5).

Tafel 53 a. *Eingabewerte. Kinetisches Hochofenmodell mit festem Temperaturprofil*

Erz		Venezuela	Venezuela	Kiruna-D	Kiruna-D
Körnung	mm	15 bis 20	50 bis 60	10 bis 15	30 bis 40
Koks		Kaiserstuhl	Kaiserstuhl	Kaiserstuhl	Kaiserstuhl
Körnung	mm	30 bis 40	30 bis 40	30 bis 40	30 bis 40
Erzschüttgewicht	t/m^3	1,800	1,800	2,600	2,450
Koksschüttgewicht	t/m^3	0,500	0,500	0,500	0,500
Fe-Gehalt Erz	%	51,50	51,60	59,00	59,00
O-Gehalt Erz	%	22,10	22,20	22,60	22,51
Schlackenbildner	%	14,10	14,10	16,20	16,20
Nässe Erz	%	12,30	12,10	2,20	2,30
Schlackenmenge	kg/t RE	300	300	300	300
Ofen-Schachtquerschnitt	m^2	50	50	50	50
Gestelldurchmesser	m	7,5	7,5	7,5	7,5
Kaltwindmenge	Nm^3/h	110000	110000	110000	110000
Windtemperatur	°C	1000	1000	1000	1000
Kühlverluste	10^3 kcal/h	10000	10000	10000	10000

Tafel 53 b. *Ergebnisse der Rechnung. Kinetisches Hochofenmodell mit festem Temperaturprofil*

Erz		Venezuela	Venezuela	Kiruna-D	Kiruna-D
Körnung	mm	15 bis 20	50 bis 60	10 bis 15	30 bis 40
Koks		Kaiserstuhl	Kaiserstuhl	Kaiserstuhl	Kaiserstuhl
Körnung	mm	30 bis 40	30 bis 40	30 bis 40	30 bis 40
Schachtgastemperatur bei 1250 °C Möllertemperatur	°C	1413	1379	1310	1279
Erzverbrauch	t/Tag	4302	3561	2773	2144
Höhe der indirekten Reduktion	%	61,0	51,4	55,7	32,4
Sauerstoffabbau	t/h	24,705	17,106	14,789	6,585
Spez. Koksverbrauch	kg/t RE	445	534	545	724
Heizkoks	kg/t RE	279	336	381	489
Koks für Boudouard-Reaktion	kg/t RE	132	164	134	202
Koks für Boudouard-Reaktion	t/h	0,537	0,268	0,326	0,122
Verweilzeit im Ofenschacht	h	4,55	5,02	6,84	7,17
RE-Erzeugung	t/Tag	2382	1976	1759	1360
$\dfrac{CO_2}{CO + CO_2}$ Gichtgas		0,49	0,34	0,32	0,14
Gasgeschwindigkeit bei 950 °C Gastemperatur (Leerrohr)	m/s	1,9	1,9	1,8	1,9
Gasgeschwindigkeit bei 300 °C Gastemperatur (Leerrohr)	m/s	3,4	3,4	2,9	2,9

Zur Berechnung der Geschwindigkeit des Wärmeübergangs sind die Ansätze von JESCHAR geeignet (Abschn. 2.2). Für sämtliche übrigen Größen, z. B. Geschwindigkeiten der Erweichung, Schmelzung, Reduktion der Roheisenbegleiter usw. liegen noch nicht ausreichend viele auswertbare Messungen vor. Sondenmessungen in der Formenebene und kinematographische Stereoaufnahmen ergeben bis jetzt wertvolle Teilklärungen[759]. Die gemessenen und die vorhandenen Daten reichten aus, um ein wenigstens im „trockenen" Teil des Hochofens voraussetzungsfreies Modell zu schaffen. Dieses Modell gestattet beispielsweise bereits Aussagen über den Einfluß der durch unterschiedliche Brechgrade einstellbaren Erzreduzierbarkeit auf den Koksverbrauch[743]), siehe Tafel 53.

Für ein wirklich befriedigendes mathematisches Modell des Hochofens, das auf reaktionskinetischer Basis beruhen muß, fehlen noch zahlreiche Bausteine, deren systematische Ermittlung eine bedeutende Zukunftsaufgabe unserer Forschungsstätten darstellt.

Auf eine weitere Behandlung der heute bereits möglichen mathematischen Modelle sei deshalb wegen der Unvollständigkeit der reaktionskinetischen Basis nicht weiter eingegangen und auf die Spezialliteratur verwiesen[736, 741–743]).

Nachstehend seien einzelne wesentliche Einflußgrößen diskutiert, und zwar besonders im Hinblick auf die Grenzen des Hochofenverfahrens hinsichtlich Leistung pro Zeiteinheit und Brennstoffverbrauch pro t Roheisen.

5.5.4. Leistungsgrenze

5.5.4.1. Theoretischer Maximalwert der Leistung

Zunächst wird die Strömungsgeschwindigkeit betrachtet, d. h. die Gasmenge pro Zeiteinheit und Querschnittseinheit des Ofens in der empfindlichsten Zone, also dort, wo die Strömungsgeschwindigkeit des Gases dem Wirbelpunkt am nächsten ist. Mit der Gasmenge eng gekoppelt ist der Koksdurchsatz pro Zeiteinheit und die Roheisenerzeugung.

Wie in Abschn. 3.1 bereits gezeigt, ist die Strömungsgeschwindigkeit des Gases in Schüttgütern durch den Wirbelpunkt begrenzt. Bei ungleichmäßiger Korngrößenverteilung kann bereits unterhalb des Wirbelpunktes der Zustand des „Sprudelbetts", auch „Durchbläser" genannt, entstehen, dessen charakteristische Kennlinie sich im Hochofen beim unklassierten Möller nach Untersuchungen von H. KEGEL deutlich nachweisen läßt (Bild 373). Sobald das Druckmaximum überschritten ist, nimmt die Gasmenge pro Zeiteinheit zu. Ein geregelter Hochofengang ist dann nicht mehr möglich.

Bei einem eng klassierten Möller, insbesondere bei weitestgehender Abtrennung des Feinkorns, kann der Wirbelpunkt die Gasgeschwindigkeit im Hochofenschacht begrenzen. Wie Bild 374 zeigt, ist der Wirbelpunkt von Gleichkornschüttungen in hochofenähnlichen CO/N_2-Gemischen bei 300 °C bereits bei niedrigeren Strömungsgeschwindigkeiten überschritten

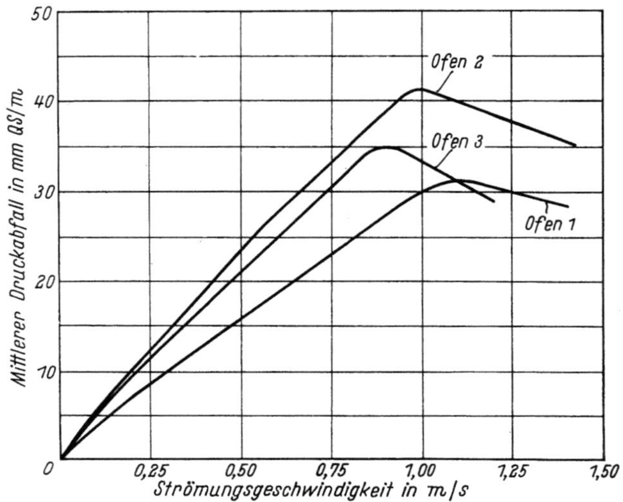

Bild 373. Druckabfall im Hochofen nach H. KEGEL[744])

als bei 800 °C. (Der Berechnungsgang wurde in Abschn. 3.1 beschrieben.) Die Gasgeschwindigkeit in der Nähe der Gicht ist daher besonders zu be-

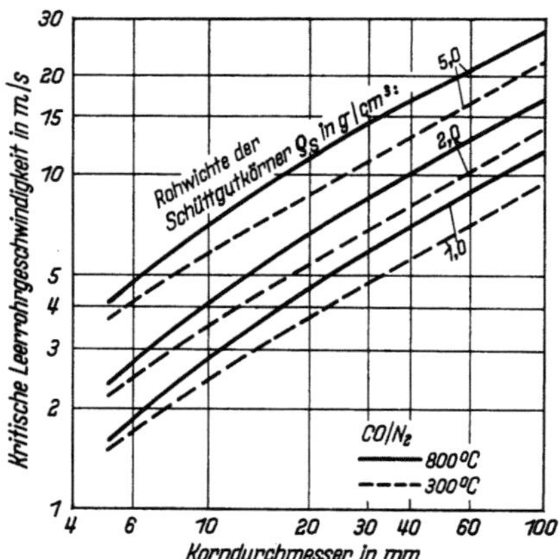

Bild 374. Stabilitätsgrenze von Gleichkornschüttungen (Wirbelpunkt). Abhängigkeit vom Korndurchmesser (Kugeln)

achten. Bei einem auf 5 mm abgesiebten Möller sollte nach Bild 374 nahe der Gicht eine Gasgeschwindigkeit von 2,5 bis 4 m/sec je nach Rohwichte der Erze die obere Grenze darstellen. Ein Vergleich mit der Praxis zeigt folgendes:

Für die in den Tafeln 39 und 54 ausgewerteten Hochöfen wurden aus den veröffentlichten Unterlagen[732, 746]) die Gasgeschwindigkeiten jeweils am unteren und oberen Schachtende, d. h. für Temperaturen von etwa 1000 °C und etwa 300 °C errechnet. Hierbei ergab sich (Bild 375a) eine deutliche Parallelität zwischen Leistung und Gasgeschwindigkeit und außerdem, daß die Grenzgeschwindigkeiten (Wirbelpunkt) für eine Absiebung auf 5 mm bereits teilweise erreicht wurden.*

Wie die Teilbilder 375b—d zeigen, kann bei gleicher Gasgeschwindigkeit die Leistung durch Öl- und Gaszusätze (infolge Anreicherung des Formengases mit H_2) und durch Gegendruck an der Gicht (infolge Erhöhung des Gasdurchsatzes bei gleicher Geschwindigkeit) fühlbar erhöht werden. Die Bilder 375a—d lassen die Vermutung zu, daß — bei sonst einwandfreien Verhältnissen — die Leistung des Hochofens im wesentlichen bestimmt wird durch die durchsetzbare Gasmenge pro Zeiteinheit, und daß weiterhin bei den z. Z. üblichen Klassierungen die theoretisch maximalen Gasgeschwindigkeiten und damit auch Ofenleistungen erreicht sind.

Weitere Erhöhungen der maximalen Gasgeschwindigkeit erscheinen durch folgende Maßnahmen möglich:

a) Weitere Erhöhung des Gasdrucks an der Gicht. Nach Abschn. 3.1 wirkt sich der Arbeitsdruck im Ofen allerdings nur mit der Quadratwurzel auf die durchsetzbare Gasmenge aus. Die verhältnismäßig schwache Auswirkung des Gegendrucks wurde in Übereinstimmung mit der Theorie auch in der Praxis beobachtet[755]), wie die Gegenüberstellung in Bild 376 zeigt.

b) Weitere Verbesserung der Möllerklassierung, insbesondere Abtrennung der Fraktionen unter 10 mm. Hierdurch müßte nach Bild 374 eine ganz erhebliche Steigerung der Gasgeschwindigkeit möglich sein. Ob sich die Leistung des Hochofens im gleichen Maße erhöht, ist davon abhängig, wie sich die chemische Ausnutzung des Gases und damit der spezifische Koksverbrauch einstellen, und von den Vorgängen beim Erweichen und Schmelzen.

c) Einsatz von teilweise oder ganz reduziertem Möller (vgl. Abschn. 4.1).

HEYNERT und BEER[746]) schlagen vor, einen weiteren Teilvorgang als möglicherweise durchsatzbegrenzend in Betracht zu ziehen: Innerhalb und oberhalb der Gestellzone findet eine Gegenstrombewegung des aufsteigenden Formengases und der abtropfenden Schlacke und des Roheisens statt.

---

* Soweit die Innendurchmesser der Öfen nicht in den Veröffentlichungen angegeben waren, wurde für die Berechnung der Leerrohrgeschwindigkeiten angenommen, daß der Rastdurchmesser $= 1{,}12 \cdot D$ und der Gichtdurchmesser $= 0{,}85 \cdot D$ beträgt ($D =$ Gestelldurchmesser).

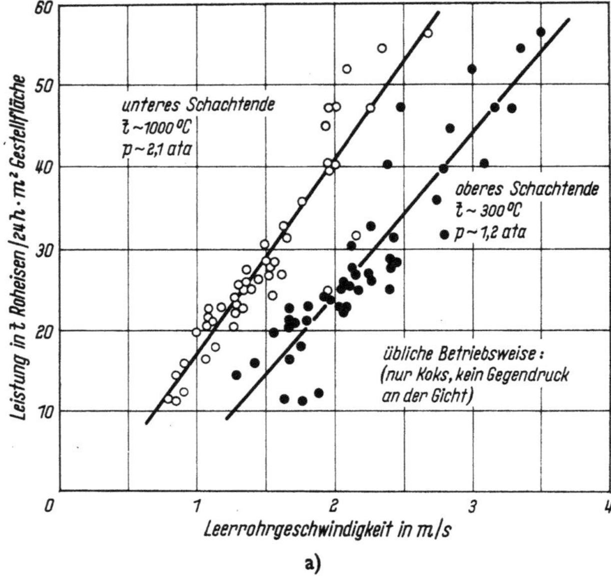

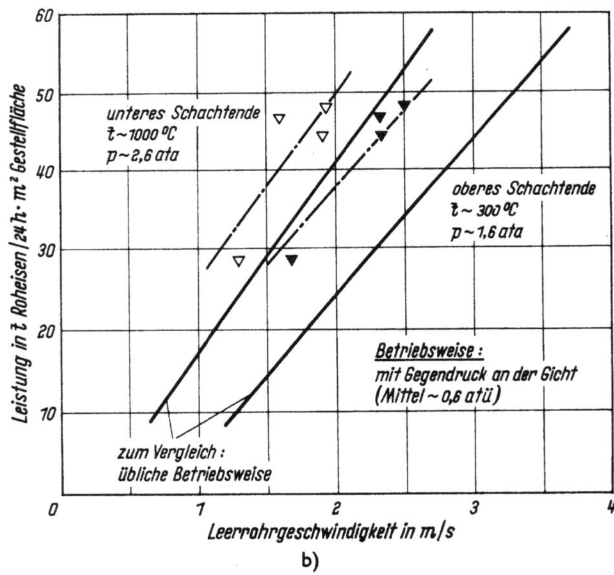

Bild 375a bis d. Zusammenhang zwischen Gasgeschwindigkeit und Erzeugungsleistung von Hochöfen. Gasgeschwindigkeit bezogen auf leeres Gefäß und Arbeitsdruck und -temperatur. Erzeugungsleistung bezogen auf die Gestellfläche

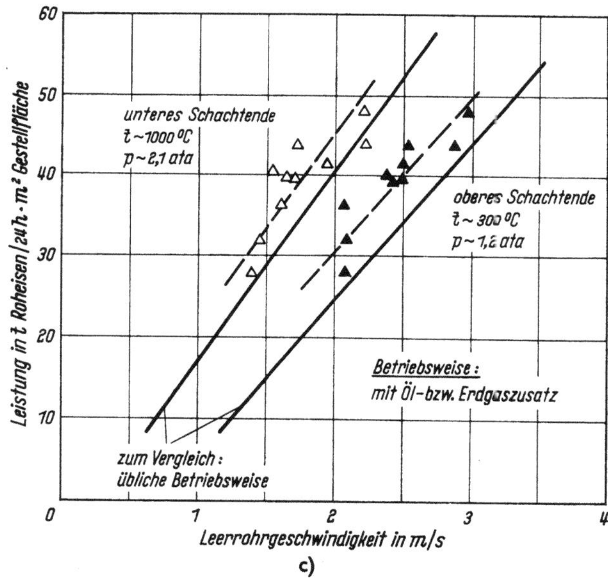
60
50
40
30
20
10
Leistung in t Roheisen/24 h · m² Gestellfläche
unteres Schachtende
t ~ 1000 °C
p ~ 2,1 ata
oberes Schachtende
t ~ 300 °C
p ~ 1,2 ata
Betriebsweise :
mit Öl- bzw. Erdgaszusatz
zum Vergleich :
übliche Betriebsweise
0
1
2
3
4
Leerrohrgeschwindigkeit in m/s
c)

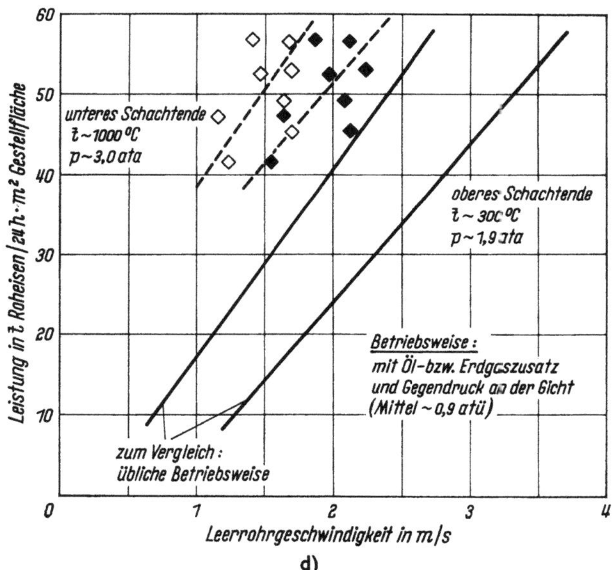
60
50
40
30
20
10
Leistung in t Roheisen/24 h · m² Gestellfläche
unteres Schachtende
t ~ 1000 °C
p ~ 3,0 ata
oberes Schachtende
t ~ 300 °C
p ~ 1,9 ata
Betriebsweise :
mit Öl- bzw. Erdgaszusatz
und Gegendruck an der Gicht
(Mittel ~ 0,9 atü)
zum Vergleich :
übliche Betriebsweise
0
1
2
3
4
Leerrohrgeschwindigkeit in m/s
d)

Bei zu hoher Geschwindigkeit der Gasströmung reißt der Flüssigkeitsstrom ab, die Säule verstopft, das Phänomen wird auch als „Stauen" bezeichnet. Bildet man aus den betrieblichen Kenngrößen die

$$\text{Gegenstromkennzahl } k = \frac{L}{G}\,\sqrt{\varrho_G/\varrho_L},$$

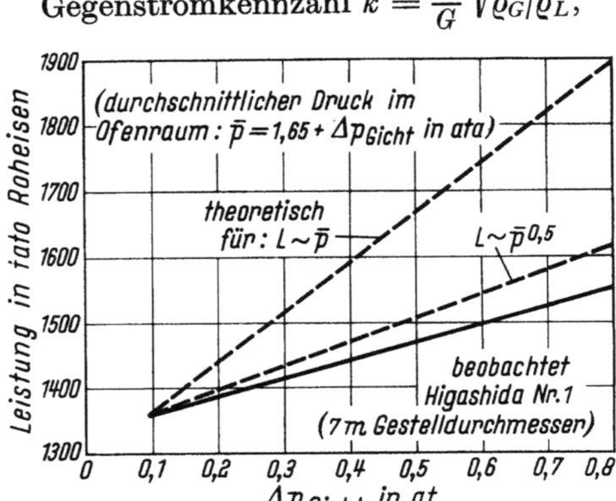

Bild 376. Zusammenhang zwischen Erzeugungsleistung L und Gegendruck an der Gicht Δp_{Gicht}

worin

L	Intensität des Flüssigkeitsstromes der Schlacke	[kg/m² h],
G	Intensität des Formengases	[kg/m² h],
ϱ_G	Dichte des Gases	[kg/m³],
ϱ_L	Dichte des Flüssigkeitsstromes	[kg/m³]

bedeuten, und die Stauzahl

$$f = \frac{u^2}{g}\,\frac{F_S}{\varepsilon^3}\,\frac{\varrho_G}{\varrho_L}\,\eta^{0,2},$$

wobei

u	Strömungsgeschwindigkeit des Gases (bezogen auf den arbeitenden Rastquerschnitt)	[m/sec],
g	Erdbeschleunigung	[m/sec],
F	spez. Oberfläche des Kokses	[m²/m³],
ε	Lückengrad der Koksschüttung und	
η	Viskosität der Flüssigkeit	[cP]

bezeichnen, so läßt sich die Annäherung an eine „Grenzkurve" überprüfen. JOURDE und HUGUET[754] führten eine ähnliche Betrachtung unter Einbeziehung des Roheisenstromes durch.

5.5.4.2. Praktisch erreichte Maximalwerte der Hochofenleistung

Wegen der unterschiedlichen Größe und Abmessung der vorhandenen Hochöfen und der Unterschiedlichkeit der verwendeten Möller ist es schwierig, ein vergleichbares Leistungsmaß zu definieren. Gebräuchlich sind folgende Größen:

Koksdurchsatz pro Gestellflächeneinheit (tato Koks/m² oder kg Koks/ m² h);

Koksdurchsatz pro durchgaster Einheit der Ringfläche im Gestell, deren Breite zu etwa 1,2 m angenommen wird (tato Koks/m²);

Koksdurchsatz pro Einheit des nutzbaren Ofenvolumens (Formenebene bis Oberfläche Beschickung) (tato Koks/m³);

Roheisenerzeugung pro Gestellflächeneinheit (tato RE/m²);

Roheisenerzeugung pro Einheit des nutzbaren Ofenvolumens (tato RE/m³).

Auch die Reziprokwerte werden verwendet, z. B. das in der Sowjetunion gebräuchliche Kipo (m³ Ofenraum je t täglicher Erzeugung). Gerechtfertigt erscheint nach den obigen Darlegungen auch die Gasgeschwindigkeit im Oberofen. Keines dieser Leistungsmaße ist in überzeugender Weise den anderen überlegen. Es erscheint allerdings zweckmäßig, den Einfluß unterschiedlicher Ballastanteile im Möller dadurch annähernd auszuschalten, daß als Leistungsmaß der Koksdurchsatz und nicht die Roheisenmenge verwendet wird. Für Hochöfen oberhalb 5 m Gestelldurchmesser können die bisher erreichten besten Koksdurchsätze durch die Gleichung

$$K = 307(D - 3{,}15) \text{ tato Koks}$$

D Gestelldurchmesser in m

beschrieben werden. Diese Gleichung wurde durch mathematisch-statistische Auswertung von Betriebszahlen besonders gut gehender Hochöfen gewonnen[748]). Nach H. Schenck und H. Küppersbusch[749]) ist der Gestelldurchmesser quadratisch einzusetzen und der tägliche Koksdurchsatz gegeben durch

$$K = \gamma\, D^2 \text{ tato Koks}$$

γ maximal $= 25$ (vgl. Bild 302 in Abschn. 5.2.)

Diese Angaben repräsentieren den Stand der gegenwärtig erreichten Bestwerte und dürften nach den Darlegungen in Abschn. 5.5.4.1) von der theoretisch möglichen Maximalleistung noch um einiges entfernt sein.

5.5.5. Grenze des Brennstoffbedarfs

5.5.5.1. Theoretisch mögliche Bestwerte

Die nachstehenden Betrachtungen beziehen sich auf Hochöfen, in denen Koks als alleiniger Träger chemischer Energie eingebracht wird. Über die Verhältnisse bei Zusätzen von Gas, Öl, usw. wurde bereits in Abschn. 5.4 berichtet.

Schon oft wurde versucht, eine theoretisch fundierte Mindestgrenze für den spezifischen Koksbedarf zu errechnen. Die angegebenen Werte liegen um 420 kg Koks/t Roheisen, z. B. [750,751]).

Wie bereits oben gezeigt wurde, sind folgende Größen von überwiegendem Einfluß auf den spezifischen Koksverbrauch:

Anteil der Ballaststoffe im Möller,

Windtemperatur,

Chemische und thermische Ausnutzung des Gichtgases.

Während der Ballaststoffanteil und die Windtemperatur in gewissen Grenzen frei wählbar sind, ergeben sich die wichtigere chemische und die weniger stark eingehende thermische Ausnutzung des Gichtgases als Ergebnis einer Folge von großenteils unbekannten Reaktionsgeschwindigkeiten und Wärmeübergängen. Entscheidend ist eine gute Reduzierbarkeit des eingesetzten Erzes bzw. Agglomerats, die zu einer hohen chemischen Gasausnutzung und einer guten indirekten Reduktion führt. Während aber mit zunehmender chemischer Gasausnutzung der Brennstoffbedarf des Hochofens immer geringer wird, ist ein zu hoher Grad der indirekten Reduktion r_i nicht erwünscht, da oberhalb eines bestimmten Wertes von r_i der Koksverbrauch wieder zunehmen muß. Dies läßt sich ganz einfach an drei Grenzfällen beweisen:

α) $r_i = 0$ die Reaktion verläuft so, daß nur CO als Abgas entsteht

$$Fe_2O_3 + 3\,C = 2\,Fe + 3\,CO$$

Mindest-C-Bedarf (abgesehen von der Beheizung)

$$\frac{3\,Mol\;C}{2\,Mol\;Fe} = 322 \text{ kg C/t Fe}$$

β) $r_i = 100\%$, d. h.

$$Fe_2O_3 + 3\,CO = 2\,Fe + 3\,CO_2$$

Mindest-C-Bedarf (abgesehen von der Beheizung):

$$\frac{3\,Mol\;C\;(bzw.\;CO)}{2\,Mol\;Fe} = 322 \text{ kg C/t Fe}$$

γ) $r_i = 50\%$, d. h.

$$Fe_2O_3 + 3/2\,C = 2\,Fe + 3/2\,CO_2$$

Mindest-C-Bedarf (abgesehen von Beheizung)

$$\frac{3/2\,Mol\;C}{2\,Mol\;Fe} = 161 \text{ kg C/t Fe.}$$

Durch zusätzlichen Kohlenstoffverbrauch für die Beheizung der Anlage verschieben sich die angegebenen Zahlen, grundsätzlich aber bleibt bestehen, daß sich der niedrigste Koksverbrauch bei einem mittleren Wert von r_i ergibt. Da der zum Koksverbrauchsminimum führende optimale Grad der indirekten Reduktion r_i für jeden Möller verschieden liegt, erscheint r_i nicht als ein zweckmäßiger Maßstab für den befriedigenden Ablauf der Reduktion. Statt dessen wird die chemische Gasausnutzung

$$\eta_{CO} = \frac{CO_2}{CO + CO_2}$$

verwendet, wobei CO_2, CO die entsprechenden Volumenanteile im Gichtgas nach Abzug der nicht an CaO gebundenen Möllerkohlensäure bedeuten.

Für η_{CO} sind Grenzwerte durch die thermodynamischen Gleichgewichte gesetzt. Am niedrigsten sind diese Grenzwerte für die Stufe $FeO \rightarrow Fe$ (s. Abschn. 1.1.). Eine Gleichgewichtsannäherung in dieser Stufe ist wegen des Verlaufs der Gleichgewichtslinien um so wertvoller, bei je niedrigerer

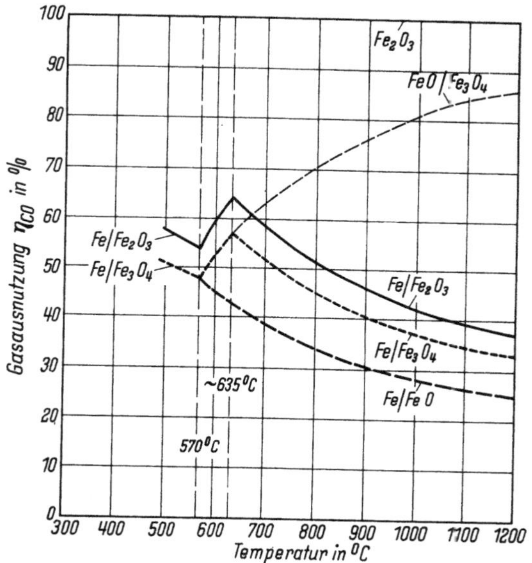

Bild 377. Maximale chemische Ausnutzung des CO für die Reduktion der Eisenoxyde

Temperatur sie erfolgt. Ein CO/CO_2 (N_2)-Gasgemisch, das FeO wegen Gleichgewichtsannäherung nicht mehr reduzieren kann, wirkt auf die höheren Oxydationsstufen des Eisens stark reduzierend. Wenn z. B. ein Gasgemisch bei 1000 °C das Gleichgewicht mit FeO/Fe erreicht hat, ergibt sich $\eta_{CO}^{FeO/Fe} = 0{,}28$. Bei weiterer Einwirkung auf Fe_2O_3 können zusätzlich bis zu 1 Atom O pro 2 Atome Fe abgebaut werden und die Gesamtausnutzung sich um 50% auf $\eta_{CO}^{\Sigma} = 0{,}42$ verbessern, ein Wert, der von dem in diesem Bereich gültigen Gleichgewicht Fe_2O_3/Fe_3O_4 sehr weit entfernt ist. Hieraus folgt, daß das Gleichgewicht der FeO/Fe-Stufe entscheidend ist.

In Bild 377 sind die maximal erreichbaren η_{CO}-Werte für die verschiedenen Oxydationsstufen des Eisens dargestellt. Je höher die Reduzierbarkeit des Erzes auch bei niedrigen Temperaturen ist, desto bessere η_{CO}-Werte sind bei Gleichgewichtsannäherung möglich. Der höchstmögliche

Wert für η_{CO} ergibt sich bei 635 °C. Unterhalb dieser Temperatur wirkt die Gleichgewichtslinie für Fe_3O_4/FeO begrenzend.

Als Maß für die Reduzierbarkeit seien deshalb die Temperatur der möglichen Gleichgewichtsannäherung und die daraus nach Bild 377 folgenden η_{CO}-Werte gewählt.

Der theoretische Mindestwert des Koksverbrauchs errechnet sich vereinfacht* aus folgenden Bestimmungsgleichungen:

α) C-Bilanz: $5{,}48 \cdot 10^{-3} \, V_G \, (CO + CO_2) = K$

β) O_2-Bilanz: $7{,}14 \cdot 10^{-3} \, V_G \, (CO + 2 \, CO_2) = M_{O_2} + 0{,}3 \, V_W$

γ) N_2-Bilanz: $12{,}5 \cdot 10^{-3} \, V_G \, (100 - CO - CO_2) = 0{,}988 \, V_W$

δ) Wärmebilanz: $K \cdot 7950 + 0{,}338 \, V_W \, \vartheta_W = 2{,}11 \cdot 10^6 + S \cdot 350 + 30{,}2 \, V_G \cdot CO + 0{,}33 \, V_G \, \vartheta_G$

ε) $\eta_{CO}^{\Sigma} = \dfrac{CO_2}{CO + CO_2}$

Hierin bedeuten:

V_G Gichtgasmenge (Nm³/t RE),

CO, CO_2 Volumenprozente im Gichtgas,

K spezifischer Reinkoks- (97,5% C) Verbrauch (*waf*) für Heiz- und Reduktionszwecke (kg/t RE),

M_{O_2} pro t RE abgebaute O-Menge (kg O_2/t RE),

V_W Windmenge (Nm³/t RE),

0,338 bzw. 0,33 kcal/Nm³ °C spez. Wärme von Wind bzw. Gichtgas,

$2{,}11 \cdot 10^6$ kcal/t RE = an den Möller abgegebene Wärmemenge, davon Reduktionswärmeverbrauch $(1{,}70 \cdot 10^6)$

                 + fühlbare Wärme des RE $(0{,}29 \cdot 10^6)$

                 + Kühlverluste $(0{,}21 \cdot 10^6)$

                 − Lösungs- und Verschlackungswärmen $(0{,}09 \cdot 10^6)$.

Bekannt bzw. vorgegeben sind: ϑ_W, M_{O_2}, η_{CO}^{Σ}.

Nicht bekannt sind V_G, CO, CO_2, K, V_W.

Die obigen 5 Bestimmungsgleichungen gestatten die Errechnung der 5 Unbekannten. Es wird gesetzt:

$$M_{O_2} = 430 \text{ kg } O_2/\text{t RE}$$

$$\vartheta_W = 1000 \text{ °C}$$

Abhängig von der Schlackenmenge ergibt sich mit η_{CO}^{Σ} als Parameter der theoretische Koksverbrauch in Bild 378 (Trockenkoks mit 10% Asche bzw. 87,5% C). Klarer noch erscheint der Einfluß der Reduzierbarkeit in

---

* Die Vereinfachungen betreffen:

Roheisen-C $= 40$ kg/t und

Wandverluste $= 0{,}21 \cdot 10^6$ kcal/t RE gesetzt,

Möller frei von flüchtigen Bestandteilen,

Wind frei von H_2O und anderen Zusätzen,

Koks frei von H,

Heizwert der wasser- und aschefreien Reinkokssubstanz (*waf*) $= 7950$ kcal/kg (H_u).

Bild 379. Je tiefer die Temperatur der Gleichgewichtsannäherung im Fe/FeO-Bereich ist, desto niedrigere Koksverbrauchszahlen ergeben sich. Jedoch auch bei beliebig guter Reduzierbarkeit ergibt sich ein Mindestwert für den Koksverbrauch, der durch das Auslaufen des FeO-Feldes im Zustandsdiagramm bedingt ist und bei Schlackenmengen von 200 bis 400 kg/t RE je nach angenommener Gichtgastemperatur bei 405 bis 430 kg Koks/t RE

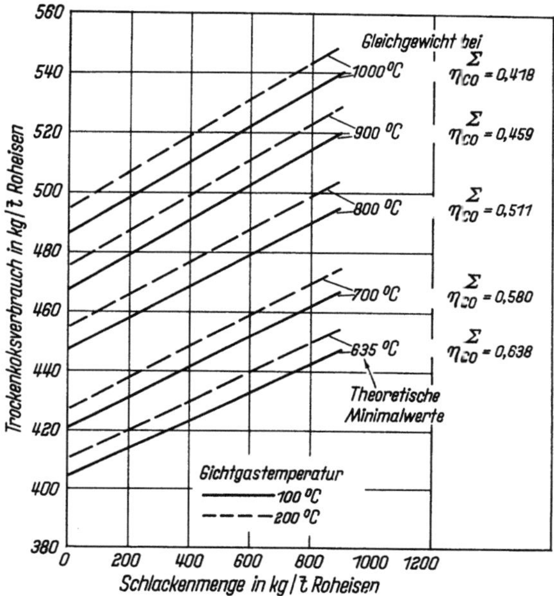

Bild 378. Theoretischer Koksverbrauch für Roheisen-Erzeugung in Abhängigkeit von der Schlackenmenge und der Gasausnutzung
Koks mit 87,5% C, Windtemperatur: 1000 °C

liegt. Es kommt also sehr darauf an, daß die Reduktion des eingesetzten Möllers, insbesondere der FeO-Stufe, schon bei möglichst tiefen Temperaturen (um 635 °C) mit hoher Geschwindigkeit einsetzt. Diesem Bereich sollte daher bei zukünftigen Untersuchungen größere Aufmerksamkeit zugewandt werden. Tafel 53 zeigt an dem vereinfachten Beispiel, daß die Reduzierbarkeit von Venezuela-Erz (15—20 mm) hoch genug ist, um den Mindestkoksverbrauch bereits anzunähern (445 kg/t gegenüber dem theoretischen Mindestwert von 420 kg/t).

5.5.5.2. Praktisch erreichte Mindestwerte des Koksverbrauchs

Wie oben bereits erwähnt, wurden die erreichten Bestwerte des spezifischen Koksverbrauchs von VOICE und DIXON[739]) mathematisch-statistisch ausgewertet. Zum Vergleich ist die sich ergebende Regressionsgerade neben den theoretischen Mindestwerten in Bild 380 eingetragen worden. Es ist klar erkennbar, daß bei steigender Reduzierbarkeit noch erhebliche Verbesserungen des spezifischen Koksverbrauchs möglich sind.

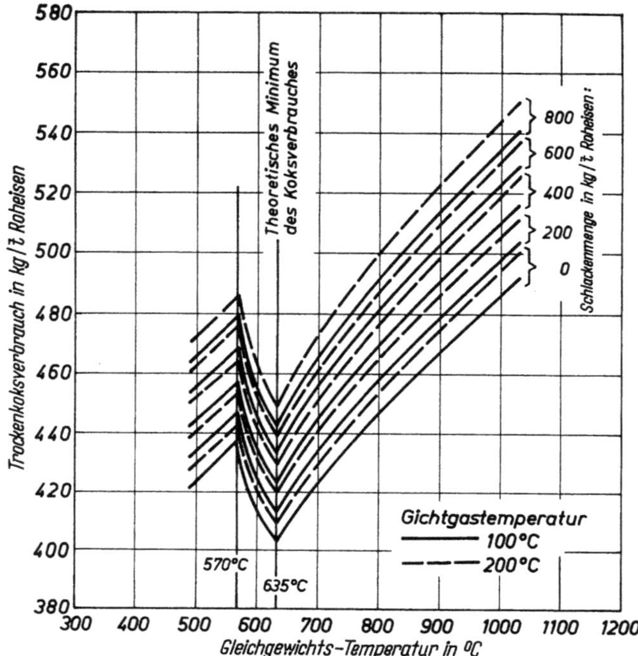

Bild 379. Theoretischer Koksverbrauch in Abhängigkeit von der Schlackenmenge und der „Gleichgewichtstemperatur" (Koks mit 87,5% C, Windtemperatur: 1000 °C)

Weiterhin ist häufig die Befürchtung ausgesprochen worden, daß bei maximaler Durchsatzleistung der Hochöfen infolge steigender Gasgeschwindigkeit und fallender Verweilzeit der Gase in der Beschickung die chemische Gasausnutzung η_{CO} und damit auch der spezifische Koksverbrauch schlechter werden. Diese an sich plausible Vermutung wurde durch einen Vergleich der η_{CO}-Werte für normal gehende und für Hochleistungsöfen geprüft. Für den „Normalbetrieb" wurden die Hochöfen mit Koksdurchsätzen von höchstens 24 tato/m² Gestellfläche, als „Hochleistungsöfen" solche mit mehr als 24 tato Koksdurchsatz/m² Gestellfläche aus den Tafeln 39 und 54 verwendet. Die graphische Auftragung der CO-Ausnutzung (Bild 381) zeigt, daß sich für beide Ofengruppen der gleiche vom Nettomöllergewicht abhängige Streubereich für η_{CO} ergibt, ja, daß die Hochleistungsöfen eher etwas besser liegen.

Es ist also abschließend festzustellen, daß eine weitere wesentliche Steigerung der Hochofenleistung, insbesondere durch weiter verbesserte

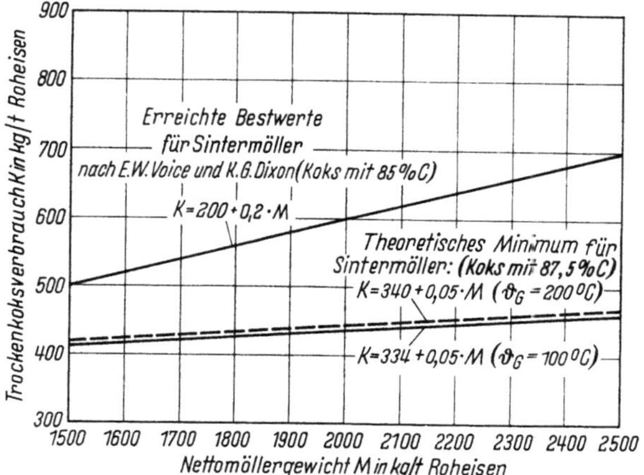

Bild 380. Koksverbrauch und Nettomöllergewicht
(ohne Austauschbrennstoffe, ϑ_G = Gichtgastemperatur)

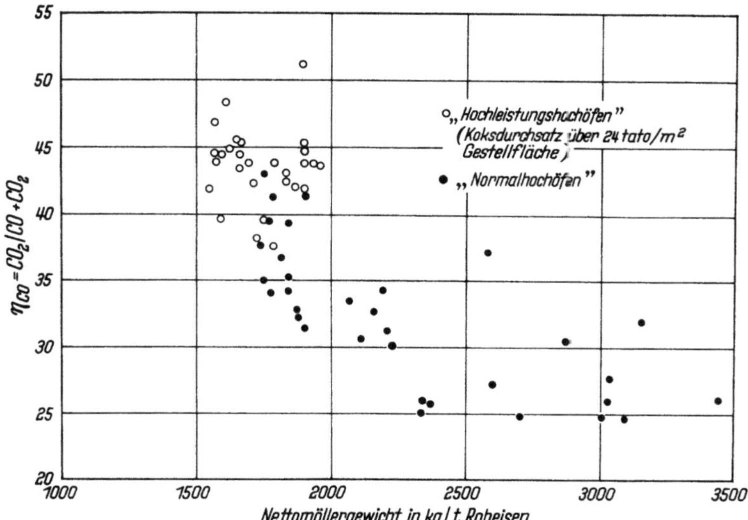

Bild 381. Chemische Ausnutzung des Hochofengases η_{CO} in Abhängigkeit
vom Nettomöllergewicht

Möllervorbereitung bei gleichzeitiger Senkung des spezifischen Koksverbrauchs durch verbesserte Reduzierbarkeit als durchaus im Bereich des Möglichen anzusehen ist.

Tafel 54. *Betriebskennzahlen*

Werk		Mannesmann AG, Duisburg-Huckingen	Sowjetunion	Phoenix-Rheinrohr AG, Duisburg-Ruhrort	Bethlehem Steel Corp., Bethlehem
Hochofen				7	D
Zeit		20. Mai bis 15. Juni 1963	Dez. 1962	1. bis 15. Nov. 1963	August 1963
Erzeugung	t			30 533	91 291
Blasezeit/Stillstände . . .	h			295/17	701/43
Gestelldurchmesser . . .	m	7,0	9,75	7,5	8,76
Nutzinhalt	m³	821	2002	981	1425
Erze	kg/t Roheisen	255		720	
Sinter	kg/t Roheisen		1890	677	660
Pellets	kg/t Roheisen	1320			762
Schlacken und Sonstiges .	kg/t Roheisen	135	4	196	80
Metallischer Einsatz . . .	kg/t Roheisen	9		85	64
Kalkstein und Dolomit .	kg/t Roheisen	213	1	19	102
Bruttomöller	kg/t Roheisen	1932	1895	1697	1668
Gichtstaub	kg/t Roheisen	35	6	66	16
Nettomöller	kg/t Roheisen	1897	1889	1631	1652
Koksdurchsatz (tr.) . . .	t/24 h	1209	1847	1575	1706
Koksdurchsatz/Ofenraum .	t/m³ · 24 h	1,473	0,923	1,606	1,197
Koksverbrauch (tr.) . . .	kg/t Roheisen	578	525	634	546
Öl	kg/t Roheisen				
Erdgas	Nm³/t Roheisen		35		
Koksdurchsatz (korr)* . .	t/24 h		2009		
Koksverbrauch (korr.) . .	kg/t Roheisen		571		
Windmenge	Nm³/h	143 000	213 420	162 000	201 000
Windtemperatur	°C	882	1009	970	775
Winddruck	kg/cm²	1,61	3,07	1,35	1,79
Feuchte	g/Nm³	14,6	10,7	6,7	34,4
Schmelzleistung	t/24 h	2091	3518	2484	3125
Ofenraumausnutzung . .	t/m³ · 24 h	2,547	1,757	2,532	2,193
Schlackenmenge	kg/t Roheisen	386	585	368	274
Basengrad		1,17	1,17	1,29	0,99
Gichtgastemperatur . . .	°C	87	220	280	232
Gichtgasdruck	kg/cm²		1,70		0,20
Heizwert	kcal/Nm³	770	761	1000	854
Gestellfläche	m²	38,5	74,6	44,2	60,2
Koksdurchsatz (korr.) . .	t/m² · 24 h	31,4	26,9	35,6	28,3

* Umgerechnet unter der Annahme, daß 1 kg Schweröl oder 1 Nm³ Erdgas 1,3 kg Koks ersetzen.

verschiedener Hochöfen nach [746,757 758])

A. Lorrain-Escaut, Mont-St.-Martin	Bethlehem Steel Corp., Sparrows Point	Armco Steel Corp., Middletown	Armco Steel Corp., Middletown	Kriwoj-Rog	Nippon Kokan K. K. Mizue	Broken Hill Proprietary Co. Ltd., Port Kembla
3 Juli 1961	J Okt. 1963	Juni 1961	März 1962	Flaggschiff 2. Dek. Juli 1961	1 April und Mai 1964	4 Sept. bis Nov. 1962
	94742	80286	80741		188758	253882
	715,8/28,2	704,5/15,5	721,5/22,5		1449/15	2110,5/73,5
4,8	8,76	8,53	8,53	9,75	9,0	8,84
640	1430	1529	1529	2002	1517	1522
	11		140		580	161
2101	397			1890	993	1548
	969	1540	1483			
165	54	215	251	193	34	31
	124		72			
	71	220			70	16
2266	1626	1975	1946	2083	1677	1756
79	56	94	37	60	22	18
2187	1570	1881	1909	2023	1655	1738
500	1589	1729	1609	1574	1466	1816
0,781	1,111	1,131	1,052	0,786	0,966	1,193
668	500	632	599	509	469	629
	44				47,8	
				76		
	1770			1881	1660	
	557			608	531	
55500	218000	194500	177000	228000	164085	192102
852	900	704	788	950	1050	861
0,82	2,45	2,07	1,71	2,90	1,84	2,00
8,0		36,4	39,0		26,3	29,0
760	3177	2735	2686	3094	3126	2887
1,188	2,222	1,789	1,757	1,545	2,061	1,897
830	235	380	367	685	292	419
1,20	1,04	1,03	1,04	1,13	1,15	1,15
278	188	182	145	430	217	201
	0,70	0,504	0,39	1,50	0,40	0,105
824	844	764	764	878	810	
18,1	60,2	56,8	56,8	74,6	63,6	61,3
27,6	29,4	30,4	28,3	25,2	26,1	29,6

Tafel 54.

Werk		Youngstown Sheet & Tube Co., Indiana Harbor	Inland Steel Co., Indiana Harbor	Dominion Foundries and Steel Co., Ltd. (DOFASCO), Hamilton	Phoenix-Rheinrohr AG, Duisburg-Ruhrort
Hochofen		3	4		6
Zeit		Oktober 1961	16. Okt. bis 15.Nov.1961	Mai 1962	Juli 1962
Erzeugung	t	75224	30808	50302	21831
Blasezeit/Stillstände . . .	h	—	504,0/3,3		636/108
Gestelldurchmesser . . .	m	8,53	6,32	6,8	5,0
Nutzinhalt	m³	1337	764		635
Erze	kg/t Roheisen		591	321	508
Sinter	kg/t Roheisen		1257		1209
Pellets	kg/t Roheisen	1565		1441	
Schlacken und Sonstiges .	kg/t Roheisen			95	160
Metallischer Einsatz . . .	kg/t Roheisen	20		125	30
Kalkstein und Dolomit .	kg/t Roheisen	302	31		2
Bruttomöller	kg/t Roheisen	1887	1879	1982	1909
Gichtstaub	kg/t Roheisen	29	23	37	12
Nettomöller	kg/t Roheisen	1858	1856	1945	1897
Koksdurchsatz (tr.) . . .	t/24 h	1494	876	761	509
Koksdurchsatz/Ofenraum .	t/m³ · 24 h	1,117	1,147		0,802
Koksverbrauch (tr.) . . .	kg/t Roheisen	593	594	469	618
Öl	kg/t Roheisen			70	
Erdgas	Nm³/t Roheisen				
Koksdurchsatz (korr.)* . .	t/24 h			909	
Koksverbrauch (korr.)* . .	kg/t Roheisen			560	
Windmenge	Nm³/h	185000	110400	117800	54610
Windtemperatur	°C	787	729	923	830
Winddruck	kg/cm²	1,85	1,69	1,65	1,11
Feuchte	g/Nm³	33,9	21,8	36,4	11,5
Schmelzleistung	t/24 h	2519	1474	1623	824
Ofenraumausnutzung . .	t/m³ · 24 h	1,884	1,929		1,298
Schlackenmenge	kg/t Roheisen	328	352	315	509
Basengrad					1,23
Gichtgastemperatur . . .	°C	140	141		157
Gichtgasdruck	kg/cm²	0,48	0,125	0,32	
Heizwert	kcal/Nm³				848
Gestellfläche	m²	56,8	31,2	36,3	19,6
Koksdurchsatz (korr.) . .	t/m² · 24 h	26,3	28.1	25,0	26,0

* Umgerechnet unter der Annahme, daß 1 kg Schweröl oder 1 Nm³ Erdgas 1,3 kg Koks ersetzen.

(Fortsetzung)

Yawata Iron and Steel Co., Tobata	Bethlehem Steel Co., Bethlehem	Fuji Iron and Steel Co., Muroran	Čerepovec	Steel Company of Canada (STELCO) Hamilton	Dominion Foundries and Steel Co. Ltd. (DOFASCO) Hamilton	Appleby-Frodingham Steel Comp.
3	B	3		2	3	Queen Victoria
Dez. 1963	Mai 1962	Dez. 1963	1959/33 Tg.	1961/62	Juli 1961	28. Okt. bis
				6 Tage	18 Tage	3. Nov. 1962
98840	83574					14773
730,5/13,5						162,5/5,5
9,75	8,76	7,61	7,20	5,49	6,78	9,45
1948	1425	1088	1033	588	861	1448
652	76	k. A.			717	
918	345	868	1916			2410
	997			1441	983	
16	113	k. A.				38
	86	9	27		61	12
86	86	160	115	120	209	
1672	1703	1742	2058	1561	1970	2460
102	38	12	101	27	20	20
1570	1665	1730	1957	1534	1950	2440
1635	1529	1013	1004	637	843	1545
0,839	1,073	0,931	0,972	1,083	0,979	1,067
500	567	490	596	560	563	708
29,4		47			29	
				34		
1759		1139		687	900	
538		551		604	601	
84950	189000	129540		74300	108600	182240
903	724	950	1027	787	876	954
1,52	1,79	1,84	2,21	1,24	1,74	1,74
36,6	45,3	11,8	12,9	16,2	30,0	8,4
3269	2696	2067	1730	1138	1498	2182
1,678	1,892	1,900	1,675	1,935	1,740	1,507
296	268	321	693	168	288	1260
1,32	0,96		1,13	1,04	1,04	1,31
199	238	190	148	185	134	202
0,076	0,175	0,480	1,500	0,097	0,378	0,165
781	854	820	782	965	834	975
74,6	60,2	45,6	40,7	23,7	36,3	70,1
23,6	25,4	25,0	24,7	29,0	24,8	22,0

Tafel 54.

Werk		Dominion Foundries and Steel Co., Ltd. (DOFASCO), Hamilton	Youngstown Sheet & Tube Co., Indiana Harbor	Compañia de Acero del Pacifico S. A., Huachipato (Chile)	Phoenix-Rheinrohr AG, Duisburg-Ruhrort	Armco Steel Corp., Ashland
Hochofen		3	1	1	5	1
Zeit		Juni 1961 17 Tage	Juni 1961	Juni 1963	April 1964	1951/20 Tg.
Erzeugung	t			34541	27426	
Blasezeit/Stillstände . . .	h			669,6/	663/57	
Gestelldurchmesser . . .	m	6,78	7,92	6,00	5,5	4,18
Nutzinhalt	m³	861	1160	712	593	280
Erze	kg/t Roheisen	655	863	1602	389	348
Sinter	kg/t Roheisen		625		999	
Pellets	kg/t Roheisen	1060				1218
Schlacken und Sonstiges .	kg/t Roheisen		196		327	174
Metallischer Einsatz . . .	kg/t Roheisen	70	15		79	
Kalkstein und Dolomit .	kg/t Roheisen	234	212	152	9	
Bruttomöller	kg/t Roheisen	2019	1911	1754	1803	1740
Gichtstaub	kg/t Roheisen	22	36	45	15	30
Nettomöller	kg/t Roheisen	1997	1875	1709	1788	1710
Koksdurchsatz (tr.) . . .	t/24 h	898	1194	677	593	338
Koksdurchsatz/Ofenraum .	t/m³ · 24 h	1,043	1,029	0,951	1,000	1,207
Koksverbrauch (tr.) . . .	kg/t Roheisen	616	609	547	597	770
Öl	kg/t Roheisen			69		
Erdgas	Nm³/t Roheisen					
Koksdurchsatz (korr.)* . .	t/24 h			789		
Koksverbrauch*	kg/t Roheisen			637		
Windmenge	Nm³/h	108500	151000	93100	64110	40000
Windtemperatur	°C	865	630	985	778	614
Winddruck	kg/cm²	1,66	1,57	1,44	1,17	0,94
Feuchte.	g/Nm³	43,7	21,6	13,6	9,1	8,9
Schmelzleistung	t/24 h	1458	1960	1238	993	439
Ofenraumausnutzung . .	t/m³ · 24 h	1,693	1,690	1,739	1,675	1,568
Schlackenmenge	kg/t Roheisen	303	340	244	450	415
Basengrad				1,29	1,21	1,17
Gichtgastemperatur . . .	°C	140		214	209	175
Gichtgasdruck	kg/cm²	0,343	0,329	0,235		0,063
Heizwert	kcal/Nm³	838		868	878	878
Gestellfläche	m²	36,3	49,2	28,3	23,7	13,7
Koksdurchsatz (korr.) . .	t/m² · 24 h	24,7	24,3	27,9	25,0	24,7

* Umgerechnet unter der Annahme, daß 1 kg Schweröl oder 1 Nm³ Erdgas 1,3 kg Koks ersetzen.

(Fortsetzung)

Yawata Iron and Steel Co., Tobata	Fuji Iron and Steel Co., Muroran	Kawasaki Steel Corp., Chiba	Great Lakes Steel Corp., Detroit	S.A. des Hauts-Fourneaux de la Providence Rehon	Société Metallurgique de Normandie Mondeville	Cerepoveč	Nippon Kokan Mizue	Kawasaki Chiba
2	4	4			3			5
Dez. 1963	Dez. 1963	Dez. 1963	Sept. 1961	Okt. 1963	April 1964	1965/31 Tg.	1 Monat	1 Monat
			17 Tage					
						131 441		
8,90	8,80	8,80	8,84	5,30	6,70	9,75	9,0	10,0
1458	1518	1489	1343	632	828	2000	1709	2141
k. A.	k. A.	k. A.			1205	3	37 %	49 %
960	1244	589		100 %	1061	1645	63 %	51 %
		309	1790					
k. A.	k. A.	k. A.			87			
	22	35			69			
96	42	34			203			
1721	1637	1670	1790	2391	2625			
39	24	35	19	111	27		25	25
1682	1613	1635	1771	2280	2598			
1311	1158	1211	1126	396	620	1840	1709	2013
0,899	0,763	0,813	0,838	0,627	0,749	0,92	1,00	0,94
535	471	505	505	564	632	434	475	488
30	40	33		39,8	42		50	50
			50			110		
1406	1286	1314	1271	432	674	2446	1941	2281
574	523	548	570	616	687	577	540	553
148 200	140 580	143 460	169 000	52 000	87 900	213 700	195 000	230 000
890	960	943	968	917	863	1135	1100	1050
1,60	1,68	1,51	1,74	0,88	0,96	3,08		
42,3	14,6	24,8	21,4	9,5	11,1	13,2	30	20
2450	2459	2398	2229	702	981	4240	3594	4125
1,680	1,620	1,610	1,660	1,111	1,185	2,12	2,1	1,93
299	274	271	307	1020	1130	361	290	320
				1,34	1,20			
203	200	204		150	163	291		
0,068	0,062	0,045	0,350	0,020	0,020	1,77	0,5	1,0
821	775	780	797	820	881	978		
62,2	60,8	60,8	61,3	22,1	35,2	74,6	63,6	78,5
22,6	21,2	21.6	20,7	19,5	19,1	26,3	26,6	28,3

Schrifttum

1. Grundlagen

1.1. Gleichgewichte

1. DARKEN, L. S., u. R. W. GURRY: J. Amer. chem. Soc. 68 (1946) S. 798—816; vgl. Circ. Inform. Techn. 8 (1951) S. 1077—1117.
2. PHILLIPS, B., u. A. MUAN: J. phys. Chem. 64 (1960) S. 1451—1453.
3. SALMON, O. N.: J. phys. Chem. 65 (1961) S. 550—556.
4. HANSEN, M.: The constitution of binary alloys, 2. ed. New York/Toronto/London 1958.
5. ELLIOTT, J. F., u. M. GLEISER: Thermochemistry for steelmaking. Vol. 1, Reading/Mass., London 1960. — ELLIOTT, J. F., M. GLEISER u. V. RAMAKRISHNA: Thermochemistry for steelmaking. Vol. 2 Thermodynamic and transport properties. Reading, Mass./London 1963.
6. SIFFERLEN, R.: C. R. hebd. Séances Acad. Sci. 244 (1957) S. 1192—1193.
6a. STRANSKI, I. N.: Z. phys. Chem. 136 (1928) S. 259.
7. JETTE, E. R., u. F. FOOTE: J. chem. Phys. 1 (1933) S. 29—36.
8. ROTH, W. L.: Acta Crystallogr. 13 (1960) S. 140—149.
9. WAGNER, C.: Diffusion and high temperature oxydation of metals. In: Atom movements. Publ. by the American Society for Metals. Cleveland/Ohio 1951, S. 153—173, siehe bes. S. 165.
10. HIMMEL, L., R. F. MEHL u. C. E. BIRCHENALL: J. Metals, Trans. 5 (1953) S. 827 bis 843.
11. ENGELL, H.-J.: Acta metallurg., New York 6 (1958) S. 439—445.
12. DESMARESCAUX, PH., u. P. LACOMBE: Mém. sci. Rev. Métallurg. 61 (1964) S. 157 bis 168.
13. WAGNER, C., u. W. SCHOTTKY: Z. phys. Chem. 11 (1931) Abt. B, S. 163—210.
14. WAGNER, C.: Z. phys. Chem. 22 (1933) Abt. B, S. 181—194. — Thermodynamics of alloys. Cambridge/Mass. 1952, S. 54—66.
15. TAKEUCHI, S., u. K. IGAKI: Sci. Rep. Res. Inst. Tôhoku Univ., Ser. A 4 (1952) S. 164—175.
16a. HAUFFE, K., u. H. PFEIFFER: Z. Metallkde. 44 (1953) S. 27—36.
16b. KATSURA, T., u. A. MUAN: Trans. metallurg. soc. AIME 230 (1964) S. 77—84.
16c. DAVIES, M. W., u. F. D. RICHARDSON: Trans. Faraday Soc. 55 (1959) S. 604 bis 610.
17. ENGELL, H.-J.: Arch. Eisenhüttenwes. 28 (1957) S. 109—115. (Mitt. Max-Planck-Inst. Eisenforsch., Abh. 704.)
18. MARION, F.: Doc. métallurg. Nr. 24, 1955, S. 87—136. — AUBRY, J., u. F. MARION: C. R. hebd. Séances Acad. Sci. 240 (1955) S. 1770—1771.
19. CIRILLI, V., u. C. BRISI: Ann. Chim. appl. 41 (1951) S. 508—514.
20. FOSTER, F. K., u. A. J. E. WELCH: Trans. Faraday Soc. 52 (1956) S. 1626—1635.
21. FISCHER, W. A., A. HOFFMANN u. R. SHIMADA: Arch. Eisenhüttenwes. 27 (1956) S. 521—529. (Mitt. Max-Planck-Inst. Eisenforsch., Abh. 679). — Auch Dr.-Ing.-

Diss. (Auszug) von R. SHIMADA, TH Aachen. — FISCHER, A. W., u. A. HOFF-MANN: Arch. Eisenhüttenwes. 29 (1958) S. 107—113. (Mitt. Max-Planck-Inst. Eisenforsch., Abh. 755).

22. GORTER, E. W.: Philips Res. Rep. 9 (1954) S. 295—320, 321—365 u. 403—443.
23. MORKEL, A., u. H. SCHMALZRIED: Z. phys. Chem. N. F. 32 (1962) S. 76—90. — SCHMALZRIED, H.: Ber. Bunsenges. phys. Chem. 67 (1963) S. 93—96.
24. SCHMALZRIED, H.: Z. phys. Chem., N. F. 31 (1962) S. 184—197; 33 (1962) S. 111—128.
25. HIMMEL, L., R. F. MEHL u. C. E. BIRCHENALL: J. Metal, Trans., 5 (1953) S. 827 bis 843.
26. KRÖGER, F. A.: The chemistry of imperfect crystals. Amsterdam 1964, S. 416,
27. VERWEY, E. J. W., u. J. H. DE BOER: Rec. Trav. Chem. 55 (1936) S. 531—540. — HAUL, R., u. T. SCHOON: Z. phys. Chem. Abt. B 44 (1939) S. 216—226.
28. Phys. Rev. 112 (1958) S. 1130/31.
29. SCHMALZRIED, H., u. C. WAGNER: Z. phys. Chem., N. F. 31 (1962) S. 198—221.
30. HÄGG, L. G., u. G. SÖDERHOLM: Z. phys. Chem. 29 (1935) S. 88—94.
31. LUYKEN, W., u. L. HELLER: Mitt. KWI Eisenforsch. 21 (1939) S. 271—288; vgl. Stahl u. Eisen 59 (1939) S. 1138. — Auch Dr.-Ing.-Diss. von L. HELLER TH Aachen, Österr. Pat. 154368.
31a. PEPPERHOFF, W., u. F. ZIRM: Arch. Eisenhüttenwes. 22 (1951) S. 295.
32. J. Amer. chem. Soc. 76 (1954) S. 3365—3367.
33. DAVID, I., u. A. J. E. WELCH: Trans. Faraday Soc. 52 (1956) S. 1642—1650.
34. VERWEY, E. J. W.: Z. Kristallogr. 91 (1935) S. 65—69.
35. KORDES, E.: Z. Kristallogr. 91 (1935) S. 139—153.
36. FINCH, G. L., u. K. P. SINHA: Proc. roy. Soc. Lond., Ser. A, 241 (1957) S. 1—8.
37. SCHRADER, R., u. G. BÜTTNER: Z. anorg. allg. Chem. 320 (1963) S. 220—234.
38. FLEISSNER, H.: Stahl u. Eisen 45 (1925) S. 1373—1379. — DRP 565672 v. 11. Okt. 1928.
39. VALLET, P.: Recueil de données Thermodynamiques, Publications de l'Institut de Recherches de la Sidérurgie. Saint-Germain-en-Laye 1955. (Irsid, Ser. B, Nr. 26, 1955.)
40. KUBASCHEWSKI, O., u. E. L. EVANS: Metallurgical thermochemistry, 3. ed. London 1958. (Metal physics and physical metallurgy, Vol. 1).
41. KELLEY, K. K.: Bull. Nr. 584, 1960, S. 2325.
42. LANDOLT-BÖRNSTEIN: Zahlenwerte und Funktionen aus Physik, Chemie, Astronomie und Technik, 6. Aufl. Bd. 2, Teil 4, Kalorische Zustandsgrößen. Hrsg. v. K. SCHÄFER u. E. LAX. Berlin/Göttingen/Heidelberg 1961.
43. Hütte, Taschenbuch für Eisenhüttenleute, 5. Aufl. Hrsg. v. Akademischem Verein Hütte in Berlin u. Düsseldorf 1961.
44. GIVAUDON, M. J. Thermodynamique appliquée aux operations de la Sidérurgie. Cahiers du Cessid (Centre d'Etudes Supérieures de la Sidérurgie). 1952 (Nr. 1) S. 1—129.
45. LI, KUN: Proc. Blast Furn. Coke Oven Raw Mater. Comm., Iron Steel Div. Metallurg. Soc. Amer. Inst. min. metallurg. petrol. Eng. Vol. 19 (1960) S. 153 bis 169.
46. BAUR, L. E., u. A. GLAESSNER: Z. phys. Chem. 43 (1903) S. 354—368.
47. ENGELL, H.-J.: Z. phys. Chem., N. F. 35 (1962) S. 192—195. — SCHMAHL, N. G., B. FRISCH u. G. STOCK: Arch. Eisenhüttenwes. 32 (1961) S. 297—302. — Auch Dr.-rer.-nat.-Diss. (Auszug) von G. STOCK, Univ. d. Saarlandes, Saarbrücken. — HAHN JR., W. C., u. A. MUAN: Trans. metallurg. Soc. AIME 224 (1962) S. 416—420.

48. ULRICH, K. H.: Diss. Clausthal 1964: „Über die Reduktion von Magnetit und Magnetit-Hausmannit-Mischkristallen." — ULRICH, K. H., K. BOHNENKAMP u. H.-J. ENGELL: Arch. Eisenhüttenwes. 36 (1965) S. 611—618. (Aussch. metallurg. Grundlagen 17).

49. RICHARDS, R. G., u. J. WHITE: Trans. Brit. ceram. Soc. 53 (1954) S. 233—270; s. bes. S. 253.

50. SCHMAHL, N. G., B. FRISCH u. G. STOCK: Arch. Eisenhüttenwes. 32 (1961) S. 297 bis 302. — Auch Dr.-rer.-nat.-Diss. (Auszug) von G. STOCK, Univ. d. Saarlandes, Saarbrücken. — PHILLIPS, B., S. SOMIYA u. A. MUAN: J. Amer. ceram. Soc. 44 (1961) S. 167—169, s. bes. S. 169.

51. MUAN, A.: Amer. J. Sci. 256 (1958) S. 413—422.

52. KATSURA, T., u. A. MUAN: Trans. metallurg. Soc. AIME 230 (1964) S. 77—84, s. bes. S. 80.

53. WEBSTER, A. H., u. N. F. H. BRIGHT: J. Amer. ceram. Soc. 44 (1961) S. 110 bis 116, s. bes. S. 115.

54. McCHESNEY, B., u. A. MUAN: Amer. Mineral 44 (1959) S. 926—945.

55. Phase diagramms for ceramists. Hrsg.: E. M. LEVIN, C. R. ROBBINS u. H. F. McMURDIE. Columbus 1964.

56. MUAN, A., u. E. F. OSBORN: Phase Equilibria among oxides in steelmaking. Reading/Mass. 1965.

57. BOWEN, N. L., J. F. SCHAIRER u. E. POSNJAK: Amer. J. Sci. 5. Ser. 26 (1933) S. 222—232.

58. SCHEEL, R.: Diss. Bergakademie Clausthal, 1965: „Gleichgewichte zwischen flüssigem Eisen und gesättigten kalkreichen Schlacken des Systems $CaO—SiO_2—FeO_n$ unter Berücksichtigung der Schwefelverteilung."

59. PHILLIPS, B., u. A. MUAN: Trans. metallurg. Soc. AIME 218 (1960) S. 1112 bis 1118. — J. Amer. ceram. Soc. 38 (1955) S. 264—280, s. bes. S. 274.

60. BRAUN, P. B., u. W. KWESTROO: Philips Res. Rep. 15 (1960) S. 394—397.

61. NYQUIST, O.: In: Agglomeration, Ed.: W. A. Knepper. New York/London 1961, s. bes. S. 809—864.

61a. HASS, K. P., G. BITSIANES u. T. L. JOSEPH: Proc. AIME, Blast Furnace, Coke Oven and Raw Materials Comm. 19 (1960) S-429—453.

61b. EDSTRÖM, J. O.: Jernkont. Ann. 140 (1956) S. 101—113.

62. SCHENCK, R., H. FRANZ u. H. WILLEKE: Z. anorg. allg. Chem. 184 (1929) S. 1—38; vgl. Stahl u. Eisen 50 (1930) S. 519/20. — SCHENCK, R., H. FRANZ u. A. LAYMANN: Z. anorg. allg. Chem. 206 (1932) S. 129—151; vgl. Stahl u. Eisen 52 (1932) S. 731/32.

63. BOGAN, L. C., u. H. K. WORNER: In: Agglomeration. Ed. by W. A. Knepper, New York/London 1961, s. bes. S. 901—929.

64. KNEPPER, W. A., R. B. SNOW u. R. T. JOHNSON: In: Agglomeration. Ed. by W. A. Knepper. New York/London 1961, s. bes. S. 787—807.

65. NYQUIST, O.: Jernkont. Ann. 146 (1962) S. 82—144.

66. BURDESE, A., u. C. BRISI: Ric. sci. Ital. 22 (1952) S. 1564—1567.

67. MEYER, G., u. H. SERBENT: Techn. Mitt. Krupp Forschungsber. 22 (1964) S. 55—62.

1.2. Grundlagen der Reduktionskinetik

68. s. z. B.: PRESENT, R. D.: Kinetic theory of gases. New York/Toronto/London 1958.

69. v. OBERMAYER, A.: Wien Ber. d. kaiserl. Akad. zu Wien (math.-naturwiss. Klasse) 81 (II) (1880) S. 1102—1127, über die Abhängigkeit d. Diffusionskoeffi-

zienten der Gase von der Temperatur; 85 (II) (1882) S. 147—168, Versuche über Diffusion v. Gasen I. 748—761, Versuche über Diffusion v. Gasen II; 87 (II) (1883) S. 188—263, Versuche über Diffusion von Gasen III.

70. LANDOLT-BÖRNSTEIN: Physikalisch-chemische Tabellen. 5. Aufl. Berlin: Bd. I 1923. Erg.-Bd. 1927. — Dieselben: Zahlenwerte und Funktionen aus Physik, Chemie, Astronomie, Geophysik u. Technik. 6. Aufl. Bd. 1 Teil 1. Atome u. Ionen. Hrsg. v. A. EUCKEN in Gemeinschaft mit K. H. HELLWEGE: Berlin/Göttingen/Heidelberg 1950, S. 325.

71. s. CHAPMAN, S., u. T. G. COWLING: The mathematical theory of non-uniform gases. London 1939.

72. JOST, W.: Diffusion in solids liquids gases, 3. ed. New York 1960, S. 422ff. u. S. A 44—A 53.

73. HELLUND, E. J.: Phys. Rev. 57 (1940) 33, S. 319—322, 328—333, 737—742 u. **743/44.**

74. HAASE, R.: Thermodynamik d. irreversiblen Prozesse. Darmstadt 1963. (Fortschritte der physikalischen Chemie, Bd. 8), S. 309—313.

75. BURCHARD, J. K., u. H. L. TOOR: J. phys. Chem. 66 (1962) S. 2015—2022.

75a. SHERWOOD, T. K.: Absorption and Extraction, 1. Aufl. New York: McGraw Hill **1937.**

75b. ebenda, S. 11.

76. FRANK-KAMENETZKI, D. A.: Stoff- und Wärmeübertragung in der chemischen Kinetik. Berlin 1959. — GRASSMANN, P.: Physikalische Grundlagen der Chemie-Ingenieur-Technik. Aarau/Frankfurt/M. 1962. (Grundlagen der chemischen Technik, Bd. 1).

77. KRISCHER, O., u. G. LOOS: Chem. Ing. Techn. (1958) S. 31—39 u. 69—74. — KRISCHER, O.: ebenda 33 (1961) S. 155—162.

78. LANDOLT-BÖRNSTEIN: Physikalisch-chemische Tabellen, 5. Aufl. Bd. 1 Berlin 1923. S. 181.

78a. BIRD, R. B., J. O. HIRSCHFELDER u. C. F. CURTISS: In: Handbook of physics. Hrsg. E. U. LONDON u. H. ODISHAER, New York/Toronto/London 1958. S. 5—55/5—57.

79. STAUDTE, H.: Physikalisch-chemisches Taschenbuch. Leipzig 1945. Bd. 1, S. 1050/51.

80. TAMARU, K.: Trans. Faraday Soc. 55 (1959) S. 824—832.

81. MÜLLER, E. W.:Private Mitteilung.

82. DE BOER, H. J.: Advances in Catalysis 9 (1957) S. 472—480.

83. TAYLOR, H. S., u. C. O. STROTHER: J. Amer. chem. Soc. 56 (1934) S. 586—590.

84. LANGMUIR, J.: J. Amer. chem. Soc. 40 (1918) S. 1361.

85. DAMKÖHLER, G.: Z. phys. Chem. 174 (1935) S. 222—238.

86. LENNARD-JONES, J. E., u. A. F. DEVONSHIRE: Proc. roy. Soc. Lond., Ser. A, 156 (1936) S. 6—28 u. 29—36.

87. CLAUSING, F.: Ann. Phys. Folge 5, 7 (1930) S. 489—520 u. 521—568.

88. SUHRMANN, R.: Z. Elektrochem., Ber. Bunsenges. phys. Chem. 60 (1956) S. 804 bis 815.

89. ENGELL, H.-J.: Z. Elektrochem., Ber. Bunsenges. phys. Chem. 66 (1962) S. 617 bis 627.

90. EHRLICH, G.: J. chem. Phys. 31 (1959) S. 1111—1126.

91. TAMM, I.: Phys. Z. Sowjetunion 1 (1932) S. 733—746; vgl. Chem. Zbl. 103 (1932) II, S. 3051.

92. HAUFFE, K., u. H.-J. ENGELL: Z. Elektrochem., Ber. Bunsenges. phys. Chem. 56 (1952) S. 366—373. — ENGELL, H. J., u. K. HAUFFE: Z. Elektrochem. Ber. Bunsen-

ges. phys. Chem. 57 (1953) S. 762—773. — ENGELL, H.-J.: In Halbleiterprobleme Bd. 1. Hrsg. von W. SCHOTTKY. Braunschweig 1954, S. 249—274. — AIGRAIN, P., u. C. DUGAS: Z. Elektrochem., Ber. Bunsenges. phys. Chem. 56 (1952) S. 363 bis 366. — WEISS, P. B.: J. chem. Phys. 20 (1952) S. 1483/84.

93. WOLKENSTEIN, TH.: Žurnalfizičeskoi Chimii 22 (1948) S. 311—330; 23 (1949) S. 917—930. — HORN, F., u. L. KÜCHLER: Chem. Techn. 31 (1959) S. 1—11.

93a. HARTEN, H. V., u. SCHULTZ, in: Halbleiterprobleme III, Herausgeber: W. SCHOTTKY, Braunschweig 1956. — BOHNENKAMP, K., u. H.-J. ENGELL: Z. Elektrochem., Ber. Bunsenges. phys. Chem. 61 (1957) S. 1184—1196. — HAUFFE, K., u. E.-G. SCHLOSSER: ebenda 61 (1957) S. 506—521.

94. SCHRIEFFER, J. R.: Phys. Rev. 94 (1954) S. 1420.

95. BRAUER, P.: Ann. Phys. (V) 25 (1936) S. 609—624. — BRAUER, P., u. F. H. MÜLLER: Kolloid-Z. 107 (1944) S. 129—131.

96. MILLER, P. H.: Semi-conducting materials. London 1951. S. 172. — HENISCH, H. K.: Z. phys. Chem. 198 (1951). — HOGARTH, C. A.: Z. phys. Chem. 198 (1951) S. 30—40.

97. HAHN, E. E.: J. appl. Phys. 22 (1951) S. 853—863.

98. ELEY, D. D.: Trans. Faraday Soc. 49 (1953) S. 643—649.

99. TAYLOR, H. S.: Ann. N. Y. Acad. Sci. 58 (1954) S. 798—806.

100. BOHNENKAMP, K., u. H.-J. ENGELL: Z. Elektrochem., Ber. Bunsenges. physik. Chem. 61 (1957) S. 1184—1196.

101. SHOCKLEY, W., u. G. L. PEARSON: Phys. Rev. 74 (1948) S. 232/33.

102. KINGSTON, R. H.: Phys. Rev. 98 (1955) S. 1766—1775.

102a. EUCKEN, A.: Lehrbuch der chemischen Physik, 3. Aufl. Bd. 2. 2. Makrozustände der Materie. Teil 2. Kondensierte Phasen und heterogene Systeme. Leipzig 1949, S. 1427.

103. GRABKE, H.-J.: Ber. Bunsenges. phys. Chem. 69 (1965) S. 48—57.

104. STOTZ, S.: Max-Planck-Institut für physikalische Chemie, Göttingen. (Private Mitteilung.)

105. Siehe Nr. 48.

106. v. BOGDANDY, L., H. P. SCHULZ, I. N. STRANSKI u. B. WÜRZNER: Ber. Bunsenges. phys. Chem. 67 (1963) S. 958—964.

107. EISCHENS, R. P., W. A. PLISKIN u. M. J. D. LOW: J. Catalysis 1 (1962) S. 180 bis 191.

108. WICKE, E.: Z. Elektrochem angew. phys. Chem. 53 (1949) S. 279—285.

109. Hüttenwerk Oberhausen AG. Unveröffentlichte Messungen.

110. McKEWAN, W. M.: Trans. metallurg. Soc. AIME 221 (1961) S. 140—145.

111. ENDOM, A., K. HEDDEN u. G. LEHMANN: Arch. Eisenhüttenwes. 35 (1964) S. 577—584. (Aussch. metallurg. Grundlagen 4.)

112. VOLMER, M., u. A. WEBER: Z. phys. Chem. 119 (1926) S. 277—301. — VOLMER, M.: Die Kinetik der Phasenbildung. Dresden u. Leipzig 1939.

113. BECKER, R., u. W. DÖRING: Ann. Phys., Folge 5, 24 (1935) S. 719—752.

114. ZELDOVIČ, J.: Zurnal Experimentalnoi i Teoretičeskoi Fisiki 12 (1942) S. 525. Siehe auch: REISS, H.: Ind. Engng. Chem. 44 (1952) S. 1284—1288; bes. S. 1286.

115. HIRTH, J. P., u. G. M. POUND: Progr. in materials science. Vol. 11. New York 1963; s. bes. S. 47.

116. HOLLOMON, J. H., u. D. TURNBULL: Progr. Metal Phys. Vol. 4 .1953 S. 333—388, s. bes. S. 343.

117. STRANSKI, I. N.: Z. phys. Chem., Abt. B 11 (1931) S. 342—349. — STRANSKI, I. N., u. R. KAISCHEW: Z. Kristallogr. 78 (1931) S. 373—385. — STRANSKI, I. N., u. R. KAISCHEW: Phys. Z. 36 (1935) S. 393—403.

118. STRANSKI, I. N.: VDI-Ber. Bd. 20 (1957) S. 5—11.
119. MOSESMANN, M. A.: J. Amer. chem. Soc. 73 (1951) S. 5635.
120. Siehe Nr. 48.
121. HIMMEL, L., R. F. MEHL u. C. E. BIRCHENALL: J. Metals Trans. 5 (1953) S. 827 bis 843.
122. ENGELL, H.-J.: Acta metallurg., New York 6 (1958) S. 439—445.
123. WAGNER, C.: Diffusion and high temperature oxidation of metals. In: Atom movements. Publ. by the American Society for Metals. Cleveland/Ohio (1951) S. 153—173.
124. ENGELL, H.-J.: Z. Elektrochem., Ber. Bunsenges. phys. Chem. 60 (1956) S. 905 bis 911.
125. v. BOGDANDY, L., H. P. SCHULZ, B. WÜRZNER u. I. N. STRANSKI: Arch. Eisenhüttenwes. 34 (1963) S. 401—409.
126. KOHL, H. K., u. H.-J. ENGELL: Arch. Eisenhüttenwes. 34 (1963) S. 411—418 (Mitt. Max-Planck-Inst. Eisenforsch., Abh. 945 u. Hochofenaussch. 377.)
127. WAGNER, C.: Z. Elektrochem., Ber. Bunsenges. physik. Chem. 63 (1959) S. 772 bis 782.
128. WAGNER, C.: J. electrochem. Soc. 103 (1956) S. 571—580.
129. KOHL, H. K.: Diss. Leoben 1962.
130. Siehe Nr. 48.
131. WAGNER, C.: Private Mitteilung. S. auch Diss. G. ZINTL, Göttingen 1965.
132. ENGELL, H.-J., u. H. K. KOHL: Z. Elektrochem., Ber. Bunsenges. physik. Chem. 66 (1962) S. 684—689: und unveröffentlichte Untersuchungen.
133. MÜLLER, W., u. H. SCHMALZRIED: Ber. Bunsenges. phys. Chem. 68 (1964) S. 270 bis 276.
134. SCHMALZRIED, H., u. C. WAGNER: Z. phys. Chem., N. F. 31 (1962) S. 198—221.
135. YUN, T. S.: Trans. Amer. Soc. Metals 54 (1961) S. 129—142.
136. JANDER, W.: Z. anorg. allg. Chem. 163 (1927) S. 1—30; 166 (1927) S. 31—52.
137. BAUKLOH, W., u. R. DURRER: Arch. Eisenhüttenwes. 4 (1930/31) S. 455—460. — Auch Dr.-Ing.-Diss. von W. BAUKLOH, TH Berlin.
138. BALDWIN, B. G.: J. Iron Steel Inst. 179 (1955) S. 30—36.
139. MAETZ, H., u. H.-J. ENGELL: Arch. Eisenhüttenwes. 25 (1954) S. 397—404 (Mitt. Max-Planck-Inst. Eisenforsch., Abh. 608).
140. Siehe z. B.: EZZ, S. Y. M., u. R. WILD: J. Iron Steel Inst. 194 (1960) S. 211—221.

2. Ergebnisse der experimentellen Untersuchungen der Reduktionskinetik

2.1. Verfahren und Versuchseinrichtungen zur Messung des Reaktionsablaufs

141. KNACKE, O.: Arch. Eisenhüttenwes. 30 (1959) S. 581—584.
142. GULBRANSEN, E. A.: Rev. Sci. Instrum. 15 (1944) S. 201—204. — RHODIN, T. N.: J. Amer. chem. Soc. 72 (1950) S. 4343—4348.
143. MAURER, R. J.: J. chem. Phys. 13 (1945) S. 321—326. — DÜNNWALD, H., u. C. WAGNER: Z. anorg. allg. Chem. 199 (1931) S. 321—346. — Siehe auch DUVAL, CL.: Inorganic. thermogravimetric analysis. Amsterdam/Houston/New York/London 1953.
144. GAST, TH.: Dechema-Monogr. 38 (1960) Nr. 579, S. 1—19.
145. ULRICH, K., K. BOHNENKAMP u. H.-J. ENGELL: Arch. Eisenhüttenwes. 36 (1965) S. 611—618 (Aussch. metallurg. Grundlagen 17).
146. SCHMAHL, N. G., H. BAUMANN u. H. SCHENCK: Arch. Eisenhüttenwes. 29 (1958) S. 147—152.

147. McKewan, W. M.: Trans. metallurg. Soc. AIME 218 (1960) S. 2—6.
148. Rahmel, A., W. Jäger u. K. Becker: Arch. Eisenhüttenwes. 30 (1959) S. 351 bis 360 (Werkstoffaussch. 1192). — Auch Dr.-rer.-nat.-Diss. von K. Becker, TH Aachen.
149. Hauffe, K., u. H. Pfeiffer: Z. Metallkde. 44 (1953) S. 27—36.
150. Quets, J. M., M. E. Wadsworth u. J. R. Lewis: Trans. metallurg. Soc. AIME 218 (1960) S. 545—550.
151. Dünwald, H., u. C. Wagner: Z. phys. Chem. 22 (1933) S. 212—225.
152. v. Bogdandy, L., u. W. Janke: Z. Elektrochem., Ber. Bunsenges. phys. Chem. 61 (1957) S. 1146—1153.
153. Subat, G.: Techn. Mitt. Krupp. Forsch.-Ber. 21 (1963) S. 134—138.
154. Hockings, W. A.: Proc. Blast Furn. Coke Oven Raw Mater. Comm. Iron Steel Div., Metallurg. Soc. Amer. Inst. min. metallurg. petrol. Eng. Vol. 19. 1960, S. 170—184.
155. Ezz, S. Y. M., u. R. Wild: J. Iron Steel Inst. 194 (1960) S. 211—221. — Siehe auch Dalla Lana, I. G., u. N. R. Amundson: Ind. Engng. Chem. 53 (1961) S. 22—26.
156. Hauffe, K., u. A. Rahmel: Z. phys. Chem., N. F. 1 (1954) S. 105—128.
157. Hedden, K., u. G. Lehmann: Arch. Eisenhüttenwes. 34 (1963) S. 887—894. Hochofenaussch. 386.
158. Kohl, H. K., u. H.-J.Engell: Arch. Eisenhüttenwes. 34 (1963) S. 411—418. (Mitt. Max-Planck-Inst. Eisenforsch., Abh. 945, u. Hochofenausch. 377).
159. Grabke, H.-J.: Ber. Bunsenges. phys. Chem. 69 (1965) S. 48—57.
160. Schmalzried, H., u. C. Wagner: Trans. metallurg. Soc. AIME 227 (1963) S. 539—540.
161. Stotz, S.: Max-Planck-Institut für Physikalische Chemie. Göttingen, persönliche Mitteilung.
162. Pluschkell, W.: Institut für Theoretische Hüttenkunde der Bergakademie Clausthal, unveröffentlichte Untersuchungen.
163. Vorontsov, E. S., u. A. V. Ermakov: Izvestija Akademii Nauk SSSR, OTN, Metallurgija i Gornoe Delo, 1963, S. 22—29.
164. Brill-Edwards, H., B. L. Daniell u. R. L. Samuel: J. Iron Steel Inst. 203 (1965) S. 361—368.
165. Zimens, K. E.: In: Handbuch der Katalyse 4, Heterogene Katalyse I. Bearb. v. R. A. Beebe (u. a.), Wien 1943. S. 151—268. — Witzmann, H.: Methoden der Strukturuntersuchung an hochdispersen und hochporösen Stoffen. Berlin 1961.
166. Schenck, H.: Stahl u. Eisen 75 (1955) S. 682—690 (Hochofenaussch. 286).
167. Brunauer, S., P. H. Emmett u. E. Teller: J. Amer. chem. Soc. 60 (1938) S. 309—319.
168. Haul, R., u. G. Dümbgen: Chem.-Ing.-Techn. 32 (1960) S. 349—354.
169. de Boer, J. H.: The structure and properties of porous materials. London 1958. S. 68—94.
170. Trojer, F.: Die oxydischen Kristallphasen der anorganischen Industrieprodukte. Stuttgart 1963.

2.2. Stoff- und Wärmeübergang durch die Strömungsgrenzschicht

171. Gröber, H., S. Erk u. U. Grigull: Die Grundgesetze der Wärmeübertragung, 3. Aufl. Berlin/Göttingen/Heidelberg 1963.
172. McAdams, W. H.: Heat transmission. New York u. London 1954.
173. Furnas, C. C.: Bull. Bur. Mines Nr. 307 (1929) S. 1—144; vgl. Stahl u. Eisen 51 (1931) S. 617—618.

174. Jeschar, R.: Arch. Eisenhüttenwes. 35 (1964) S. 517—526 (Wärmestelle 544 u. Aussch. metallurg. Grundlagen 3).

174a. Eucken, A.: Die Wärmeleitfähigkeit keramischer feuerfester Stoffe. Ihre Berechnung aus der Wärmeleitfähigkeit der Bestandteile. Berlin 1932. (VDI-Forschungsheft Nr. 353). S. 16.

175. Beer, P.: Diss. Clausthal 1965. — Beer, P., u. H. Krainer: Techn. Mitt. Krupp, Forsch.-Ber. 24 (1966) S. 25—47.

175a. Beer, P.: Techn. Mitt. Krupp, Forsch.-Ber. 21 (1963), S. 120—122.

176. Chapman, S., u. T. G. Cowling: The mathematical theory of non-uniform gases. London 1939.

177. Landolt-Börnstein: Physikalisch-chemische Tabellen. Hrsg. von W. A. Roth u. K. Scheel, 5. Aufl., 2. Erg.-Bd., 2. Teil, Berlin 1931, S. 1279.

178. Hansen, M.: Strömungsverhältnisse in der Hochofen-Schüttsäule. In: Troisièmes Journées Internationales de Sidérurgie, Luxembourg, 1—4 octobre 1962. (Hrsg.:) Centre National de Recherches Métallurgiques. Liège 1962, S. 58—68.

179. McKewan, W. M.: Trans. metallurg. Soc. AIME 221 (1961) S. 140—145.

180. v. Bogdandy, L., H. P. Schulz, I. N. Stranski u. B. Würzner: Z. Elektrochem., Ber. Bunsenges. phys. Chem 67 (1963) S. 958—964.

2.3. Gas- und Festkörperdiffusion in Schichten der Reaktionsendprodukte

181. Udy, M. C., u. C. H. Lorig: Trans. Amer. Inst. min. metallurg. Eng. 154 (1943) S. 162—181.

182. v. Bogdandy, L., u. W. Janke: Z. Elektrochem., Ber. Bunsenges. phys. Chem. 61 (1957) S. 1146—1153.

183. Schenck, H., u. H.-P. Schulz: Arch. Eisenhüttenwes. 31 (1960) S. 691—702. (Hochofenaussch. 335). — Auch Dr.-Ing.-Diss. (Auszug) v. H. P. Schulz, TH Aachen.

184. Kawasaki, E., J. Sanskrainte u. T. J. Walsh: A.I.Ch.E. J.8 (1962) S. 48—52.

185. Lu, Wei-Kao: Trans. metallurg. Soc. AIME 227 (1963) S. 203—206.

186. Seth, B. B. L., u. H. U. Ross: Trans. metallurg. Soc. AIME 233 (1965) S. 180 bis 185.

187. Woods, S. E.: Disc. Faraday Soc. No. 4, 1948, S. 184—193.

187a. Fischbeck, K.: Technische Reaktionsgeschwindigkeit. In: Der Chemie-Ingenieur. Hrsg. von A. Eucken u. M. Jakob. Bd. 3. Chemische Operationen, 1. Teil. Leipzig 1937. S. 242—359, s. bes. S. 307.

188. Wiberg, M.: Jernkont. Ann. 124 (1940) S. 179—212; vgl. Stahl u. Eisen 61 (1941) S. 141—143.

189. Edström, J. O.: J. Iron Steel Inst. 175 (1953) S. 289—304 u. 6 Tafeln. — Derselbe: Jernkont. Ann. 140 (1956) S. 116—129.

190. Riecke, E.: Dr.-Ing.-Diss. Bergakad. Clausthal, 1966.

191. Schürmann, E., W. Zischkale, P. Ischebeck u. G. Heynert: Stahl u. Eisen 80 (1960) S. 854—861. — Auch Dr.-Ing.-Diss. (Auszug) von W. Zischkale, Bergakad. Clausthal.

192. Hauffe, K., u. A. Rahmel: Z. phys. Chem., N. F. 1 (1954) S. 104—128.

193. Kohl, H. K., u. H.-J. Engell: Arch. Eisenhüttenwes. 34 (1963) S. 411—418 (Mitt. Max-Planck-Institut Eisenforsch., Abh. 945, u. Hochofenaussch. 377).

194. Schenck, H., E. Schmidtmann u. H. Müller: Arch. Eisenhüttenwes. 31 (1960) S. 121—128.

195. Bohnenkamp, K., u. H.-J. Engell: Arch. Eisenhüttenwes. 35 (1964) S. 1011 bis 1018. (Mitt. Max-Planck-Inst. Eisenforsch., Abh. 998.)

196. HEYNERT, G., E. SCHÜRMANN u. J. WILLEMS: Stahl u. Eisen 78 (1958) S. 1493 bis 1505 (Hochofenaussch. 314).
197. v. BOGDANDY, L., H.-P. SCHULZ, I. N. STRANSKI u. B. WÜRZNER: Ber. Bunsenges. phys. Chem. 67 (1963) S. 958—964.
198. BRILL-EDWARDS, H., B. L. DANIELL u. R. L. SAMUEL: J. Iron Steel Inst. 203 (1965) S. 361—368.
199. ENDOM, A., K. HEDDEN u. G. LEHMANN: Arch. Eisenhüttenwes. 35 (1964) S. 577—584 (Aussch. metallurg. Grundlagen 4).

2.4. Untersuchungen der Phasengrenzreaktion

200. McKEWAN, W. M.: Trans. metallurg. Soc. AIME 224 (1962) S. 2—5.
201. v. BOGDANDY, L., H. P. SCHULZ, B. WÜRZNER u. I. N. STRANSKI: Arch. Eisenhüttenwes. 34 (1963) S. 401—409 (Hochofenaussch. 376). — Auch Dr.-rer.-nat.-Diss. (Auszug) von B. WÜRZNER, TU Berlin.
202. WILHELEM, A. J., u. G. R. ST. PIERRE: Trans. metallurg. Soc. AIME 221 (1961) S. 1267—1269.
203. KNACKE, O.: Arch. Eisenhüttenwes. 30 (1959) S. 581—584.
204. KRAINER, H., M. WAHLSTER u. TH. LETTMANN: Stahl u. Eisen 83 (1963) S. 578 bis 585.
205. KOHL, H. K., u. B. MARINCEK: Helv. chim. Acta 48 (1965) S.1857—67.
206. GRABKE, H.-J.: Ber. Bunsenges. phys. Chem. 69 (1965) S. 48—57.
207. Hüttenwerk Oberhausen AG, unveröffentlichte Untersuchungen.
208. QUETS, J. M., M. E. WADSWORTH u. J. R. LEWIS: Trans. metallurg. Soc. AIME 218 (1960) S. 545—550.
209. KOHL, H. K., u. H.-J. ENGELL: Arch. Eisenhüttenwes. 34 (1963) S. 411—418.
210. McKEWAN, W. M.: In: Kinetics of high temperature reactions. Report at the Endicott House Conference 1962 (noch nicht veröffentlicht).
211. v. BOGDANDY, L.: Arch. Eisenhüttenwes. 32 (1961) S. 275—296, s. bes. S. 275 bis 286.
212. HOCKINGS, W. A.: Proc. Blast. Furn. Coke Oven Raw Mater. Comm., Iron Steel Div., Metallurg. Soc. Amer. Inst. min. metallurg. petrol. Eng. Vol. 19. 1960. S. 170—184.
213. McKEWAN, W. M.: Trans. metallurg. Soc. AIME 221 (1961) S. 140—145.
214. HEDDEN, K., u. G. LEHMANN: Arch. Eisenhüttenwes. 34 (1963) S. 887—894. (Hochofenaussch. 386). — ENDOM, A., K. HEDDEN u. G. LEHMANN: Arch. Eisenhüttenwes. 35 (1964) S. 577—584 (Aussch. metallurg. Grundlagen 4).
215. McKEWAN, W. M.: Private Mitteilung.
216. KOCH, H.-J.: Gaswärme 10 (1961) S. 347—359.
217. HAUFFE, K., u. H. PFEIFFER: Z. Metallkde. 44 (1953) S. 27—36.
218. PETTIT, F., R. YINGER u. J. B. WAGNER: Acta Metallurg. New York 8 (1960) S. 617—623.

2.5. Gekoppelter Ablauf von Phasengrenzreaktion und Diffusion

219. LU, WEI-KAO: Trans. metallurg. Soc. AIME 227 (1963) S. 203—206.
220. Siehe Nr. 186.
221. PLUSCHKELL, W.: Inst. Theor. Hüttenkunde, Bergakad. Clausthal, unveröffentlichte Ergebnisse.
222. McKEWAN, W. M.: Trans. metallurg. Soc. AIME 224 (1962) S. 2—5.

223. v. BOGDANDY, L., u. W. JANKE: Z. Elektrochem., Ber. Bunsenges. phys. Chem. 61 (1957) S. 1146—1153.
224. v. BOGDANDY, L.: Arch. Eisenhüttenwes. 32 (1961) S. 275—296.
225. ULRICH, K. H., K. BOHNENKAMP u. H.-J. ENGELL: Arch. Eisenhüttenwes. 36 (1965) S. 611—618.
226. ENGELL, H.-J.: Z. Elektrochem., Ber. Bunsenges. phys. Chem. 60 (1956) S. 905 bis 911.
227. ENGELL, H.-J.: Acta metallurg., New York 6 (1958) S. 439—445.
228. JESCHAR, R.: Arch. Eisenhüttenwes., demnächst.
228a. SPITZER, R. H., F. S. MANNING u. W. O. PHILBROOK: Trans. metallurg. Soc. AIME 236 (1966) S, 726—742.
229. THIELE, E. W.: Ind. Engng. Chem. 31 (1939) S. 916—920.
230. ZELDOWITSCH, B.: Acta physicochim. URSS 10 (1939) S. 583—592.
231. JOST, W.: Chem. Eng. Sci. 2 (1953) S. 199—202.
232. MORAWIETZ, W.: Z. Elektrochem., Ber. Bunsenges. phys. Chem. 57 (1953) S. 539 bis 548.
233. WICKE, E., u. K. HEDDEN: Z. Elektrochem., Ber. Bunsenges. phys. Chem. 57 (1953) S. 636—641.
234. v. BOGDANDY, L., u. H.-G. RIECKE: Arch. Eisenhüttenwes. 29 (1958) S. 603 bis 609 (Hochofenaussch. 313).
235. McKEWAN, W. M.: Trans. metallurg. Soc. AIME 224 (1962) S. 387—393.
236. ENDOM, A., K. HEDDEN u. G. LEHMANN: Arch. Eisenhüttenwes. 35 (1964) S. 577—584. (Aussch. metallurg. Grundlagen 4.)
237. Siehe Nr. 201.
238. SKODIN, K. K.: Stal 23 (1963) S. 97—104; Stal in Deutsch, 3 (1963) S. 745 bis 752.
239. Siehe Nr. 211.
240. Siehe Nr. 180.
241. KRAINER, H.: Techn. Mitt. Krupp 19 (1961) S. 85—106.
242. KRAINER, H.: Unveröffentlichte Ergebnisse.
243. LEWIS, J. R.: Trans. Amer. Inst. min. metallurg. Eng.
244. PHILBROOK, W. O.: Blast. Furn. Steel Plant. 35 (1947) S. 893.

2.6. Beobachtungen von Keimbildung und Keimwachstum

245. Siehe Nr. 180.
246. WIBERG, M.: Jernkont. Ann. 124 (1940) S. 179—212; vgl. Stahl u. Eisen 61 (1941) S. 141—143. — Derselbe: Disc. Faraday Soc. No. 4, 1948, S. 231—233.
247. EDSTRÖM, J. O.: J. Iron Steel Inst. 175 (1953) S. 289—304 u. 6 Tafeln. — Derselbe: Jernkont. Ann. 140 (1956) S. 116—129.
248. KOHL, H. K., u. H.-J. ENGELL: Arch. Eisenhüttenwes. 34 (1963) S. 411—418. (Mitt. Max-Planck-Inst. Eisenforsch., Abh. 945, u. Hochofenaussch. 377.)
249. Siehe Nr. 145.
250. ENDOM, A., K. HEDDEN u. G. LEHMANN: Arch. Eisenhüttenwes. 35 (1964) S. 577—584. (Aussch. metallurg. Grundlagen 4).
251. GRABKE, H.-J.: Ber. Bunsenges. phys. Chem. 68 (1965) S. 48—57.
252. SCHÄFER, H. G., u. W. MORAWIETZ: Unveröffentlichte Ergebnisse.
253. McKEWAN, W. M.: Trans. metallurg. Soc. AIME 221 (1961) S. 140—145.
254. GELLNER, O. H., u. F. D. RICHARDSON: Nature, London 168 (1951) S. 23—25.
254a. PLUSCHKELL, W.: Institut für Theoretische Hüttenkunde der Bergakademie Clausthal, unveröffentlichte Ergebnisse.

255. STOTZ, S.: Max-Planck-Institut für phys. Chem. Göttingen, unveröffentlichte Ergebnisse.
256. SCHMALZRIED, H., u. C. WAGNER: Trans. metallurg. Soc. AIME 227 (1963) S. 539—540.

2.7. Reduktionskinetik von Mischoxyden, Oxydverbindungen und Sinter

257. ENGELL, H.-J., u. H. K. KOHL: Z. Elektrochem., Ber. Bunsenges. phys. Chem. 66 (1962) S. 684—689.
258. Siehe Nr. 145.
259. WATANABE, S.: In: Agglomeration. Ed. by W. A. KNEPPER. New York/London 1962, S. 875.
260. MAZANEK, E., u. S. JASIEŃSKA: J. Iron Steel Inst. 202 (1964) S. 319—324.
261. RUECKL, R. L.: Proc. Blast Furn. Coke Oven Raw Mater. Comm., Iron Steel Div., Metallurg. Soc. Amer. Inst. min. metallurg. petrol Eng. Vol. 21, 1962, S. 299—315.
262. SETH, B. B. L., u. H. U. ROSS: Canad. Metallurg. quarterly 2 (1963) S. 16—30.
263. NYQUIST, O.: Agglomeration. Ed. by W. A. KNEPPER, New York/London 1962, S. 809—858.
264. KNEPPER, W. A., R. B. SNOW u. R. T. JOHNSON: Agglomeration. Ed. by W. A. KNEPPER. New York/London 1962, S. 787—804.
265. KOHL, H. K., u. H.-J. ENGELL: Arch. Eisenhüttenwes. 34 (1963) S. 411—418. (Mitt. Max-Planck-Inst. Eisenforsch., Abh. 945, Hochofenaussch. 377.)

2.8. Reaktionskinetik der Vergasung von Kohle und Koks

266. BOUDOUARD, M. O.: C. R. hebd. Séances Acad. Sci. 128 (1899) S. 824/25.
267. ILSCHNER, B.: In: GMELIN-DURRER: Metallurgie des Eisens, 4. Aufl., Bd. 1a, Geschichtliches. Weinheim/Bergstr. 1964, S. 163a—178a. (Erg.-Bd. zu Gmelins Handbuch System-Nr. 59, Eisen T. A, Lfg. 3—5.)
268. STRICKLAND-CONSTABLE, R. F.: Trans. Faraday Soc. 40 (1944) S. 333—343. — Chem. Ind. (1948) S. 771—774.
269. DUVAL, X.: J. Chim. phys. 47 (1950) S. 339—347.
270. Siehe besonders EUCKEN, A.: Z. angew. Chem. 43 (1930) S. 986—993.
271. CUCHANOWA, O. A.: Žurnal techničeskoi Fiziki 9 (1939) S. 295—304.
272. BAETKE, F. W.: Z. Elektrochem., Ber. Bunsenges. phys. Chem. 55 (1951) S. 655 bis 657.
273. MEYER, L.: Z. phys. Chem., Abt. B, 17 (1932) S. 385—404.
274. LETORT, M.: Rev. univ. Mines 9 Ser., 16 (1960) S. 255—271.
275. BLYHOLDER, G., u. H. EYRING: J. phys. coll. Chem. 63 (1959) S. 1004—1008.
276. WICKE, E., u. K. HEDDEN: Z. Elektrochem., Ber. Bunsenges. phys. Chem. 57 (1953) S. 636—641.
277. GULBRANSEN, E. A., u. K. F. ANDREW: Ind. Engng. Chem. 44 (1952) S. 1034 bis 1038 u. S. 1039—1044. — GULBRANSEN, E. A.: Ebda. 44 (1952) S. 1045—1047 u. S. 1048—1051.
278. HENNING, G. R.: Z. Elektrochem., Ber. Bunsenges. phys. Chem. 60 (1962) S. 629—635.
279. ROSSBERG, M.: Z. Elektrochem., Ber. Bunsenges. phys. Chem. 60 (1956) S. 952 bis 956.
280. SEMECHKOVA, A. F., u. D. A. FRANK-KAMENETZKI: Acta Physicochimica USSR 13 (1940) S. 879—898; vgl. Feuerungstechn. 29 (1941) S. 191/92.

281. GADSBY, J., F. J. LONG, P. SLEIGHTHOLM u. K. W. SYKES: Proc. roy. Soc., Ser. A, 193 (1948) S. 357—376. — GADSBY, J., C. N. HINSHELWOOD u. K. W. SYKES: Proc. roy. Soc., Ser. A, 187 (1946) S. 129—151.

282. BONNER, F., J. TURKEVICH: J. Amer. chem. Soc. 73 (1951) S. 561—564.

283. GRABKE, H. J.: Max-Planck-Inst. phys. Chem. Göttingen, private Mitteilung.

284. WICKE, E., u. K. HEDDEN: Z. Elektrochem., Ber. Bunsenges. phys. Chem. 57 (1953) S. 636—641.

285. HEDDEN, K., H. H. KOPPER u. V. SCHULZE: Z. phys. Chem., N. F. 2, 22 (1959) S. 23—62.

286. BOULANGIER, F., X. DUVAL u. M. LETORT: The Kinetics of the Reactions of Carbon Filaments with Carbon dioxide and Water Vapor at High Temperatures and Low Pressures (London/New York/Paris/Los Angeles).

287. WICKE, E., u. M. ROSSBERG: Z. Elektrochem., Ber. Bunsenges. phys. Chem. 57 (1953) S. 641—645.

288. HEDDEN, K., u. E. WICKE: The Kinetics of the Reactions of Carbon Filaments with Carbon Dioxide and Water Vapor at High Temperatures and Low Pressures (London/New York/Paris/Los Angeles) S. 249—256.

289. KRÖGER, C.: Angew. Chem. 52 (1939) S. 129—139.

290. LONG, F. J., u. K. W. SYKES: J. Chim. phys. 47 (1950) S. 361—378.

291. WICKE, E.: Contributions to the combustion mechanism of carbon. In: Fifth Symposium (international) on combustion. Publ. by the Standing Committee on Combustion Symposia. Pittsburgh/Pa. 1954. New York u. London 1955, S. 245 bis 252.

292. DAHME, A., u. H. J. JUNKER: Brennst.-Chem. 36 (1955) S. 193—199.

293. PETERS, W.: Glückauf 96 (1960) S. 997—1006 (Kokereiaussch. 115).

294. HEDDEN, K.: Brennst.-Chem. 41 (1960) S. 193—203.

295. HUNT, B. E., S. MORI, S. KATZ u. R. E. PECK: Ind. Engng. Chem. 45 (1953) S. 677—680.

296. BAUKLOH, W., u. G. HENKE: Metallwirtsch. 19 (1940) S. 463—470. — Siehe auch BAUKLOH, W., u. G. HIEBER: Z. anorg. allg. Chem. 226 (1936) S. 321—332.

297. SŌMA, T.: Tetsu to Hagané Overseas 4 (1964) S. 121—127.

298. SCHENCK, H., u. W. MASCHLANKA: Arch. Eisenhüttenwes. 31 (1960) S. 271—277. — Auch Dr.-Ing.-Diss. (Auszug) von W. MASCHLANKA, TU Aachen.

299. BAUKLOH, W., u. E. SPETZLER: Arch. Eisenhüttenwes. 13 (1939/40) S. 223—226.

300. WALKER, P. L., J. F. RAKSZAWSKI u. G. R. IMPERIAL: J. phys. Chem. 63 (1959) S. 140—149.

301. MEYER, H. H.: Mitt. KWI Eisenforsch. 10 (1928) S. 107—116.

302. McLEOD, J. M.: J. West Scotl. Iron Steel Inst. 57 (1949/50) S. 242—253.

303. BAUKLOH, W., u. F. JAEGER: Arch. Eisenhüttenwes. 13 (1939/40) S. 65—67. — BAUKLOH, W., u. J. HELLBRÜGGE: Arch. Eisenhüttenwes. 15 (1941/42) S. 163 bis 166. — BAUKLOH, W., u. B. EDWIN: Arch. Eisenhüttenwes. 16 (1942/43) S. 197—200.

304. BAUKLOH, R., O. KNACKE u. W. LÖSCHER: Arch. Eisenhüttenwes. 27 (1956) S. 95—99.

3. Gasströmung und Wärmeübergang in körnigen Gütern

3.1. Ruhende Schüttgutschicht

305. WICKE, E., u. W. BRÖTZ: Chem.-Ing.-Technik 24 (1952) S. 58.

306. FURNAS, C. C.: Fluid Flow through Beds of Broken Solids, Bull. Bur. Mines Nr. 307, 1929.

307. CARMAN, P. C.: Trans. Inst. Chem. Eng. 15 (1937) S. 150.
308. KOZENY, J.: Ber. Akad. Wien 136a (1927) S. 271.
309. JESCHAR, R.: Arch. Eisenhüttenwes. 35 (1964) S. 91—108 (Hochofenaussch. 391, u. Wärmestelle 539).
310. BRAUER, H.: Dechema Monographien Bd. 37 (1960) S. 7—77.
311. DOERING, E.: Allg. Wärmetechn. 6 (1955) S. 82—89.
312. ERGUN, S.: Chem. Engng. Progr. 48 (1952) S. 89—94.
313. Taschenbuch für Chemiker und Physiker. Hrsg.: D'ANS, J., u. E. LAX, Berlin 1943, S. 1108.
314. LEVA, M.: Fluidization. New York 1959, S. 42.
314a. ERGUN, S.: Chem. Engng. Progr. 48 (1952) S. 89—94.
315. HANSEN, M.: Arch. Eisenhüttenwes. 34 (1963) S. 151—157 (Hochofenaussch. 374, u. Wärmestelle 522).
315a. Wie 314, S. 169.
316. PERRY, J. H.: Chemical Engineers Handbook, 4. Aufl. New York 1963, S. 20 bis 41.
316a. MATHUR, GISHLER: Amer. I. Ch. E. J. 1 (1955) S. 157.
317. Verfahrenstechnische Berichte. Hrsg.: Ing.-Wiss. Abt. der Farbenfabriken Bayer AG, Leverkusen. Weinheim/Bergstr. 1963, S. 561.
318. POLTHIER, L.: Arch. Eisenhüttenwes. 37 (1966) S. 365—374.

3.2. Wirbelschicht und Übergang zur Flugstaubwolke

319. WICKE, E.: Chem.-Ing.-Techn. 24 (1952) S. 82—91. — WICKE, E., u. F. FETTING: Chem.-Ing.-Techn. 26 (1954) S. 301—309.
320. BRÖTZ, W.: Chem.-Ing.-Techn. 24 (1952) S. 60—81.
321. DRP 463772 vom 3. Okt. 1922.
322. PERRY, J. H.: Chemical Engineers Handbook, 4. Aufl. New York 1963.
323. LEVA, M.: Fluidization, New York 1959.
324. SCHYTIL, F.: Dechema Monographien, Bd. 38 (1960) S. 231—248.
325. GRASSMANN, P.: Physikalische Grundlagen der Chemie-Ingenieur-Technik, Aarau/Schweiz-Frankfurt/M. 1961.
326. Fortschritte der Verfahrenstechnik. Weinheim/Bergstr. 1954.
327. v. BOGDANDY, L.: Stahl u. Eisen 79 (1959) S. 1064.
328. MEISSNER, H. P., u. F. C. SCHORA: Trans. metallurg. Soc. AIME 218 (1960) S. 12—21.
329. TRAWINSKI, H.: Chem.-Ing.-Techn. 23 (1951) S. 416—419.
330. FETTING, F., u. E. WICKE: Dechema Monographien. Bd. 24 (1955) S. 146—169.
331. NONNENMACHER, H.: Z. Elektrochem., Ber. Bunsenges. phys. Chem. 57 (1953) S. 512—518.

4. Technische Durchführungsmöglichkeiten der Eisenerzreduktion (außerhalb des Hochofens)

4.1. Aufgabenstellung

332. Stahleisen-Kalender 1966. Hrsg.: Verein Deutscher Eisenhüttenleute. Düsseldorf 1965.
333a. Eisen und Stahl. Statistisches Vierteljahresheft der Eisen- u. Stahlindustrie, Hrsg.: Stat. Bundesamt, Außenstelle Düsseldorf, 3. Vierteljahresh. 1963.
333b. HOFMANN, E. E.: In: 3e Journées Internationales Sidérurgie Luxembourg 1962. Hrsg.: Centre National de Recherches Métallurgiques. Liège 1962, S. 483—494.

333c. Statist. Jb. d. Eisen- und Stahlindustrie 1965. Düsseldorf, S. 296.

334. Verfahren der direkten Reduktion von Eisenerzen. Hrsg.: Europäische Gemeinschaft für Kohle und Stahl. Hohe Behörde. Luxemburg 1960.

335. J. Metals (1963) S. 621.

336. HATCH, G. G., u. N. H. CUKE: Canad. min. metallurg. Bull. 49 (1956) S. 619 bis 622.

337. Steel 148 (1961) S. 122/23.

338. SIBAKIN, J. G.: Blast. Furn. Steel Plant 50 (1962) S. 977—989.

338a. MEYER, K.: Persönliche Mitteilung 1965.

339. LUCKE, F., H. SERBENT u. G. MEYER: Stahl u. Eisen 82 (1962) S. 1222—1232.

339a. LUCKE, F.: Persönliche Mitteilung 1965.

340. CELADA, J., C. K. MADER u. R. LAWRENCE: Iron Steel Eng. 37 (1960) S. 87—91.

341. LUBKER, R. A., u. K. W. BRULAND: J. Metals 12 (1960) S. 321—324; vgl. auch S. 440.

342. New Iron Ore Reduction Techniques. Hrsg.: Corp. Venez. Guyana, Caracas 1962.

343. Die Eisenerzwirtschaft der Welt in Zahlen. Hrsg.: Wirtschaftsvereinigung Eisen- u. Stahlindustrie. Düsseldorf 1961.

344. Anhaltszahlen für die Wärmewirtschaft in Eisenhüttenwerken, 5. Aufl. Hrsg.: Energie u. Betriebswirtschaftsstelle Verein Deutscher Eisenhüttenleute. Düsseldorf 1957, S. 1.

344a. Wie 344, S. 8.

345. Wie 344, S. 10.

346. WUNSCH, W.: Stahl u. Eisen 82 (1962) S. 1213—1222 (Wärmestelle 513).

347. WENZEL, W.: Arch. Eisenhüttenwes. 34 (1963) S. 75—82.

348. MINTROP, R.: Stahl u. Eisen 78 (1958) S. 633—646 (Hochofenaussch. 305).

348a. MINTROP, R.: Persönliche Mitteilung.

349. Hoesch AG, Westfalenhütte Dortmund. Unveröffentlichte Untersuchung.

350. MASI, O., u. P. CANNIZZO: J. Iron Steel Inst. 200 (1962) S. 199.

351. PANTKE, H D., u. J. WASMUHT: Stahl u. Eisen 86 (1966) S. 1078

352. New Iron Ore Reduction Techniques. Hrsg. Corp. Venez. Guyana, Caracas 1962, S. 8.

352a. MEYER, K.: Vortrag auf der 24th Ironmaking Conference, Pittsburgh, November 1965.

353. WEAVER, W. R.: Carbon Graphite News 7 (1960) Nr. 1; vgl. Stahl u. Eisen 80 (1960) S. 1727/28.

354. PLÖCKINGER, E., u. K. BOROWSKI: Techn. Mitt. Krupp 18 (1960) S. 1—8.

355. GUMMESON, P. U.: Proc. nat. Open-Hearth Comm., Iron Steel Div. Amer. Inst. min. metallurg. Petrol. Eng. 41 (1958) S. 366—381.

356. CHASE, P. W., u. D. L. McBRIDE: Blast. Furn. Steel Plant 51 (1963) S. 868 bis 897.

357. SCHAEFERS, W.: Stahl u. Eisen 84 (1964) S. 482—484.

358. KEITH, P. C., H. H. STOTLER u. R. J. McMULLAN: Iron Steel Eng. 40 (1963) Nr. 11, S. 95—100.

359. SPEITH, K. G., u. O. STEINHAUER: Stahl u. Eisen 83 (1963) S. 961—971 (Stahlwerksaussch. 765).

360. Iron Coal Trades Rev. 182 (1961) S. 477.

361. CAVANAGH, P. E.: Rev. techn. Luxemb. 50 (1958) S. 78—86.

362. JOLIVET, H.: Rev. Métallurg. 61 (1964) S. 531—543.

363. FINE, M. M., P. L. WOOLF u. N. BERNSTEIN: US Bureau of Mines Rep. 6523, 1964.

363a. PEART, J. R., u. F. J. PEARCE: J. Metals 17 (1965) S. 1396.

4.2. Erzreduktion in Flugstaubwolken und Rieselwolken

364. KNACKE, O.: Arch. Eisenhüttenwes. 30 (1959) S. 581—584.

365. MOREAU, J., J. BARDOLLE u. J. BÉNARD: Rev. Métallurg., Mem., 48 (1951) S. 486 bis 494.

366. EZZ, S., u. R. WILD: J. Iron Steel Inst. 194 (1960) S. 211—221.

367. CAVANAGH, R. L.: In: Iron Ore Reduction. Proceedings of a Symposium Electrothermics and Metallurgy Division of the Electrochemical Society, held in Chicago, 3—5 May, 1960. Oxford/London/New York/Paris 1962, S. 221—240.

368. JOHNSON, T. W., u. J. DAVISON: J. Iron Steel Inst. 202 (1964) S. 406—419.

369. EDWARDS, J. A.: Iron & Steel 36 (1963) S. 608/9.

370. SCHENCK, H., u. W. WENZEL: Entwicklungsarbeiten auf dem Gebiete der Verhüttung von Erzstaub in Schmelzkammern. Köln u. Opladen 1957. Forschungsberichte d. Wirtschafts- und Verkehrsministeriums Nordrhein-Westfalen, Nr. 407.

4.3. Reduktion in der Wirbelschicht

371. WILLEMS, J., u. G. QUADE: Stahl u. Eisen 79 (1959) S. 1058—1064 (Hochofenaussch. 322); Erörterungsbeitrag: v. BOGDANDY, L.; s. bes. S. 1064.

372. MEISSNER, H. P., u. F. C. SCHORA: Trans. metallurg. Soc. AIME 218 (1960) S. 12—21.

373. YAMAMICHI, Y.: Tetsu to Hagané Overseas 3 (1963) S. 296—302; vgl. Tetsu to Hagané 49 (1963) S. 747—752.

374. LUBKER, R. A., u. K. W. BRULAND: J. Metals 12 (1960) S. 321—324.

375. VAVILOV, N. S., L. M. TSYLEV u. CHAO CH'UNG-CH'I: Iswestija Akademii Nauk SSSR, OTN, Metallurgija i Toplivo 1962, No. 1, S. 46—55.

376. WINZER, D.: Dipl.-Arbeit, Techn. Univ. Berlin 1956; vgl. v. BOGDANDY, L.: Arch. Eisenhüttenwes. 32 (1961) S. 275—296.

377. SCHENCK, H., u. W. MASCHLANKA: Arch. Eisenhüttenwes. 31 (1960) S. 271—277.

378. SCHENCK, H., W. WENZEL u. H. D. BUTZMANN: Arch. Eisenhüttenwes. 33 (1962) S. 211—216.

379. LANGSTON, B. G., u. F. M. STEPHANS: In: Iron Ore Reduction. Proceedings of a Symposium of the Electrothermics and Metallurgy Division of the Electrochemical Society, held in Chicago, 3—5 May, 1960. Oxford/London/New York/ Paris 1962, S. 207—220.

380. BRANT, H. H., u. W. E. MARSHALL: In: Physical Chemistry of Process Metallurgical P. 2 and Petroleum Engineers. Pittsburgh, April 27 — May 1, 1959. New York/London 1961, S. 647—669.

381. Bibliographische Auswertung der Verfahren der direkten Reduktion von Eisenerzen. 2. Ausg. Hrsg.: Europäische Gemeinschaft f. Kohle u. Stahl, Hohe Behörde, Luxemburg 1960.

382. STOTLER, H. H., u. R. A. LUBKER: wie 379, S. 163

383. KEITH, P. C., H. H. STOTLER u. R. J. McMULLAN: Iron Steel Eng. 40 (1963) Nr. 11, S. 95—100.

384. CHASE, P. W., u. D. L. McBRIDE: Blast Furn. Steel Plant 51 (1963) S. 868—897.

385. REED, T. F., J. C. AGARWAL u. E. H. SHIPLEY: J. Metals 12 (1960) S. 317—320.

386. AGARWAL, J. C., P. W. CHASE, W. L. DAVIES u. T. F. REED: In: New Iron Ore Reduction Techniques. Hrsg.: Corporation Venezolana Guyana, Caracas 1962, S. 29.

387. Nasonov, P. Ia., E. N. Wasilev, I. L. Lure u. V. F. Knjazev: Isvestija Akademie Nauk SSSR, OTN. Metallurgija i. Toplivo 1962, Nr. 5, S. 29—36.
388. Hyde, R. W.: Wie 386, S. 93.
389. Old, B. S., u. R. W. Hyde: Chem. Eng. 64 (1957) S. 130.
390. Wie 371.
391. Wicke, E., K. Hedden u. G. Lüth: Stahl u. Eisen 79 (1959) S. 129—134 (Hochofenaussch. 318).
392. Stelling, O., u. I. Pereswetoff-Morath: Jernkont. Ann. 141 (1957) S. 237 bis 260.
393. Vavilov, N. S.: Isvestija Vysšich Učebnych Zavedeni Černaja Metallurgija 1963, Nr. 5, S. 26—33.
394. Feinmann, J.: Ind. Engng. Chem. Process Design Developm., 3 (1964) S. 241 bis 247.

4.4. Reduktion in Retorten

395. v. Bogdandy, L., u. W. Janke: Z. Elektrochem., Ber. Bunsenges. phys. Chem. 61 (1957) S. 1146—1153.
396. Hedden, K., u. G. Sommer: Arch. Eisenhüttenwes. 35 (1964) S. 9—14 (Hochofenaussch. 390).
397. Bull-Simonson, J.: Stahl u. Eisen 52 (1932) S. 457—461.
398. Brown, W. E.: Rep. Invest. Bur. Mines Nr. 3925, 1948, S. 58.
399. Celada, J., C. K. Mader u. R. Lawrence: Iron Steel Eng. 37 (1960) S. 87 bis 91.
400. Bibliographische Auswertung der Verfahren der direkten Reduktion von Eisenerzen. Hrsg.: Europäische Gemeinschaft f. Kohle u. Stahl, Hohe Behörde. Luxemburg 1960, S. 89.
401. Anonym. In: New Iron Ore Reduction Techniques. Hrsg.: Corporation Venezolana Guyana, Caracas 1962, S. 9.
402. Anonym: Chem. Eng. 69, Nr. 1 (1962).
403. v. Bogdandy, L.: Vortrag auf der Gemeinschaftssitzung des Ausschusses für metallurgische Grundlagen und des Hochofenausschusses in Düsseldorf 1964.
404. Hatarescu, O., G. Atanasiu, M. Petroseneanu u. L. Dimitriu: Metalurgia (Rumänien) 15 (1963) S. 298 (H. Brutcher Transl. No. 6427, 1964), u. Metalurgia (Rumänien) 16 (1964) S. 425 (H. Brutcher: Transl. No. 6479, 1965)
405. Hüttenwerk Oberhausen AG, unveröffentlichte Untersuchung 1965.

4.5. Reduktion im Drehgefäß

406. Lucke, F., H. Serbent u. G. Meyer: Stahl u. Eisen 82 (1962) S. 1222—1232, u. Stahl u. Eisen 85 (1965) S. 1371.
407. Wahlster, M.: Techn. Mitt. Krupp 17 (1959) S. 330—342.
408. Heiligenstädt, W.: Wärmetechnische Rechnungen für Industrieöfen, 3. Aufl. Düsseldorf 1951, S. 418ff.
409. Johannsen, F.: Metall u. Erz 36 (1939) S. 325—333.
410. Lucke, F., H. Serbent u. G. Meyer: Techn. Mitt. Krupp 19 (1961) S. 189 bis 195.
411. Hedden, K.: Chem.-Ing.-Techn. 30 (1958) S. 125—132.
412a. Hedden, K.: Brennst.-Chem. 41 (1960) S. 193—203.
412b. Hedden, K.: Chem. Eng. Sci. 14 (1961) S. 317. — Heynert, G., W. Zischkale u. E. Schürmann: Stahl u. Eisen 80 (1960) S. 981—990 (Hochofenaussch. 333).
413. Hoesch AG., Westfalenhütte Dortmund, unveröffentlichte Untersuchungen 1963.

414. KRAINER, H.: Techn. Mitt. Krupp 19 (1961) S. 85—106.
415. v. BOGDANDY, L., u. W. JANKE: Z. Elektrochem., Ber. Bunsenges. phys. Chem. 61 (1957) S. 1146—1153.
416. SIBAKIN, J. G.: Blast. Furn. Steel Plant 50 (1962) S. 977—989.
417. Bibliographische Auswertung der Verfahren der direkten Reduktion von Eisenerzen. Hrsg.: Europäische Gemeinschaft f. Kohle u. Stahl, Hohe Behörde Luxemburg 1960, s. bes. S. 9, 13, 23, 31, 35, 39, 47, 53 u. 57.
418. WAHLSTER, M.: Techn. Mitt. Krupp. Forsch.-Ber. 20 (1962) S. 1 u. 33—43.
419. v. BOGDANDY, L.: Stahl u. Eisen 82 (1962) S. 869—883 (Hochofenaussch. 361); Erörterungsbeitrag: JANKE, W.: Siehe bes. S. 881.
419a. MEYER, K.: Vortrag auf der 24th Ironmaking Conference, Pittsburgh, Nov. 1965.
420. HEISING, L. F., u. R. C. BRIGGS: Preliminary Engineering Studies for Application of the R-N Process to Lake Superior Region Iron Ores, U. S. Department of Commerce 1963.
421. BENGTSSON, E., K. ALMQUIST u. A. JOSEFSSON: J. Metals 16 (1964) S. 337—339.
422. LEHMKÜHLER, H.: Stahl u. Eisen 59 (1939) S. 1281—1288 (Hochofenaussch. 189).
423. JOHANNSEN, F.: Stahl u. Eisen 60 (1940) S. 910—912.
424. FRANK, Senior: In: New Iron Ore Reduction Techniques. Hrsg.: Corporation Venezolana Guyana, Caracas 1962, S. 66.
425. BRADDOCK, W. R.: Iron Steel Eng. 38 (1961) April, S. 123—125.
426. Ind. Heat. 30 (1963) S. 1081.
427. MAURICE, H., u. M. C. UDY: J. Metals 15 (1963) S. 630/31.
428. Iron Ore Reduction. Proceedings of a Symposium Electrothermics and Metallurgy Div. of the Electrochemical Society, held in Chicago, 3—5 May, 1960. Oxford/ London/New York/Paris 1962.
429. WAHLSTER, M., H. G. JOST, H. SERBENT u. G. MEYER: Techn. Mitt. Krupp Forsch.-Ber. 21 (1963) S. 5—14.
430. JOSEFSSON, A.: Persönliche Mitteilung 1964.
431. BARRETT, E. P.: Steel 105 (1939) Nr. 18, S. 48—52.
432. PAVLOVIC, P.: Entwicklung der Grundlagen eines Verfahrens für die Reduktion von Eisenerzen mit Öl. Aachen 1963 (Dr.-Ing.-Diss. TH Aachen).
433. PEARSON, T. F., C. G. ARMSTRONG u. D. R. CARTWRIGHT: J. Iron Steel Inst. 202 (1964) S. 1—10.
434. THEMELIS, N. J., J. W. DONALDSON u. M. C. UDY: Canad. min. metallurg. Bull. 57 (1964) S. 434—442.
435. v. BOGDANDY, L.: Vortrag v. d. Metallkolloquium der TU Berlin, Juli 1964.

4.6. Reduktion im Schachtofen (ohne Schmelzung)

436. v. BOGDANDY, L., u. W. JANKE: Z. Elektrochem., Ber. Bunsenges. phys. Chem. 61 (1957) S. 1146—1153.
437. v. BOGDANDY, L., u. R. WARTMANN: Arch. Eisenhüttenwes. 36 (1965) Nr. 3, S. 221—236.
438. Anhaltszahlen für die Wärmewirtschaft in Eisenhüttenwerken, 5. Aufl. Hrsg.: Energie- u. Betriebswirtschaftsstelle des Vereins Deutscher Eisenhüttenleute, Düsseldorf 1957, S. 358.
439. KUBASCHEWSKI, O., u. E. LL. EVANS: Metallurgical Thermochemistry. London 1951.
440. ELLIOT, J. F., u. M. GLEISER: Thermochemistry for Steelmaking, Vol. 1, American Iron Steel Institute, London 1960.

441. Bibliographische Auswertung der Verfahren der direkten Reduktion von Eisenerzen. Hrsg.: Europäische Gemeinschaft f. Kohle u. Stahl, Hohe Behörde Luxemburg 1960, S. 83.
442. Ståhlhed, J.: Stahl u. Eisen 72 (1952) S. 459—466 (Hochofenaussch. 258).
443. Wiberg, M.: Jernkont. Ann. 142 (1958) S. 288—355.
444. Wie 441, S. 95.
445. v. Bogdandy, L.: Stahl u. Eisen 82 (1962) S. 869—883 (Hochofenaussch. 361).
446. v. Bogdandy, L.: Proc. United Nations, Interregional Symposium on the Application of Modern Technical Practices in the Iron and Steel Industry of Developing Countries, 1963. Techn. Paper B 25.
447. v. Bogdandy, L., H. D. Pantke u. U. Pohl: J. Metals, April 1966, S. 519.
448. Pehlke, B.: Über die Ursache des Dekrepitierens von Eisenerzen. Dipl.-Arbeit, Bergakad. Clausthal 1958.
449. Scortecci, A., u. A. Palazzi: J. Iron Steel Inst. 195 (1960) S. 267—278.
450. Jeffries, C. F.: J. Metals 16 (1964) S. 805—808.
451. Elliott, J. F., u. M. Gleiser: Thermochemistry for Steelmaking. Amer. Iron Steel Institute, Vol. I, Reading u. London 1960.

4.7. Elektroreduktionsverfahren

452. Marincek, B.: Stoff- und Wärmeumsatz metallurgischer Vorgänge. Berlin/Göttingen/Heidelberg 1964, S. 67ff.
453. Wieder, H.: J. Metals 15 (1963) S. 628/29.
454. Colin, F. C.: Iron Ore Reduction. Proceedings of a Symposium Electrothermics and Metallurgy Div. of the Electrochemical Society, held in Chicago 3—5 May, 1960. Oxford/London/New York/Paris 1962, S. 98.
455. Hatch, G. G., u. N. H. Cuke: Canad. min. metallurg. Bull. 49 (1956) S. 619 bis 622.
456. Pecorari, A.: Radex-Rdsch. 1954, Nr. 4/5, S. 152—164.
457. Wenzel, W.: Stahl u. Eisen 79 (1959) S. 1183—1186 (Hochofenaussch. 324).
458. Bibliographische Auswertung der Verfahren der direkten Reduktion von Eisenerzen. Hrsg.: Europäische Gemeinschaft f. Kohle u. Stahl, Hohe Behörde, Luxemburg 1960.
459. Maurice, H., u. M. C. Udy: J. Metals 15 (1963) S. 627—631.
460. Wie 458, S. 13.
461. Wie 454, S. 241.
462. Wimmer, A.: Stahl u. Eisen 80 (1960) S. 1469—1477.
463. Wie 454, S. 134.
463a. Sato, Y., K. Murai, N. Kuboyama, A. G. Arnesen u. R. H. Fridén: J. Iron Steel Inst. 203 (1965) S. 799—803.
464. Durrer, R., u. G. Volkert: Die Metallurgie der Ferrolegierungen, Berlin/Göttingen/Heidelberg 1953.
465. Murakami, A., K. Takai u. Y. Sato: Tetsu to Hagané 46 (1960) S. 1140—1142.
466. Wenzel, W.: Persönliche Mitteilung 1965.

4.8. Vorbereitung der Brennstoffe für die Erzreduktion

467. Reerink, W.: Stahl u. Eisen 75 (1955) S. 322—335 (Kokereiaussch. 106).
467a. Reerink, W., K. G. Beck u. W. Weskamp: Die Versuchskokerei des Steinkohlenbergbauvereins. Köln/Opladen 1963. Forschungsberichte des Landes Nordrhein-Westfalen Nr. 1218.
468. Steinkohlenverkokung: In: Ullmanns Enzyklopädie der technischen Chemie, 3. Aufl. Hrsg.: W. Foerst, Bd. 10. München/Berlin 1958, S. 241—346.

468a. Handbuch des Kokereiwesens. Hrsg.: O. GROSSKINSKY. Düsseldorf, Bd. 1 (1955), Bd. 2 (1958).

468b. SIMONIS, W., u. K. G. BECK: Glückauf, demnächst.

469. DICKENS, P., u. W. RADMACHER: Stahl u. Eisen 80 (1960) S. 129—136 (Hochofenaussch. 327, Chemikeraussch. 286 u. Kokereiaussch. 113).

470. WESEMANN, F., U. GRAF u. R. WARTMANN: Stahl u. Eisen 76 (1956) S. 133—144 (Hochofenaussch. 291, Kokereiaussch. 104 u. Wärmestelle 424).

471. HEYNERT, G., W. ZISCHKALE u. E. SCHÜRMANN: Stahl u. Eisen 80 (1960) S. 981 bis 990 (Hochofenaussch. 333).

472. PETERS, W.: Glückauf 96 (1960) S. 997—1006.

473. HEDDEN, K.: Brennst.-Chem. 41 (1960) S. 193—203.

474. PÜCKOFF, U.: Stahl und Fisen 80 (1960) S. 989 (Erörterungsbeitrag, s. bes. S. 989/90).

475. KAHLHÖFER, H., G. PFRÖTSCHNER, A. SEND u. O. STEINHAUER: Stahl u. Eisen 82 (1962) S. 547—556 (Hochofenaussch. 359).

476. HUEBLER, J.: In: Iron Ore Reduction. Proceeding of a Symposium Electrothermics and Metallurgy Division of the Electrochemical Society, held in Chicago, 3—5 May, 1960. Oxford/London/New York/Paris 1962, S. 24.

477. v. GRATKOWSKI, H. W.: Stahl u. Eisen 80 (1960) S. 397—407 (Hochofenaussch. 329).

478. v. GRATKOWSKI, H. W.: In: ULLMANNS Enzyklopädie der technischen Chemie, 3. Aufl. Hrsg.: W. FOERST, Bd. 10. München/Berlin 1958, S. 360—458.

479. MAYER, M., u. V. ALTMAYER: Ber. dtsch. Chem. Ges. 40 (1907) S. 2134—2144.

480. CANTELO, R. C.: J. phys. Chem. 28 (1924) S. 1036.

481. CANTELO, R. C.: J. phys. Chem. 30 (1926) S. 1641.

482. SCHENCK, R.: Z. anorg. allg. Chem. 164 (1927) S. 145—147 u. 313—325.

483. RANDALL, M., u. A. MOHAMMED: Ind. Engng. Chem. 21 (1929) S. 1048—1052.

484. BROWNING, L. C., u. P. H. EMMETT: J. Amer. chem. Soc. 73 (1951) S. 581.

485. ROSSINI, F. D.: Selected Values of Properties of Hydrocarbons, Washington 1947, Circ. Nat. Bur. Stand. C 461.

486. HILLER, H.: Gaswärme 8 (1959) S. 151—154.

487. PETERS, K., u. E. KAPPELMACHER: Brennst.-Chem. 33 (1952) S. 296—307, neuere Daten in: CAIRNS u. TEVEBAUGH: J. Chem. Eng. Data 9 (1964) S. 453.

488. MONTGOMERY, C. W., E. B. WEINBERGER u. D. S. HOFFMANN: Ind. Engng. Chem. 40 (1948) S. 601—607.

489. ULICH, H., u. W. JOST: Kurzes Lehrbuch der physikalischen Chemie, 12. u. 13. Aufl. Darmstadt 1960.

490. FISCHER, F., u. H. TROPSCH: Brennst.-Chem. 9 (1928) S. 39—46.

491. CELADA, J., C. K. MADER u. R. LAWRENCE: Iron Steel Engng. 37 (1960) S. 87 bis 91.

492. v. BOGDANDY, L.: Stahl u. Eisen 82 (1962) S. 869—883 (Hochofenaussch. 361).

493. v. BOGDANDY, L., W. RUTSCH u. I. N. STRANSKI: Z. Elektrochem., Ber. Bunsenges. phys. Chem. 66 (1962) S. 661—666.

494. CHOULAT, G.: Gaswärme 12 (1963) S. 180—185.

495. MEUNIER, J.: Vergasung fester Brennstoffe und oxydative Umwandlung von Kohlenwasserstoffen. Weinheim/Bergstr. 1962.

496. MÜLLER, L. D., R. W. BOUMANN u. M. C. CHANG: Blast. Furn. Steel Plant. 53 (1965) S. 381.

497. SCHMULDER, P.: Brennst.-Chem. 1965, S. 23, vgl. BARHTOLOMÉ u. NONNENMACHER: Erdöl u. Kohle 1959, S. 359.

498. v. GRATKOWSKI, Persönliche Mitteilung.

5. Das Hochofenverfahren

5.1. Ansatzpunkte für die physikalisch-chemische Behandlung

499. Springorum, F. A.: Stahl u. Eisen 80 (1960) S. 1838—1851.

500. Trognitz, W. R.: Blast. Furn. Steel Plant. 52 (1964) S. 315—321.

501. Wagner, A., A. Holschuh u. W. Barth: Arch. Eisenhüttenwes. 6 (1932) S. 129 bis 136 (Hochofenaussch. 130).

502. Joseph, T. L., P. H. Royster u. S. P. Kinney: Proc. Eng. Soc. Western Pennsylvania Jan. 1926, S. 427.

503. Osann, B.: Stahl u. Eisen 36 (1916) S. 477—530.

504. Bansen, H.: Arch. Eisenhüttenwes. 1 (1927/28) S. 245—266 (Hochofenaussch. 86).

505. Reichardt, P.: Arch. Eisenhüttenwes. 1 (1927/28) S. 77—101 (Hochofenaussch. 83).

506. Wesemann, F.: Stahl u. Eisen 71 (1951) S. 873—877 (Hochofenaussch. 248 u. Wärmestelle 374).

507. Görgen, R.: Arch. Eisenhüttenwes. 30 (1959) S. 381—390 (Hochofenaussch. 321 u. Wärmestelle 475).

508. Schürmann, E., u. D. Bülter: Stahl u. Eisen 81 (1961) S. 1565—1574 (Hochofenaussch. 355).

509. Mintrop, R.: Stahl u. Eisen 78 (1958) S. 633—646 (Hochofenaussch. 305).

510. v. Bogdandy, L.: Stahl u. Eisen 81 (1961) S. 12—22 (Hochofenaussch. 337).

511. Heynert, G., P. Ischebeck u. W. v. Spee: Stahl u. Eisen 81 (1931) S. 1—12 (Hochofenaussch. 336 u. Maschinenaussch. 312).

512. Horie, S.: J. Metals, März 1965, S. 243.

512a. Persönl. Mitteilung der Werksleitung Čerepovec, 1966, vgl. Ramm, A. N.: Stal (in Deutsch) 5 (1965) S. 106—118, u. Levin, L. J., u. Mitarbeiter: Stal (in Deutsch) 4 (1964) S. 5—10,

513. Petersen, U., H. Kahlhöfer u. A. Send: Stahl u. Eisen 83 (1963) S. 1397 bis 1407 (Hochofenaussch. 382).

514. Brandi, H., G. Heynert u. H. Beer: Stahl u. Eisen 84 (1964) S. 1169—1174.

515. Voice, E. W., u. K. G. Dixon: J. Iron Steel Inst. 200 (1962) S. 438—443.

516. Wartmann, R.: Stahl u. Eisen 83 (1963) S. 1414—1425 (Hochofenaussch. 383).

517. Pawlow, M. A.: Metallurgie des Roheisens, 4. Bde. Moskau 1948. Deutsche Übers. 2. Aufl. Berlin 1953.

518. Brandi, H. T., T. Ischebeck u. G. Heynert: Stahl u. Eisen 80 (1960) S. 65 bis 73.

519. Beer, H., u. G. Heynert: Stahl u. Eisen 84 (1964) S. 1353—1365 (Hochofenaussch. 400).

520. Anhaltszahlen für die Wärmewirtschaft in Eisenhüttenwerken, 5. Aufl. Hrsg.: Energie- u. Betriebswirtschaftsstelle des Vereins Deutscher Eisenhüttenleute. Düsseldorf 1957, S. 87.

5.2. Vorbereitung des Möllers

521. Arch. Eisenhüttenwes. 6 (1932/33) S. 129—136 (Hochofenaussch. 130).

521a. Kinney, S. P.: Bur. of Mines, Techn. Paper Nr. 459, 1930, S. 1—92.

522. Luyken, W.: Die Vorbereitung des Hochofenmöllers. Berlin 1953.

523. Birnbaum, H., u. L. v. Bogdandy: Stahl u. Eisen 82 (1962) S. 785—796 (Hochofenaussch. 360).

524. Mintrop, R.: Stahl u. Eisen 78 (1958) S. 633—646 (Hochofenaussch. 305).

525. v. Bogdandy, L.: Stahl u. Eisen 81 (1961) S. 12—22 (Hochofenaussch. 337).

526. HEYNERT, G., P. ISCHEBECK u. W. v. SPEE: Stahl u. Eisen 81 (1961) S. 1—12. (Hochofenaussch. 336 u. Maschinenaussch. 312).

526a. TROGNITZ, W. R.: Blast. Furn. Steel Plant 52 (1964) S. 315—321 u. 349.

527. STRASSBURGER, J. H.: J. Metals 8 (1956) S. 840—842.

528. STOWASSER, W. F.: Min. Engng. 7 (1955) S. 473—475.

529. MEYER, K.: Stahl u. Eisen 76 (1956) S. 588—595 (Hochofenaussch. 294 u. Erzaussch. 72).

530. PAQUET, J.: Rev. techn. Luxemb. 47 (1955) S. 145—150.

531. VOICE, E. W., S. H. BROOKS, W. DAVIES u. B. L. ROBERTSON: J. Iron Steel Inst. 175 (1953) S. 97—152.

532. CARMAN, P. C.: Trans. Inst. chem. Eng. 15 (1937) S. 150—166.

532a. HARADA, S.: J. Metals 17 (1965) S. 1305.

533. v. BOGDANDY, L., u. R. SCHMOLKE: Stahl u. Eisen 77 (1957) S. 685—693 (Hochofenaussch. 299).

534. HOLOWATY, M. O., u. J. F. ELLIOTT: Proc. Blast. Furn. Coke Oven Raw. Mater. Comm. Amer. Inst. min. metallurg. Eng. 14 (1955) S. 26—42.

535. BAN, T. E., C. A. CZAKO, C. D. THOMPSON u. D. C. VIOLETTA: In: Agglomeration. Ed. by W. A. KNEPPER. New York/London 1962, S. 511—540.

536. WEILANDT, B., u. W. STORSBERG: Stahl u. Eisen 76 (1956) S. 870—878 (Hochofenaussch. 296 u. Erzaussch. 74).

537. WOLF, W.: Wie 536, S. 878. Erörterungsbeitrag, s. bes. S. 878.

538. KOSMIDER, H., E. BERTRAM u. H. SCHENCK: Stahl u. Eisen 76 (1956) S. 858 bis 870 (Hochofenaussch. 295 u. Erzaussch. 73) s. bes. S. 862.

538a. STEINHAUER, O., u. K. ZEHE: Stahl u. Eisen 81 (1961) S. 88—95 (Hochofenaussch. 338).

539. HAHN, R.: Mitteilung der Forschungs-Anstalt Gutehoffnungshütte-Konzern 9 (1942) S. 206—212.

540. RAUSCH, H., u. F. CAPPEL: Stahl u. Eisen 81 (1961) S. 96—102 (Hochofenaussch. 339).

540a. SCHENCK, H., W. WENZEL u. G. DIETRICH: Arch. Eisenhüttenwes. 34 (1963) S. 493—496.

541. SCHENCK, H., W. WENZEL u. G. DIETRICH: Forschungsbericht Land NRW, Nr. 1122/1962, Opladen, vgl. Stahl u. Eisen 81 (1961) S. 404—407 (Hochofenaussch. 344).

541a. Ind. Heat. 28 (1961) S. 1682—1688 u. 1960.

542. ROHAN, T. M.: Iron Age 177 (1956) Nr. 15, S. 55—58.

543. HAVEN, W. A.: J. Iron Steel Inst. 180 (1955) S. 144—154.

543a. STARRATT, F. W.: J. Metals 14 (1962) S. 299—302.

544. SENGFELDER, G.: Stahl u. Eisen 70 (1950) S. 765—767 (Erzaussch. 54); Stahl u. Eisen 72 (1952) S. 1577—1579 (Erzaussch. 63).

545. TIGERSCHIÖLD, M.: J. Iron Steel Inst. 177 (1954) S. 13—24.

546. MEYER, K.: Stahl u. Eisen 79 (1959) S. 222—225.

546a. BERKHAHN, R. W., u. D. M. ULRICH: J. Metals 14 (1962) S. 303—305.

547. SEND, A.: Stahl u. Eisen 83 (1963) S. 972—978 (Hochofenaussch. 379).

547a. MEYER, K.: Stahl u. Eisen 83 (1963) S. 1337—1345.

547b. ROHAN, T. M.: Iron Age 186 (1960) S. 159—161.

548. WOLF, W., u. W. WYSOCKI: Stahl u. Eisen 81 (1961) S. 559—561 (Hochofenaussch. 349).

548a. PETERSEN, W., u. H. MINGENBACH: Z. Erzbergbau Metallhüttenwesen 16 (1963) S. 495—504.

549. RAMTHUN, H., u. H. SCHEIWE: Arch. Eisenhüttenwes. 29 (1958) S. 165—167.

550. Moore, J. E., u. D. H. Marlin: In: Agglomeration. Ed. by W. A. Knepper. New York/London 1962, S. 743—785

550a. McMulkin, F. J., u. N. G. Thomas: J. Metals 16 (1964) S. 246—251.

550b. Cappel, F.: Stahl u. Eisen 84 (1964) S. 1062—1070.

551. Winzer, G., u. E. Peetz: Stahl u. Eisen 81 (1961) S. 1101—1107 (Hochofenaussch. 351).

552. Toussaint, F., G. Heynert, J. Willems u. G. Quade: Stahl u. Eisen 80 (1960) S. 473—483 (Hochofenaussch. 331).

553. Doi, Y., u. K. Kasai: Proc. Blast. Furn. Coke Oven Raw Mater. Comm., Iron Steel Div., Metallurg. Soc. Amer. Inst. min. metallurg. petrol. Erg. 18 (1959) S. 182—205; vgl. J. Metals 11 (1959) S. 755—759.

554. Danielsson, C.: J. Iron Steel Inst. 175 (1953) S. 152—154.

555. Firket, A., u. J. Molderez: Rev. univ. Mines, 9 Sér. 102 (1959) S. 93—106; vgl. J. Metals 11 (1959) S. 760—767.

556. Lewin, L. Ja., J. A. Kusmin, W. D. Kailow u. A. B. Schur: Stal 18 (1958) S. 964—968; vgl. Iron Coal Trades Rev. 178 (1959) S. 381—385.

557. Babarykin, N. N., u. F. A. Juschin: Stal 18 (1959) S. 1057—1065, s. bes. S. 1058.

558. Möller, A.: Möglichkeiten zur Beeinflussung der Oxydationszone des Hochofens. Dr.-Ing.-Diss., Bergakad. Clausthal 1944. — Pawlow, M. A.: Metallurgie des Roheisens, 2. Aufl. Bd. 1—4. Berlin 1953.

559. Schürmann, E., W. Zischkale, P. Ischebeck u. G. Heynert: Stahl u. Eisen 80 (1960) S. 854—861.

560. Hupfer, K., u. H. Weidenmüller: Stahl u. Eisen, demnächst.

561. Kitaico, B. I., R. Komar u. S. G. Mukha: Trans. Ind. Inst. Metals 11 (1958) Nr. 12, S. 3—20.

562. Birnbaum, H., L. v. Bogdandy u. W. Janke: Stahl u. Eisen 80 (1960) S. 781 bis 788 (Hochofenaussch. 332).

562a. Stahl-Eisen-Prüfblatt 1770-64. Verfahren zur Ermittlung der Reduzierbarkeit von Eisenerzen und Agglomeraten bei gleichbleibender Temperatur. 1. Ausg. Febr. 1964.

563. v. Bogdandy, L., P. Dickens, W. v. d. Esche u. J. Willems: Stahl u. Eisen 83 (1963) S. 129—139 (Hochofenaussch. 371).

564. Klein, E.: Proc. Blast. Furn. Coke Oven Raw Mater. Comm., Iron Steel Div., Metallurg. Soc. Amer. Inst. min. metallurg. petrol Eng. 17 (1958) S. 265—273.

565. Nitchie, C. M.: To be presented at the Joint Meeting of the Eastern and Western States Blast Furnace and Coke Oven Association, Pittsburgh, November 1963.

566. Ayres, H. S.: Blast furnace practice using sinter burdens. In: Deuxième symposium international sur l'agglomération des minerais de fer. Bd. II, Paris 1957, S. 612/13. — Figgis, K. J., u. F. E. Charker: Blast. Furn. Steel Plant 50 (1962) S. 1180—1191, Stahl u. Eisen 84 (1964) S. 361—364.

567. Herr, H. D.: Untersuchung über den Brechvorgang an Erzen in der Möllervorbereitung. Dipl.-Arbeit TU Berlin 1963.

568. Paschal, F.: Rev. Metallurg. 56 (1959) S. 285—301.

569. Elliott, G. D.: Ironmaking at the Appleby-Frodingham Works of the United Steel Companies Ltd. London 1944. Spec. Rep. Iron Steel Inst. Nr. 30.

570. Dobscha, H. F.: Blast. Furn. Steel Plant 34 (1946) S. 979—985.

571. Rueckel, W. C.: J. Metals 5 (1953) S. 509—514.

572. Kahlhöfer, H., A. Send u. G. Pfrötschner: Stahl u. Eisen 79 (1959) S. 1461 bis 1471 (Hochofenaussch. 326).

573. Wendeborn, H.: Saugzugsintern und -rösten. Berlin 1934.

574. Schluter, R., u. F. Bitsianes: In: Agglomeration. Ed. by W. A. Knepper. New York/London 1962, S. 585—639.
575. Schenck, H., u. H. P. Schulz: Arch. Eisenhüttenwes. 31 (1960) S. 691—702 (Hochofenaussch. 335).
576. v. Bogdandy, L.: Arch. Eisenhüttenwes. 32 (1961) S. 275—296.
577. Schenck, R., H. Franz u. A. Laymann: Z. anorg. allg. Chem. 206 (1932) S. 192ff.; vgl. Stahl u. Eisen 52 (1932) S. 731—732.
578. Schenck, R., H. Franz u. H. Willeke: Z. anorg. allg. Chem. 184 (1929) S. 1—38; vgl. Stahl u. Eisen 50 (1930) S. 519/20.
579. v. d. Esche, W., u. O. Steinhauer: Arch. Eisenhüttenwes. 30 (1959) S. 187 bis 198 (Hochofenaussch. 319).
580. Tigerschiöld, M.: Stahl u. Eisen 70 (1950) S. 397—403.
581. Danielsson, C.: J. Iron Steel Inst. 175 (1953) S. 152—154.
582. Notini, U.: In: Journées internationales de sidérurgie, 18.—28. Juni 1958. Comptes rendus. Hrsg.: Centre National de Recherches Métallurgiques. Liège 1958, S. 325—331.
583. Klein, E.: Iron Coal Trades Rev. 175 (1957) S. 549—552.
584. Cohen, E.: J. Iron Steel Inst. 175 (1953) S. 160—166.
585. Doi, Y., u. K. Kasai: J. Metals 11 (1959) S. 755—759.
585a. Ikeno, E., u. Y. Itoh: Tetsu to Hagané 48 (1962) S. 839.
585b. Leščinskaya, E. I., u. S. J. Rostovcev: Isvestija Vysšich Učebnich Zavedeni-černaja Metallurgija 5 (1962) Nr. 5, S. 5—15.
585c. Pochvisnev, A. N.: In: Journées internationales de sidérurgie, 18.—28. Juni 1958. Comptes rendus. Hrsg.: Centre National de Recherches Métallurgiques, Liège 1958, S. 295/96.
586. Elliott, G., J. A. Bond u. T. E. Mitchell: J. Iron Steel Inst. 175 (1963) S. 241—247.
587. Schürmann, E.: Arch. Eisenhüttenwes. 35 (1964) S. 484—486.
588. Kubaschewski, O., u. E. Ll. Evans: Metallurgical thermochemistry, 2. ed. London 1956 (Metal physics and physical metallurgy, Vol. 1.)
589. Wuhrer, J., u. G. Radermacher: Chem.-Ing.-Techn. 28 (1956) S. 328—336.
590. Meyer, G.: Stahl u. Eisen 84 (1964) S. 479—482. Erörterungsbeitrag zu G. Schwabe u. H. Rellermeyer: Stahl u. Eisen 84 (1964) S. 327—349, (Hochofenaussch. 392).
591. Baldwin, E. H., u. I. M. Mathiesson: Proc. Blast. Furn. Coke Oven Raw Mater. Comm., Iron Steel Div. Metallurg. Soc. Amer. Inst. min. metallurg. petrol. Eng. 18 (1959) S. 218—231.
592. Rasspopov, I. W., Ja. Ss. Gorbanev u. D. W. Gulyga: Stal 18 (1958) S. 676 bis 682.
593. Schaefers, W., u. O. Steinhauer: Stahl u. Eisen 83 (1963) S. 17—25 (Hochofenaussch. 369).
594. Callender, W.: In: Agglomeration. Ed. by W. A. Knepper. New York/London 1962, S. 641—667.
595. Edström, J. O.: Jernkont. Ann. 141 (1957) S. 457—478.
595a. Cooke, S. R. B., u. T. E. Ban: Min. Engng. 4 (1952) S. 1053—1058.
595b. Cooke, S. R. B., u. W. F. Stowasser: Min. Engng. 4 (1952) S. 1223—1230.
595c. Furui, T.: Yawata techn. Rep. Nr. 246, 1964, S. 4847—4854.
595d. Ottow, M.: Ursache der Zerstörung der Hämatitpellets aus sehr reinem Magnetitkonzentrat, Diss. TU Berlin 1966; vgl. Ishimitsu, A.: Tetsu tu Hagané Overseas 5 (1965) S. 214—16, u, Koretata, K., u. Mitarb.: Yawata Techn. Report 6 (1965) No. 251, S. 5899—5909.

596. v. Bogdandy, L., u. H. G. Riecke: Arch. Eisenhüttenwes. 29 (1958) S. 603 bis 609 (Hochofenaussch. 313).

597. Unveröffentlichte Untersuchung der Hüttenwerk Oberhausen AG.

597a. Kolesanov, F. F., u. E. G. Gavrin: Stal 22 (1962) Nr. 4, S. 293—296; Stal (in Engl.) 1962, Nr. 4, S. 247—250.

598. Marshall, W. E.: J. Metals 13 (1961) S. 308—313.

599. Heynert, G., W. Zischkale u. J. Willems: Stahl u. Eisen 82 (1962) S. 1641 bis 1647 (Hochofenaussch. 365).

600. Harada, Sh.: Vortrag auf der Metal Mining. and Industrial Minerals Convention, American Mining Congress, Los Angeles, California, 15.—18. Sept. 1963.

601. Petersen, U., H. Kahlhöfer u. A. Send: Stahl u. Eisen 83 (1963) S. 1397 bis 1407 (Hochofenaussch. 382).

602. Brandi, H., G. Heynert u. H. Beer: Stahl u. Eisen 84 (1964) S. 1169—1174.

603. Schenck, H.: Stahl u. Eisen 83 (1963) S. 1683—1690.

603a. Winzer, G.: Stahl u. Eisen 86 (1966) S. 74.

604. Zudin, V. M., I. I. Sagajdak, A. P. Jacobson, N. N. Barbarykin, V. G. Dorman, A. L. Galatonov u. P. V. Lekin: Stal 22 (1962) Nr. 8, S. 675—682; Stal (in Engl.) 1962, Nr. 8, S. 578—562.

605. Send, A.: Persönliche Mitteilung

606. Wilburg, J. S.: Blast. Furn. Steel Plant 52 (1964) S. 836—843, s. bes. S. 842.

607. Smedstum, J. A.: J. Metals 17 (1965) S. 465.

5.3. Prüfung der Erze für den Hochofen

608. Handbuch für das Eisenhüttenlaboratorium. Hrsg. Chemikerausschuß des Vereins Deutscher Eisenhüttenleute e. V., Bd. 3, Berlin u. Düsseldorf 1956.

608a. DIN 4187 — Lochbleche für Prüfsiebe, Juli 1962. — DIN 4188 — Drahtgewebe für Prüfsiebe, Febr. 1957.

609. Birnbaum, H., L. v. Bogdandy u. W. Janke: Stahl u. Eisen 80 (1960) S. 781 bis 788 (Hochofenaussch. 332).

610. Hüttenwerk Oberhausen AG, bisher unveröffentlichte Untersuchungsergebnisse.

611. Heynert, G., P. Ischebeck u. W. v. Spee: Stahl u. Eisen 81 (1961) S. 1—12 (Hochofenaussch. 336 u. Maschinenaussch. 312).

612. Janke, W.: Beitrag zur Prüfung von Stückerzen im Laboratoriums- u. Betriebsversuch. Dr.-Ing.-Diss. TU Berlin 1960.

613. Send, A., u. B. Weilandt: Stahl u. Eisen 81 (1961) S. 303—310 (Hochofenaussch. 343).

614. DIN 51712 — Steinkohlenkoks. Bestimmung der Trommelfestigkeit. Ausg. 1950.

614a. Astier, J.: Circ. Inform. techn. 21 (1964) S. 1493—1499.

615. v. Bogdandy, L., u. R. Schmolke: Stahl u. Eisen 77 (1957) S. 685—693 (Hochofenaussch. 299).

616. Ramthun, H., u. H. Scheiwe: Arch. Eisenhüttenwes. 29 (1958) S. 165—167.

617. Linder, R.: Iron Steel Inst. 189 (1958) S. 233—243.

618. Fortado, J.: Rev. Métallurg. Mém. 43 (1946) S. 219—228.

619. Debatty, L.: Circ. Inform. techn. 10 (1953) S. 291—302.

620. Pehlke, B.: Über die Ursachen des Dekrepitierens von Eisenerzen. Dipl.-Arbeit Bergakad. Clausthal 1958.

621. Volmer, M.: Kinetik der Phasenbildung. Dresden 1939.

622. Kaischew, R., u. I. N. Stranski: Z. phys. Chem. 26 (1934) S. 317—326.

623. Baake, R.: Stahl u. Eisen 51 (1931) S. 1277—1283 u. 1314—1319 (Hochofenaussch. 122).

624. HARTMANN, F.: Stahl u. Eisen 63 (1943) S. 393—398 (Hochofenaussch. 214).
625. DICKENS, P., W. v. D. ESCHE u. J. WILLEMS: Stahl u. Eisen 79 (1959) S. 905 bis 917 (Hochofenaussch. 320 u. Chemikeraussch. 271).
626. POOS, A., u. A. DECKER: Rev. univ. Mines 9 Sér. 102 (1959) S. 773—783.
627. GRIEVE, A.: J. Iron Steel Inst. 175 (1953) S. 1—4.
628. BARBARYKIN, N. N., u. F. A. JUSCHIN: Stal 18 (1958) S. 1057—1065.
629. BRAUMANN, O.: Über das Erweichungsverhalten von Eisenerzen. Dr.-Ing.-Diss. TH Aachen 1964.
630. v. BOGDANDY, L., H. P. SCHULZ u. O. BRAUMANN: Stahl u. Eisen 84 (1964) S. 1561—1568 (Aussch. metallurg. Grundlagen 11).
631. SCHENCK, H.: Stahl u. Eisen 75 (1955) S. 682—690 (Hochofenaussch. 286).
632. MATHESIUS, L.: Stahl u. Eisen 34 (1914) S. 866—873.
633. SCHÜRMANN, E., u. G. QUADE: Schrifttumsübersicht über die Reduktion von Eisenerzen. Institut.für Eisenhüttenkunde u. Gießereiwesen an der Bergakadamie Clausthal T. 1.2. Clausthal 1955.
633a. BOSLEY, J. J., N. B. MELCHER u. M. M. HARRIS: J. Metals 11 (1959) S. 610 bis 615.
633b. REKAR, C.: Stahl u. Eisen 73 (1953) S. 1094—1101 (Hochofenaussch. 277).
633c. POOS, A., u. R. VIDAL: Etude théorique des phénomènes du haut fourneau basée sur les résultats du fourneau expérimental de Liège. Hrsg.: Centre National de Recherches Métallurgiques. Liège 1964.
634. v. BOGDANDY, L., P. DICKENS, W. v. D. ESCHE u. J. WILLEMS: Stahl u. Eisen 83 (1963) S. 129—139 (Hochofenaussch. 371).
635. DICKENS, P., P. KÖNIG u. K.-H. SCHMITZ: Stahl u. Eisen 84 (1964) S. 9—15 (Hochofenaussch. 387).
636. SCHÜRMANN, E., J. WILLEMS u. G. SOMMER: Arch. Eisenhüttenwes. 35 (1964) S. 1—8 (Hochofenaussch. 389) u. S. 169—171 (Hochofenaussch. 393).
636a. HEDDEN, K., u. G. SOMMER: Arch. Eisenhüttenwes. 35 (1964) S. 9—14 (Hochofenaussch. 390).
637. SCHENCK, H., u. W. WENZEL: Arch. Eisenhüttenwes. 37 (1966) S. 99—108.
638. WAHLSTER, M.: Techn. Mitt. Krupp 19 (1961) S. 1—16.
639. Stahl-Eisen-Prüfblatt 1770-64. Verfahren zur Ermittlung der Reduzierbarkeit von Eisenerzen und Agglomeraten bei gleichbleibender Temperatur. 1. Ausg. Febr. 1964.
640. SCHWABE, G., u. H. RELLERMEYER: Stahl u. Eisen 84 (1964) S. 327—349 (Hochofenaussch. 392).
641. MEYER, G.: Erörterungsbeitrag zu Lit. 640. S. 479—482.
642. SKODIN, K. K.: Stal 23 (1963) S. 57—104; Stal in Deutschl. 3 (1963) S. 745.
643. KRAINER, H., TH. LETTMANN u. M. WAHLSTER: Stahl u. Eisen 83 (1963) S. 578 bis 585.
644. Hüttenwerk Oberhausen AG, bisher unveröffentlichte Untersuchungsergebnisse.
645. POOS, A., u. R. LINDER: 3. Journées internationales de sidérurgie, Luxembourg, Okt. 1962. Hrsg.: Centre Nationale de Recherches Métallurgiques, Liège 1962, S. 117—126.
646. Hoesch AG. Westfalenhütte, bisher unveröffentlichte Untersuchungsergebnisse.
647. BERG, B., J. HANCART u. A. POOS: Rev. univ. Mines, 9 Sér., 105 (1962) S. 284 bis 287.
648. LINDER, R.: Jernkont. Ann. 148 (1964) Nr. 6, S. 361—376.
648a. POHL, H., E. TSCHIERSKE u. K. HAGEDORN, Stahl u. Eisen 86 (1966), S. 73.
649. BARRETT, E. P., u. C. E. WOOD: Ind. Eng. Chem. Anal. Ed. 18 (1946) S. 285.
650. RIST, A., u. G. BONNIVARD: Rev. Metallurgic. Jan. 1963, S. 23.

5.4. Verhalten von Austauschbrennstoffen im Hochofen

651. Brit. Patent 6207 (1831).

652. Brit. Patent. 7727 (1838).

652a. DRP 682 vom 14. Sept. 1877.

653. BERTRAM, E.: Arch. Eisenhüttenwes. 1 (1927) S. 19—32 (Hochofenaussch. 82).

654. DRP 350631 vom 22. Juni 1918.

655. KREIDE, R., u. J. ROLL: Stahl u. Eisen 56 (1936) S. 1177—1179 (Hochofenaussch. 155).

656. LAURIEN, H., u. G. WEDEKIND: Erdöl u. Kohle 14 (1961) S. 141—148.

656a. Gewerkschaftl. Rundschau März 1964, S. 138/39.

657. Daten zur Entwicklung der Energiewirtschaft in der Bundesrepublik Deutschland. Bundesministerium für Wirtschaft, Januar 1964.

658. Glückauf 100 (1964) S. 862—868.

658a. SEGELKEN, L.: Gas- und Wasserfach 104 (1963) S. 1293—1310.

658b. Statistische Unterlagen der Ruhrkohlenberatung GmbH 1966.

659. Anhaltszahlen für die Wärmewirtschaft in Eisenhüttenwerken. Hrsg.: Energie- u. Betriebswirtschaftsstelle des Vereins Deutscher Eisenhüttenleute e. V., 5. Aufl. Düsseldorf 1957.

660. STEINHAUER, O.: Stahl u. Eisen 82 (1962) S. 1566—1572.

660a. GRIMM, W.: Brennst. Wärme Kraft 15 (1963) S. 571—574.

661. ISCHEBECK, P., G. HEYNERT u. H. BEER: Stahl u. Eisen 82 (1962) S. 1476—1485 (Hochofenaussch. 364).

661a. STRASSBURGER, J. H., E. J. OSTROWSKI u. J. R. DIETZ: J. Metals (1962) S. 295 bis 298.

661b. Anonym in: Steel (1962) S. 67; CRAWFORD, C. W. J.: Steel & Coal 187 (1963), Nr. 4958, S. 174/75.

661c. LIMPACH, R.: Centre National de Recherches Métallurgiques 1964, Nr. 1, S. 3—13.

661d. OSTROWSKI, E. J., J. R. DIETZ: J. Metals 17 (1965) S. 1289

661e. UHL, U.: Diss. TH Aachen 1965.

662. v. BOGDANDY, L., u. W. SCHAEFERS: Stahl u. Eisen 82 (1962) S. 1—18 (Hochofenaussch. 356).

663. v. BOGDANDY, L., u. R. GÖRGEN: Arch. Eisenhüttenwes. 35 (1964) S. 963—976 (Aussch. metallurg. Grundlagen 10 u. Wärmestelle 550).

663a. BEUTHAN, W.: Erdöl und Kohle 18 (1965) S. 93.

664. v. BOGDANDY, L.: Arch. Eisenhüttenwes. 32 (1961) S. 275—296.

664a. SKODIN, K. K.: Stal 23 (1963) S. 97—104, Stal in Deutsch. 3 (1963) S. 745.

664b. KRAINER, H., M. WAHLSTER u. T. LETTMANN: Stahl u. Eisen 83 (1963) S. 578 bis 585.

665. HOFMANN, E. E.: 3. Journées internationales des Sidérurgie Luxembourg, Okt. 1962. Hrsg.: Centre National de Recherches Métallurgiques, Liège 1962, S. 483—494 u. persönl. Mitteilung 1965.

665a. SCHUMACHER, H.: Stahl u. Eisen 86 (1966) S. 309—321.

666. MELCHER, N. B., J. P. MORRIS, E. J. OSTROWSKI u. P. L. WOOLF: Use of natural gas in an experimental blast furnace. Hrsg.: United States Department of the interior. Bureau of Mines, Washington 1960, Report of investigations Nr. 5621.

666a. OSTROWSKI, E. J., G. KESSLER u. N. B. MELCHER: Proc. Blast. Furn. Coke Oven Raw Mater Comm., Iron Steel Div., Metallurg. Soc. Amer. Inst. min. metallurg. petrol Eng. 19 (1960) S. 279—300.

5. 524 Schrifttum

667. CORDIER, J. A.: Proc. Blast. Furn. Coke Oven Raw Mater. Comm., Iron Steel Div., Metallurg. Soc. Amer. Inst. min. metallurg. petrol. Eng. 19 (1960) S. 238 bis 278.

667a. CORDIER, J.: Techn. mod. 55 (1963) S. 471—483.

668. DECKER, A.: Stahl u. Eisen 81 (1961) S. 1264—1270.

668a. BRANDI, H., P. ISCHEBECK u. H. BEER: Stahl u. Eisen 83 (1963) S. 1541—1546 (Hochofenaussch. 384).

669. JOSEPH, T. L.: Blast. Furn. Steel Plant 49 (1961) S. 239—246 u. 324—328.

670. HODGE, A. L.: Blast. Furn. Steel Plant 48 (1960) S. 665—675 u. 689.

671. RAMM, A. N.: Anwendung von angereichertem Wind im Hochofenbetrieb. In: Contemporary problems of metallurgy. Ed. by A. M. SAMARIN. Transl. from Russian, New York 1960, S. 51—79.

672. RIDGION, J. M.: J. Iron Steel Inst. 199 (1961) S. 135—143.

673. MELCHER, N. B., W. M. MAHAN u. P. L. WOOLF: In: The future of ironmaking in the blast-furnace. London 1962, Spec. Rep. Iron Steel Inst. Nr. 72, S. 47—52.

674. TRENSE, R. V., u. D. F. ROSBOROUGH: wie unter 673, S. 53—58.

675. BELL, H. B., u. J. TAYLOR: J. Iron Steel Inst. 199 (1961) S. 285—287.

675a. STEPHENSON, R. L.: Iron Steel Eng. 39 (1962) Nr. 8, S. 91—98. Und. Bl. F. Steel Plant 53 (1965) S. 389.

676. KREBS, E.: Stahl u. Eisen 70 (1950) S. 1290.— KITAEV, B. I.: Stal 1954, Nr. 8, S. 684. — ZISCHKALE, U., G. HEYNERT, H. BEER: Stahl u. Eisen 83 (1963) S. 1117. — BARBARYKIN, N.: Stal (deutsch) 1965, Heft 1, S. 10.

676a. LIMPACH, R.: Rev. univ. Mines 19 (1963) S. 253—267.

677. PETERS, W., u. J. LEHMANN: Erdöl u. Kohle 2 (1965) S. 112—118.

677a. GRIMM, W.: Erdöl u. Kohle 16 (1963) S. 371.

677b. FRITSCH, H. W.: Techn. Mitt. 55 (1962) S. 81.

677c. MASDIN, E. G., u. M. W. THRING: J. Inst. Fuel 35 (1962) S. 251.

678. OSTROWSKI, E. J., M. B. ROYER u. L. J. ROPELEWSKI: U. S. Bureau of Mines, Rep. Investigations 5648, (1960) S. 145.

678a. NILLES, P.: Rapport Centre National de Recherches Métallurgiques, Lüttich, Nr. 19 vom 13. Dez. 1960.

679. DUFTSCHMID, F., u. F. MARKERT: Chem.-Ing.-Techn. 32 (1960) S. 806—811.

680. LOGINOV, V. J., G. G. OREŠKIN u. J. G. POLOVČENKO, A. A. SOROKIN u. I. N. KARDASEVIČ: Stal 16 (1956) S. 675—682.

681. GRASSMANN, P.: Physikalische Grundlagen der Chemie-Ingenieur-Technik, Aarau u. Frankfurt/M. 1961. — HANSEN, M.: Stahl u. Eisen 69 (1949) S. 526—528.

682. GRÖBER, H., S. ERK u. U. GRIGULL: Die Grundgesetze der Wärmeübertragung Berlin/Göttingen/Heidelberg 1961.

683. FRITZ, W., u. H. DIEMKE: Feuerunstechn. 27 (1939) S. 129—136.

683a. FRITZ, W.: Forsch. Ing.-Wes. 14 (1943) S. 1—10.

684. GUMZ, W.: Kurzes Handbuch der Brennstoff- und Feuerungstechnik, 3. Aufl. Berlin/Göttingen/Heidelberg 1962, S. 196.

685. TOWNEND, D. T. A.: Iron Coal Trad. Rev. 171 (1955) S. 1285—1292.

686. KREBS, E.: Stahl u. Eisen 70 (1950) S. 358—360 (Hochofenaussch. 238. — KITAJEV, B. I.: Stal 1954, Nr. 8, S. 684—690. — ZISCHKALE, W., G. HEYNERT u. H. BEER: Stahl u. Eisen 83 (1963) S. 1117—1125. — BARBARYKIN, N. N.: Stal (deutsch) H. 1 (1965) S. 10.

687. SCHMITZ, K. H.: Stahl u. Eisen 82 (1962) S. 14 (Hochofenaussch. 381).

688. WIETHOFF, G.: Stahl u. Eisen 84 (1964) S. 685—692.

689. v. BOGDANDY, L., u. R. WARTMANN: Klepzig Fachber., 10 (1965) S. 458—467.

690. RAMIREZ, J.: Proc. Blast. Furn. Coke Oven Raw Mater. Comm., Iron Steel Div., Metallurg. Soc. Amer. Inst. min metallurg. petrol. Eng. 20 (1961) S. 540 bis 546.

691. KREGLOW, W. M., JR.: Proc. Blast. Furn. Coke Oven Raw Mater. Comm., Iron Steel Div., Metallurg. Soc. Amer. Inst. min. metallurg. petrol. Eng. 20 (1961) S. 587—604.

692. CARLSON, J. W.: Iron Steel Eng. 38 (1961) S. 108—110. — CARLSON, J. W.: Proc. Blast. Furn. Coke Oven Raw Mater. Comm., Iron Steel Div., Metallurg. Soc. Amer. Inst. min. metallurg. petrol. Eng. 20 (1961) S. 547—551.

693. COLLISON, W. H.: Iron Steel Eng. 39 (1962) S. 73—81.

694. MORELAND, J. C.: Blast. Furn. Steel Plant 49 (1961) S. 317—323. — ANDERSON, S. G.: Proc. Blast. Furn. Coke Oven Raw Mater. Comm., Iron Steel Div., Metallurg. Soc. Amer. Inst. min. metallurg. petrol Eng. 20 (1961) S. 552—561.

695. DEAN, E. R., u. R. A. POWELL: J. Metals 13 (1961) S. 49/50. — DEAN, E. R.: Blast. Furn. Steel Plant 49, S. 417—423. — DEAN, E. R.: Proc. Blast. Furn. Coke Oven Raw Mater. Comm., Iron Steel Div., Metallurg. Soc. Amer. Inst. min. metallurg. petrol Eng. 20 (1961) S. 562—572.

696. WHITE, R. H., u. C. M. SCIULLI: Proc. Blast. Furn. Coke Oven Raw Mater. Comm., Iron Steel Div., Metallurg. Soc. Amer Inst. min. metallurg. petrol. Eng. 20 (1961) S. 579—586.

696a. NEKRASOV, I. I., V. L. POKRYSKIN, A. V. ZAGREBA u. R. D. KRAMENEV: Stal 22 (1962) S. 199—205; Stal in Deutschl. 2 (1962) S. 813.

697. Forschungsarbeiten über die Einspritzung von Kohlenwasserstoffen in Hochöfen. Hrsg.: Europäische Gemeinschaft für Kohle u. Stahl. Hohe Behörde, Luxemburg 1960 (Pompey Hochofen Nr. 3).

697a. BONNAURE, E.: Stahl u. Eisen 79 (1959) S. 1105—1119 (Hochofenaussch. 323). — J. Metals 13 (1961) S. 37—40.

697b. Siehe 697, Luxemburg 1961 (Seraing Hochofen Nr. 4).

698. PENRY, W. C. R., u. J. CATLOW: 3. Journées internationales des sidérurgie Luxembourg, Okt. 1962. Hrsg.: Centre National de Recherches Métallurgiques, Liège 1962, S. 396—416.

699. WAXWEILER, P., J. LORANG, R. LIMPACH u. N. MAJERUS: wie 698, S. 417—432.

700. WAGENER, J., u. N. MAJERUS: wie 698, S. 433—441.

701. TRENSE, R. V., u. D. F. ROSBOROUGH: In: The future of ironmaking in the blast furnace, London 1962. Spec. Rep. Iron Steel Inst. Nr. 72 S. 53—58.

702. SHARP, K. C.: J. Iron Steel Inst. 199 (1961) S. 69—75.

703. Hoesch AG Westfalenhütte. Unveröffentlichte Auswertungen durch Dr. WARTMANN.

704. SCHATZ, E., S. HENKEL u. W. VOSS: Unveröffentlichter Bericht der Klöckner Werke AG, Georgsmarienhütte.

705. HIRASE, M.: Blast. Furn. Steel Plant 51 (1963) S. 25—31.

706. LEKONTSEV, YN. A., u. V. S. NECHEV: Metallurg. Nr. 7 (1963) S. 8/9.

707. BORISOV, JU. S., u. A. A. FOFANOV: Stal 21 (1961) S. 492—498; vgl. Stahl u. Eisen 82 (1962) S. 1751—1753.

708. DEBRUILLE, P.: Circ. Inform. techn. 19 (1962) S. 1157—1170.

709. GUERBOIS, J.: Circ. Inform. techn. 19 (1962) S. 1727—1754.

710. ERPELDING, M.: Circ. Inform. techn. 20 (1963) S. 1463—1470.

711. TAYLOR, H. C., u. W. ROMBOUGH: Blast. Furn. Steel Plant 50 (1962) S. 35—39.

712. BRANDI, H., P. ISCHEBECK u. H. BEER: Stahl u. Eisen 83 (1963) S. 1541—1546 (Hochofenaussch. 384).

713. SUMMERS, E. M., L. McNAUGHTON u. J. R. MONSON: J. Iron Steel Inst. 201 (1963) S. 666—692.

714. CHAUZAT, P., C. REVEIL, J. CORDIER, A. DAMGÉ u. J. C. LECLÈRE: Rev. Métallurg. 60 (1963) S. 39—48.

715. SHIMADA, M., K. NAKAMURA, Y. MURAI u. Y. MIZUMO: Tetsu to Hagané 50 (1964) S. 355—357.

716. MITSIU, K., M. UCHIHARA, H. ASAI u. T. YAMADA: Tetsu to Hagané 50 (1964) S. 366—369.

5.5. Mathematische Erfassung, Vorausberechnung und Grenzen des Hochofenverfahrens

717. WESEMANN, .F.: Stahl u. Eisen 68 (1948) S. 1—8 (Hochofenaussch. 230 u. Wärmestelle 340).

718. GÖRGEN, R.: Arch. Eisenhüttenwes. 30 (1959) S. 381—390 (Hochofenaussch. 321 u. Wärmestelle 475).

719. REICHARDT, P.: Arch. Eisenhüttenwes. 1 (1927/28 S. 77—101 ((Hochofenaussch. 83).

720. SCHÜRMANN, E., u. D. BÜLTER: Stahl u. Eisen 81 (1961) S. 1565—1574 (Hochofenaussch. 355).

721. SCHÜRMANN, E., u. D. BÜLTER: Arch. Eisenhüttenwes. 35 (1964) S. 475—486.

722. RIST, A., u. N. MEYSSON: Rev. Métallurg. 61 (1964) S. 121—145.

723. DANCOISNE, P.: Canad. Metallurg. Quarterly 2 (1963) S. 197—223.

724. HODGE, A. L., u. E. A. WYCZALEK: A mathematical method for analysing and predicting changes in blast. furnace operation. Hrsg. Linde Co., Division of Union Carbide Corp. Newark/N. J.

725. HODGE, A. L.: Iron & Steel 34 (1961) S. 232—238.

726. MATHESIUS, W.: Die physikalischen und chemischen Grundlagen des Eisenhüttenwesens, Leipzig 1916.

727. HUPFER, K., u. H. WEIDENMÜLLER: Stahl u. Eisen, demnächst.

728. STAIB, C., P. DANCOISNE, u. J. MICHARD: In: Internationale Eisenhüttentagung 1965: Automatisierung in Hüttenwerken, Berichtssammlung Tagungsteil Amsterdam.

729. SPALLANZANI, G. B., N. ANDREOTTI, G. SIRONI u. L. POMPILIO: Internationale Eisenhüttentagung 1965: Automatisierung in Hüttenwerken, Berichtssammlung Tagungsteil Amsterdam.

730. KATSURA, K., u. T. YAMAMOTO: In: Internationale Eisenhüttentagung 1965: Automatisierung in Hüttenwerken, Berichtssammlung Tagungsteil Amsterdam.

731. POOS, A., R. VIDAL u. J. LÜCKERS: In: Internationale Eisenhüttentagung 1965: Automatisierung in Hüttenwerken, Berichtssammlung Tagungsteil Amsterdam.

732. v. BOGDANDY, L.: Stahl u. Eisen 81 (1961) S. 12—22 (Hochofenaussch. 337).

733. SCHÜRMANN, E., W. ZISCHKALE, P. ISCHEBECK u. G. HEYNERT: Stahl u. Eisen 80 (1960) S. 854—861.

733a. v. BOGDANDY, L., P. DICKENS, W. v. D. ESCHE u. J. WILLEMS: Stahl u. Eisen 83 (1963) S. 129—139 (Hochofenaussch. 371).

734. WARTMANN, R.: Stahl u. Eisen 83 (1963) S. 1414—1425 (Hochofenaussch, 383); Arch. Eisenhüttenwes. 34 (1963) S. 879—885 (Hochofenaussch. 385 u. Aussch. Betriebswirtsch. 352).

734a. LANDER, H. N., H. W. MEYER u. F. D. DELVE: Proc. Blast. Furn. Coke Oven Raw Mater. Comm. 19 (1960) S. 219—232.

735. Koump, V., R. H. Tien, R. G. Olson u. T. F. Perzak: In: Symposium simulation of processes. Febr. 1964. Hrsg.: Amer. Inst. Min. Metallurg. and Petrol. Eng., demnächst.
736. v. Bogdandy, L., u. R. Wartmann: In: Internationale Eisenhüttentagung 1965: Automatisierung in Hüttenwerken, Berichtssammlung Tagungsteil Amsterdam.
737. Sauer, K.: Techn. Mitt. Rheinhausen Nr. 4, 1955, S. 210—217.
738. Flint, R. V.: Blast. Furn. Steel Plant 50 (1962) S. 46/47.
739. Voice, E. W., u. K. G. Dixon: J. Iron Steel Inst. 200 (1962) S. 438—443.
740. v. Bogdandy, L., u. R. Wartmann: Arch. Eisenhüttenwes. 36 (1965) S. 221 bis 236 (Aussch. metallurg. Grundlagen 15).
741. Beer, H., L. Diefenbach u. K. Hedden: In: Internationale Eisenhüttentagung 1965: Automatisierung in Hüttenwerken, Berichtssammlung Tagungsteil Amsterdam.
742. Fliermann, G. A., u. J. M. van Langen: In: Internationale Eisenhüttentagung 1965: Automatisierung in Hüttenwerken, Berichtssammlung Tagungsteil Amsterdam.
743. v. Bogdandy, L., U. Pückoff, R. Wartmann, Arch. Eisenhüttenwes. demnächst, und Pückoff, U. Dissertation TH Aachen 1966.
744. Kegel, H.: Stahl u. Eisen 70 (1950) S. 733—740 (Hochofenaussch. 240).
745. Ridgion, J. M.: J. Iron Steel Inst. 188 (1958) S. 317—320.
746. Heynert, G., u. H. Beer: Stahl u. Eisen 84 (1964) S. 1353—1365 (Hochofenaussch. 400).
747. Anhaltszahlen für die Wärmewirtschaft in Eisenhüttenwerken, 5. Aufl., Hrsg.: Verein Deutscher Eisenhüttenleute. Düsseldorf 1957.
748. Petersen, U., H. Kahlhöfer u. A. Send: Stahl u. Eisen 83 (1963) S. 1397 bis 1407 (Hochofenaussch. 382).
749. Schenck, H., u. H. Küppersbusch: Stahl u. Eisen 83 (1963) S. 1345—1348.
750. Heynert, G., u. K. Hedden: Chem.-Ing.-Techn. 33 (1961) S. 469—478.
751. Ramm, A. N.: Stal 24 (1964) S. 860—871; Stal in Deutschl. 5 (1965) S. 106 bis 118.
752. Brandi, H., G. Heynert u. H. Beer: Stahl u. Eisen 84 (1964) S. 1169—1174.
753. Horie, S.: J. Metals (März 1965) S. 243.
754. Jourde, P., u. F. Huguet: Rev. Métallurg. (März 1965) S. 197.
755. Tsujihata, K., Y. Shiraishi, K. Neshima u. A. Honda: Blast. Furnace and Steel Plant, März 1965, S. 242.
756. Newton, W. M., T. B. Metcalf u. W. B. Mason: Petrol Refiner 32 (1953) S. 125. — Stage, H., u. K. Bose: Die Belastungsverhältnisse in Füllkörpersäulen unter Destillationsbedingungen, Berlin/Göttingen/Heidelberg 1962.
757. Persönliche Mitteilung der Werksleitung von Cerepovec 1966.
758. Winzer, D., H. Schoppa u. H.-D. Bubner: Stahl u. Eisen demnächst.
759. Wysocki, H., u. U. Pückoff: Stahl u. Eisen 86 (1966) S. 761.

Namenverzeichnis

Sachverzeichnis

MIX
Papier aus verantwortungsvollen Quellen
Paper from responsible sources
FSC® C105338
FSC
www.fsc.org

If you have any concerns about our products,
you can contact us on
ProductSafety@springernature.com

In case Publisher is established outside the EU,
the EU authorized representative is:
**Springer Nature Customer Service Center GmbH
Europaplatz 3, 69115 Heidelberg, Germany**

Printed by Libri Plureos GmbH
in Hamburg, Germany